JN218546

シリーズ

理論物理の探究

白水徹也・高柳匡 ［シリーズ編集］

2

量子情報理論

情報から物理現象の理解まで

中田芳史 ［著］

朝倉書店

はじめに

　本書執筆のお話をいただいたのは，2021 年 4 月にまで遡る．光栄なお誘いではあったものの，お話をいただいた直後は辞退するつもりでいた．執筆には多大な時間がかかることは容易に想像できたし，それ以上に，量子情報の本を執筆するのであれば筆者のような若輩者よりも適した方々が多くいるからだ．しかし，大学院時代の先輩でもあり共同研究者でもある手塚真樹氏にその話をしたところ，「教科書という高速道路が整備されていない分野は流行らないし，むしろ徐々に廃れていく．よい専門書があることは，分野の発展にとって重要だ．」というアドバイスをいただき，考えが変わった．

　2010 年代後半以降，量子情報科学は大いに隆盛している．しかし，分野外から見る量子情報の盛り上がりに反して，日本国内における量子情報の研究者は思った以上に増えていない．その原因は一つではないだろうが，確かに日本語で気軽に読める量子情報の標準的な "教科書" の不在はその一因かもしれない．量子情報の標準的な入門書として真っ先に思い浮かぶのは，Michael A. Nielsen 氏と Isaac L. Chuang 氏による世界的な名著 "Quantum Computation and Quantum Information"[1] であり，和訳も刊行されている．その内容は未だ色褪せないものの，その名著も出版から 20 年以上が経っており次の時代の標準的入門書も望まれるようになってきた．その他にも量子情報の和書は多く存在するが，特定のトピックにフォーカスした専門的なものが多く，量子情報に興味を持った初学者が初めに読む類の入門書は少ない．このような状況に思いを巡らせるうちに，「高速道路としての教科書」を執筆することが国内における量子情報のさらなる学術発展に繋がるかもしれないという気持ちになり僭越ながら執筆を引き受けることにした．

　以上の経緯から，本書では量子情報に興味のある読者が量子情報の基本の考え方を一から学ぶことができ，かつ，最終的には何らかの研究へと繋げられるレベルにまで理解を深められる内容を目指した．第 I 部では，学部程度の量子力学の知識から始めて，量子論の最も一般的な枠組みを説明している．なるべく飛躍のないように，論理展開をじっくりと解説したつもりである．第 I 部の内容は，量子情報に興味がなくとも量子力学の枠組みを整理したい読者にも役に立つだろう．第 II 部では，量子情報の理論の基礎を説明する．第 II 部に書かれている内容は，（やや筆者の趣味が入っているが）現代の量子情報の基盤をなすものばかりなので，読み進める中で「量子系の操作」という量子情報科学の基本的な考え方を身に付けてほしい．第 III 部以降は，量子情報科学の中でもいわゆる「量子通信の理論」を念頭においた構成となっている．第 III 部ではまず，ノイズのない量子系を用いて実行可能な情報処理を，情報理論的な視点から説明する．その後，第 IV 部ではノイズがある量子系の取り扱いを学び，特に量子ノイズを実効的にキャンセルする手法である量子誤り訂正やその原理限界を説明する．第 V 部ではここ二十年

程度で勃興してきた量子情報と理論物理の学際的な研究テーマの中から，熱平衡化現象と Hayden–Preskill プロトコルと呼ばれる二つのトピックについて説明を行う．これらは第 IV 部で説明する量子誤り訂正とも関連が深く，物理と量子情報がクロスオーバーする格好のテーマとなっている．また，最終章では筆者の長年の研究対象について専門的な内容を解説している．

　このような流れで執筆した本書だが，既存の専門書と同じ内容になってしまってはつまらない．入門的な専門書を目指す以上，内容のオーバーラップは避けられないが，本書では基礎を説明する際にも独自色が出るような味付けを心掛けた．具体的には筆者の専門分野であるランダム・ユニタリを本書を貫く一つのテーマとした．おそらく，洋書を含めても他に類を見ない構成になったのではないかと考えている．なお，練習問題の解答や誤植の訂正等は朝倉書店 web サイトの本書のページ（https://www.asakura.co.jp/detail.php?book_code=13532）よりダウンロードできるようにする予定である．

　当初の高い志に反して，本書でほとんど触れられなかった量子情報のメジャー・テーマも多い．例えば，量子計算や量子アルゴリズム，量子暗号，量子基礎論などについては，現代量子情報科学の大きな研究テーマであるにもかかわらず，本書ではほとんど触れることができなかった．紙面の都合や筆者の力不足もあるが，既に量子情報科学が極めて大きな研究領域になっていることを鑑見ると，一冊で全てを網羅するというのは非現実的である．量子情報シリーズのような形で各テーマを専門家が深堀りして解説する専門書シリーズを刊行できればよいが，それは筆者個人の力ではどうにもならない．

　本書を著すにあたって参考にした本と，その本に対するコメントを列挙する．

- Masato Koashi, "Quantum Information Theory for Quantum Communication", 2016[2].
  オムニバス的な専門書の第 1 章であるが，その執筆者である小芦雅斗氏による量子情報の基礎の説明は群を抜いて明瞭で分かりやすい．本書の 2 章で大いに参考にさせていただいた．
- Mark Wilde, "Quantum Information Theory", 2013[3].
  この本では，量子シャノン理論と関連するトピックスが網羅的に分かりやすく解説されている．分野の標準的な教科書の一つと言っても過言ではないだろう．本書でも様々なところで参考にさせていただいた．
- John Watrous, "The Theory of Quantum Information", 2018[4].
  少し独特な表記方法で書かれているために取っつきにくい部分もあるが，その内容は素晴らしく，痒いところに手が届く説明など専門家にとっても学ぶところが多い本である．本書の後半の一部ではこの本を参考にさせていただいた．
- 石坂　智・小川朋宏・河内亮周・木村　元・林　正人，『量子情報科学入門』，2012[5].
  量子情報を基礎から学べる網羅的な和書としては最も読みやすく，量子情報のここ

ろを掴みやすい．短時間で量子情報を俯瞰できる素晴らしい教科書である．
本書内ではこれらの本からいくつかのトピックや証明などを引用させていただいた．本
書の内容に合うようにテクニカルな部分に関しては簡略化した部分もあるため，本書を
超えて理解を深めたいという方は是非，これらの本も参考にするとよいだろう．

　執筆にあたって，多くの方々からご助力や励ましの言葉をいただいた．特に，松浦孝
弥氏と内海武尊氏には全原稿を詳細にチェックしていただき，内容の間違いから誤植に
至るまで様々なコメント・助言をいただいた．とても感謝している．また，尾張正樹氏，
山崎隼太氏，鈴木遼太郎氏，白川雄貴氏，木倉清吾氏，橘陽太氏からも多くの有益なア
ドバイスをいただいた．さらに，図 10.2 は田宮志郎氏に，図 16.4 と図 16.5 は手塚真樹
氏に作成していただいた．皆様にはこの場を借りて，心から篤くお礼を申し上げたい．
もちろん，本書に関する最終的な責任は筆者にあることは言うまでもない．

　本書を執筆する機会を下さった白水徹也氏と，年単位で締め切りを伸ばし続け最後まで
迷惑をかけ続けた筆者を辛抱強く待っていただいた朝倉書店の編集担当にも感謝したい．
この分量を執筆するのは初めての経験であったため想定を遥かに超えた時間がかかって
しまったが，どうにか出版にまでたどり着けたのはお二人の忍耐強さのおかげである．

　本書の執筆を忘れないように日ごろからプレッシャーをかけ続けると同時に，献身的
にサポートしてくれた妻にも感謝したい．また，この本をずるずると執筆している間に，
我が家に第一子が誕生した．量子情報の研究を始めて以来，回転数が低いアナログな頭
をフル稼働して遮二無二に研究を続けてきた筆者だが，歳を取り父親になったことで少
しは視野が広がった．今では自分の好きな研究をして論文を書くだけでなく，量子情報
という学問にどう貢献できるかを意識しながら研究するようになった．そのような人生
の岐路ともいえるタイミングで本書を執筆できたのは僥倖である．本書が量子情報の今
後の学術発展に少しでも貢献できることを期待している．

2024 年 9 月

中 田 芳 史

目　　次

第 III 部　ノイズレスな量子情報理論　　151

第 IV 部　ノイジーな量子情報理論　　　　　　　　　　　　　183

第 V 部　量子情報と物理　　　　　　　　　　　　　　　　　297

第I部

量子論の復習

1 数学的記法

まず，本書で用いる数の集合を導入しておこう．慣例に従い，$\mathbb{Z}$ を整数全体の集合，$\mathbb{R}$ を実数全体の集合，$\mathbb{C}$ を複素数全体の集合とする．整数に関して正負を限定したいときには，$\mathbb{Z}_{\geq}$ で非負の整数，$\mathbb{Z}_{>}$ で正の整数（これは自然数全体の集合 $\mathbb{N}$ と同じである），$\mathbb{Z}_{\leq}$ で非正の整数，$\mathbb{Z}_{<}$ で負の整数を表すことにする．実数に関しても同様で，$\mathbb{R}_{\geq}$，$\mathbb{R}_{>}$，$\mathbb{R}_{<}$，$\mathbb{R}_{\leq}$ を用いる．また，本書では対数関数の底は必ず 2 で取ることとする．$\log = \log_2$ であり，$\log_e = \ln$ という表記を用いる．

本書ではしばしば漸近記法を用いる．特に重要なものを簡単に復習しておこう．まず，$f(n) = \mathcal{O}(g(n))$ と書いた際には，ある定数 $c, n_0 > 0$ が存在し，任意の $n \geq n_0$ に対して $0 \leq f(n) \leq cg(n)$ が成立することを意味する．この表記はあくまで上界についてのものなので，例えば，任意の定数 k に対して $k = \mathcal{O}(n)$ であることに注意されたい．一方，下界に関する記法としては，$f(n) = \Omega(g(n))$ を用いる．これは，ある定数 $c, n_0 > 0$ が存在し，任意の $n \geq n_0$ に対して $0 \leq cg(n) \leq f(n)$ が成立することを意味する．この双方が成り立つとき，つまり，$f(n) = \mathcal{O}(g(n))$，かつ，$f(n) = \Omega(g(n))$ の場合には，$f(n) = \Theta(g(n))$ と表す．最後に，$f(n) = o(g(n))$ と書いたときは，$\lim_{n \to \infty} f(n)/g(n) = 0$ を意味する．

以下では，量子論でよく用いる数学的な記法を導入する．多くは標準的な記法であるが，一部，量子情報特有の記法もあるため，注意されたい．

1.1 ヒルベルト空間と Dirac 記法，テンソル積

量子論の基本となるのが，内積が定義された完備なベクトル空間であるヒルベルト空間（*Hilbert space*）$\mathcal{H}$ である．ヒルベルト空間の元は，Dirac のブラケット記法を用いて表記すると便利である．Dirac のブラケット記法では，ヒルベルト空間 $\mathcal{H}$ に含まれるベクトルを $|v\rangle$ と表記してケットベクトル（*ket vector*）と呼ぶ．本書では有限次元ヒルベルト空間のみを扱うため，ケットベクトルは必ず有限次元のベクトルで表現できる．ヒルベルト空間 $\mathcal{H}$ の次元を d とすると，ケットベクトルは

$$|v\rangle = \begin{pmatrix} v_0 \\ \vdots \\ v_{d-1} \end{pmatrix} = (v_0, \ldots, v_{d-1})^T \tag{1.1}$$

という複素列ベクトルで表せる．ここで，$\bullet^T$ は転置を表す．ケットベクトル $|v\rangle$ のエルミート共役を，ブラベクトル（*bra vector*）と呼び，$\langle v| = (|v\rangle)^{\dagger}$ と表現する．ただし，$\bullet^{\dagger}$ はエルミート共役である．エルミート共役は，ベクトル表現では転置を取って複素共役を取ることに対応するので，ブラベクトルをベクトル表現すると，

$$\langle v| = (\bar{v}_0, \ldots, \bar{v}_{d-1}) \tag{1.2}$$

という複素行ベクトルで表せる．ここで，$\bar{\bullet}$ は複素共役を表す．ベクトル表現において，複素共役や転置を取る操作はベクトル表現の基底に依存するが，エルミート共役を取る操作は基底には依存しないことには注意せよ．

二つのケットベクトル $|v\rangle$ と $|w\rangle$ の内積を $\langle w|v\rangle$ と表現する．これは，複素ベクトルの内積に他ならず，(1.1) のように $|v\rangle = (v_0, \ldots, v_{d-1})^T$，$|w\rangle = (w_0, \ldots, w_{d-1})^T$ と表現すると，

$$\langle w|v\rangle = (\bar{w}_0, \cdots, \bar{w}_{d-1}) \begin{pmatrix} v_0 \\ \vdots \\ v_{d-1} \end{pmatrix} = \sum_{j=0}^{d-1} \bar{w}_j v_j \tag{1.3}$$

である．内積が満たす性質として，

$$\langle w|v\rangle = \overline{\langle v|w\rangle} \tag{1.4}$$

は重要である．また，ケットベクトル $|v\rangle$ とそれ自身の内積によって，$|v\rangle$ のノルムを $\||v\rangle\|_2 := \sqrt{\langle v|v\rangle}$ と定める．ここで，ノルムの右下に 2 という添え字があるが，これはこのノルムが Hilbert–Schmidt ノルムと呼ばれるものに対応することを意味するもので，3 章でより詳細に解説する．

次元が d のヒルベルト空間 $\mathcal{H}$ のベクトルの集合 $\{|e_j\rangle\}_{j=0}^{d-1}$ が

$$\forall j, k \in \{0, \ldots, d-1\}, \ \langle e_j|e_k\rangle = \delta_{jk} \tag{1.5}$$

を満たすとき，その集合を $\mathcal{H}$ の正規直交基底という．ここで，δ_{jk} はクロネッカーのデルタであり，$j = k$ のときは 1，$j \neq k$ のときは 0 である．ケットベクトル $|v\rangle$ を正規直交基底を用いて展開すると，

$$|v\rangle = \sum_{j=0}^{d-1} v_j |e_j\rangle \tag{1.6}$$

と表すことができる．ここで，$v_j := \langle e_j|v\rangle \in \mathbb{C}$ である．正規直交基底 $\{|e_j\rangle\}_{j=0}^{d-1}$ を複素列ベクトルで

$$|e_j\rangle = j \text{ 行目だけが 1 で残りは 0 の列ベクトル} \tag{1.7}$$

と表現することにすれば，v_j は (1.1) のものと一致する．ブラベクトル $\langle w|$ は，ヒルベルト空間 $\mathcal{H}$ の正規直交基底 $\{|e_j\rangle\}_{j=0}^{d-1}$ のエルミート共役 $\{\langle e_j|\}_{j=0}^{d-1}$ を用いて展開でき，

$$\langle w| = \sum_{j=0}^{d-1} \bar{w}_j \langle e_j| \tag{1.8}$$

となる．ただし，$w_j := \langle e_j|w\rangle = \overline{\langle w|e_j\rangle} \in \mathbb{C}$ である．

ケットベクトル $|v\rangle = (v_0,\dots,v_{d-1})^T$ とブラベクトル $\langle w| = (\bar{w}_0,\dots,\bar{w}_{d'-1})$ をそれぞれ,
$d \times 1$ 行列, $1 \times d'$ 行列とみなすと, $|v\rangle\langle w|$ は $d \times d'$ の行列となる. 具体的には

$$|v\rangle\langle w| = \begin{pmatrix} v_0\bar{w}_0 & \dots & v_0\bar{w}_{d'-1} \\ \vdots & \ddots & \vdots \\ v_{d-1}\bar{w}_0 & \dots & v_{d-1}\bar{w}_{d'-1} \end{pmatrix} \tag{1.9}$$

のように行列を書き下せる. この行列表現は基底に依存するが, その依存性をあらわにす
るためには, ケットベクトルとブラベクトルをそれぞれ正規直交基底で $|v\rangle = \sum_{j=0}^{d-1} v_j|e_j\rangle$,
$\langle w| = \sum_{k=0}^{d'-1} \bar{w}_k\langle f_k|$ と展開し, 次のように書くとよい.

$$|v\rangle\langle w| = \sum_{j=0}^{d-1}\sum_{k=0}^{d'-1} v_j\bar{w}_k|e_j\rangle\langle f_k| \tag{1.10}$$

二つのヒルベルト空間 $\mathcal{H}$ と $\mathcal{K}$ に対して, それぞれの次元を d と d', 正規直交基底を
$\{|e_j\rangle\}_{j=0}^{d-1}$ と $\{|f_k\rangle\}_{k=0}^{d'-1}$ と書く. 正規直交基底 $\{|e_j\rangle \otimes |f_k\rangle\}_{j,k=0}^{d-1,d'-1}$ が張る dd' 次元のヒル
ベルト空間を $\mathcal{H}$ と $\mathcal{K}$ のテンソル積空間と呼び, $\mathcal{H} \otimes \mathcal{K}$ と表記する. 二つのケットベクト
ル $|v\rangle = \sum_{j=0}^{d-1} v_j|e_j\rangle \in \mathcal{H}$ と $|w\rangle = \sum_{k=0}^{d'-1} w_k|f_k\rangle \in \mathcal{K}$ のテンソル積を

$$|v\rangle \otimes |w\rangle = \sum_{j=0}^{d-1}\sum_{k=0}^{d'-1} v_j w_k|e_j\rangle \otimes |f_k\rangle \tag{1.11}$$

と定める. ケットベクトルを $|v\rangle = (v_0,\dots,v_{d-1})^T$ 等とベクトル表現すると, $|v\rangle \otimes |w\rangle$ は

$$|v\rangle \otimes |w\rangle = \begin{pmatrix} v_0|w\rangle \\ \vdots \\ v_{d-1}|w\rangle \end{pmatrix} = \begin{pmatrix} v_0 w_0 \\ \vdots \\ v_0 w_{d'-1} \\ \vdots \\ v_{d-1} w_0 \\ \vdots \\ v_{d-1} w_{d'-1} \end{pmatrix} \tag{1.12}$$

という, サイズが $dd' \times 1$ の複素列ベクトルで表現できる. 二つのブラベクトル $\langle v|$ と
$\langle w|$ のテンソル積 $\langle v| \otimes \langle w|$ も同様に定義され, $1 \times dd'$ の複素行ベクトルで表現できる.
$\langle v| \otimes \langle w| = \big(|v\rangle \otimes |w\rangle\big)^\dagger$ であることは容易に確認できる.

行列のテンソル積も定義できる. ここでは行列表現で説明しよう. 一般に $m \times n$ の行
列 $S = \{s_{ij}\}_{i,j=0}^{m-1,n-1}$ と $p \times q$ の行列 $R = \{r_{ij}\}_{i,j=0}^{p-1,q-1}$ に対して, そのテンソル積 $S \otimes R$ は

$$S \otimes R := \begin{pmatrix} s_{00}R & s_{01}R & \dots & s_{0,n-1}R \\ s_{10}R & s_{11}R & \dots & s_{1,n-1}R \\ \vdots & \vdots & \ddots & \vdots \\ s_{m-1,0}R & s_{m-1,1}R & \dots & s_{m-1,n-1}R \end{pmatrix} \tag{1.13}$$

で与えられる. このテンソル積演算子のサイズは $mp \times nq$ であることに注意されたい.
量子情報科学では, 行列とベクトルのテンソル積を用いることもある. M を $d \times d'$ 行

列. $|v\rangle$ を d'' 次元ベクトルとすると,

$$M \otimes |v\rangle = \begin{pmatrix} m_{00}|v\rangle & \dots & m_{0,d'-1}|v\rangle \\ \vdots & \ddots & \vdots \\ m_{d-1,0}|v\rangle & \dots & m_{d-1,d'-1}|v\rangle \end{pmatrix} \tag{1.14}$$

となるが, $|v\rangle$ が d'' 次元の列ベクトルであるため, これは $dd'' \times d'$ 行列である. このテンソル積 $M \otimes |v\rangle$ は, $M|v\rangle$ とは全く別物であることには注意されたい. 前者 $M \otimes |v\rangle$ が行列であるのに対し, 後者 $M|v\rangle$ は複素列ベクトル $|v\rangle$ に行列 M が作用することで得られる複素列ベクトルである [*1]. その他, 本書では $|v\rangle \otimes M$ や $M \otimes \langle v|$, $\langle v| \otimes M$ 等もよく使用するが, 全て同様に定義される.

1.2　ヒルベルト空間上の有界演算子

ヒルベルト空間 $\mathcal{H}$ からヒルベルト空間 $\mathcal{K}$ への有界演算子全ての集合を $\mathcal{B}(\mathcal{H},\mathcal{K})$ と書く. ヒルベルト空間 $\mathcal{H}$ からそれ自身への有界演算子全ての集合は, 単に $\mathcal{B}(\mathcal{H})$ と表記する. 本書では有限次元ヒルベルト空間を考えるため, $\mathcal{B}(\mathcal{H},\mathcal{K})$ はサイズが $\dim\mathcal{K} \times \dim\mathcal{H}$ の行列の集合に他ならない. そのため, 本書では演算子と行列という言葉を区別せずに使用する. 演算子の定義域と値域を明確にするために, 本書では $O \in \mathcal{B}(\mathcal{H},\mathcal{K})$ を $O^{\mathcal{H}\to\mathcal{K}}$ 等と記すことが多い. また, $O \in \mathcal{B}(\mathcal{H})$ については, 文脈から明らかな場合を除いては, $O^{\mathcal{H}}$ と表現する.

行列 $O^{\mathcal{H}\to\mathcal{K}} \in \mathcal{B}(\mathcal{H},\mathcal{K})$ に対して, $O^{\mathcal{H}\to\mathcal{K}}|v\rangle^{\mathcal{H}} = 0$ を満たすベクトル $|v\rangle^{\mathcal{H}} \in \mathcal{H}$ 全ての集合を, $O^{\mathcal{H}\to\mathcal{K}}$ のカーネル (*Kernel*) と呼び, $\ker[O^{\mathcal{H}\to\mathcal{K}}]$ と記す. カーネルは $\mathcal{H}$ の部分空間を為す. 行列 $O^{\mathcal{H}\to\mathcal{K}}$ のカーネルの直交補空間 $(\ker[O^{\mathcal{H}\to\mathcal{K}}])^{\perp} \subseteq \mathcal{H}$ を $O^{\mathcal{H}\to\mathcal{K}}$ のサポート (*support*) と呼び, $\mathrm{supp}[O^{\mathcal{H}\to\mathcal{K}}]$ と記す. 具体的にサポートを書き下すと以下のとおりである.

$$\mathrm{supp}[O^{\mathcal{H}\to\mathcal{K}}] = \mathrm{span}\{|w\rangle^{\mathcal{H}} \in \mathcal{H} : \forall |v\rangle^{\mathcal{H}} \in \ker[O^{\mathcal{H}\to\mathcal{K}}], \langle w|v\rangle = 0\}. \tag{1.15}$$

演算子 $O \in \mathcal{B}(\mathcal{H})$ とヒルベルト空間 $\mathcal{H}$ の任意の正規直交基底 $\{|e_j\rangle\}_{j=0}^{\dim\mathcal{H}-1}$ を用いて

$$\mathrm{Tr}[O] := \sum_{j=0}^{\dim\mathcal{H}-1} \langle e_j|O|e_j\rangle \tag{1.16}$$

と定義される関数を O のトレース (*trace*) という. トレースは正規直交基底の選び方に依存しない. 三つの演算子 $O_1, O_2, O_3 \in \mathcal{B}(\mathcal{H})$ の積に対して,

$$\mathrm{Tr}[O_1 O_2 O_3] = \mathrm{Tr}[O_3 O_1 O_2] \tag{1.17}$$

が成り立つが, これをトレースの巡回性と呼ぶ.

本書で特に重要な演算子の集合については, 特別な記号で表すことにする. 表 1.1 も

[*1]　もちろん, これは $d' = d''$ のときのみ定義できる.

参照されたい．まず，ヒルベルト空間 $\mathcal{H}$ 上の単位演算子を $I^{\mathcal{H}}$ と表す．ヒルベルト空間が明らかな場合は単に I と書くこともある．単位演算子は，$\mathcal{H}$ の任意の正規直交基底 $\{|e_j\rangle\}_{j=0}^{\dim \mathcal{H}-1}$ を用いて

$$I^{\mathcal{H}} = \sum_{j=0}^{\dim \mathcal{H}-1} |e_j\rangle\langle e_j| \tag{1.18}$$

と表現できる．この恒等式は正規直交基底の完全性条件と呼ばれる．

表 1.1　本書で用いる重要な演算子のまとめ.

エルミート演算子	$O \in \mathcal{B}(\mathcal{H})$ で $O^\dagger = O$ を満たす演算子
半正定値演算子	固有値が全て非負のエルミート演算子
(直交) 射影演算子	$\Pi^2 = \Pi$ を満たすエルミート演算子
ユニタリ	$U \in \mathcal{B}(\mathcal{H})$ で $U^\dagger U = UU^\dagger = I$ を満たす演算子
アイソメトリ	$V \in \mathcal{B}(\mathcal{H},\mathcal{K})$ で $V^\dagger V = I \in \mathcal{B}(\mathcal{H})$ を満たす演算子
部分アイソメトリ	$V \in \mathcal{B}(\mathcal{H},\mathcal{K})$ で $V^\dagger V$ が射影演算子になる演算子

次に，エルミート演算子 (*Hermitian operators*) と半正定値演算子 (*positive semi-definite operators*) を導入する．

定義 1.1（エルミート演算子と半正定値演算子）　演算子 $O \in \mathcal{B}(\mathcal{H})$ で $O = O^\dagger$ を満たすものをエルミート演算子と呼ぶ．エルミート演算子 O が全てのベクトル $|v\rangle \in \mathcal{H}$ に対して $\langle v|O|v\rangle \geq 0$ を満たすとき，$O \geq 0$ と表記し，半正定値演算子と呼ぶ．

エルミート演算子は対角化可能でその固有値は全て実数であることに注意せよ．エルミート演算子 O が半正定値であることと負の固有値を持たないことは同値である．

練習問題 1　半正定値演算子 $O_1, O_2 \in \mathcal{B}(\mathcal{H})$ に対して，$O_1 + O_2$ も半正定値であることを示せ．

練習問題 2　半正定値演算子 $O \in \mathcal{B}(\mathcal{H})$ と任意の演算子 $M \in \mathcal{B}(\mathcal{H},\mathcal{K})$ に対して，$MOM^\dagger \in \mathcal{B}(\mathcal{K})$ が半正定値であることを示せ．

半正定値演算子 $O \geq 0$ は不等号を用いて表記するため，実数の不等号から想起する関係を全て満たすように見えるかもしれないが，中には満たさない関係もある．例えば，$O_1 \geq 0$，かつ，$O_2 \geq 0$ であったとしても，$O_1 O_2$ は一般にはエルミートではなく，したがって，半正定値でもない．

半正定値演算子と同様に，エルミート演算子 O の固有値が全て正の場合は $O > 0$，非正の場合に $O \leq 0$，負の場合に $O < 0$ と表す．実数 a に対しては，必ず $a > 0$，$a = 0$，$a < 0$ のいずれかを満たすが，エルミート演算子の場合はそうではないことに注意されたい．例えば，正と負の固有値を両方持つエルミート演算子はこのいずれの不等式も満たさない．二つのエルミート演算子 O_1 と O_2 に対して $O_1 \geq O_2$ を $O_1 - O_2 \geq 0$ によって定義することで，エルミート演算子間の大小関係が導入される．これを演算子不等式 (*operator inequality*) や行列不等式 (*matrix inequality*) と呼ぶ．

練習問題 3 以下の行列 O_1 と O_2 を考える.

$$O_1 = \begin{pmatrix} 2 & 1 \\ 1 & 1 \end{pmatrix}, \qquad O_2 = \begin{pmatrix} 1 & 1 \\ 1 & 1 \end{pmatrix} \tag{1.19}$$

この二つの行列が半正定値であることと, $O_1 \geq O_2$ を確かめよ. 次に, $O_1^2 \geq O_2^2$ が成り立たないことを示せ. このように行列不等式は実数の不等式とは異なる性質を持つことも多いので, 注意が必要である.

定義 1.2（直交射影演算子）　エルミート演算子 Π が $\Pi^2 = \Pi$ を満たすとき, その演算子を直交射影演算子（*orthogonal projection operators*）と呼ぶ.

　量子論においては, 直交射影演算子のことを単に射影演算子と呼ぶことが多い. 本書でもこの慣例に従い, 射影演算子と書いた際には必ず直交射影演算子を意味することとする. 射影演算子の具体例としては, 単位行列 $I^{\mathcal{H}}$ や, 単位ベクトル $|v\rangle \in \mathcal{H}$ に対する $|v\rangle\langle v|$ が挙げられる. また, 射影演算子の固有値は 1 か 0 だけであることは簡単に確認できる.

定義 1.3（ユニタリ）　$U \in \mathcal{B}(\mathcal{H})$ で $U^\dagger U = UU^\dagger = I$ を満たす演算子を, ユニタリ演算子, もしくは単にユニタリと呼ぶ. ヒルベルト空間 $\mathcal{H}$ 上のユニタリ全体の集合 $\mathsf{U}(\mathcal{H})$ がなす群をユニタリ群（*unitary group*）と呼ぶ.

　本書ではユニタリ群をヒルベルト空間の次元 $d = \dim \mathcal{H}$ を用いて, ユニタリ群を $\mathsf{U}(d)$ と表すこともある.

　ユニタリはベクトル間の内積を保存する $\mathcal{H}$ から $\mathcal{H}$ への写像として考えることもできる. 実際, ベクトル $|v\rangle \in \mathcal{H}$ と $|w\rangle \in \mathcal{H}$ をユニタリ U で写したベクトル $|v_U\rangle = U|v\rangle$ と $|w_U\rangle = U|w\rangle$ は, $\langle v|w \rangle = \langle v_U|w_U \rangle$ を満たす. このことから, ヒルベルト空間 $\mathcal{H}$ のある正規直交基底 $\{|e_j\rangle\}_j$ の各ベクトルを任意のユニタリ U で変換した $\{U|e_j\rangle\}_j$ も, ヒルベルト空間 $\mathcal{H}$ の正規直交基底を与える.

　内積を保存する写像は, ヒルベルト空間 $\mathcal{H}$ からヒルベルト空間 $\mathcal{K}$ への写像であっても定義できる. その写像に対応する演算子がアイソメトリ演算子（*isometry operators*）である.

定義 1.4（アイソメトリ）　$V^{\mathcal{H} \to \mathcal{K}} \in \mathcal{B}(\mathcal{H}, \mathcal{K})$ で, $(V^{\mathcal{H} \to \mathcal{K}})^\dagger V^{\mathcal{H} \to \mathcal{K}} = I^{\mathcal{H}}$ を満たすものを, アイソメトリ演算子, もしくは単にアイソメトリと呼ぶ.

　アイソメトリは日本語では等長写像と訳されるが, 本書では量子情報科学の慣例に従ってアイソメトリと呼ぶことにする. アイソメトリ $V^{\mathcal{H} \to \mathcal{K}}$ は, $\dim \mathcal{H} \leq \dim \mathcal{K}$ の場合のみ存在することに注意せよ. このことから, アイソメトリを行列表現すると,

$$V^{\mathcal{H} \to \mathcal{K}} = \begin{pmatrix} v_{00} & \cdots & v_{0,d_{\mathcal{H}}-1} \\ \vdots & \ddots & \vdots \\ v_{d_{\mathcal{K}}-1,0} & \cdots & v_{d_{\mathcal{K}}-1,d_{\mathcal{H}}-1} \end{pmatrix} \tag{1.20}$$

となり，((1.20) はそうは見えないが) 一般には縦長の長方行列となる．また，アイソメトリ $V^{\mathcal{H} \to \mathcal{K}}$ は一般には $V^{\mathcal{H} \to \mathcal{K}} (V^{\mathcal{H} \to \mathcal{K}})^{\dagger} \neq I^{\mathcal{K}}$ であることにも注意が必要である．この等号が成り立つのは $\dim \mathcal{H} = \dim \mathcal{K}$ の場合のみで，その場合はアイソメトリはユニタリに他ならない．

アイソメトリは内積を保存するため，$\mathcal{H}$ の正規直交基底 $\{|h_j\rangle\}_{j=0,\ldots,\dim \mathcal{H}-1}$ にアイソメトリを作用させることで，$\mathcal{K}$ の $\dim \mathcal{H}$ 次元部分空間の正規直交基底 $\{|k_j\rangle\}_{j=0,\ldots,\dim \mathcal{H}-1}$ が得られる．この意味で，アイソメトリ $V^{\mathcal{H} \to \mathcal{K}}$ は，ヒルベルト空間 $\mathcal{H}$ を，ヒルベルト空間 $\mathcal{K}$ の部分空間に埋め込む写像とみなせる．そのため，アイソメトリを埋め込み写像 (embedding maps) と表現することもある．

アイソメトリの重要な具体例は，任意の単位ベクトルである．実際，d-次元ヒルベルト空間 $\mathbb{C}^d$ 上のケットベクトル $|v\rangle$ は，ノルムが 1 である場合に

$$(|v\rangle)^{\dagger} |v\rangle = \langle v | v \rangle = 1 \tag{1.21}$$

を満たすため，自明なヒルベルト空間 $\mathbb{C}$ から $\mathbb{C}^d$ へのアイソメトリとなっている．

最後に，ユニタリやアイソメトリを内包する概念として，部分アイソメトリ (partial isometries) を導入しておこう．

定義 1.5（部分アイソメトリ） $V^{\mathcal{H} \to \mathcal{K}} \in \mathcal{B}(\mathcal{H}, \mathcal{K})$ で，$(V^{\mathcal{H} \to \mathcal{K}})^{\dagger} V^{\mathcal{H} \to \mathcal{K}} \in \mathcal{B}(\mathcal{H})$ が射影演算子になるものを，部分アイソメトリと呼ぶ．

部分アイソメトリ $V^{\mathcal{H} \to \mathcal{K}}$ に対して，$\Pi^{\mathcal{H}} = (V^{\mathcal{H} \to \mathcal{K}})^{\dagger} V^{\mathcal{H} \to \mathcal{K}}$ とおくと，定義よりこの演算子は $\mathcal{H}$ 上の射影演算子である．この射影演算子を部分アイソメトリで $\mathcal{B}(\mathcal{K})$ へと写し，その後，$(V^{\mathcal{H} \to \mathcal{K}})^{\dagger}$ で $\mathcal{B}(\mathcal{H})$ へと引き戻すことを考えると，

$$(V^{\mathcal{H} \to \mathcal{K}})^{\dagger} (V^{\mathcal{H} \to \mathcal{K}} \Pi^{\mathcal{H}} (V^{\mathcal{H} \to \mathcal{K}})^{\dagger}) V^{\mathcal{H} \to \mathcal{K}} = \Pi^{\mathcal{H}} \Pi^{\mathcal{H}} \Pi^{\mathcal{H}} = \Pi^{\mathcal{H}} \tag{1.22}$$

が成り立つことが分かる．このことは，射影演算子 $\Pi^{\mathcal{H}}$ のサポートに含まれるベクトルは，部分アイソメトリ $V^{\mathcal{H} \to \mathcal{K}}$ を作用させて $(V^{\mathcal{H} \to \mathcal{K}})^{\dagger}$ で引き戻すと，自身に戻ってくることを意味する．また，サポートがカーネルの直交補空間であったことを思い出すと，射影演算子 $\Pi^{\mathcal{H}}$ のカーネルに含まれるベクトルは，同様の操作でゼロベクトルになる．

射影演算子，ユニタリ，アイソメトリなどは全て部分アイソメトリの例である．そのいずれでもない部分アイソメトリの例として，例えば，

$$\begin{pmatrix} I & O \end{pmatrix} \tag{1.23}$$

という横長の長方行列が挙げられる．ここで，I は $d \times d$ の単位行列で，O は $d \times (d'-d)$ $(d' > d)$ のゼロ行列である．この行列は

$$\begin{pmatrix} I & O \end{pmatrix}^{\dagger} \begin{pmatrix} I & O \end{pmatrix} = \begin{pmatrix} I \\ O \end{pmatrix} \begin{pmatrix} I & O \end{pmatrix} = \begin{pmatrix} I & O \\ O & O \end{pmatrix} \tag{1.24}$$

なので，部分アイソメトリだが，射影演算子，ユニタリ，アイソメトリではない．他にも，ノルムが 1 の任意のブラベクトル $\langle v|$ も $(\langle v|)^{\dagger} \langle v| = |v\rangle\langle v|$ を満たすため部分アイソメトリだが，射影演算子でもユニタリでもアイソメトリでもない．ノルムが 1 であるため，右辺が射影演算子になっていることに注意せよ．

1.3 Pauli 演算子と Clifford 演算子

量子情報科学では, 二次元複素ヒルベルト空間 $\mathbb{C}^2$ が重要な役割を果たしており, その ヒルベルト空間に対応する量子系を量子二準位系もしくは *qubit* と呼ぶ. Qubit から構 成される量子系を考える際に頻出する演算子が, *Pauli* 演算子と *Clifford* 演算子である.

定義 1.6 (*Pauli* 演算子)　二次元ヒルベルト空間 $\mathbb{C}^2$ 上の正規直交基底 $\{|0\rangle, |1\rangle\}$ が与えら れたときに,

$$\sigma_0 = I = |0\rangle\langle 0| + |1\rangle\langle 1|, \qquad \sigma_1 = X = |0\rangle\langle 1| + |1\rangle\langle 0| \tag{1.25}$$

$$\sigma_2 = Y = -i|0\rangle\langle 1| + i|1\rangle\langle 0|, \qquad \sigma_3 = Z = |0\rangle\langle 0| - |1\rangle\langle 1| \tag{1.26}$$

を 1-*qubit Pauli* 演算子と呼ぶ. Pauli 演算子を正規直行基底 $\{|0\rangle, |1\rangle\}$ のもとで行列表示 すると,

$$I = \begin{pmatrix} 1 & 0 \\ 0 & 1 \end{pmatrix}, \ X = \begin{pmatrix} 0 & 1 \\ 1 & 0 \end{pmatrix}, \ Y = \begin{pmatrix} 0 & -i \\ i & 0 \end{pmatrix}, \ Z = \begin{pmatrix} 1 & 0 \\ 0 & -1 \end{pmatrix} \tag{1.27}$$

である. 1-qubit Pauli 演算子が生成する群を, 1-*qubit Pauli* 群と呼び, P_1 と表す. さ らに, $j = j_1 \ldots j_n \in \{0, 1, 2, 3\}^n$ に対して,

$$\sigma_j := \bigotimes_{m=1}^{n} \sigma_{j_m} \tag{1.28}$$

を n-qubit Pauli 演算子と呼ぶ. n-qubit Pauli 演算子が生成する群を n-qubit Pauli 群 P_n と呼ぶ.

ここで, 生成するとは, 任意回数の積によって生み出される集合のことを意味する. 具体的には, 1-qubit Pauli 群は, $\{I, X, Y, Z\}$ を任意回数掛け合わせた演算子全ての集合 で与えられる. 例えば, $XY = iZ$ が成り立つため, $iZ \in \mathsf{P}_1$ である.

練習問題 4　1-qubit Pauli 群 P_1 は, $\mathsf{P}_1 = \{\pm 1, \pm i\} \times \{I, X, Y, Z\}$ で与えられることを示せ.

練習問題 5　Pauli 演算子が以下の性質を満たすことを確かめよ.
- Pauli 演算子はエルミートかつユニタリな演算子である.
- 恒等演算子を除く全ての Pauli 演算子 σ_j は $\mathrm{Tr}[\sigma_j] = 0$ を満たす.
- Pauli 演算子は $\sigma_j^2 = I$ を満たすため, 自身が逆元となっている.

一方で, Pauli 群 P_n を集合として不変に保つユニタリの集合を, *Clifford* 群と呼ぶ. 数学的には, Clifford 群は Pauli 群の正規化群である.

定義 1.7 (*Clifford* 群)　以下で定義される群を, n-qubit Clifford 群と呼ぶ.

$$\mathsf{C}_n := \{C \in \mathsf{U}((\mathbb{C}^2)^{\otimes n}) : 任意の \ P \in \mathsf{P}_n \ に対して, \ CPC^\dagger \in \mathsf{P}_n\} \tag{1.29}$$

n-qubit Clifford 群の要素を n-qubit Clifford 演算子や n-qubit Clifford ユニタリと呼ぶ.

Pauli 群や Clifford 群はヒルベルト空間が $(\mathbb{C}^2)^{\otimes n}$ の場合にのみ定義されるが，Pauli 群を一般の d 次元ヒルベルト空間 $\mathbb{C}^d$ に拡張した群が *Heisenberg–Weyl* 群である．

定義 1.8 (*Heisenberg–Weyl* 群) $\mathbb{C}^d$ の正規直交基底 $\{|j\rangle\}_{j=0}^{d-1}$ が与えられたときに，

$$X_d = \sum_{j=0}^{d-1} |j+1\rangle\langle j|, \qquad Z_d = \sum_{j=0}^{d-1} \omega_d^j |j\rangle\langle j| \tag{1.30}$$

が生成する群を *Heisenberg–Weyl* 群 W_d と呼ぶ．ここで，X_d の定義での和は d を法として取り，$\omega_d = e^{i2\pi/d}$ は 1 の原始 d 乗根である．Heisenberg–Weyl 群の各元を Heisenberg–Weyl 演算子と呼ぶ．

(1.30) で定まる二つの Heisenberg–Weyl 演算子は $d=2$ の場合に Pauli 演算子 X, Z と一致することから，Heisenberg–Weyl 群を一般化 Pauli 群と呼ぶこともある．ただし，$d=2$ の場合であっても，1-qubit Pauli 群 P_1 と Heisenberg–Weyl 群 W_2 が完全に一致する訳ではなく，$\mathsf{P}_1 = \{1, i\} \times \mathsf{W}_2$ である．

練習問題 6 (1.30) で与えられる X_d と Z_d は，$Z_d X_d = \omega_d X_d Z_d$ を満たすことを示せ．この関係を用いて，任意の Heisenberg–Weyl 演算子は $\omega_d^k X_d^m Z_d^n$ と表せることを示せ．ここで，k, m, n は整数である．最後に，$d \geq 3$ の場合に，Heisenberg–Weyl 演算子はユニタリだがエルミートとは限らないこと，恒等演算子を除く全ての Heisenberg–Weyl 演算子はトレースレスであることを示せ．

1.4 行列値関数

行列 M が $M^\dagger M = MM^\dagger$ を満たすとき，その行列を正規行列と呼ぶ．正規行列はユニタリによって対角化可能である．正規行列に対しては，対角化を用いて行列値関数を以下のように定義できる．

定義 1.9 (行列値関数) 正規行列 $M \in \mathcal{B}(\mathcal{H})$ が $M = \sum_{j=0}^{d-1} m_j |e_j\rangle\langle e_j|$ と対角化され，全ての固有値 m_j が複素関数 f の定義域に含まれるとき，行列値関数 $f(M)$ を

$$f(M) := \sum_{j=0}^{d-1} f(m_j) |e_j\rangle\langle e_j| \tag{1.31}$$

と定義する．

行列値関数の具体例をいくつか挙げておこう．$x \in \mathbb{R}_>$ に対して M^x は

$$M^x = \sum_{j=0}^{d-1} (m_j)^x |e_j\rangle\langle e_j| \tag{1.32}$$

で与えられる．$x \in \mathbb{Z}_>$ の場合は，この式は通常の行列積による計算と一致するが，例えばルート関数などに対しては，$\sqrt{M} := M^{1/2} = \sum_{j=0}^{d-1} \sqrt{m_j} |e_j\rangle\langle e_j|$ である．正規行列 M の全て固有値が非ゼロである場合には，$x \in \mathbb{R}$ に対して (1.32) を定義できる．特に，$x = -1$

の場合は M の逆行列 M^{-1} に他ならない.

行列指数関数 e^M も典型的な行列値関数であり,具体的には,

$$e^M = \sum_{j=0}^{d-1} e^{m_j} |e_j\rangle\langle e_j| \tag{1.33}$$

$$= \sum_{k=0}^{\infty} \frac{1}{k!} \sum_{j=0}^{d-1} (m_j)^k |e_j\rangle\langle e_j| \tag{1.34}$$

$$= \sum_{k=0}^{\infty} \frac{M^k}{k!} \tag{1.35}$$

と書き下すことができる.対数関数 $\log M = \sum_{j=0}^{d-1} \log[m_j]|e_j\rangle\langle e_j|$ も頻繁に用いる行列値関数である.

行列値関数は正規行列以外に拡張できる場合もある.特に多項式に関しては,通常の行列積と行列和を繰り返すことで,任意の $O \in \mathcal{B}(\mathcal{H})$ に対して定義される.指数関数も同様である.また,任意の $O \in \mathcal{B}(\mathcal{H},\mathcal{K})$ に対して定義される重要な関数として,演算子の絶対値 $|O| = \sqrt{O^\dagger O}$ がある.

1.5 極分解と特異値分解

線形代数の基礎的な定理として,極分解 (*polar decomposition*) と特異値分解 (*singular value decomposition*) を紹介する.

定理 1.10(極分解) ヒルベルト空間 $\mathcal{H}$ から $\mathcal{K}$ への演算子 $O \in \mathcal{B}(\mathcal{H},\mathcal{K})$ に対し,

$$O = U^{\mathcal{H}\to\mathcal{K}}|O| = |O^\dagger|V^{\mathcal{H}\to\mathcal{K}} \tag{1.36}$$

を満たす部分アイソメトリ $U^{\mathcal{H}\to\mathcal{K}}$ と $V^{\mathcal{H}\to\mathcal{K}}$ が存在する.この分解を極分解 (*polar decomposition*) と呼ぶ.

定理 1.10 において,$|O| = \sqrt{O^\dagger O}$ は $\mathcal{H}$ 上の半正定値演算子,$|O^\dagger| = \sqrt{OO^\dagger}$ は $\mathcal{K}$ 上の半正定値演算子である.したがって,定理 1.10 は任意の $O \in \mathcal{B}(\mathcal{H},\mathcal{K})$ は部分アイソメトリと半正定値行列の積で書けることを示唆している.$O \in \mathcal{B}(\mathcal{H})$ の場合は,$O = U|O| = |O^\dagger|V$ を満たすユニタリ $U,V \in \mathsf{U}(\mathcal{H})$ が存在する.また,極分解にはヒルベルト空間の正規直交基底に依存する項が現れないため,正規直交基底の選び方には依存しない分解である.

一方で,特異値分解は対角化の一般化ともいえる概念である.正規行列はユニタリ行列で対角化可能だが,以下の特異値分解はユニタリをアイソメトリで置き換えることで任意の行列に対して実行できる.

定理 1.11(特異値分解) ヒルベルト空間 $\mathcal{H}$ から $\mathcal{K}$ への演算子 $O \in \mathcal{B}(\mathcal{H},\mathcal{K})$ に対して,$O = U\Sigma V$ を満たす $U \in \mathsf{U}(\mathcal{K})$,$V \in \mathsf{U}(\mathcal{H})$ が存在する.ここで,

$$\Sigma = \begin{cases} \begin{pmatrix} D & 0 \end{pmatrix} & \dim\mathcal{H} > \dim\mathcal{K} \text{ の場合} \\ D & \dim\mathcal{H} = \dim\mathcal{K} \text{ の場合} \\ \begin{pmatrix} D \\ 0 \end{pmatrix} & \dim\mathcal{H} < \dim\mathcal{K} \text{ の場合} \end{cases} \tag{1.37}$$

であり，D は対角成分が非負の実数で与えられるサイズ $\min\{\dim\mathcal{H}, \dim\mathcal{K}\}$ の正方対角行列である．この分解を O の特異値分解と呼び，Σ の対角成分を O の特異値と呼ぶ．O の特異値は順序を除いて一意に決まる．

極分解とは異なり，特異値分解では対角行列というヒルベルト空間の正規直交基底の選び方に依存する行列が現れるため，特異値分解は正規直交基底に依存する分解である．特異値分解は，極分解で現れる演算子 $|O|$ を対角化することで得られる．したがって，与えられた演算子 $O \in \mathcal{B}(\mathcal{H}, \mathcal{K})$ の特異値を求めるためには，その絶対値 $|O|$ を対角化すればよい．演算子 $O \in \mathcal{B}(\mathcal{H}, \mathcal{K})$ の非ゼロの特異値の個数を，その演算子のランク（*rank*）という．ランクが $\min\{\dim\mathcal{H}, \dim\mathcal{K}\}$ と一致するとき，その演算子をフルランク（*full rank*）という．

2 量子論の一般的な枠組み

本章では，量子論を公理的に復習しつつ，量子論が持つ確率的側面を整理する．やや数学的な表現が多くなるため，量子論の物理的側面に興味がある読者は量子力学の標準的な教科書も併せ読むとよいだろう．

2.1 量子論の五公理

2.1.1 物理系とヒルベルト空間，量子状態

量子論の舞台となるのはヒルベルト空間である．量子論の文脈では状態空間（*state space*）と呼ぶ．

公理1（量子状態）　任意の物理系に対して，系の状態空間と呼ばれるヒルベルト空間 $\mathcal{H}$ が存在する．$\mathcal{H}$ の単位ベクトルは，その系の量子状態を与える．

公理1はヒルベルト空間 $\mathcal{H}$ の単位ベクトルがその物理系の状態を定めることを主張する．しかし，この対応は一対一ではなく，量子論においては $e^{i\theta}|\phi\rangle$ $(\theta \in [0, 2\pi))$ は全て同じ量子状態を表す．つまり，量子状態の表現は $e^{i\theta}$ だけの自由度を持っており，その自由度をグローバル位相（*global phase*）という．以降では，$e^{i\theta}|\phi\rangle \sim |\phi\rangle$ という同値類を導入することで，グローバル位相の自由度を無視することにする．また，公理1の逆，つまり，全ての量子状態が $\mathcal{H}$ 上の単位ベクトルで記述される訳ではないことにも注意されたい．この点に関しては 2.2 節でより詳細に述べる．

状態空間と量子状態の具体例として，n-qubit の系を考えよう．1-qubit Pauli-Z 演算子の固有状態を $\{|0\rangle, |1\rangle\}$ と書くことにすると，それらは量子状態である．より一般には，$|\alpha|^2 + |\beta|^2 = 1$ を満たす $\alpha, \beta \in \mathbb{C}$ を用いて，$\alpha|0\rangle + \beta|1\rangle$ と表せるベクトルは全て量子状態に対応している．特に，

$$|\pm\rangle := \frac{1}{\sqrt{2}}\bigl(|0\rangle \pm |1\rangle\bigr) \tag{2.1}$$

はよく用いられる量子状態であり，Pauli-X 演算子の固有ベクトルになっている．量子状態 $|0\rangle$, $|1\rangle$, $|\pm\rangle$ の表記は，本書を通じて使い続ける．

練習問題7　(2.1) で与えられる量子状態 $|\pm\rangle$ が，Pauli-X 演算子の固有ベクトルであることを確かめよ．また，各々に対応する固有値を求めよ．

　量子二準位系の一般化として，量子 d 準位系を考えることもできる．この場合は，qubit の類推から *qudit* という名前が付けられており，対応する状態空間の次元は d である．

■ 2.1.2　物理系の時間発展とユニタリ

　量子論の二つ目の公理は，物理系の時間発展ダイナミクスに関するものである．

公理2（時間発展）　ヒルベルト空間 $\mathcal{H}$ に作用する任意のユニタリ U に対して，量子状態 $|\psi\rangle$ を量子状態 $U|\psi\rangle$ に変換する物理プロセスが存在する．

　ユニタリで記述される時間発展は，特に**ユニタリ時間発展**という．公理1と同様に，物理系における時間発展が必ずユニタリで記述できる訳ではないが，この点については 2.3 節で詳細に説明する．

　公理2を無限小時間で近似することによって，量子系での時間発展を記述する微分方程式を形式的に導出できる．ユニタリ $U(t, t+dt)$ が，ある時刻 t の量子状態 $|\phi(t)\rangle$ を $|\phi(t+dt)\rangle$ に変換する時間発展に対応するとする．つまり，

$$|\phi(t+dt)\rangle = U(t, t+dt)|\phi(t)\rangle \tag{2.2}$$

である．この両辺を dt の一次までで展開すると，左辺は $|\phi(t)\rangle + d|\phi(t)\rangle$ となる．一方で，右辺はエルミート演算子 $H(t)$ を用いて $U(t, t+dt) = I - iH(t)dt$ と書ける．ここで，任意のユニタリ V はエルミート演算子 K を用いて $V = e^{iK}$ と書けることを用い，指数関数を一次まで展開した．よって，(2.2) の右辺は $|\phi(t)\rangle - iH(t)|\phi(t)\rangle dt$ である．辺々を比較して

$$\frac{d}{dt}|\phi(t)\rangle = -iH(t)|\phi(t)\rangle \tag{2.3}$$

を得る．この微分方程式が量子系の時間発展を記述するものであり，定数倍を除いてシュレーディンガー方程式に一致する．このエルミート演算子 $H(t)$ を，物理系のハミルトニアンと呼ぶ．

　ユニタリ時間発展の具体例として，1-qubit 上の Pauli 演算子による時間発展を見ておこう．Pauli 演算子はユニタリなので，対応する時間発展を実現する物理プロセスが存在する．1-qubit の量子状態 $\alpha|0\rangle + \beta|1\rangle$ が Pauli-Z 演算子や Pauli-X 演算子によって時間発展すると，

$$\alpha|0\rangle + \beta|1\rangle \xrightarrow{Z} \alpha|0\rangle - \beta|1\rangle \tag{2.4}$$

$$\alpha|0\rangle + \beta|1\rangle \xrightarrow{X} \alpha|1\rangle + \beta|0\rangle \tag{2.5}$$

と変換される．前者は量子状態 $|0\rangle$ や $|1\rangle$ のビット値 0 or 1 に応じて，項の位相が 1 から -1 へとが反転することから，Pauli-Z 演算子を $\{|0\rangle, |1\rangle\}$ の**位相反転演算子**（*phase-flip operator*）と呼ぶことがある．同様に，後者は量子状態 $|0\rangle$ や $|1\rangle$ のビット値が反転することから，Pauli-X 演算子を $\{|0\rangle, |1\rangle\}$ の**ビット反転演算子**（*bit-flip operator*）と呼ぶことがある．

一方で，量子状態 $\{|0\rangle, |1\rangle\}$ を $\{|\pm\rangle\}$ に変換するユニタリは *Hadamard* 演算子（*Hadamard operator*）と呼ばれており，具体的には

$$H = |+\rangle\langle 0| + |-\rangle\langle 1| = \frac{1}{\sqrt{2}} \begin{pmatrix} 1 & 1 \\ 1 & -1 \end{pmatrix} \tag{2.6}$$

で与えられる．Hadamard 演算子 H はトレースレスかつエルミート演算子である．また，H は，自身が逆行列になっている．

練習問題 8 Hadamard 演算子 H の逆行列がそれ自身であることを確かめよ．また，H の固有値と固有状態を求めよ．

練習問題 9 Pauli 演算子と Hadamard 演算子が $HXH = Z$，$HYH = -Y$，$HZH = X$ を満たすこと示せ．つまり，Hadamard 演算子は，共役作用によって 1-qubit Pauli 群 P_1 の元の置換を導く．

■ 2.1.3　量子系の測定

三つ目の公理は，量子測定（*quantum measurement*）に関するものである．

公理 3（量子測定）　量子系の状態空間が d 次元ヒルベルト空間 $\mathcal{H}$ で与えられたとする．状態空間 $\mathcal{H}$ の正規直交基底 $\{|e_j\rangle\}_{j=0}^{d-1}$ と，量子状態 $|\phi\rangle \in \mathcal{H}$ に対して，測定結果 j を確率 $p_j = |\langle e_j|\phi\rangle|^2$ で出力し，結果が j のときに量子状態を $|e_j\rangle$ に変化させる量子測定が存在する．

練習問題 10 公理 3 で与えられる $\{p_j\}_{j=0,\dots,d-1}$ が実際に確率分布であることを確かめよ．つまり，$\sum_{j=0}^{d-1} p_j = 1$ と $0 \leq p_j \leq 1$ が全ての j について成り立つことを示せ．

公理 3 の正規直交基底 $\{|e_j\rangle\}_{j=0}^{d-1}$ のことを，測定基底（*measurement basis*）と呼ぶ．正規直交基底は一意には定まらないため，様々な測定基底での測定が存在することに注意せよ．

公理 3 は，量子の世界では確率が本質的であることを意味する．例えば，全く同じ量子状態 $|\phi\rangle$ を準備して，全く同じ量子測定 $\{|e_j\rangle\}_{j=0}^{d-1}$ を行ったとしても，測定のたびに測定結果は異なる値を取る．これは量子系の大きな特徴の一つであり，古典系では起こりえない．古典系にも確率の概念は存在するが，古典系での確率的現象は，原理的には値は確定しているが知識不足のために結果が確率的に見えるものである．例えばサイコロの目を考えると，サイコロの動きを力学的に解析すれば，原理的には振った時点でサイコロの値を予言できる．通常はそのようなことは行わないために，サイコロの目が確率的に出るように見えるだけである．

公理 3 から，量子状態 $|\phi\rangle$ に対する可観測量 O の期待値を導出できる．そのために，可観測量 O を $O = \sum_{j=0}^{d-1} o_j |e_j\rangle\langle e_j|$ と対角化する．可観測量はエルミート演算子なので，$o_j \in \mathbb{R}$ で，固有ベクトルの集合 $\{|e_j\rangle\}_j$ は正規直交基底をなす．与えられた可観測量 O の固有ベクトルによる量子測定を，可観測量 O の測定，もしくは，エルミート演算子 O の

測定と呼ぶ. 可観測量 O の測定を行うと, 確率 $p_j = |\langle e_j|\phi\rangle|^2$ で出力 j を得る. 各出力に対して, 対応する固有値 o_j を対応させて期待値を取ると,

$$\langle O\rangle_\phi := \sum_j p_j o_j = \sum_j o_j |\langle e_j|\phi\rangle|^2 = \langle\phi|\left(\sum_j o_j|e_j\rangle\langle e_j|\right)|\phi\rangle = \langle\phi|O|\phi\rangle \tag{2.7}$$

を得る. 量子力学の通常の教科書では, 可観測量 O の量子状態 $|\phi\rangle$ による期待値が $\langle\phi|O|\phi\rangle$ で与えられると定義されることもあるが, この計算から, その背後にあるのは公理 3 であることが分かる.

練習問題 11　1-qubit の量子状態 $|\phi\rangle = \alpha|0\rangle + \beta|1\rangle$ $(\alpha,\beta \in \mathbb{C},\ |\alpha|^2 + |\beta|^2 = 1)$ に対して, 以下を示せ.

$$\langle Z\rangle_\phi = 2|\alpha|^2 - 1, \quad \langle X\rangle_\phi = 2\mathrm{Re}[\bar{\alpha}\beta], \quad \langle Y\rangle_\phi = 2\mathrm{Im}[\bar{\alpha}\beta] \tag{2.8}$$

■2.1.4　複合量子系とテンソル積

量子系が二つ以上あるときに, それらをまとめて一つの量子系とみなすこともできる. そのような系を複合量子系 (*composite quantum system*), もしくは単に, 複合系 (composite system) と呼ぶ. 複合量子系の記述方法を与える公理が以下である.

公理 4(複合系)　複合量子系の状態空間は, それぞれの量子系の状態空間のテンソル積で与えられる. 複合量子系を構成する各量子系を部分系と呼ぶ.

量子情報科学では, 部分系 A と部分系 B からなる複合量子系を AB と表すことが多い. 複合量子系を考える際には, 状態空間, 量子状態, 演算子などに, 系の添え字を記しておくと便利である. 例えば, 部分系 A の状態空間を $\mathcal{H}^A$, 部分系 B の状態空間を $\mathcal{H}^B$ とすると, 複合量子系 AB の状態空間 $\mathcal{H}^{AB}$ は,

$$\mathcal{H}^{AB} = \mathcal{H}^A \otimes \mathcal{H}^B \tag{2.9}$$

となり, 各部分系の状態空間の次元を d_A, d_B とおくと, 複合系の状態空間の次元は $d_A d_B$ で与えられる. また, 複合量子系 AB 上の量子状態を $|\phi\rangle^{AB} \in \mathcal{H}^{AB}$, 演算子を O^{AB} などと記す. この表記を用いると, テンソル積の順番を意識する必要がないという利点がある. 例えば,

$$|v\rangle^A \otimes |w\rangle^B = |w\rangle^B \otimes |v\rangle^A, \quad U^A \otimes V^B = V^B \otimes U^A \tag{2.10}$$

などである. しばしばテンソル積を省略して書くこともある. $|v\rangle^A|w\rangle^B = |v\rangle^A \otimes |w\rangle^B$ や $|j,k\rangle^{AB} = |j\rangle^A \otimes |k\rangle^B$, $U^A V^B = U^A \otimes V^B$ といった具合である. ただし, 最後の演算子の表記は行列積と紛らわしいため, 注意されたい. また, 恒等演算子もしばしば省略することにする. 例えば,

$$U^B|\phi\rangle^{AB} = (I^A \otimes U^B)|\phi\rangle^{AB} \tag{2.11}$$

などという表記を用いる. このことは後に再び説明するが, 本書を通じて用いる記法であるので注意されたい. なお, 文脈から明らかな場合は表記が煩雑になることを避ける

ために，系を表す添え字は適宜省略することがある．

系 A と系 B が同じ次元を持つときに，$|\phi\rangle^A$ と書くと系 A が量子状態 $|\phi\rangle$ にあることを意味し，$|\phi\rangle^B$ と書くと系 B が量子状態 $|\phi\rangle$ にあることを意味する．どちらも同じ状態であるが，定義されている系が異なる．演算子に対しても同様で，O^A と O^B はどちらも同じ演算子だが，作用する系が異なる．

公理4を公理1〜3と組み合わせることで，$|\phi\rangle^A |\psi\rangle^B$, $U^A \otimes V^B$, $\{|a_j\rangle^A \otimes |b_k\rangle^B\}_{j,k=0}^{d_A-1,d_B-1}$（ただし，$d_A$ と d_B は各々の量子系の次元）が，各々，複合物理系 AB の量子状態，ユニタリ時間発展，量子測定になることが分かる．このようにテンソル積で表現できるものを，テンソル積状態（*tensor-product state*），局所ユニタリ（*local unitary*），局所量子測定（*local quantum measurement*）と呼ぶ．

もちろん，テンソル積の形では記述できない量子状態，ユニタリ時間発展，量子測定も存在する．例えば，ヒルベルト空間 $\mathcal{H}^{AB}$ の量子状態は，一般にはテンソル積状態の線形和で与えられる．例えば，

$$\frac{1}{\sqrt{2}}\left(|0\rangle^A \otimes |0\rangle^B + |1\rangle^A \otimes |1\rangle^B\right) \tag{2.12}$$

は複合系 AB の量子状態だが，各部分系の量子状態を用いて $|\varphi\rangle^A \otimes |\psi\rangle^B$ という形では書けないため，テンソル積状態ではない．テンソル積状態ではない量子状態をエンタングル状態（*entangled state*）と呼ぶ．一般にはエンタングル状態はより広い概念だが，その詳細については 3.2.1 項で述べる．

練習問題 12 (2.12) がエンタングル状態であることを示せ．

ユニタリや量子測定においてもテンソル積単項では記述できないものが数多く存在し，局所と対比してグローバル・ユニタリ（*global unitary*）やグローバルな量子測定（*global measurement*）と呼ぶ．これらの性質に関しては次節以降で，より詳細に説明する．

さて，複合系の量子状態 $|\Psi\rangle^{AB}$ に対して，*Schmidt* 分解と呼ばれる便利な記述方法が存在する．

定理 2.1（*Schmidt* 分解）　複合物理系 AB の任意の量子状態 $|\Psi\rangle^{AB}$ に対して，部分系 A と部分系 B の適切な正規直交基底 $\{|a_j\rangle^A\}_{j=0}^{d_A-1}$ と $\{|b_j\rangle^B\}_{j=0}^{d_B-1}$ が存在し，

$$|\Psi\rangle^{AB} = \sum_{j=0}^{d_{\min}-1} \sqrt{\lambda_j} |a_j\rangle^A |b_j\rangle^B \tag{2.13}$$

と分解できる．ただし，$d_{\min} = \min\{d_A, d_B\}$, $\lambda_j \in \mathbb{R}_{\geq}$, $\sum_j \lambda_j = 1$ である．この分解を $|\Psi\rangle^{AB}$ の Schmidt 分解と呼ぶ．$\{\sqrt{\lambda_j}\}_{j=0}^{d_{\min}-1}$ を *Schmidt* 係数，系 A と系 B の分解基底を *Schmidt* 基底，非ゼロの Schmidt 係数の数を $|\Psi\rangle^{AB}$ の *Schmidt* ランクと呼ぶ．Schmidt 係数と Schmidt ランクは一意に定まる．

証明（定理 2.1 の証明）　一般性を失わずに $d_A \leq d_B$ とする．系 A での正規直交基底 $\{|e_j\rangle\}_{j=0}^{d-1_A}$ と系 B での正規直交基底 $\{|f_k\rangle\}_{k=0}^{d_B-1}$ を用いると，$|\Psi\rangle^{AB}$ は

$$|\Psi\rangle^{AB} = \sum_{j=0}^{d_A-1} \sum_{k=0}^{d_B-1} c_{jk} |e_j\rangle^A |f_k\rangle^B \tag{2.14}$$

と分解できる. ここで, 行列 $C = (c_{jk})_{jk}$ を考えると, これは $d_A \times d_B$ の行列である. 行列 C の特異値分解を $C = UDV$ とする. ただし, U は $d_A \times d_A$ のユニタリ, V は $d_B \times d_B$ のユニタリであり, D は, 非負の対角成分を持つ $d_A \times d_A$ の対角行列 Λ を用いて

$$D = \begin{pmatrix} \Lambda & O \end{pmatrix} \tag{2.15}$$

で与えられる $d_A \times d_B$ 行列である.

この分解を行列の成分で表現すると,

$$c_{jk} = \sum_{p=0}^{d_A-1} U_{jp} \Lambda_{pp} V_{pk} \tag{2.16}$$

を得る. ここで, (2.15) で与えられる D の具体形を用いた. この形を用いると,

$$|\Psi\rangle^{AB} = \sum_{p=0}^{d_A-1} \Lambda_{pp} \Big(\sum_{j=0}^{d_A-1} U_{jp} |e_j\rangle^A \Big) \Big(\sum_{k=0}^{d_B-1} V_{pk} |f_k\rangle^B \Big) \tag{2.17}$$

$$= \sum_{p=0}^{d_A-1} \sqrt{\lambda_p} \, |a_p\rangle^A |b_p\rangle^B \tag{2.18}$$

を得る. ただし, $\sqrt{\lambda_p} = \Lambda_{pp}$, $|a_p\rangle^A := \sum_{j=0}^{d_A-1} U_{jp} |e_j\rangle^A$, $|b_p\rangle^B := \sum_{k=0}^{d_B-1} V_{pk} |f_k\rangle^B$ である.

U と V がユニタリ行列であることから, $\{|a_p\rangle\}_{p=0}^{d_A-1}$ と $\{|b_p\rangle\}_{p=0}^{d_B-1}$ は, それぞれ系 A と系 B の正規直交基底である. さらに, 行列 C の特異値 Λ_{pp} は非負の実数なので, $\sqrt{\lambda_p} \in \mathbb{R}_{\geq}$ が従う. また, $|\Psi\rangle^{AB}$ の規格化条件より $\sum_p \lambda_p = 1$ を満たす. $d_A \leq d_B$ と仮定したため, (2.18) は Schmidt 分解に他ならない. Schmidt 係数と Schmidt ランクの一意性は, 特異値の一意性から従う. □

この証明から, 量子状態の Schmidt 分解を求めるためには, その展開係数で定まる行列を特異値分解すればよいことが分かる. ただし, 手で計算する際にはもう少し楽な方法もあり, それは 2.2.2 項で見る.

練習問題 13 $|\Psi\rangle^{AB}$ がエンタングルしている必要十分条件は, その Schmidt ランクが 2 以上であることを示せ. また, $(|0\rangle^A |0\rangle^B + |1\rangle^A |1\rangle^B)/\sqrt{2} = (|+\rangle^A |+\rangle^B + |-\rangle^A |-\rangle^B)/\sqrt{2}$ を確かめよ. このように, Schmidt 基底は一意ではない.

最後に, 公理 4 を再帰的に適用することで, 二つ以上の物理系をまとめて記述するためには各ヒルベルト空間のテンソル積を取ればよいことも分かる. 例えば, 物理系 A, 物理系 B, 物理系 C をまとめた複合系の状態空間は $\mathcal{H}^A \otimes \mathcal{H}^B \otimes \mathcal{H}^C$ である.

■2.1.5 因 果 律

量子論の最後の公理は, 複合系における情報伝達に関する公理である [*1].

[*1] 公理 5 を量子論の公理とするか否かは多分に任意性がある. しかし, 因果律を公理として採用することで今後の議論の見通しがよくなるため, 本書では因果律を公理として採用する.

公理5（因果律）　部分系の量子状態は，他の部分系での操作の結果が伝えられない限り，他の部分系でのいかなる操作をしたとしても不変である．

　公理5はやや抽象的であるため，具体的な説明を付け加えておこう．複合物理系 AB が量子状態 $|\phi\rangle^{AB}$ にあるときに，部分系 A だけに着目する．もちろん，部分系 A も何らかの量子状態にある訳だが，物理的に考えると，系 A の量子状態は $|\phi\rangle^{AB}$ の部分系 B に何らかの操作（例えばユニタリ時間発展や量子測定）をしたとしても，変化しないことが期待される．そのような物理的な期待を公理としたのが，公理5である．

　もちろん，部分系 B から部分系 A に何らかの情報伝達が行われた際には，部分系 A の量子状態は変化しうることに注意されたい．例えば，部分系 B を量子測定し，その測定結果を部分系 A に伝えることで，部分系 A を記述する量子状態は変化する．このように，情報を伝達することで系の状態が変化することは量子系に特有ではなく，日常的にもよく起こることである．例えば，他人が振ったサイコロの目は，何も情報がなければ各目の確率が 1/6 だが，目の値を知った後には確率1で一つの値に収束する．

2.2　混 合 状 態

　以上の公理1〜5によって，量子論の枠組みが与えられる．ここからはそれらの公理を組み合わせることで，量子の世界の深遠を明らかにしていく．まず，公理1「量子状態」，公理3「量子測定」，公理4「複合量子系」を組み合わせることで，一般の量子状態がどのように記述されるかを考えよう．

2.2.1　エンタングル量子状態と部分系での量子状態の確率混合

　複合物理系 AB がエンタングルした量子状態 $|\Psi\rangle^{AB}$ にあるとき，その部分系 A の量子状態はどのように記述されるかを考える．このことを考える手がかりとして，量子状態 $|\Psi\rangle^{AB}$ の局所量子測定 $\{|a_j\rangle^A \otimes |b_k\rangle^B\}_{j,k=0}^{d_A-1,d_B-1}$ の測定結果を二通りの方法で表現する．

　まず，公理3より，部分系 A に測定結果 j，部分系 B に測定結果 k が出力される確率 $P(j,k)$ は

$$P(j,k) = \left| (\langle a_j|^A \otimes \langle b_k|^B) |\Psi\rangle^{AB} \right|^2 \tag{2.19}$$

で与えられる．ここで，$|\Psi_k\rangle^A := (I^A \otimes \langle b_k|^B)|\Psi\rangle^{AB}$ という部分系 A のベクトルを導入すると，

$$P(j,k) = \left| \langle a_j|\Psi_k\rangle \right|^2 \tag{2.20}$$

と表現できる．また，$\||\Psi_k\rangle^A\|_2 \leq 1$ である．既に述べたとおり，本書では恒等演算子を省略して書く記法を用いるため，以降では $|\Psi_k\rangle^A = \langle b_k|^B|\Psi\rangle^{AB}$ と表現する．

　一方で，同じ状況を，部分系 B をまず $\{|b_k\rangle\}_k$ で測定し，その後，部分系 A を $\{|a_j\rangle\}_j$ で測定したと考える．部分系 B を $\{|b_k\rangle\}_k$ で測定して結果 k を確率 $P(k)$ で得たとすると，部分系 A はその測定結果 k に応じて一般には何らかの量子状態 $|\psi_k\rangle^A$ に変化する．

この部分系 A の量子状態 $|\psi_k\rangle^A$ を $\{|a_j\rangle\}_j$ で測定して測定結果 j が得られる確率は条件付き確率になり,

$$P(j|k) = \left|\langle a_j|\psi_k\rangle\right|^2 \tag{2.21}$$

で与えられる. 条件付き確率は $P(j,k) = P(j|k)P(k)$ を満たすので,

$$P(j,k) = P(k)\left|\langle a_j|\psi_k\rangle\right|^2 = \left|\langle a_j|\sqrt{P(k)}|\psi_k\rangle\right|^2 \tag{2.22}$$

と書ける.

確率 $P(j,k)$ を (2.20), (2.22) のように二通りで表現することで, 部分系 A の任意の測定基底 $\{|a_j\rangle\}_j$ に対して

$$\left|\langle a_j|\Psi_k\rangle\right|^2 = \left|\langle a_j|\sqrt{P(k)}|\psi_k\rangle\right|^2 \tag{2.23}$$

が成り立つことが分かる. したがって,

$$\sqrt{P(k)}|\psi_k\rangle^A = |\Psi_k\rangle^A = \langle b_k|^B|\Psi\rangle^{AB} \tag{2.24}$$

を得る. 量子状態 $|\psi_k\rangle^A$ のノルムが 1 であることを思い出すと,

$$P(k) = \left|\langle b_k|^B|\Psi\rangle^{AB}\right|^2 \tag{2.25}$$

$$|\psi_k\rangle^A = \frac{\langle b_k|^B|\Psi\rangle^{AB}}{\left|\langle b_k|^B|\Psi\rangle^{AB}\right|} \tag{2.26}$$

となる.

このように, 複合系 AB の量子状態 $|\Psi\rangle^{AB}$ の部分系 B を $\{|b_k\rangle\}_k$ で測定して, 確率 $P(k)$ で測定結果 k が得られたとき, その測定結果 k を知っているという条件の下では, 部分系 A の量子状態は (2.26) の量子状態 $|\psi_k\rangle^A$ に変化することが分かる. もちろん, 測定結果は確率的にしか得られない. したがって, 複合系 AB が量子状態 $|\Psi\rangle^{AB}$ にある場合に部分系 B を測定し, その測定結果を知らない状況においては, 残りの部分系 A は, $P(k)$ という確率で $|\psi_k\rangle$ という量子状態にある. このような状況を,

$$\left\{P(k) = \left|\langle b_k|^B|\Psi\rangle^{AB}\right|^2, \quad |\psi_k\rangle^A = \frac{\langle b_k|^B|\Psi\rangle^{AB}}{\left|\langle b_k|^B|\Psi\rangle^{AB}\right|}\right\} \tag{2.27}$$

という**量子状態のアンサンブル**を用いて表現する. 量子状態のアンサンブルは, 部分系 A の状態空間 $\mathcal{H}^A$ の単位ベクトルでは表現できないことには注意されたい. 公理1では, 状態空間の任意の単位ベクトルは量子状態であるとしたが, その形では表現できない量子状態も存在することが, この議論から分かる.

部分系の量子状態を (2.27) のような形でアンサンブル表現する方法は, 直観的で分かりやすい. しかし, そのアンサンブルは他の部分系での測定基底に依存している. 例えば, (2.27) は, 明らかに部分系 B の測定基底 $\{|b_k\rangle\}_k$ に依存している. つまり, 部分系の量子状態をアンサンブルを用いて表現しようとすると, 興味のある系 A だけで閉じた表記にならない. この問題を解決するのが, **密度演算子** (*density operator*) を用いた表現である.

以下では, まず次項で密度演算子を導入し, その後, 量子状態のアンサンブル表現と密度演算子による表現の関係を調べることにしよう.

■ 2.2.2　量子状態のアンサンブルと密度演算子

一般に，量子状態のアンサンブル $\{p_j, |\psi_j\rangle\}_j$ が与えられたときに，

$$\rho = \sum_j p_j |\psi_j\rangle\langle\psi_j| \tag{2.28}$$

という演算子を密度演算子，もしくは，密度行列（density matrix）と呼ぶ．ここで，$\{|\psi_j\rangle\}$ は一般には非直交であることに留意せよ．

練習問題 14　密度演算子 ρ が，半正定値 $\rho \geq 0$ かつ単位トレース $\mathrm{Tr}[\rho] = 1$ であることを示せ．

練習問題 14 は，半正定値かつ単位トレースの演算子を密度演算子とみなせることを示唆する．実際，σ を半正定値かつ単位トレースの演算子とすると，σ を対角化することで，単位ベクトルの集合 $\{|\sigma_\alpha\rangle\}_\alpha$ を用いて $\sigma = \sum_\alpha q_\alpha |\sigma_\alpha\rangle\langle\sigma_\alpha|$ と分解できる．ここで，$\sigma \geq 0$ であるため，σ の固有値 q_α は全て非負である．さらに，$\mathrm{Tr}[\sigma] = 1$ から $\sum_\alpha q_\alpha = 1$ が成立するため，$\{q_\alpha\}_\alpha$ は確率分布である．つまり，σ は量子状態のアンサンブル $\{q_\alpha, |\sigma_\alpha\rangle\}$ に対応する密度演算子とみなせる．この事実に基づき，密度演算子を以下のように定義しよう．

定義 2.2（密度演算子）　演算子 $\rho \in \mathcal{B}(\mathcal{H})$ で $\rho \geq 0$ かつ $\mathrm{Tr}[\rho] = 1$ を満たすものを，密度演算子と呼ぶ．ヒルベルト空間 $\mathcal{H}$ 上の密度演算子全体の集合を $\mathcal{S}(\mathcal{H})$ と表す．

量子状態 $|\psi\rangle$ は，確率 1 で $|\psi\rangle$ にあるという自明な量子状態のアンサンブルとみなすことで，密度演算子では $|\psi\rangle\langle\psi|$ と表現できる．この演算子はランクが 1 であるが，ランクが 1 の密度演算子で記述される量子状態を**純粋状態**（*pure state*）と呼ぶ．ランクが 2 以上の密度演算子で記述される量子状態は**混合状態**（*mixed state*）と呼ぶ．

複合系 AB が量子状態 $|\Psi\rangle^{AB}$ にあるときに，部分系 A の量子状態を密度演算子で表現することができる．このことを考えるために，まず，部分トレース（*partial trace*）という操作を導入しよう．

定義 2.3（部分トレース）　複合量子系 AB が与えられたときに，$\{|b_k\rangle\}_{k=0}^{d_B-1}$ を $\mathcal{H}^B$ の正規直交基底とする．演算子 $O^{AB} \in \mathcal{B}(\mathcal{H}^{AB})$ に対して，

$$\mathrm{Tr}_B[O^{AB}] := \sum_{k=0}^{d_B-1} \langle b_k|^B O^{AB} |b_k\rangle^B \tag{2.29}$$

で与えられる $\mathcal{B}(\mathcal{H}^{AB})$ から $\mathcal{B}(\mathcal{H}^A)$ への写像を系 B の部分トレースと呼ぶ．

定義 2.3 の (2.29) では，系 A 上の恒等演算子 I^A が省略されていることに気を付けよ．系 B の部分トレースを取ることを，系 B をトレースアウトすると表現することもある．密度演算子の一部をトレースアウトした演算子を，縮約密度演算子（*reduced density operator*）や縮約密度行列（*reduced density matrix*），縮約状態（*reduced state*）等と呼ぶ．

練習問題 15　部分トレースは，正規直交基底の選び方に依存しないことを示せ．

練習問題 16　系 A と系 B がどちらも 1-qubit である場合を考える．量子状態 $|\Phi_\pm\rangle^{AB} :=$ $(|00\rangle^{AB} \pm |11\rangle^{AB})/\sqrt{2}$ と，$|\Psi_\pm\rangle^{AB} := (|01\rangle^{AB} \pm |10\rangle^{AB})/\sqrt{2}$ の系 A の縮約密度演算子は，全て $I^A/2$ であることを確かめよ．

本書では，しばしば部分トレースを取ることを系の添え字によって示唆する．練習問題 16 で用いた量子状態で例示すると，

$$\Phi_\pm^A = \mathrm{Tr}_B\big[|\Phi_\pm\rangle\langle\Phi_\pm|^{AB}\big], \quad \Psi_\pm^A = \mathrm{Tr}_B\big[|\Psi_\pm\rangle\langle\Psi_\pm|^{AB}\big] \tag{2.30}$$

という表記法である．練習問題 16 より，$\Phi_\pm^A = \Psi_\pm^A = I^A/2$ である．

2.2.1 項の議論を思い出すと，複合系 AB の量子状態 $|\Psi\rangle^{AB}$ の部分系 B が測定基底 $\{|b_k\rangle\}_k$ で測定されると，部分系 A では $\{P(k), |\psi_k\rangle\}_k$ という量子状態のアンサンブルが実現する．ここで，(2.25) と (2.26) から

$$P(k) = \big|\langle b_k|^B|\Psi\rangle^{AB}\big|^2, \quad |\psi_k\rangle^A = \frac{\langle b_k|^B|\Psi\rangle^{AB}}{\big|\langle b_k|^B|\Psi\rangle^{AB}\big|} \tag{2.31}$$

で与えられることを思い出すと，このアンサンブルに対応する密度演算子は，

$$\sum_k P(k)|\psi_k\rangle\langle\psi_k|^A = \sum_k \langle b_k|^B|\Psi\rangle\langle\Psi|^{AB}|b_k\rangle^B \tag{2.32}$$

$$= \mathrm{Tr}_B\big[|\Psi\rangle\langle\Psi|^{AB}\big] = \Psi^A \tag{2.33}$$

になる．したがって，量子状態 $|\Psi\rangle^{AB}$ にある複合系 AB の部分系 B が測定基底 $\{|b_k\rangle\}_k$ で測定された後の部分系 A の量子状態は，縮約密度演算子 Ψ^A で与えられることが分かった．

ここで，練習問題 15 より部分トレースは正規直交基底の選び方に依存しないため，部分系 A の縮約密度演算子 Ψ^A は部分系 B の測定基底の選び方に依存しない．したがって，縮約密度行列 Ψ^A を用いた部分系の量子状態の表現は，部分系 B の測定操作に依存しないことが分かる．このことは，量子状態のアンサンブル表現 $\{P(k), |\psi_k\rangle\}$ が部分系 B の測定基底の選び方に依存することとは対照的である．

練習問題 17　Schmidt 分解と縮約密度行列の関係について考える．複合量子系 AB の純粋状態 $|\Psi\rangle^{AB}$ の Schmidt 分解を

$$|\Psi\rangle^{AB} = \sum_{j=0}^{d_A-1} \sqrt{\lambda_j}\,|a_j\rangle^A \otimes |b_j\rangle^B \tag{2.34}$$

とする．ただし，$d_A \le d_B$ とした．このとき，系 A での縮約密度行列の固有値と固有状態が，$\{\lambda_j\}_{j=0}^{d_A-1}$ と $\{|a_j\rangle^A\}_{j=0}^{d_A-1}$ で与えられることを示せ．また，系 B の縮約密度行列の固有値が $\{\lambda_j\}_{j=0}^{d_A-1}$ と d_B-d_A 個の 0 の和集合で与えられ，固有状態が $\{|b_j\rangle^B\}_{j=0}^{d_A-1}$ とそれらに正規直交する d_B-d_A 個の純粋状態の集合の和集合で与えられることを示せ．

練習問題 18　以下の 2-qubit 量子状態の Schmidt 分解を求めよ．

$$|\Psi\rangle^{AB} = \frac{1}{5\sqrt{2}}\big(5|00\rangle^{AB} - 3|10\rangle^{AB} + 4|11\rangle^{AB}\big) \tag{2.35}$$

■ 2.2.3　複合量子系の部分系の記述

前項までで，複合系の量子状態の部分系を測定した状況は，量子状態のアンサンブルを用いても表現できるし，縮約密度演算子を用いても表現できることが分かった．同じ状況を二つの方法で表現できるとなると，

1）それらの二つの表現は等価か？

2）等価でない場合は，どちらの表現がより部分系の物理を記述するのに適した表現になっているか？

という疑問が自然に湧いてくるであろう．本項では，この疑問に答える．

まず，第一の問いに対する答えは，簡単に否であることが分かる．既に述べたとおり，縮約密度演算子は他の部分系の測定操作には依存しないが，アンサンブル表現は測定結果に依存するからだ．また，二つの表現が等価でないことは，アンサンブル表現と密度演算子による表現は一対一に対応していないことからも分かる．例えば，1-qubit の密度演算子 $I/2$ は，

$$\frac{I}{2} = \frac{|0\rangle\langle 0| + |1\rangle\langle 1|}{2} = \frac{|+\rangle\langle +| + |-\rangle\langle -|}{2}$$
$$= \frac{|0\rangle\langle 0| + |\varphi_+\rangle\langle \varphi_+| + |\varphi_-\rangle\langle \varphi_-|}{3} = \int |\varphi\rangle\langle \varphi| d\varphi \tag{2.36}$$

のように様々な量子状態のアンサンブルに分解できる．ここで，三式目の $|\varphi_\pm\rangle$ は，$|\varphi_\pm\rangle = (|0\rangle \pm \sqrt{3}|1\rangle)/2$ であり，最後の等式では全ての 1-qubit の純粋状態に対して平均を取っている．このように，密度演算子を量子状態のアンサンブルに分解する方法は一意には定まらず，特に，アンサンブル内の量子状態が非直交でもよいことから，アンサンブルに含まれる量子状態の個数すらも一意には定まらない．

密度演算子をアンサンブルに分解する方法が無数に存在するということは，量子状態のアンサンブル表示と密度演算子表示は一対一には対応していないことを意味する．では，その二つのどちらの表現が，部分系の物理を記述するのにより適した表現になっているだろうか．仮に量子状態のアンサンブル表示が物理をより正しく記述するのであれば，密度演算子表示は物理系を完全には記述していないことになるし，一方で，密度演算子が正しく物理を記述するのであれば，量子状態のアンサンブル表示は冗長な表現ということになる．

この重大な問いに答える前に，部分トレースの "逆" ともいえる純粋化（*purification*）という概念を導入しよう．

定義 2.4（純粋化）　系 A の密度演算子 $\rho^A \in \mathcal{S}(\mathcal{H}^A)$ に対して，

$$\rho^A = \mathrm{Tr}_R\left[|\rho\rangle\langle \rho|^{AR}\right] \tag{2.37}$$

を満たす $|\rho\rangle^{AR} \in \mathcal{H}^{AR}$ を，系 R による ρ^A の純粋化と呼ぶ．また，系 R を ρ^A の純粋化系（purifying system）と呼ぶ．

密度演算子 ρ^A の純粋化は対角化を通じて簡単に見つけることができる．つまり，

$\rho^A = \sum_j \lambda_j |e_j\rangle\langle e_j|^A$ と対角化した上で，系 A と同じ次元を持つ系 R を準備して

$$|\rho\rangle^{AR} = \sum_j \sqrt{\lambda_j}|e_j\rangle^A \otimes |e_j\rangle^R \tag{2.38}$$

とすれば，$|\rho\rangle^{AR}$ は ρ^A の純粋化である．ただし，純粋化は一意には定まらないことには注意が必要である．この事実は，既に練習問題 16 で見た．練習問題で考えた四つの量子状態 $|\Phi_{\pm}\rangle^{AB}$，$|\Psi_{\pm}\rangle^{AB}$ の系 A での縮約密度演算子は全て $I^A/2$ で与えられるため，逆にいえば，その四つの量子状態は全て $I^A/2$ の純粋化になっている．よって，純粋化は一般には一意には定まらない．

純粋化の自由度に関する重要な定理が以下である．

定理 2.5（純粋化定理）　物理系 A の密度演算子 ρ^A の二つの純粋化 $|\rho\rangle^{AR_1}$ と $|\varrho\rangle^{AR_2}$ が与えられたとする．純粋化系 R_1 と R_2 の次元を各々 d_{R_1} と d_{R_2} とおき，一般性を失わず $d_{R_1} \le d_{R_2}$ と仮定すると，

$$|\varrho\rangle^{AR_2} = V^{R_1 \to R_2}|\rho\rangle^{AR_1} \tag{2.39}$$

を満たす $\mathcal{H}^{R_1}$ から $\mathcal{H}^{R_2}$ へのアイソメトリ $V^{R_1 \to R_2}$ が存在する．

証明（定理 2.5 の証明）　二つの純粋化 $|\rho\rangle^{AR_1}$ と $|\varrho\rangle^{AR_2}$ を Schmidt 分解すると，ρ^A の固有値 $\{\rho_j\}_{j=0}^{d_A-1}$ と固有状態 $\{|\rho_j\rangle^A\}_{j=0}^{d_A-1}$ を用いて，

$$|\rho\rangle^{AR_1} = \sum_{j=0}^{d_A-1} \sqrt{\rho_j}|\rho_j\rangle^A |e_j\rangle^{R_1} \tag{2.40}$$

$$|\varrho\rangle^{AR_2} = \sum_{j=0}^{d_A-1} \sqrt{\rho_j}|\rho_j\rangle^A |f_j\rangle^{R_2} \tag{2.41}$$

と書ける．$\{|e_j\rangle^{R_1}\}_{j=0}^{d_A-1}$ は全て互いに直交し $\{|f_j\rangle^{R_2}\}_{j=0}^{d_A-1}$ も全て互いに直交するため，$d_{R_1} \le d_{R_2}$ と併せて，全ての $j = 0,\ldots,d_A-1$ に対して

$$|f_j\rangle^{R_2} = V^{R_1 \to R_2}|e_j\rangle^{R_1} \tag{2.42}$$

を満たす $\mathcal{H}^{R_1}$ から $\mathcal{H}^{R_2}$ のアイソメトリ $V^{R_1 \to R_2}$ が存在する．よって，$|\varrho\rangle^{AR_2} = V^{R_1 \to R_2}|\rho\rangle^{AR_1}$ を得る．　　　　　　　　□

練習問題 19　量子状態 ρ^A が混合状態であることと，その純粋化 $|\rho\rangle^{AR}$ が系 A と純粋化系 R の間でエンタングルしていることは同値であることを示せ．このことより，ρ^A が純粋状態であることと，その純粋化がテンソル積状態であることも同値である．

純粋化の自由度を踏まえた上で，「量子状態のアンサンブル表示と密度演算子表示のどちらの表現が，より部分系の物理を記述するのに適しているか」という問いに答えるのが，以下の定理である．

定理 2.6　量子状態のアンサンブル $\{p_j, |\psi_j\rangle\}_{j=0}^{J-1}$ と $\{q_k, |\phi_k\rangle\}_{k=0}^{K-1}$ が

$$\sum_{j=0}^{J-1} p_j |\psi_j\rangle\langle\psi_j| = \sum_{k=0}^{K-1} q_k |\phi_k\rangle\langle\phi_k| \tag{2.43}$$

を満たすとき，それら二つのアンサンブルを区別する物理的な操作は存在しない．

証明（定理 2.6 の証明）　それぞれの量子状態のアンサンブルが系 A で定義されているものとし，(2.43) で与えられる密度演算子を ρ^A としよう．次元が J の系 B'，および，次元が K の系 B'' を導入し，それぞれの状態空間の正規直交基底を $\{|f_j\rangle^{B'}\}_{j=0}^{J-1}$ と $\{|g_k\rangle^{B''}\}_{k=0}^{K-1}$ とすれば，

$$|\varrho_1\rangle^{AB'} = \sum_{j=0}^{J-1} \sqrt{p_j}|\psi_j\rangle^A|f_j\rangle^{B'} \tag{2.44}$$

$$|\varrho_2\rangle^{AB''} = \sum_{k=0}^{K-1} \sqrt{q_k}|\phi_k\rangle^A|g_k\rangle^{B''} \tag{2.45}$$

は，どちらも ρ^A の純粋化状態である．また，純粋化状態 $|\varrho_1\rangle^{AB'}$ の系 B' を測定基底 $\{|f_j\rangle^{B'}\}_{j=0}^{J-1}$ で測定すれば，系 A でアンサンブル $\{p_j, |\psi_j\rangle\}_{j=0}^{J-1}$ が実現し，$|\varrho_2\rangle^{AB''}$ の系 B'' を測定基底 $\{|g_k\rangle^{B''}\}_{k=0}^{K-1}$ で測定すれば，系 A に $\{q_k, |\phi_k\rangle\}_{k=0}^{K-1}$ が実現する．

一方で，密度演算子 ρ^A を $\rho^A = \sum_{\alpha=0}^{d-1} \lambda_\alpha |\lambda_\alpha\rangle\langle\lambda_\alpha|^A$ と対角化すると，次元が d の系 B によって密度演算子 ρ^A を

$$|\rho\rangle^{AB} = \sum_{\alpha=0}^{d-1} \sqrt{\lambda_\alpha}|\lambda_\alpha\rangle^A|e_\alpha\rangle^B \tag{2.46}$$

と純粋化できる．ここで，$\{|e_\alpha\rangle\}_{\alpha=0}^{d-1}$ は系 B の正規直交基底で，対角化の性質から $d \leq J, K$ が成り立つ．

このようにして密度演算子 ρ^A の三つの純粋化状態が得られた．定理 2.5 より，系 B から系 B' へのアイソメトリ $V_1^{B\to B'}$ と，系 B から系 B'' へのアイソメトリ $V_2^{B\to B''}$ が存在し，

$$|\varrho_1\rangle^{AB'} = V_1^{B\to B'}|\rho\rangle^{AB} \tag{2.47}$$

$$|\varrho_2\rangle^{AB''} = V_2^{B\to B''}|\rho\rangle^{AB} \tag{2.48}$$

と書ける．この式から，複合系 AB に $|\rho\rangle^{AB}$ を準備して系 B にアイソメトリ $V_1^{B\to B'}$ を作用させてから $\{|f_j\rangle^{B'}\}_{j=0}^{J-1}$ で測定すれば，系 A には $\{p_j, |\psi_j\rangle^A\}_{j=0}^{J-1}$ が実現し，$|\rho\rangle^{AB}$ を準備して系 B にアイソメトリ $V_2^{B\to B''}$ を作用させてから $\{|g_k\rangle^{B''}\}_{j=1}^K$ で測定すれば，系 A に $\{q_k, |\phi_k\rangle\}_{k=0}^{K-1}$ が実現する．どちらの場合も，量子状態 $|\rho\rangle^{AB}$ を準備した以降は系 B のみを操作していることに注意すると，系 B への操作に応じて系 A に異なる量子アンサンブルを実現できることになる．

以上を踏まえて，定理の主張は背理法によって示される．系 A での量子状態の二つのアンサンブル $\{p_j, |\psi_j\rangle^A\}_{j=0}^{J-1}$ と $\{q_k, |\phi_k\rangle^A\}_{k=0}^{K-1}$ が，異なる物理的な状況を表現していると仮定する．つまり，その二つのアンサンブルを識別する物理操作が存在すると仮定する．しかし，各々の量子アンサンブルが上記の構成方法で系 B への操作のみで生成され

ることを思い出すと，この仮定は，系 B に $V_1^{B \to B'}$ というアイソメトリを作用させたの
か，$V_2^{B \to B''}$ というアイソメトリを作用させたのかを，系 A での物理操作だけで識別で
きることを意味する．これは，情報を送らない限りは部分系 B のいかなる操作も部分系
A に影響を及ぼさないと主張する公理 5 の因果律に反する．したがって，二つのアンサ
ンブルを識別する物理操作は存在せず，二つのアンサンブルは物理的に等価な状況を表
現することが分かる．　　　　　　　　　　　　　　　　　　　　　　　　　　　　　□

　定理 2.6 より，量子状態のアンサンブル表示は物理の記述としては冗長であり，密度
演算子を用いた表記が系の物理と一対一に対応することが示された．ここでは，純粋状
態のアンサンブルを考えたが，混合状態のアンサンブルに対しても同様の議論が成り立
ち，やはり，異なる混合状態のアンサンブルが同じ密度演算子を与えるとき，その異な
るアンサンブルを見分ける物理的な方法は存在しないことに注意せよ．

　量子論の説明では，便宜上，直観的に分かりやすい量子状態のアンサンブル表記を用
いることもある．実際，本書でもしばしば量子状態のアンサンブル表記を用いて説明を
行うこともある．ただし，それはあくまで説明の便宜上の表記であって，量子系の物理
としては，同じ密度演算子を持つ異なる量子状態のアンサンブルは物理的には決して区
別できないことは忘れてはならない．

　このようにして，複合量子系の部分系での量子状態まで考えると，密度演算子が量子状
態の最も一般的な表現であることが分かった．純粋状態に対応する密度演算子が $|\psi\rangle\langle\psi|$
で与えられることを思い出すと，密度演算子の時間発展や量子測定は，公理 2〜3 をそ
のまま拡張すればよいことが分かる．表 2.1 を参照されたい．

　表 2.1　単位ベクトルで表現される量子状態の操作と，密度演算子で表現される量子状
　　　　　態の操作のまとめ．測定確率は，測定基底 $\{|e_j\rangle\}_j$ でのもの．

	ユニタリ時間発展	測定確率	物理量の期待値	複合系
単位ベクトル	$U|\phi\rangle$	$|\langle e_j|\phi\rangle|^2$	$\langle\phi|A|\phi\rangle$	$|\phi\rangle \otimes |\psi\rangle$
密度演算子	$U\rho U^\dagger$	$\langle e_j|\rho|e_j\rangle$	$\mathrm{Tr}[A\rho]$	$\rho \otimes \sigma$

2.3　複合量子系の時間発展

　量子論の公理を組み合わせることで，混合状態という量子状態が存在することが示さ
れた．同様のことは，量子系の時間発展や量子測定においても成立し，公理 2「ユニタ
リ時間発展」や公理 3「量子測定」が与える以上の時間発展や量子測定が存在する．

　まずは，ユニタリでは記述できない時間発展が存在することを具体的に見ておこう．
1-qubit の系 A と系 E を考え，系 AE のユニタリ時間発展

$$U^{AE} = |0\rangle\langle 0|^A \otimes I^E + |1\rangle\langle 1|^A \otimes X^E \tag{2.49}$$

が起こったときに，系 A だけに着目するとどのような時間発展が実現するかを考える．

興味がある系以外の系，つまり，系 E のことを補助系（*ancillary system*）と呼ぶことにする．初期状態が $|+\rangle^A \otimes |0\rangle^E$ だったとすると，ユニタリ時間発展 U^{AE} によって量子状態 $(|00\rangle^{AE} + |11\rangle^{AE})/\sqrt{2}$ を得る．この量子状態の補助系 E をトレースアウトすると，最終的に系 A の量子状態が $I/2$ になる．この時間発展を系 A のみに着目して記述すると，

$$|+\rangle\langle+|^A \mapsto \frac{I^A}{2} \tag{2.50}$$

であることが分かる．構成から明らかなように，この時間発展は量子論の枠内で実際に実現可能だが，この時間発展はユニタリ時間発展ではない．ユニタリは純粋状態を純粋状態に保つが，(2.50) の時間発展では，純粋状態が混合状態に変化しているからだ．

このように，複合系でユニタリ時間発展が起こったときに，その部分系だけに着目すると，一般にはユニタリではない時間発展になる．本節では，そのような状況も包含する量子系の一般の時間発展の記述方法を説明する．

■ 2.3.1 Kraus 演算子と Choi–Kraus 表現

量子論の公理 2「ユニタリ時間発展」，公理 3「量子測定」，公理 4「複合量子系」を組み合わせると，「複合量子系がユニタリ時間発展し，その部分系が測定される」という状況が量子論の最も一般的な時間発展になることが分かる．このような一般の時間発展を記述する方法は複数存在するが，ここでは，*Choi–Kraus* 表現（*Choi–Kraus reprsentation*）を説明する．

まず，系 A と補助系 E からなる複合量子系 AE があったとする．各系の次元を，d_A，d_E とおく．複合量子系 AE の初期状態は，系 A は一般の量子状態 ρ^A に，補助系 E は純粋状態 $|e_0\rangle\langle e_0|^E$ にあるとする．補助系 E の初期状態が混合状態であった場合は，さらに大きな補助系を取って純粋化すればよいので，補助系 E の初期状態を純粋状態と仮定しても一般性を失わないことに注意せよ．この複合系 AE が一般のユニタリ U^{AE} で時間発展すると，時間発展後の量子状態は

$$\rho_U^{AE} = U^{AE} (\rho^A \otimes |e_0\rangle\langle e_0|^E) U^{AE\dagger} \tag{2.51}$$

で与えられる．

この複合量子系 AE を異なる二つの部分系 BC に分割し，部分系 C を測定基底 $\{|e_j\rangle^C\}_{j=0}^{d_C-1}$ で測定したとしよう．測定結果 j が得られる確率 $p(j)$ は，部分系 C での縮約密度行列 $\rho_U^C = \mathrm{Tr}_B[\rho_U^{AE}]$ を用いて，

$$p(j) = \langle e_j|^C \rho_U^C |e_j\rangle^C \tag{2.52}$$

$$= \mathrm{Tr}\big[\langle e_j|^C U^{AE} (\rho^A \otimes |e_0\rangle\langle e_0|^E) U^{AE\dagger} |e_j\rangle^C\big] \tag{2.53}$$

で与えられる．また，測定結果 j が得られた後の系 B の量子状態は，

$$\rho_U^B(j) := \frac{\langle e_j|^C \rho_U^{AE} |e_j\rangle^C}{p(j)} \tag{2.54}$$

$$= \frac{\langle e_j|^C U^{AE} (\rho^A \otimes |e_0\rangle\langle e_0|^E) U^{AE\dagger} |e_j\rangle^C}{p(j)} \tag{2.55}$$

に変化する．もちろん，この変化は確率的に起こるため，部分系 B には量子状態のアンサンブル $\{p(j), \rho_U^B(j)\}_j$ に対応する密度演算子 $\sum_j p(j)\rho_U^B(j)$ が実現する．

このような量子状態の変化は，*Kraus* 演算子と呼ばれる以下の演算子

$$K_j^{A \to B} := \langle e_j|^C U^{AE} |e_0\rangle^E = \langle e_j|^C U^{A \to BC} \tag{2.56}$$

を導入することで，補助系 E や部分系 C に言及することなく，系 A と系 B の言葉だけで表現できる．ただし，$U^{A \to BC} := U^{AE}|e_0\rangle^E$ はアイソメトリである．$AE = BC$ に注意せよ．Kraus 演算子を用いると，(2.53) の $p(j)$ と (2.55) の $\rho_U^B(j)$ は，各々，

$$p(j) = \mathrm{Tr}\big[K_j^{A \to B} \rho^A \big(K_j^{A \to B}\big)^\dagger\big] \tag{2.57}$$

$$\rho_U^B(j) = \frac{K_j^{A \to B} \rho^A \big(K_j^{A \to B}\big)^\dagger}{\mathrm{Tr}\big[K_j^{A \to B} \rho^A \big(K_j^{A \to B}\big)^\dagger\big]} \tag{2.58}$$

と書くことができ，系 A から系 B への時間発展を

$$\rho^A \mapsto \sum_j p(j)\rho_U^B(j) = \sum_j K_j^{A \to B} \rho^A \big(K_j^{A \to B}\big)^\dagger \tag{2.59}$$

と表現できる．この時間発展の表現を *Choi–Kraus* 表現（*Choi–Kraus representation*）や演算子和表現（*operator-sum representation*）と呼ぶ．

練習問題 20　(2.56) で与えられる Kraus 演算子 $K_j^{A \to B}$ を行列表現すると，サイズが $d_B \times d_A$ の行列になることを確認せよ．

練習問題 21　(2.56) で定義される Kraus 演算子は，

$$\sum_j \big(K_j^{A \to B}\big)^\dagger K_j^{A \to B} = I^A \tag{2.60}$$

を満たすことを示せ．この性質を完全性（*completeness*）と呼ぶ．完全性と (2.57) を組み合わせることで，$\sum_j p(j) = 1$ を示せ [*2]．

このように，量子系の最も一般の時間発展は完全性を満たす Kraus 演算子を用いて，Choi–Kraus 表現で表すことができる．実は，その逆も成立し，系 A から系 B への演算子の集合 $\{K_j^{A \to B}\}_j$ が完全性を満たすとき，必ず，

$$\rho^A \mapsto \sum_j K_j^{A \to B} \rho^A \big(K_j^{A \to B}\big)^\dagger \tag{2.61}$$

という時間発展を量子論の枠内で実現できる．このことは，量子系の任意の時間発展と，完全性を満たす Kraus 演算子を用いて (2.61) の形で与えられる時間発展が完全に同値であることを意味する [*3]．

[*2]　これは，そもそも $\{p(j)\}_j$ が確率なので，満たされて然るべき等式である．

[*3]　その同値性の証明は重要だが，話の流れの都合上，証明は 3.3.1 項で与える．

■ 2.3.2 量子チャンネル

前章では量子論の公理に基づく考察から Choi–Kraus 表現を導出し，量子論の最も一般的な時間発展と Choi–Kraus 表現が同値であることを述べた．それとは全く異なるアプローチから，公理的に量子論の一般的な時間発展を議論することもできる．そのアプローチの基本方針は，「量子状態を量子状態に写す写像は必ず物理的に実現できるはずだ」という物理的な期待にあり，その期待に基づいて定義される写像が**量子チャンネル**（*quantum channel*）である．量子チャンネルは数学的には**線形 CPTP 写像**（*linear completely-positive trace-preserving map: linear CPTP map*）[*4]で表現される．

定義 2.7（量子チャンネル）　$\mathcal{B}(\mathcal{H}^A)$ から $\mathcal{B}(\mathcal{H}^B)$ への写像 $\mathcal{T}^{A \to B}$ が以下の三つの性質を満たすとき，量子チャンネルと呼ぶ．

1)（線形性）任意の $\alpha, \beta \in \mathbb{C}$ と演算子 $O_1^A, O_2^A \in \mathcal{B}(\mathcal{H}^A)$ に対して，以下が成り立つ．

$$\mathcal{T}^{A \to B}(\alpha O_1^A + \beta O_2^A) = \alpha \mathcal{T}^{A \to B}(O_1^A) + \beta \mathcal{T}^{A \to B}(O_2^A) \tag{2.62}$$

2)（トレース保存）任意の演算子 $O^A \in \mathcal{B}(\mathcal{H}^A)$ に対して，以下が成り立つ．

$$\mathrm{Tr}[\mathcal{T}^{A \to B}(O^A)] = \mathrm{Tr}[O^A] \tag{2.63}$$

3)（完全正値性）任意次元の補助系 E と，複合系 AE の任意の半正定値演算子 P^{AE} に対し，

$$\mathcal{T}^{A \to B} \otimes \mathrm{id}^E(P^{AE}) \geq 0 \tag{2.64}$$

が成立する．ここで，id^E は系 E 上の恒等写像である．

量子チャンネルの三条件は物理的な意味を持つことに注意されたい．まず線形性に関しては，量子論の時間発展が自然に持つべき性質であろう．一方で，量子状態が半正定値かつ単位トレースの密度演算子で与えられる（定義 2.2）ことを思い出すと，トレース保存と完全正値性は，まさに量子チャンネルが量子状態を量子状態へと写す写像であることを保証する条件であることが分かるだろう．特に，完全正値性は，複合系の量子状態の部分系だけに量子チャンネルを作用させたとしても，やはり量子状態が出力されることを保証するものである．

このように考えると，物理系の一般の時間発展は量子チャンネルで記述されることが期待される．実はこの期待は正しく，量子チャンネルと Choi–Kraus 表現，および，公理系を実直に適用した複合系でのユニタリ時間発展は全て同値であることを示せる．話の流れをスムーズにするため，その同値性は 3.3.1 項で示すことにしよう．この同値性から，任意の量子チャンネル $\mathcal{T}^{A \to B}$ による状態変化は，完全性を満たす Kraus 演算子 $\{K_j^{A \to B}\}_j$ を用いて

$$\mathcal{T}^{A \to B}(\rho^A) = \sum_j K_j^{A \to B} \rho^A (K_j^{A \to B})^\dagger \tag{2.65}$$

と表現できる．この証明も 3.3.1 項で与える．

[*4]　単に CPTP 写像と呼ばれることも多い．

2.4 一般化量子測定

最後に，一般の量子測定を記述する手法についてまとめよう．量子論の公理2「ユニタリ時間発展」，公理3「量子測定」，公理4「複合系」を組み合わせることで，一般の量子測定は「複合系でユニタリ時間発展をした後に，その部分系を量子測定する」という形で記述されることが分かる．このような測定による確率的な状態変化は，既に2.3.1項で見たとおり，Kraus演算子を用いて表現できる．つまり，量子測定による系Aの確率的な状態変化はKraus演算子$\{K_j^{A \to B}\}_j$を用いて，

$$\rho^A \mapsto \rho_j^B = \frac{K_j^{A \to B} \rho^A \left(K_j^{A \to B}\right)^\dagger}{\mathrm{Tr}\left[K_j^{A \to B} \rho^A \left(K_j^{A \to B}\right)^\dagger\right]} \tag{2.66}$$

と表現でき，その状態変化が起こる確率p_jは

$$p_j = \mathrm{Tr}\left[K_j^{A \to B} \rho^A \left(K_j^{A \to B}\right)^\dagger\right] \tag{2.67}$$

で与えられる．

前章では，Choi–Kraus表現と同値な表現として公理的に量子チャンネルを導入した．同様に，量子測定を通じた確率的な状態変化を記述するために，**量子インストゥルメント**（*quantum instrument*）と呼ばれる写像を用いることもある．

定義 2.8（量子インストゥルメント）　$\mathcal{B}(\mathcal{H}^A)$から$\mathcal{B}(\mathcal{H}^B)$への線形完全正値写像の集合$\{\mathcal{C}_j^{A \to B}\}_j$が [*5)]，任意の量子状態$\rho^A$に対して

$$\mathrm{Tr}[\mathcal{C}_j^{A \to B}(\rho^A)] \leq 1 \tag{2.68}$$

を満たし，かつ，$\sum_j \mathcal{C}_j^{A \to B}$がトレース保存写像になるとき，その集合を量子インストゥルメントと呼ぶ．

量子インストゥルメントの各要素$\mathcal{C}_j^{A \to B}$は完全正値だが一般にはトレースを保存しないため，量子チャンネルではない．ただし，その和$\sum_j \mathcal{C}_j^{A \to B}$はトレース保存完全正値な線形写像であるため，量子チャンネルである．

量子インストゥルメントとKraus演算子は互いに密接に関係している．この関係を説明するために，任意の線形完全正値写像$\mathcal{C}^{A \to B}$は必ず

$$\mathcal{C}^{A \to B}(\rho^A) = \sum_\alpha K_\alpha^{A \to B} \rho^A \left(K_\alpha^{A \to B}\right)^\dagger \tag{2.69}$$

と表現できる事実を用いる．このような演算子の集合$\{K_\alpha^{A \to B}\}_\alpha$を，線形完全正値写像$\mathcal{C}^{A \to B}$のKraus演算子と呼ぶことにする．線形完全正値写像$\mathcal{C}^{A \to B}$がトレース保存でな

[*5)]　量子インストゥルメント$\{\mathcal{C}^{A \to B}\}_j$の添え字$j$は測定結果に対応するものであり，物理的な意味を持つ．添え字が意味を持つ点を強調するために，量子インストゥルメントを集合ではなく族と呼ぶこともあるが，本書では集合という言葉遣いに統一する．

い場合は，対応する Kraus 演算子は完全性を満たさないことに注意せよ．

この事実を用いると，量子インストゥルメント $\{\mathcal{C}_j^{A \to B}\}_{j=0}^{J-1}$ の各写像 $\mathcal{C}_j^{A \to B}$ による状態変化は，対応する Kraus 演算子の集合 $\{K_{j,\alpha}\}_{\alpha=0}^{\kappa_j-1}$ を用いて，

$$\mathcal{C}_j^{A \to B}(\rho^A) = \sum_{\alpha=0}^{\kappa_j-1} K_{j,\alpha}^{A \to B} \rho^A \left(K_{j,\alpha}^{A \to B}\right)^\dagger \tag{2.70}$$

と表現できる．また，それらの Kraus 演算子は，(2.68) より

$$\sum_{\alpha=0}^{\kappa_j-1} \left(K_{j,\alpha}^{A \to B}\right)^\dagger K_{j,\alpha}^{A \to B} \leq I^A \tag{2.71}$$

を満たす．それらの演算子を全ての $j \in \{0,\dots,J-1\}$ に対してかき集めた集合 $\{K_{j,\alpha}\}_{\alpha=0,j=0}^{\kappa_j-1,J-1}$ が，量子チャンネル $\sum_{j=0}^{J-1} \mathcal{C}_j^{A \to B}$ の Kraus 演算子になり，完全性を満たす．

このことを逆に考えると，ある量子チャンネルに対応する完全性を満たす Kraus 演算子が $\{K_j\}_j$ で与えられたとすると，その Kraus 演算子の部分集合によって定まる完全正値写像が，量子インストゥルメントの各要素 $\mathcal{C}_j$ であると考えることができる．

このように，Kraus 演算子や量子インストゥルメントを用いれば，量子測定に起因する確率分布と量子測定後の状態変化を記述することができる．一方で，測定による状態変化には興味がなく，測定確率のみに興味がある状況では，量子測定は *POVM* (*positive-operator-valued measure*) によって記述される．

定義 2.9 (*POVM*)　エルミート演算子の集合 $\{M_j^A\}_j$ が

$$M_j^A \geq 0, \quad \sum_j M_j^A = I^A \tag{2.72}$$

を満たすとき，その集合を POVM と呼ぶ．POVM $\{M_j^A\}_j$ によって量子状態 ρ^A を測定した際に測定結果 j を得る確率は $p_j = \mathrm{Tr}[M_j^A \rho^A]$ で与えられる．

定義 2.9 の (2.72) は，測定後の確率分布 $\{p_j\}_j$ が $p_j \geq 0$ と $\sum_j p_j = 1$ を満たすことを保証する条件である．

定義 2.10 (射影測定)　POVM $\{M_j^A\}_j$ に含まれる全ての演算子 M_j^A が射影演算子で与えられるとき，その POVM を射影測定 (*projective measurement*) と呼ぶ．

測定過程に対応する Kraus 演算子と POVM の対応関係を整理しておこう．まず，Kraus 演算子 $\{K_j^{A \to B}\}_j$ が与えられたとする．その場合の測定確率が (2.67) で与えられることとトレースの巡回性を用いることで，

$$p_j = \mathrm{Tr}[(K_j^{A \to B})^\dagger K_j^{A \to B} \rho^A] \tag{2.73}$$

を得る．この式が任意の量子状態 ρ^A に対して成立するので，Kraus 演算子に対応する POVM は $M_j^A := (K_j^{A \to B})^\dagger K_j^{A \to B}$ で与えられることが分かる．一方で，POVM $\{M_j^A\}_j$ が与えられたときに，対応する Kraus 演算子の集合は一意には定まらない．これは，トレースを取る際のアイソメトリの自由度に由来する．

練習問題 22　POVM $\{M_j^A\}_j$ に対して、Kraus 演算子 $\{(M_j^A)^{1/2}\}_j$ と、それらにアイソメトリ $V^{A\to B}$ を作用させた Kraus 演算子 $\{V^{A\to B}(M_j^A)^{1/2}\}_j$ を考える。これら二つの Kraus 演算子の集合は、どちらも同じ確率分布 $\{p_j\}_j$ を与えることを示せ。また、それら二つの Kraus 演算子の集合によって、一般には異なる量子状態が出力されることを確かめよ。

　　任意の POVM は、必ず補助系を付け足して拡張した系での射影測定で書けることも知られており、*Naimark 拡張（Naimark extension）* と呼ばれている。

定理 2.11（*POVM の Naimark 拡張*）　系 A の次元を d_A とする。系 A 上の任意の POVM $\{M_j^A\}_{j=0}^{J-1}$ に対して、補助系 E とその正規直交基底 $\{|e_j\rangle^E\}_{j=0}^{J-1}$、系 A から系 AE へのアイソメトリ $V^{A\to AE}$ が存在し、全ての $j = 0,\ldots,J-1$ に対して

$$M_j^A = (V^{A\to AE})^\dagger (I^A \otimes |e_j\rangle\langle e_j|^E) V^{A\to AE} \tag{2.74}$$

と表現できる。

　　定理 2.11 の (2.74) に含まれる $I^A \otimes |e_j\rangle\langle e_j|^E$ は、系 AE 上の射影演算子であることに注意されたい。この定理は、アイソメトリを POVM から具体的に構築することで簡単に示せる。

練習問題 23　アイソメトリ $V^{A\to AE}$ を具体的に

$$V^{A\to AE} = \sum_{j=0}^{J-1} \sqrt{M_j^A} \otimes |e_j\rangle^E \tag{2.75}$$

と取ることで、定理 2.11 を示せ。$V^{A\to AE}$ がアイソメトリであることも確かめること。

　　定理 2.11 のアイソメトリ $V^{A\to AE}$ を、系 AE 上のユニタリ U^{AE} と系 E 上の純粋状態 $|0\rangle^E$ を用いて

$$V^{A\to AE} = U^{AE}(I^A \otimes |0\rangle^E) \tag{2.76}$$

と表現すると、POVM $\{M_j^A\}_{j=0}^{J-1}$ による測定確率 p_j は、

$$\mathrm{Tr}[M_j^A \rho^A] = \mathrm{Tr}[(V^{A\to AE})^\dagger (I^A \otimes |e_j\rangle\langle e_j|^E) V^{A\to AE} \rho^A] \tag{2.77}$$

$$= \mathrm{Tr}[(I^A \otimes |e_j\rangle\langle e_j|^E) U^{AE}(\rho^A \otimes |0\rangle\langle 0|^E) U^{AE\dagger}] \tag{2.78}$$

$$= \mathrm{Tr}[|e_j\rangle\langle e_j|^E \mathrm{Tr}_A[U^{AE}(\rho^A \otimes |0\rangle\langle 0|^E) U^{AE\dagger}]] \tag{2.79}$$

と書き直すことができる。最後の式は、系 A での POVM を以下のように実行できることを示唆する。

　　1）純粋状態 $|0\rangle^E$ に準備した補助系 E を系 A に付け足すことで、系 A を複合系 AE に拡張する。

　　2）複合系 AE をユニタリ U^{AE} で時間発展させた後に、系 A をトレースアウトする。

　　3）系 E を適切な正規直交基底で射影測定する。

つまり、系 A を直接測定することなく、系 A 上の POVM を実行できる。この方法は間接測定（*indirect measurement*）と呼ばれている。

練習問題 24 系 AB 上の純粋状態 $|\rho\rangle^{AB}$ の系 B を適切な POVM で測定することによって，対応する密度演算子が ρ^A になるような系 A 上の任意の量子アンサンブル $\{p_j, |\psi_j\rangle^A\}_{j=0}^{J-1}$ を実現できることを示せ．ただし，$\{|\psi_j\rangle^A\}_{j=0}^{J-1}$ が直交するとは限らないことに気を付けよ．

2.5 量子論の拡張された公理

本章の議論をまとめると，複合系の存在によって，量子論は五つの公理が直接的に示唆する以上の広がりを持つことが分かった．その拡張は公理から自然に導出されるが，拡張された枠組みを新たな公理として採用しておいた方が全体像を理解しやすい．そのため，量子情報科学では，以下で与えられる五公理を量子論の拡張公理として採用することが多い．

拡張公理 1（量子状態）　任意の物理系に対して，系の状態空間と呼ばれるヒルベルト空間 $\mathcal{H}$ が存在する．その系の量子状態は $\mathcal{H}$ 上の密度演算子 ρ で記述される．ここで，密度演算子とは

$$\rho \geq 0, \quad \mathrm{Tr}[\rho] = 1 \tag{2.80}$$

を満たす演算子である．ヒルベルト空間 $\mathcal{H}$ 上の密度演算子全体の集合を $\mathcal{S}(\mathcal{H})$ と表す．

拡張公理 2（時間発展）　物理系 A の量子状態 ρ の時間発展は量子チャンネル $\mathcal{T}^{A \to B}$ で与えられる．ここで，量子チャンネルは数学的には完全正値トレース保存の線形写像，つまり線形 CPTP 写像で与えられる．それぞれの言葉の意味は，

$$\text{完全正値} \quad \forall O^{AE} \geq 0, \ \mathcal{T}^{A \to B} \otimes \mathrm{id}^E(O^{AE}) \geq 0 \tag{2.81}$$

$$\text{トレース保存} \quad \forall O^A, \ \mathrm{Tr}[\mathcal{T}^{A \to B}(O^A)] = \mathrm{Tr}[O^A] \tag{2.82}$$

であり，量子状態が量子状態に写像されることを保証する．量子チャンネルは，完全性 $\sum_j (K_j^{A \to B})^\dagger K_j^{A \to B} = I^A$ を満たす Kraus 演算子の集合 $\{K_j^{A \to B}\}_j$ を用いて，

$$\mathcal{T}^{A \to B}(\rho^A) = \sum_j K_j^{A \to B} \rho^A (K_j^{A \to B})^\dagger \tag{2.83}$$

と表現できる．この表現を，量子系の時間発展の Choi–Kraus 表現と呼ぶ．

拡張公理 3（量子測定）　系 A が量子状態 ρ^A にあるときに，量子測定によって引き起こされる確率的な量子状態の変化は，Kraus 演算子 $\{K_j^{A \to B}\}_j$ を用いて記述できる．具体的には，確率 $p_j = \mathrm{Tr}[(K_j^{A \to B})^\dagger K_j^{A \to B} \rho^A]$ で量子状態

$$\rho_j^B = \frac{K_j^{A \to B} \rho^A (K_j^{A \to B})^\dagger}{p_j} \tag{2.84}$$

へと変化する．測定確率にのみ興味がある場合は，POVM によって記述される．POVM とは，エルミート演算子の集合 $\{M_j^A\}_j$ $(M_j^A \in \mathcal{B}(\mathcal{H}^A))$ で，

$$M_j^A \geq 0, \quad \sum_j M_j^A = I^A \tag{2.85}$$

を満たすものであり，測定確率は $p_j = \mathrm{Tr}[M_j^A \rho^A]$ で与えられる．Kraus 演算子 $\{K_j^{A \to B}\}_j$ で与えられる測定過程に対応する POVM は $M_j^A = (K_j^{A \to B})^\dagger K_j^{A \to B}$ である．

拡張公理 4（複合系）　複合物理系の状態空間は，それぞれの物理系の状態空間のテンソル積で与えられる．複合物理系を構成する各物理系のことを部分系と呼ぶ．

拡張公理 5（因果律）　部分系の量子状態は，他の部分系での操作の結果が伝えられない限り，他の部分系でのいかなる操作をしたとしても不変である．

第II部

量子情報の基礎

3 量子情報科学の基礎

前章で公理的に復習した量子論に基づいて，本章では量子情報科学の基礎をまとめて説明する．まず初めに数学的な準備を行った後に，量子情報科学でよく用いられる概念を説明していこう．

3.1 数学的準備

量子情報処理を考える際には，数学的に正確な記述に基づいた議論が必須である．ここでは，量子情報科学の基礎を理解するための数学を簡単にまとめる．

3.1.1 行列ノルムと内積

ベクトル空間 V 上のノルム $\|\bullet\|$ とは，ベクトル空間から実数への写像で，任意の $v, w \in V$ に対して，

$$\|v\| = 0 \Leftrightarrow v = 0 \tag{3.1}$$

$$\text{任意の } c \in \mathbb{C} \text{ に対して } \|cv\| = |c| \|v\| \tag{3.2}$$

$$\|v + w\| \le \|v\| + \|w\| \tag{3.3}$$

を満たすものである．最後の不等式を三角不等式（*triangle inequality*）と呼ぶ．この三つの条件から，

$$0 = \|0v\| = \|(1-1)v\| \le \|1v\| + \|(-1)v\| = |1|\|v\| + |-1|\|v\| = 2\|v\| \tag{3.4}$$

が従うため，ノルム $\|\bullet\|$ は非負であることが分かる．

行列の集合もベクトル空間をなすため，ノルムを導入できる．量子情報でよく用いられる行列ノルムが，*Schatten p-ノルム*（*Schatten p-norm*）である．

定義 3.1（*Schatten p-ノルム*）　ヒルベルト空間 $\mathcal{H}$ から $\mathcal{K}$ への演算子 $O^{\mathcal{H} \to \mathcal{K}} \in \mathcal{B}(\mathcal{H}, \mathcal{K})$ と $p \in [1, \infty]$ に対して，

$$\left\| O^{\mathcal{H} \to \mathcal{K}} \right\|_p := \left(\mathrm{Tr}[|O|^p] \right)^{1/p} \tag{3.5}$$

を Schatten p-ノルムと呼ぶ．

定義 3.1 では，$p \in [1, \infty]$ としたが，(3.5) 自体は任意の $p \in \mathbb{R}$ に対して定義できる．し

かし，$\|\bullet\|_p$ がノルムとなるのは $p \in [1,\infty]$ のときのみであり，$p < 1$ の場合は三角不等式を満たさない．また，Schatten p-ノルムは，$O^{\mathcal{H} \to \mathcal{K}}$ の特異値 $\{o_1,\ldots,o_m\}$ を用いて，

$$\left\|O^{\mathcal{H} \to \mathcal{K}}\right\|_p = \left(\sum_{j=1}^{m} o_j^p\right)^{1/p} \tag{3.6}$$

と表せる．ただし，$\left\|O^{\mathcal{H} \to \mathcal{K}}\right\|_\infty = \max\{o_1,\ldots,o_m\}$ である．

Schatten p-ノルムの中で $p = 1$，$p = 2$，$p = \infty$ は特によく用いられ，各々トレース・ノルム（*trace norm*），*Hilbert–Schmidt* ノルム（*Hilbert–Schmidt norm*），作用素ノルム（*operator norm*）と呼ぶ．明示的に書き下すと，

$$\|O\|_1 = \mathrm{Tr}[\sqrt{O^\dagger O}] \tag{3.7}$$

$$\|O\|_2 = \sqrt{\mathrm{Tr}[O^\dagger O]} \tag{3.8}$$

$$\|O\|_\infty = \sup_{|\psi\rangle(\neq 0) \in \mathcal{H}} \frac{\|O|\psi\rangle\|_2}{\||\psi\rangle\|_2} \tag{3.9}$$

である．作用素ノルムは O の最大特異値で与えられるが，最大特異値は (3.9) と一致することに注意せよ [*1]．

(3.9) の右辺にベクトルに対する Hilbert–Schmidt ノルムが現れるが，ベクトルを演算子とみなせば [*2]，ベクトルに対しても Schatten p-ノルムが定まる．特に，ベクトルに対する Hilbert–Schmidt ノルムは，通常のベクトルのノルムに一致する．つまり，ベクトル v に対して，

$$\|v\|_2 = \sqrt{v \cdot v} \tag{3.10}$$

が成り立つ．このため，本書ではベクトルのノルムを $\|v\|_2$ と表記する．

Schatten p-ノルムの基本的な性質を証明なしでまとめておこう．

命題 3.2 Schatten p-ノルムは以下の性質を持つ．

1) （ユニタリ不変性）任意の $U \in \mathrm{U}(\mathcal{K})$ と $V \in \mathrm{U}(\mathcal{H})$ に対して $\|UO^{\mathcal{H} \to \mathcal{K}}V\|_p = \|O^{\mathcal{H} \to \mathcal{K}}\|_p$ を満たす．

2) （単調性）任意の $O \in \mathcal{B}(\mathcal{H},\mathcal{K})$ に対して，$\|O\|_\infty \leq \cdots \leq \|O\|_2 \leq \|O\|_1$ を満たす．また，$d = \dim \mathcal{H}$ とし，r を $|O|$ のランクとすると，

$$\|O\|_2 \leq \|O\|_1 \leq \sqrt{r}\|O\|_2 \leq \sqrt{d}\|O\|_2 \tag{3.11}$$

$$\|O\|_\infty \leq \|O\|_1 \leq r\|O\|_\infty \leq d\|O\|_\infty \tag{3.12}$$

$$\|O\|_\infty \leq \|O\|_2 \leq \sqrt{r}\|O\|_\infty \leq \sqrt{d}\|O\|_\infty \tag{3.13}$$

が成り立つ．

[*1] 量子情報で作用素ノルムというと，多くの場合 (3.9) を意味する．しかし，実際には作用素ノルムはより広い概念であり，その点を強調したい場合などには，(3.9) をスペクトル・ノルム（*spectral norm*）と呼ぶこともある．

[*2] 縦ベクトルは $d \times 1$ の行列，横ベクトルは $1 \times d$ の行列であることに注意せよ．

3) (Hölder の不等式) 行列 $S^{\mathcal{K} \to \mathcal{R}} \in \mathcal{B}(\mathcal{K}, \mathcal{R})$ と行列 $T^{\mathcal{H} \to \mathcal{K}} \in \mathcal{B}(\mathcal{H}, \mathcal{K})$, $r^{-1} = p^{-1} + q^{-1}$ を満たす $p, q, r \in [1, \infty]$ に対して,

$$\left\| S^{\mathcal{K} \to \mathcal{R}} T^{\mathcal{H} \to \mathcal{K}} \right\|_r \leq \left\| S^{\mathcal{K} \to \mathcal{R}} \right\|_p \left\| T^{\mathcal{H} \to \mathcal{K}} \right\|_q \tag{3.14}$$

が成り立つ [*3].

4) (劣乗法性 (sub-multiplicativity)) 任意の $p \in [1, \infty]$ に対して, $\|ST\|_p \leq \|S\|_p \|T\|_p$ を満たす.

5) (トレース・ノルムの変分的特徴付け) 演算子 $O^{\mathcal{H} \to \mathcal{K}} \in \mathcal{B}(\mathcal{H}, \mathcal{K})$ に対して,

$$\left\| O^{\mathcal{H} \to \mathcal{K}} \right\|_1 = \max_W \left| \mathrm{Tr}[W^{\mathcal{K} \to \mathcal{H}} O^{\mathcal{H} \to \mathcal{K}}] \right| \tag{3.15}$$

が成り立つ. ただし, $\max_W$ は $\mathcal{K}$ から $\mathcal{H}$ への部分アイソメトリ $W^{\mathcal{K} \to \mathcal{H}}$ 全てに対する最大値である. 特に $O \in \mathcal{B}(\mathcal{H})$ の場合は,

$$\|O\|_1 = \max_{U \in \mathsf{U}(\mathcal{H})} \left| \mathrm{Tr}[UO] \right| \tag{3.16}$$

が成り立つ.

演算子 $S, T \in \mathcal{B}(\mathcal{H}, \mathcal{K})$ に対する *Hilbert–Schmidt* 内積 (*Hilbert–Schmidt inner product*) も導入しておこう.

定義 3.3 (*Hilbert–Schmidt* 内積) 演算子 $S, T \in \mathcal{B}(\mathcal{H}, \mathcal{K})$ に対して

$$\langle S, T \rangle_{\mathrm{HS}} := \mathrm{Tr}[S^\dagger T] \tag{3.17}$$

で与えられる内積を Hilbert–Schmidt 内積と呼ぶ.

Hilbert–Schmidt ノルム $\|S\|_2$ は $\|S\|_2 = \sqrt{\langle S, S \rangle_{\mathrm{HS}}}$ と書ける. 任意の内積は *Cauchy–Schwarz* 不等式 (*Cauchy–Schwarz inequality*) を満たすが, Hilbert–Schmidt 内積に対する Cauchy–Schwarz 不等式を具体的に書き下すと,

$$\left| \mathrm{Tr}[S^\dagger T] \right| = \left| \langle S, T \rangle_{\mathrm{HS}} \right| \leq \|S\|_2 \|T\|_2 = \sqrt{\mathrm{Tr}[S^\dagger S] \, \mathrm{Tr}[T^\dagger T]} \tag{3.18}$$

が成り立つ.

■3.1.2 演算子の集合がなすベクトル空間

既に述べたとおり, ヒルベルト空間 $\mathcal{H}$ 上の有界演算子全体の集合 $\mathcal{B}(\mathcal{H})$ は, ベクトル空間をなしている. さらに, $\mathcal{B}(\mathcal{H})$ に Hilbert–Schmidt 内積を導入することで, ヒルベルト空間とみなせる. そのヒルベルト空間 $\mathcal{B}(\mathcal{H})$ を $\mathcal{H}$ 上の**演算子空間** (*operator space*) と呼ぶ. その基本的な性質をまとめておこう.

まず, 演算子空間 $\mathcal{B}(\mathcal{H})$ の次元は $(\dim \mathcal{H})^2$ である. このことを示すためには, 具体的に $\mathcal{B}(\mathcal{H})$ の正規直交基底を構築すればよい. $\mathcal{B}(\mathcal{H})$ は $\dim \mathcal{H} \times \dim \mathcal{H}$ の行列の集合であること

[*3] 厳密には $r = 1$ の場合を Hölder の不等式と呼ぶが, 本書ではその拡張も同様の名前で呼ぶ.

に注意し,行列 $E_{jk} \in \mathcal{B}(\mathcal{H})$ を,$(j+1)$ 行 $(k+1)$ 列目の行列要素が 1 でそれ以外が 0 である
行列とすると,$\{E_{jk}\}_{i,k=0}^{\dim\mathcal{H}-1}$ は $\mathcal{B}(\mathcal{H})$ の正規直交基底である.事実,$\mathrm{Tr}[E_{j'k'}^{\dagger}E_{jk}] = \delta_{jj'}\delta_{kk'}$
を満たすため,Hilbert–Schmidt 内積の下で正規直交し,$\mathcal{B}(\mathcal{H})$ の任意の行列 M は,

$$M = \sum_{j,k=0}^{\dim\mathcal{H}-1} \mathrm{Tr}[E_{jk}^{\dagger}M]E_{jk} \tag{3.19}$$

と,$\{E_{jk}\}_{j,k}$ のスカラー倍の和で展開できる.$\mathrm{Tr}[E_{jk}^{\dagger}M]$ は,行列 M の $(j+1)$ 行 $(k+1)$
列目の行列成分であることに注意せよ.$\mathcal{B}(\mathcal{H})$ の次元は正規直交基底 $\{E_{jk}\}_{i,k=0}^{\dim\mathcal{H}-1}$ の元
の個数で与えられるため,$(\dim\mathcal{H})^2$ である.

　演算子空間の正規直交基底はもちろん一意には定まらず,他にも存在する.練習問題
として,いくつかの正規直交基底を確認しておこう.

練習問題 25　n-qubit のヒルベルト空間 $\mathcal{H} = (\mathbb{C}^2)^{\otimes n}$ 上の演算子空間 $\mathcal{B}(\mathcal{H})$ の正規直交基底とし
て,Hilbert–Schmidt ノルムで規格化された n-qubit Pauli 演算子 $\{2^{-n/2}\sigma_j\}_{j\in\{0,1,2,3\}^n}$ を取れるこ
とを示せ.よって,任意の $O \in \mathcal{B}(\mathcal{H})$ は n-qubit Pauli 演算子を用いて

$$O = \frac{1}{2^n} \sum_{j\in\{0,1,2,3\}^n} \mathrm{Tr}[\sigma_j O]\sigma_j \tag{3.20}$$

と展開できる.

練習問題 26　ヒルベルト空間 $\mathcal{H}$ の次元を d とする.Heisenberg–Weyl 演算子の集合として,

$$\{W_{mn} := X_d^m Z_d^n\}_{m,n=0}^{d-1} \subseteq \mathsf{W}_d \tag{3.21}$$

を考えると,これらを Hilbert–Schmidt ノルムで規格化したものが,演算子空間 $\mathcal{B}(\mathcal{H})$ の正規直
交基底になることを示せ.つまり,1-qudit の演算子空間の直交基底を Heisenberg–Weyl 演算子
で作ることができる.

■3.1.3　置換演算子とスワップ・トリック

　量子情報では,ヒルベルト空間 $\mathcal{H}$ の t 階テンソル積空間 $\mathcal{H}^{\otimes t}$ を考えることがある.
そのようなテンソル積空間 $\mathcal{H}^{\otimes t}$ 上の演算子としてよく用いられる演算子が,**置換演算子**
(*permutation operators*) である.

　置換とは,「異なる数の並び替え」であった.特に,t 次の置換とは $\{1,\dots,t\}$ という数
の集合を並び替える操作である.置換を複数回繰り返しても置換に他ならないため,t 次
の置換全体は群をなす.その群を**対称群**(*symmetric group*)と呼び,$\mathfrak{S}_t$ と書く.置換
$\sigma \in \mathfrak{S}_t$ を

$$\begin{bmatrix} 1 & 2 & \dots & t \\ \sigma(1) & \sigma(2) & \dots & \sigma(t) \end{bmatrix} \tag{3.22}$$

と表現することが多い.これは,j を $\sigma(j) \in \{1,\dots,t\}$ に写すことを意味する表記である.
並び替えであることから,$i \neq j$ に対しては $\sigma(i) \neq \sigma(j)$ であることに気を付けよ.

　置換の中で特別なものが巡回置換である.置換 $c \in \mathfrak{S}_t$ が,ある $j \in \{1,\dots,t\}$ を

$$\begin{bmatrix} j & c(j) & \dots & c^{\ell-1}(j) \end{bmatrix} := \begin{bmatrix} j & c(j) & \dots & c^{\ell-1}(j) \\ c(j) & c^2(j) & \dots & j \end{bmatrix} \tag{3.23}$$

と変換し，また，ここに現れない数を不変に保つとき，その置換 c を長さ ℓ の巡回置換と呼ぶ．ここで，$c^m(j)$ とは，j を c によって m 回変換するという意味である．例えば，1 と 2 を入れ替える置換は長さ 2 の巡回置換で

$$\begin{bmatrix} 1 & 2 \end{bmatrix} \tag{3.24}$$

と表せる．また，$1 \to 3 \to 7 \to 1$ という置換は長さ 3 の巡回置換で，

$$\begin{bmatrix} 1 & 3 & 7 \end{bmatrix} \tag{3.25}$$

と書ける．巡回置換が二つ与えられ，各々の置換によって変換される数の集合が共通集合を持たないとき，それらを互いに素という．任意の置換 $\sigma \in \mathfrak{S}_t$ は互いに素な巡回置換の積を用いて一意に分解できる．例えば，$t=5$ として

$$\begin{bmatrix} 1 & 2 & 3 & 4 & 5 \\ 2 & 5 & 4 & 3 & 1 \end{bmatrix} = \begin{bmatrix} 1 & 2 & 5 \end{bmatrix} \begin{bmatrix} 3 & 4 \end{bmatrix} = \begin{bmatrix} 3 & 4 \end{bmatrix} \begin{bmatrix} 1 & 2 & 5 \end{bmatrix} \tag{3.26}$$

といった具合だ．

置換 $\sigma \in \mathfrak{S}_t$ を用いて，テンソル積空間 $\mathcal{H}^{\otimes t}$ 上の置換ユニタリ $V_\sigma \in \mathsf{U}(\mathcal{H}^{\otimes t})$ を

$$V_\sigma := \sum_{j_1,\dots,j_t} |e_{j_1}\rangle\langle e_{j_{\sigma(1)}}| \otimes \cdots \otimes |e_{j_t}\rangle\langle e_{j_{\sigma(t)}}| \tag{3.27}$$

で定めよう．ここで，$\{|e_j\rangle\}_j$ はヒルベルト空間 $\mathcal{H}$ の正規直交基底である．このユニタリは $M_s \in \mathcal{B}(\mathcal{H})$ $(s=1,\dots,t)$ に対して

$$V_\sigma (M_1 \otimes \cdots \otimes M_t) V_\sigma^\dagger = M_{\sigma^{-1}(1)} \otimes \cdots \otimes M_{\sigma^{-1}(t)} \tag{3.28}$$

を満たすため，確かに t 階テンソル積空間の置換に対応する操作になっている．

置換ユニタリ $V_\sigma \in \mathsf{U}(\mathcal{H}^{\otimes t})$ は正規直交基底の選び方には依存しないことに注意せよ．これは，置換ユニタリが t 個のヒルベルト空間を置換するものであることから直観的には明らかだが，実際に，(3.28) で $M_1 = \cdots = M_t = U \in \mathsf{U}(\mathcal{H})$ とおくと，

$$(U^{\otimes t})^\dagger V_\sigma U^{\otimes t} = V_\sigma \tag{3.29}$$

が任意の $U \in \mathsf{U}(\mathcal{H})$ に成り立つことからも従う．(3.29) は，各ヒルベルト空間の正規直交基底をユニタリで一斉に変換しても，置換ユニタリ V_σ が不変であることを意味する．

置換ユニタリは以下の性質を満たす．証明は各行列を成分で書き下すことで得られるが，煩雑になるため省略する．

補題 3.4（置換トリック）　行列 $M_s \in \mathcal{B}(\mathcal{H})$ $(s=1,\dots,t)$ と長さ ℓ の巡回置換

$$c = \begin{bmatrix} j & c(j) & \dots & c^{\ell-1}(j) \end{bmatrix} \in \mathfrak{S}_t \tag{3.30}$$

に対して，以下が成り立つ．

$$\mathrm{Tr}\big[(M_1 \otimes \cdots \otimes M_t) V_c^\dagger\big] = \mathrm{Tr}[M_j M_{c(j)} \cdots M_{c^{\ell-1}(j)}] \prod_{k \neq j, c(j), \dots, c^{\ell-1}(j)} \mathrm{Tr}[M_k] \tag{3.31}$$

任意の置換は互いに素な巡回置換の積で一意に表現できるため，補題 3.4 の置換トリックは任意の置換に拡張できる．つまり，置換ユニタリ V_σ と行列のテンソル積 $M_1 \otimes \cdots \otimes M_t$ の行列積のトレースは，適切な順番で行列積を取った後のトレースの積で表現できる．このような計算方法は，理論物理ではレプリカ法（*replica method*）と呼ぶ．

補題 3.4 はやや煩雑だが，$t = 2$ の場合を考えると分かりやすい．$t = 2$ の場合は，置換ユニタリは，恒等演算子 $\mathbb{I} = I^{\otimes 2} \in \mathsf{U}(\mathcal{H}^{\otimes 2})$ と

$$\mathbb{F} := \sum_{j,k=0}^{\dim \mathcal{H} - 1} |e_j\rangle\langle e_k| \otimes |e_k\rangle\langle e_j| \in \mathsf{U}(\mathcal{H}^{\otimes 2}) \tag{3.32}$$

で定義されるスワップ演算子（*swap operator*）しか存在しない．

練習問題 27 スワップ演算子 $\mathbb{F}$ はエルミートで，全固有値が ± 1 であることを示せ．

補題 3.4 をスワップ演算子に適用し，スワップ演算子がエルミートであることに気を付けると，直ちに以下の補題が得られる．

補題 3.5（スワップ・トリック） 行列 $M, N \in \mathcal{B}(\mathcal{H})$ に対し，

$$\mathrm{Tr}\big[(M \otimes N)\mathbb{F}\big] = \mathrm{Tr}[MN] \tag{3.33}$$

が成り立つ．

また，スワップ演算子 $\mathbb{F}$ は以下の命題を満たす．

命題 3.6 $\mathcal{H}$ を d 次元ヒルベルト空間とし，演算子空間 $\mathcal{B}(\mathcal{H})$ の任意の正規直交基底を $\{E_j\}_{j=0}^{d^2-1}$ とする．このとき，スワップ演算子 $\mathbb{F} \in \mathsf{U}(\mathcal{H}^{\otimes 2})$ は，

$$\mathbb{F} = \sum_{j=0}^{d^2-1} E_j \otimes E_j^\dagger = \sum_{j=0}^{d^2-1} E_j^\dagger \otimes E_j \tag{3.34}$$

と表現できる．

練習問題 28 補題 3.5 を用いて，命題 3.6 を示せ．

命題 3.6 の重要な具体例として，n-qubit の量子系が二つ与えられた場合を考えよう．一つの n-qubit 系の状態空間は $(\mathbb{C}^2)^{\otimes n}$ だが，これを $\mathcal{H}$ とおくと，二つの量子系の状態空間は $\mathcal{H}^{\otimes 2}$ となる．この状態空間に作用するスワップ演算子 $\mathbb{F} \in \mathsf{U}(\mathcal{H}^{\otimes 2})$ は，n-qubit Pauli 演算子を用いて書き下せる．練習問題 25 より，規格化された n-qubit Pauli 演算子は演算子空間 $\mathcal{B}(\mathcal{H})$ の正規直交基底であったので，命題 3.6 より，（規格化されていない）n-qubit Pauli 演算子 $\{\sigma_j\}_{j \in \{0,1,2,3\}^n}$ を用いて，

$$\mathbb{F} = \frac{1}{2^n} \sum_{j \in \{0,1,2,3\}^n} \sigma_j^{\otimes 2} \tag{3.35}$$

が成り立つ．Pauli 演算子がエルミートであることに気を付けよ．

同様に，1-qudit の系のテンソル積空間 $(\mathbb{C}^d)^{\otimes 2}$ 上のスワップ演算子は，Heisenberg–Weyl

演算子 $\{W_{mn} = X_d^m Z_d^n\}_{m,n=0}^{d-1}$ を用いて

$$\mathbb{F} = \frac{1}{d} \sum_{m,n=0}^{d-1} W_{mn} \otimes W_{mn}^{\dagger} = \frac{1}{d} \sum_{m,n=0}^{d-1} W_{mn}^{\dagger} \otimes W_{mn} \tag{3.36}$$

と表せる.

スワップ演算子は, 任意のヒルベルト空間 $\mathcal{H}$ の二階テンソル積 $\mathcal{H}^{\otimes 2}$ の解析でよく用いられる便利な演算子になっている. その一例を見るために, $\mathcal{H}^{\otimes 2}$ を

$$\mathcal{H}^{\otimes 2} = \mathcal{H}_{\text{sym}} \oplus \mathcal{H}_{\text{asym}} \tag{3.37}$$

と, 対称空間 $\mathcal{H}_{\text{sym}}$ と反対称空間 $\mathcal{H}_{\text{asym}}$ に分割する. この分割が可能であることは以下の練習問題で確かめる. 対称空間とは $\mathbb{F}|\psi\rangle = |\psi\rangle$ を満たす状態が張る空間であり, 反対称空間は $\mathbb{F}|\psi\rangle = -|\psi\rangle$ を満たす状態が張る空間である.

練習問題 29 ヒルベルト空間 $\mathcal{H}$ の正規直交基底 $\{|e_j\rangle\}_{j=0}^{d-1}$ を用いて, 対称空間 $\mathcal{H}_{\text{sym}}$ と反対称空間 $\mathcal{H}_{\text{asym}}$ の正規直交基底を与えよ. このことから, $\dim \mathcal{H}_{\text{sym}} = d(d+1)/2$ と $\dim \mathcal{H}_{\text{asym}} = d(d-1)/2$ を示し, $\mathcal{H}^{\otimes 2} = \mathcal{H}_{\text{sym}} \oplus \mathcal{H}_{\text{asym}}$ と直和分解できることを示せ.

より具体的には, スピン-1/2 粒子二つのヒルベルト空間 $(\mathbb{C}^2)^{\otimes 2}$ が, スピン三重項とスピン一重項に分割されることを思い出すとイメージが付きやすい. $|0\rangle$ をスピンアップ状態, $|1\rangle$ をスピンダウン状態とすれば, スピン三重項が張る空間は

$$\text{span}\{|t_0\rangle := |00\rangle, \ |t_1\rangle := \frac{1}{\sqrt{2}}(|01\rangle + |10\rangle), \ |t_2\rangle := |11\rangle\} \tag{3.38}$$

であるが, これらの状態はスワップ演算子の作用=粒子の入れ替えで不変であるため, 対称空間である. 一方で, スピン一重項

$$|s\rangle := \frac{1}{\sqrt{2}}(|01\rangle - |10\rangle) \tag{3.39}$$

は粒子の入れ替えで負符号が付くため, 一次元の反対称空間である. このとき, 先のスピン三重項で張られる三次元対称空間への射影演算子 Π_{sym} と, スピン一重項が張る一次元反対称空間への射影演算子 Π_{asym} は, 直接的な計算から

$$\Pi_{\text{sym}} = \sum_{j=0}^{2} |t_j\rangle\langle t_j| = \frac{\mathbb{I} + \mathbb{F}}{2} \tag{3.40}$$

$$\Pi_{\text{asym}} = |s\rangle\langle s| = \frac{\mathbb{I} - \mathbb{F}}{2} \tag{3.41}$$

と, 恒等演算子 $\mathbb{I}$ とスワップ演算子 $\mathbb{F}$ の線形和で表せることが分かる.

実は, (3.40) や (3.41) という関係は一般の場合でも成り立つ. 具体的には, 一般の二階テンソル積空間 $\mathcal{H}^{\otimes 2}$ を (3.37) のように対称空間と反対称空間へと分割したとき, 各々の空間への射影演算子は,

$$\Pi_{\text{sym}} = \frac{\mathbb{I} + \mathbb{F}}{2}, \ \Pi_{\text{asym}} = \frac{\mathbb{I} - \mathbb{F}}{2} \tag{3.42}$$

で与えられる.

練習問題 30 (3.42) を示せ. $\mathcal{H}^{\otimes 2} = \mathcal{H}_{\mathrm{sym}} \oplus \mathcal{H}_{\mathrm{asym}}$ なので, 全ての $|\psi\rangle \in \mathcal{H}_{\mathrm{sym}}$ と $|\phi\rangle \in \mathcal{H}_{\mathrm{asym}}$ に対して,

$$\frac{\mathbb{I} + \mathbb{F}}{2}|\psi\rangle = |\psi\rangle, \qquad \frac{\mathbb{I} + \mathbb{F}}{2}|\phi\rangle = 0 \tag{3.43}$$

成り立つことを示せば, $\Pi_{\mathrm{sym}} = (\mathbb{I} + \mathbb{F})/2$ が従う. Π_{asym} についても同様の方針で示せる.

▇ 3.1.4 Haar 測度と Schur–Weyl 双対

量子論の基本的な時間発展はユニタリで与えられるが, 量子情報では「ユニタリ群からランダムに選んできたユニタリによる時間発展」を考えることが非常に多い. 本書を通じて, そのようなランダム・ユニタリが強力な武器になることを見るが, ここではその数学的な基礎となる *Haar* ランダム・ユニタリ (*Haar random unitary*) を説明する.

何かをランダムに選ぶという際にはその背後に必ず確率分布が存在する. Haar ランダム・ユニタリの場合は, ユニタリ群上の一様な確率分布からユニタリを選ぶが, その一様な確率分布を与えるものが *Haar* 測度 (*Haar measure*) である.

定義 3.7 (*Haar* 測度) ヒルベルト空間 $\mathcal{H}$ に作用するユニタリ群を $\mathsf{U}(\mathcal{H})$ とする. 任意の可測な部分集合 $\mathsf{W} \subseteq \mathsf{U}(\mathcal{H})$ とユニタリ $U \in \mathsf{U}(\mathcal{H})$ に対して,

$$\mathsf{H}(\mathsf{W}U) = \mathsf{H}(U\mathsf{W}) = \mathsf{H}(\mathsf{W}) \tag{3.44}$$

と, $\mathsf{H}(\mathsf{U}(\mathcal{H})) = 1$ を満たす $\mathsf{U}(\mathcal{H})$ 上の確率測度 H を, (規格化された) Haar 測度という. 規格化された Haar 測度は一意に定まる.

確率測度とは確率を定める関数である. 連続分布の場合は数学的な注意が必要だが, 基本的には事象 j からその事象が起こる確率 p_j への写像と考えてよい. Haar 測度の場合は, (3.44) が満たされるため, Haar 測度の下でランダムに選んだユニタリ V が, ユニタリ群のある部分集合 $\mathsf{W} \subseteq \mathsf{U}(\mathcal{H})$ に含まれる確率と, その部分集合 W に任意のユニタリ U を作用させることでユニタリ群上の他の場所へと移動させた部分集合 $\mathsf{W}U$ や $U\mathsf{W}$ に含まれる確率が, 同じになる. この意味で, Haar 測度はユニタリ群上での一様な確率分布を与えると解釈できる.

定義 3.7 はやや数学的で分かりにくいかもしれないが, 最も簡単なユニタリ群 $\mathsf{U}(1)$ を考えると分かりやすい. $\mathsf{U}(1)$ は, $\{e^{i\theta} : \theta \in [0, 2\pi)\}$ という単位円で表現できるが, その単位円上の一様な確率分布が, 円周上の任意の点を同じ確率で選ぶことに対応することは直観的に分かるだろう (図 3.1 も参照されたい). この一様分布は, 単位円を任意角度回転させても不変に保たれるが, 単位円を角度 φ だけ回転させる操作は, $e^{i\varphi} \in \mathsf{U}(1)$ を作用させることに対応する. したがって, $\mathsf{U}(1)$ 上の一様な確率分布は, 任意の $u \in \mathsf{U}(1)$ の作用の下で不変であることが分かる. この発想を拡張することで, $\mathsf{U}(\mathcal{H})$ 上で Haar 測度が定義される.

一般に, ユニタリ群上の確率測度 ν が与えられたときに, その測度の下で確率的に選ばれるユニタリを $U \sim \nu$ と表記する. そのような U はユニタリに値を持つ確率変数であ

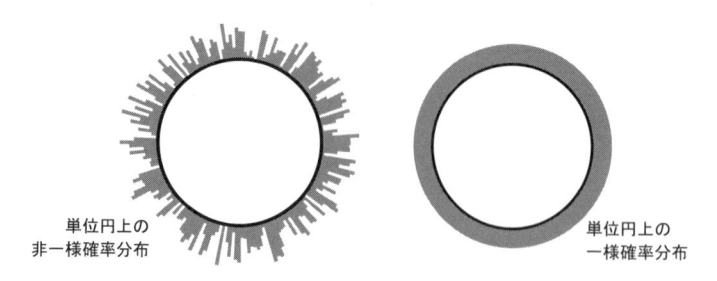

単位円上の
非一様確率分布

単位円上の
一様確率分布

図 **3.1**　ユニタリ群 U(1) 上の非一様な確率分布（左図）と，一様な確率分布（右図）．
　　　　一様な確率分布は任意の回転に対して不変である．回転は $u \in$ U(1) を作用させ
　　　　ることに対応するので，一様な確率分布は $u \in$ U(1) を作用させても不変である
　　　　ことが分かる．これが，U(1) 上の Haar 測度の定義となる．

る．確率変数という考え方については（順番が前後するが）6.1 で説明する．また，ν の
下で選ばれたユニタリでの平均を $\mathbb{E}_{U \sim \nu}[\bullet]$ と表記する．特に，Haar 測度 H の意味で一
様ランダムに選ばれたランダム・ユニタリ $U \sim$ H を，Haar ランダム・ユニタリと呼ぶ．

　　Haar ランダム・ユニタリと関係してよく用いられる数学的な性質が，*Schur–Weyl* 双
対（*Schur–Weyl duality*）である．Schur–Weyl 双対は数学の群論の極めて重要な成果の
一つであり，有限次元の場合は初等的に証明できるが，本書では証明なしに受け入れる
ことにする．

定理 3.8（*Schur–Weyl* 双対）　ヒルベルト空間 $\mathcal{H}$ に作用するユニタリ群 U($\mathcal{H}$) を考える．
演算子 $M \in \mathcal{B}(\mathcal{H}^{\otimes t})$ が全ての $U \in$ U($\mathcal{H}$) に対して

$$U^{\otimes t} M (U^{\otimes t})^{\dagger} = M \tag{3.45}$$

を満たすことと，M が置換ユニタリ $V_{\sigma} \in$ U($\mathcal{H}^{\otimes t}$) の線形結合で書けることは同値である．

　　Schur–Weyl 双対の具体的な応用例として，任意の演算子 $M \in \mathcal{B}(\mathcal{H})$ に対して，

$$\mathbb{E}_{U \sim \mathsf{H}}[UMU^{\dagger}] = \frac{\mathrm{Tr}[M]}{d} I \tag{3.46}$$

が成り立つことを示そう．ただし，$d = \dim \mathcal{H}$ で，$I \in \mathcal{B}(\mathcal{H})$ は $\mathcal{H}$ 上の恒等演算子であ
る．まず，左辺は任意のユニタリ $V \in$ U($\mathcal{H}$) に対して

$$V \mathbb{E}_{U \sim \mathsf{H}}[UMU^{\dagger}] V^{\dagger} = \mathbb{E}_{U \sim \mathsf{H}}[(VU)M(VU)^{\dagger}] \tag{3.47}$$

$$= \mathbb{E}_{V^{\dagger} W \sim \mathsf{H}}[WMW^{\dagger}] \tag{3.48}$$

を満たす．ここで，$W = VU$ とおいた．Haar 測度のユニタリ不変性より，$\mathbb{E}_{V^{\dagger} W \sim \mathsf{H}} = \mathbb{E}_{W \sim \mathsf{H}}$
が成り立つので，

$$V \mathbb{E}_{U \sim \mathsf{H}}[UMU^{\dagger}] V^{\dagger} = \mathbb{E}_{U \sim \mathsf{H}}[UMU^{\dagger}] \tag{3.49}$$

が成り立つことが分かる．つまり，$\mathbb{E}_{U \sim \mathsf{H}}[UMU^{\dagger}]$ は任意のユニタリ $V \in$ U($\mathcal{H}$) と可換で
ある．したがって，Schur–Weyl 双対より，その演算子は置換ユニタリで書けるが，$t = 1$
であるため，置換ユニタリは恒等演算子 I のみである．よって，

$$\mathbb{E}_{U\sim\mathsf{H}}[UMU^\dagger] = \alpha I \tag{3.50}$$

を得る．比例係数 α は両辺のトレースを取ることで，$\alpha = \mathrm{Tr}[M]/d$ と分かる．

練習問題 31 演算子 $M^{AB} \in \mathcal{B}(\mathcal{H}^A \otimes \mathcal{H}^B)$ に対して，

$$\mathbb{E}_{U^A\sim\mathsf{H}}[(U^A \otimes I^B)M^{AB}(U^A \otimes I^B)^\dagger] = \frac{I^A}{\dim \mathcal{H}^A} \otimes M^B \tag{3.51}$$

が成り立つことを示せ．

　ここでは $t = 1$ の場合を考えたが，定理 3.8 を用いれば，このような関係式を各 t に対して示すことができる．中でも特に重要な関係が以下である．

命題 3.9 二階テンソル積空間 $\mathcal{H}^{\otimes 2}$ 上の演算子 $M \in \mathcal{B}(\mathcal{H}^{\otimes 2})$ に対して，$m_0 = \mathrm{Tr}[M]$，$m_1 = \mathrm{Tr}[M\mathbb{F}]$ とする．ヒルベルト空間 $\mathcal{H}$ の次元を d とする．このとき，

$$\mathbb{E}_{U\sim\mathsf{H}}[U^{\otimes 2}MU^{\dagger\otimes 2}] = \frac{dm_0 - m_1}{d(d^2-1)}\mathbb{I} + \frac{dm_1 - m_0}{d(d^2-1)}\mathbb{F} \tag{3.52}$$

が成り立つ．特に，$|\psi\rangle$ を $\mathcal{H}$ 上の純粋状態として $M = |\psi\rangle\langle\psi|^{\otimes 2}$ の場合は，

$$\mathbb{E}_{U\sim\mathsf{H}}[U^{\otimes 2}(|\psi\rangle\langle\psi|^{\otimes 2})U^{\dagger\otimes 2}] = \frac{\mathbb{I}+\mathbb{F}}{d(d+1)} = \pi_{\mathrm{sym}} \tag{3.53}$$

が成り立つ．ここで，$\pi_{\mathrm{sym}} = \Pi_{\mathrm{sym}}/\mathrm{Tr}[\Pi_{\mathrm{sym}}]$ である．

証明（命題 3.9 の証明）　簡単のため，$X = \mathbb{E}_{U\sim\mathsf{H}}[U^{\otimes 2}MU^{\dagger\otimes 2}]$ とおく．X と任意のユニタリ $V \in \mathrm{U}(\mathcal{H})$ との交換関係を確認しよう．Haar 測度のユニタリ不変性を用いることで，

$$V^{\otimes 2}X(V^{\otimes 2})^\dagger = \mathbb{E}_{U\sim\mathsf{H}}[(VU)^{\otimes 2}M(VU)^{\dagger\otimes 2}] \tag{3.54}$$

$$= \mathbb{E}_{V^\dagger W\sim\mathsf{H}}[W^{\otimes 2}MW^{\dagger\otimes 2}] \tag{3.55}$$

$$= \mathbb{E}_{W\sim\mathsf{H}}[W^{\otimes 2}MW^{\dagger\otimes 2}] = X \tag{3.56}$$

であることが分かる．したがって，Schur–Weyl 双対より，$\alpha, \beta \in \mathbb{C}$ として

$$X = \mathbb{E}_{U\sim\mathsf{H}}[U^{\otimes 2}MU^{\dagger\otimes 2}] = \alpha\mathbb{I} + \beta\mathbb{F} \tag{3.57}$$

と書けることが分かる．$t = 2$ の場合の置換ユニタリは，恒等演算子 $\mathbb{I}$ とスワップ演算子 $\mathbb{F}$ の二種類であることに気を付けよ．

　(3.57) の両辺のトレースを取ると，$m_0 = \alpha d^2 + \beta d$ を得る．$\mathrm{Tr}[\mathbb{I}] = d^2$，$\mathrm{Tr}[\mathbb{F}] = d$ に注意せよ．また，両辺にスワップ演算子を作用させてからトレースを取り，トレースの巡回性と $U^{\dagger\otimes 2}\mathbb{F}U^{\otimes 2} = \mathbb{F}$ を用いると，$m_1 = \alpha d + \beta d^2$ を得る．これら二つの連立方程式を解くと，

$$\alpha = \frac{dm_0 - m_1}{d(d^2-1)}, \quad \beta = -\frac{m_0 - dm_1}{d(d^2-1)} \tag{3.58}$$

が得られ，(3.52) が示された．　　　　　　　　　　　　　　　　　　　　　□

練習問題 32 (3.53) を示せ．

■ **3.1.5 ユニタリ・デザイン**

ユニタリ群上の一様な確率分布を表す Haar 測度を用いて，Haar ランダム・ユニタリを定義した．この Haar ランダム・ユニタリは量子情報処理を解析する際によく用いるが，実用を考える際には，Haar ランダム・ユニタリを近似するランダム・ユニタリを考えることが多い．これは，Haar ランダム・ユニタリに対応する時間発展を実験で実装するのが著しく困難であるからだ．このことは 17 章で詳しく説明するが，ここでは，Haar ランダム・ユニタリを近似するランダム・ユニタリの典型例として，ユニタリ t-デザイン（*unitary t-design*）を導入する．

まず，確率測度の近似という概念を説明するために，ユニタリ群上の確率測度 ν と $t \in \mathbb{Z}_>$ に対して，$\mathcal{B}(\mathcal{H}^{\otimes t})$ 上の量子チャンネル

$$\mathcal{G}_\nu^{(t)}(O) := \mathbb{E}_{U \sim \nu}[U^{\otimes t} O U^{\otimes t\dagger}] \tag{3.59}$$

を定義する．$O \in \mathcal{B}(\mathcal{H}^{\otimes t})$ に注意せよ．確率測度が離散的で，ユニタリの集合 $\{U_j\}_{j=1}^{J-1}$ と確率分布 $\{p_j\}_{j=1}^{J-1}$ を用いて $\nu = \{p_j, U_j\}_{j=0}^{J-1}$ で与えられる場合は，

$$\mathcal{G}_\nu^{(t)}(O) = \sum_{j=0}^{J-1} p_j U_j^{\otimes t} O U_j^{\otimes t\dagger} \tag{3.60}$$

である．

この量子チャンネルを用いて，ユニタリ t-デザインを以下のように定義する．

定義 3.10（ユニタリ t-デザイン）　$t \in \mathbb{Z}_>$ に対して，ユニタリ群 $\mathsf{U}(\mathcal{H})$ 上の確率測度 U_t が $\mathcal{G}_\mathsf{H}^{(t)} = \mathcal{G}_{\mathsf{U}_t}^{(t)}$ を満たすとき，U_t をユニタリ t-デザインと呼ぶ．

定義 3.10 の $\mathcal{G}_\mathsf{H}^{(t)}$ は，(3.59) で $\nu = \mathsf{H}$ とおき，Haar ランダム・ユニタリに対して平均を取った量子チャンネルである．したがって，ユニタリ t-デザインは，その t に対しては，Haar ランダム・ユニタリに基づく量子チャンネル $\mathcal{G}_\mathsf{H}^{(t)}$ を再現できるランダム・ユニタリといえる．

ユニタリ t-デザインをこのように定義すると，前項 3.1.4 項で見た Haar ランダム・ユニタリの様々な性質をうまく引き継ぐ．例えば，Haar ランダム・ユニタリは $\mathbb{E}_{U \sim \mathsf{H}}[UMU^\dagger] = \mathrm{Tr}[M]I/d$ を満たすことを (3.46) で示したが，この左辺の形はユニタリ 1-デザインの定義に現れる式そのものなので，任意のユニタリ 1-デザイン U_1 は，

$$\mathbb{E}_{U \sim \mathsf{U}_1}[UMU^\dagger] = \frac{\mathrm{Tr}[M]}{d}I \tag{3.61}$$

を満たす．同様の理由から，命題 3.9 は Haar ランダム・ユニタリだけでなく，任意のユニタリ 2-デザインに対して成り立つ．これは重要な事実であるため，系として強調しておこう．

系 3.11　命題 3.9 における Haar ランダム・ユニタリをユニタリ 2-デザインに置き換えても，同様の主張が成り立つ．

　ユニタリ t-デザインの包括的な説明は 17 章で行うが，以下ではユニタリ t-デザインの基本的な性質をいくつか考えておこう．

練習問題 33　ユニタリ t-デザイン U_t は，任意の正の整数 $t' \leq t$ に対してユニタリ t'-デザインであることを示せ．

練習問題 34　ユニタリ群 $\mathsf{U}(\mathcal{H})$ 上の任意のユニタリ t-デザイン U_t と任意のユニタリ $V \in \mathsf{U}(\mathcal{H})$ が与えられたときに，U_t の各要素に V を左から，もしくは右から作用させることで定義される新たなユニタリの集合 $V\mathsf{U}_t$ と $\mathsf{U}_t V$ もユニタリ t-デザインであることを示せ．

　練習問題 33 より，ユニタリ t-デザインの t が大きいほど，Haar ランダム・ユニタリの性質をより多く継承することが分かる．この意味において，$t \in \mathbb{Z}_>$ は Haar ランダム・ユニタリをどれだけ近似できるかを表すパラメータとみなすことができ，t が大きいユニタリ t-デザインほど，Haar ランダム・ユニタリに近づいていく．定義より明らかに Haar ランダム・ユニタリは，任意の t に対するユニタリ t-デザインであることに注意せよ．
　また，ユニタリ t-デザインは一意に定まるものではない．実際に，練習問題 34 より，ユニタリ t-デザインが一つ存在すれば，異なるユニタリ t-デザインを無数に作ることができる．任意の t に対して，Haar ランダム・ユニタリではないユニタリ t-デザインが存在することも知られているため，ユニタリ t-デザインは無数に存在する．実際にユニタリ t-デザインを見つけてくることはそれほど自明ではないが，17 章ではユニタリ t-デザインの理論を説明し，いくつかの構成方法を与える．ここでは，具体的なイメージを与えるために，n-qubit 上のユニタリ 3-デザインまでの例を証明なしで紹介する．証明は17 章で与える．

定理 3.12　n-qubit Pauli 群 P_n 上の一様確率分布は，n-qubit のユニタリ 1-デザインだが，2-デザインではない．また，n-qubit Clifford 群 C_n の一様確率分布は，n-qubit のユニタリ 3-デザインだが，4-デザインではない．

　Pauli 群と Clifford 群は有限群 [*4] であるため，それらの上の一様確率分布は，各要素を 1/(全ての元の個数) という確率で選ぶことに対応する．
　以下に，ユニタリ t-デザインが持つ基礎的な性質を命題としてまとめておく．これらの性質はまとめて 17 章で詳細に議論するため，ここでは，ユニタリ t-デザインが持つ様々な性質を反映するものとして眺めるにとどめておいてよい．

命題 3.13　以下は全て同値である．
1) U_t がユニタリ群 $\mathsf{U}(d)$ 上のユニタリ t-デザインである．
2) $\mathcal{G}_{\mathsf{H}}^{(t)} = \mathcal{G}_{\mathsf{U}_t}^{(t)}$ が成り立つ．
3) 固定された正規直交基底の下での複素共役を $\bullet$ と表すと，以下が成り立つ．
$$\mathbb{E}_{U \sim \mathsf{H}}\left[U^{\otimes t} \otimes \bar{U}^{\otimes t} \right] = \mathbb{E}_{U \sim \mathsf{U}_t}\left[U^{\otimes t} \otimes \bar{U}^{\otimes t} \right] \tag{3.62}$$

[*4]　要素の個数が有限個の群．

4) ユニタリ U を固定された正規直交基底で行列表示した際の行列要素を U_{jk} とすると，全ての $(j_1, \ldots, j_{2t}), (k_1, \ldots, k_{2t}) \in \{0, \ldots, d-1\}^{2t}$ に対して，

$$\mathbb{E}_{U \sim \mathsf{U}_t}\left[U_{j_1 k_1} \cdots U_{j_t k_t} \bar{U}_{j_{t+1} k_{t+1}} \cdots \bar{U}_{j_{2t} k_{2t}} \right] = \mathbb{E}_{U \sim \mathsf{H}}\left[U_{j_1 k_1} \cdots U_{j_t k_t} \bar{U}_{j_{t+1} k_{t+1}} \cdots \bar{U}_{j_{2t} k_{2t}} \right]$$
(3.63)

が成り立つ.

5) ユニタリ群 $\mathsf{U}(d)$ 上の確率測度 ν に対して，t 次のフレーム・ポテンシャル (*frame potential*) を

$$F^{(t)}(\nu) := \mathbb{E}_{U, V \sim \nu}\left[\left| \mathrm{Tr}[U^\dagger V] \right|^{2t} \right]$$
(3.64)

と定めると，$F^{(t)}(\mathsf{H}) = F^{(t)}(\mathsf{U}_t)$ が成り立つ. また，$d \geq t$ の場合は，その値は $t!$ である.

3.2 量子状態の基本的な性質

量子論において，物理系の状態を表す量子状態は半正定値かつ単位トレースの密度行列で表現されるのであった（拡張公理 1）. 本章では，量子情報の観点から，密度行列で表現される量子状態の基本的な性質をまとめる.

■ 3.2.1 セパラブル状態とエンタングル状態

2.1.4 項で見たとおり，複合量子系の量子状態は，一般には部分系の量子状態のテンソル積では記述できない. 純粋状態に対しては，テンソル積で書ける量子状態をテンソル積状態と呼び，Schmidt ランクが 2 以上の量子状態をエンタングル状態と呼んだ. 混合状態に対しても同様の分類は可能だが，もう少し注意深く議論する必要があり，以下のようにテンソル積状態を少し拡張した量子状態としてセパラブル状態を以下のように導入する. エンタングル状態は，非セパラブル状態として定める.

定義 3.14（セパラブル状態）複合系 AB の量子状態 $\rho^{AB} \in \mathcal{S}(\mathcal{H}^{AB})$ がテンソル積状態の確率混合，つまり，系 A の量子状態の集合 $\{\xi_j^A\}_j$ と系 B の量子状態の集合 $\{\sigma_j^B\}_j$，および，確率分布 $\{p_j\}_j$ を用いて

$$\rho^{AB} = \sum_j p_j \xi_j^A \otimes \sigma_j^B$$
(3.65)

と書けるとき，ρ^{AB} をセパラブル状態と呼ぶ.

定義 3.15（エンタングル状態）複合系 AB の量子状態 $\rho^{AB} \in \mathcal{S}(\mathcal{H}^{AB})$ がセパラブル状態ではないとき，その量子状態 ρ^{AB} をエンタングル状態と呼ぶ.

純粋状態はテンソル積状態かエンタングル状態の二種類に分類できたが，混合状態はセパラブル状態とエンタングル状態の二種類に分類される. テンソル積状態は，セパラブル

状態の特殊例である．このように分類する理由は *LOCC*（*local operations and classical communication*）という，「局所操作」と「古典通信」の概念と密接に関係している．局所操作とは，複合系の各部分系での操作を表し，古典通信は部分系の間の古典的な通信を意味する．LOCC という概念に基づくと，セパラブル状態は「系 A と系 B で何も共有していない状況から LOCC だけで生成できる量子状態」であることが分かる．実際に，

1) 系 A と系 B の間の古典通信を用いて，確率 p_j で j を共有する（古典通信）．
2) j の値に応じて，系 A では量子状態 ξ_j を，系 B では量子状態 σ_j を生成する（局所操作）．
3) 選んだ j を忘れる（局所操作）．

という LOCC によって，複合系 AB には量子状態のアンサンブル $\{p_j, \xi_j^A \otimes \sigma_j^B\}_j$ が生成され，混合状態 $\sum_j p_j \xi_j^A \otimes \sigma_j^B$ が実現する．これはセパラブル状態に他ならない．任意のセパラブル状態はこの手順で生成できる．逆に，何も共有していない状況から LOCC だけで生成できる状態はセパラブル状態である．この等価性に基づくと，エンタングル状態は非セパラブル状態なので，エンタングル状態は何も共有していない状況から LOCC だけでは生成できないことも分かる．

練習問題 35　純粋状態は異なる二つ以上の量子状態の確率混合では表現できないという事実を用いて，何も共有していない状況から LOCC だけで生成できる純粋状態の Schmidt ランクは 1 であることを示せ．このことは，純粋状態のエンタングル状態の集合と Schmidt ランクが 2 以上の純粋状態全ての集合が一致することを意味する．

　系 AB 上の量子状態のアンサンブル $\{p_j, |\psi_j\rangle^{AB}\}_j$ が与えられたときに，全ての量子状態 $|\psi_j\rangle^{AB}$ がエンタングルしていても，そのアンサンブルに対応する量子状態がエンタングル状態であるとは限らないことには注意が必要である．これは，密度行列をアンサンブルに分解する方法が一意ではないことが理由である．

練習問題 36　複合系 AB の四つのエンタングル状態

$$|\Phi_{\pm}\rangle^{AB} := \frac{1}{\sqrt{2}}(|00\rangle^{AB} \pm |11\rangle^{AB}), \quad |\Psi_{\pm}\rangle^{AB} := \frac{1}{\sqrt{2}}(|01\rangle^{AB} \pm |10\rangle^{AB}) \tag{3.66}$$

の一様な確率混合

$$\frac{1}{4}\left(|\Phi_+\rangle\langle\Phi_+|^{AB} + |\Phi_-\rangle\langle\Phi_-|^{AB} + |\Psi_+\rangle\langle\Psi_+|^{AB} + |\Psi_-\rangle\langle\Psi_-|^{AB}\right) \tag{3.67}$$

はセパラブル状態であることを示せ．

　複合系 AB の各部分系が 1-qudit で与えられたときに，非自明なエンタングル（セパラブル）状態として頻出するのが，

$$\omega^{AB}(\lambda) := \lambda \pi_{\text{sym}}^{AB} + (1-\lambda)\pi_{\text{asym}}^{AB} \tag{3.68}$$

で与えられる *Werner* 状態（*Werner state*）[6] である．ただし，$\lambda \in [0,1]$ であり，$\pi_{\text{sym}}^{AB}, \pi_{\text{asym}}^{AB} \in \mathcal{S}(\mathcal{H}^{AB})$ は，複合系 AB のヒルベルト空間の対称空間への射影演算子 Π_{sym}^{AB} と，反対称空間への射影演算子 Π_{asym}^{AB} を規格化したもので，

$$\pi_{\mathrm{sym}}^{AB} = \frac{\Pi_{\mathrm{sym}}^{AB}}{\mathrm{Tr}[\Pi_{\mathrm{sym}}^{AB}]} = \frac{\mathbb{I}^{AB} + \mathbb{F}^{AB}}{d(d+1)} \tag{3.69}$$

$$\pi_{\mathrm{asym}}^{AB} = \frac{\Pi_{\mathrm{asym}}^{AB}}{\mathrm{Tr}[\Pi_{\mathrm{asym}}^{AB}]} = \frac{\mathbb{I}^{AB} - \mathbb{F}^{AB}}{d(d-1)} \tag{3.70}$$

である．ただし，$\mathbb{I}^{AB} = I^A \otimes I^B$ は系 AB 上の恒等演算子，$\mathbb{F}^{AB}$ は系 AB 上のスワップ演算子である．この Werner 状態は λ の値によってエンタングル状態からセパラブル状態に変化する．

定理 3.16（*Werner* 状態とエンタングルメント）　Werner 状態 $\omega^{AB}(\lambda)$ は $\lambda < 1/2$ に対してはエンタングルしているが，$\lambda \geq 1/2$ に対してはセパラブルである．

証明（定理 3.16 の証明）　まず，$\lambda < 1/2$ の場合を考えよう．この事実は，任意のテンソル積純粋状態 $|\psi\rangle^A \otimes |\phi\rangle^B$ に対するスワップ演算子 $\mathbb{F}$ の期待値は，

$$\mathrm{Tr}\left[\left(|\psi\rangle\langle\psi|^A \otimes |\phi\rangle\langle\phi|^B\right)\mathbb{F}^{AB}\right] = \mathrm{Tr}\left[|\psi\rangle\langle\psi||\phi\rangle\langle\phi|\right] \tag{3.71}$$

$$= \left|\langle\psi|\phi\rangle\right|^2 \geq 0 \tag{3.72}$$

を満たすことを用いて示せる．第一の等式ではスワップ・トリック（補題 3.5）を用いた．任意のセパラブル状態は，各テンソル積状態の部分系の状態を対角化することで，テンソル積純粋状態の確率混合で書くことができるので，(3.72) から，任意のセパラブル状態 ρ^{AB} は

$$\mathrm{Tr}\left[\rho^{AB}\mathbb{F}^{AB}\right] \geq 0 \tag{3.73}$$

を満たすことが分かる．この対偶を取ることで，$\mathrm{Tr}[\rho^{AB}\mathbb{F}^{AB}] < 0$ であれば，ρ^{AB} はエンタングル状態であることが分かる．

Werner 状態 $\omega^{AB}(\lambda)$ に対してスワップ演算子の期待値を計算する．(3.69) と (3.70) を用いて具体的に計算すると，

$$\mathrm{Tr}\left[\omega^{AB}(\lambda)\mathbb{F}^{AB}\right] = 2\lambda - 1 \tag{3.74}$$

であることが分かる．$\mathrm{Tr}[\mathbb{I}^{AB}] = d^2$ および $\mathrm{Tr}[\mathbb{F}^{AB}] = d$ に注意せよ，よって，$\lambda < 1/2$ のときには $\omega^{AB}(\lambda)$ はエンタングルしていることが示された．

一方で，Werner 状態 $\omega^{AB}(\lambda)$ が $\lambda \geq 1/2$ に対してはセパラブル状態であることを示すためには，そのような量子状態を LOCC で具体的に生成できることを示せばよい．以下では，その具体的な手順を与える．

まず，$\left|\langle\psi|\phi\rangle\right|^2 = 2\lambda - 1$ を満たす量子状態の組 $(|\psi\rangle, |\phi\rangle)$ を取る．$1/2 \leq \lambda \leq 1$ の場合は $0 \leq 2\lambda - 1 \leq 1$ であるため，そのような量子状態の組は必ず存在する．系 A で $|\psi\rangle$ を，系 B で $|\phi\rangle$ を生成することで，複合系 AB 上でテンソル積純粋状態 $|\psi\rangle^A \otimes |\phi\rangle^B$ を実現する．この操作はもちろん，局所操作で実現できる．この状態に対して，系 A と系 B で同じユニタリ U を作用させることで，$(U|\psi\rangle)^A \otimes (U|\phi\rangle)^B$ を得る．これは U の古典的な情報（例えば行列要素など）を古典通信で送信して各部分系でユニタリ U を作用させれば

よいので，LOCC である．最後にユニタリ群 $U(\mathbb{C}^d)$ 上の Haar 測度で平均を取ると [*5]，

$$\mathbb{E}_{U\sim\mathsf{H}}\big[U^{\otimes 2}\big(|\psi\rangle\langle\psi|^A\otimes|\phi\rangle\langle\phi|^B\big)U^{\dagger\otimes 2}\big] \tag{3.75}$$

という量子状態を系 AB で共有できる．もちろん，この操作も LOCC で実現できる．

こうして系 AB 上で実現された量子状態 (3.75) は，実は Werner 状態に他ならない．まず，$|\langle\psi|\phi\rangle|^2=2\lambda-1$ であったため，命題 3.9 から直ちに

$$\mathbb{E}_{U\sim\mathsf{H}}\big[U^{\otimes 2}\big(|\psi\rangle\langle\psi|^A\otimes|\phi\rangle\langle\phi|^B\big)U^{\dagger\otimes 2}\big]=\frac{-2\lambda+d+1}{d(d^2-1)}\mathbb{I}^{AB}+\frac{2d\lambda-d-1}{d(d^2-1)}\mathbb{F}^{AB} \tag{3.76}$$

が従う．この右辺を整理すると，$\lambda\pi_{\mathrm{sym}}^{AB}+(1-\lambda)\pi_{\mathrm{asym}}^{AB}$ であることが分かり，確かに Werner 状態であることが確認できる．

以上から $\lambda\geq 1/2$ に対しては LOCC で Werner 状態を生成できることが分かった．したがって，Werner 状態 $\omega^{AB}(\lambda)$ は $\lambda\geq 1/2$ ではセパラブル状態である． $\square$

練習問題 37 2-qubit の場合の Werner 状態を正規直交基底 $\{|00\rangle,|01\rangle,|10\rangle,|11\rangle\}$ の下で具体的に行列表示せよ．

Werner 状態の証明では，複合系 AB 上の量子状態がエンタングルしていることを，スワップ演算子の期待値を用いて確かめた．スワップ演算子はエルミートで可観測量であることから，「スワップ演算子は，2-qudit の全てのセパラブル状態に対して非負の期待値を持つ可観測量」となっている．このような可観測量のことを，エンタングルメント・ウィットネス (entanglement witness) と呼ぶ．エンタングルメント・ウィットネスが負の期待値を持つとき，その量子状態は必ずエンタングルしている．ただし，エンタングルメント・ウィットネスがある量子状態に対して非負の期待値を持ったとしても，一般にはその量子状態がセパラブル状態とは限らないことには注意が必要である．つまり，エンタングルメント・ウィットネルが負の期待値を持つことは，量子状態がエンタングルしているための十分条件でしかない．ただし，一般の量子系においては，量子状態がエンタングルしていることに関する使い勝手のよい必要十分条件は知られていないため，エンタングルメント・ウィットネスに関する理論研究は数多く行われている．

■ 3.2.2 PPT 状態と NPT 状態

ヒルベルト空間が特定の次元を持つ場合は，*PPT 条件*（positive partial transpose criterion）が量子状態がエンタングルしていることの必要十分条件になることが知られている．PPT 条件を説明するために，まず，行列の部分転置という概念を説明する．任意の行列 $M^{AB}\in\mathcal{B}(\mathcal{H}^{AB})$ に対して，部分転置 T_B は，系 B だけを転置する操作として定義される．具体的には

$$\sum_{j,k,m,n}M_{jkmn}^{AB}|e_j\rangle\langle e_k|^A\otimes|e_m\rangle\langle e_n|^B\mapsto\sum_{j,k,m,n}M_{jkmn}^{AB}|e_j\rangle\langle e_k|^A\otimes|e_n\rangle\langle e_m|^B \tag{3.77}$$

[*5] 必ずしも Haar 測度で平均を取る必要はなく，$t\geq 2$ 以上のユニタリ t-デザインで平均を取ってもよい．

という操作である．同様に系 A の部分転置も定義でき，対応する写像を T_A と書くことにする．

部分転置はもちろん，行列表示する際の正規直交基底に依存する．しかし，練習問題38 から分かるとおり，部分転置を取ることで得る演算子の固有値は正規直交基底の選び方には依存しない．量子情報で重要になるのは部分転置を取った後の演算子の固有値だけなので，以下では部分転置を取る際の正規直交基底は指定しない．

練習問題 38　任意の $P^A, Q^A \in \mathcal{B}(\mathcal{H}^A)$ と，$R^B, S^B \in \mathcal{B}(\mathcal{H}^B)$，$O^{AB} \in \mathcal{B}(\mathcal{H}^{AB})$ に対して，

$$T_B\big((P^A \otimes R^B)O^{AB}(Q^A \otimes S^B)\big) = (P^A \otimes (S^B)^T)T_B(O^{AB})(Q^A \otimes (R^B)^T) \tag{3.78}$$

を示せ．この関係式を用いて，部分転置を取った後の演算子の固有値は部分転置を取る正規直交基底に依存しないことを示せ．

練習問題 39　任意の量子状態 ρ^{AB} に対して，$T_A(\rho^{AB})$ と $T_B(\rho^{AB})$ の固有値が一致することを示せ．

練習問題 40　任意の行列 M^{AB}, N^{AB} に対して，

$$\mathrm{Tr}[T_B(M^{AB}N^{AB})] = \mathrm{Tr}[T_B(M^{AB})T_B(N^{AB})] = \mathrm{Tr}[M^{AB}N^{AB}] \tag{3.79}$$

を示せ．

量子状態 ρ^{AB} の部分転置 $T_B(\rho^{AB})$ の固有値が全て非負のとき，その量子状態 ρ^{AB} を PPT 状態（*positive-partial-transpose state: PPT*）と呼ぶ．練習問題 40 より $\mathrm{Tr}[T_B(\rho^{AB})] = \mathrm{Tr}[\rho^{AB}] = 1$ なので，PPT 状態 ρ^{AB} の部分転置 $T_B(\rho^{AB})$ は量子状態である．一方で，$T_B(\rho^{AB})$ が負の固有値を含む場合，量子状態 ρ^{AB} を NPT 状態（*negative-partial-transpose state: NPT*）と呼ぶ．この場合には，$T_B(\rho^{AB})$ は量子状態ではない．

任意の (d_A, d_B) に対して，セパラブル状態に部分転置を作用させると，必ずセパラブルな量子状態が得られる．したがって，セパラブル状態は必ず PPT 状態である．その対偶を取ると，NPT 状態は必ずエンタングル状態であることが分かる．その逆は一般には成り立たないが，系 A と系 B が特定の次元を持つ場合は，PPT 状態の集合とセパラブル状態の集合が一致する．

定理 3.17（*PPT 定理*[7]）　複合系 AB を考える．各系のヒルベルト空間の次元を，$d_A = \dim \mathcal{H}^A$，$d_B = \dim \mathcal{H}^B$ とする．$(d_A, d_B) = (2,2), (2,3), (3,2)$ の場合，系 AB 上の量子状態 ρ^{AB} がエンタングル状態である必要十分条件は，その状態の部分転置 $T_B(\rho^{AB})$ が負の固有値を持つことである．

PPT 定理の証明はやや数学的な事実を用いるため，省略する．

練習問題 41　系 A と系 B が各々 1-qubit である場合の Werner 状態 $\omega_2^{AB}(\lambda)$ に対して PPT 定理を適用し，$\lambda < 1/2$ がエンタングル状態の必要十分条件であることを確かめよ．

■ 3.2.3　特別な量子状態とその性質

量子情報でよく用いる重要な量子状態については，特別な名前が付いている．ここでは

ランク r の一様混合状態（*uniformly mixed state with rank r*），完全混合状態（*completely mixed state*），古典最大相関状態（*classically maximally-correlated state*），最大エンタングル状態（*maximally entangled state*）を紹介し，それぞれの基本的な性質を調べておく．

定義 3.18（一様混合状態と完全混合状態）　系 A 上のランク r の射影演算子 Π_r^A に対して，$\pi_r^A = \Pi_r^A/r$ をランク r の一様混合状態 π_r^A と呼ぶ．また，$d_A = \dim \mathcal{H}^A$ としたときに，$r = d_A$ の場合の一様混合状態を完全混合状態と呼び，単に $\pi^A = I^A/d_A$ と表す．

　ランク r が $r < d_A$ の場合は，ランク r の一様混合状態は射影演算子の選び方に依存するため，ランクが同じでも異なる一様混合状態が複数存在する．一方で，完全混合状態は一意に定まる．

定義 3.19（古典最大相関状態）　系 A と系 A' を同じ次元 d を持つ量子系とする．各系での正規直交基底 $E = \{|e_j\rangle^A\}_{j=0}^{d-1}$，$F = \{|f_j\rangle^{A'}\}_{j=0}^{d-1}$ が与えられたときに，

$$\Omega^{AA'} := \frac{1}{d} \sum_{j=0}^{d-1} |e_j\rangle\langle e_j|^A \otimes |f_j\rangle\langle f_j|^{A'} \tag{3.80}$$

を，基底 (E, F) の下での古典最大相関状態と呼ぶ．

　古典最大相関状態は正規直交基底の選び方に依存するが，正規直交基底が文脈から明らかな場合には，基底を明記せずに単に古典最大相関状態と呼ぶ．古典最大相関状態の部分トレースを取ると，$\Omega^A = \mathrm{Tr}_{A'}[\Omega^{AA'}] = \pi^A$ であり，完全混合状態を得る．

定義 3.20（最大エンタングル状態）　複合系 AA' の純粋状態 $|\Phi\rangle^{AA'} \in \mathcal{H}^{AA'}$ の Schmidt 分解が

$$|\Phi\rangle^{AA'} = \frac{1}{\sqrt{d}} \sum_{j=0}^{d-1} |e_j\rangle^A \otimes |f_j\rangle^{A'} \tag{3.81}$$

で与えられるとき，$|\Phi\rangle^{AA'}$ を最大エンタングル状態と呼ぶ．ただし，$d = \min\{d_A, d_{A'}\}$ である．

　本書では，π^A と書いたときには必ず完全混合状態を意味することにする．同様に，$\Omega^{AA'}$ は何らかの正規直交基底の下での古典最大相関状態を，$|\Phi\rangle^{AA'}$ は必ず最大エンタングル状態を表す．

　最大エンタングル状態は無数に存在する．例えば，系 A と系 A' が共に 1-qubit の場合，

$$\frac{1}{\sqrt{2}}(|00\rangle^{AA'} \pm |11\rangle^{AA'}), \quad \frac{1}{\sqrt{2}}(|01\rangle^{AA'} \pm |10\rangle^{AA'}), \quad \frac{1}{\sqrt{2}}(|0+\rangle^{AA'} \pm |1-\rangle^{AA'}) \tag{3.82}$$

は全て異なる最大エンタングル状態である．このように，各系の基底の自由度があるために無限に多くの最大エンタングル状態が存在する．

　古典最大相関状態と最大エンタングル状態の差異を，操作論的な観点から理解することは重要である．このことを具体的に考えるために，系 A と系 A' を独立に測定したと

きの測定結果の相関を考える．簡単のため，以下では $\mathcal{H}^A$ と $\mathcal{H}^{A'}$ が同次元 d で，正規直交基底 $\{|e_j\rangle\}_{j=0}^{d-1}$ で張られているとする．

まず，系 AA' の最大エンタングル状態 $|\Phi\rangle^{AA'} = \sum_j |e_j\rangle^A |e_j\rangle^{A'}/\sqrt{d}$ と，正規直交基底 $\{|e_j\rangle\}_j$ の下での古典最大相関状態を $\Omega^{AA'}$ を考える．それぞれの量子状態の系 A と系 A' を独立に各々測定基底 $\{|e_j\rangle\}_j$ で測定すると，どちらも測定結果 j を確率 $1/d$ で得る．この事実は，測定基底 $\{|e_j\rangle\}_j$ による量子測定では，最大エンタングル状態 $|\Phi\rangle^{AA'}$ と古典最大相関状態 $\Omega^{AA'}$ を区別することはできないことを意味している．

次に，系 A と系 A' を $\{|e_j\rangle\}_j$ 以外の測定基底で測定したときの測定結果の相関を計算しよう．正規直交基底 $\{|e_j\rangle\}_j$ の下での古典最大相関状態 $\Omega^{AA'}$ に対して，系 A を測定基底 $\{|f_j\rangle\}_j$ で測定して測定結果 m が得られたとする．このとき，系 A' を測定基底 $\{|g_j\rangle\}_j$ で測定して結果 n が得られる条件付き確率 $p_\Omega(A' = n|A = m)$ は，

$$p_\Omega(A' = n|A = m) = \sum_{j=0}^{d-1} \left|\langle f_m|e_j\rangle\right|^2 \left|\langle g_n|e_j\rangle\right|^2 \tag{3.83}$$

となる．正規直交基底 $\{|e_j\rangle\}_j$ の基底ベクトルを適切に並び替えて Cauchy–Schwarz の不等式を用いることで，任意の測定結果 $m \in \{0,\ldots,d-1\}$ に対して $p_\Omega(A' = m|A = m) = 1$ が成り立つこと，つまり，系 A での測定結果と系 A' での測定結果が完全に相関するための必要十分条件が

$$\{|f_j\rangle\}_{j=0}^{d-1} = \{|g_j\rangle\}_{j=0}^{d-1} = \{|e_j\rangle\}_{j=0}^{d-1} \tag{3.84}$$

であることも分かる．ただし，各基底ベクトルの全体位相の自由度は除く．

練習問題 42　(3.83) と (3.84) を示せ．

以上より，古典最大相関状態に対しては，古典最大相関状態を定める正規直交基底で各部分系を測定したときのみ，系 A と系 A' での測定結果が一致すること，つまり，測定結果が完全に相関することが分かった．一方で，以下で見るとおり，最大エンタングル状態においては，より広い測定基底の組み合わせに対して系 A と系 A' の測定結果が完全に相関する．実際，最大エンタングル状態 $|\Phi\rangle^{AA'} = \sum_{j=0}^{d-1} |e_j\rangle^A \otimes |e_j\rangle^{A'}/\sqrt{d}$ の系 A を正規直交基底 $\{|f_j\rangle\}_{j=0}^{d-1}$ で測定して測定結果 m が得られたすると，系 A' の量子状態は規格化を除いて

$$\langle f_m|^A |\Phi\rangle^{AA'} = \frac{1}{\sqrt{d}} \sum_j \langle f_m|e_j\rangle |e_j\rangle^{A'} =: \frac{1}{\sqrt{d}} |\bar{f}_m\rangle^{A'} \tag{3.85}$$

で与えられる．簡単な計算から，(3.85) で定義される $|\bar{f}_m\rangle = \sqrt{d}\langle f_m|^A |\Phi\rangle^{AA'}$ は，$|f_m\rangle$ を正規直交基底 $\{|e_j\rangle\}_j$ でベクトル表示して，各ベクトル要素の複素共役を取ったものに他ならないことが分かる．したがって，$\{|\bar{f}_j\rangle^B\}_j$ は系 A' の正規直交基底をなす．

練習問題 43　単位ベクトル $|f_m\rangle$ と $|\bar{f}_m\rangle = \sqrt{d}\langle f_m|^A |\Phi\rangle^{AA'}$ を正規直交基底 $\{|e_j\rangle\}_j$ の下でベクトル表示することで，各々のベクトル要素が複素共役の関係にあることを確かめよ．

この事実に基づいて，系 A を測定基底 $\{|f_j\rangle\}_j$ で，系 A' を測定基底 $\{|\bar{f}_j\rangle\}_j$ で測定した

ときの測定結果の相関を考えると，系 A での測定結果が m のときには系 A' の量子状態は (3.85) より $|\bar{f}_m\rangle$ に変化するため，系 A' での測定結果も必ず m になる．したがって，これらの測定の下で，系 A と系 A' の測定結果は必ず完全に相関していることが分かる．系 A の測定基底 $\{|f_j\rangle\}_j$ は任意でよいことに注意せよ．

以上をまとめると，古典最大相関状態は特定の測定基底 $\{|e_j\rangle\}_j$ の結果だけが完全に相関するのに対して，最大エンタングル状態の場合は系 A の任意の測定基底 $\{|f_j\rangle\}_j$ に対して，系 A' を適切な測定基底 $\{|\bar{f}_j\rangle\}_j$ で測定すれば，測定結果が完全に相関する．つまり，最大エンタングル状態においては，測定結果が完全に相関するような測定基底の組が無数に存在する．これが，古典最大相関状態と最大エンタングル状態の決定的な差である．

■ 3.2.4 最大エンタングル状態の性質

前節で具体的に見たとおり，最大エンタングル状態は非直観的な性質を多く有している．以下の命題で最大エンタングル状態が持つ重要な性質をまとめておく．

命題 3.21（最大エンタングル状態の性質）　最大エンタングル状態 $|\Phi\rangle^{AA'}$ は以下の性質を持つ．以下では，$\bullet^T$ と $\bar{\bullet}$ はそれぞれ，$d_A = d_{A'}$ の場合の最大エンタングル状態を $|\Phi\rangle^{AA'} = \sum_{j=0}^{d_A-1} |e_j\rangle^A |e_j\rangle^{A'}/\sqrt{d_A}$ と展開した際の正規直交基底 $\{|e_j\rangle\}_{j=0}^{d_A-1}$ の下での転置と複素共役を表す．

1) 複合系 AA' の各部分系の次元が $d_A \le d_{A'}$ を満たすとき，任意の最大エンタングル状態 $|\Phi\rangle^{AA'}$ に対し，各部分系での縮約密度行列は $\Phi^A = \pi^A$ と $\Phi^{A'} = \pi_{d_A}^{A'}$ で与えられる．

2) 二つの最大エンタングル状態 $|\Phi_1\rangle^{AA'}$ と $|\Phi_2\rangle^{AA''}$ に対して，$d_A \le d_{A'} \le d_{A''}$ とすると，

$$|\Phi_2\rangle^{AA''} = V^{A' \to A''} |\Phi_1\rangle^{AA'} \tag{3.86}$$

を満たすアイソメトリ $V^{A' \to A''}$ が存在する．

3) 複合系 AA' の各部分系の次元が $d_A = d_{A'} = d$ を満たすとき，最大エンタングル状態だけで複合系 AA' の正規直交基底を構成できる．

4) 複合系 AA' の各部分系の次元が $d_A = d_{A'} = d$ を満たすとき，任意の演算子 $M^A \in \mathcal{B}(\mathcal{H}^A)$, $N^{A'} \in \mathcal{B}(\mathcal{H}^{A'})$ に対して

$$\langle\Phi|^{AA'}(M^A \otimes N^{A'})|\Phi\rangle^{AA'} = \frac{1}{d}\,\mathrm{Tr}[MN^T] \tag{3.87}$$

$$M^A|\Phi\rangle^{AA'} = (M^{A'})^T|\Phi\rangle^{AA'} \tag{3.88}$$

が成り立つ．右辺では，$d_A = d_{A'} = d$ であることから，$\mathcal{H}^A$ と $\mathcal{H}^{A'}$ を同一視した表記になっている．

5) 複合系 AA' の各部分系の次元が $d_A = d_{A'} = d$ を満たすとき，任意のユニタリ $U^A \in \mathsf{U}(\mathcal{H}^A)$ に対して

$$(U^A \otimes \bar{U}^{A'})|\Phi\rangle^{AA'} = |\Phi\rangle^{AA'} \tag{3.89}$$

が成り立つ. また, 任意の正規直交基底 $\{|f_j\rangle^A\}_j$ と $\{|f_j\rangle^{A'}\}_j$ を用いて,

$$|\Phi\rangle^{AA'} = \frac{1}{\sqrt{d}} \sum_{j=0}^{d-1} |f_j\rangle^A \otimes |\bar{f}_j\rangle^{A'} \tag{3.90}$$

と書ける.

6) 複合系 AA' の各部分系の次元が $d_A = d_{A'} = d$ を満たすとき, 任意の量子状態 $|\varphi\rangle^{A'}$ に対して, $\langle\bar{\varphi}|^{A'}|\Phi\rangle^{AA'} = |\varphi\rangle^A/\sqrt{d}$ が成り立つ.

7) 複合系 AA' の次元が $d_A \leq d_{A'}$ を満たすとき, 任意の量子状態 ρ^A に対し, $\sqrt{d_A}(\sqrt{\rho^A} \otimes I^{A'})|\Phi\rangle^{AA'}$ は ρ^A の純粋化状態の一つである.

証明(命題 3.21 の証明) 性質 1) は単純な計算で示せる. 性質 2) は, $\Phi_1^A = \Phi_2^A = \pi^A$ であることから, 純粋化が持つアイソメトリの自由度(定理 2.5)から従う.

性質 3) を示すためには, 具体的に最大エンタングル状態だけからなる系 AA' の正規直交基底を構成すればよい. まず, 最大エンタングル状態を一つ $|\Phi_0\rangle^{AA'}$ と固定し, その状態にユニタリ $\{V_j\}_{j=0}^{d^2-1}$(ただし $V_0 = I$ とする)を作用させることで, 最大エンタングル状態の集合 $\{V_j^A|\Phi_0\rangle^{AA'}\}_{j=0}^{d^2-1}$ を作る.

各状態の内積を計算すると,

$$\langle\Phi_j|\Phi_k\rangle = \langle\Phi_0|^{AA'}(V_j^A)^\dagger V_k^A|\Phi_0\rangle^{AA'} \tag{3.91}$$

$$= \frac{1}{d}\operatorname{Tr}[(V_j^A)^\dagger V_k^A] \tag{3.92}$$

を得るが, これは V_k^A と V_j^A の Hilbert–Schmidt 内積に他ならない. したがって, $\{V_j^A\}_{j=0}^{d^2-1}$ が演算子空間 $\mathcal{B}(\mathcal{H}^A)$ の演算子基底に比例する演算子集合であれば, $\langle\Phi_j|\Phi_k\rangle = \delta_{jk}$ が成り立ち, $\{V_j^A|\Phi_0\rangle^{AR}\}_{j=0}^{d^2-1}$ が系 AA' の正規直交基底になることが分かる. そのようなユニタリの集合として, 例えば Heisenberg–Weyl 演算子の集合を取ればよい. また, 系 A と A' がどちらも n-qubit の系であれば, n-qubit Pauli 演算子の集合を取ることもできる.

性質 4) は具体的に書き下しても示せるが, 系 AA' のスワップ演算子 $\mathbb{F}^{AA'}$ が

$$\mathbb{F}^{AA'} = dT_{A'}(|\Phi\rangle\langle\Phi|^{AA'}) \tag{3.93}$$

で与えられることを用いると便利である. ここで, $T_{A'}$ は部分系 A' の転置を取る操作である. この関係を用いると,

$$\langle\Phi|^{AA'}(M^A \otimes N^{A'})|\Phi\rangle^{AA'} = \operatorname{Tr}[|\Phi\rangle\langle\Phi|^{AA'}(M^A \otimes N^{A'})] \tag{3.94}$$

$$= \operatorname{Tr}[T_{A'}(|\Phi\rangle\langle\Phi|^{AA'})(M^A \otimes (N^{A'})^T)] \tag{3.95}$$

$$= \frac{1}{d}\operatorname{Tr}[\mathbb{F}^{AA'}(M^A \otimes (N^{A'})^T)] \tag{3.96}$$

$$= \frac{1}{d}\operatorname{Tr}[MN^T] \tag{3.97}$$

を得る. つまり, (3.87) は本質的にはスワップ・トリックである. (3.88) は直接計算すれば直ちに従う.

性質 5) のユニタリ不変性 $(U^A \otimes \bar{U}^{A'})|\Phi\rangle^{AA'} = |\Phi\rangle^{AA'}$ は性質 4) の (3.88) から従う. (3.90) は先述の相関の議論で証明したが, (3.89) からも直ちに示せる. 性質 6) は, (3.90) の特別な場合として, $|\varphi\rangle^{A'}$ を含む正規直交基底を考えればよい.

性質 7) は, まず, 最大エンタングル状態の縮約密度行列が完全混合状態であることから,

$$d_A \operatorname{Tr}_{A'}\left[\sqrt{\rho^A}|\Phi\rangle\langle\Phi|^{AA'}\sqrt{\rho^A}\right] = \rho^A \tag{3.98}$$

が成り立つ. さらに Tr_A を取ることで, $\sqrt{d_A}\sqrt{\rho^A}|\Phi\rangle^{AA'}$ が単位ベクトル, つまり, 量子状態であることも分かる. したがって, $\sqrt{d_A}\sqrt{\rho^A}|\Phi\rangle^{AR}$ は ρ^A の純粋化状態である.

$\square$

命題 3.21 にまとめた最大エンタングル状態の性質は, それぞれ単体で大きな意味を持つものではない. しかし, 量子情報処理の解析では役立つ性質であるため, 慣れ親しんでおいて損はない. 特に, 最大エンタングル状態とスワップ演算子の関係

$$\mathbb{F}^{AA'} = d\left(|\Phi\rangle\langle\Phi|^{AA'}\right)^{T_{A'}} \tag{3.99}$$

は様々な量子情報プロトコルで最大エンタングル状態が役立つ数学的な理由ともいえる.

3.3 量子系における時間発展の基本的な性質

2.3 節において, Choi–Kraus 表現や量子チャンネルなどの量子系の時間発展を記述する方法を複数導入した. 拡張公理 2 にもまとめたとおり, これらの記述方法は全て同値である. 本節ではその同値性を示した上で, 量子チャンネルに関する基本的な事実や性質をまとめる.

3.3.1 量子系における時間発展の三表現の同値性

量子系の時間発展は, 複合系でのユニタリ時間発展, 部分系だけに着目した Choi–Kraus 表現, CPTP 写像を用いた量子チャンネルなど, 複数の記述の方法があった. 以下の定理により, これらの表現は全て同値である.

定理 3.22 (量子系における時間発展の三表現の同値性) ヒルベルト空間 $\mathcal{H}^A$ と $\mathcal{H}^B$ の次元を各々 d_A と d_B とおく. $\mathcal{B}(\mathcal{H}^A)$ から $\mathcal{B}(\mathcal{H}^B)$ への線形写像 $\mathcal{T}^{A \to B}$ に対して, 最大エンタングル状態 $|\Phi\rangle^{AA'}$ (ここで, 系 A' は系 A と同じ次元 d_A を持つ量子系) を用いて, $\tau^{A'B} = \mathcal{T}^{A \to B}(|\Phi\rangle\langle\Phi|^{AA'})$ という量子状態を導入する. また, $r(\le d_A d_B)$ を $\tau^{A'B}$ のランクとする. 以下は全て同値である.

1) $\mathcal{T}^{A \to B}$ が CPTP 写像.
2) (*Stinespring 拡張*) 系 A から複合系 AE へのアイソメトリ $V^{A \to AE}$ と複合系 AE の適切な分解 BC が存在し, 任意の量子状態 $\rho \in \mathcal{S}(\mathcal{H}^A)$ に対して

$$\mathcal{T}^{A \to B}(\rho^A) = \mathrm{Tr}_C\left[V^{A \to AE} \rho^A (V^{A \to AE})^\dagger\right] \tag{3.100}$$

と表現できる．アイソメトリ $V^{A \to AE}$ を $\mathcal{T}^{A \to AE}$ の Stinespring 拡張と呼ぶ．

3）（*Choi–Kraus* 表現）系 A から系 B への演算子の集合 $\{K_j^{A \to B}\}_{j=0}^{r-1}$ で完全性 $\sum_{j=0}^{r-1}(K_j^{A \to B})^\dagger K_j^{A \to B} = I^A$ を満たすものが存在し，

$$\mathcal{T}^{A \to B}(\rho^A) = \sum_{j=0}^{r-1} K_j^{A \to B} \rho^A (K_j^{A \to B})^\dagger \tag{3.101}$$

と表現できる．そのような線形演算子の集合 $\{K_j^{A \to B}\}_{j=0}^{r-1}$ を $\mathcal{T}^{A \to B}$ の Kraus 演算子と呼ぶ．

証明（定理 3.22 の証明）　まず 1) を仮定して 3) を示す．写像が線形であるため，純粋状態について示せば十分である．量子状態 $\tau^{A'B}$ を $|\bar{\phi}\rangle^{A'} = \sqrt{d_A}\langle\phi|^A|\Phi\rangle^{AA'}$ で挟み，最大エンタングル状態に関する命題 3.21 の性質 6) を用いることで，以下を得る．

$$\mathcal{T}^{A \to B}(|\phi\rangle\langle\phi|^A) = d_A \langle\bar{\phi}|^A \tau^{A'B} |\bar{\phi}\rangle^A \tag{3.102}$$

ここで，写像 $\mathcal{T}^{A \to B}$ が CP であることから，$\tau^{A'B} \geq 0$ が成り立つ．よって，$\tau^{A'B}$ は対角化可能であり，その固有値は全て非負である．規格化されていないベクトル $|\tau_j\rangle^{A'B}$ を用いて $\tau^{A'B} = \sum_{j=0}^{r-1}|\tau_j\rangle\langle\tau_j|^{A'B}$ と対角化する．ここで，r は $\tau^{A'B}$ のランクであり，$r \leq d_A d_B$ を満たす．$|\bar{\phi}\rangle^{A'}$ の具体的な表式を用いると，

$$\mathcal{T}^{A \to B}(|\phi\rangle\langle\phi|^A) = d_A \sum_{j=0}^{r-1} \langle\bar{\phi}|^A|\tau_j\rangle\langle\tau_j|^{A'B}|\bar{\phi}\rangle^A \tag{3.103}$$

$$= d_A^2 \sum_{j=0}^{r-1} \langle\Phi|^{AA'}|\phi\rangle^A|\tau_j\rangle\langle\tau_j|^{A'B}\langle\phi|^A|\Phi\rangle^{AA'} \tag{3.104}$$

$$= d_A^2 \sum_{j=0}^{r-1} \langle\Phi|^{AA'}|\tau_j\rangle^{A'B}|\phi\rangle\langle\phi|^A\langle\tau_j|^{A'B}|\Phi\rangle^{AA'} \tag{3.105}$$

と表現できる．$\langle\Phi|^{AA'}|\tau_j\rangle^{A'B} \in \mathcal{L}(\mathcal{H}^A, \mathcal{H}^B)$ であることから，$K_j^{A \to B} := d_A \langle\Phi|^{AA'}|\tau_j\rangle^{A'B}$ とすると，

$$\mathcal{T}^{A \to B}(|\phi\rangle\langle\phi|^A) = \sum_{j=0}^{r-1} K_j^{A \to B}|\phi\rangle\langle\phi|^A (K_j^{A \to B})^\dagger \tag{3.106}$$

を得るが，これは (3.101) に他ならない．また，このようにして定義された演算子 $\{K_j^{A \to B}\}_{j=0}^{r-1}$ の完全性は，(3.106) の両辺のトレースを取ることで従う．実際，$\mathcal{T}^{A \to B}$ が TP であることから

$$1 = \sum_{j=0}^{r-1} \langle\phi|^A (K_j^{A \to B})^\dagger K_j^{A \to B}|\phi\rangle^A \tag{3.107}$$

が任意の状態 $|\phi\rangle^A$ に対して成り立つため，$\sum_{j=0}^{r-1}(K_j^{A \to B})^\dagger K_j^{A \to B} = I^A$ を得る．以上で，1) から 3) が導かれた．

3) から 1) を導くのは容易である．(3.101) のトレースを取ることで，$\mathcal{T}^{A \to B}$ が TP で

あることが直ちに分かる. また, 任意の半正定値行列 ρ^{AR} に対して

$$(\mathcal{T}^{A\to B}\otimes\mathrm{id}^R)(\rho^{AR}) = \sum_{j=0}^{r-1} K_j^{A\to B}\rho^{AR}\big(K_j^{A\to B}\big)^\dagger \tag{3.108}$$

だが, 右辺は明らかに半正定値である. したがって, $\mathcal{T}^{A\to B}$ は CP である.

次に, 2) と 3) の同値性を示す. 2) から 3) は 2.3.1 項で説明したとおり, 部分系 C の正規直交基底 $\{|e_j\rangle\}_{j=0}^{r-1}$ を用いて $K_j^{A\to B} = \langle e_j|^C V^{A\to AE}$ とすればよい. この演算子の集合は完全性を満たす Kraus 演算子の集合になり, Kraus 演算子の個数は明らかに r である.

3) から 2) も, Kraus 演算子から具体的にアイソメトリを構成することで証明できる. 次元が r 以上である適切な系 C と, 系 C の正規直交するベクトルの集合 $\{|e_j\rangle^C\}_{j=0}^{r-1}$ を用いて,

$$V^{A\to AE} := \sum_{j=0}^{r-1} K_j^{A\to B}\otimes|e_j\rangle^C \tag{3.109}$$

と定めると, Kraus 演算子の完全性から, $V^{A\to AE}$ がアイソメトリであることが分かる. ここで, $AE = BC$ に注意せよ. この事実から, 環境系 E の次元が rd_B/d_A であることが従う.

この $V^{A\to AE}$ を用いると,

$$\mathcal{T}^{A\to B}\big(|\psi\rangle\langle\psi|^A\big) = \sum_{j=0}^{r-1} K_j^{A\to B}|\psi\rangle\langle\psi|^A\big(K_j^{A\to B}\big)^\dagger \tag{3.110}$$

$$= \mathrm{Tr}_C\Big[\sum_{j,k=0}^{r-1} K_j^{A\to B}|\psi\rangle\langle\psi|^A\big(K_k^{A\to B}\big)^\dagger\otimes|e_j\rangle\langle e_k|^C\Big] \tag{3.111}$$

$$= \mathrm{Tr}_C\big[V^{A\to AE}|\psi\rangle\langle\psi|^A\big(V^{A\to AE}\big)^\dagger\big] \tag{3.112}$$

が任意の純粋状態 $|\psi\rangle^A$ に対して成り立つ. 一般の密度行列は純粋状態の確率混合で表現できるので, 3) から 2) が示された. $\square$

定理 3.22 の証明から分かるとおり, Stinespring 拡張で用いる系 E の次元は $d_E = rd_B/d_A \le d_B^2$ に取れる. また, 系 C の次元は $d_C = r \le d_A d_B$ と取れる. 定理 3.22 によって, 線形 CPTP 写像=量子チャンネル, Stinespring 拡張, Choi–Kraus 表現の三つの表現が同値であることが分かった. ただし, Stinespring 拡張や Choi–Kraus 表現は一意には定まらないことには注意が必要である. 例えば, Stinespring 拡張では, 最終的な時間発展を記述する際に系 C をトレースアウトすることから, 系 C に追加のアイソメトリを作用させても最終的な表現は不変である. このアイソメトリの自由度は Choi–Kraus 表現にも引き継がれ, 以下の定理が成り立つ.

定理 3.23（*Choi–Kraus* 表現の自由度） Kraus 演算子集合 $K = \{K_j^{A\to B}\}_{j=0}^{J-1}$ と $L = \{L_k^{A\to B}\}_{k=0}^{K-1}$ が与えられたとする（$J \le K$ とする）. これら二つの Kraus 演算子が物理系の同じ時間発展を記述する必要十分条件は, アイソメトリ $V = \{v_{kj}\}_{k=0,j=0}^{K-1,J-1}$ を用いて, 全ての $k \in \{0,\dots,K-1\}$ に対して次のように書けることである.

$$L_k^{A \to B} = \sum_{j=0}^{J-1} v_{kj} K_j^{A \to B} \tag{3.113}$$

証明（定理 3.23 の証明）　まず十分条件を示そう．系 A の初期状態を ρ^A とすると，Kraus 演算子集合 L による時間発展は

$$\sum_{k=0}^{K-1} L_k^{A \to B} \rho^A \left(L_k^{A \to B} \right)^\dagger = \sum_{j,j'=0}^{J-1} \left(\sum_{k=0}^{K-1} v_{kj} \bar{v}_{kj'} \right) K_j^{A \to B} \rho^A \left(K_{j'}^{A \to B} \right)^\dagger \tag{3.114}$$

$$= \sum_{j=0}^{J-1} K_j^{A \to B} \rho^A \left(K_j^{A \to B} \right)^\dagger \tag{3.115}$$

と書ける．V がアイソメトリであるため，$V^\dagger V = I$ が成り立つことを用いた．したがって，L による時間発展は K による時間発展と一致する．

　必要条件であることは，Kraus 演算子集合に対応する時間発展の Stinespring 拡張を用いることで示せる．K と L に対応する Stinespring 拡張のアイソメトリを，各々 $U_K^{A \to BC}$ と $U_L^{A \to BD}$ と書く．具体的には，系 C での正規直交基底 $\{|e_j\rangle\}_j$ と系 D での正規直交基底 $\{|f_k\rangle\}_k$ を用いて

$$U_K^{A \to BC} = \sum_j K_j^{A \to B} \otimes |e_j\rangle^C, \quad U_L^{A \to BD} = \sum_k L_k^{A \to B} \otimes |f_k\rangle^D \tag{3.116}$$

である．ここで，$A \subseteq BC$，$A \subseteq BD$ で，$J \leq K$ なので，$d_C \leq d_D$ を満たす．

　Kraus 演算子の集合 K と L に対応する時間発展を，各々，

$$\mathcal{K}^{A \to B}(\cdot) = \sum_{j=0}^{J-1} K_j^{A \to B}(\cdot)\left(K_j^{A \to B} \right)^\dagger, \quad \mathcal{L}^{A \to B}(\cdot) = \sum_{k=0}^{K-1} L_k^{A \to B}(\cdot)\left(L_k^{A \to B} \right)^\dagger \tag{3.117}$$

と書くことにする．また，$\{|a\rangle\}_{a=0}^{d_A - 1}$（$d_A$ は A の次元）を系 A の正規直交基底として，最大エンタングル状態 $|\Phi\rangle^{AA'} = \sum_{a=0}^{d_A - 1} |a\rangle^A |a\rangle^{A'} / \sqrt{d_A}$ を定める．この状態を用いて，$U_K^{A \to BC}|\Phi\rangle^{AA'}$ と $U_L^{A \to BD}|\Phi\rangle^{AA'}$ を考えると，これらは各々，$\mathcal{K}^{A \to B}(|\Phi\rangle\langle\Phi|^{AA'})$ の系 C による純粋化，$\mathcal{L}^{A \to B}(|\Phi\rangle\langle\Phi|^{AA'})$ の系 D による純粋化になっている．さらに，K と L による時間発展が一致するという仮定から $\mathcal{K}^{A \to B}(|\Phi\rangle\langle\Phi|^{AA'}) = \mathcal{L}^{A \to B}(|\Phi\rangle\langle\Phi|^{AA'})$ なので，定理 2.5 より $U_L^{A \to BD}|\Phi\rangle^{AA'} = V^{C \to D} U_K^{A \to BC}|\Phi\rangle^{AA'}$ を満たす系 C から系 D へのアイソメトリ $V^{C \to D}$ が存在する．具体的には，

$$\sum_{k=0}^{K-1} L_k^{A \to B}|\Phi\rangle^{AA'} \otimes |f_k\rangle^D = \sum_{j=0}^{J-1} K_j^{A \to B}|\Phi\rangle^{AA'} \otimes V^{C \to D}|e_j\rangle^C \tag{3.118}$$

である．この両辺において，左から $\langle a|^{A'} \otimes \langle f_k|^D$ を作用させれば，$L_k^{A \to B}|a\rangle^A = \sum_{j=0}^{J-1} v_{kj} K_j^{A \to B}|a\rangle^A$ を得る．ここで，$v_{kj} = \langle f_k|^D V^{C \to D}|e_j\rangle^C$ である．これが系 A の全ての基底ベクトル $|a\rangle$ に対して成り立つため，

$$L_k^{A \to B} = \sum_{j=0}^{J-1} v_{kj} K_j^{A \to B} \tag{3.119}$$

を得る．　　　　　　　　　　　　　　　　　　　　　　　　　　　　　　　　　　　　□

■ 3.3.2 Choi–Jamiołkowski 表現

定理 3.22 でのように，量子情報では系 A から系 B への量子チャンネルを，複合系 AB 上の量子状態で表現することがあり，その表現のことを，*Choi–Jamiołkowski* 表現と呼ぶ．

その表現の定義を与える前に，**量子系の同型**という用語を導入しておこう．量子系 A と量子系 A' が同型といった場合には，それらに対応するヒルベルト空間の次元が等しく，互いの正規直交基底の間に一対一の関係にあることを意味する．実際には細かいことを気にする必要はなく，例えば ρ^A が系 A 上の量子状態だった場合，$\rho^{A'}$ と書いた際には単に全く同じ量子状態が異なる系 A' 上に存在すると思えばよい．

量子系の同型という言葉遣いを用いて Choi–Jamiołkowski 表現は以下のように定義される．

定義 3.24（*Choi–Jamiołkowski* 表現）　量子系 A 上の演算子 $\mathcal{B}(\mathcal{H}^A)$ から量子系 B 上の演算子 $\mathcal{B}(\mathcal{H}^B)$ への線形写像全体の集合 $\{\mathcal{T}^{A\to B}\}$ から $\mathcal{B}(\mathcal{H}^{AB})$ への写像 $\mathfrak{J}$ を

$$\mathfrak{J}(\mathcal{T}^{A\to B}) := (\mathrm{id}^A \otimes \mathcal{T}^{A'\to B})(|\Phi\rangle\langle\Phi|^{AA'}) \tag{3.120}$$

とする．ただし，系 A' は系 A と同型で，$|\Phi\rangle^{AA'}$ は複合系 AA' 上での最大エンタングル状態である．この写像 $\mathfrak{J}$ を，Choi–Jamiołkowski 表現と呼ぶ．

Choi–Jamiołkowski 表現は逆写像 $\mathfrak{J}^{-1}$ を有することが知られている．逆写像は，「系 AB 上の演算子 τ^{AB}」を「線形写像 $\mathcal{T}^{A\to B} : \mathcal{B}(\mathcal{H}^A) \to \mathcal{B}(\mathcal{H}^B)$」へと写すものである．

命題 3.25　Choi–Jamiołkowski 表現の逆写像 $\mathfrak{J}^{-1}$ は，$\tau^{AB} \in \mathcal{B}(\mathcal{H}^{AB})$ に対して，

$$\mathfrak{J}^{-1}(\tau^{AB})(\rho^A) = d_A \operatorname{Tr}_A\left[(\rho^A)^T \tau^{AB}\right] \tag{3.121}$$

で与えられる．ここで，転置 T は，Choi–Jamiołkowski 表現を定める際に用いた最大エンタングル状態を $|\Phi\rangle^{AA'} = \sum_{j=0}^{d_A-1} |e_j\rangle^A |e_j\rangle^{A'}/\sqrt{d_A}$ と展開したときの正規直交基底 $\{|e_j\rangle\}_j$ の下で取る．

練習問題 44　命題 3.25 を示せ．つまり，

$$\mathfrak{J}^{-1}(\mathfrak{J}(\mathcal{T}^{A\to B}))(\rho^A) = \mathcal{T}^{A\to B}(\rho^A) \tag{3.122}$$

が任意の ρ^A に対して成り立つことを示せ．

Choi–Jamiołkowski 表現を用いると，写像 $\mathcal{T}^{A\to B}$ の様々な性質を演算子 $\mathfrak{J}(\mathcal{T}^{A\to B}) \in \mathcal{B}(\mathcal{H}^{AB})$ の言葉で書き直すことができる．

命題 3.26　線形写像 $\mathcal{T}^{A\to B} : \mathcal{B}(\mathcal{H}^A) \to \mathcal{B}(\mathcal{H}^B)$ と，$\tau^{AB} := \mathfrak{J}(\mathcal{T}^{A\to B}) \in \mathcal{B}(\mathcal{H}^{AB})$ に対して以下が成立する．

1) $\mathcal{T}^{A\to B}$ がトレースを保存する $\Leftrightarrow \tau^A = \pi^A$.
2) $\mathcal{T}^{A\to B}$ が完全正値である $\Leftrightarrow \tau^{AB} \geq 0$.
3) $\mathcal{T}^{A\to B}$ がユニタル写像，つまり $\mathcal{T}^{A\to B}(I^A) = I^B$ を満たす $\Leftrightarrow \tau^B = I^B/d_A$.

証明（命題 3.26 の証明）　各主張の左から右は定義を書き下すことで得られるため，右から左のみを示す．

1) に関して，Choi–Jamiołkowski 表現の逆写像を用いると，

$$\mathrm{Tr}[\mathcal{T}^{A\to B}(\rho^A)] = \mathrm{Tr}[\mathfrak{J}^{-1}(\tau^{AB})(\rho^A)] \tag{3.123}$$

$$= d_A \mathrm{Tr}[(\rho^A)^T \tau^{AB}] \tag{3.124}$$

$$= d_A \mathrm{Tr}[(\rho^A)^T \tau^A] \tag{3.125}$$

が成り立つ．ここで，$\tau^A = \pi^A$ なので，

$$\mathrm{Tr}[\mathcal{T}^{A\to B}(\rho^A)] = \mathrm{Tr}[\rho^A] \tag{3.126}$$

を得る．この式が任意の ρ^A に対して成立するため，$\mathcal{T}^{A\to B}$ はトレースを保存する．

2) について，写像が線形であることから，任意次元の環境系 E と任意の純粋状態 $|\rho\rangle^{AE} \in \mathcal{H}^{AE}$ に対して

$$(\mathcal{T}^{A\to B} \otimes \mathrm{id}^E)(|\rho\rangle\langle\rho|^{AE}) \geq 0 \tag{3.127}$$

であることを示せば十分である．特に $d_E \geq d_A$ の場合は，最大エンタングル状態の性質から $|\rho\rangle^{AE} = \sqrt{d_A} R^E V^{A'\to E} |\Phi\rangle^{AA'}$ を満たす演算子 R^E とアイソメトリ $V^{A'\to E}$ が存在するので，

$$(\mathcal{T}^{A\to B} \otimes \mathrm{id}^E)(|\rho\rangle\langle\rho|^{AE}) = d_A (R^E V^{A'\to E})(\mathcal{T}^{A\to B} \otimes \mathrm{id}^{A'})(|\Phi\rangle\langle\Phi|^{AA'})(R^E V^{A'\to E})^\dagger \tag{3.128}$$

$$= d_A (R^E V^{A'\to E}) \tau^{BA'} (R^E V^{A'\to E})^\dagger \geq 0 \tag{3.129}$$

を得る．$d_E < d_A$ の場合も同様に示せる．

3) についても，Choi–Jamiołkowski 表現の逆写像と $\tau^B = I^B/d_A$ から，

$$\mathcal{T}^{A\to B}(I^A) = d_A \mathrm{Tr}_A[(I^A)^T \tau^{AB}] = d_A \tau^B = I^B \tag{3.130}$$

が導かれる．　　　　　　　　　　　　　　　　　　　　　　　　　　　　　□

命題 3.26 は与えられた写像の性質を調べるのに役立つ．例えば，写像の完全正値条件は，対応する Choi–Jamiołkowski 表現の正定値性，つまり，行列の固有値問題に落とすことができる．完全正値条件の定義が最適化を含むことを考えると，単なる行列の対角化の問題に落とせることは大きな簡略化といえる．

量子チャンネルは完全正値かつトレース保存の写像として定義されるため，以下の系が直ちに従う．

系 3.27（量子チャンネル-量子状態双対（*channel-state duality*））「系 A から系 B への量子チャンネル全体の集合」と，「複合系 AB 上の量子状態で系 A 上の縮約密度行列が完全混合状態になるものの集合」は，Choi–Jamiołkowski 表現とその逆写像によって，一対一の関係にある．

■ 3.3.3 共役写像と相補チャンネル

線形写像 $\mathcal{T}^{A\to B} : \mathcal{B}(\mathcal{H}^A) \to \mathcal{B}(\mathcal{H}^B)$ が与えられたときに，量子情報でよく用いられる線形写像が，$\mathcal{T}^{A\to B}$ の共役写像 (*adjoint map*) と，相補写像 (*complementary map*) である．後者の相補写像は量子チャンネルに対してよく用いられ，相補チャンネル (*complementary channel*) とも表現される．

共役写像は，Hilbert–Schmidt 内積の下での双対写像として定義される．

定義 3.28（共役写像）　演算子の集合 $\mathcal{B}(\mathcal{H}^A)$ から $\mathcal{B}(\mathcal{H}^B)$ への線形写像 $\mathcal{T}^{A\to B}$ の共役写像 $\mathcal{T}_*^{B\to A}$ は，任意の $M^A \in \mathcal{B}(\mathcal{H}^A)$ と $N^B \in \mathcal{B}(\mathcal{H}^B)$ に対して

$$\langle \mathcal{T}_*^{B\to A}(N^B), M^A \rangle_{\mathrm{HS}} = \langle N^B, \mathcal{T}^{A\to B}(M^A) \rangle_{\mathrm{HS}} \tag{3.131}$$

が成り立つ写像である．

共役写像の定義式 (3.131) を具体的にトレースで書き下すと，

$$\mathrm{Tr}\big[(\mathcal{T}_*^{B\to A}(N^B))^\dagger M^A\big] = \mathrm{Tr}\big[N^{B\dagger}\mathcal{T}^{A\to B}(M^A)\big] \tag{3.132}$$

と書けることに注意せよ．

練習問題 45　量子チャンネル $\mathcal{T}^{A\to B}$ の Choi–Kraus 表現が $\{K_j^{A\to B}\}_j$ で与えられるとき，その共役写像 $\mathcal{T}_*^{B\to A}$ の Choi–Kraus 表現を与えよ．また，量子チャンネルの共役写像は完全正値写像だが，一般にはトレース保存ではないことを示せ．つまり，量子チャンネルの共役写像は必ずしも量子チャンネルとは限らない．

練習問題 46　量子チャンネル $\mathcal{T}^{A\to B}$ の Stinespring 拡張 $U_\mathcal{T}^{A\to AE}$ と複合系 AE の分割 BC を用いて，共役写像を表せ．

練習問題 47　トレースを保存する線形写像の共役写像がユニタルであることを示せ．

相補チャンネルは，量子チャンネルの Stinespring 拡張を通じて導入される．

定義 3.29（相補チャンネル）　系 A から系 B への量子チャンネル $\mathcal{T}^{A\to B}$ の Stinespring 拡張を $U_\mathcal{T}^{A\to AE}$ とすると，

$$\bar{\mathcal{T}}^{A\to E}(\rho^A) := \mathrm{Tr}_A\big[U_\mathcal{T}^{A\to AE}\rho^A(U_\mathcal{T}^{A\to AE})^\dagger\big] \tag{3.133}$$

を，$\mathcal{T}^{A\to B}$ の相補チャンネルと呼び，$\bar{\mathcal{T}}^{A\to E}$ と表記する．

相補チャンネルは，与えられた量子チャンネルの Stinespring 拡張アイソメトリと部分トレースで与えられるため，必ず完全正値かつトレース保存である．つまり，量子チャンネルの相補チャンネルは必ず量子チャンネルである．

3.4　量 子 回 路

量子チャンネルの中で最も基本的な時間発展はユニタリ時間発展である．量子情報で

は，ユニタリ時間発展を量子回路 (*quantum circuits*) によって表現することが多い．ここでは，量子回路の基本を説明する．

　量子回路を考える際には，複数の qubit からなる量子系を考えることが多い．以下では，qubit の個数を n とする．n-qubit 上のユニタリ $U \in \mathrm{U}(2^n)$ で表現されるユニタリ時間発展を，量子ゲートと呼ばれる 1-qubit ユニタリや 2-qubit ユニタリの積で表現したものが，量子回路である．量子回路はダイアグラムを用いて表現すると分かりやすい．以下ではまずダイアグラムについて説明を行い，その後，量子回路の性質を説明する．

■3.4.1　ダイアグラムによる表現

　量子回路の基本的な構成要素は，1-*qubit*（量子）ゲート，2-*qubit*（量子）ゲートである．まずはそれらのダイアグラムについて説明しよう．ダイアグラムでは一本の横線で一つの qubit を表し，対応する qubit の上に四角の箱と作用させるユニタリを書く．例えば，

$$-\boxed{H}- = |+\rangle\langle 0| + |-\rangle\langle 1| = \frac{1}{\sqrt{2}}\begin{pmatrix} 1 & 1 \\ 1 & -1 \end{pmatrix} \tag{3.134}$$

$$-\boxed{S}- = |0\rangle\langle 0| + i|1\rangle\langle 1| = \begin{pmatrix} 1 & 0 \\ 0 & i \end{pmatrix} \tag{3.135}$$

$$-\boxed{T}- = |0\rangle\langle 0| + e^{i\pi/4}|1\rangle\langle 1| = \begin{pmatrix} 1 & 0 \\ 0 & e^{i\pi/4} \end{pmatrix} \tag{3.136}$$

は各々，*Hadamard* ゲート H，位相ゲート S，T ゲート T と呼ばれる典型的な 1-qubit ゲートを表す．三式の最右辺は Pauli-Z 基底 $\{|0\rangle, |1\rangle\}$ の下での行列表現である．

　2-qubit ゲートの代表例としては，

$$= |0\rangle\langle 0| \otimes I + |1\rangle\langle 1| \otimes X = \begin{pmatrix} 1 & 0 & 0 & 0 \\ 0 & 1 & 0 & 0 \\ 0 & 0 & 0 & 1 \\ 0 & 0 & 1 & 0 \end{pmatrix} \tag{3.137}$$

$$= |0\rangle\langle 0| \otimes I + |1\rangle\langle 1| \otimes Z = \begin{pmatrix} 1 & 0 & 0 & 0 \\ 0 & 1 & 0 & 0 \\ 0 & 0 & 1 & 0 \\ 0 & 0 & 0 & -1 \end{pmatrix} \tag{3.138}$$

がある．ここで，ダイアグラムの上の qubit が式では $|0\rangle\langle 0|$ などが作用する左の qubit に対応し，下の qubit が式で I や Z 等が作用する右の qubit に対応する．前者を制御化 *NOT* ゲート (*controlled-NOT gates*) や *CNOT* ゲート，後者を制御化 Z ゲート (*controlled-Z gates*) や *CZ* ゲートと呼ぶ．最右辺の行列表現は，2-qubit の Pauli-Z 基底 $\{|00\rangle, |01\rangle, |10\rangle, |11\rangle\}$ によるものである．

CNOT ゲートや CZ ゲートでは，一つ目の qubit が $|0\rangle$ にあると二つ目の qubit は変化しないが，一つ目の qubit が $|1\rangle$ にあるときには二つ目の qubit に X や Z が作用する．これが制御化という言葉の意味で，一つ目の qubit を制御 qubit と呼び，ダイアグラムにあるように黒丸を付けて表現することが多い．CZ ゲートの場合はどちらの qubit にも制御 qubit を表す黒丸が付いているが，これは，CZ ゲートの作用が二つの qubit に対して対称だからだ．つまり，

$$|0\rangle\langle 0| \otimes I + |1\rangle\langle 1| \otimes Z = I \otimes |0\rangle\langle 0| + Z \otimes |1\rangle\langle 1| \tag{3.139}$$

が成り立つ．この対称性があるため，CZ ゲートはある意味で二つの qubit が互いに互いを制御しているとみなすことができ，双方に黒丸を書く．制御化の概念は一般のユニタリ U に容易に拡張でき，

$$\text{ctrl-U} = |0\rangle\langle 0| \otimes I + |1\rangle\langle 1| \otimes U \tag{3.140}$$

を一般に制御化ユニタリ（*controlled unitary*）と呼ぶ．ここで，U は任意の個数の qubit に作用するユニタリでよい．

量子ゲートの中で，Clifford 群に含まれるものを *Clifford* ゲートと呼ぶ．1-qubit の Clifford ゲートは $\{I, X, Y, Z, H, S\}$ で与えられる．ここで，位相ゲート S を二回作用させると，$S^2 = Z$ を得るため，1-qubit の Clifford ゲートは二つの 1-qubit Clifford ゲート $\{H, S\}$ を適当な順番で任意回数掛け合わせることで得ることができる．そのようなゲート集合のことを *1-qubit Clifford* ゲートの生成子と呼ぶ．また，$\langle H, S \rangle$ と書いたときには，H と S を適当な順番で任意有限回数掛け合わせることで生成される集合のことを意味する．この場合は，$\langle H, S \rangle$ は 1-qubit Clifford ゲート全ての集合と（± 1 や $\pm i$ の自由度を除いて）一致する．2-qubit の Clifford ゲートは，1-qubit の Clifford ゲートに CNOT ゲートを加えた集合で生成される．つまり，2-qubit Clifford ゲート全ての集合は $\langle H, S, \text{CNOT} \rangle$ で与えられる．

これらの量子ゲートを用いて，量子回路は図 3.2 のように表すことができる．図 3.2 の横線一本一本が 1-qubit を表し，各 qubit 上に量子ゲートを作用させることで n-qubit 上のユニタリを表現している．箱が書かれていない qubit には，恒等演算子 I が作用しているとみなす．ここで，量子ゲートを作用させる順序は左から右であり，数式とは逆方向であることには注意が必要である．図 3.2 の場合は，まず初めに一つ目の qubit に S ゲートを，二つ目と三つ目の qubit に CZ ゲートを，四つ目の qubit に Pauli-Y を作用させ，次に，一つ目と三つ目の qubit に CNOT ゲート，二つ目の qubit には何もせず（もしくは恒等演算子 I を作用させ），四つ目の qubit に Pauli-Z を作用させる，という具合である．

量子回路は，量子情報処理の実装という観点から重要である．このことを具体的に説明するために，n-qubit 上のあるユニタリ時間発展 U を実装することを考えよう．量子論の公理から，そのような時間発展を実現する物理プロセスは必ず存在し，例えば，$U = e^{-iHt}$ を満たすような n-qubit ハミルトニアン H とある時間 t を用いれば，ユニタリ時間発展

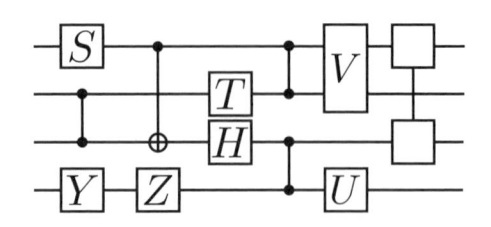

図 **3.2** 4-qubit 量子回路の例. ここまでで導入した 1-qubit ゲートや 2-qubit ゲート を, qubit を表す横線上に配置することで, 1-qubit もしくは 2-qubit に作用する ユニタリの積やテンソル積を表す. また, 一般の 1-qubit ゲート U や 2-qubit ゲート V に対しては, 右から二列目のような表記を行うことがある. 最も右に あるゲートは, 一つ目と三つ目の qubit に作用する 2-qubit ゲートだが, 表記 の関係上, 二つの四角を縦線で結ぶにとどめている.

U を実装できる. しかし, そのような n-qubit ハミルトニアンを実際に見つけることは 容易ではないし, 仮に書き下せたとしても一般には多体相互作用を持つことになり, 物 理的に実装することは現実的ではない.

この問題を回避するために, n-qubit のユニタリ時間発展 U を, 初めに 1-qubit ゲー トや 2-qubit ゲートに分解しておこうというのが量子回路の発想である. もちろん, そ のような分解を考えることは一般には容易ではない. しかし, 仮にその分解が見つかれ ば, 1-qubit 量子ゲートや 2-qubit 量子ゲートを, 既存のポテンシャルや二体相互作用を 組み合わせることで実装し, その組み合わせによって n-qubit ユニタリ U も実装するこ とができる.

練習問題 48 以下の等式を示せ. 右辺は 2-qubit 間の SWAP 操作である.

$$
= \begin{pmatrix} 1 & 0 & 0 & 0 \\ 0 & 0 & 1 & 0 \\ 0 & 1 & 0 & 0 \\ 0 & 0 & 0 & 1 \end{pmatrix} \tag{3.141}
$$

量子回路は一般にはユニタリを表すが, 入力の量子状態を指定することもある. 量子 回路表現では量子ゲートを左から右に作用させていくと約束したため, 入力の量子状態 は左に書き, 一番右に出てくる量子状態が出力の量子状態を表す. 具体的には,

$$
|0\rangle - H \cdots = \frac{1}{\sqrt{2}}\big(|00\rangle + |11\rangle\big) \tag{3.142}
$$

$$
|0\rangle - H \cdots = \frac{1}{\sqrt{2}}\big(|000\rangle + |111\rangle\big) \tag{3.143}
$$

等である.

練習問題 49 (3.142) と (3.143) を示せ.

　量子回路の中に, 測定を含めることもある. その場合は,

$$\text{（図）} \tag{3.144}$$

などと表す. 前者は対応する qubit を測定するというダイアグラムで, 後者のダイアグラムは一つ目の qubit を測定し, 測定の出力値 j に応じて二つ目の qubit にユニタリ U_j を作用させることを表すダイアグラムである. 後者のダイアグラムの二重線は古典的な出力結果を表している. 量子測定をこのようなダイアグラムで表す際にはどのような測定を行うかを明示することが難しいため, 対応する POVM を文中等で明確に説明する必要がある.

練習問題 50 制御化ユニタリ ctrl-U は, 計算機基底での射影測定 $\{|0\rangle\langle0|, |1\rangle\langle1|\}$ と, 測定値に応じたユニタリ $U_0 = I, U_1 = U$ を用いて,

$$\text{（図）} \tag{3.145}$$

と表せることを示せ.

　量子回路のダイアグラムはしばしば量子チャンネルにも拡張される. 量子系 A から B への量子チャンネル $\mathcal{T}^{A \to B}$ を

$$\mathcal{T}^{A \to B} = \boxed{\mathcal{T}^{A \to B}} \tag{3.146}$$

と表すのである. この場合の横線は 1-qubit とは限らず, 量子系 A 全体を表すものであり, 量子チャンネルの出力は量子系 B となっている. 量子チャンネルの入力系や出力系が複数ある場合 ($\mathcal{E}^{AB \to CD}$ など) は, 複数の横線を書くこともある. Stinespring 拡張を用いると, 量子チャンネル $\mathcal{T}^{A \to B}$ はアイソメトリ $V^{A \to BC}$ を用いて,

$$\mathcal{T}^{A \to B}(\rho^A) = \boxed{V^{A \to BC}} \tag{3.147}$$

と表現できる. ここで, 縦の二重線は対応する系をトレースアウトすることを示す.

■ 3.4.2 ユニバーサルな基本ゲート集合

　量子回路はどのような量子ゲートを使用できるかに依存してその表現能力が変化する. 量子回路を議論する際には, 使用可能な量子ゲートの集合をあらかじめ指定することが多く, その集合を**基本ゲート集合** (*a set of elementary gates*) と呼ぶ. 基本ゲート集合は量子ゲートの種類を指定するのみで, その集合に含まれる量子ゲートは任意の qubit

に作用させてもよい. 例えば, n-qubit の量子回路が {H, CNOT} という基本ゲート集合から構成されると述べた場合, 使用できるのは Hadamard ゲート H と CNOT ゲートのみだが, それらを何番目の qubit に何度作用させてもよい.

基本ゲート集合をうまく選べば, 任意の n-qubit ユニタリを任意精度で量子回路によって表現できる. そのような基本ゲート集合をユニバーサル (*universal*) と呼ぶ.

定義 3.30 (ユニバーサルな基本ゲート集合) 基本ゲート集合 $\mathcal{G}$ がユニバーサルであるとは, 任意の n-qubit ユニタリ $U \in \mathrm{U}(2^n)$ と任意の $\epsilon \geq 0$ に対して, $\mathcal{G}$ から構成される量子回路が存在し, その量子回路に対応するユニタリ U_{circuit} が以下を満たすことをいう.

$$\|U - U_{\mathrm{circuit}}\|_{\infty} \leq \epsilon \tag{3.148}$$

定義 3.30 で, 達成したいユニタリと量子回路を表すユニタリの距離を作用素ノルムで比較している. これは, 量子回路を用いる際には純粋状態を考えることが多いからである. 作用素ノルムの定義より, 任意の純粋状態 $|\psi\rangle$ に対して,

$$\|U|\psi\rangle - U_{\mathrm{circuit}}|\psi\rangle\|_2 \leq \epsilon \tag{3.149}$$

が成り立つことに注意せよ.

基本ゲート集合の選び方によっては, 近似なしで厳密に任意の n-qubit ユニタリを表現できるが, そのことを強調したいときには「厳密にユニバーサル」といい, 近似的にユニタリを表現できる場合を「近似的にユニバーサル」ということもある.

以下の定理は, ユニバーサルな基本ゲート集合の例を与える.

定理 3.31 (ユニバーサルな基本ゲート集合の具体例) 以下の基本ゲート集合は, ユニバーサルである.

1) 全ての 2-qubit ユニタリの集合 $\mathrm{U}(4)$.
2) {CNOT} $\cup$ 全ての 1-qubit ユニタリの集合 $\mathrm{U}(2)$.
3) {H, T, CNOT}.

前者二つは厳密にユニバーサルであり, 最後のものは近似的にユニバーサルである.

定理 3.31 の 2) の基本ゲート集合は, ただ一つの 2-qubit 量子ゲートとして CNOT ゲートを含んでいる. この CNOT ゲートを, 「1-qubit ゲートのテンソル積で書くことができない任意の 2-qubit 量子ゲート」に置き換えても, その基本ゲート集合は厳密にユニバーサルである. 1-qubit ゲートのテンソル積では書けない 2-qubit ゲートを, しばしばエンタングリング・ゲート (*entangling gate*) と呼ぶ. また, 3) の基本ゲート集合は二種類の 1-qubit ゲート (H と T) と, 一種類の 2-qubit ゲート (CNOT ゲート) から構成されるが, たった三種類の量子ゲートを用いて任意の n-qubit ユニタリを近似できることは, 実装上は大きなアドバンテージである. 実際, 連続的な変数を持つユニバーサルな基本ゲート集合を実装するためには無限精度の制御が必要となり, また, 実装において必ず生じるノイズをキャンセルすることもできない. 有限個の量子ゲートだけでユニバーサ

ルな基本ゲート集合が構成できることは，量子回路をスケール・アップするためには必須なのである．

ユニバーサルではない基本ゲート集合の例としては，

$$U(2), \quad n\text{-qubit Pauli 群 } P(2^n), \quad n\text{-qubit Clifford 群 } C(2^n), \quad \dots \tag{3.150}$$

などが挙げられる．一つ目の $U(2)$ は 1-qubit 量子ゲート全ての集合であるが，そのようなゲートではエンタングルした量子状態を作れないことから，それがユニバーサルでないことは明らかである．二つ目と三つ目は $P(2^n) \subsetneq C(2^n) \subsetneq U(2^n)$ であり，各々が群であることから従う．ここで，定理 3.31 の 3) の基本ゲート集合 $\{H, T, \mathrm{CNOT}\}$ のうち，$\{H, \mathrm{CNOT}\}$ は Clifford ゲートであることに注意されたい．Clifford 群に，Clifford 群に含まれない任意の量子ゲートを一つ付け加えると近似的にユニバーサルになることが知られている．また，Clifford 群に，連続変数を持つ Clifford 群には含まれない量子ゲートの集合を付け足すと，厳密にユニバーサルになる．

■ 3.4.3　効率的／非効率的なユニタリ

量子回路による表現は便利だが，その表現は一意には定まらない．自明な例を挙げると，量子回路に 1-qubit ゲート u と $u^{\dagger}$ を挿入したとしても，その量子回路が表現するユニタリは変化しないことから，ユニタリと量子回路は一対一には対応しない．また，定理 3.31 より，異なる二つのユニバーサルな基本ゲート集合を用いてあるユニタリを量子回路で表現したとすると，基本ゲート集合が異なることから，一般には異なる量子回路で同じユニタリを表現できることも分かるだろう．

あるユニタリが与えられたときに，そのユニタリを実現する量子回路の中で，できるだけ少ない個数の量子ゲートから構成されるものは実用的にも理論的にも重要である．ある基本ゲート集合から構成される量子回路が与えられたときに，その量子回路に含まれる量子ゲートの個数を**量子回路のサイズ**（*size of quantum circuits*）と呼ぶ．また，**量子回路の深さ**（*depth of quantum circuits*）もよく用いられる概念である．量子回路の深さは，「異なる qubit に作用する量子ゲートは同時に作用させることができる」という並列化に基づいて定義される．図 3.3 のように，並列化を経た後の量子回路の長さが量子回路の深さである．

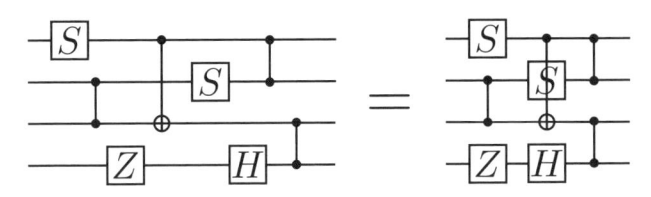

図 **3.3**　量子回路の並列化の例．左辺で描かれている量子ゲートの中で異なる qubit に作用するものを並列的に作用させることで，右辺のように書き換えることができる．この量子回路のサイズは 8 で，深さは 3 である．

あるユニタリを量子回路で表現したときのサイズや深さは，一般には基本ゲート集合の選び方に依存する．しかし，以下の定理は，その依存性はそれほど大きなものではないことを示唆する．

定理 3.32 有限個の量子ゲートからなるユニバーサルな基本ゲート集合 $\mathcal{G}_1, \mathcal{G}_2 \subseteq \mathrm{U}(4)$ が与えられたとする．ただし，どちらの基本ゲート集合も各要素の逆元を含むものとする．基本ゲート集合 $\mathcal{G}_1$ を用いたサイズ N の量子回路によって表現されるユニタリ $U \in \mathrm{U}(2^n)$ と $\epsilon > 0$ が与えられたとき，基本ゲート集合 $\mathcal{G}_2$ を用いたサイズ $\mathcal{O}(N \log^c(N/\epsilon))$ の量子回路によって，

$$\|U - V\|_\infty \leq \epsilon \tag{3.151}$$

を満たすユニタリ $V \in \mathrm{U}(2^n)$ を実現できる．ここで，c は定数である．

定理 3.32 は，一般に，ある基本ゲート集合に基づく量子回路で表現できる n-qubit ユニタリを異なる基本ゲート集合に基づく量子回路で表現したとしても，そのサイズは log 倍程度にしか増加しないことを意味するものである．

定理 3.32 を示すにあたって最も非自明な主張は，*Solovay–Kitaev* の定理と呼ばれるものである．Solovay–Kitaev の定理を説明するために，いくつか言葉を導入しよう．まず，Clifford ゲートの説明で触れたとおり，部分集合 $\mathcal{G} \subseteq \mathrm{U}(4)$ に含まれるユニタリの有限個の積によって生成されるユニタリ全体の集合を $\langle \mathcal{G} \rangle$ と表す．もちろん，この集合は $\mathrm{U}(4)$ の部分集合である．さらに，任意の $U \in \mathrm{U}(4)$ を任意精度で近似する U' が $\langle \mathcal{G} \rangle$ に含まれるときに，$\langle \mathcal{G} \rangle$ を $\mathrm{U}(4)$ で稠密（*dense*）という．これらの言葉を用いて，Solovay–Kitaev の定理は以下で与えられる．

定理 3.33（*Solovay–Kitaev* の定理[8]） 有限集合 $\mathcal{G} \subseteq \mathrm{U}(4)$ が逆元を含み，$\langle \mathcal{G} \rangle$ が $\mathrm{U}(4)$ で稠密になるものとする．このとき，任意の $U \in \mathrm{U}(4)$ と $\epsilon > 0$ に対して，

$$\|U - g_M \cdots g_2 g_1\|_\infty \leq \epsilon \tag{3.152}$$

を満たす $\{g_m\}_{m=1}^M$ $(g_m \in \mathcal{G})$ が存在する．ただし，c を定数として $M = \mathcal{O}(\log^c(1/\epsilon))$ である．

定理 3.33 では $\langle \mathcal{G} \rangle$ が $\mathrm{U}(4)$ で稠密であることを仮定しているため，$\mathcal{G}$ に含まれる量子ゲートを有限個作用させることで，必ず任意の $U \in \mathrm{U}(4)$ を任意精度で近似することができる．しかし，これだけでは，ほしい精度を達成するために何個の量子ゲートを作用させればよいかは明らかではない．定理 3.33 の非自明な主張は，ほしい精度 ϵ を達成するためには，$\log^c(1/\epsilon)$ 個の量子ゲートを作用させれば十分であることを明らかにした点にある．定数 c に関しては，元々の証明では $c \approx 4$ 程度であったが，近年，$c \approx 1.44$ 程度まで小さくできることなども知られている．

定理 3.32 は，Solovay–Kitaev の定理から簡単に従う．

証明（定理 3.32 の証明） ユニタリ $U \in \mathrm{U}(2^n)$ が，ユニバーサルな基本ゲート集合 $\mathcal{G}_1$ か

ら選ばれた量子ゲートに対応するユニタリ $\{U_n\}_{n=1}^N$ によって $U = U_N \cdots U_2 U_1$ と表現できるとする．ここで，各 U_n は $\mathcal{G}_1$ に含まれる量子ゲートを一つ含み，その量子ゲートが作用する qubit 以外には恒等演算子が作用する n-qubit ユニタリである．定理 3.33 より，各ユニタリ U_n に含まれる量子ゲートは，基本ゲート集合 $\mathcal{G}_2$ に含まれる量子ゲートを $\mathcal{O}(\log^c(1/\delta))$ 個用いることで δ の精度で近似できる．U_n に含まれる量子ゲートをこのような量子ゲートで置き換えることで得られるユニタリを U_n' とおくと，恒等演算子のテンソル積は作用素ノルムを変化させないので，

$$\|U_n - U_n'\|_\infty \le \delta \tag{3.153}$$

を得る．ここで，U_n' は $\mathcal{O}(\log^c(1/\delta))$ 個の量子ゲートを含むことに注意せよ．

全ての U_n に対して同様の近似を行うことで，$\mathcal{G}_2$ の量子ゲートのみから構成されるユニタリ $U_N' \cdots U_1'$ を得るが，簡単な計算から

$$\|U_N \cdots U_1 - U_N' \cdots U_1'\|_\infty \le N\delta \tag{3.154}$$

が成り立つことが分かる．よって，$\delta \le \epsilon/N$ とおけば，$\mathcal{G}_1$ の量子ゲートだけで構成されたユニタリ $U = U_N \cdots U_1$ を，$\mathcal{G}_2$ の量子ゲートだけで構成されたユニタリ $U' = U_N' \cdots U_1'$ で ϵ 精度で近似できる．

各々の U_n'（$n = 1, \ldots, N$）が $\mathcal{O}(\log^c(1/\delta))$ 個の量子ゲートを含むことを思い出すと，U' に含まれる $\mathcal{G}_2$ の量子ゲートの個数は，$\mathcal{O}(N \log^c(N/\epsilon))$ である．　　　　□

練習問題 51　(3.154) を示せ．

定理 3.32 より，量子回路のサイズや深さを考える際には，基本ゲート集合の選び方はそれほど重要ではないことが分かった．このことを踏まえて，以下ではユニバーサルな基本ゲート集合に基づく量子回路を考えることを前提とし，必要がない場合は基本ゲート集合には言及しないことにする．

既に述べたとおり，量子回路を考える際にはそのサイズが重要である．しかし，一般の n-qubit ユニタリを量子回路で表現するためには，qubit 数 n に対して指数的な個数の量子ゲートが必要となることが知られている．実際，量子回路を用いて ϵ 精度で近似しようとすると，そのサイズが

$$\Omega\left(\frac{2^n \log(1/\epsilon)}{\log n}\right) \tag{3.155}$$

になるような n-qubit ユニタリが存在する[1]．一方で，基本ゲート集合が厳密にユニバーサルな場合は，サイズが $\mathcal{O}(2^{2n})$ の量子回路を用いることで，任意の n-qubit ユニタリを厳密に表現することができることも知られている[9]．

このように，一般のユニタリの量子回路表現を考えると qubit 数に対して指数的な個数の量子ゲートを用いる必要がある．これは実用上，望ましくない．量子回路を実装する際には，一つ一つの量子ゲートを実行するために実際には有限の時間がかかる．したがって，qubit 数 n に対して指数的な個数のゲートを用いなければ実装できない量子回

路を実際に実装しようとすると，n が大きい場合には長大な時間がかかってしまうからだ．したがって，量子回路を考える際には，そのサイズが qubit 数に対して高々多項式程度にしか増加しないようなユニタリが重要になる．この発想に基づいて，量子回路を用いて効率的に表現可能なユニタリを以下のように定義しておこう．

定義 3.34（効率的なユニタリ）　ユニタリの族 $\{U_n \in \mathrm{U}(2^n)\}_{n=1,2,...}$ が与えられたとき，十分大きな n に対して，U_n を任意精度で近似するサイズ $\mathrm{poly}(n)$ の量子回路が存在するとき，そのユニタリ族は**量子回路を用いて効率的に実装可能**，もしくは，単に**効率的**という．

定義 3.34 において，突然，ユニタリの族という言葉が出てきた．これは，我々が今気にしていたのが「qubit 数 n が増えたときに，n-qubit ユニタリ U_n を量子回路で表現するために必要な量子ゲートの個数がどのような関数で増加するか」というスケーリングの問題だからである．n をある正の整数に固定してしまうと，効率的という言葉は意味をなさないことには注意されたい．

練習問題 52　n-qubit の GHZ 状態 $|\mathrm{GHZ}_n\rangle$ を

$$|\mathrm{GHZ}_n\rangle = \frac{1}{\sqrt{2}}\left(|0\rangle^{\otimes n} + |1\rangle^{\otimes n}\right) \tag{3.156}$$

と定義する．GHZ 状態 $|\mathrm{GHZ}_n\rangle$ を $|0\rangle^{\otimes n}$ から生成するユニタリ U_n の族で効率的なものを具体的に与えよ．

このような量子回路の効率性は，量子アルゴリズムを考える際に最も重要となるが，それ以外の文脈でも実際の量子情報処理を実装する際の困難さを測るよい指標であり，量子情報科学の様々な分野で使われる基礎的な用語である．本書においても，量子情報処理プロトコルを考える際に，例えば「効率的なプロトコル」や「効率的なユニタリ」という表現を多用する．これは，そのプロトコルやユニタリを量子回路で実装した際に，そのサイズが qubit 数に対して高々多項式関数程度にしか増加しないことを意味する．

4 量子状態や 量子チャンネルの尺度

　量子系の性質を定量的に解析するためには，二つの量子状態の近さや二つの量子チャンネルの近さを測るための"ものさし"が必要である．量子情報処理への応用を念頭におくと，その"ものさし"は操作論的な意義が明らかなものであった方がよい．例えば，量子状態空間上の何らかのノルム $\| \bullet \|$ を用いて $\|\rho - \sigma\| \approx 0$ ということが示せたとしよう．もちろん，その式は二つの量子状態 ρ と σ が行列として"近い"ことを意味するが，ノルムの操作論的な意義が分からなければ，行列の近さが量子状態の性質として何を意味するかは理解できない．

　本章では，量子状態の素性のよい"ものさし"としてトレース距離（*trace distance*）と忠実度（*fidelity*）を導入する．それらの基本的な性質を見た後に，忠実度の性質の帰結としてクローン不可能定理（*no-cloning theorem*）を示す．また，量子チャンネル間の素性のよい"ものさし"としてダイアモンド・ノルム（*diamond norm*）を導入する．

4.1 量子状態間の様々な尺度と基本的な性質

　まず，量子状態間の尺度として，トレース距離と忠実度を導入し，各々の基本的な性質を確認する．それらの操作論的な意義は 4.3 節でまとめて議論する．

4.1.1 量子状態間のトレース距離

　量子情報科学で最も重要な量子状態間の距離が，トレース・ノルムを用いたトレース距離（*trace distance*）である．密度演算子 ρ と σ の間のトレース距離は

$$D(\rho,\sigma) := \frac{1}{2}\|\rho - \sigma\|_1 \tag{4.1}$$

と定義される．

　トレース距離が満たす基本的な性質を，以下の命題にまとめておこう．

命題 4.1　トレース距離は以下の性質を満たす．ただし，$\rho,\sigma \in \mathcal{S}(\mathcal{H})$ とする．

1) $D(\rho,\sigma) = D(\sigma,\rho)$.

2) 任意のアイソメトリ V に対して，$D(V\rho V^{\dagger}, V\sigma V^{\dagger}) = D(\rho,\sigma)$.

3) （変分的特徴付け）$a,b \in \mathbb{R}$ に対して，$D(a\rho, b\sigma) = \max_{0 \le M \le I} \mathrm{Tr}[M(a\rho - b\sigma)] - (a-b)/2$ を満たす．ここで，最大を達成する M は，$a\rho - b\sigma$ の正の固有空間への射影演算

子で与えられる.

4)（量子測定を用いた特徴付け）トレース距離は

$$D(\rho,\sigma) = \frac{1}{2}\max_{\{M_j\}_j}\sum_j \left|\mathrm{Tr}[M_j\rho] - \mathrm{Tr}[M_j\sigma]\right| \tag{4.2}$$

を満たす. ここで, 最大化は全ての POVM$\{M_j\}_j$ に対して取る.

5) $0 \le D(\rho,\sigma) \le 1$ であり, 等号成立条件は

$$D(\rho,\sigma) = 0 \Leftrightarrow \rho = \sigma \tag{4.3}$$

$$D(\rho,\sigma) = 1 \Leftrightarrow \mathrm{supp}[\rho] \perp \mathrm{supp}[\sigma] \tag{4.4}$$

で与えられる.

6)（三角不等式）任意の量子状態 ξ に対して, $D(\rho,\sigma) \le D(\rho,\xi) + D(\xi,\sigma)$ が成り立つ.

7)（データ処理不等式）任意の量子チャンネル $\mathcal{T}$ に対して,

$$D(\mathcal{T}(\rho), \mathcal{T}(\sigma)) \le D(\rho,\sigma) \tag{4.5}$$

が成り立つ. この不等式はトレース距離のデータ処理不等式（*data processing inequality: DPI*）と呼ばれる.

証明（命題 4.1 の証明）　1) と 2) はトレース・ノルムの定義から明らかである.

3) を示すために, $a\rho - b\sigma$ を, $\mathrm{Tr}[PQ] = 0$ を満たす半正定値行列 P と Q を用いて,

$$a\rho - b\sigma = P - Q \tag{4.6}$$

と分解する. この分解は $a\rho - b\sigma$ を対角化し, 非負の固有値を持つ演算子と非正の固有値を持つ演算子に分割することで見つけることができることに注意せよ. (4.6) の両辺のトレースを取ることで, $\mathrm{Tr}[Q] = \mathrm{Tr}[P] - (a - b)$ を得る. さらに, P と Q が直交することから, トレース距離は

$$D(a\rho, b\sigma) = \frac{\mathrm{Tr}[P] + \mathrm{Tr}[Q]}{2} = \mathrm{Tr}[P] - \frac{a - b}{2} \tag{4.7}$$

と書ける. この分解を用いると, 任意の $0 \le M \le I$ に対して,

$$\mathrm{Tr}[M(a\rho - b\sigma)] = \mathrm{Tr}[M(P - Q)] \tag{4.8}$$

$$\le \mathrm{Tr}[MP] \tag{4.9}$$

$$\le \mathrm{Tr}[P] \tag{4.10}$$

$$= D(\rho,\sigma) + \frac{a - b}{2} \tag{4.11}$$

を得る. ここで, 一つ目の不等式は $\mathrm{Tr}[MQ] \ge 0$ であること, 二つ目の不等式は $M \le I$ であることから従う. さらに, M が P のサポートへの射影演算子のときに全ての等号が成り立つ. P のサポートへの射影演算子は, $a\rho - b\sigma$ の正の固有値を持つ空間への射影演算子であるため, 3) が示された.

4) も同様の分解を用いることで示せる. P と Q が直交するサポートを持つことから,

$|\rho - \sigma| = P + Q$ が成り立つ．よって，任意の POVM の要素 M_j に対して，

$$\left| \mathrm{Tr}[M_j\rho] - \mathrm{Tr}[M_j\sigma] \right| = \left| \mathrm{Tr}[M_j(P-Q)] \right| \tag{4.12}$$

$$\leq \mathrm{Tr}[M_j(P+Q)] \tag{4.13}$$

$$= \mathrm{Tr}[M_j|\rho - \sigma|] \tag{4.14}$$

が成り立つ．$M_j, Q \geq 0$ なので $\mathrm{Tr}[M_jQ] \geq 0$ であることを使った．$\{M_j\}_j$ の完全性条件 $\sum_j M_j = I$ を使うと，

$$\frac{1}{2}\sum_j \left| \mathrm{Tr}[M_j\rho] - \mathrm{Tr}[M_j\sigma] \right| \leq \frac{1}{2}\sum_j \mathrm{Tr}[M_j|\rho - \sigma|] = D(\rho, \sigma) \tag{4.15}$$

を得る．等号は，P と Q のサポートへの射影演算子から構成される POVM によって達成される．よって，4) が示された．

5) に関しては，トレース距離の下界とその達成条件はトレース・ノルムの定義から直ちに従う．上界は三角不等式を使うと

$$D(\rho, \sigma) \leq \frac{\|\rho\|_1 + \|\sigma\|_1}{2} = 1 \tag{4.16}$$

から得られる．等号は，性質 3) を導出する際に用いた (4.7) から，$\mathrm{Tr}[P] = 1$ のときに等号が達成される．P と Q の定義から，これは ρ と σ のサポートが直交することを意味する．

7) のデータ処理不等式を示そう．量子チャンネルの Stinespring 拡張より，量子チャンネルはアイソメトリと部分トレースの複合写像として表現できる．性質 2) よりトレース距離はアイソメトリによって不変であるため，部分トレースによってトレース距離が非増加であることを示せばよい．系 AR 上の二状態 ρ^{AR} と σ^{AR} に対して性質 3) を用いると，

$$D(\rho^{AR}, \sigma^{AR}) = \max_{0 \leq P^{AR} \leq I^{AR}} \mathrm{Tr}[P^{AR}(\rho^{AR} - \sigma^{AR})] \tag{4.17}$$

$$\geq \max_{0 \leq P^A \leq I^A} \mathrm{Tr}[P^A \otimes I^R(\rho^{AR} - \sigma^{AR})] \tag{4.18}$$

$$= \max_{0 \leq P^A \leq I^A} \mathrm{Tr}[P^A(\rho^A - \sigma^A)] \tag{4.19}$$

$$= D(\rho^A, \sigma^A) \tag{4.20}$$

を得る．ここで，$0 \leq P^A \leq I^A$ を満たす P^A に対して，$0 \leq P^A \otimes I^R \leq I^{AR}$ が成り立つことを使った．以上より，トレース距離のデータ処理不等式が得られた． $\square$

■4.1.2　量子状態間の忠実度

次に，量子状態間の忠実度（*fidelity*）を導入しよう．密度演算子 ρ と σ の忠実度を，

$$F(\rho, \sigma) := \left\| \sqrt{\rho}\sqrt{\sigma} \right\|_1^2 = \left(\mathrm{Tr}\sqrt{\sqrt{\sigma}\rho\sqrt{\sigma}} \right)^2 \tag{4.21}$$

で定義する．また，$1 - F(\rho, \sigma)$ を非忠実度（*infidelity*），$\sqrt{F}(\rho, \sigma) := \sqrt{F(\rho, \sigma)}$ をルート忠

実度（*square-root fidelity*）と呼ぶ. ルート忠実度のことを単に忠実度と呼ぶ流儀もある
ため, 注意が必要である.

両方の量子状態が純粋状態である場合は, 忠実度は $F(|\psi\rangle\langle\psi|, |\phi\rangle\langle\phi|) = |\langle\psi|\phi\rangle|^2$ とな
り, 二量子状態の内積の絶対値二乗に他ならない. 片方だけが純粋状態である場合は,
$F(\rho, |\psi\rangle\langle\psi|) = \langle\psi|\rho|\psi\rangle$ となり, 量子状態 ρ と純粋状態 $|\psi\rangle$ の重なり度合いを表す指標と
して理解できる.

忠実度は変分的に特徴付けることもできる.

定理 4.2 (*Uhlmann* の定理[10])　　二つの量子状態 $\rho^A, \sigma^A \in \mathcal{S}(\mathcal{H}^A)$ に対して, $|\rho\rangle^{AB}$ と $|\sigma\rangle^{AC}$
を各々の純粋化状態とする. 一般性を失わずに $d_B \le d_C$ とすると,

$$F(\sigma^A, \rho^A) = \max_V |\langle\sigma|^{AC} V^{B\to C} |\rho\rangle^{AB}|^2 \tag{4.22}$$

ここで, $\max_V$ は B から C へのアイソメトリ $V^{B\to C}$ 全てで最大化する. 特に, $B = C$ の
ときは,

$$F(\sigma^A, \rho^A) = \max_{V \in U(\mathcal{H}^B)} |\langle\sigma|^{AB} V^B |\rho\rangle^{AB}|^2 \tag{4.23}$$

が成り立つ.

証明 (定理 4.2 の証明)　　まず (4.23) を示す. 系 A の正規直交基底 $\{|e_j\rangle^A\}_{j=0}^{d_A-1}$ と, 系 B
の正規直交ベクトルの集合 $\{|e_j\rangle^B\}_{j=0}^{d_A-1}$ を用いて, 系 AB の規格化されていないベクトル
$|\Sigma\rangle^{AB} = \sum_{j=0}^{d_A-1} |e_j\rangle^A |e_j\rangle^B$ を導入する. $|\Sigma\rangle^{AB}$ を用いると, 命題 3.21 の性質 7) より ρ^A
と σ^A の純粋化として,

$$|\rho_\Sigma\rangle^{AB} = \sqrt{\rho^A}|\Sigma\rangle^{AB}, \quad |\sigma_\Sigma\rangle^{AB} = \sqrt{\sigma^A}|\Sigma\rangle^{AB} \tag{4.24}$$

を取れる. 定理 2.5 より純粋化はアイソメトリの自由度を持つ. したがって, 適切なユ
ニタリ $U^B, W^B \in U(\mathcal{H}^B)$ を用いて

$$|\rho\rangle^{AB} = U^B |\rho_\Sigma\rangle^{AB}, \quad |\sigma\rangle^{AB} = W^B |\sigma_\Sigma\rangle^{AB} \tag{4.25}$$

と書ける.

これらの純粋化状態を用いると,

$$\langle\sigma|^{AB}(I^A \otimes V^B)|\rho\rangle^{AB} = \langle\Sigma|^{AB}((\sqrt{\sigma^A}\sqrt{\rho^A}) \otimes \tilde{V}^B)|\Sigma\rangle^{AB} \tag{4.26}$$

$$= \langle\Sigma|^{AB}((\sqrt{\rho^A}\sqrt{\sigma^A}(\tilde{V}^A)^T) \otimes I^B)|\Sigma\rangle^{AB} \tag{4.27}$$

$$= \text{Tr}[\sqrt{\rho^A}\sqrt{\sigma^A}(\tilde{V}^A)^T] \tag{4.28}$$

を得る. ここで, ユニタリ $\tilde{V}^B \in U(\mathcal{H}^B)$ を $\tilde{V}^B := W^{B\dagger} V^B U^B$ と定義し, $\tilde{V}^B |\Sigma\rangle^{AB} = (\tilde{V}^A)^T |\Sigma\rangle^{AB}$ を用いた. 両辺の絶対値の二乗を取って, ユニタリ V で最大化することで,

$$\max_{V^B \in U(\mathcal{H}^B)} |\langle\sigma|^{AB}(I^A \otimes V^B)|\rho\rangle^{AB}|^2 = \max_{V^A \in U(\mathcal{H}^A)} |\text{Tr}[\sqrt{\rho^A}\sqrt{\sigma^A}V^A]|^2 \tag{4.29}$$

$$= \|\sqrt{\rho^A}\sqrt{\sigma^A}\|_1^2 \tag{4.30}$$

$$= F(\sigma, \rho) \tag{4.31}$$

を得る．ここでトレース・ノルムの変分的特徴付け，つまり，命題 3.2 の性質 5) を用いた．

(4.22) を示すためには，(4.31) は

$$F(\sigma,\rho) = \max_{|\psi_\sigma\rangle \in \mathcal{H}^{AB}} \left| \langle \psi_\sigma | \rho \rangle \right|^2 \tag{4.32}$$

と書けることに注意しよう．ここで，最大化は σ^A を系 B で純粋化した状態 $|\psi_\sigma\rangle^{AB}$ 全てで取る．(4.22) の $|\sigma\rangle^{AC}$ が σ^A の純粋化であることから，系 B から系 C へのアイソメトリ $V^{B\to C}$ のエルミート共役を用いて $|\psi_\sigma\rangle^{AB} = (V^{B\to C})^\dagger |\sigma\rangle^{AC}$ と書ける．純粋化状態の自由度が純粋化系に作用するアイソメトリのみであることから，$V^{B\to C}$ を変化させることで系 AB の全純粋化状態を実現できることに注意すると，

$$F(\sigma,\rho) = \max_{V^{B\to C}} \left| \langle \sigma |^{AC} V^{B\to C} |\rho\rangle^{AB} \right|^2 \tag{4.33}$$

を得る． □

忠実度が満たす基本的な性質をまとめておこう．

命題 4.3 量子状態の忠実度は以下の性質を満たす．ただし，$\rho,\sigma \in \mathcal{S}(\mathcal{H})$ とする．

1) $F(\rho,\sigma) = F(\sigma,\rho)$.

2) 任意のアイソメトリ V に対して，$F(V\rho V^\dagger, V\sigma V^\dagger) = F(\rho,\sigma)$ が成り立つ．

3) $0 \le F(\rho,\sigma) \le 1$ を満たし，等号成立条件は，

$$F(\rho,\sigma) = 0 \Leftrightarrow \mathrm{supp}[\rho] \perp \mathrm{supp}[\sigma] \tag{4.34}$$

$$F(\rho,\sigma) = 1 \Leftrightarrow \rho = \sigma \tag{4.35}$$

で与えられる．

4) （乗法性）任意の量子状態 $\rho_j, \sigma_j \in \mathcal{S}(\mathcal{H})$ $(j=1,2)$ に対して，$F(\rho_1 \otimes \rho_2, \sigma_1 \otimes \sigma_2) = F(\rho_1,\sigma_1)F(\rho_2,\sigma_2)$ が成り立つ．

5) （量子測定を用いた特徴付け）忠実度は

$$F(\rho,\sigma) = \max_{\{M_j\}_j} \left(\sum_j \sqrt{\mathrm{Tr}[M_j\rho]\mathrm{Tr}[M_j\sigma]} \right)^2 \tag{4.36}$$

を満たす．ここで，最大化は全ての POVM$\{M_j\}_j$ で取る．

6) （データ処理不等式）任意の量子チャンネル $\mathcal{T}$ に対して，

$$F(\mathcal{T}(\rho),\mathcal{T}(\sigma)) \ge F(\rho,\sigma) \tag{4.37}$$

が成り立つ．この不等式は忠実度のデータ処理不等式 (*data processing inequality: DPI*) と呼ばれる．

7) （凹性 (concavity)）任意の $p \in [0,1]$ と任意の量子状態 $\rho_1, \rho_2, \sigma \in \mathcal{S}(\mathcal{H})$ に対して，

$$F(p\rho_1 + (1-p)\rho_2, \sigma) \ge pF(\rho_1,\sigma) + (1-p)F(\rho_2,\sigma) \tag{4.38}$$

を満たす．

8)（強凹性（strong concavity））量子状態のアンサンブル $\{p_j, \rho_j\}_j$ と $\{q_j, \sigma_j\}_j$ に対して，

$$\sqrt{F}\Big(\sum_j p_j \rho_j, \sum_j q_j \sigma_j\Big) \geq \sum_j \sqrt{p_j q_j}\sqrt{F}(\rho_j, \sigma_j) \tag{4.39}$$

を満たす.

証明（命題 4.3 の証明）　1) と 2) は定義から自明である.　3) はトレース・ノルムの非負性と劣乗法性から従う.　等号成立条件は，$F(\rho, \sigma) = 0$ が $\sqrt{\rho}\sqrt{\sigma} = 0$ を意味することから (4.34) が，劣乗法性の等号成立条件から (4.35) が得られる.　4) は $\sqrt{\rho_1 \otimes \sigma_2} = \sqrt{\rho_1} \otimes \sqrt{\sigma_2}$ であることと，テンソル積のトレースはトレースの積であることから直ちに得られる.

5) を示そう.　$\sqrt{\rho}\sqrt{\sigma}$ を極分解することで，

$$\sqrt{\rho}\sqrt{\sigma}U = \sqrt{\sqrt{\rho}\sigma\sqrt{\rho}} \tag{4.40}$$

を満たすユニタリ U が存在することが分かる.　この事実と Hilbert–Schmidt 内積の Cauchy–Schwarz 不等式より

$$\sqrt{F}(\rho, \sigma) = \mathrm{Tr}[\sqrt{\rho}\sqrt{\sigma}U] \tag{4.41}$$

$$= \sum_j \mathrm{Tr}\Big[\sqrt{\rho}\sqrt{M_j}\sqrt{M_j}\sqrt{\sigma}U\Big] \tag{4.42}$$

$$\leq \sum_j \Big\|\sqrt{\rho}\sqrt{M_j}\Big\|_2 \Big\|\sqrt{M_j}\sqrt{\sigma}U\Big\|_2 \tag{4.43}$$

$$= \sum_j \sqrt{\mathrm{Tr}[M_j \rho]\mathrm{Tr}[M_j \sigma]} \tag{4.44}$$

を得る.　ここで，$\{M_j\}_j$ が POVM であることから $\sum_j M_j = I$ を使った.

6) を示すために，量子チャンネル $\mathcal{T}$ を系 A から系 B への量子チャンネルとする.　その Stinespring 拡張 $V_{\mathcal{T}}^{A\to BE}$ を用いると，

$$\mathcal{T}^{A\to B}(\rho^A) = \mathrm{Tr}_E[V_{\mathcal{T}}^{A\to BE}\rho^A(V_{\mathcal{T}}^{A\to BE})^\dagger] \tag{4.45}$$

と書けるため，データ処理不等式をアイソメトリと部分トレースについてのみ示せば，任意の量子チャンネルに対してデータ処理不等式が成立することになる.　忠実度はアイソメトリを作用させても不変であることは性質 2) で見たとおりである.

部分トレースに関するデータ処理不等式を示すために，$|\rho\rangle^{AER}$ と $|\sigma\rangle^{AER}$ を，各々，ρ^{AE} と σ^{AE} を純粋化系 R で純粋化した状態とする.　それらの状態は ρ^A と σ^A を純粋化系 ER で純粋化したものでもあることに注意せよ.　Uhlmann の定理（定理 4.2）から，

$$F(\rho^A, \sigma^A) = \max_{W^{ER}\in U(\mathcal{H}^{ER})}|\langle\sigma|^{AER}W^{ER}|\rho\rangle^{AER}| \tag{4.46}$$

$$\geq \max_{W^R\in U(\mathcal{H}^R)}|\langle\sigma|^{AER}(I^E\otimes W^R)|\rho\rangle^{AER}| \tag{4.47}$$

$$= F(\rho^{AE}, \sigma^{AE}) \tag{4.48}$$

を得る. ここで, $I^E \otimes W^R \in \mathrm{U}(\mathcal{H}^{ER})$ であることを使った. 以上より, 忠実度はアイソメトリによって不変であり, 部分トレースで単調非減少であることが示されたため, 任意の量子チャンネルに対するデータ処理不等式が得られた.

7) の確率混合に対する凹性も Uhlmann の定理(定理 4.2)を用いることで示せる. $|\sigma\rangle^{AR}$ を σ^A の一つの純粋化状態とし, $|\rho_j\rangle^{AR}$ $(j=1,2)$ を

$$F(\rho_j, \sigma) = |\langle \rho_j | \sigma \rangle|^2 \tag{4.49}$$

を満たす ρ_j^A の純粋化状態とする. 忠実度が部分トレースに対して単調非減少であることを用いると, 簡単な計算から,

$$pF(\rho_1, \sigma) + (1-p)F(\rho_2, \sigma) = p|\langle \rho_1 | \sigma \rangle|^2 + (1-p)|\langle \rho_2 | \sigma \rangle|^2 \tag{4.50}$$

$$= \langle \sigma | (p|\rho_1\rangle\langle\rho_1| + (1-p)|\rho_2\rangle\langle\rho_2|) | \sigma \rangle \tag{4.51}$$

$$= F(p|\rho_1\rangle\langle\rho_1| + (1-p)|\rho_2\rangle\langle\rho_2|, |\sigma\rangle\langle\sigma|) \tag{4.52}$$

$$\leq F(p\rho_1 + (1-p)\rho_2, \sigma) \tag{4.53}$$

が従う. 最後に式では, 部分トレースに対する単調性を用いた.

8) も同様の方法で示せる. そのために, $|\rho_j\rangle$ と $|\sigma_j\rangle$ を, 各々, ρ_j と σ_j の純粋化で

$$\sqrt{F}(\rho_j, \sigma_j) = \langle \rho_j | \sigma_j \rangle \tag{4.54}$$

を満たすものとする. アイソメトリの自由度を用いれば, 常にこのように取れることに注意せよ. これらの純粋状態と正規直交基底 $\{|e_j\rangle\}_j$ を用いて

$$|\rho\rangle := \sum_j \sqrt{p_j}|\rho_j\rangle \otimes |e_j\rangle, \quad |\sigma\rangle := \sum_j \sqrt{q_j}|\sigma_j\rangle \otimes |e_j\rangle \tag{4.55}$$

を定義すると, この二状態は各々 $\rho = \sum_j p_j \rho_j$ と $\sigma = \sum_j q_j \sigma_j$ の純粋化である. したがって, Uhlmann の定理(定理 4.2)より

$$\sqrt{F}(\rho, \sigma) \geq |\langle \rho | \sigma \rangle| \tag{4.56}$$

が成り立つ. この右辺を直接計算すると,

$$|\langle \rho | \sigma \rangle| = \left| \sum_j \sqrt{p_j q_j} \langle \rho_j | \sigma_j \rangle \right| = \sum_j \sqrt{p_j q_j} \sqrt{F}(\rho_j, \sigma_j) \tag{4.57}$$

が成り立つ. (4.56) へ代入することで, 忠実度の強凹性を得る. □

以下の命題は, トレース距離と忠実度の関係を与える.

命題 4.4 任意の量子状態 $\rho, \sigma \in \mathcal{S}(\mathcal{H})$ に対して, トレース距離と忠実度は

$$1 - \sqrt{F(\rho, \sigma)} \leq D(\rho, \sigma) \leq \sqrt{1 - F(\rho, \sigma)} \tag{4.58}$$

を満たす. 特に, 純粋状態 $|\psi\rangle$ と $|\phi\rangle$ に対しては,

$$D(|\psi\rangle\langle\psi|, |\phi\rangle\langle\phi|) = \sqrt{1 - F(|\psi\rangle\langle\psi|, |\phi\rangle\langle\phi|)} \tag{4.59}$$

が成り立つ.

練習問題 53　(4.59) を示せ.

証明（命題 4.4 の証明）　純粋状態の場合は，練習問題 53 によって示されたため，一般の場合を考える．その場合は，$F(\rho,\sigma) = |\langle \rho|\sigma \rangle|^2$ となる ρ と σ の純粋化状態 $|\rho\rangle$ と $|\sigma\rangle$ を考えるとよい．Uhlmann の定理より，そのような純粋化が存在する．トレース距離のデータ処理不等式と (4.59) を用いると，

$$D(\rho,\sigma) \leq D\big(|\rho\rangle\langle\rho|, |\sigma\rangle\langle\sigma|\big) = \sqrt{1 - F\big(|\rho\rangle\langle\rho|, |\sigma\rangle\langle\sigma|\big)} = \sqrt{1 - F(\rho,\sigma)} \tag{4.60}$$

を得る.

　トレース距離の下界を得るために，忠実度の変分的特徴付けを用いる．適切な POVM$\{M_j\}$ を用いると，

$$F(\rho,\sigma) = \Big(\sum_j \sqrt{p_j q_j}\Big)^2 \tag{4.61}$$

となる．ここで，$p_j = \mathrm{Tr}[M_j \rho]$, $q_j = \mathrm{Tr}[M_j \sigma]$ である．$\sum_j p_j = \sum_j q_j = 1$ であることから，$\sum_j \big(\sqrt{p_j} - \sqrt{q_j}\big)^2 = 2\big(1 - \sqrt{F}(\rho,\sigma)\big)$ が成り立つ．一方で，命題 4.1 の性質 4), つまり，トレース距離の量子測定による特徴付けから，

$$\frac{1}{2}\sum_j \big(\sqrt{p_j} - \sqrt{q_j}\big)^2 \leq \frac{1}{2}\sum_j \big|\big(\sqrt{p_j} - \sqrt{q_j}\big)\big(\sqrt{p_j} + \sqrt{q_j}\big)\big| \tag{4.62}$$

$$= \frac{1}{2}\sum_j |p_j - q_j| \tag{4.63}$$

$$\leq D(\rho,\sigma) \tag{4.64}$$

が従う．以上より $1 - \sqrt{F(\rho,\sigma)} \leq D(\rho,\sigma)$ を得る.　　　　　□

　トレース距離と忠実度は一見すると異なる量だが，命題 4.4 から，互いに上限・下限を与えるものとなっており，ある意味では親戚のような "量子状態のものさし" といえる.

4.2　クローン可能・不可能定理

　量子状態の忠実度を用いて，クローン不可能定理（*no-cloning theorem*）を示そう.

定理 4.5（クローン不可能定理）　任意の量子状態 $\rho \in \mathcal{S}(\mathcal{H})$ に対して $\mathcal{C}(\rho) = \rho^{\otimes 2}$ を満たす量子チャンネル $\mathcal{C}$ は存在しない.

証明（定理 4.5 の証明）　任意の量子状態 $\rho \in \mathcal{S}(\mathcal{H})$ に対して $\mathcal{C}(\rho) = \rho^{\otimes 2}$ を満たす量子チャンネル $\mathcal{C}$ が存在したとする．二つの異なる量子状態 $\rho, \sigma \in \mathcal{S}(\mathcal{H})$ に $\mathcal{C}$ を作用させて忠実度を計算すると，

$$F\big(\mathcal{C}(\rho), \mathcal{C}(\sigma)\big) = F\big(\rho^{\otimes 2}, \sigma^{\otimes 2}\big) = F(\rho,\sigma)^2 \tag{4.65}$$

を得る．一方で，データ処理不等式から $F\big(\mathcal{C}(\rho), \mathcal{C}(\sigma)\big) \geq F(\rho,\sigma)$ が成り立つので，

$$F(\rho,\sigma) \leq F(\rho,\sigma)^2 \tag{4.66}$$

が成り立つ.

今，$\rho \neq \sigma$ と仮定したので $F(\rho,\sigma) \neq 1$ である．したがって，(4.66) は $F(\rho,\sigma) = 0$ を意味する．つまり，ρ と σ が直交するときにしか，そのような量子チャンネル $\mathcal{C}$ は存在しない． □

クローン不可能定理の物理的な意味を正しく理解することは重要である．特に，定理 4.5 は，量子系のみならず古典系であってもクローンはできないことを意味する．これは，量子論が古典確率論を内包するためである．実際，確率分布 $\{p_j\}_j$ は，固定した正規直交基底 $\{|e_j\rangle\}_j$ を用いて，$\{\sum_j p_j|e_j\rangle\langle e_j|\}_{\{p_j\}_j}$ という対角量子状態で表現できる．さらに，時間発展も対角状態を対角状態に写すものに制限し，測定基底を $\{|e_j\rangle\}_j$ に制限すれば，古典確率分布の時間発展や測定も，量子系の言葉で書き直すことができる．したがって，量子論の枠組みでクローンが不可能であるならば，古典論でもクローンはできない．

古典論であってもクローンできないという事実はやや非直観的に感じられることだろう．例えば，通常のコンピュータ上のデータは簡単にコピーできるし，コピー機を用いれば書類のコピーも容易だからだ．

この非直観性を解きほぐすためには，ここでいう「クローン」と，「データのコピー」が本質的に異なる操作に対応していることを理解する必要がある．既に述べたとおり，古典的な確率分布は，固定した正規直交基底 $\{|e_j\rangle\}_j$ を用いて $\sum_j p_j|e_j\rangle\langle e_j|$ と対角化状態で表現できる．この状態は，物理的には確率 p_j でデータ j を出力する状況を表しており，確率的だが古典的な状況に対応する．我々が「データをコピーした」と言った際には，「データが実際には j であったときには，必ずコピー先のデータも j である状況」を意味している．つまり，コピーによって生成される状態は

$$\sum_j p_j|e_j\rangle\langle e_j|^{\otimes 2} \tag{4.67}$$

である．これは，定理 4.5 の量子クローン写像 $\mathcal{C}$ を $\sum_j p_j|e_j\rangle\langle e_j|$ に作用させた量子状態

$$\left(\sum_j p_j|e_j\rangle\langle e_j|\right)^{\otimes 2} \tag{4.68}$$

とは一般には異なる．このことから，我々が通常想定する「データのコピー」という行為と，量子クローン写像 $\mathcal{C}$ は別物であることが分かる．

量子クローン写像 $\mathcal{C}$ は存在しないが，(4.67) の量子状態を生成する時間発展は実際に簡単に構築できる．例えば，$V = \sum_j |e_j\rangle\langle e_j| \otimes |e_j\rangle$ というアイソメトリを用いれば，

$$V\left(\sum_j p_j|e_j\rangle\langle e_j|\right)V^\dagger = \sum_j p_j|e_j\rangle\langle e_j|^{\otimes 2} \tag{4.69}$$

を得る．したがって，我々が通常意味するデータのコピーはアイソメトリで実現できる．この時間発展は，正規直交基底 $\{|e_j\rangle\}_j$ の下で相関を生成する量子チャンネルとみなせるので，我々が通常データのコピーで求めている時間発展は「固定された基底の下で，二つの系を完全に相関させる時間発展」と表現することもできる．

　以上のことから，古典論であっても定理 4.5 の意味のクローンはできないことが分かった．では，定理 4.5 に量子の特殊性が一切含まれていないかというと，そうではない．状態のクローンの可否という文脈における量子の特殊性は「任意の純粋状態をクローンできるか」という点にある．

　このことを理解するために，古典的な状態の集合

$$\left\{\sum_j p_j |e_j\rangle\langle e_j|\right\}_{\{p_j\}_j} \tag{4.70}$$

に含まれる純粋状態を考えよう．ここで，正規直交基底が $\{|e_j\rangle\}_j$ に固定されていることを思い出すと，純粋状態は正規直交基底ベクトル $\{|e_j\rangle\langle e_j|\}_j$ のいずれかだけである．これらを，確率混合では表現できない状態という意味で「古典的な純粋状態」と呼び，それ以外の古典的な状態を「古典的な混合状態」と呼ぶ．古典的な純粋状態に対して先ほどの相関を作るアイソメトリ V を作用させると，

$$V|e_j\rangle\langle e_j|V^\dagger = |e_j\rangle\langle e_j|^{\otimes 2} \tag{4.71}$$

が得られ，量子クローン写像 $\mathcal{C}$ と同じ効果をもたらす．したがって，古典系では，純粋状態であればクローン可能である．

　ところが，量子系においては事情が異なる．例えば，$\{|\psi\rangle, |\phi\rangle\}$ という二つの純粋状態をクローンできる量子チャンネル $\mathcal{C}$ があったとすると，定理 4.5 の証明と同様にして $F(|\psi\rangle, |\phi\rangle) = 0$ が導かれる．つまり，その二状態が直交している場合のみ，クローン量子チャンネル $\mathcal{C}$ が存在する．ところが，直交しない量子純粋状態は無数に存在するため，量子系においては，仮に対象を純粋状態に限定したとしてもクローンはできない．この点が，古典系におけるクローンと量子系のクローンの違いである．

　以上の議論は，以下のクローン可能・不可能定理にまとめられる．

定理 4.6（クローン可能・不可能定理）　状態の集合 $\mathcal{S}$ が与えられたときに，任意の入力 $\rho \in \mathcal{S}$ に対して $\rho^{\otimes 2}$ を出力する量子チャンネルを $\mathcal{S}$ のクローンチャンネルと呼ぶ．クローンチャンネルに対して以下が成り立つ．

- 古典的純粋状態全ての集合 $\mathcal{S}_{\mathrm{cl,pure}}$ のクローンチャンネルは，存在する．
- 古典的状態全ての集合 $\mathcal{S}_{\mathrm{cl}}$ のクローンチャンネルは，存在しない．
- 量子純粋状態全ての集合 $\mathcal{S}_{\mathrm{q,pure}}$ のクローンチャンネルは，存在しない[11]．
- 量子状態全ての集合 $\mathcal{S}_{\mathrm{q}}$ のクローンチャンネルは，存在しない．

4.3　量子状態の識別—二量子状態の場合—

　ここまで数学的に導入してきたトレース距離や忠実度は，二つの量子状態をどれくらいよく識別できるかという操作論的な意義を持つ．量子状態を識別することは，量子情報処理における最も基本的なタスクである．量子系を用いて何らかの情報処理を行った

としても，入力に応じて出力される様々な量子状態を識別できなければ，その情報処理
から何の情報も取り出せないからだ．その重要性から様々な状況下での量子状態の識別
が研究されてきたが，本節では中でも最も基本的な二つのプロトコルを解説し，各々の
識別成功確率がトレース距離と忠実度で与えられることを示す．

状況を分かりやすく説明するため，Alice と Bob という二人の人物を用いて説明を進
める．量子状態を識別するタスクは，一般に以下の三ステップから構成される．

量子状態の識別タスク

1) Alice は量子状態の集合 $\{\rho_x\}_{x\in\mathcal{X}}$ から量子状態 ρ_x を確率 p_x で選ぶ．ここで，$\mathcal{X}$
はラベルの集合で，例えば $\{0,1,\ldots,|\mathcal{X}|-1\}$ 等である．

2) Alice は選んだ量子状態 ρ_x を Bob に渡す．

3) Bob は渡された量子状態 ρ_x に POVM による量子測定を行うことで，どの量子状
態が渡されたかを識別する．ただし，Bob は量子状態の集合 $\{\rho_x\}_{x\in\mathcal{X}}$ とその上の
確率分布 $\{p_x\}_{x\in\mathcal{X}}$ を知っているものとする．したがって，量子状態 ρ_x そのもので
はなく，そのラベル x を識別することを目指す．

量子状態の識別タスクは，量子状態の集合 $\{\rho_x\}_{x\in\mathcal{X}}$ を構成する量子状態の個数 $|\mathcal{X}|$ に
よって識別問題の難しさが変わる．例えば，$|\mathcal{X}|=2$ の場合は，$\{\rho_0,\rho_1\}$ という状態集合
なので，例えば「ρ_0 か，ρ_0 ではないか」という問題に置き換えることができ，ρ_1 を直
接的に識別する必要はない．一方で，$|\mathcal{X}|$ が大きい場合は，より状況が複雑になること
は明らかだろう．

本節では，量子状態の識別の最も簡単な場合である $|\mathcal{X}|=2$ の場合を考える．つまり，
Alice は確率 p で ρ_0 を，確率 $1-p$ で ρ_1 を選び，Bob は POVM を通じて選ばれた量
子状態が ρ_0 か ρ_1 であるかを識別することを目指す．$|\mathcal{X}|>2$ の場合の量子状態識別は，
7.3 で説明する．

■ 4.3.1 平均成功確率に基づく定式化

識別したい量子状態が二つの場合は，一般性を失わず，Bob は二値出力の POVM
$\Lambda=\{\Lambda_0,\Lambda_1=I-\Lambda_0\}$ を行い，出力が 0 であれば量子状態が ρ_0，1 であれば ρ_1 と判
断すればよい．

状態が ρ_0 だったときに測定結果が 0 である確率は $\mathrm{Tr}[\Lambda_0\rho_0]$ で，状態が ρ_1 だったと
きに測定結果が 1 である確率は $\mathrm{Tr}[\Lambda_1\rho_1]$ で与えられる．ρ_0 と ρ_1 が各々確率 p と $1-p$
で準備されるため，POVM Λ を用いて識別に成功する確率は平均で

$$P_{\mathrm{succ}}(\Lambda)=p\,\mathrm{Tr}[\Lambda_0\rho_0]+(1-p)\,\mathrm{Tr}[\Lambda_1\rho_1] \tag{4.72}$$

で与えられる．この成功確率を POVM で最大化することで，

$$P_{\mathrm{succ}}^{\mathrm{opt}}:=\max_{\Lambda}P_{\mathrm{succ}}(\Lambda) \tag{4.73}$$

が，最適な POVM を用いたときに識別に成功する平均確率となる．

この平均成功確率 $P_{\text{succ}}^{\text{opt}}$ は，二つの量子状態 ρ_0 と ρ_1 のトレース距離を用いて以下のように特徴付けられる．

定理 4.7（二量子状態の最大識別成功確率[12, 13]）　上記の二量子状態の識別タスクにおいて，

$$P_{\text{succ}}^{\text{opt}} = \frac{1}{2} + D\big(p\rho_0, (1-p)\rho_1\big) \tag{4.74}$$

が成り立つ．ここで，$D(\sigma, \xi) = \|\sigma - \xi\|_1 / 2$ はトレース距離である．

証明（定理 4.7 の証明）　POVM Λ の要素は $\Lambda_0 + \Lambda_1 = I$ を満たすことから，(4.72) を変形すると，

$$P_{\text{succ}}(\Lambda) = \text{Tr}[p\Lambda_0\rho_0 + (1-p)(I - \Lambda_0)\rho_1] \tag{4.75}$$

$$= 1 - p + \text{Tr}[\Lambda_0(p\rho_0 - (1-p)\rho_1)] \tag{4.76}$$

となる．Λ_0 が POVM の要素であることから，$0 \le \Lambda_0 \le I$ を満たす．したがって，

$$P_{\text{succ}}^{\text{opt}} = 1 - p + \max_{0 \le \Lambda_0 \le I} \text{Tr}[\Lambda_0(p\rho_0 - (1-p)\rho_1)] \tag{4.77}$$

である．

トレース距離の変分的特徴付け（命題 4.1 の性質 3)）を (4.77) に適用すると，

$$P_{\text{succ}}^{\text{opt}} = 1 - p + D\big(p\rho_0, (1-p)\rho_1\big) + \frac{p - (1-p)}{2} = \frac{1}{2} + D\big(p\rho_0, (1-p)\rho_1\big) \tag{4.78}$$

が導かれる．　　　　　　　　　　　　　　　　　　　　　　　　　　　　　　　　□

練習問題 54　定理 4.7 において，(4.74) を達成する POVM は何か．また，二量子状態 $\{\rho_0, \rho_1\}$ を確実に識別できることの必要十分条件を与えよ．

定理 4.7 において，特に $p = 1/2$ の場合は，

$$P_{\text{succ}}^{\text{opt}} = \frac{1 + D(\rho_0, \rho_1)}{2} \tag{4.79}$$

となり，二つの量子状態 ρ_0 と ρ_1 のトレース距離が最大の平均識別確率を与えることが分かる．ここで成功確率は最低でも 1/2 であることに注意せよ．実際に，当てずっぽうで ρ_0，もしくは，ρ_1 だと判断するだけで，確率 1/2 での識別は達成できる．

(4.79) の左辺は「量子状態の識別」という操作を通じて定義される量であるため，その意味において，左辺が量子状態のトレース距離の操作論的な意味を与えているとみなせる．トレース距離を操作論的に特徴付けることは，その量に対する理解を深めるだけではなく，その量が満たす性質を簡潔に証明する手段を与える意味でも重要である．例えば，今考えている二量子状態の識別タスクにおいて，Bob が量子状態にどのような時間発展を行ったとしても，より識別しやすくなることはないことは明らかである．その時間発展まで含めて POVM とすればよいからだ．この事実は，Bob の任意の量子チャンネル $\mathcal{T}$ に対して，$P_{\text{succ}}^{\text{opt}}$ が非増加であることを意味する．(4.79) を用いて平均成功確率 $P_{\text{succ}}^{\text{opt}}$ をトレース距離で書き直すことで，任意の量子チャンネル $\mathcal{T}$ に対して

$$D\big(\mathcal{T}(\rho_0), \mathcal{T}(\rho_1)\big) \le D(\rho_0, \rho_1) \tag{4.80}$$

が成り立つことが分かる．これはトレース距離のデータ処理不等式に他ならず，操作論的な立場から別証を与えている．

■ 4.3.2　Unambiguous な量子状態識別

定理 4.7 では，平均の識別成功確率 $P_{\mathrm{succ}}^{\mathrm{opt}}$ を識別タスクの指標として採用し，トレース距離がその平均確率を与えることを見た．しかし，識別タスクの指標は平均の識別成功確率だけではなく，様々な指標を考えることができる．ここでは，その中でも特に有名な *unambiguous* な量子状態識別（*unambiguous state discrimination*）という識別タスクを説明する．

Unambiguous な量子状態識別の基本的な状況設定はこれまでと変わらず，二つの量子状態を識別することが目的である．ただし，unambiguous という制約が付く．その意味は，Bob が識別を試みた結果，「二つの量子状態のどちらであるかは判別できない」と答えてもよいが，仮に二つの量子状態のどちらかであると判断した際には必ず正解していなければならない，という制約である．

Unambiguous な状態識別の最も簡単な例として，二つの純粋状態 $|\varphi_0\rangle$ と $|\varphi_1\rangle$ が確率 1/2 で与えられる状況を考える．この場合，それらの忠実度が重要な役割を果たす．

定理 4.8（*Unambiguous* な二量子純粋状態の識別）　確率 1/2 で純粋状態 $|\varphi_0\rangle$ が，確率 1/2 で純粋状態 $|\varphi_1\rangle$ が与えられるとき，それら二量子状態を unambiguous に識別する成功確率は

$$P_{\mathrm{succ}}^{\mathrm{opt}} = 1 - \sqrt{F}\left(|\varphi_0\rangle\langle\varphi_0|, |\varphi_1\rangle\langle\varphi_1|\right) \tag{4.81}$$

で与えられる．

証明（定理 4.8 の証明）　純粋状態のグローバル位相の自由度を用いて，二状態の内積が非負の実数で与えられるとする．つまり，

$$\sqrt{F}\left(|\varphi_0\rangle\langle\varphi_0|, |\varphi_1\rangle\langle\varphi_1|\right) = \langle\varphi_0|\varphi_1\rangle \in \mathbb{R}_{\geq 0} \tag{4.82}$$

とする．以下では二状態のルート忠実度を $\sqrt{F}$ と略記する．

Unambiguous な識別プロトコルの出力は「状態は必ず $|\varphi_0\rangle$ である」，「状態は必ず $|\varphi_1\rangle$ である」，「どちらの状態であるか分からない」の三通りなので，三値の POVM $\Lambda = \{\Lambda_0, \Lambda_1, \Lambda_2\}$ を考える．出力が 0 であったときには状態は必ず $|\varphi_0\rangle$ であると断言できるためには，状態が $|\varphi_1\rangle$ だった場合に 0 が出力されるか確率がゼロである必要がある．同様のことが出力 1 に対しても成立するので，各々

$$\mathrm{Tr}[\Lambda_0|\varphi_1\rangle\langle\varphi_1|] = 0, \quad \mathrm{Tr}[\Lambda_1|\varphi_0\rangle\langle\varphi_0|] = 0 \tag{4.83}$$

を満たす必要がある．今考えている状況では，$|\varphi_0\rangle$ と $|\varphi_1\rangle$ の二状態で張られる二次元ヒルベルト空間を考えれば十分なので，これらの条件から，$|\varphi_j^\perp\rangle$ を $|\varphi_j\rangle$ に直交する純粋状態として，

$$\Lambda_0 = \alpha|\varphi_1^\perp\rangle\langle\varphi_1^\perp|, \quad \Lambda_1 = \alpha|\varphi_0^\perp\rangle\langle\varphi_0^\perp| \tag{4.84}$$

と表現できることが分かる．二次元空間を考えているので，$|\varphi_j^\perp\rangle$ は，グローバルな位相の自由度を除いて一意に定まることに注意せよ．以下では，

$$\langle \varphi_0^\perp | \varphi_1^\perp \rangle = \sqrt{F} \tag{4.85}$$

となるようにグローバル位相を選ぶ. また, 識別プロトコルが $|\varphi_0\rangle$ と $|\varphi_1\rangle$ の入れ替えに対して対称であることから, 係数をどちらも α とおいても一般性を失わない.

各 POVM 要素 Λ_j が半正定値かつ完全性条件を満たすことから, $0 \le \alpha \le 1$ であることと, $\Lambda_2 = I - \Lambda_0 - \Lambda_1$ であることが従う. さらに $\Lambda_2 \ge 0$ を満たすためには, $\Lambda_0 + \Lambda_1$ の最大固有値が 1 以下である必要がある. Λ_0 と Λ_1 を (4.84) と構成したため, (4.85) に気を付けると,

$$(\Lambda_0 + \Lambda_1)(|\varphi_0^\perp\rangle \pm |\varphi_1^\perp\rangle) = \alpha(1 \pm \sqrt{F})(|\varphi_0^\perp\rangle \pm |\varphi_1^\perp\rangle) \tag{4.86}$$

が成り立つ. よって, $\Lambda_0 + \Lambda_1$ の固有値は $\alpha(1 \pm \sqrt{F})$ である. この二つの固有値が共に 1 以下であればよいので,

$$\alpha \le \frac{1}{1 + \sqrt{F}} \tag{4.87}$$

が $\Lambda_2 \ge 0$ の必要十分条件を与える.

この POVM Λ を用いると, unambiguous な状態識別の成功確率は

$$P_{\text{succ}} = \frac{1}{2} \text{Tr}[\Lambda_0 |\varphi_0\rangle\langle\varphi_0|] + \frac{1}{2} \text{Tr}[\Lambda_1 |\varphi_1\rangle\langle\varphi_1|] \tag{4.88}$$

$$= \frac{\alpha}{2} \left(|\langle\varphi_0|\varphi_1^\perp\rangle|^2 + |\langle\varphi_1|\varphi_0^\perp\rangle|^2 \right) \tag{4.89}$$

$$= \alpha \left(1 - (\sqrt{F})^2 \right) \tag{4.90}$$

となることが分かる. この成功確率を (4.87) を満たす α で最大化することで,

$$P_{\text{succ}}^{\text{opt}} = 1 - \sqrt{F}(|\varphi_0\rangle\langle\varphi_0|, |\varphi_1\rangle\langle\varphi_1|) \tag{4.91}$$

を得る. この成功確率を与える POVM は

$$\left\{ \frac{1}{1+\sqrt{F}} |\varphi_1^\perp\rangle\langle\varphi_1^\perp|, \ \frac{1}{1+\sqrt{F}} |\varphi_0^\perp\rangle\langle\varphi_0^\perp|, \ I - \frac{1}{1+\sqrt{F}} \left(|\varphi_1^\perp\rangle\langle\varphi_1^\perp| + |\varphi_0^\perp\rangle\langle\varphi_0^\perp| \right) \right\} \tag{4.92}$$

である. $\qquad\qquad\qquad\qquad\qquad\qquad\qquad\qquad\qquad\qquad\qquad\qquad\qquad\qquad\square$

定理 4.8 は, unambiguous な状態識別というプロトコルを通じて, 二つの純粋状態の忠実度の操作論的な意味を与えるものである.

練習問題 55   1-qubit の純粋状態 $|\varphi_0\rangle$ と $|\varphi_1\rangle$ が各々確率 1/2 に与えられ, それらを unambiguous に状態識別することを考える. 射影測定のみを用いたときの最大の識別成功確率が

$$P_{\text{succ}}^{\text{proj}} := \frac{1}{2} - \frac{F(|\varphi_0\rangle\langle\varphi_0|, |\varphi_1\rangle\langle\varphi_1|)}{2} \tag{4.93}$$

で与えられることを示せ. この標識を用いて, $P_{\text{succ}}^{\text{proj}} \le P_{\text{succ}}^{\text{opt}}$ であることと, その等号成立が $|\varphi_0\rangle = |\varphi_1\rangle$ のときのみであることを確認せよ.

練習問題 55 から, unambiguous な量子状態識別の最大成功確率は一般には射影測定では達成できないことが分かる. したがって unambiguous な状態識別は, POVM を用いた方が射影測定よりも性能がよい情報処理タスクの例になっている.

Unambiguous な状態識別は古くから研究が進んでいるが，定理 4.8 のように成功確率が量子状態の忠実度できれいに表現されるのは量子状態が二つの純粋状態のときのみであり，二純粋状態が与えられる確率が同じではない場合や，二つの混合状態が与えられる場合には，場合分けを含めたやや煩雑な取り扱いが必要になる．

4.4 量子チャンネル間の距離と識別可能性

量子状態に関してはトレース距離や忠実度が操作論的にもよい "ものさし" になっていることを見た．同様に，量子チャンネルに対しても，素性のよい "ものさし" を導入できる．ここでは代表的なものとして，量子チャンネルに対する $1 \to 1$ ノルムとダイアモンド・ノルムを説明する．それらは基本的に量子チャンネルに対するノルムや距離として用いるため，以下では線形写像のみを考え，単に写像と言った際には線形写像を意味することとする．

■ 4.4.1 量子チャンネル間の距離

系 A 上の有界演算子 $\mathcal{B}(\mathcal{H}^A)$ から，系 B 上の有界演算子 $\mathcal{B}(\mathcal{H}^B)$ への写像が与えられたときに，その写像の $1 \to 1$ ノルムを以下のように定義する．

定義 4.9（写像の $1 \to 1$ ノルム）　写像 $\mathcal{X}^{A \to B} : \mathcal{B}(\mathcal{H}^A) \to \mathcal{B}(\mathcal{H}^B)$ に対して，

$$\left\| \mathcal{X}^{A \to B} \right\|_{1 \to 1} := \max_{X(\neq 0) \in \mathcal{B}(\mathcal{H}^A)} \frac{\left\| \mathcal{X}^{A \to B}(X^A) \right\|_1}{\left\| X^A \right\|_1} \tag{4.94}$$

を $1 \to 1$ ノルムと呼ぶ．

定義 4.9 の (4.94) において，分母と分子にトレース・ノルムが現れる．Schatten p-ノルムの言葉ではトレース・ノルムは Schatten 1-ノルムと表現できるため，写像の定義域でも値域でも 1-ノルムを用いるという意味で，$1 \to 1$ ノルムという名前が付いている．このノルムは，分母を p-ノルムに，分子を q-ノルムに変更することで $p \to q$ ノルムへと一般化できるが，量子情報ではあまり用いない．

定義 4.9 では一般の演算子 $X \in \mathcal{B}(\mathcal{H}^A)$ で最大化を取っているが，トレース・ノルムが凸関数であることから，ランクが 1 の演算子 $|\psi\rangle\langle\phi|$ に対して最大化するだけで十分であり，

$$\left\| \mathcal{X}^{A \to B} \right\|_{1 \to 1} = \max_{|\psi\rangle, |\phi\rangle \in \mathcal{H}^A} \left\| \mathcal{X}^{A \to B}(|\psi\rangle\langle\phi|) \right\|_1 \tag{4.95}$$

が成り立つことが分かる．ここで，最大化は規格化された純粋状態 $|\psi\rangle$ と $|\phi\rangle$ で取るものとする．

このように定義される $1 \to 1$ ノルムだが，実は量子情報の観点からはあまりよい性質を持っていない．例えば量子状態に対するトレース・ノルムはデータ処理不等式を始めとしたよい性質を満たし，その事実とも関連して，量子状態の識別可能性という操作論

的な意義も持っていた。写像に対する $1 \to 1$ ノルムも，基本的にはトレース・ノルムに基づいて定義されるため，そのようなよい性質を引き継ぐことが期待される。しかし，残念ながらそうはなっておらず，例えば $1 \to 1$ ノルムはテンソル積に対して乗法的ではない。つまり，

$$\|\mathcal{X} \otimes \mathcal{Y}\|_{1 \to 1} \neq \|\mathcal{X}\|_{1 \to 1} \|\mathcal{Y}\|_{1 \to 1} \tag{4.96}$$

である。これは，トレース・ノルムが $\|\rho \otimes \sigma\|_1 = \|\rho\|_1 \|\sigma\|_1$ を満たすことと対照的である。

(4.96) の例として，正規直交基底 $\{|e_j\rangle\}_{j=0}^{d-1}$ の下で転置を取る操作 $\mathcal{X}_{\text{trans}}$ を考えよう。具体的には

$$\mathcal{X}_{\text{trans}}(|e_j\rangle\langle e_k|) := |e_k\rangle\langle e_j| \tag{4.97}$$

という写像である。その操作と，系 A と同型の量子系 A' 上の恒等写像 $\text{id}^{A'}$ のテンソル積 $\mathcal{X}_{\text{trans}}^A \otimes \text{id}^{A'}$ を考える。そのテンソル積写像の $1 \to 1$ ノルムは

$$\|\mathcal{X}_{\text{trans}}^A \otimes \text{id}^{A'}\|_{1 \to 1} = \max_{X \in \mathcal{B}(\mathcal{H}^{AA'})} \frac{\|\mathcal{X}_{\text{trans}}^A \otimes \text{id}^{A'}(X^{AA'})\|_1}{\|X^{AA'}\|_1} \tag{4.98}$$

$$\geq \max_{\rho \in \mathcal{S}(\mathcal{H}^{AA'})} \|\mathcal{X}_{\text{trans}}^A \otimes \text{id}^{A'}(\rho^{AA'})\|_1 \tag{4.99}$$

を満たす。さらに，少し考えれば $\|\mathcal{X}_{\text{trans}}^A \otimes \text{id}^{A'}(\rho^{AA'})\|_1 = d_A$ を満たす量子状態 ρ を見つけることができる。

練習問題 56　$\|\mathcal{X}_{\text{trans}}^A \otimes \text{id}^{A'}(\rho^{AA'})\|_1 = d_A$ を満たす量子状態 $\rho^{AA'}$ を見つけよ。

一方で，$\|\mathcal{X}_{\text{trans}}\|_{1 \to 1} = \|\text{id}^{A'}\|_{1 \to 1} = 1$ より，$\|\mathcal{X}_{\text{trans}}^A\|_{1 \to 1}\|\text{id}^{A'}\|_{1 \to 1} = 1$ が成り立つ。したがって，

$$\|\mathcal{X}_{\text{trans}}^A \otimes \text{id}^{A'}\|_{1 \to 1} \geq d_A > 1 = \|\mathcal{X}_{\text{trans}}^A\|_{1 \to 1}\|\text{id}^{A'}\|_{1 \to 1} \tag{4.100}$$

が得られ，確かに $1 \to 1$ ノルムがテンソル積に対して乗法的でないことが分かる。

テンソル積に対して乗法的でないノルムは使いづらいだけでなく，操作的な意味も不明瞭になる。実は，乗法性が成り立たない原因は，写像 $\mathcal{X}^{A \to B} \otimes \text{id}^{A'}$ をエンタングル状態 $|\psi\rangle^{AA'}$ に作用させたときに，$1 \to 1$ ノルムがよい振る舞いを示さない点にある。この問題を解決するために導入されたノルムがダイアモンド・ノルムである。

定義 4.10（ダイアモンド・ノルム）　写像 $\mathcal{X}^{A \to B} : \mathcal{B}(\mathcal{H}^A) \to \mathcal{B}(\mathcal{H}^B)$ に対して，

$$\|\mathcal{X}^{A \to B}\|_\diamond := \max_R \|\mathcal{X}^{A \to B} \otimes \text{id}^R\|_{1 \to 1} \tag{4.101}$$

をダイアモンド・ノルムと呼ぶ。ここで，id^R は系 R 上の恒等写像で，最大化は任意次元の量子系 R で取る [*1]。

[*1]　この定義の段階では，系 R が無限次元である場合も想定しなければならないため，本来は max ではなく sup とする必要がある。ただし，以下の命題 4.12 によって系 R の次元は最大でも系 A の次元と同じに取ればよいことが分かるため，ここではその結果を先取りして max とした。

1→1ノルムと異なり，ダイアモンド・ノルムは任意次元の補助系 R を付け足した上で最大化を取るという定義になっているため，エンタングル状態に対してもよい振る舞いをすることが期待される．実際，以下で示すとおり，ダイアモンド・ノルムはテンソル積に対して乗法的になる．

定理 4.11 任意の写像 $\mathcal{X}^{A\to B}$ と写像 $\mathcal{Y}^{A\to B}$ に対して，

$$\left\|\mathcal{X}^{A\to B}\otimes\mathcal{Y}^{C\to D}\right\|_\diamond=\left\|\mathcal{X}^{A\to B}\right\|_\diamond\left\|\mathcal{Y}^{C\to D}\right\|_\diamond. \tag{4.102}$$

が成り立つ．

証明（定理 4.11 の証明） まず，$\left\|\mathcal{X}^{A\to B}\otimes\mathcal{Y}^{C\to D}\right\|_\diamond\le\left\|\mathcal{X}^{A\to B}\right\|_\diamond\left\|\mathcal{Y}^{C\to D}\right\|_\diamond$ を示そう．系 R と X^{ACR} を

$$\left\|\mathcal{X}^{A\to B}\otimes\mathcal{Y}^{C\to D}\right\|_\diamond=\frac{\left\|\mathcal{X}^{A\to B}\otimes\mathcal{Y}^{C\to D}\otimes\mathrm{id}^R(X^{ACR})\right\|_1}{\left\|X^{ACR}\right\|_1} \tag{4.103}$$

を満たすものとすると，

$$\left\|\mathcal{X}^{A\to B}\otimes\mathcal{Y}^{C\to D}\right\|_\diamond=\frac{\left\|\mathcal{X}^{A\to B}\otimes\mathrm{id}^{DR}(\mathcal{Y}^{C\to D}\otimes\mathrm{id}^{AR}(X^{ACR}))\right\|_1}{\left\|\mathcal{Y}^{C\to D}\otimes\mathrm{id}^{AR}(X^{ACR})\right\|_1}\frac{\left\|\mathcal{Y}^{C\to D}\otimes\mathrm{id}^{AR}(X^{ACR})\right\|_1}{\left\|X^{ACR}\right\|_1} \tag{4.104}$$

$$\le\left\|\mathcal{X}^{A\to B}\otimes\mathrm{id}^{DR}\right\|_\diamond\left\|\mathcal{Y}^{C\to D}\otimes\mathrm{id}^{AR}\right\|_\diamond \tag{4.105}$$

$$=\left\|\mathcal{X}^{A\to B}\right\|_\diamond\left\|\mathcal{Y}^{C\to D}\right\|_\diamond \tag{4.106}$$

が成り立つ．

次に，$\left\|\mathcal{X}^{A\to B}\otimes\mathcal{Y}^{C\to D}\right\|_\diamond\ge\left\|\mathcal{X}^{A\to B}\right\|_\diamond\left\|\mathcal{Y}^{C\to D}\right\|_\diamond$ を示す．ダイアモンド・ノルムを最適化する際の系 R を R_1R_2 と分割し，最適化する演算子をテンソル積に限定することで，

$$\left\|\mathcal{X}^{A\to B}\otimes\mathcal{Y}^{C\to D}\right\|_\diamond$$

$$=\max_R\max_{X^{ACR}}\frac{\left\|\mathcal{X}^{A\to B}\otimes\mathcal{Y}^{C\to D}\otimes\mathrm{id}^R(X^{ACR})\right\|_1}{\left\|X^{ACR}\right\|_1} \tag{4.107}$$

$$\ge\max_{R=R_1R_2}\max_{Y^{AR_1}\otimes Z^{CR_2}}\frac{\left\|(\mathcal{X}^{A\to B}\otimes\mathrm{id}^{R_1})(Y^{AR_1})\otimes(\mathcal{Y}^{C\to D}\otimes\mathrm{id}^{R_2})(Z^{CR_2})\right\|_1}{\left\|Y^{AR_1}\otimes Z^{CR_2}\right\|_1} \tag{4.108}$$

$$=\max_{R_1}\max_{Y^{AR_1}}\frac{\left\|(\mathcal{X}^{A\to B}\otimes\mathrm{id}^{R_1})(Y^{AR_1})\right\|_1}{\left\|Y^{AR_1}\right\|_1}\max_{R_2}\max_{Z^{AR_2}}\frac{\left\|(\mathcal{Y}^{C\to D}\otimes\mathrm{id}^{R_2})(Z^{CR_2})\right\|_1}{\left\|Z^{CR_2}\right\|_1} \tag{4.109}$$

$$=\left\|\mathcal{X}^{A\to B}\right\|_\diamond\left\|\mathcal{Y}^{C\to D}\right\|_\diamond. \tag{4.110}$$

が従う． $\square$

ダイアモンド・ノルムは任意次元の量子系 R に関する最大化を含むが，以下の命題から，写像 $\mathcal{X}^{A\to B}$ に対して，系 A と同じ次元を持つ系 R を選べば十分であることが分かる．

命題 4.12　写像 $\mathcal{X}^{A\to B}:\mathcal{B}(\mathcal{H}^A)\to\mathcal{B}(\mathcal{H}^B)$ に対して，系 A' を系 A と同次元の量子系とすると，

$$\left\|\mathcal{X}^{A\to B}\right\|_\diamond = \left\|\mathcal{X}^{A\to B}\otimes\mathrm{id}^{A'}\right\|_{1\to1} \tag{4.111}$$

が成り立つ．

証明（命題 4.12 の証明）　ダイアモンド・ノルムは

$$\left\|\mathcal{X}^{A\to B}\right\|_\diamond = \max_R\left\|\mathcal{X}^{A\to B}\otimes\mathrm{id}^R\right\|_{1\to1} \tag{4.112}$$

で定義されるが，この最大化を達成する系 R を R_0，その次元を D とする．$D\le d_A := \dim\mathcal{H}^A$ の場合は (4.111) は自明に成立するため，$D>d_A$ の場合を考える．

$1\to1$ ノルムの性質 (4.95) を用いると，

$$\left\|\mathcal{X}^{A\to B}\otimes\mathrm{id}^{R_0}\right\|_{1\to1} = \max_{|\psi\rangle,|\phi\rangle\in\mathcal{H}^{AR_0}}\left\|\mathcal{X}^{A\to B}\otimes\mathrm{id}^{R_0}(|\psi\rangle\langle\phi|^{AR_0})\right\|_1 \tag{4.113}$$

が成り立つ．この最大化を達成する純粋状態を $|\psi_0\rangle^{AR_0}$ および $|\phi_0\rangle^{AR_0}$ と表すことにし，それらの Schmidt 分解を

$$|\psi_0\rangle^{AR_0} := \sum_{j=0}^{d_A-1}\sqrt{p_j}|e_j\rangle^A\otimes|e'_j\rangle^{R_0} \tag{4.114}$$

$$|\phi_0\rangle^{AR_0} := \sum_{j=0}^{d_A-1}\sqrt{q_j}|f_j\rangle^A\otimes|f'_j\rangle^{R_0} \tag{4.115}$$

とする．ここで，$\{|e_j\rangle^A\}_{j=0}^{d_A-1}$ と $\{|f_j\rangle^A\}_{j=0}^{d_A-1}$ はどちらも $\mathcal{H}^A$ の正規直交系であり，$\{|e'_j\rangle^{R_0}\}_{j=0}^{D-1}$ と $\{|f'_j\rangle^{R_0}\}_{j=0}^{D-1}$ はどちらも $\mathcal{H}^R$ の正規直交系の一部である．

ここで，系 A と同型の量子系 A' を導入し，$\{|e_j\rangle^{A'}\}_j$ と $\{|f_j\rangle^{A'}\}_j$ を $\mathcal{H}^{A'}$ の正規直交系とする．系 A' から系 R へのアイソメトリ $V_e^{A'\to R}$ と $V_f^{A'\to R}$ を

$$V_e^{A'\to R_0} := \sum_{j=0}^{d_A-1}|e'_j\rangle^{R_0}\langle e_j|^{A'} \tag{4.116}$$

$$V_f^{A'\to R_0} := \sum_{j=0}^{d_A-1}|f'_j\rangle^{R_0}\langle f_j|^{A'} \tag{4.117}$$

としよう．これらのアイソメトリを用いて，系 AA' 上の二つの量子状態を

$$|\psi_0\rangle^{AA'} := (V_e^{A'\to R_0})^\dagger|\psi_0\rangle^{AR_0} \tag{4.118}$$

$$|\phi_0\rangle^{AA'} := (V_f^{A'\to R_0})^\dagger|\phi_0\rangle^{AR_0} \tag{4.119}$$

と定義する．これらを用いると，

$$\left\|\mathcal{X}^{A\to B}\otimes\mathrm{id}^{R_0}\right\|_{1\to1} = \left\|\mathcal{X}^{A\to B}\otimes\mathrm{id}^{R_0}(|\psi_0\rangle\langle\phi_0|^{AR_0})\right\|_1 \tag{4.120}$$

$$= \left\|\mathcal{X}^{A\to B}\otimes\mathrm{id}^{R_0}\big(V_e^{A'\to R_0}|\psi_0\rangle\langle\phi_0|^{AA'}(V_f^{A'\to R_0})^\dagger\big)\right\|_1 \tag{4.121}$$

$$= \left\|V_e^{A'\to R_0}\big(\mathcal{X}^{A\to B}\otimes\mathrm{id}^{A'}(|\psi_0\rangle\langle\phi_0|^{AA'})\big)(V_f^{A'\to R_0})^\dagger\right\|_1 \tag{4.122}$$

$$= \left\|\mathcal{X}^{A\to B}\otimes\mathrm{id}^{A'}(|\psi_0\rangle\langle\phi_0|^{AA'})\right\|_1 \tag{4.123}$$

を得る．これは，次元 $D > d_A$ の系 R_0 上で最大化を取ることと，次元 d_A の系 A' 上で最大化を取ることが等価であることを意味する．したがって，$D > d_A$ の場合も (4.111) が示された．$\qquad\square$

さらに，量子系 A から量子系 B への写像 $\mathcal{X}^{A \to B}$ がエルミート演算子をエルミート演算子に写す場合は，ダイアモンド・ノルムの最大化の範囲をさらに限定できる．

命題 4.13 エルミート演算子をエルミート演算子へと写す線形写像 $\mathcal{X}^{A \to B} : \mathcal{B}(\mathcal{H}^A) \to \mathcal{B}(\mathcal{H}^B)$ のダイアモンド・ノルムは，以下で与えられる．

$$\left\| \mathcal{X}^{A \to B} \right\|_\diamond = \max_{|\varphi\rangle \in \mathcal{H}^{AA'}} \left\| (\mathcal{X}^{A \to B} \otimes \mathrm{id}^{A'})(|\varphi\rangle\langle\varphi|^{AA'}) \right\|_1 \tag{4.124}$$

ただし，系 A' は系 A と同じ次元を持つ量子系であり，最大化は $\mathcal{H}^{AA'}$ の全ての純粋状態，つまり，単位ベクトルで取る．

量子情報においてダイアモンド・ノルムを用いる際には，二つの量子チャンネル $\mathcal{M}^{A \to B}$ と $\mathcal{N}^{A \to B}$ の差のダイアモンド・ノルム，つまり，

$$\left\| \mathcal{M}^{A \to B} - \mathcal{N}^{A \to B} \right\|_\diamond \tag{4.125}$$

に興味があることがほとんどである．この場合，$\mathcal{M}^{A \to B} - \mathcal{N}^{A \to B}$ は明らかにエルミート演算子をエルミート演算子に写すものなので，量子情報においてはダイアモンド・ノルムを (4.124) によって定めることもある．

証明（命題 4.13 の証明）　ダイアモンド・ノルムの定義より，任意の純粋状態 $|\varphi\rangle^{AA'}$ に対して，$\left\| \mathcal{X}^{A \to B} \right\|_\diamond \geq \left\| (\mathcal{X}^{A \to B} \otimes \mathrm{id}^{A'})(|\varphi\rangle\langle\varphi|^{AA'}) \right\|_1$ が成り立つので，以下では，

$$\left\| \mathcal{X}^{A \to B} \right\|_\diamond \leq \left\| (\mathcal{X}^{A \to B} \otimes \mathrm{id}^{A'})(|\varphi\rangle\langle\varphi|^{AA'}) \right\|_1 \tag{4.126}$$

を満たす純粋状態 $|\varphi\rangle^{AA'}$ が存在することを示す．証明中は $\mathrm{id}^{A'}$ を省略することにする．

ヒルベルト空間 $\mathcal{H}^{AA'}$ の純粋状態 $|\psi\rangle^{AA'}$ と $|\phi\rangle^{AA'}$ を，$\left\| \mathcal{X}^{A \to B} \right\|_\diamond = \left\| (\mathcal{X}^{A \to B} \otimes \mathrm{id}^R)(|\psi\rangle\langle\phi|^{AA'}) \right\|_1$ を満たすものとする．(4.95) より，そのような純粋状態が必ず存在することに注意せよ．二次元ヒルベルト空間 $\mathcal{H}^R$ を導入し，その正規直交基底 $\{|e_0\rangle, |e_1\rangle\}$ を用いて，

$$O^{AA'R} := \frac{1}{2}\left(|\psi\rangle\langle\phi|^{AA'} \otimes |e_0\rangle\langle e_1|^R + |\phi\rangle\langle\psi|^{AA'} \otimes |e_1\rangle\langle e_0|^R \right) \tag{4.127}$$

を定めると，$O^{AA'R}$ は明らかにエルミート演算子である．また，直接的な計算から，$\|O^{AA'R}\|_1 = 1$ であることが分かる．この演算子 $O^{AA'R}$ の系 A に $\mathcal{X}^{A \to B}$ を作用させると，写像の線形性より，

$$\mathcal{X}^{A \to B}(O^{AA'R}) = \frac{1}{2}\left(\mathcal{X}^{A \to B}(|\psi\rangle\langle\phi|^{AA'}) \otimes |e_0\rangle\langle e_1|^R + \mathcal{X}^{A \to B}(|\phi\rangle\langle\psi|^{AA'}) \otimes |e_1\rangle\langle e_0|^R \right) \tag{4.128}$$

を得る．

ここで，$\mathcal{X}^{A \to B}(|\phi\rangle\langle\psi|^{AA'}) = \left(\mathcal{X}^{A \to B}(|\psi\rangle\langle\phi|^{AA'}) \right)^\dagger$ である．実際，二つのエルミート演算子 $H = (|\psi\rangle\langle\phi|^{AA'} + |\phi\rangle\langle\psi|^{AA'})/2$ と $K = (|\psi\rangle\langle\phi|^{AA'} - |\phi\rangle\langle\psi|^{AA'})/(2i)$ を用いて，$|\psi\rangle\langle\phi|^{AA'} =$

$H + iK$ と書けることから，$\mathcal{X}^{A\to B}$ の線形性とエルミート演算子をエルミート演算子に写すという条件を用いて，

$$\left(\mathcal{X}^{A\to B}(|\psi\rangle\langle\phi|^{AA'})\right)^\dagger = \left(\mathcal{X}^{A\to B}(H + iK)\right)^\dagger \tag{4.129}$$

$$= \mathcal{X}^{A\to B}(H)^\dagger - i\mathcal{X}^{A\to B}(K)^\dagger \tag{4.130}$$

$$= \mathcal{X}^{A\to B}(H) - i\mathcal{X}^{A\to B}(K) \tag{4.131}$$

$$= \mathcal{X}^{A\to B}(H - iK) \tag{4.132}$$

$$= \mathcal{X}^{A\to B}(|\phi\rangle\langle\psi|^{AA'}) \tag{4.133}$$

が成り立つ．よって，

$$\mathcal{X}^{A\to B}(O^{AA'R}) = \frac{1}{2}\Big(\mathcal{X}^{A\to B}(|\psi\rangle\langle\phi|^{AA'}) \otimes |e_0\rangle\langle e_1|^R + \big(\mathcal{X}^{A\to B}(|\psi\rangle\langle\phi|^{AA'}) \otimes |e_0\rangle\langle e_1|^R\big)^\dagger\Big) \tag{4.134}$$

を得る．この 1 ノルムを直接計算すると，$X^{BA'} := \mathcal{X}^{A\to B}(|\psi\rangle\langle\phi|^{AA'})$ とおいて，

$$\left\|\mathcal{X}^{A\to B}(O^{AA'R})\right\|_1 = \frac{1}{2}\mathrm{Tr}\Big(\sqrt{X^{BA'}X^{BA'\dagger} \otimes |e_0\rangle\langle e_0|^R + X^{BA'\dagger}X^{BA'} \otimes |e_1\rangle\langle e_1|^R}\Big) \tag{4.135}$$

$$= \frac{1}{2}\mathrm{Tr}\Big(\sqrt{X^{BA'}X^{BA'\dagger}} + \sqrt{X^{BA'\dagger}X^{BA'}}\Big) \tag{4.136}$$

$$= \left\|X^{BA'}\right\|_1 \tag{4.137}$$

$$= \left\|\mathcal{X}^{A\to B}(|\psi\rangle\langle\phi|^{AA'})\right\|_1 \tag{4.138}$$

$$= \left\|\mathcal{X}^{A\to B}\right\|_\diamond. \tag{4.139}$$

となる．

以上より，$\left\|\mathcal{X}^{A\to B}\right\|_\diamond$ は，系 $AA'R$ 上のエルミート演算子 $O^{AA'R}$ を用いて，$\left\|\mathcal{X}^{A\to B}(O^{AA'R})\right\|_1$ と書けることが分かった．エルミート演算子 $O^{AA'R}$ を $O^{AA'R} = \sum_j o_j |e_j\rangle\langle e_j|^{AA'R}$ と対角化すると，$\|O^{AA'R}\|_1 = 1$ より，$\sum_j |o_j| = 1$ が成り立つ．これは，$\{|o_j|\}_j$ を確率分布となっていることを意味する．この対角化を用いると，写像の線形性に気を付けて，

$$\left\|\mathcal{X}^{A\to B}\right\|_\diamond = \left\|\mathcal{X}^{A\to B}(O^{AA'R})\right\|_1 \tag{4.140}$$

$$= \left\|\sum_j o_j \mathcal{X}^{A\to B}(|e_j\rangle\langle e_j|^{AA'R})\right\|_1 \tag{4.141}$$

$$\leq \sum_j |o_j|\left\|\mathcal{X}^{A\to B}(|e_j\rangle\langle e_j|^{AA'R})\right\|_1 \tag{4.142}$$

を得る．不等式は三角不等式より従う．最後の式は，確率分布 $\{|o_j|\}_j$ の下での $\left\|\mathcal{X}^{A\to B}(|e_j\rangle\langle e_j|^{AA'R})\right\|_1$ の平均なので，$\left\|\mathcal{X}^{A\to B}\right\|_\diamond \leq \left\|\mathcal{X}^{A\to B}(|e_j\rangle\langle e_j|^{AA'R})\right\|_1$ を満たす $|e_j\rangle^{AA'R}$ が必ず存在する．その $|e_j\rangle^{AA'R}$ を $|\varphi'\rangle^{AA'R}$ とおけば，

$$\left\|\mathcal{X}^{A\to B}\right\|_\diamond \leq \left\|\mathcal{X}^{A\to B}(|\varphi'\rangle\langle\varphi'|^{AA'R})\right\|_1 \tag{4.143}$$

が満たされる．最後に，命題 4.12 と同様の議論によって，

$$\left\|\mathcal{X}^{A\to B}(|\varphi'\rangle\langle\varphi'|^{AA'R})\right\|_1 = \left\|\mathcal{X}^{A\to B}(|\varphi\rangle\langle\varphi|^{AA'})\right\|_1 \tag{4.144}$$

を満たす純粋状態 $|\varphi\rangle^{AA'}$ が存在することも分かるので，(4.126) が示された．　　　　□

一般の写像に対するダイアモンド・ノルムを厳密に求めることは一般には難しい. しかし, 写像の Choi–Jamiołkowski 表現 (3.3.2 項を参照) を用いることで, その値を大まかに見積もることができる. 系 A と同型の系 A' を導入し, 量子状態 $|\Phi\rangle^{AA'}$ を複合系 AA' 上での最大エンタングル状態とすると, $\mathcal{X}^{A\to B}$ の Choi–Jamiołkowski 表現は

$$\mathfrak{J}(\mathcal{X}^{A\to B}) = \left(\mathcal{X}^{A'\to B} \otimes \mathrm{id}^A\right)(|\Phi\rangle\langle\Phi|^{A'A}) \tag{4.145}$$

で与えられるのであった. この表現を用いて, 以下の命題が成立する.

命題 4.14 量子系 A から量子系 B への写像 $\mathcal{X}^{A\to B}$ に対して,

$$\left\|\mathfrak{J}(\mathcal{X}^{A\to B})\right\|_1 \le \left\|\mathcal{X}^{A\to B}\right\|_\diamond \le d_A \left\|\mathfrak{J}(\mathcal{X}^{A\to B})\right\|_1 \tag{4.146}$$

が成り立つ. ここで, $d_A = \dim\mathcal{H}^A$ である.

証明(命題 4.14 の証明) 命題 4.12 と $1\to 1$ ノルムの性質から,

$$\left\|\mathcal{X}^{A\to B}\right\|_\diamond = \max_{|\psi\rangle^{AA'},|\phi\rangle^{AA'}\in\mathcal{H}^A}\left\|\mathcal{X}^{A\to B} \otimes \mathrm{id}^{A'}(|\psi\rangle\langle\phi|^{AA'})\right\|_1 \tag{4.147}$$

が成り立つ. ここで $|\psi\rangle^{AA'}$ と $|\phi\rangle^{AA'}$ の双方を系 AA' の最大エンタングル状態 $|\Phi\rangle^{AA'}$ におくことで,

$$\left\|\mathcal{X}^{A\to B} \otimes \mathrm{id}^{A'}(|\Phi\rangle\langle\Phi|^{AA'})\right\|_1 \le \left\|\mathcal{X}^{A\to B}\right\|_\diamond \tag{4.148}$$

が従う. 左辺は, $\mathcal{X}^{A\to B}$ の Choi–Jamiołkowski 表現 $\mathfrak{J}(\mathcal{X}^{A\to B})$ のトレース・ノルムに他ならないため, $\left\|\mathfrak{J}(\mathcal{X}^{A\to B})\right\|_1 \le \left\|\mathcal{X}^{A\to B}\right\|_\diamond$ が得られた.

二つ目の不等式を示すために, 任意の量子純粋状態 $|\psi\rangle^{AA'}$ は, $|\psi\rangle^{AA'} = \sqrt{d_A}\sqrt{\psi^{A'}}|\Phi\rangle^{AA'}$ と書けることを思い出そう (命題 3.21 の最大エンタングル状態の性質 7 を参照のこと). この事実を用いると,

$$\left\|\mathcal{X}^{A\to B}\right\|_\diamond = \max_{|\psi\rangle,|\phi\rangle}\left\|\mathcal{X}^{A\to B} \otimes \mathrm{id}^{A'}(|\psi\rangle\langle\phi|^{AA'})\right\|_1 \tag{4.149}$$

$$= d_A \max_{\psi,\phi}\left\|\mathcal{X}^{A\to B} \otimes \mathrm{id}^{A'}\left(\sqrt{\psi^{A'}}|\Phi\rangle\langle\Phi|^{AA'}\sqrt{\phi^{A'}}\right)\right\|_1 \tag{4.150}$$

$$= d_A \max_{\psi,\phi}\left\|\sqrt{\psi^{A'}}\left(\mathcal{X}^{A\to B} \otimes \mathrm{id}^{A'}(|\Phi\rangle\langle\Phi|^{AA'})\right)\sqrt{\phi^{A'}}\right\|_1 \tag{4.151}$$

が成り立つ. ここで, Hölder の不等式を用いることで,

$$\left\|\mathcal{X}^{A\to B}\right\|_\diamond \le d_A \max_{\psi,\phi}\left\|\sqrt{\psi^{A'}}\right\|_\infty\left\|\sqrt{\phi^{A'}}\right\|_\infty\left\|(\mathcal{X}^{A\to B} \otimes \mathrm{id}^{A'}(|\Phi\rangle\langle\Phi|^{AA'}))\right\|_1 \tag{4.152}$$

$$= d_A\left\|(\mathcal{X}^{A\to B} \otimes \mathrm{id}^{A'}(|\Phi\rangle\langle\Phi|^{AA'}))\right\|_1 \tag{4.153}$$

を得る. ここで, $\psi^{A'}$ および $\phi^{A'}$ が量子状態であることから, $\left\|\sqrt{\psi^{A'}}\right\|_\infty, \left\|\sqrt{\phi^{A'}}\right\|_\infty \le 1$ が成り立つことを用いた. 最後のトレース・ノルムは $\mathcal{X}^{A\to B}$ の Choi–Jamiołkowski 表現 $\mathfrak{J}(\mathcal{X}^{A\to B})$ のトレース・ノルムに等しいため, $\left\|\mathcal{X}^{A\to B}\right\|_\diamond \le d_A\left\|\mathfrak{J}(\mathcal{X}^{A\to B})\right\|_1$ が示された. $\square$

■4.4.2 量子チャンネルの識別

ダイアモンド・ノルムは操作論的にもよい意味を持っており, 量子チャンネルの識別タスクの成功確率を与える. 「量子チャンネルを識別する」というタスクは, 「量子状態を識別する」というタスクのある種の一般化と考えることができるが, その最も単純なケースは,

1) Alice は確率 p で量子チャンネル $\mathcal{E}^{A \to C}$ を, 確率 $1-p$ で量子チャンネル $\mathcal{D}^{A \to C}$ を選び, Bob に手渡す,

2) Bob は渡された量子チャンネルを一回だけ使ってよいというルールの下で, どちらの量子チャンネルが渡されたかを識別する,

という二ステップで表現できる. Bob にできることは, Alice から与えられた量子チャンネルを何らかの量子状態に作用させ, 出力された量子状態に対して POVM による量子測定を行うことである.

この場合の最大の平均識別成功確率を考えよう. Bob は一般にエンタングルした量子状態の一部に量子チャンネルを作用してもよいため, 一般には ρ^{AB} を準備して複合系 CB 上の量子状態を出力として得る. その出力量子状態に対して行う POVM を $\Lambda = \{\Lambda_0^{CB}, \Lambda_1^{CB}\}$ とし, 前者が得られたときは $\mathcal{E}$ と判断し, 後者が出たら $\mathcal{D}$ であったと判断する. この状況での平均識別確率は

$$P_{\text{succ}}(\rho, \Lambda) = p\, \text{Tr}[\Lambda_0^{CB} \mathcal{E}^{A \to C}(\rho^{AB})] + (1-p)\, \text{Tr}[\Lambda_1^{CB} \mathcal{D}^{A \to C}(\rho^{AB})] \tag{4.154}$$

で与えられる. 最大の平均識別成功確率は, Bob が最適な量子状態と POVM を準備したときの成功確率であるため,

$$P_{\text{succ}}^{\text{opt}} := \max_{\rho, \Lambda} P_{\text{succ}}(\rho, \Lambda) \tag{4.155}$$

である.

定理 4.15 (量子チャンネルの識別可能性) 上述の二つの量子チャンネルの識別タスクにおいて, 最大の平均識別成功確率は,

$$P_{\text{succ}}^{\text{opt}} = \frac{1}{2} + \frac{1}{2} \| p\mathcal{E}^{A \to C} - (1-p)\mathcal{D}^{A \to C} \|_{\diamond}。 \tag{4.156}$$

で与えられる.

練習問題 57 定理 4.15 を示せ.

元々, 写像のノルムがテンソル積に対する乗法性を持っていた方が扱いやすいという数学的な動機で導入されたダイアモンド・ノルムだが, 定理 4.15 によって, 操作論的にも「量子チャンネルを一回だけ使える設定で, 二つの量子チャンネルの識別確率を特徴付ける量」という明瞭な意義を持つことが分かるだろう. これは何も偶然ではない. 我々が自然に成り立ってほしい性質を持たなければ, 我々が自然と思える操作論的な意義は持ちえないからだ. 自然に思える定理を導ける定義こそが "正しい" 定義である, という現代科学の哲学を体現するよい典型例であろう.

5 ノイズレスな量子通信の基礎プロトコル

量子情報の基本的なプロトコルとして，離れた二地点にいる二者（Alice と Bob と呼ぶことにする）で行う量子通信がある．量子通信のプロトコルでは，量子状態が持つ非直観的な性質を用いることで様々なアドバンテージを得られる．ここでは，通信の文脈における量子のアドバンテージを説明する．「量子を用いてできること」だけでなく，「量子を用いないとできないこと」や「量子を用いてもできないこと」などを意識しつつ読み進めるとよいだろう．

本章で考える状況は，Alice と Bob が古典通信路（*classical channel*）や量子通信路（*quantum channel*）で繋がっており，何らかの通信を行いたい状況である．古典通信路とは bit 情報を送受信できる通信媒体のことで，例えば，電話やインターネット等である．一方で，量子通信路とは，量子状態を送ることができる通信媒体のことで，例えば，偏光の自由度を持つ光子を送ることができる光ファイバー等がその典型例である．現実的には通信路はノイジーなものだが，本章では理想的な状況を考えてノイズレスな通信路のみを考える．また，Alice や Bob は自分が所持する量子系に対しては任意の操作をノイズなしで実行可能である状況を考える．

本章では，「ノイズレスな古典通信」，「ノイズレスな量子通信」，「あらかじめ共有した量子状態」の三つを通信リソースとして捉え，与えられた三つのリソースを用いて達成可能/達成不可能な通信プロトコルを議論する．

5.1 各通信リソース単体での通信プロトコル

まず，「ノイズレスな古典通信」，「ノイズレスな量子通信」，「あらかじめ共有した量子状態」という通信リソースを，それぞれ単体で用いたときに何を達成でき，何を達成できないかを説明する．

5.1.1 量子通信と古典通信

Alice と Bob がノイズレスな古典通信，もしくは，ノイズレスな量子通信だけを通信リソースとして有する状況を考える．各リソース単体で何をできるかを考えたいため，Alice と Bob は通信前には何の量子状態も共有していないとする．それらの通信を定量化するために，cbit と qubit という単位を導入する．

　Alice が $\{0,\ldots,d-1\}$ のいずれかの記号を Bob にノイズなしで送信できるとき，その通信をノイズレスな古典通信と呼ぶ．古典通信の量は bit という単位で定量化されるが，本章ではそれが古典であることを強調するために，*cbit* (*classical bit*) と書くことにし，Alice は Bob に $(\log d)$-cbit の古典情報を通信できると表現する．Bit を単位としたいので，対数の底は 2 で取ることに注意せよ．一方で，Alice が d 次元ヒルベルト空間上の任意の量子状態を Bob にノイズレスで送信できるとき，Alice は Bob に $(\log d)$-qubit の量子情報を通信できると表現する．

　古典通信と量子通信という二つの通信プロトコルはどのような関係にあるだろうか．まず，古典通信のみを用いて量子通信を行うことは明らかに不可能である．仮に古典情報を送るだけで Alice が未知の純粋状態 $|\varphi\rangle$ を Bob に送れるとすると，それを繰り返すことで，未知の純粋状態をクローンできてしまうからだ．一方で，量子通信によって古典情報を送ることは可能であり，以下の定理が成り立つ．

定理 5.1　$(\log d)$-qubit の量子通信のみを用いて $(\log d')$-cbit の古典通信を達成できる必要十分条件は，$d \geq d'$ である．

証明（定理 5.1 の証明）　具体的なプロトコルを与えることで，$(\log d)$-qubit の量子通信を用いて達成可能な古典通信の量を調べよう．

　Alice は送りたい $(\log d')$-cbit の古典情報に応じて，d 次元ヒルベルト空間上の量子状態 $\{\rho_j\}_{j=0}^{d'-1}$ を準備し，Bob に送信することにする．Bob は，送られてきた量子状態に対して d' 個の出力を持つ何らかの POVM $\{M_j\}_{j=0}^{d'-1}$ を行う．望みどおりの古典情報を送れる条件は，

$$\mathrm{Tr}[M_j \rho_j] = 1 \tag{5.1}$$

が全ての $j \in \{0,\ldots,d'-1\}$ に対して成り立つことである．POVM は $\sum_{j=0}^{d'-1} M_j = I$ を満たすので，両辺，j に対する和を取ることで，

$$d' = \sum_{j=0}^{d'-1} \mathrm{Tr}[M_j \rho_j] \leq \sum_{j=0}^{d'-1} \mathrm{Tr}[M_j] = \mathrm{Tr}[I] = d \tag{5.2}$$

を得る．ここで，$\rho_j \leq I$ を用いた．

　この不等式は達成可能である．例えば，Alice が $j \in \{0,\ldots,d-1\}$ を Bob に送りたいとすれば，互いに直交する純粋状態 $\{|e_j\rangle\}_{j=0}^{d-1}$ の中で対応する量子状態 $|e_j\rangle$ を Bob に量子通信で送り，Bob は測定基底 $\{|e_j\rangle\}_{j=0}^{d-1}$ で送られてきた量子状態を測定すればよい．このプロトコルで，$(\log d)$-qubit の量子通信によって，$(\log d)$-cbit の古典通信を達成できる．

　また，このプロトコルの後に，必要に応じて Bob は受け取った古典情報を捨て去れば，全ての $d'(\leq d)$ に対するノイズレスな古典通信を達成することができる．したがって，逆も示された．　　　　　　　　　　　　　　　　　　　　　　　　　　□

　定理 5.1 を通信リソースという言葉で言い換えれば，古典通信というリソースを量子通信というリソースに変換することはできないが，量子通信から古典通信へのリソース

変換は可能である，と表現できる．

■ 5.1.2 共有エンタングルメント

次に，Alice と Bob があらかじめエンタングル状態を共有している状況を考える．共有しているエンタングルメントを通信のリソースとみなし，そのリソースを用いることで，何が達成できて何が達成できないかを確かめよう．

共有エンタングルメントを定量化するために，*ebit* (*entangled-qubit*) という単位を導入する．Schmidt 係数が一様に $1/\sqrt{d}$ で与えられるエンタングル状態

$$|\Phi_d\rangle = \frac{1}{\sqrt{d}} \sum_{j=0}^{d-1} |e_j\rangle |e_j\rangle \tag{5.3}$$

を $(\log d)$-ebit といい，Alice と Bob が $|\Phi_d\rangle$ を共有しているとき，Alice と Bob は $(\log d)$-ebit を共有しているという．この量子状態は，d 次元ヒルベルト空間の二階テンソル積空間上の最大エンタングル状態だが，命題 3.21 の性質 4) を用いると最大エンタングル状態の Schmidt 基底は片方の系にユニタリを作用させることで変換できるため，通信リソースの意味で ebit と言った際にはその Schmidt 基底は気にする必要はない．

ノイズレスな古典通信や量子通信は，実際に何かを送信するという意味で，動的なリソースといえる．それに対して，共有エンタングルメントはものの移動を伴わないため，静的なリソースである．

練習問題 58 最大エンタングル状態の片方の系にユニタリを作用させることで，その状態の Schmidt 基底を任意のものに変換できることを示せ．その一例として，n-ebit 状態 $|\Phi_{2^n}\rangle$ の片方の系にユニタリを作用させれば，1-ebit のテンソル積状態 $|\Phi_2\rangle^{\otimes n}$ を得られることを確かめよ．

この「共有エンタングルメント」と，「ノイズレスな古典通信」および「ノイズレスな量子通信」の関係を見ていこう．まず，ノイズレスな量子通信路を用いれば，Alice と Bob の間でエンタングルメントを共有することができる．この自明なプロトコルをエンタングルメント配布 (*entanglement distribution*) と呼ぶ．

定理 5.2 (エンタングルメント配布) Alice から Bob に $(\log d)$-qubit を送ることで，Alice と Bob は $(\log d)$-ebit を共有できる．

エンタングルメント配布のプロトコルを，3.4 節で導入した量子回路に似たダイアグラムで表現したものが図 5.1 である．エンタングルメント配布のダイアグラム自体は極めて自明なものだが，この形のダイアグラムは今後も使い続けるので，慣れ親しんでおいてほしい．

エンタングルメント配布のプロトコルによって，量子通信というリソースを共有エンタングルメントに変換できることが分かった．一方で，古典通信というリソースを共有エンタングルメントに変換することはできない．これは，エンタングルメントは LOCC では増やせないからだ．これも自明な事実だが，今後重要になるため，定理として述べ

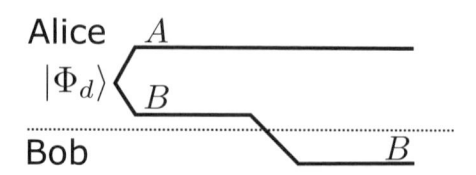

図 5.1　エンタングルメント配布のダイアグラム．点線より上半分は Alice が持つ量子
　　　　系を，下半分は Bob が持つ量子系を表しており，上から下への実線は Alice か
　　　　ら Bob への量子通信を表す．Alice の量子系で生成された $(\log d)$-ebit $|\Phi_d\rangle^{AB}$
　　　　の部分系 B を Bob にノイズレスな量子通信路で送ることで，Alice と Bob の
　　　　間でエンタングルメントを共有できる．

ておこう．

定理 5.3　任意の量の古典通信を用いて，$(\log d)$-ebit の共有エンタングルメントを $(\log d')$-ebit の共有エンタングルメントに変換できる必要十分条件は，$d \geq d'$ である．

　最後に，共有エンタングルメントを古典通信へと変換することはできないことも示しておこう．

定理 5.4　任意の量の共有エンタングルメントと $(\log d)$-cbit の古典通信を用いて $(\log d')$-cbit の古典通信を達成できる必要十分条件は，$d \geq d'$ である．つまり，共有エンタングルメントは古典通信の量を増やすことはない．

証明（定理 5.4 の証明）　Alice が一様ランダムに選んだ $j \in \{0,\ldots,d'-1\}$ を Bob に送信することを考える．Alice から Bob への $(\log d)$-cbit の古典通信を行うことで，Bob は $\{0,\ldots,d-1\}$ の d 個のいずれかの記号を受け取る．仮に，その記号と共有エンタングルメントを用いて，Alice から Bob に伝えたかった j を送信できたとすると，Bob が $\{0,\ldots,d-1\}$ の中からランダムに一つの記号を選んで同じ手続きを行えば，，Alice と Bob は古典通信を行わなかったとしても確率 $1/d$ で $j \in \{0,\ldots,d'-1\}$ の古典情報の送受信に成功する．

　この Bob のランダム戦略では古典通信を行わないので，Alice が $j \in \{0,\ldots,d'-1\}$ を決定する前に Bob がその戦略を行って j を選んでもよい．Bob が選んだその j が，その後に Alice が一様ランダムに選ぶ $j \in \{0,\ldots,d'-1\}$ と一致する確率は，高々 $1/d'$ である．したがって，ランダム戦略が成功する確率 $1/d$ は $1/d \leq 1/d'$ を満たさなければならないので，$d' \leq d$ を得る．

　等号が達成できることは明らかであるため，受け取った古典情報を捨てるという操作と併せて，全ての $d'(\leq d)$ に対して $(\log d')$-cbit の古典通信を達成できる．　　　　□

　以上をまとめると，「ノイズレスな古典通信」，「ノイズレスな量子通信」，「共有エンタングルメント」は，各々を単体で用いる限りはほとんど自明なプロトコルしか達成できない（図 5.2 も参照されたい）．それにもかかわらず，なぜわざわざそれらを大仰に「リソース」と呼ぶのかと訝しむ読者もいるかもしれない．その理由は，これら三つのリ

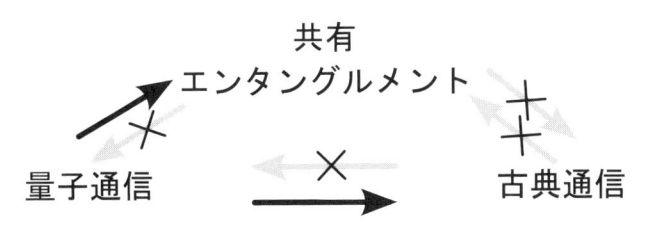

図 5.2 「ノイズレスな古典通信」,「ノイズレスな量子通信」,「共有エンタングルメント」を単体で用いたときの変換可能性. 共有エンタングルメントを量子通信に変換できないことは, その変換と定理 5.1 を組み合わせると共有エンタングルメントを古典通信へと変換できるが, それは定理 5.4 より達成できないためである.

ソースを組み合わせることで, 非自明な通信を達成できるようになるからである.

5.2 通信リソースの組み合わせ

三つの通信リソース「ノイズレスな古典通信」,「ノイズレスな量子通信」,「共有エンタングルメント」のうちの二つを組み合わせて用いたときに, 何を達成できるだろうか. 直観的には, 単なる組み合わせによって非自明なプロトコルを達成することは不可能に思えるかもしれないが, 量子状態が持つ性質によって古典では達成できないことが可能になる. 以下では,「ノイズレスな量子通信」と「共有エンタングルメント」を組み合わせることで達成できる超高密度符号化と,「ノイズレスな古典通信」と「共有エンタングルメント」を組み合わせることで達成できる量子テレポーテーションを説明する.

5.2.1 超高密度符号化

定理 5.3 と定理 5.4 から, 共有エンタングルメントは古典通信の役には立たないようにも思える. しかし, 実は, 共有エンタングルメントを量子通信と組み合わせることで, 非自明な古典通信を達成できる. それが, 超高密度符号化 (*superdense coding*) と呼ばれるプロトコルである. 図 5.3 はそのダイアグラムを与える.

定理 5.5（超高密度符号化[14]） Alice と Bob が $(\log d)$-ebit を共有しているとき, Alice から Bob への $(\log d)$-qubit の量子通信を行うことで, Alice から Bob への $(2\log d)$-cbit の古典通信を達成できる. 具体的なプロトコルは以下で与えられる.

1) Alice と Bob が共有する $(\log d)$-ebit に対応する量子状態を $|\Phi_d\rangle^{AB}$ とする.
2) Alice は送りたい $2(\log d)$-cbit の古典情報 $(m,n) \in \{0,\ldots,d-1\}^2$ に応じて, $|\Phi_d\rangle^{AB}$ の部分系 A に Heisenberg–Weyl 演算子 $W_{mn}^A = X_d^m Z_d^n$ を作用させる.
3) Alice から Bob への $(\log d)$-qubit の量子通信を行い, Alice は $W_{mn}^A|\Phi_d\rangle^{AB}$ の部分系 A を Bob に送る.
4) Bob は得られた量子状態 $W_{mn}^A|\Phi_d\rangle^{AB}$ を 2-qudit の測定基底 $\{W_{mn}^A|\Phi_d\rangle^{AB}\}_{m,n}$ で測

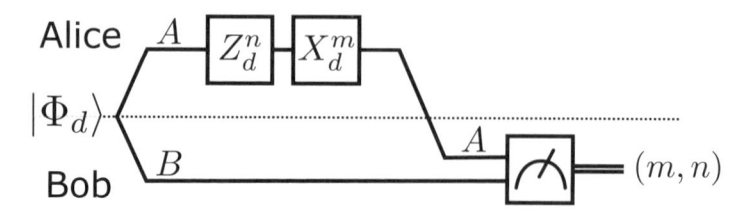

図 **5.3** 超高密度符号化のダイアグラム. 点線より上半分は Alice が持つ量子系を, 下半
分は Bob が持つ量子系を表しており, 上から下への実線は Alice から Bob への
量子通信を表す. プロトコル開始時に $(\log d)$-ebit $|\Phi_d\rangle^{AB}$ を共有しており, そ
の後, Alice が操作を行った後にその部分系 A を量子通信で Bob に送り, Bob
は系 AB に測定を行う.

定する.

証明(定理 5.5 の証明)　ステップ 2) で得る量子状態 $W_{mn}^A|\Phi_d\rangle^{AB}$ を考えよう. その量子
状態は, 異なる $(m,n) \in \{0,\dots,d-1\}^2$ に対して互いに直交している. 実際,

$$\langle\Phi_d|^{AB}(W_{m'n'}^A)^\dagger W_{mn}^A|\Phi_d\rangle^{AB} = \mathrm{Tr}\left[(W_{m'n'}^A)^\dagger W_{mn}^A|\Phi_d\rangle\langle\Phi_d|^{AB}\right] \tag{5.4}$$

$$= \mathrm{Tr}\left[(W_{m'n'}^A)^\dagger W_{mn}^A \pi^A\right] \tag{5.5}$$

$$= \frac{1}{d}\mathrm{Tr}\left[(W_{m'n'}^A)^\dagger W_{mn}^A\right] \tag{5.6}$$

と計算できるが, 最後の式は規格化を除いて二つの Heisenberg–Weyl 演算子の Hilbert–
Schmidt 内積に他ならないため,

$$\langle\Phi_d|^{AB}(W_{m'n'}^A)^\dagger W_{mn}^A|\Phi_d\rangle^{AB} = \delta_{mm'}\delta_{nn'} \tag{5.7}$$

が成り立つ. つまり, $\{W_{mn}^A|\Phi_d\rangle^{AB}\}_{m,n}$ は系 AB の正規直交基底をなす.

　よって, ステップ 4) で測定基底 $\{W_{mn}^A|\Phi_d\rangle^{AB}\}_{m,n}$ で $W_{mn}^A|\Phi_d\rangle^{AB}$ を測定すれば, 必ず
Alice が送りたかった古典的な $2(\log d)$-cbit の情報 (m,n) が得られる.　　　　□

　定理 5.5 が非自明なプロトコルとなっていることを確かめるために, 定理 5.1 と定理
5.4 を思い出そう. 前者の定理は, 「$(\log d)$-qubit の量子通信は最大でも $(\log d)$-cbit の古典
通信にしか変換できない」ことを述べており, 後者の定理は, 「共有した $(\log d)$-ebit は古
典通信には変換できない」ことを主張する. この二つの事実を元にすると, 「$(\log d)$-qubit
の量子通信」と「共有した $(\log d)$-ebit」という二つのリソースを独立に組み合わせただ
けでは, 高々 $(\log d + 0)$-cbit = $(\log d)$-cbit の古典通信しか達成できない. ところが, 定理
5.5 は, 「$(\log d)$-qubit の量子通信」と「共有した $(\log d)$-ebit」をうまく組み合わせるこ
とで, 「$(2\log d)$-cbit の古典通信」というリソースへ変換できることを示している. その
うまい組み合わせに, 超高密度符号化の非自明さがあるといえる. 共有エンタングルメ
ントという静的なリソースはそれ単体では無価値だが, 量子通信という動的なリソース
と組み合わせることで, リソースとしてアクティベートされ, 非自明な通信を行うこと
ができる訳だ.

練習問題 59 超高密度符号化の例として $d = 2$ の場合を考えて，具体的なイメージを掴んでおこう．この場合は，1-ebit の共有エンタングルメントと 1-qubit のノイズレスな量子通信を用いて 2-cbit の古典通信を達成する．まず，

$$\left\{ |\Phi_{\pm}\rangle = \frac{|00\rangle \pm |11\rangle}{\sqrt{2}}, \quad |\Psi_{\pm}\rangle = \frac{|01\rangle \pm |10\rangle}{\sqrt{2}} \right\} \tag{5.8}$$

という表記を導入しておく．Alice と Bob の共有エンタングルメントが $|\Phi_+\rangle^{AB}$ の場合を考える．Alice は送りたい 2-cbit の情報 $j_0 j_1$ $(j_0, j_1 \in \{0,1\})$ に応じて $X^{j_0} Z^{j_1}$ を系 A に作用させ，その後，系 A の 1-qubit を量子通信で Bob に送る．Bob はこの qubit を受け取った後に，2-qubit を (5.8) の測定基底で測定する．この測定結果が実際に，Alice が送りたかった 2-cbit の情報 $j_0 j_1$ に一致することを，直接的な計算で確かめよ．

超高密度符号化を達成できる理由は，最大エンタングル状態が，

1) 複合系 AB 上の任意の最大エンタングル状態同士は，系 A にユニタリ演算子を作用させることで変換可能，

2) 最大エンタングル状態だけで複合系 AB の正規直交基底を構成できる，

という二つの性質を満たすことに由来する．これはどちらも命題 3.21 で確かめた．この事実から，超高密度符号化を達成するためには，Alice と Bob が最大エンタングル状態を共有しておく必要があるように思えるだろう．以下の定理は，その直観を支持するものである．いかなるセパラブル状態を Alice と Bob が共有していたとしても，その共有セパラブル状態と量子通信を組み合わせることで，超高密度符号化のような非自明な古典通信は達成できない．

命題 5.6 Alice と Bob がセパラブル状態 $\rho^{AB} \in \mathcal{S}(\mathcal{H}^{\otimes 2})$ を共有しているとする．ヒルベルト空間 $\mathcal{H}$ の次元を d とすると，ρ^{AB} と $(\log d)$-qubit の量子通信を用いて $(\log d')$-cbit の古典通信を達成できる必要十分条件は，$d \geq d'$ である．

証明（命題 5.6 の証明） 共有しているセパラブル状態を

$$\rho^{AB} = \sum_j p_j |\varphi_j\rangle\langle\varphi_j|^A \otimes |\psi_j\rangle\langle\psi_j|^B \tag{5.9}$$

と分解する．ここで $\{p_j\}_j$ は確率分布である．この状態と $(\log d)$-qubit の量子通信を用いて Alice が $(\log d')$-cbit の古典情報を Bob に送信することを考える．Alice ができることは，送信したい $(\log d')$-cbit の情報を元に量子状態 ρ^{AB} を異なる量子状態へと変換し，部分系 A を Bob に送信することである．Alice の量子状態変換は，$(\log d')$-cbit の情報を持つ量子チャンネルの集合 $\{\mathcal{E}_m^A\}_{m=0}^{d'-1}$ で記述でき，変換後の量子状態は $\mathcal{E}_m^A(\rho^{AB})$ で与えられる．

さて，Bob が $\mathcal{E}_m^A(\rho^{AB})$ から $(\log d')$-cbit の古典情報を得られると仮定すると，量子状態の集合 $\{\mathcal{E}_m^A(\rho^{AB})\}_{m=0}^{d'-1}$ は全て互いに確実に識別できるものになっている必要がある．二つの量子状態を確実に識別可能であることの必要十分条件はトレース距離が 1 であることだったので，全ての m と m' に対して

$$\frac{1}{2} \left\| \mathcal{E}_m^A(\rho^{AB}) - \mathcal{E}_{m'}^A(\rho^{AB}) \right\|_1 = 1 - \delta_{mm'} \tag{5.10}$$

が成り立つ必要がある.

(5.10) を満たす量子チャンネルの集合 $\{\mathcal{E}_m^A\}_{m=0}^{d'-1}$ が存在したとしよう. 共有するセパラブル状態の表式 (5.9) を用いて, (5.10) を $m \neq m'$ に対して書き下すと,

$$1 = \frac{1}{2}\left\|\sum_j p_j\big(\mathcal{E}_m^A(|\varphi_j\rangle\langle\varphi_j|^A) - \mathcal{E}_{m'}^A(|\varphi_j\rangle\langle\varphi_j|^A)\big) \otimes |\psi_j\rangle\langle\psi_j|^B\right\|_1 \tag{5.11}$$

$$\leq \frac{1}{2}\sum_j p_j\left\|\mathcal{E}_m^A(|\varphi_j\rangle\langle\varphi_j|^A) - \mathcal{E}_{m'}^A(|\varphi_j\rangle\langle\varphi_j|^A)\right\|_1 \tag{5.12}$$

$$\leq \frac{1}{2}\sum_j p_j\Big(\left\|\mathcal{E}_m^A(|\varphi_j\rangle\langle\varphi_j|^A)\right\|_1 + \left\|\mathcal{E}_{m'}^A(|\varphi_j\rangle\langle\varphi_j|^A)\right\|_1\Big) \tag{5.13}$$

$$= 1 \tag{5.14}$$

が成り立つことが分かるので,

$$\frac{1}{2}\sum_j p_j\left\|\mathcal{E}_m^A(|\varphi_j\rangle\langle\varphi_j|^A) - \mathcal{E}_{m'}^A(|\varphi_j\rangle\langle\varphi_j|^A)\right\|_1 = 1 \tag{5.15}$$

が成り立つ. 和に含まれるトレース・ノルムは三角不等式より必ず 2 以下で, なおかつ $\{p_j\}_j$ が確率分布なので, 少なくとも一つの j に対して

$$\frac{1}{2}\left\|\mathcal{E}_m^A(|\varphi_j\rangle\langle\varphi_j|^A) - \mathcal{E}_{m'}^A(|\varphi_j\rangle\langle\varphi_j|^A)\right\|_1 = 1 \tag{5.16}$$

が成立する. よって, その j については, $m \neq m'$ に対して

$$\frac{1}{2}\|\mathcal{E}_m^A(|\varphi_j\rangle\langle\varphi_j|^A) \otimes |\psi_j\rangle\langle\psi_j|^B - \mathcal{E}_{m'}^A|\varphi_j\rangle\langle\varphi_j|^A) \otimes |\psi_j\rangle\langle\psi_j|^B\|_1 = 1 \tag{5.17}$$

が成り立つ.

(5.17) は, Alice と Bob がセパラブル状態 ρ^{AB} を共有する代わりに, ある j に対する $|\varphi_j\rangle^A \otimes |\psi_j\rangle^B$ を Alice と Bob で共有していたとしても, Alice が送りたかった $(\log d')$-cbit の古典情報を Bob が得ることができることを意味する. しかし, $|\varphi_j\rangle^A \otimes |\psi_j\rangle^B$ は通信なしで生成可能であるため, 結局, 共有セパラブル状態と $(\log d)$-qubit の量子通信を用いて $(\log d')$-cbit の古典通信が達成である場合は, 量子状態を共有していない状況で $(\log d)$-qubit の量子通信を用いて $(\log d')$-cbit の古典通信を達成できることが分かる. 定理 5.1 より, それが可能である必要十分条件は, $d \geq d'$ である. □

一方で, $d \geq d'$ であれば定理 5.1 より, 共有したセパラブル状態を用いることなく, $(\log d)$-qubit の量子通信を $(\log d')$-cbit の古典通信に変換することができる.

■5.2.2 量子テレポーテーション

超高密度符号化で,「共有した 1-ebit」という静的なリソースと「1-qubit の量子通信」という動的なリソースの組み合わせによって, 非自明な古典通信を達成できることを見た. 一方で,「共有した ebit」という静的なリソースと「cbit の古典通信」という動的なリソースを組み合わせることで, 量子通信路を用いることなく量子状態を送信できる. そのプロトコルを量子テレポーテーション (*quantum teleportation*) と呼ぶ. 図 5.4 も参考にされたい.

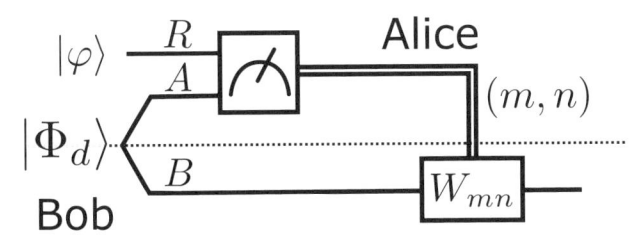

図 5.4 量子テレポーテーションのダイアグラム. 点線より上半分は Alice が持つ量子系を, 下半分は Bob が持つ量子系を表しており, 上から下への二重線は Alice が系 AR 上で行った測定の結果を Bob へと送る古典通信を表す. Alice は最大エンタングル状態からなる量子測定を行い, その測定結果を Bob に古典通信する. Bob は送られてきた古典情報に応じて, ユニタリ W_{mn} を作用させる.

定理 5.7（量子テレポーテーション[15]）　Alice と Bob が $(\log d)$-ebit を共有しているとき, Alice から Bob への $(2\log d)$-cbit の古典通信を行うことで, Alice から Bob への $(\log d)$-qubit の量子通信を達成できる. 具体的なプロトコルは以下で与えられる.

1) Alice と Bob が共有する $(\log d)$-ebit に対応する量子状態を $|\Phi_d\rangle^{AB}$ とする.

2) Alice は送りたい $(\log d)$-qubit の量子状態 $|\varphi\rangle^R$ を準備し, $|\varphi\rangle^R \otimes |\Phi_d\rangle^{AB}$ の部分系 AR を正規直交基底 $\{W_{mn}^A|\Phi_d\rangle^{AR}\}_{m,n=0}^{d-1}$ で測定する. ここで, $\{W_{mn} = X_d^m Z_d^n\}_{m,n=0}^{d-1}$ は, $|\Phi_d\rangle^{AB}$ の系 A での Schmidt 基底で定義された Heisenberg–Weyl 演算子であり, $|\Phi_d\rangle^{AR}$ は $|\Phi_d\rangle^{AB}$ と同じ Schmidt 基底を持つ系 AR 間の最大エンタングル状態である.

3) Alice は 2) の量子測定によって得られた結果 (m, n) を Bob に古典通信で送る. これは, $(2\log d)$-cbit の古典通信である.

4) Bob は自身が保持する系 B の量子状態に $\bar{W}_{mn}^B$ を作用させる. ここで, 複素共役は $|\Phi_d\rangle^{AB}$ の系 B の Schmidt 基底で取る.

量子テレポーテーションの証明では, 命題 3.21 で示した以下の二つの最大エンタングル状態の性質が重要になる. ヒルベルト空間の次元を $d = \dim \mathcal{H}^A = \dim \mathcal{H}^R$ とすると,

1) 任意の量子状態 $|\varphi\rangle^R$ に対して, $\sqrt{d}\langle\Phi_d|^{RA}|\varphi\rangle^R = \langle\bar{\varphi}|^A$,

2) 任意のユニタリ U に対して, $(U^A \otimes \bar{U}^B)|\Phi_d\rangle^{AB} = |\Phi_d\rangle^{AB}$,

が成り立つ. ここで, 複素共役 $\bullet$ は全て $|\Phi_d\rangle^{AB}$ の Schmidt 基底で取る.

証明（定理 5.7 の証明）　Alice の測定結果が (m, n) だったときに, 最終的に得られる量子状態 $|\tilde{\psi}\rangle^B$ は, 規格化を除いて

$$|\tilde{\psi}\rangle^B = \bar{W}_{mn}^B \left(\langle\Phi_d|^{AR} W_{mn}^A \right)\left(|\Phi_d\rangle^{AB} \otimes |\varphi\rangle^R\right) \tag{5.18}$$

$$= \langle\Phi_d|^{AR}|\varphi\rangle^R \left(W_{mn}^A \otimes \bar{W}_{mn}^B\right)|\Phi_d\rangle^{AB} \tag{5.19}$$

で与えられる. 上述の最大エンタングル状態の性質 1) を用いると $\langle\Phi_d|^{AR}|\varphi\rangle^R = \langle\bar{\varphi}|^A/\sqrt{d}$ であり, 性質 2) から $(W_{mn}^A \otimes \bar{W}_{mn}^B)|\Phi_d\rangle^{AB} = |\Phi_d\rangle^{AB}$ である. したがって,

$$|\tilde{\psi}\rangle^B = \frac{1}{\sqrt{d}} \langle \bar{\varphi}|^A |\Phi_d\rangle^{AB} \tag{5.20}$$

である. 再度最大エンタングル状態の性質 1) を用いると,

$$|\tilde{\psi}\rangle^B = \frac{1}{d} |\varphi\rangle^B \tag{5.21}$$

を得る. これを規格化することで, Bob が得る量子状態が $|\varphi\rangle$ であることが分かる.

また, $|\tilde{\psi}\rangle^B$ の規格化定数から量子テレポーテーションのステップ 2) での測定確率は, 測定の結果 (m,n) によらずに $1/d^2$ であることが分かる. つまり, 全ての測定結果が一様な確率分布で得られる. □

量子テレポーテーションは, 共有エンタングルメントの力を用いることで古典的な情報を送るだけで量子状態を送信できるという非自明な量子通信プロトコルである. このプロトコルでは, (m,n) という離散的な数を Bob に古典的に送信するだけで, 連続的な自由度を持つ量子状態 $|\varphi\rangle$ を Bob に送ることができており, 一見するとこの点も非自明に思えるかもしれない. しかし, この点は落ち着いて考えると, それほど強調すべきことではない. というのは, (m,n) が指定するのは Alice が行った量子測定の測定結果にすぎず, (m,n) は送りたい量子状態 $|\varphi\rangle$ とは無関係だからだ. もちろん, 量子状態に関する情報を何も送信しないにもかかわらず量子状態を送信できてしまうことは非自明だが, 離散量と連続量という点に着目することにはあまり意味はない.

また, 量子テレポーテーションのステップ 2) での測定結果 (m,n) が一様に $1/d^2$ の確率で得られ, 送りたい量子状態 $|\varphi\rangle$ に依存しないことにも大きな意味がある. 仮に, その測定確率が $|\varphi\rangle$ に依存して変化したとすると, 量子測定によって Alice が量子状態 $|\varphi\rangle$ の情報を少し得られることになる. しかし, 量子系においては, 量子状態の情報を少しでも得ると, バックアクションによって量子状態が破壊されてしまうため, Bob は送りたかった量子状態を得ることができない. この考察から, 測定確率が送りたい量子状態に依存しないことは, 量子通信に成功する必要条件であることが分かるだろう.

練習問題 60 量子テレポーテーションの例として $d=2$ の場合を考えて, 具体的なイメージを掴もう. この場合は, 1-ebit の共有エンタングルメントと 2-cbit のノイズレスな古典通信を用いて 1-qubit のノイズレスな量子通信を達成する. 最大エンタングル状態の集合

$$\left\{ |\Phi_\pm\rangle = \frac{|00\rangle \pm |11\rangle}{\sqrt{2}}, \quad |\Psi_\pm\rangle = \frac{|01\rangle \pm |10\rangle}{\sqrt{2}} \right\} \tag{5.22}$$

を導入しておこう. Alice と Bob の共有エンタングルメントが $|\Phi_+\rangle^{AB}$ の場合を考える. Alice は送りたい 1-qubit の量子状態 $|\varphi\rangle^R = \alpha|0\rangle^R + \beta|1\rangle^R$ を準備し, 系 AR を (5.22) の測定基底 $\{|\Phi_\pm\rangle^{AR}, |\Psi_\pm\rangle^{AR}\}$ で測定する. その測定結果を (5.22) の順に $00, 01, 10, 11$ とする. Alice は得られた 2-cbit の結果 $j_0 j_1$ を Bob に古典通信する. Bob はその 2-cbit に応じて, $X^{j_0} Z^{j_1}$ を系 B に作用する. このことで, 実際に量子状態 $|\varphi\rangle$ が系 B に実現することを, 直接的な計算で確かめよ.

仮に, 共有エンタングルメントなしで量子テレポーテーションのようなことを行うとどうなるだろうか. 例えば, Alice と Bob が任意の量の古典通信を行ってよいという状

況において，Alice は未知の量子状態を Bob に送ることができるだろうか．既に述べたとおり，このタスクを文字どおり達成できてしまうと純粋状態のクローンが可能になってしまうため，実行することはできない．しかし，古典通信だけを用いて量子状態を送信する際に，近似的に量子状態を送信できる可能性はある．

古典通信だけを用いた近似的な量子通信を詳しく調べるために，以下のプロトコルを考えよう．

1) Alice は送りたい量子状態 $|\varphi\rangle \in \mathcal{H}$ を，Haar 測度の意味で一様ランダムに選ぶ．ただし，$\dim \mathcal{H} = d$ とする．

2) Alice は $|\varphi\rangle$ に POVM 測定 $\{M_\phi\}_\phi$ を行い，ある確率で測定結果 ϕ を得る．測定結果は連続量でも構わない．

3) Alice は得られた測定結果 ϕ を，Bob に古典通信で送信する．送信する情報量に制限は加えない．

4) Bob は受信した古典情報 ϕ を元に量子状態 $|\phi\rangle$ を自身で生成する．

ここで，量子状態 $|\varphi\rangle$ を Haar 測度の意味で一様ランダムに選ぶという表現が出てきたが，直感的には d 次元の純粋状態を一つ，ランダムに選ぶと理解すればよい．厳密には，固定した量子状態 $|\varphi_0\rangle$ に対して，Haar ランダム・ユニタリ $U \sim \mathsf{H}$ を作用させることで得られる量子状態 $U|\varphi_0\rangle$ という意味である．Haar ランダム・ユニタリがユニタリ不変性を持つため，量子状態 $|\varphi_0\rangle$ の選び方には依存しないことに注意せよ．

このプロトコルを行った結果，Alice が送りたかった量子状態 $|\varphi\rangle$ と Bob が得る量子状態 $|\phi\rangle$ の間の忠実度の平均を F_{av} とする．Alice が測定結果 ϕ を得る確率は $\mathrm{Tr}[M_\phi|\varphi\rangle\langle\varphi|] = \langle\varphi|M_\phi|\varphi\rangle$ なので，送りたい量子状態 $|\varphi\rangle$ と Bob が生成する量子状態 $|\phi\rangle$ の忠実度を測定確率で平均を取ると，

$$\sum_\phi \langle\varphi|M_\phi|\varphi\rangle F\big(|\varphi\rangle\langle\varphi|, |\phi\rangle\langle\phi|\big) \tag{5.23}$$

となる．測定結果 ϕ が連続の場合は ϕ での和を積分に変える必要があるが，以下の議論に影響はないのでここでは和の表記で統一する．一様ランダムな量子状態 $|\varphi\rangle$ で平均を取ることで，平均忠実度が

$$F_{\mathrm{av}} = \mathbb{E}_{|\varphi\rangle \sim \mathsf{H}}\Big[\sum_\phi \langle\varphi|M_\phi|\varphi\rangle F\big(|\varphi\rangle\langle\varphi|, |\phi\rangle\langle\phi|\big)\Big] \tag{5.24}$$

で与えられることが分かる．

以下の命題は，この平均忠実度 F_{av} の最大値を与えるもので，しばしばテレポーテーションの古典限界と呼ばれる．

命題 5.8（テレポーテーションの古典限界）　上記のプロトコルで達成できる平均忠実度 F_{av} は，$F_{\mathrm{av}} \leq 2/(d+1)$ を満たす．

証明（命題 5.8 の証明）　平均忠実度 F_{av} を具体的に計算すればよい．まず簡単な式変形から

$$F_{\mathrm{av}} = \mathrm{Tr}\Big[\sum_\phi \Big(M_\phi \otimes |\phi\rangle\langle\phi|\Big)\mathbb{E}_{|\varphi\rangle \sim \mathsf{H}}\big[|\varphi\rangle\langle\varphi|^{\otimes 2}\big]\Big] \tag{5.25}$$

であることが分かる．ここで，命題 3.9 より，$\mathbb{E}_{\varphi \sim \mathsf{H}}\big[|\varphi\rangle\langle\varphi|^{\otimes 2}\big] = \pi_{\mathrm{sym}}$ である．ここで，π_{sym} は $\mathcal{H}^{\otimes 2}$ の対称部分空間への射影演算子 $\Pi_{\mathrm{sym}} = (\mathbb{I} + \mathbb{F})/2$ を規格化したものである．したがって，

$$F_{\mathrm{av}} = \mathrm{Tr}\Big[\sum_\phi \Big(M_\phi \otimes |\phi\rangle\langle\phi|\Big)\pi_{\mathrm{sym}}\Big] \tag{5.26}$$

$$= \sum_\phi \mathrm{Tr}\Big[\sqrt{\pi_{\mathrm{sym}}}\Big(M_\phi \otimes |\phi\rangle\langle\phi|\Big)\sqrt{\pi_{\mathrm{sym}}}\Big] \tag{5.27}$$

$$= \sum_\phi \Big\|\sqrt{\pi_{\mathrm{sym}}}\Big(M_\phi \otimes |\phi\rangle\langle\phi|\Big)\sqrt{\pi_{\mathrm{sym}}}\Big\|_1 \tag{5.28}$$

が成り立つ．最後の式は $\sqrt{\pi_{\mathrm{sym}}}(M_\phi \otimes |\phi\rangle\langle\phi|)\sqrt{\pi_{\mathrm{sym}}} \geq 0$ から従う．

ここで Hölder の不等式（命題 3.2 を参照のこと）を二回用いて少し整理すると，

$$F_{\mathrm{av}} \leq \sum_\phi \big\|M_\phi \otimes |\phi\rangle\langle\phi|\big\|_1 \big\|\pi_{\mathrm{sym}}\big\|_\infty \tag{5.29}$$

$$= \frac{2}{d(d+1)}\sum_\phi \mathrm{Tr}[M_\phi] \tag{5.30}$$

$$= \frac{2}{d(d+1)}\mathrm{Tr}[I] \tag{5.31}$$

$$= \frac{2}{d+1} \tag{5.32}$$

が得られる．一つ目の等式では $\|M_\phi \otimes |\phi\rangle\langle\phi|\|_1 = \|M_\phi\|_1\||\phi\rangle\langle\phi|\|_1 = \|M_\phi\|_1 = \mathrm{Tr}[M_\phi]$ と，$\|\pi_{\mathrm{sym}}\|_\infty = 2/d(d+1)$ を用いた．二つ目の等式では $\{M_\phi\}_\phi$ が POVM であるため，$\sum_\phi M_\phi = I$ が成り立つことを使った．　　　　　　　　　　　　□

命題 5.8 から，Alice がエンタングルメントを用いずに古典通信だけで (log d)-qubit の量子状態を送信しようとすると，その平均忠実度は $2/(d+1)$ を超えないことが分かる．1-qubit の場合は 2/3 であり，d が大きければ 0 に近づく．したがって，直観的に予想されたとおり，共有エンタングルメントを用いずに古典通信だけで送りたい量子状態を精度よく送ることは不可能である．

練習問題 61　Alice と Bob がセパラブル状態を共有していたとしても，古典通信だけでは確実に量子状態を送ることはできないこと，つまり，セパラブル状態を用いた量子テレポーテーションは達成不可能であることを示せ．

5.3　ノイズレスな通信プロトコルの完全な特徴付け

「ノイズレスな古典通信」，「ノイズレスな量子通信」，「共有エンタングルメント」という三つの通信リソースに着目し，発見法的にいくつかのプロトコルを説明してきた．中

でも重要なものは，エンタングルメント配布，超高密度符号化，量子テレポーテーションの三つのプロトコルである．では，他にも非自明なプロトコルは存在するだろうか．実は，ここまでの議論を元に，(qubit, cbit, ebit) の三つのリソースに着目する限りは，その三つのプロトコル以外には非自明な通信プロトコルは存在しないことを証明できる．そのため，「エンタングルメント配布」，「超高密度符号化」，「量子テレポーテーション」の三つのプロトコルを，**量子通信のユニット・プロトコル**（*unit protocols of quantum communication*）と呼ぶ．

以下では，具体的に．それらの三つのリソースの変換を達成する任意のプロトコルは，必ず「エンタングルメント配布」，「超高密度符号化」，「量子テレポーテーション」とリソースの廃棄の繰り返しで実現できることを示そう．Alice と Bob が q_0-qubit の量子通信と c_0-cbit の古典通信を行うことができ，e_0-ebit のエンタングルメントを共有している状況を考える．この初期リソースを $R_0 = (q_0, c_0, e_0)$ と表し，初期リソース R_0 からリソース $R = (q, c, e)$ への変換を達成できる通信プロトコルが存在するとき，

$$R_0 = (q_0, c_0, e_0) \to R = (q, c, e) \tag{5.33}$$

と書くことにする．この表記を用いて，初期リソース R_0 からの変換が可能なリソースの集合を

$$\mathcal{R}(R_0) := \{R = (q, c, e) : R_0 \to R\} \tag{5.34}$$

と定義する．一つのリソース $R = (q, c, e)$ は三つの正の実数で表されるため，$\mathcal{R}(R_0)$ は三次元ユークリッド空間上の領域を指定するものである．この領域 $\mathcal{R}(R_0)$ を特徴付けることが本節の目的である．

定理 5.9 初期条件 $R_0 = (q_0, c_0, e_0)$ からリソース変換が可能な領域 $\mathcal{R}(R_0)$ は，

$$0 \le c,\ q,\ e \tag{5.35}$$

$$q + c + e \le q_0 + c_0 + e_0 \tag{5.36}$$

$$c + 2q \le c_0 + 2q_0 \tag{5.37}$$

$$q + e \le q_0 + e_0 \tag{5.38}$$

の六つの不等式で特徴付けられる．また，この領域に含まれる任意の点 $R = (q, c, e)$ は，初期リソース R_0 を用いて，エンタングルメント配布・超高密度符号化・量子テレポーテーション・リソースの廃棄の四つの操作を繰り返すことで到達できる．

証明（定理 5.9 の証明）　六つの不等式の初めの三つ，つまり，(5.35) は，リソースが非負であることから自明に従う．以下では，$c, q, e \ge 0$ とする．また，定理 5.1，定理 5.3，定理 5.4 は，(q, c, e) の言葉を用いて

$$(q, 0, 0) \to (0, c, 0) \Leftrightarrow q \ge c \tag{5.39}$$

$$(0, c, e) \to (0, 0, e') \Leftrightarrow e \ge e' \tag{5.40}$$

$$(0, c, e) \to (0, c', 0) \Leftrightarrow c \ge c' \tag{5.41}$$

と表現できる.

さて，あるリソース変換プロトコル P が存在し，

$$(q_0, c_0, e_0) \to (q, c, e) \tag{5.42}$$

が達成できたとしよう．このプロトコル P とユニット・プロトコルを組み合わせることで，

$$(q_0 + q + 2c_0 + e_0 + e, 0, 0) \to (q_0 + c_0 + e, 0, q + c_0 + e_0) \tag{5.43}$$
$$\to (q_0 + e, 2c_0, q + e_0) \tag{5.44}$$
$$\to (q + e, c + c_0, q + e) \tag{5.45}$$
$$\to (0, 2q + c + c_0 + 2e, 0) \tag{5.46}$$

を達成できる．ここで，一つ目のリソース変換はエンタングルメント配布で，二つ目と最後は超高密度符号化，三つ目はプロトコル P によるものである．この変換の初めと最後だけに注目すると，量子通信で古典通信を達成するものになっている．この操作を実現する通信プロトコルが存在する必要十分条件は，(5.39) より，

$$q_0 + q + 2c_0 + e_0 + e \geq 2q + c + c_0 + 2e \tag{5.47}$$

である．これを整理することで (5.36) を得る.

また，プロトコル P とユニット・プロトコルを異なる形で組み合わせると，

$$(0, c_0 + 2q_0, q_0 + q + e_0) \to (q_0, c_0, q + e_0) \tag{5.48}$$
$$\to (q, c, q + e) \tag{5.49}$$
$$\to (0, c + 2q, e) \tag{5.50}$$
$$\to (0, c + 2q, 0) \tag{5.51}$$

を得る．一つ目の変換は量子テレポーテーション，二つ目はプロトコル P，三つ目は超高密度符号化，最後は共有エンタングルメントの廃棄によって達成できる．(5.41) より，この変換が可能である必要十分条件は，

$$c_0 + 2q_0 \geq c + 2q \tag{5.52}$$

である．これは (5.37) に他ならない.

最後に，以下の組み合わせを考える．量子テレポーテーション，プロトコル P，エンタングルメント配布，古典通信リソースの廃棄を行うことで，

$$(0, c_0 + 2q_0, q_0 + e_0) \to (q_0, c_0, e_0) \tag{5.53}$$
$$\to (q, c, e) \tag{5.54}$$
$$\to (0, c, q + e) \tag{5.55}$$
$$\to (0, 0, q + e) \tag{5.56}$$

が達成できることが分かる. (5.40) より, この変換が可能である必要十分条件は,

$$q_0 + e_0 \geq q + e \tag{5.57}$$

である. これは (5.38) に他ならない.

最後に, (5.35) から (5.38) の不等号に囲まれた領域であれば, 必ず三つのユニット・プロトコルとリソースの廃棄を行うことで初期のリソース $R_0 = (q_0, c_0, e_0)$ からリソース変換可能であることを示そう. まず, エンタングルメント配布, 超高密度符号化, 量子テレポーテーションを用いることで, 初期リソース (q_0, c_0, e_0) を起点として, ベクトル $(-1, 0, 1)$, $(-1, 2, -1)$, $(1, -2, -1)$ の方向へはリソース変換できる. さらに, それら三つのベクトルの非負の係数の線形結合で表される変換

$$(q_0, c_0, e_0) \rightarrow (q_0, c_0, e_0) + e(-1, 0, 1) + c(-1, 2, -1) + q(1, -2, -1) \tag{5.58}$$

も達成できる. また, 各リソースの廃棄で $(-1, 0, 0)$, $(0, -1, 0)$, $(0, 0, -1)$ という変換は実現できる. それらの操作で初期リソース (q_0, c_0, e_0) から変換可能な領域が, (5.35) から (5.38) の不等号に囲まれた領域と一致することは, 簡単な計算で確かめられる. □

定理 5.9 より, ある通信リソース $R_0 = (q_0, c_0, e_0)$ から始めて到達可能な通信リソースは, 図 5.5 のような六面体の形で表されることが分かる. 繰り返しになるが, この領域内の任意の点へは三つのユニット・プロトコルの組み合わせとリソース廃棄によって変換することができ, この領域に含まれない点へは, どのようなプロトコルを用いたとしても到達できない.

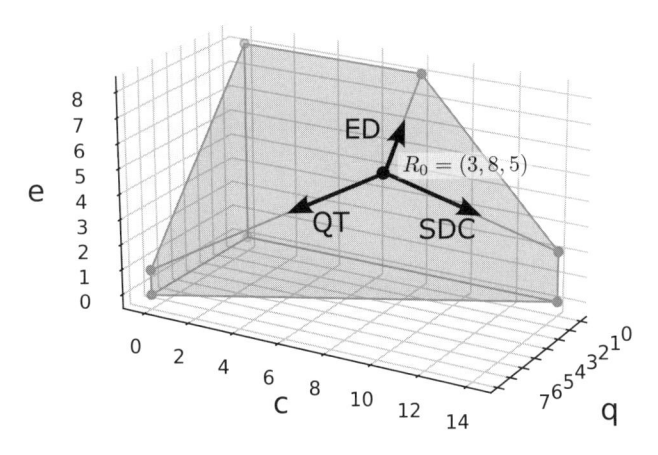

図 5.5　初期リソース $R_0 = (q_0 = 3, c_0 = 8, e_0 = 5)$ から始めて, ノイズレスな通信プロトコルで達成可能なリソース領域. 黒の領域の範囲内にある点へのリソース変換は常に可能であり, 領域の外にある点へのリソース変換は不可能である. ED はエンタングルメント配布を, SDC は超高密度符号を, QT は量子テレポーテーションを表す. この図を見ると, 三つのユニット・プロトコルが特殊であることが一目瞭然だろう.

　この図から，エンタングルメント配布，超高密度符号化，量子テレポーテーションの三つの通信プロトコルが特別であることは一目瞭然である．その三つは，六面体の非自明な三つの辺に沿った変換を達成するプロトコルであるからだ．このことは，それら三つが他のプロトコルのいかなる組み合わせを用いても実現できない最も根本的なプロトコルであることを意味している．

　また，定理 5.9 は，超高密度符号化や量子テレポーテーションが，各々の目標を達成するために最適なプロトコルであることも意味する．例えば，超高密度符号化を用いると，$(\log d)$-qubit の量子通信と $(\log d)$-ebit の共有エンタングルメントで $(2\log d)$-cbit の古典通信を達成できるが，それを超える古典通信を達成することはいかなるプロトコルを用いてもできない．量子テレポーテーションにおいても同様である．

6

エントロピー

　情報処理を考えるときに最も重要な量がエントロピーであり，情報理論の発展の歴史はエントロピーの理解の深化と共にある．同様のことは量子情報理論でも成り立ち，前章で議論した量子通信プロトコルを様々な量子情報処理へと発展させる際には，量子エントロピーが重要な役割を果たす．本章では，エントロピーの基本を説明しよう．やや天下り的に定義を与えることが増えるが，エントロピーが実際の解析でどのように用いられるかは次章以降で明らかになる．

　本章はどうしてもテクニカルな内容が多くなる．本章で用いる解析手法等は研究を行う上では重要ではあるものの，初学者はまずは流し読みして，のちに必要になった際に精読してもよいかもしれない．

6.1　古典系でのエントロピー

　エントロピーの前提となる概念が，確率変数（*random variable*）である．例えば，サイコロを投げたとき，確率 1/6 で $1,\ldots,6$ のいずれかの数字が得られる．これは，各事象 $1,\ldots,6$ の各々に確率 1/6 を対応させるものと見ることができ，そのように確率が付随する変数を確率変数と呼び，大文字のアルファベットを用いて X 等と表現する．サイコロの例では，取る値全ての集合 $\mathcal{X}_{\text{dice}} = \{1,\ldots,6\}$ を全事象もしくは標本空間と呼び，各数に対応する確率は全ての事象 $x \in \mathcal{X}_{\text{dice}}$ に対して $P(X_{\text{dice}} = x) = 1/6$ である．この例ではサイコロの目をそのまま確率変数が取る値とみなせるが，事象が数字ではない場合には各々の事象に数字を割り振ることで確率変数を定める．例えば，コイントスの場合は全事象は $\mathcal{X}_{\text{coin}} = \{\text{表},\text{裏}\}$ であるが，表に対して 0 を，裏に対して 1 を対応させることで確率変数 X_{coin} が定まり，$P(X_{\text{coin}} = 0) = P(X_{\text{coin}} = 1) = 1/2$ となる．他にも，サイコロの目が偶奇に興味がある場合は，$\mathcal{X}_{\text{even/odd}} = \{\text{偶},\text{奇}\}$ とおいてコイントスの場合と同様に各々に 0 と 1 を割り当てれば確率変数 $X_{\text{e/o}}$ となり，$P(X_{\text{e/o}} = 0) = P(X_{\text{e/o}} = 1) = 1/2$ となる．

　これらの例から分かるとおり，確率変数 X は全事象 $\mathcal{X}$ に実数 $\mathbb{R}$ を割り当てる関数であり [1]，割り当てられた数に対して確率分布 $P(X)$ が定まる．本書ではしばしば，確率変数

---

[1]　実際には確率変数の値域は実数 $\mathbb{R}$ である必要はなくより拡張できる．実際，本書で既に用いている Haar ランダム・ユニタリはユニタリ行列に値を持つ確率変数である．ただし，本書では確率変

X が x という値を取る確率 $P(X = x)$ を $P_X(x)$ と表記する. 情報理論においては全事象をアルファベット (*alphabet*) と呼ぶことがあり, 本書でもその表現を用いることがある. 確率変数 X に対しては自然と期待値 $\mathbb{E}[X]$ や分散 $\mathbb{V}[X] = \mathbb{E}[(X - \mathbb{E}[X])^2]$ が定まり, 離散的な値を取る確率変数の場合はそれぞれ, $\mathbb{E}[X] = \sum_x x P_X(x)$, $\mathbb{V}[X] = \sum_x (x - \mathbb{E}[X])^2 P_X(x)$ である. 本書では離散的な値を取る確率変数を考えることが多いため, 特に断らない場合は離散確率変数のみを考える. ただし, ほとんどの場合は連続確率変数へと自然に拡張できることには留意されたい.

確率変数の組 (X, Y) が与えられたとき, その変数を同時確率変数と呼ぶ. 同時確率変数に付随する確率分布は同時確率分布で与えられ, $P_{X,Y}(x, y) := P(X = x, Y = y)$ である. また, 同時確率分布の一つの確率変数に対する和を取ることで, 周辺確率分布 (*marginal probability distribution*) が得られる. 具体的には, 同時確率分布 $\{P_{X,Y}(x, y)\}_{(x,y)}$ に対して

$$P_X(x) = \sum_y P_{X,Y}(x, y), \quad P_Y(y) = \sum_x P_{X,Y}(x, y) \tag{6.1}$$

が確率変数 X と確率変数 Y の周辺確率分布である.

最後に, 同時確率変数 (X, Y) に対して, 片方の確率変数で条件付けられた確率分布を条件付き確率分布と呼ぶ. 例えば, $Y = y$ だった場合の X の確率分布は

$$P(X|Y = y) = \{P(X = x|Y = y)\}_x \tag{6.2}$$

である. ただし, $P(X = x|Y = y) = P_{X,Y}(x, y)/P_Y(y)$ である.

これらの確率変数を用いて, 古典系での様々なエントロピーが定義される. 以下では, $\log = \log_2$ であることに注意されたい.

定義 6.1 (*Shannon* エントロピーと二値エントロピー) 確率変数 X が与えられたとき,

$$H(X) := -\sum_x P_X(x) \log P_X(x) \tag{6.3}$$

を Shannon エントロピーと呼ぶ. ここで $0 \log 0 := \lim_{\epsilon \to 0} \epsilon \log \epsilon = 0$ とする. 確率変数が明示されずに確率分布 $\{p_j\}_j$ だけが与えられたときに, 対応する Shannon エントロピーを $H(\{p_j\}_j)$ と書くこともある. 確率変数 X が二値 $\{x_0, x_1\}$ からなる場合の Shannon エントロピーを二値エントロピーと呼び, $p = P_X(x_0)$ として $h(X) := -p \log p - (1-p) \log(1-p)$ で与えられる.

定義 6.2 (同時エントロピーと条件付きエントロピー) 同時確率変数 (X, Y) に対する Shannon エントロピー $H(X, Y) := -\sum_{x,y} P_{X,Y}(x, y) \log P_{X,Y}(x, y)$ を同時エントロピー (*joint entropy*) と呼ぶ. また, 確率変数 Y が y だったときの条件付き確率に対するエントロピーを

$$H(X|Y = y) := -\sum_x P(X = x|Y = y) \log P(X = x|Y = y) \tag{6.4}$$

数に関する深い理解は必要ないので, ここでは分かりやすさを優先した説明にとどめておく.

と表記す条件付き確率のエントロピーを事象 y が起こる確率で平均を取った量 $H(X|Y)$ を条件付きエントロピー（*conditional entropy*）と呼び，具体的には以下の式で与えられる．

$$H(X|Y) := \sum_y P_Y(y)H(X|Y=y) \tag{6.5}$$

練習問題 62 条件付きエントロピーが，エントロピーと同時エントロピーを用いて $H(X|Y) = H(X,Y) - H(Y)$ と表せることを示せ.

エントロピー $H(X)$ は，確率変数 X が持つ不確定性とみなすことができる．例えば，確率変数 X が実際には確率的ではなく，確率 1 で固定された記号 x_0 を出力する変数だった場合，そのエントロピーは 0 になる．一方で，以下で示すとおり，確率変数が一様分布に従うときに，エントロピーは最大の値を取る．エントロピーを不確定性の指標とみなすと，条件付きエントロピー $H(X|Y)$ は，確率変数 Y の値を知っていた際に確率変数 X がどの程度不確定であるかを示す指標とみなすことができる.

同時確率変数に関係するもう一つの重要な量が**相互情報量**（*mutual information*）である.

定義 6.3（相互情報量） 同時確率変数 (X,Y) に対して，相互情報量を

$$I(X:Y) := \sum_{x,y} P_{X,Y}(x,y) \log \frac{P_{X,Y}(x,y)}{P_X(x)P_Y(y)} \tag{6.6}$$

と定義する.

練習問題 63 $I(X:Y) = H(X) + H(Y) - H(X,Y)$ を示せ．また，$I(X:Y) = H(X) - H(X|Y) = H(Y) - H(Y|X)$ を示せ.

これらの種々のエントロピーは，二つの確率分布に対する**相対エントロピー**（*relative entropy*）を導入すると，統一的に理解できる.

定義 6.4（相対エントロピー） 確率分布 $P = \{P_x\}_x$ と $Q = \{Q_x\}_x$ に対して，相対エントロピーを

$$D(P\|Q) := \begin{cases} \sum_x P(x) \log \frac{P(x)}{Q(x)} & \mathrm{supp}[P] \subseteq \mathrm{supp}[Q] \text{ の場合} \\ \infty & \text{それ以外の場合} \end{cases} \tag{6.7}$$

と定義する．ここで，$\mathrm{supp}[P] = \{x | P(x) \neq 0\}$ である.

練習問題 64 相対エントロピーは $D(P\|Q) \geq 0$ で，$P = Q$ の場合のみ等号が成立することを示せ．$\log x \ln 2 \leq x - 1 \ (x \geq 0)$ を用いるとよい.

相対エントロピーは $P = Q$ の場合には 0 になるため，二つの確率分布がどれくらい離れているかの指標を与えると解釈することもできる．ただし，確率変数の入れ替えに対しては対称ではなく，$D(P\|Q) \neq D(Q\|P)$ であるため，数学的な意味での距離にはなっていない.

練習問題 65 以下を示せ.

1) 確率変数 X の確率分布を $P_X = \{P_X(x_j)\}_{j=0,\ldots,|X|-1}$ とする. ここで, $|X|$ は確率変数 X が取りうる値の個数である. また, Unif_X を確率変数 X の値域上の一様分布 $(1/|X|,\ldots,1/|X|)$ とすると, $H(X) = \log|X| - D(P_X \| \mathrm{Unif}_X)$.

2) 同時確率変数 (X,Y) に対して, 同時確率分布を $P_{X,Y}$, その周辺確率分布を P_X と P_Y とすると, $I(X:Y) = D(P_{X,Y} \| P_X P_Y)$.

練習問題 65 は, エントロピーや相互情報量を直観的に理解するためのヒントを与えている. 特に, 相互情報量は, 同時確率分布が周辺確率分布の積分布からどれくらい離れているかを表す指標であることが分かる. 積分布は二つの確率変数に相関がない確率分布なので, この事実から, 相互情報量は二つの確率変数 X と Y の相関の指標を与えると解釈してもよい.

以下の命題は, 古典エントロピーの基本的な性質を与える. どれも証明は難しくないので, 興味がある読者は各性質を示してみてほしい.

命題 6.5 Shannon エントロピー, 条件付きエントロピー, 相互情報量は以下を満たす.

1) $0 \le H(X) \le \log|X|$. ただし, $|X|$ は確率変数 X が取りうる値の個数である. 等号成立条件は「$H(X) = 0 \Leftrightarrow$ 確率 1 で起こる事象がある」と, 「$H(X) = \log|X| \Leftrightarrow P_X = \mathrm{Unif}_X$」で与えられる.

2) エントロピーは凹関数である. つまり, 任意の $0 \le p \le 1$ と確率分布 P_X, Q_X に対して

$$H(pP_X + (1-p)Q_X) \ge pH(P_X) + (1-p)H(Q_X) \tag{6.8}$$

が成り立つ. ここで, 左辺の $pP_X + (1-p)Q_X$ は, x を得る確率が $pP_X(x) + (1-p)Q_X(x)$ で与えられる確率分布である.

3) $H(X,Y) \le H(X) + H(Y)$.

4) $0 \le H(X|Y) \le H(X)$.

5) $0 \le I(X:Y)$.

6.2 量子系でのエントロピー

確率変数に対する Shannon エントロピーを量子状態へと拡張することで, 量子系でのエントロピーが定義される. 以下では, 古典と量子を明示的に区別したい場合は量子エントロピー等と表現するが, 語弊がない場合は量子エントロピーも単にエントロピーと呼ぶ.

■6.2.1 種々の量子エントロピー

量子系で最も基本的なエントロピーは, *von Neumann* エントロピー (*von Neumann entropy*) である.

定義 6.6 (*von Neumann* エントロピー)　量子状態 $\rho^A \in \mathcal{S}(\mathcal{H}^A)$ に対する実数値関数 $H(A)_\rho := -\mathrm{Tr}[\rho^A \log \rho^A]$ を von Neumann エントロピーという.

　本書では, 量子状態が定義されている系とエントロピーを考える系が異なる場合, 縮約密度演算子に対するエントロピーを意味すると約束する. 例えば, $\rho^{ABC} \in \mathcal{S}(\mathcal{H}^{ABC})$ に対する $H(A)_\rho$ を, 縮約密度演算子 $\rho^A = \mathrm{Tr}_{B,C}[\rho^{ABC}]$ の von Neumann エントロピーで定義する. また, 系を明記する必要がない場合には, $H(\rho) = -\mathrm{Tr}[\rho \log \rho]$ という表記も用いる.

練習問題 66　量子状態 ρ^A を $\sum_j \lambda_j |\lambda_j\rangle\langle\lambda_j|^A$ と対角化すると, von Neumann エントロピーは $H(A)_\rho = -\sum_j \lambda_j \log \lambda_j$ と表せることを示せ. この意味で, von Neumann エントロピーは Shannon エントロピーの量子系への一般化とみなせる.

　量子系においても, 条件付き量子エントロピー (*conditional quantum entropy*) と量子相互情報量 (*quantum mutual information*) を導入できる. 古典系の場合は条件付き確率等を用いて自然に導入できたが, 量子系ではそれらに自然に対応するものがないため, 練習問題 62 や練習問題 63 に従って, 形式的に量子系へと拡張しよう.

定義 6.7 (条件付き量子エントロピー)　量子状態 $\rho^{AB} \in \mathcal{S}(\mathcal{H}^{AB})$ に対する実数値関数 $H(A|B)_\rho := H(AB)_\rho - H(B)_\rho$ を条件付き量子エントロピー $H(A|B)_\rho$ という.

定義 6.8 (量子相互情報量)　複合系の量子状態 $\rho^{AB} \in \mathcal{S}(\mathcal{H}^{AB})$ に対する実数値関数 $I(A:B)_\rho = H(A)_\rho + H(B)_\rho - H(AB)_\rho$ を量子相互情報量という.

　量子エントロピーを議論する際には, 一次元ヒルベルト空間 $\mathbb{C}$ に対応する自明な量子系 (*trivial quantum systems*) を導入すると便利なことがある. 純粋状態が単位ベクトルから全体位相の自由度を除いたもので与えられることを思い出すと, 自明な量子系の純粋状態は実数値 1 にすぎず, 物理的には存在しないものと思ってよい. しかし, 例えば von Neumann エントロピー $H(A)_\rho$ は, 系 B が自明な量子系であるときの条件付き量子エントロピー $H(A|B)_\rho$ とみなせるので, 表記上の都合で自明な量子系を導入することがある.

　古典系においては, エントロピーを統一的に理解する手段として相対エントロピーが有用だった. その相対エントロピーも, 量子系へと拡張できる. 後々の便利のために, 量子系での相対エントロピーを量子状態だけでなく半正定値行列に対して定義しておく. 以下では, ヒルベルト空間 $\mathcal{H}$ 上の半正定値行列全ての集合を $\mathcal{B}_{\geq 0}(\mathcal{H})$ と書く.

定義 6.9 (量子相対エントロピー)　半正定値行列 $\rho \in \mathcal{B}_{\geq 0}(\mathcal{H})$ と $\sigma \in \mathcal{B}_{\geq 0}(\mathcal{H})$ に対する実数値関数

$$D(\rho\|\sigma) := \begin{cases} \mathrm{Tr}[\rho \log \rho] - \mathrm{Tr}[\rho \log \sigma] & \mathrm{supp}[\rho] \subseteq \mathrm{supp}[\sigma] \text{ の場合} \\ \infty & \text{それ以外} \end{cases} \tag{6.9}$$

を相対エントロピー $D(\rho\|\sigma)$ という．ここで，$\mathrm{supp}[\rho]$ は ρ のサポート，つまり，ρ の非ゼロの固有値に対応する固有状態で張られる部分空間を表す．

■6.2.2　量子エントロピーの性質

このように，半ば形式的に種々のエントロピーを量子系へと拡張することができる．それらの性質を考察する第一歩として，まず量子相対エントロピーが満たす性質を示す．

命題 6.10（量子相対エントロピーの基本的な性質）　量子相対エントロピーは以下を満たす．

1) ゼロ行列ではない任意の半正定値行列 $\rho\in\mathcal{B}_{\geq 0}(\mathcal{H})$ と $\sigma\in\mathcal{B}_{\geq 0}(\mathcal{H})$ に対して，

$$D(\rho\|\sigma)\geq\log\Bigl(\frac{\mathrm{Tr}[\rho]}{\mathrm{Tr}[\sigma]}\Bigr)\tag{6.10}$$

が成り立つ．等号成立の必要十分条件は $\rho\propto\sigma$ である．特に，任意の量子状態 $\rho,\sigma\in\mathcal{S}(\mathcal{H})$ に対して，Klein の不等式 $D(\rho\|\sigma)\geq 0$ が成り立つ．等号成立の必要十分条件は $\rho=\sigma$ である．

2) 任意のアイソメトリ V と $\rho\in\mathcal{B}_{\geq 0}(\mathcal{H})$ に対して，$D(V\rho V^{\dagger}\|V\sigma V^{\dagger})=D(\rho\|\sigma)$ が成立する．

3) 任意の $\rho_1,\rho_2,\sigma_1,\sigma_2\in\mathcal{B}_{\geq 0}(\mathcal{H})$ に対して，$D(\rho_1\otimes\rho_2\|\sigma_1\otimes\sigma_2)=D(\rho_1\|\sigma_1)+D(\rho_2\|\sigma_2)$ が成り立つ．

証明　性質 2) と 3) は定義に忠実に計算すれば示せる．

性質 1) を示すために，まず，ρ と σ が量子状態の場合を考えよう．$\rho=\sum_j\rho_j|\rho_j\rangle\langle\rho_j|$，$\sigma=\sum_k\sigma_k|\sigma_k\rangle\langle\sigma_k|$ と対角化すると，相対エントロピーは

$$D(\rho\|\sigma)=\sum_j\rho_j\Bigl(\log\rho_j-\sum_k|\langle\rho_j|\sigma_k\rangle|^2\log\sigma_k\Bigr)\tag{6.11}$$

$$\geq\sum_j\rho_j\Bigl(\log\rho_j-\log\bigl[\sum_k|\langle\rho_j|\sigma_k\rangle|^2\sigma_k\bigr]\Bigr)\tag{6.12}$$

と書ける．最後の不等式は，$\{|\langle\rho_j|\sigma_k\rangle|^2\}_k$ が確率分布になっていることと $\log$ 関数の凹性から得られる．ここで，$p_j:=\sum_k|\langle\rho_j|\sigma_k\rangle|^2\sigma_k$ とすると，$0\leq p_j\leq 1$ と $\sum_j p_j=1$ が成り立つので，$\{p_j\}_j$ は確率分布である．つまり，

$$D(\rho\|\sigma)\geq\sum_j\rho_j\bigl(\log\rho_j-\log p_j\bigr)\tag{6.13}$$

$$=D\bigl(\{\rho_j\}_j\|\{p_j\}_j\bigr)\tag{6.14}$$

が得られる．最後の相対エントロピーは確率分布間の相対エントロピーなので，非負である．ρ と σ が半正定値行列の場合は，各々の行列を規格化してから量子相対エントロピーの非負性を用いることで望みの不等式が得られる．

等号成立の必要十分条件を求めよう．$\log$ 関数の凹性での等号成立条件から，ρ の固有状態と σ の固有状態が集合として一致することが分かる．このことは，置換 $\pi\in\mathfrak{S}$ を用

いて $|\sigma_k\rangle = |\rho_{\pi(j)}\rangle$ と書けることを意味する. このとき, $p_j = \sigma_{\pi(j)}$ である. さらに, 確率分布の相対エントロピーがゼロになることと全ての j に対して $\rho_j = p_j$ が成立することは同値であるため, $\rho_j = p_{\pi(j)}$ となる. したがって, 等号成立の必要十分条件は

$$\sigma = \sum_k \sigma_k |\sigma_k\rangle\langle\sigma_k| = \sum_j \sigma_{\pi(j)} |\sigma_{\pi(j)}\rangle\langle\sigma_{\pi(j)}| = \sum_j \rho_j |\rho_j\rangle\langle\rho_j| = \rho \tag{6.15}$$

である. □

以下の定理は, 量子相対エントロピーが持つ最も重要な性質を与える. 証明するのは容易ではなく, 様々な数学的準備が必要となるため, 本書では証明なしで認めることにする. 証明に興味のある読者は文献[3] などを参照されたい.

定理 6.11 (量子相対エントロピーのデータ処理不等式) 任意の量子チャンネル $\mathcal{T}^{A\to B}$ と $\rho^A, \sigma^A \in \mathcal{B}_{\geq 0}(\mathcal{H}^A)$ に対して

$$D\left(\mathcal{T}^{A\to B}(\rho^A) \,\|\, \mathcal{T}^{A\to B}(\sigma^A)\right) \leq D\left(\rho^A \,\|\, \sigma^A\right) \tag{6.16}$$

が成り立つ. 等号成立の必要十分条件は,

$$\mathcal{R}^{B\to A} \circ \mathcal{T}^{A\to B}(\rho^A) = \rho^A, \quad \mathcal{R}^{B\to A} \circ \mathcal{T}^{A\to B}(\sigma^A) = \sigma^A \tag{6.17}$$

を満たす量子チャンネル $\mathcal{R}^{B\to A}$ が存在することである.

データ処理不等式は性質のよい尺度が持つべき性質なので, 定理 6.11 は量子相対エントロピーの素性のよさを示唆している.

定理 6.11 から直ちに従う主張が, 以下の量子相対エントロピーの結合凸性である.

系 6.12 (量子相対エントロピーの結合凸性) 量子相対エントロピーは結合凸関数である. つまり, 任意の $0 \leq p \leq 1$ と $\rho_1, \rho_2, \sigma_1, \sigma_2 \in \mathcal{B}_{\geq 0}(\mathcal{H})$ に対して,

$$D\left(p\rho_1 + (1-p)\rho_2 \,\|\, p\sigma_1 + (1-p)\sigma_2\right) \leq pD(\rho_1\|\sigma_1) + (1-p)D(\rho_2\|\sigma_2) \tag{6.18}$$

を満たす.

証明 半正定値行列 $\rho \in \mathcal{B}_{\geq 0}(\mathcal{H}\otimes\mathbb{C}^2)$ と $\sigma \in \mathcal{B}_{\geq 0}(\mathcal{H}\otimes\mathbb{C}^2)$ を

$$\rho = \begin{pmatrix} p\rho_1 & 0 \\ 0 & (1-p)\rho_2 \end{pmatrix}, \quad \sigma = \begin{pmatrix} p\sigma_1 & 0 \\ 0 & (1-p)\sigma_2 \end{pmatrix} \tag{6.19}$$

と定義する. これらの間の量子相対エントロピー $D(\rho\|\sigma)$ を直接計算すると,

$$D(\rho\|\sigma) = pD(\rho_1\|\sigma_1) + (1-p)D(\rho_2\|\sigma_2) \tag{6.20}$$

を得る.

一方で, $\rho \in \mathcal{B}_{\geq 0}(\mathcal{H}\otimes\mathbb{C}^2)$ と $\sigma \in \mathcal{B}_{\geq 0}(\mathcal{H}\otimes\mathbb{C}^2)$ の二つ目のヒルベルト空間である $\mathbb{C}^2$ 上の部分トレースを取ることで,

$$\mathrm{Tr}_{\mathbb{C}^2}[\rho] = p\rho_1 + (1-p)\rho_2, \ \ \mathrm{Tr}_{\mathbb{C}^2}[\sigma] = p\sigma_1 + (1-p)\sigma_2 \tag{6.21}$$

であることが分かる. 部分トレースは量子チャンネルなので, 定理 6.11 と (6.20) より,

$$D(p\rho_1+(1-p)\rho_2\|p\sigma_1+(1-p)\sigma_2) \le pD(\rho_1\|\sigma_1)+(1-p)D(\rho_2\|\sigma_2) \tag{6.22}$$

を得る. □

　Shannon エントロピーの場合と同様に, von Neumann エントロピーや条件付き量子エントロピーの種々の重要な性質が相対エントロピーの性質から従う. まずは von Neumenn エントロピーの基本的な性質を見ていこう.

命題 6.13 (*von Neumann* エントロピーの基本的な性質) 　von Neumann エントロピーは以下を満たす.

1) 任意の $\rho^A \in \mathcal{S}(\mathcal{H}^A)$ に対して, $H(A)_\rho = -D(\rho^A\|I^A)$ が成り立つ.

2) 任意の $\rho^A \in \mathcal{S}(\mathcal{H}^A)$ に対して $0 \le H(A)_\rho \le \log d_A$ である. $H(A)_\rho = 0$ であれば ρ^A は純粋状態, $H(A)_\rho = \log d_A$ であれば ρ^A は完全混合状態である.

3) 任意の純粋状態 $|\psi\rangle^{AB} \in \mathcal{H}^{AB}$ に対して, $H(A)_\psi = H(B)_\psi$ が成り立つ.

4) 任意の $\rho^A \in \mathcal{S}(\mathcal{H}^A)$ と $\sigma^B \in \mathcal{S}(\mathcal{H}^B)$ に対して, $H(AB)_{\rho\otimes\sigma} = H(A)_\rho + H(B)_\sigma$ が成り立つ.

5) 任意のアイソメトリ $V^{A\to B}$ と $\rho^A \in \mathcal{S}(\mathcal{H}^A)$ に対して, $H(B)_{V\rho V^\dagger} = H(A)_\rho$ を満たす.

6) (射影測定による特徴付け) ランク 1 の POVM $X = \{|\phi_x\rangle\langle\phi_x|^A\}_x$ を考える. ここで, $\{|\phi_x\rangle^A\}_x$ は $\||\phi_x\rangle^A\|_2 \le 1$ かつ $\sum_x |\phi_x\rangle\langle\phi_x|^A = I^A$ を満たすベクトルの集合である. 任意の量子状態 $\rho^A \in \mathcal{S}(\mathcal{H}^A)$ に対する測定確率 $p_x := \mathrm{Tr}[|\phi_x\rangle\langle\phi_x|^A\rho^A]$ の Shannon エントロピーを $H_\rho(X)$ と書くと,

$$H(A)_\rho = \min_X H_\rho(X) \tag{6.23}$$

が成り立つ. ここで, 最小化はランク 1 の POVM X 全てで取る. また, 右辺の最小は ρ の固有状態による射影測定で達成される.

7) (凹関数) 任意の確率分布 $\{p_j\}_j$ と量子状態の集合 $\{\rho_j^A\}_j$ は, 以下を満たす.

$$\sum_j p_j H(A)_{\rho_j} \le H(A)_{\sum_j p_j \rho_j^A} \le H(\{p_j\}_j)+\sum_j p_j H(A)_{\rho_j} \tag{6.24}$$

8) 任意の量子状態 $\rho^{AB} \in \mathcal{S}(\mathcal{H}^{AB})$ に対して, 以下が成り立つ.

$$\left|H(A)_\rho - H(B)_\rho\right| \le H(AB) \le H(A)_\rho + H(B)_\rho \tag{6.25}$$

証明 (命題 6.13 の証明) 　性質 1) から 5) までは定義に従って計算すれば示すことができる.

　性質 6) を示す. ヒルベルト空間 $\mathcal{H}^A$ の次元を d とする. 表記を簡単にするため, 以降は添え字の A を省略する. ρ を $\rho = \sum_{j=0}^{d-1} \rho_j|\rho_j\rangle\langle\rho_j|$ と対角化すると, $X = \{|\phi_x\rangle\langle\phi_x|\}_x$ による測定確率 p_x は $p_x = \sum_{j=0}^{d-1} \rho_j|\langle\phi_x|\rho_j\rangle|^2$ である. ここで, $|X| \times (d+1)$ 行列 P_{xj} を

$$P_{xj} = \begin{cases} |\langle\phi_x|\rho_j\rangle|^2 & j=0,\dots,d-1 \\ 1-\||\phi_x\rangle\|_2^2 & j=d \end{cases} \tag{6.26}$$

と定義する. 固有状態の集合 $\{|\rho_j\rangle\}_{j=0}^{d-1}$ の完全性条件 $\sum_{j=0}^d |\rho_j\rangle\langle\rho_j| = I$ と, POVM X の完全性条件 $\sum_x |\phi_x\rangle\langle\phi_x| = I$ を用いると, $j = 0,\dots,d-1$ に対して $\sum_x P_{xj} = 1$ と, 任意の x に対して $\sum_{j=0}^d P_{xj} = 1$ が成り立つ. $\||\phi_x\rangle\|_2 \le 1$ に注意せよ. さらに, $\rho_d = 0$ という新たな変数を導入しておく.

以上の準備の上で, (6.23) を示そう. まず, 単純な式変形より,

$$H(A)_\rho = -\sum_{j=0}^{d-1} \rho_j \log\rho_j \tag{6.27}$$

$$= -\sum_{j=0}^d \rho_j \log\rho_j \tag{6.28}$$

$$= \sum_x \sum_{j=0}^d P_{xj}(-\rho_j \log\rho_j) \tag{6.29}$$

を得る. 関数 $-x\log x$ が凹関数であることと, $\{P_{xj}\}_{j=0}^d$ は $\sum_{j=0}^d P_{xj} = 1$ と $P_{xj} \ge 0$ を満たすことから確率分布であることに注意すると,

$$H(A)_\rho \le -\sum_x \Big(\sum_{j=0}^d P_{xj}\rho_j\Big) \log\Big(\sum_{j=0}^d P_{xj}\rho_j\Big) \tag{6.30}$$

が成り立つ. P_{xj} の定義を代入して $\rho_d = 0$ を用いると, $\sum_{j=0}^d P_{xj}\rho_j = \sum_{j=0}^{d-1} \rho_j |\langle\phi_x|\rho_j\rangle|^2 = p_x$ であることが分かる. したがって,

$$H(A)_\rho \le H(\{p_x\}_x) = H_\rho(X) \tag{6.31}$$

が示された. 等号成立の必要十分条件が POVM X が ρ の固有状態での射影測定であることは導出より明らかである.

性質 7) の下界, つまり, von Neumann エントロピーの凹性は, 系 6.12 で示した量子相対エントロピーの結合凸性から得られる. 練習問題 67 を参照のこと.

上界を示すために, まずは全ての j に対して ρ_j が純粋状態 $|\rho_j\rangle\langle\rho_j|$ である場合を考えよう. この場合, $\{|e_j\rangle^B\}_j$ を系 B の正規直交基底として, $|\rho\rangle^{AB} := \sum_j \sqrt{p_j}|\rho_j\rangle^A \otimes |e_j\rangle^B$ を導入する. この純粋状態の部分トレースを取ると,

$$\rho^A = \sum_j p_j\rho_j, \quad \rho^B = \sum_{j,k} \sqrt{p_j p_k}\langle\rho_k|\rho_j\rangle|e_j\rangle\langle e_k| \tag{6.32}$$

が成り立つ. $|\rho\rangle^{AB}$ が純粋状態であることと合わせると, $H(A)_\rho = H(A)_{\sum_j p_j\rho_j} = H(B)_\rho$ を得る. ρ^B を正規直交基底 $\{|e_j\rangle\}_j$ で測定すると, 測定結果 j を得る確率は $\mathrm{Tr}[|e_j\rangle\langle e_j|^B \rho^B] = p_j$ で与えられるが, 性質 6) より $H(B)_\rho \le H(\{p_j\}_j)$ が成り立つ. 最後に, ρ_j が純粋状態の場合は $H(\rho_j) = 0$ なので, $H(A)_{\sum_j p_j\rho_j} \le H(\{p_j\}_j) + \sum_j p_j H(\rho_j)$ が従う.

次に, ρ_j が混合状態の場合は, $\rho_j = \sum_k q_k^{(j)}|\rho_k^{(j)}\rangle\langle\rho_k^{(j)}|$ と対角化すると, $H(A)_{\rho_j} = -\sum_k q_k^{(j)} \log q_k^{(j)}$ と書ける. また, $\sum_j p_j\rho_j = \sum_{j,k} p_j q_k^{(j)}|\rho_k^{(j)}\rangle\langle\rho_k^{(j)}|$ である. ここで, $\sum_{j,k} p_j q_k^{(j)} = 1$ であることから, $\{p_j q_k^{(j)}\}_{j,k}$ は確率分布になることが分かる. 純粋状態の場合の結果から,

$$H(A)_{\sum_j p_j \rho_j} \le H\big(\{p_j q_k^{(j)}\}_{j,k}\big) \tag{6.33}$$

$$= -\sum_{j,k} p_j q_k^{(j)} \log\big[p_j q_k^{(j)}\big] \tag{6.34}$$

$$= -\sum_{j,k} p_j q_k^{(j)}\big(\log p_j + \log q_k^{(j)}\big) \tag{6.35}$$

$$= -\sum_j p_j \log p_j - \sum_j p_j \sum_k q_k^{(j)} \log q_k^{(j)} \tag{6.36}$$

$$= H\big(\{p_j\}_j\big) + \sum_j p_j H(A)_{\rho_j} \tag{6.37}$$

が導かれる. ここで, $\sum_k q_k^{(j)} = \mathrm{Tr}[\rho_j] = 1$ であることを使った.

性質 8) の上界は量子相対エントロピーの非負性から従う. 量子状態 ρ^{AB} と $\rho^A \otimes \rho^B$ の間の相対エントロピーを考えると,

$$0 \le D(\rho^{AB} \| \rho^A \otimes \rho^B) \tag{6.38}$$

$$= -H(AB)_\rho - \mathrm{Tr}\big[\rho^{AB} \log[\rho^A \otimes \rho^B]\big] \tag{6.39}$$

$$= -H(AB)_\rho - \mathrm{Tr}\big[\rho^{AB}(\log[\rho^A]\otimes I^B + I^A \otimes \log[\rho^B])\big] \tag{6.40}$$

$$= -H(AB)_\rho - \mathrm{Tr}\big[\rho^A \log \rho^A\big] - \mathrm{Tr}\big[\rho^B \log \rho^B\big] \tag{6.41}$$

$$= -H(AB)_\rho + H(A)_\rho + H(B)_\rho \tag{6.42}$$

が得られる. 等号成立の必要十分条件は $\rho^{AB} = \rho^A \otimes \rho^B$ である.

下界を考えよう. ρ^{AB} を系 R で純粋化した状態 $|\rho\rangle^{ABR}$ の系 AR に対して, (6.42) を適用すると, $H(AR)_\rho \le H(A)_\rho + H(R)_\rho$ が従う. ここで, $|\rho\rangle^{ABR}$ は純粋状態なので, $H(AR)_\rho = H(B)_\rho$ と $H(R)_\rho = H(AB)_\rho$ が成り立つ. よって, $H(AB)_\rho \ge H(B)_\rho - H(A)_\rho$ を得る. $|\rho\rangle^{ABR}$ の系 BR に対して同様の議論をすることで, $H(AB)_\rho \ge H(A)_\rho - H(B)_\rho$ も成り立つ. 両者を合わせて $H(AB)_\rho \ge |H(A)_\rho - H(B)_\rho|$ が導かれた. □

練習問題 67 命題 6.13 の性質 7) の下界を示せ. $I^A = \sum_j p_j I^A$ と書いて量子相対エントロピーの結合凸性を用いるとよい.

練習問題 68 $\{|j\rangle^X\}_j$ を系 X での直交状態の集合とする. $\rho^{XA} = \sum_j p_j |j\rangle\langle j|^X \otimes \rho_j^A$ に対して,

$$H(XA)_\rho = H(X)_\rho + \sum_j p_j H(A)_{\rho_j} \tag{6.43}$$

が成り立つことを示せ. ここで $\rho^X = \sum_j p_j |j\rangle\langle j|^X$ なので, $H(X)_\rho$ は確率分布 $\{p_j\}_j$ に対応する Shannon エントロピーである.

次に, 条件付き量子エントロピーが満たす性質を見ていこう.

命題 6.14（条件付き量子エントロピーの基本的な性質） 条件付き量子エントロピーは以下を満たす.

1) 任意の $\rho^{AB} \in \mathcal{S}(\mathcal{H}^{AB})$ は, $H(A|B)_\rho = -D(\rho^{AB} \| I^A \otimes \rho^B) = -\min_{\sigma^B} D(\rho^{AB} \| I^A \otimes \sigma^B)$ を満たす.

2) 任意の $\rho^{ABC} \in \mathcal{S}(\mathcal{H}^{ABC})$ は，$H(A|BC)_\rho \leq H(A|C)_\rho$ を満たす．

3) （データ処理不等式）任意の量子状態 $\rho^{AB} \in \mathcal{S}(\mathcal{H}^{AB})$ と量子チャンネル $\mathcal{T}^{B \to C}$ に対して，$H(A|B)_\rho \leq H(A|C)_{\mathcal{T}(\rho)}$ が成り立つ．

4) 任意の $\rho^{ABCD} \in \mathcal{S}(\mathcal{H}^{ABCD})$ に対して $H(AB|CD)_\rho \leq H(A|C)_\rho + H(B|D)_\rho$ が成り立つ．

5) （凹関数）任意の確率分布 $\{p_j\}_j$ と量子状態の集合 $\{\rho_j^{AB}\}_j$ に対して，$H(A|B)_{\sum_j p_j \rho_j} \geq \sum_j p_j H(A|B)_{\rho_j}$ を満たす．

6) 条件付き量子エントロピーの最小値と最大値は

$$-\min\{\log d_A, \log d_B\} \leq H(A|B)_\rho \leq \log d_A \tag{6.44}$$

である．$H(A|B)_\rho = -\min\{\log d_A, \log d_B\}$ が成り立つのは ρ^{AB} が最大エンタングル状態のとき，$H(A|B)_\rho = \log d_A$ が成り立つのは $\rho^{AB} = \pi^A \otimes \rho^B$ のときである．

7) 任意のセパラブル状態 ρ^{AB} に対して，$0 \leq H(A|B)_\rho$ が成り立つ．等号成立の必要十分条件は $\rho^{AB} = |\varphi\rangle\langle\varphi|^A \otimes \tau^B$ で与えられる．

8) （双対性）量子状態 $\rho^{AB} \in \mathcal{S}(\mathcal{H}^{AB})$ の純粋化状態を $|\rho\rangle^{ABC} \in \mathcal{H}^{ABC}$ とすると，$H(A|B)_\rho = -H(A|C)_\rho$ が成立する．

証明（命題 6.14 の証明）　性質 1) を示そう．相対エントロピーの非負性から，任意の $\sigma^B \in \mathcal{S}(\mathcal{H}^B)$ に対して，

$$-D(\rho^{AB} \| I^A \otimes \sigma^B) \leq -D(\rho^{AB} \| I^A \otimes \sigma^B) + D(\rho^B \| \sigma^B) \tag{6.45}$$

$$= -\mathrm{Tr}[\rho^{AB} \log \rho^{AB}] + \mathrm{Tr}[\rho^B \log \rho^B] \tag{6.46}$$

$$= H(A|B)_\rho \tag{6.47}$$

が成り立つ．等号成立の必要十分条件は $\rho^B = \sigma^B$ である．このことは，

$$H(A|B)_\rho = -\min_{\sigma^B} D(\rho^{AB} \| I^A \otimes \sigma^B) \tag{6.48}$$

$$= -D(\rho^{AB} \| I^A \otimes \rho^B) \tag{6.49}$$

を意味する．

　性質 2) を示すために，右辺から左辺を引いた量を考える．条件付き量子エントロピーの定義を用いると，

$$H(A|C)_\rho - H(A|BC)_\rho = H(AC)_\rho - H(C)_\rho - H(ABC)_\rho + H(BC)_\rho \tag{6.50}$$

となる．やや唐突だが，ρ^{ABC} と $\rho^A \otimes \rho^{BC}$ の量子相対エントロピーが系 B の部分トレースによって非増加であること，つまり，$D(\rho^{ABC} \| \rho^A \otimes \rho^{BC}) \geq D(\rho^{AC} \| \rho^A \otimes \rho^C)$ を用いる．具体的に書き下して整理すると，

$$H(AC)_\rho - H(C)_\rho - H(ABC)_\rho + H(BC)_\rho \geq 0 \tag{6.51}$$

を得る．この式を von Neumann エントロピーの強劣加法性（*strong sub-additivity*）と呼ぶ．(6.50) と (6.51) を併せて，$H(A|C)_\rho \geq H(A|BC)_\rho$ を得る．

性質 3) は性質 2) と系 B へのアイソメトリで条件付き量子エントロピーが不変である
という事実から従う.

性質 4) を示すために, (6.51) の強劣加法性を用いる. (6.51) の B を BD と読み替え
ることで, $H(ABCD)_\rho + H(C)_\rho \le H(AC)_\rho + H(BCD)_\rho$ が成り立つ. 両辺に $H(D)_\rho$ を加
えて, 系 BCD に対する強劣加法性 $H(BCD)_\rho + H(D)_\rho \le H(BD)_\rho + H(CD)_\rho$ を用いると,
以下が従う.

$$H(ABCD)_\rho + H(C)_\rho + H(D)_\rho \le H(AC)_\rho + H(BD)_\rho + H(CD)_\rho \tag{6.52}$$

$$\Leftrightarrow H(ABCD)_\rho - H(CD)_\rho \le H(AC)_\rho - H(C)_\rho + H(BD)_\rho - H(D)_\rho \tag{6.53}$$

$$\Leftrightarrow H(AB|CD)_\rho \le H(A|C)_\rho + H(B|D)_\rho \tag{6.54}$$

性質 5) は, 性質 1) と結合凸性から, 以下のように従う.

$$H(A|B)_{\sum_j p_j \rho_j} = -D\Big(\sum_j p_j \rho_j^{AB} \,\big\|\, \sum_j p_j I^A \otimes \rho_j^B\Big) \tag{6.55}$$

$$\le -\sum_j p_j D(\rho_j^{AB} \| I^A \otimes \rho_j^B) \tag{6.56}$$

$$= \sum_j p_j H(A|B)_{\rho_j} \tag{6.57}$$

性質 6) の上界は, 性質 2) とエントロピーの上界から $H(A|B)_\rho \le H(A)_\rho \le \log d_A$ とし
て得られる. 前者の等号は $\rho^{AB} = \rho^A \otimes \rho^B$ であるときに成立し, 後者の等号は $\rho^A = \pi^A$
のときに成立する. よって, 等号成立条件は $\rho^{AB} = \pi^A \otimes \rho^B$ である. 下界については,
von Neumann エントロピーの非負性を用いて

$$H(A|B)_\rho = H(AB)_\rho - H(B)_\rho \ge -H(B)_\rho \tag{6.58}$$

が成り立つ. この等号は ρ^{AB} が純粋状態のときに成り立つ. その場合, $H(B)_\rho \le$
$\min\{\log d_A, \log d_B\}$ であるため, 求めたい下界を得る. 等号は ρ^{AB} が純粋状態で, か
つ, $H(B)_\rho = \min\{\log d_A, \log d_B\}$ のときに成立するが, これは ρ^{AB} が最大エンタングル
状態であることを意味する.

性質 7) を示そう. ρ^{AB} がセパラブル状態であるため, 確率分布 $\{p_j\}_j$ と量子状態の集
合 $\{\sigma_j^A\}_j$ と $\{\tau_j^B\}_j$ を用いて $\rho^{AB} = \sum_j p_j \sigma_j^A \otimes \tau_j^B$ と書ける. 性質 4) の条件付き量子エント
ロピーの凹性を用いると,

$$H(A|B)_\rho = H(A|B)_{\sum_j p_j \sigma_j \otimes \tau_j} \tag{6.59}$$

$$\ge \sum_j p_j H(A|B)_{\sigma_j \otimes \tau_j} \tag{6.60}$$

$$= \sum_j p_j H(A)_{\sigma_j} \ge 0 \tag{6.61}$$

が従う. 一つ目の等号は ρ^{AB} がテンソル積状態のときに成立し, 最後の等号は系 A が
純粋状態のときに成立する. したがって, $\rho^{AB} = |\varphi\rangle\langle\varphi|^A \otimes \tau^B$ が $H(A|B)_\rho = 0$ の必要十分
条件である.

性質 8) の証明は難しくないため, 練習問題とする. $\square$

練習問題 69 命題 6.14 の性質 8), つまり, 条件付き量子エントロピーの双対性を示せ. 純粋状態の部分系に対する von Neumann エントロピーの性質を用いるとよい.

条件付き量子エントロピーの最も特筆すべき性質は, 性質 6) で与えらえるように負の値を取る点にある. これは, 古典系の条件付きエントロピーが必ず非負であること（命題 6.5 の性質 4)）と対照的であり, 条件付きエントロピーが負である系は古典系の確率分布では再現できない量子性を持つことが分かる. また, 命題 6.14 の 7) から, セパラブル状態の条件付き量子エントロピーは非負であるため, その量子性は量子系のエンタングルメントと密接に関連することが分かる.

最後に, 量子相互情報量が満たす基本的な性質をまとめる. 証明は容易である.

命題 6.15（量子相互情報量の基本的な性質） 量子相互情報量は以下の性質を満たす.
1) 任意の $\rho^{AB} \in \mathcal{S}(\mathcal{H}^{AB})$ は, $I(A:B)_\rho = D(\rho^{AB} \| \rho^A \otimes \rho^B)$ を満たす.
2)（最大値と最小値）任意の $\rho^{AB} \in \mathcal{S}(\mathcal{H}^{AB})$ は, $0 \leq I(A:B)_\rho \leq 2\min\{\log d_A, \log d_B\}$ を満たす. 前者の等号は $\rho^{AB} = \rho^A \otimes \rho^B$ に対して成り立ち, 後者の等号は ρ^{AB} が最大エンタングル状態のときに成り立つ.
3)（データ処理不等式）任意の $\rho^{AB} \in \mathcal{S}(\mathcal{H}^{AB})$ と量子チャンネル $\mathcal{N}^{A \to A'}$, $\mathcal{M}^{B \to B'}$ に対して $I(A':B')_{\mathcal{N} \otimes \mathcal{M}(\rho)} \leq I(A:B)_\rho$ が成り立つ.

練習問題 70 命題 6.15 を示せ.

■ 6.2.3 量子エントロピーの連続性

ほぼ同一の量子状態のエントロピーは, ほぼ等しいことが期待される. これをエントロピーの連続性と呼ぶ. 本節では量子状態間の距離をトレース距離で測り,

$$\frac{1}{2}\|\rho^A - \sigma^A\|_1 \leq \epsilon \tag{6.62}$$

のときに, ρ と σ の種々のエントロピーがどれくらい近いかを, 証明なしで紹介しよう.

定理 6.16（*Fannes–Audenaert* の不等式[16,17]） 量子状態 $\rho^A \in \mathcal{S}(\mathcal{H}^A)$ と $\sigma^A \in \mathcal{S}(\mathcal{H}^A)$ のトレース距離を $\Delta = \|\rho^A - \sigma^A\|_1/2$ とすると, 以下が成り立つ.

$$|H(A)_\rho - H(A)_\sigma| \leq \Delta \log(d_A - 1) + h(\Delta) \tag{6.63}$$

ここで, $d_A = \dim \mathcal{H}^A$, $h(p) := -p\log p - (1-p)\log(1-p)$ は $\{p, 1-p\}$ の二値エントロピーである. また, 任意の $\Delta \in [0,1]$ と d_A に対して, (6.63) の等式を満たす量子状態の組 (ρ^A, σ^A) が存在する.

定理 6.16 ではトレース距離が Δ の場合を考えたが, Δ 以下の場合には次の不等式が成り立つことも知られている.

$$|H(A)_\rho - H(A)_\sigma| \leq \Delta \log d_A + h(\Delta) \tag{6.64}$$

これらを用いると, 直ちに条件付きエントロピーの連続性を示すことができる.

練習問題 71   Fannes–Audenaert の不等式を用いて,$\Delta = \|\rho^{AB} - \sigma^{AB}\|_1/2$ である二状態 ρ^{AB} と σ^{AB} に対して以下が成り立つことを示せ.

$$\left| H(A|B)_\rho - H(A|B)_\sigma \right| \le \Delta\big(\log d_B + \log(d_A d_B - 1)\big) + 2h(\Delta) \tag{6.65}$$

練習問題 71 で得た条件付きエントロピーの連続性は,定理 6.16 を用いると条件付きエントロピーの連続性を得ることができるが,その上界は系 B の次元に依存してしまう.ときには,系 B の次元が大きいことも考えられるため,この依存性は望ましいものではない.この点を改善した不等式が,以下である.

定理 6.17 (*Alicki–Fannes–Winter* の不等式[18, 19])   量子状態 $\rho^{AB} \in \mathcal{S}(\mathcal{H}^{AB})$ と $\sigma^{AB} \in \mathcal{S}(\mathcal{H}^{AB})$ のトレース距離が,$\|\rho^{AB} - \sigma^{AB}\|_1/2 \le \Delta$ を満たすとき,

$$\left| H(A|B)_\rho - H(A|B)_\sigma \right| \le 2\Delta\log d_A + (1+\Delta)h\left(\frac{\Delta}{1+\Delta}\right) \tag{6.66}$$

が成り立つ.

練習問題 72   量子状態 $\rho^{AB} \in \mathcal{S}(\mathcal{H}^{AB})$ と $\sigma^{AB} \in \mathcal{S}(\mathcal{H}^{AB})$ のトレース距離が,$\|\rho^{AB} - \sigma^{AB}\|_1/2 \le \Delta$ を満たすとき,

$$\left| I(A:B)_\rho - I(A:B)_\sigma \right| \le 3\Delta\log d_A + h(\Delta) + (1+\Delta)h\left(\frac{\Delta}{1+\Delta}\right) \tag{6.67}$$

が成り立つことを示せ.

最後に,相対エントロピーとトレース距離の関係も与えておこう.相対エントロピー $D(\rho\|\sigma)$ は距離ではないものの,二つの量子状態 ρ と σ がどの程度近いかを特徴付けるものであった.したがって,相対エントロピーとトレース距離の間に何らかの大小関係が成り立つと期待するのは自然であろう.その関係式を**量子 *Pinsker* 不等式**(*quantum Pinsker inequality*)という.証明は難しくないが,文献[4]などを参照されたい.

定理 6.18(量子 *Pinsker* 不等式)   量子状態 $\rho, \sigma \in \mathcal{S}(\mathcal{H})$ に対して,$D(\rho\|\sigma) \ge \|\rho - \sigma\|_1^2/2\ln 2$ が成り立つ.

類似の関係は相互情報量に対しても成り立つ.複合系の量子状態 ρ^{AB} の相互情報量 $I(A:B)_\rho$ は,ρ^{AB} がテンソル積状態 $\rho^A \otimes \rho^B$ にどれくらい近いかを相対エントロピーで測ったものであった.この事実に基づいて定理 6.17 と定理 6.18 を組み合わせると,相互情報量とトレース距離の関係を得る.

練習問題 73   量子状態 $\rho^{AB} \in \mathcal{S}(\mathcal{H}^{AB})$ に対して,$\delta = \|\rho^{AB} - \rho^A \otimes \rho^B\|_1/2$ とすると,$d = \min\{d_A, d_B\}$ として

$$\frac{2}{\ln 2}\delta^2 \le I(A:B)_\rho \le 2\delta\log d_A + (1+\delta)h\left(\frac{\delta}{1+\delta}\right) \tag{6.68}$$

を示せ.左から一つ目の不等式は量子 Pinsker 不等式,左から二つ目の不等式は $\sigma^{AB} = \rho^A \otimes \rho^B$ として,$I(A:B)_\rho - I(A:B)_\sigma = H(A|B)_\sigma - H(A|B)_\rho$ と書き換えた上で定理 6.17 を用いるとよい.

6.3 Rényi エントロピー

　ここまでは von Neumann エントロピーに基づく種々のエントロピーを導入してきたが，それらの一般化を考えることができる．その中でも有名な一般化が，Rényi エントロピーである．本書で用いる機会は多くないため，基本的な考え方と性質を詳しい証明なしで紹介するにとどめる．Rényi エントロピーの包括的な教科書としては文献[20] を参照されたい．

■6.3.1 種々の Rényi エントロピー

　Rényi エントロピーは，相対エントロピーの一般化である量子 *Rényi* ダイバージェンス（*quantum Rényi divergence*）を通じて導入することができる．量子 Rényi ダイバージェンスはいくつかの異なる方法で定義され，それぞれが異なる操作論的な意義を持つ．ここでは，紙面の都合上，いわゆる「サンドイッチ型」の量子 Rényi ダイバージェンスのみを紹介する．

定義 6.19（量子 *Rényi* ダイバージェンス[21]）　$\alpha \in (0,1) \cup (1,\infty)$，量子状態 $\rho \in \mathcal{S}(\mathcal{H})$ と半正定値演算子 $\sigma \in \mathcal{B}_{\geq 0}(\mathcal{H})$ に対して，

$$D_\alpha(\rho\|\sigma) := \frac{\alpha}{\alpha-1}\log\|\sigma^{(1-\alpha)/2\alpha}\rho\sigma^{(1-\alpha)/2\alpha}\|_\alpha \tag{6.69}$$

を量子 Rényi ダイバージェンスと呼ぶ．ただし，$\alpha > 1$ の場合に $\mathrm{supp}[\rho] \not\subseteq \mathrm{supp}[\sigma]$ であったときは，$D_\alpha(\rho\|\sigma) = \infty$ とする．

　量子 Rényi ダイバージェンスは適切な α に対してはよい性質を持つ．特に $\alpha \geq 1/2$ の場合は，任意の量子チャンネル $\mathcal{T}$ に対して

$$D_\alpha(\mathcal{T}(\rho)\|\mathcal{T}(\sigma)) \leq D_\alpha(\rho\|\sigma) \tag{6.70}$$

が成立し，データ処理不等式が成り立つ．

　量子情報科学で頻出するのは，$\alpha = 1/2, 2$ の場合と，$\alpha \to 1, \infty$ の極限を取る場合である．まず，$\alpha \to 1$ の極限を取ると，

$$\lim_{\alpha \to 1} D_\alpha(\rho\|\sigma) = D(\rho\|\sigma) \tag{6.71}$$

が成り立つ．つまり，$\alpha \to 1$ の極限では，von Neumann エントロピーに基づく通常の量子相対エントロピーが得られる．また，$\alpha = 1/2, 2$ の場合と $\alpha \to \infty$ の極限の場合を具体的に書き下すと，

$$D_{1/2}(\rho\|\sigma) := -\log F(\rho, \sigma) \tag{6.72}$$

$$D_2(\rho\|\sigma) := \log\mathrm{Tr}[(\sigma^{-1/2}\rho)^2] \tag{6.73}$$

$$D_\infty(\rho\|\sigma) := \lim_{\alpha \to \infty} D_\alpha(\rho\|\sigma) = \min\{\lambda \in \mathbb{R} : \rho \leq 2^\lambda \sigma\} \tag{6.74}$$

となる．以下では，表記上の簡便さのために $\alpha = 1, \infty$ の場合は，上記の極限で与えられるとし，D_α を $\alpha \in (0, \infty]$ に対して定義する．また，量子チャンネルに対する単調性を満たす $\alpha \geq 1/2$ のみを考える．

次に，条件付き *Rényi* エントロピー（*conditional Rényi entropy*）を導入しよう．von Neumann エントロピーに基づく条件付きエントロピーは $H(A|B)_\rho = -\min_{\sigma \in \mathcal{S}(\mathcal{H}^B)} D(\rho^{AB} \| I^A \otimes \sigma^B)$ を満たすが，これを量子 Rényi ダイバージェンスに拡張する．

定義 6.20（条件付き *Rényi-α* エントロピー）　$\alpha \in [1/2, \infty]$ と量子状態 ρ^{AB} に対して，

$$H_\alpha(A|B)_\rho := - \min_{\sigma \in \mathcal{S}(\mathcal{H}^B)} D_\alpha(\rho^{AB} \| I^A \otimes \sigma^B) \tag{6.75}$$

を条件付き Rényi-α エントロピーと呼ぶ．特に，$H_{\max}(A|B)_\rho := H_{1/2}(A|B)_\rho$ を条件付き量子 max エントロピー，$H_2(A|B)_\rho$ を条件付き量子衝突エントロピー，$H_{\min}(A|B)_\rho := H_\infty(A|B)_\rho$ を条件付き量子 min エントロピーと呼ぶ．

条件付き max エントロピー，条件付き衝突エントロピー，条件付き min エントロピーはよく用いられる量なので，具体的に書き下しておく．

$$H_{\max}(A|B)_\rho = \max_{\sigma \in \mathcal{S}(\mathcal{H}^B)} \log F(\rho^{AB}, I^A \otimes \sigma^B) \tag{6.76}$$

$$H_2(A|B)_\rho = - \min_{\sigma \in \mathcal{S}(\mathcal{H}^B)} \log \mathrm{Tr}\left[\left((I^A \otimes \sigma^B)^{-1/2} \rho^{AB}\right)^2\right] \tag{6.77}$$

$$H_{\min}(A|B)_\rho = - \min_{\sigma \in \mathcal{S}(\mathcal{H}^B)} \min\{\lambda \in \mathbb{R} : \rho^{AB} \leq 2^\lambda I^A \otimes \sigma^B\} \tag{6.78}$$

これらの表式は頻繁にみかけるため，慣れ親しんでおいて損はないだろう．

条件付き Rényi エントロピーにおいて，条件付けをする系を自明な系に取れば条件付きではない *Rényi* エントロピー（*Rényi entropy*）を定義できる．条件付きの場合は煩雑な定義となっているが，Rényi エントロピーは具体的に簡潔な形で書き下すことができ，$\alpha \in [1/2, \infty]$ と量子状態 ρ^A に対して，

$$H_\alpha(A)_\rho = \frac{\alpha}{1-\alpha} \log \|\rho^A\|_\alpha = \frac{1}{1-\alpha} \log\left[\mathrm{Tr}[(\rho^A)^\alpha]\right] \tag{6.79}$$

となる．先述のとおり，$\alpha \to 1$ の極限で von Neumann エントロピーとなる．

■ 6.3.2　Rényi エントロピーの基本的な性質

Rényi エントロピーは，von Neumann エントロピーと同等の性質を持つとは限らないため，注意が必要である．例えば，$\alpha \neq 1$ の場合，一般には

$$H_\alpha(A|B)_\rho \neq H_\alpha(AB)_\rho - H_\alpha(B)_\rho \tag{6.80}$$

である．以下の命題で，Rényi エントロピーが持つ代表的な性質を，証明なしでいくつかまとめておく．以下の性質の証明については文献[20]を参照されたい．

命題 6.21（条件付き *Rényi* エントロピーの基本的な性質） $\alpha \in [1/2, \infty]$ とする．量子 Rényi-α エントロピーは以下の性質を満たす．

1）（最大値と最小値）$1/2 \leq \alpha \leq \beta \leq \infty$ に対して，以下が成り立つ．

$$-\min\{\log d_A, \log d_B\} \leq H_\beta(A|B)_\rho \leq H_\alpha(A|B)_\rho \leq \log d_A \tag{6.81}$$

ただし，$d_A = \dim \mathcal{H}^A$，$d_B = \dim \mathcal{H}^B$ である．

2）純粋状態 $|\rho\rangle^{AB} \in \mathcal{H}^{AB}$ に対して，以下が成り立つ．

$$H_{\min}(A|B)_\rho = -2\log \mathrm{Tr}\left[\sqrt{\rho^A}\right], \quad H_{\max}(A|B)_\rho = \log \|\rho^A\|_\infty \tag{6.82}$$

3）（データ処理不等式）任意の $\rho^{AB} \in \mathcal{S}(\mathcal{H}^{AB})$ と量子チャンネル $\mathcal{T}^{B \to C}$ に対して，$H_\alpha(A|B)_\rho \leq H_\alpha(A|C)_{\mathcal{T}(\rho)}$ が成り立つ．

4）（双対性）任意の $|\rho\rangle^{ABC} \in \mathcal{H}^{ABC}$ と，$1/\alpha + 1/\beta = 2$ を満たす任意の $\alpha, \beta \in [1/2, \infty]$ に対して $H_\alpha(A|B)_\rho + H_\beta(A|C)_\rho = 0$ が成り立つ．

5）（テンソル積に対する加法性）テンソル積状態 $\rho^{AB} \otimes \sigma^{A'B'}$ に対して，$H_\alpha(AA'|BB')_{\rho \otimes \sigma} = H_\alpha(A|B)_\rho + H_\alpha(A'|B')_\sigma$ が成り立つ．

種々の Rényi エントロピーはこのようなよい性質を満たすため，操作論的な意義を持つことが期待される．その方向性の研究は多く進んでおり，実際に各 α に対して様々な操作論的な意義が示されている．ここでは，特に操作論的な意義が明確である条件付き min エントロピーに対する以下の命題を紹介する．

命題 6.22（条件付き min エントロピーの操作的意義[22]） 量子状態 $\rho^{AB} \in \mathcal{S}(\mathcal{H}^{AB})$ の条件付き min エントロピーは

$$2^{-H_{\min}(A|B)_\rho} = d_A \max_{\mathcal{E}} \langle\Phi|^{AA'}(\mathrm{id}^A \otimes \mathcal{E}^{B \to A'})(\rho^{AB})|\Phi\rangle^{AA'} \tag{6.83}$$

を満たす．ここで，系 A' は系 A と同型の量子系，$|\Phi\rangle^{AA'}$ は系 AA' 上の最大エンタングル状態である．また，最大化は系 B から系 A' への全ての量子チャンネル $\mathcal{E}^{B \to A'}$ に対して取る．

命題 6.22 は，量子状態 ρ^{AB} の部分系 B のみを操作できる状況下で，どのくらいまで最大エンタングル状態に近づけるかというタスクを考えたときに，その忠実度が条件付き min エントロピーによって与えられることを意味している．

6.4 平滑化 Rényi エントロピー

量子情報理論では，Rényi エントロピーをさらに拡張した平滑化 Rényi エントロピー（*smooth quantum Rényi entropy*）を用いることがある．やや専門的な内容にはなるが，本書でも 12 章で大いに用いるため，以下でその定義と発想を簡単に説明する．初学者は読み飛ばして，12 章で必要になったときに戻ってきてもよいかもしれない．

■ 6.4.1 平滑化 Rényi エントロピーとその性質

平滑化 Rényi エントロピーでは規格化されていない密度演算子を取り扱うため,

$$\mathcal{S}_{\leq}(\mathcal{H}) := \{\tilde{\rho} \in \mathcal{B}_{\geq 0}(\mathcal{H}) : \mathrm{Tr}[\tilde{\rho}] \leq 1\} \tag{6.84}$$

という表記を導入する. $\tilde{\rho} \in \mathcal{S}_{\leq}(\mathcal{H})$ を**劣規格化状態** (*sub-normalized state*) と呼び, 規格化されていないことを示すために, 本節では $\tilde{\bullet}$ という表記を用いる.

劣規格化状態 $\tilde{\rho}, \tilde{\sigma} \in \mathcal{S}_{\leq}(\mathcal{H})$ の間の**純粋化距離** (*purified distance*) を

$$P(\tilde{\rho}, \tilde{\sigma}) := \sqrt{1 - F_*(\tilde{\rho}, \tilde{\sigma})} \tag{6.85}$$

で与える. ただし, F_* は忠実度 $F(\rho, \sigma) = \|\sqrt{\rho}\sqrt{\sigma}\|_1^2$ を劣規格化状態へと一般化したもので,

$$F_*(\tilde{\rho}, \tilde{\sigma}) := \left(\sqrt{F(\tilde{\rho}, \tilde{\sigma})} + \sqrt{(1 - \mathrm{Tr}[\tilde{\rho}])(1 - \mathrm{Tr}[\tilde{\sigma}])}\right)^2 \tag{6.86}$$

である. 規格化された密度演算子に対して $F_* = F$ となるので純粋化距離は単に $\sqrt{1 - F}$ で与えられる.

以下の命題によって, 純粋化距離とトレース距離が本質的には同類であることが分かる.

補題 6.23 劣規格化状態 $\tilde{\rho}, \tilde{\sigma} \in \mathcal{S}_{\leq}(\mathcal{H})$ に対して, 以下が成り立つ.

$$\frac{1}{2}P(\tilde{\rho}, \tilde{\sigma})^2 \leq \frac{1}{2}\|\tilde{\rho} - \tilde{\sigma}\|_1 + \frac{1}{2}|\mathrm{Tr}[\tilde{\rho} - \tilde{\sigma}]| \leq P(\tilde{\rho}, \tilde{\sigma}) \tag{6.87}$$

練習問題 74 劣規格化状態 $\tilde{\rho}, \tilde{\sigma} \in \mathcal{S}_{\leq}(\mathcal{H})$ に対して, 規格化状態 ρ, σ を, $\rho = \tilde{\rho} \oplus (1 - \mathrm{Tr}[\tilde{\rho}])$, および, $\sigma = \tilde{\sigma} \oplus (1 - \mathrm{Tr}[\tilde{\sigma}])$ と定義する. このとき, $P(\tilde{\rho}, \tilde{\sigma}) = \sqrt{1 - F(\rho, \sigma)}$ と表せることを示せ. また, この事実を用いて, 補題 6.23 を示せ.

劣規格化状態 $\tilde{\rho} \in \mathcal{S}_{\leq}(\mathcal{H})$ から純粋化距離 ϵ にある演算子の集合を, $\tilde{\rho}$ 周りの ϵ 球と呼び,

$$\mathfrak{B}_{\epsilon}(\tilde{\rho}) := \{\tilde{\sigma} \in \mathcal{S}_{\leq}(\mathcal{H}) : P(\tilde{\rho}, \tilde{\sigma}) \leq \epsilon\} \tag{6.88}$$

と表す. ただし, $0 \leq \epsilon \leq \sqrt{\mathrm{Tr}[\tilde{\rho}]}$ とする. 平滑化エントロピーは, エントロピーをこの ϵ 球に含まれる演算子で最適化することで定義される.

平滑化 Rényi-α エントロピーは全ての $\alpha \in [1/2, 1) \cup (1, \infty]$ に対して定義できるが, 以下の二つが特に重要である.

定義 6.24 (平滑化 Rényi エントロピー) 量子状態 $\rho \in \mathcal{S}(\mathcal{H}^{AB})$ と, $0 \leq \epsilon \leq \sqrt{\mathrm{Tr}[\tilde{\rho}]}$ を満たす ϵ に対して,

$$H_{\min}^{\epsilon}(A|B)_{\rho} := \max_{\tilde{\rho} \in \mathfrak{B}_{\epsilon}(\rho^{AB})} H_{\min}(A|B)_{\tilde{\rho}} \tag{6.89}$$

$$H_{\max}^{\epsilon}(A|B)_{\rho} := \min_{\tilde{\rho} \in \mathfrak{B}_{\epsilon}(\rho^{AB})} H_{\max}(A|B)_{\tilde{\rho}} \tag{6.90}$$

を, 各々, ϵ 平滑化条件付き min エントロピー, ϵ 平滑化条件付き max エントロピーと呼ぶ.

以下の命題より，定義 6.24 に含まれる劣規格化状態での最適化の範囲は，$\rho^A \otimes \rho^B$ のサポートに限定してもよいことが知られている．

命題 6.25　量子状態 $\rho \in \mathcal{S}(\mathcal{H}^{AB})$ と，$0 \leq \epsilon \leq \sqrt{\mathrm{Tr}[\tilde{\rho}]}$ を満たす ϵ に対して，以下を満たす劣規格化状態 $\tilde{\rho}^{AB} \in \mathcal{B}_\epsilon(\rho^{AB}) \cap \mathcal{S}_\leq(\mathrm{supp}[\rho^A \otimes \rho^B])$ が存在する．

$$H_{\min}^\epsilon(A|B)_\rho = H_{\min}(A|B)_{\tilde{\rho}}, \quad H_{\max}^\epsilon(A|B)_\rho = H_{\max}(A|B)_{\tilde{\rho}} \tag{6.91}$$

平滑化エントロピーの値や性質は，一般には平滑化する前のエントロピーと比べて劇的に変化する．値が変化する具体例は 6.4.2 項で見るが，性質に関しても，例えば，平滑化エントロピーは，一般にはテンソル積に対する加法性を満たさないなど，通常のエントロピーとは異なる性質を持つことがある．よって，平滑化エントロピーを用いる際には特に細心の注意を払う必要がある．

平滑化 Rényi エントロピーが持つ重要な性質をいくつか説明しておこう．まず，定義より自明な事実として，任意の量子状態に対して，

$$H_{\min}^0(A|B)_\rho = H_{\min}(A|B)_\rho, \quad H_{\max}^0(A|B)_\rho = H_{\max}(A|B)_\rho \tag{6.92}$$

が成り立つ．また，ϵ を大きくすると最大化および最小化を取る範囲が広がるため，$H_{\min}^\epsilon(A|B)_\rho$ と $H_{\max}^\epsilon(A|B)_\rho$ は，ϵ に対して各々増加および減少する．この事実と (6.92) および命題 6.21 の性質 1 より，任意の $\epsilon \geq 0$ に対して，

$$-\min\{\log d_A, \log d_B\} \leq H_{\min}^\epsilon(A|B)_\rho \tag{6.93}$$

$$H_{\max}^\epsilon(A|B)_\rho \leq \log d_A \tag{6.94}$$

が従う．一方で，平滑化することで，平滑化する前の min エントロピーと max エントロピーの関係には少し変化が生じる．具体的には，$H_{\max}^\epsilon(A|B)_\rho$ は厳密には $H_{\min}^\epsilon(A|B)_\rho$ よりも大きいとは限らず，

$$H_{\min}^\epsilon(A|B)_\rho \leq H_{\max}^{\epsilon'}(A|B)_\rho + \mathcal{O}\big((\epsilon + \epsilon')^2\big) \tag{6.95}$$

と，ϵ や ϵ' の二次の補正が入る．実用上は ϵ や ϵ' を小さく取ることが多いため，この差異はあまり重要ではないが，この事実を用いると，仮に量子状態 ρ が $H_{\min}(A|B)_\rho = H_{\max}(A|B)_\rho$ を満たすものだったとすると，(6.95) と $H_{\max}(A|B)_\rho = H_{\max}^0(A|B)_\rho$ より，

$$H_{\min}^\epsilon(A|B)_\rho \leq H_{\max}(A|B)_\rho + \mathcal{O}(\epsilon^2) = H_{\min}(A|B)_\rho + \mathcal{O}(\epsilon^2) \tag{6.96}$$

が従う．つまり，min エントロピーと max エントロピーが等しい量子状態に対しては，平滑化による値の変化は限定的であることが分かる [*2)]．そのような量子状態の典型例としては，最大エンタングル状態 $|\Phi\rangle^{AB}$ や最大混合状態 π^{AB}，古典最大相関状態 Ω^{AB} が挙げられ，$d = \dim\mathcal{H}^A = \dim\mathcal{H}^B$ として，

[*2)]　命題 6.21 の性質 1 より，$H_{\min}(A|B)_\rho = H_{\max}(A|B)_\rho$ の場合は，全ての $1/2 \leq \alpha \leq \infty$ に対して $H_\alpha(A|B)_\rho$ が等しくなることにも注意せよ．もちろん，その値は von Neumann エントロピーに他ならない．

$$H^{\epsilon}_{\min}(A|B)_{|\Phi\rangle\langle\Phi|} \approx H^{\epsilon}_{\max}(A|B)_{|\Phi\rangle\langle\Phi|} \approx -\log d \tag{6.97}$$

$$H^{\epsilon}_{\min}(A|B)_{\pi} \approx H^{\epsilon}_{\max}(A|B)_{\pi} \approx \log d \tag{6.98}$$

$$H^{\epsilon}_{\min}(A|B)_{\Omega} \approx H^{\epsilon}_{\max}(A|B)_{\Omega} \approx 0 \tag{6.99}$$

が成り立つ. 近似は $\mathcal{O}(\epsilon^2)$ のオーダーである.

以下の二つの定理は, 平滑化 Rényi エントロピーが持つ重要な二つの性質である.

定理 6.26（双対性）複合系 ABC の規格化されていない量子純粋状態 $|\bar{\rho}\rangle^{ABC} \in \mathcal{H}^{ABC}$ と $0 \le \epsilon \le \|\bar{\rho}\|_2$ に対して, $H^{\epsilon}_{\min}(A|B)_{\bar{\rho}} + H^{\epsilon}_{\max}(A|C)_{\bar{\rho}} = 0$ が成り立つ.

定理 6.27（データ処理不等式）複合系 AB を考える. $\mathcal{E}^{A\to A'}$ を系 A から系 A' への量子チャンネルで $\mathcal{E}^{A\to A'}(I^A) \le I^{A'}$ を満たすものとし, $\mathcal{T}^{B\to B'}$ を系 B から系 B' への量子チャンネルとする. 系 AB 上の任意の劣規格化状態 $\bar{\rho} \in \mathcal{S}_{\le}(\mathcal{H}^{AB})$ と $0 \le \epsilon \le \sqrt{\mathrm{Tr}[\bar{\rho}]}$ に対して,

$$H^{\epsilon}_{\min}(A|B)_{\bar{\rho}} \le H^{\epsilon}_{\min}(A'|B')_{\mathcal{E}\otimes\mathcal{T}(\bar{\rho})} \tag{6.100}$$

$$H^{\epsilon}_{\max}(A|B)_{\bar{\rho}} \le H^{\epsilon}_{\max}(A'|B')_{\mathcal{E}\otimes\mathcal{T}(\bar{\rho})} \tag{6.101}$$

が成り立つ.

その他の性質についての包括的な説明に関しては, 文献[20] を参考されたい.

■6.4.2　平滑化 Rényi エントロピーの量子漸近的等分配性

平滑化 Rényi エントロピーの重要性について, 簡単に説明しておこう. Rényi エントロピーの平滑化は, 量子状態 ρ のコピーが多数与えられた状況で, 全ての Rényi-α エントロピーを von Neumann エントロピーに結び付ける役割を持つ.

このことを説明するために, まず, 全ての Rényi-α エントロピーは $H_{\min}$ 以上 $H_{\max}$ 以下であり,

$$H_{\min}(A|B)_{\rho} \le H(A|B)_{\rho} \le H_{\max}(A|B)_{\rho} \tag{6.102}$$

が成り立つことを思い出そう. 一般の量子状態に対してはこれらの等号は成立しないため, 各 α に対する Rényi-α エントロピーは異なる値を取る. この状況は, ρ の複数のコピーが存在する状況, つまり, $\rho^{\otimes n}$ という状態に対しても同様である. テンソル積に対する加法性 $H_{\alpha}(A^n|B^n)_{\rho^{\otimes n}} = nH_{\alpha}(A|B)_{\rho}$ が成り立つことから,

$$H_{\min}(A^n|B^n)_{\rho^{\otimes n}} \le H(A^n|B^n)_{\rho^{\otimes n}} \le H_{\max}(A^n|B^n)_{\rho^{\otimes n}} \tag{6.103}$$

が成り立つからだ. ここで, 系 A^n は系 A と同型の量子系を n 個集めた量子系を意味する. このことを, 量子系 A の n 個のコピーと表現することもある. 系 B^n に対しても同様である.

一方で, 平滑化 Rényi エントロピーは, $n \to \infty$ の極限では von Neumann エントロピーと一致することが知られており, **量子漸近的等分配性**（*quantum asymptotic equipartition property: QAEP*）と呼ばれている.

定理 6.28（平滑化 *Rényi* エントロピーの量子漸近的等分配性[23]）　複合系 AB の任意の量子状態 $\rho^{AB} \in \mathcal{S}(\mathcal{H}^{AB})$ に対して，

$$\lim_{\epsilon \to 0} \lim_{n \to \infty} \frac{1}{n} H^\epsilon_{\min}(A^n|B^n)_{\rho^{\otimes n}} = H(A|B)_\rho \tag{6.104}$$

$$\lim_{\epsilon \to 0} \lim_{n \to \infty} \frac{1}{n} H^\epsilon_{\max}(A^n|B^n)_{\rho^{\otimes n}} = H(A|B)_\rho \tag{6.105}$$

が成り立つ.

　定理 6.28 の証明は文献[20] を参照されたい. 定理 6.28 は, ϵ のゼロ次のオーダーだけを見ると, 平滑化 Rényi エントロピーは量子状態のコピー数 n の一次までは von Neumann エントロピーと一致することを意味している.

　一見すると, 定理 6.28 は単なる数学的な関係式のように見えるかもしれない. しかしそうではなく, 量子状態の n 個のコピーを考える状況は, 物理学および情報科学の双方でよく現れ, 量子漸近的等分配性はその文脈でも重要な示唆を与えている. 物理学で状態の複数コピーが現れる典型的な例は, 粒子間の相互作用を無視できる理想気体である. 実際, 一粒子に対応する量子系を A, その量子状態を ρ^A とすれば, n 粒子から構成される理想気体 A^n の量子状態は $(\rho^A)^{\otimes n}$ と表現される. この量子状態の熱力学極限 $n \to \infty$ を取ったものが, 通常の熱力学の研究対象だ. 例えば, 理想気体が熱平衡状態にある場合には, 熱力学的エントロピーは一粒子のハミルトニアン K と逆温度 β を用いて表現される熱平衡状態

$$\rho_{\text{th}}(\beta) = \frac{e^{-\beta K}}{\text{Tr}[e^{-\beta K}]} \tag{6.106}$$

の von Neumann エントロピーで与えられるが, これは,

$$\frac{1}{n} H(A^n)_{(\rho_{\text{th}}(\beta))^{\otimes n}} = \frac{n H(A)_{\rho_{\text{th}}(\beta)}}{n} = H(A)_{\rho_{\text{th}}(\beta)} \tag{6.107}$$

が成り立つことによる.

　このように, 物理においてエントロピーを考える際には往々にして無意識に熱力学極限や von Neumann エントロピーの性質を用いている. (6.107) が任意の粒子数 n で成り立つという事実は, また, von Neumann エントロピーでは熱力学極限と有限系の差異を調べることが難しいことを示唆する. 一方で, 平滑化エントロピーは一般的には粒子数 n に応じて異なる値を取るため, 熱力学極限と有限系の何らかの差異 [*3] を反映できる量となっている. この観点から, 平滑化エントロピーの意義は, エントロピーを熱力学極限を取らない有限系へ拡張したことだと考えることができる. 実際に, 平滑化エントロピーを用いることで, 粒子数 n に比例する性質だけではなく, 例えば $\sqrt{n}$ に比例する量など, 有限系における $o(n)$ の性質を調べることができる. さらに, 平滑化エントロピーの量子漸近的等分配性（定理 6.28）は, 有限系のエントロピーが熱力学極限 $n \to \infty$

[*3]　以下で情報論的な視点から「何らかの差異」を例示するが, そのような差異が物理としてどのような意義を持つのか, それとも持たないのかは興味深い問題である.

で通常の熱力学エントロピーに一致することを保証している点で重要である．例えば，平滑化をしない Rényi エントロピーは (6.103) より，熱力学極限を取ったとしても von Neumann エントロピーとは一般には一致しないため，通常のエントロピーの有限系への拡張という目的には適さない．

一方で，情報科学では $\rho^{\otimes n}$ という密度演算子と $n \to \infty$ の極限は独立同分布極限（independent and identically distributed limit: i.i.d. limit）と呼ばれ，より基本的な役割を果たしている．独立同分布極限の重要性に関しては次章以降で詳しく見るが，やはりその場合も，平滑化エントロピーは von Neumann エントロピーを有限系へと拡張したものとして重宝される．

最後に，簡単な具体例を用いて定理 6.28 を定性的に確かめることにしよう．以下では，1-qubit 量子系 A 上の量子状態

$$\rho^A = p|\psi_0\rangle\langle\psi_0|^A + (1-p)|\psi_1\rangle\langle\psi_1|^A \tag{6.108}$$

の von Neumann エントロピーと，Rényi エントロピー，平滑化した Rényi エントロピーを比較しよう．ただし，$\langle\psi_i|\psi_j\rangle = \delta_{ij}$ とする．

量子状態 ρ^A に対して，von Neumann エントロピーと Rényi-α エントロピーが一般には異なる値を持つことは，直接的な計算で確かめることができる．

練習問題 75　(6.108) で与えられる量子状態の n 個のコピー $(\rho^A)^{\otimes n}$ に対して，$H(A^n)_{\rho^{\otimes n}}/n = h(p)$，および，

$$\frac{1}{n}H_{\min}(A^n)_{\rho^{\otimes n}} = -\log\max\{p, 1-p\}, \quad \frac{1}{n}H_{\max}(A^n)_{\rho^{\otimes n}} = 2\log(\sqrt{p} + \sqrt{1-p}) \tag{6.109}$$

を示せ．ただし，$h(p) := -p\log p - (1-p)\log(1-p)$ は二値エントロピーである．

練習問題 75 から，規格化された von Neumann エントロピー，max エントロピー，min エントロピーは大きく異なる関数になっていることが分かる．図 6.1 も参照すると，それらの差異が分かりやすいだろう．

では，(6.108) で与えられる量子状態 ρ^A に対する平滑化 Rényi エントロピーはどうだろうか．このような単純な状態であっても，平滑化 Rényi エントロピーの値を解析的に厳密に得るのは難しいため，以下では定性的に計算を進めよう．以下では簡単のため，$1/2 \le p \le 1$ とする．まず，$(\rho^A)^{\otimes n}$ を形式的に以下のように書き下す．

$$(\rho^A)^{\otimes n} = \sum_{j \in \{0,1\}^n} p^{n_0(j)}(1-p)^{n-n_0(j)}|\psi_j\rangle\langle\psi_j|^{A^n} \tag{6.110}$$

ここで，$j = j_1...j_n$（ただし，$j_m \in \{0,1\}$ である）に対して，$|\psi_j\rangle^{A^n} = |\psi_{j_1}\rangle^A \otimes \cdots \otimes |\psi_{j_n}\rangle^A$ という表記を用いた．また，$n_0(j)$ はビット列 j に含まれる 0 の数である．このように量子状態の n 階テンソル積を展開し，"どのような" 項が支配的であるかを考察すると，平滑化エントロピーのこころを理解しやすい．

より具体的には，j に含まれる 0 と 1 の個数に着目しよう．0 を k 個，1 を $n-k$ 個含む j の集合を J_k と書き，部分空間 $\mathcal{H}_k^{A^n} = \mathrm{span}\{|\psi_j\rangle^{A^n}\}_{j \in J_k}$ への射影演算子 $\Pi_k^{A^n} =$

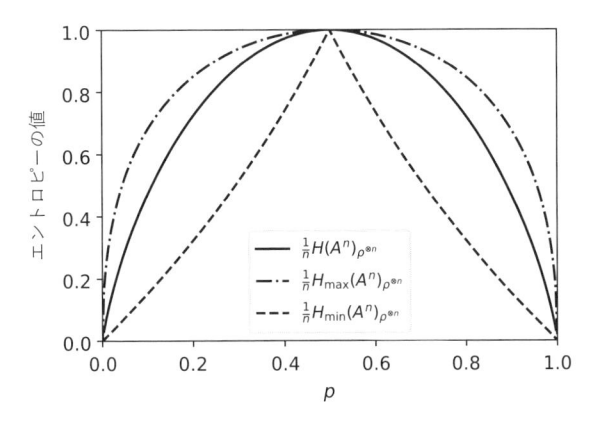

図 **6.1** (6.108) で与えられる量子状態 ρ^A の n 個のコピー $(\rho^A)^{\otimes n}$ に対する規格化され
た von Neumann エントロピー，max エントロピー，min エントロピーの値.

$\sum_{j \in J_k} |\psi_j\rangle\langle\psi_j|^{A^n}$ を導入しよう．量子状態 $(\rho^A)^{\otimes n}$ の，部分空間上 $\mathcal{H}_k^{A^n}$ での重みは，

$$\mathrm{Tr}\big[\Pi_k^{A^n}(\rho^A)^{\otimes n}\big] = \sum_{j \in J_k} p^{n_0(j)}(1-p)^{n-n_0(j)} = \binom{n}{k}p^k(1-p)^{n-k} = 2^{nC(n,k,p)} \qquad (6.111)$$

で与えらえる．ただし，$\log\binom{n}{k} \approx nh(k/n)$ を用いて，

$$C(n,k,p) \approx h\Big(\frac{k}{n}\Big) + \frac{k}{n}\log p + \Big(1-\frac{k}{n}\Big)\log(1-p) \qquad (6.112)$$

と定義した．部分空間での重みは常に 1 以下なので，$C(n,k,p) \leq 0$ である．

(6.111) は，n が十分大きな極限では，$C(n,k,p) \approx 0$ を満たす部分空間のみが支配的に
なることを意味する．この条件はビット列 j に含まれる 0 の個数 k が $k = pn + o(n)$ で
与えられるときに満たされる．以下では，その条件を満たす j の集合を J_{typ}，それ以外
の j の集合を J_{atyp} と書くことにしよう．この表記を用いて J_{typ} に対応する射影演算子
を $\Pi_{\mathrm{typ}}^{A^n} = \sum_{j \in J_{\mathrm{typ}}} |\psi_j\rangle\langle\psi_j|^{A^n}$ とすると，量子状態 $(\rho^A)^{\otimes n}$ は，

$$(\rho^A)^{\otimes n} = \Pi_{\mathrm{typ}}^{A^n}(\rho^A)^{\otimes n}\Pi_{\mathrm{typ}}^{A^n} + (I^{A^n} - \Pi_{\mathrm{typ}}^{A^n})(\rho^A)^{\otimes n}(I^{A^n} - \Pi_{\mathrm{typ}}^{A^n}) \qquad (6.113)$$

と分割できる．第一項の劣規格化状態を $\bar{\rho}_{\mathrm{typ}}^n$，第二項の劣規格化状態を $\bar{\rho}_{\mathrm{atyp}}^n$ と表すと，

$$\mathrm{Tr}[\bar{\rho}_{\mathrm{typ}}^n] = 2^{nC(n,np,p)} \xrightarrow{n\to\infty} 1 \qquad (6.114)$$

$$\mathrm{Tr}[\bar{\rho}_{\mathrm{atyp}}^n] = 1 - 2^{nC(n,np,p)} \xrightarrow{n\to\infty} 0 \qquad (6.115)$$

が成り立つ．つまり，n が大きい極限では $(\rho^A)^{\otimes n} \approx \bar{\rho}_{\mathrm{typ}}^n$ とみなせる．

練習問題 76 劣規格化状態 $\bar{\rho}_{\mathrm{typ}}^n$ に対して，平滑化していない min エントロピーと max エント
ロピーが，

$$H_{\min}(A^n)_{\bar{\rho}_{\mathrm{typ}}^n} = H_{\max}(A^n)_{\bar{\rho}_{\mathrm{typ}}^n} = nh(p) + o(n) \qquad (6.116)$$

で与えられることを示せ.

さて，$(\rho^A)^{\otimes n} \approx \bar{\rho}^n_{\mathrm{typ}}$ が成り立つので，任意の ϵ に対して十分大きな n を取れば，$\bar{\rho}^n_{\mathrm{typ}}$ は $(\rho^A)^{\otimes n}$ の ϵ 球に含まれる．よって，

$$h(p) \leq \lim_{n \to \infty} \frac{1}{n} H^\epsilon_{\min}(A^n)_{\rho^{\otimes n}}, \quad \lim_{n \to \infty} \frac{1}{n} H^\epsilon_{\max}(A^n)_{\rho^{\otimes n}} \leq h(p) \tag{6.117}$$

を得る．最後に $\epsilon \to 0$ の極限を取り，平滑化 min エントロピーと平滑化 max エントロピーの大小関係 (6.95) を用いることで，

$$h(p) = \lim_{\epsilon \to 0} \lim_{n \to \infty} \frac{1}{n} H^\epsilon_{\min}(A^n)_{\rho^{\otimes n}} \tag{6.118}$$

$$= \lim_{\epsilon \to 0} \lim_{n \to \infty} \frac{1}{n} H^\epsilon_{\max}(A^n)_{\rho^{\otimes n}} \tag{6.119}$$

$$= \lim_{n \to \infty} \frac{1}{n} H(A^n)_{\rho^{\otimes n}} \tag{6.120}$$

が成り立つことが分かる．最後の等式は練習問題 75 による．つまり，平滑化しない Rényi エントロピーは図 6.1 のように一般には異なる値を持つが，平滑化を行うことによって $n \to \infty$ の極限でその値が一致することが分かった．これは，定理 6.28 で述べた量子漸近的等分配性に他ならない．平滑化 Rényi エントロピーの熱力学極限での関係式 (6.120) と平滑化しない Rényi エントロピーの関係（練習問題 75）を比較すると，n が大きい漸近極限で現れる平滑化の効果や，また，なぜ平滑化する際に規格化状態ではなく劣規格化状態で最適化を取るのかが具体的に理解できるだろう．

7 エントロピーの応用

前章では，様々なエントロピーを数学的に導入し，それらが持つ性質を見た．それらのエントロピーが情報処理の解析でどのような役割を果たすかは本書において徐々に明らかになっていくが，本章では，エントロピーに関する具体的なイメージを持つためにいくつかのトピックスをオムニバス的に紹介し，その中でエントロピーが果たす役割について説明する.

7.1 アクセス可能な情報量と Holevo の定理

まず，量子相互情報量の応用として，Holevo の定理を紹介しよう．その定理は n-qubit が持てる古典情報量は高々 n-bit であることを述べるものである．

具体的な設定は以下のとおりである．まず，Alice は確率 p_x で記号 x を選び，その値に応じて量子状態 ρ_x を準備する状況を考える．対応する量子状態は，ρ_x が定義される量子系を A とおき，古典的な記号 x を記述する系 X を導入することで，

$$\rho^{XA} := \sum_x p_x |e_x\rangle\langle e_x|^X \otimes \rho_x^A \tag{7.1}$$

と書ける．ここで，$\{|e_x\rangle\}_x$ は系 X の正規直交基底である．この量子系 A をどの記号 x が選ばれたかは知らない Bob に手渡し，Bob は量子系 A に対して POVM $\Lambda^A = \{\Lambda_x^A\}_x$ で記述される量子測定を行うことで x の情報を得るというタスクを考える．ただし，Bob は $\{p_x, \rho_x\}_x$ に対応する密度演算子 $\rho = \sum_x p_x \rho_x$ は知っていると仮定する．

アルファベット x に対応する確率変数を X とし，POVM Λ の測定結果に対応する確率変数を Y とすると，測定結果を通じて得ることができる確率変数 X に関する情報量は相互情報量 $I(X:Y)$ で与えられる．この値は Bob の POVM Λ に依存するが，Bob が最適な POVM による量子測定を行った場合の相互情報量を

$$I_{\mathrm{acc}}(X:Y) := \max_\Lambda I(X:Y) \tag{7.2}$$

と表すことにする．この量をアクセス可能な情報量（*accessible information*）と呼ぶ．アクセス可能な情報量が大きければ大きいほど，Bob は Alice が準備したアルファベット x に対して多くの情報を得られることになる．

以下の定理はアクセス可能な情報量の上界を与えるもので，その上界はしばしば *Holevo 限界*（*Holevo bound*）と呼ばれる．

定理 7.1（*Holevo* 限界[24]）　量子状態のアンサンブル $\{p_x, \rho_x\}$ に対する密度演算子を $\rho = \sum_x p_x \rho_x$ とする．アクセス可能な情報量 $I_{\mathrm{acc}}(X:Y)$ は，

$$I_{\mathrm{acc}}(X:Y) \leq H(\rho) - \sum_x p_x H(\rho_x) =: \chi(\rho) \tag{7.3}$$

を満たす．$\chi(\rho)$ は，量子状態のアンサンブル $\{p_x, \rho_x\}$ に対する *Holevo* の χ 量（*Holevo* χ-quantity）と呼ばれる．

証明（定理 7.1 の証明）　Bob が量子系 A に対して行う POVM $\Lambda = \{\Lambda_x\}_x$ の測定の結果を系 Y に書き込む量子チャンネル $\mathcal{T}_\Lambda^{A \to Y}$ を考える．系 Y のヒルベルト空間が正規直交規定 $\{|e_y\rangle\}_y$ で張られるものとすると，その量子チャンネルは

$$\mathcal{T}_\Lambda^{A \to Y}(\sigma^A) = \sum_y \mathrm{Tr}[\Lambda_y^A \sigma^A] |e_y\rangle\langle e_y|^Y \tag{7.4}$$

で与えられる．この量子チャンネルを ρ^{XA} に作用させることで，

$$\mathcal{T}_\Lambda^{A \to Y}(\rho^{XA}) = \sum_{x,y} p_x \mathrm{Tr}[\Lambda_y^A \rho_x^A] |e_x\rangle\langle e_x|^X \otimes |e_y\rangle\langle e_y|^Y \tag{7.5}$$

を得る．$\mathrm{Tr}[\Lambda_y^A \rho_x^A]$ は量子状態が ρ_x であったときに測定結果 y が得られる条件付き確率であることから，$p_x \mathrm{Tr}[\Lambda_y^A \rho_x^A]$ は確率変数 X と Y の同時確率分布 $P_{X,Y}(x,y)$ であることが分かる．したがって，

$$\mathcal{T}_\Lambda^{A \to Y}(\rho^{XA}) = \sum_{x,y} P_{X,Y}(x,y) |e_x\rangle\langle e_x|^X \otimes |e_y\rangle\langle e_y|^Y \tag{7.6}$$

と書ける．$\{|e_x\rangle^X\}_x$ や $\{|e_y\rangle^Y\}_y$ が正規直交基底なので，これは古典的な同時確率分布を量子状態を用いて表現しているだけであることに注意せよ．

　量子相互情報量が量子チャンネルに対して非増加であることと，簡単な計算から $\chi(\rho) = I(X:A)_\rho$ が成り立つことが分かるので，任意の POVM Λ に対して

$$\chi(\rho) = I(X:A)_\rho \geq I(X:Y)_{\mathcal{T}_\Lambda(\rho)} \tag{7.7}$$

が成り立つ．上述のとおり，$\mathcal{T}_\Lambda(\rho)$ は確率変数 X と Y の同時確率分布なので，右辺は確率変数 X と Y の間の相互情報量に他ならない．POVM Λ で右辺を最大化することで，(7.3) を得る．　　　　　　　　　　　　　　　　　□

　定理 7.1 の応用例として，Holevo 限界を n-qubit の量子系に適用してみよう．この場合は，アルファベット x に応じて準備された n-qubit の量子状態 ρ_x に量子測定を行うとき，その結果から x に関して得られる情報は n-bit を超えないことが分かる．実際に，この場合のアクセス可能な情報量の上界を計算すると，$\rho = \sum_x p_x \rho_x$ を用いて

$$I_{\mathrm{acc}}(X:Y) \leq H(\rho) - \sum_x p_x H(\rho_x) \leq H(\rho) \leq n \tag{7.8}$$

で与えらえる．このことは，量子状態は連続的な変数を持つにもかかわらず，量子測定による読み取り操作までを含めて考えると，n-qubit の量子状態が保持できる古典情報は最大でも n-bit 分という離散的な量にすぎないことを意味している．

7.2 エントロピー不確定性関係

アクセス可能な情報量を用いると，量子系の大きな特徴である不確定性関係を操作論的な観点から定式化できる．不確定性関係とは，与えられた量子状態に対して，非可換な可観測量 O_X と O_Z を測定したときに，それらの測定値を同時には確定できないという性質である．

不確定性関係を端的に定式化するよく知られた定理が以下である．証明は文献[1] などを参照されたい．

定理 7.2（*Kennard–Robertson* の不確定性関係）　量子状態 $|\psi\rangle \in \mathcal{H}$ に対する可観測量 $O_X, O_Z \in \mathcal{B}(\mathcal{H})$ の分散を $\sigma_\psi(O_X), \sigma_\psi(O_Z)$ とする．つまり，

$$\sigma_\psi(O_X) := \langle\psi|O_X^2|\psi\rangle - (\langle\psi|O_X|\psi\rangle)^2 \tag{7.9}$$

$$\sigma_\psi(O_Z) := \langle\psi|O_Z^2|\psi\rangle - (\langle\psi|O_Z|\psi\rangle)^2 \tag{7.10}$$

とすると，

$$\sigma_\psi(O_X)\sigma_\psi(O_Z) \geq \frac{1}{2}\left|\langle\psi|[O_X, O_Z]|\psi\rangle\right| \tag{7.11}$$

が成り立つ．ここで，$[O_X, O_Z] = O_X O_Z - O_Z O_X$ は交換子である．

可観測量 O_X と O_Z が非可換である場合，(7.11) の右辺の値は一般の量子状態に対しては非ゼロになるため，O_X と O_Z の分散の積が小さくなれない．これが，測定結果の分散という観点から見た不確定性関係である．

定理 7.2 は歴史的によく知られた不確定性関係の定式化だが，いくつか不満な点がある．特に，その下界は可観測量と量子状態の双方に依存するため，使い勝手がよくない．例えば，二つの可観測量が n-qubit Pauli-X と n-qubit Pauli-Z で与えられ，量子状態が Pauli-X の固有状態である場合を考えてみよう．よく知られるように，Pauli-X の固有状態は Pauli-Z で測定すると一様な確率分布を与えるため，これは最大の不確定性を持つ状況といえる．ところが，これらを (7.11) に代入すると，$0 \geq 0$ という自明な不等式になってしまう．つまり，定理 7.2 は最も大きな不確定性を持つ状況を定量的には反映できていない．

このような理由から，量子情報では Kennard–Robertson の不確定性ではなく，エントロピー不確定性関係（*entropic uncertainty relation*）を用いることが多い．エントロピーは操作論的にも意義があるため，エントロピーを用いて定量化することで応用が容易な関係式を得ることが期待できる点も，エントロピー不確定性関係が重宝される理由の一つである．ここでは文献[3] に従って，いわゆるメモリ付きのエントロピー不確定性関係を説明する．

メモリ付きのエントロピー不確定性関係は，複合系の量子状態の各部分系を二種類の POVM で測定した際の測定結果に着目して，不確定性を定式化するものである．具体的

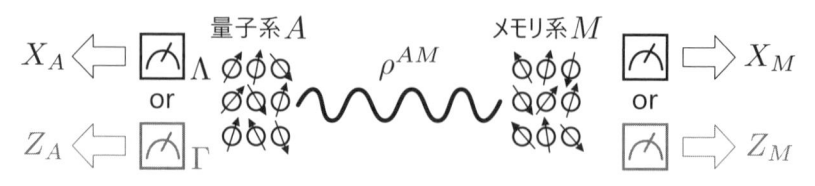

$X_A \Leftarrow$ ... Λ ... ρ^{AM} ... 量子系 A ... メモリ系 M ... $\Rightarrow X_M$

$Z_A \Leftarrow$ ... Γ ... or ... $\Rightarrow Z_M$

図 **7.1**　メモリ付きエントロピー不確定性関係の概念図. 量子系 A とメモリ系 M が一般的にはエンタングルした量子状態 ρ^{AM} にあるときに, 量子系 A を POVM Λ か Γ で測定し, 各々の測定結果に対応する確率変数を X_A と Z_A とおく. その後, メモリ系 M にも各々に対応する何らかの量子測定を行い, 確率変数 X_M と Z_M を得る. 量子系 A がメモリ系 M にうまく"記憶"されているのであれば, X_A と X_M は完全に相関し, Z_A と Z_M は完全に相関していることが期待される. この相関は, アクセス可能な情報量 $I_{\mathrm{acc}}(X_A : X_M)$ と $I_{\mathrm{acc}}(Z_A : Z_M)$ で定量化できる.

な状況は図 7.1 で, 複合系 AM の部分系 A を興味のある量子系, 部分系 M を系 A の情報を保持するメモリの役割を果たす量子系とみなす. その複合系 AM 上の量子状態が ρ^{AM} であったときに, 部分系 A をランク 1 の POVM $\Lambda = \{\Lambda_x\}_x$, もしくは, ランク 1 の POVM $\Gamma = \{\Gamma_z\}_z$ で測定することを考える. 前者の場合の測定結果に対応する確率変数を X_A, 後者の場合の測定結果を確率変数 Z_A で表す. これらの確率変数に関する情報を, メモリ系 M での縮約密度演算子 $\rho^M = \mathrm{Tr}_A[\rho^{AM}]$ への測定からどれくらい得られるかを定量化する. 確率変数 X_A の情報を得たい場合にはメモリ系 M にある測定を行い, Z_A の情報を得たい場合には一般には異なる測定を行う. 各々の測定結果に対応する確率変数を X_M と Z_M とおくと, 確率変数 X_A についての情報を X_M からどの程度得られるかは, アクセス可能な情報量 $I_{\mathrm{acc}}(X_A : X_M)$ で, 確率変数 Z_A についての情報を Z_M からどの程度得られるかは, アクセス可能な情報量 $I_{\mathrm{acc}}(Z_A : Z_M)$ で与えられる.

　これら二種類のアクセス可能な情報量 $I_{\mathrm{acc}}(X_A : X_M)$, $I_{\mathrm{acc}}(Z_A : Z_M)$ に対して以下の定理が成り立ち, その二つの情報量が満たすトレードオフの関係を与える.

定理 7.3（メモリ付きエントロピー不確定性関係）　上述の状況において,

$$I_{\mathrm{acc}}(X_A : X_M) + I_{\mathrm{acc}}(Z_A : Z_M) \leq H(X_A) + H(Z_A) - \big(\log(1/c) + H(A|M)_\rho\big) \tag{7.12}$$

が成り立つ. ただし, $c = \max_{x,z} \|\sqrt{\Lambda_x}\sqrt{\Gamma_z}\|_\infty^2$ である.

　定理 7.3 から, アクセス可能な情報量の和が, 系 A での POVM（Λ と Γ）と, 元々の量子状態 ρ^{AM} だけに依存する上限を持つことが分かる. その上限の意味は以下で説明するが, 上限が小さい状況では, $I_{\mathrm{acc}}(X_A : X_M)$ と $I_{\mathrm{acc}}(Z_A : Z_M)$ のどちらかが大きいときは, 必ずもう一方は小さくなる. 言い換えると, 片方の POVM の結果の情報をメモリ系 M での測定からよく推測できる場合は, もう片方の POVM の結果の情報はどうやってもメモリ系 M からは推測できないことが分かる. これが不確定性関係の一つの定式化になっていることは明らかだろう.

　定理 7.3 を証明する前に, 定理の主張を書き換えておこう. まず, 量子状態 $\rho^{AM} \in$

$\mathcal{S}(\mathcal{H}^{AM})$ の量子系 A での測定結果を保存する古典メモリを導入する. 各々の POVM Λ と Γ での測定後の量子状態を, 古典メモリ X と Z を導入して,

$$\rho_\Lambda^{MX} := \sum_x |x\rangle\langle x|^X \otimes \mathrm{Tr}_A\left[\Lambda_x^A \rho^{AM}\right] \tag{7.13}$$

$$\rho_\Gamma^{MZ} := \sum_z |z\rangle\langle z|^Z \otimes \mathrm{Tr}_A\left[\Gamma_z^A \rho^{AM}\right] \tag{7.14}$$

となるようにする. ここで, $\{|x\rangle\}_x$ は古典メモリ X の, $\{|z\rangle\}_z$ は古典メモリ Z の正規直交基底である. このとき,

$$H(X|M)_{\rho_\Lambda} + H(Z|M)_{\rho_\Gamma} \geq \log(1/c) + H(A|M)_\rho \tag{7.15}$$

が成り立ったとしよう [*1]. ただし, c は定理 7.3 で与えられる. 簡単な式変形を行うと, この式から定理 7.3 を導くことができる. よって, 以下では (7.15) を示すことにする.

練習問題 77 Holevo 限界(定理 7.1)を用いて, (7.15) から定理 7.3 を導け.

(7.15) を示す前に, (7.15) の下界をさらに詳しく見ておく. その下界は, (7.12) の上界の非自明な項と同じであることに注意せよ. その下界は, 二つの POVM Λ と Γ のみに依存する項 $\log(1/c)$ と, 量子状態のみに依存する条件付きエントロピー $H(A|M)_\rho$ の和で与えられる. 以下で確かめるように, 前者は二つの POVM の非可換性の定量化になっており, 後者は初期の量子状態において, メモリ系 M から見たときの系 A の不確定性の指標と考えられる.

まず, 簡単のために, 複合系 AM 上の量子状態が $H(A|M)_\rho = 0$ を満たす場合を考えて, $\log(1/c)$ が非可換性と関係することをいくつかの例から確認しよう. 二つの POVM が可換な可観測量からなる場合は, それらを同時対角化する正規直交基底 $\{|e_w\rangle\}_w$ を用いて $\Lambda = \Gamma = \{|e_w\rangle\langle e_w|\}_w$ と書ける. したがって, $c = 1$ となり,

$$H(X|M)_{\rho_\Lambda} + H(Z|M)_{\rho_\Gamma} \geq 0 \tag{7.16}$$

を得る. しかし, ρ_Λ や ρ_Γ はセパラブル状態なのでそれらの条件付きエントロピーはそもそも非負である. したがって, これは自明に成り立つ関係であり, 二つの POVM が可換な場合はエントロピーの意味での不確定性を持たないことが分かる.

一方で, 系 A が 1-qubit で, Λ が Pauli-X での測定, Γ が Pauli-Z での測定の場合は, $\Lambda = \{|\pm\rangle\langle\pm|\}$, $\Gamma = \{|0\rangle\langle 0|, |1\rangle\langle 1|\}$ なので, $c = 1/2$ である. よって,

$$H(X|M)_{\rho_\Lambda} + H(Z|M)_{\rho_\Gamma} \geq 1 \tag{7.17}$$

が従う. 系 A が 1-qubit の場合は $0 \leq H(X|M)_{\rho_\Lambda}, H(Z|M)_{\rho_\Gamma} \leq 1$ なので, この場合は強いトレードオフが成り立ち, 期待されたとおり, 大きな不確定性を持つことが分かる.

(7.15) の下界のもう一つの項 $H(A|M)_\rho$ については, (少なくとも古典的には) 条件付きエントロピーは直観的にはメモリ系 M から見たときの量子系 A の不確定性と考える

[*1] 厳密には, この式をエントロピー不確定性関係と呼ぶことが多い.

ことができることから，直観的にも分かりやすい．もちろん，メモリ系 M から見たとき
に量子系 A が高い不確定性を持っているということは，そもそもそのメモリ系 M は量
子系 A とあまり相関しておらず，メモリとして機能していないことを意味する．そのよ
うな場合には，測定を行ってもメモリ系 M から量子系 A の結果を精度高く推定するこ
とは難しい．結果として，(7.15) の左辺に現れる量も小さくなりえない．

ただし，$H(A|M)_\rho$ に関しては，負の値を取ることがあるという量子系特有の興味深い
性質があることには注意が必要である．特に興味深い場合として，量子系 A とメモリ系
M が各々 1-qubit で，ρ^{AM} が最大エンタングル状態で与えられる場合を考えよう．この
場合は条件付きエントロピーは -1 である．先述と同様に，系 A を Pauli-X か Pauli-Z
で測定することを考えると，$\log(1/c) = 1$ なので，

$$H(X|M)_{\rho_\Lambda} + H(Z|M)_{\rho_\Gamma} \geq 1 - 1 = 0 \tag{7.18}$$

という自明な不等式が導かれる．つまり，二つの測定が最大の不確定性を持つにもかか
わらず，各々の測定結果は何のトレードオフも持たないのである．一見すると非直感的
なこの結論は，ρ_Λ と ρ_Γ を具体的に書き下すとよりよく理解できる．最大エンタングル
状態の性質を用いると，簡単な計算によって，

$$\rho_\Lambda^{XM} = \frac{1}{2} \sum_{x=0}^{1} |x\rangle\langle x|^X \otimes |x\rangle\langle x|^M, \quad \rho_\Gamma^{ZM} = \frac{1}{2} \sum_{z=0}^{1} |z\rangle\langle z|^Z \otimes |z\rangle\langle z|^M \tag{7.19}$$

であることが分かる．これらはどちらも古典最大相関状態であるため，どちらの場合も，
メモリ系 M から古典メモリ X や Z に保存された測定結果を完全に予知できる．つま
り，非可換な Pauli-X と Pauli-Z での量子測定に起因する不確定性が，最大エンタング
ル状態が持つ量子相関によって完全に打ち消されるのだ．このような非可換性と量子相
関のうまい綱引きによって，その状況下では不確定性関係が (7.18) のように自明なもの
となる．この考察に基づいて (7.15) を見返すと，その不等式は，量子測定の非可換性と
状態が持つ量子相関の双方の影響を考慮した性質のよいものになっていることが分かる
だろう．

以下では，(7.15) を導出することで，定理 7.3 を証明する．この証明も含めて，エント
ロピーに関する命題を取り扱う際には，系の純粋化が大きな役割を果たす．純粋化した
状態に対してエントロピーの種々の関係式を用いると，往々にして求めたい関係式を単
純化できるからだ．本証明はやや煩雑だが，純粋化という証明の方針を意識しつつ，実
際に手を動かしながら読み進めてほしい．

証明（定理 7.3 の証明（(7.15) の導出））　二つの POVM Λ と Γ から

$$V_\Lambda^{A \to XX'A} := \sum_x |x\rangle^X \otimes |x\rangle^{X'} \otimes \sqrt{\Lambda_x^A} \tag{7.20}$$

$$V_\Gamma^{A \to ZZ'A} := \sum_z |z\rangle^Z \otimes |z\rangle^{Z'} \otimes \sqrt{\Gamma_z^A} \tag{7.21}$$

という二つのアイソメトリを導入する．これらがアイソメトリであることは簡単な計算

から確認できる．量子状態 ρ^{AM} の純粋化状態を $|\rho\rangle^{AMR}$ として，

$$|\rho_\Lambda\rangle^{XX'AMR} := V_\Lambda^{A\to XX'A}|\rho\rangle^{AMR} \tag{7.22}$$

$$|\rho_\Gamma\rangle^{ZZ'AMR} := V_\Gamma^{A\to ZZ'A}|\rho\rangle^{AMR} \tag{7.23}$$

とおくと，各々，ρ_Λ^{XM} と ρ_Γ^{ZM} の純粋化である．また，簡単な計算から

$$\rho_\Lambda^M = \rho_\Gamma^M = \rho^M, \quad \rho_\Lambda^R = \rho_\Gamma^R = \rho^R \tag{7.24}$$

が成り立つことも分かる．

これらの状態を用いて示したい式

$$H(X|M)_{\rho_\Lambda} + H(Z|M)_{\rho_\Gamma} \ge \log(1/c) + H(A|M)_\rho \tag{7.25}$$

を書き換える．まず，(7.24) と，純粋状態に対する von Neumann エントロピーの性質，条件付き量子エントロピーの双対性を用いて，

$$H(Z|M)_{\rho_\Gamma} - H(A|M)_\rho = H(ZM)_{\rho_\Gamma} - H(M)_{\rho_\Gamma} - H(AM)_\rho + H(M)_\rho \tag{7.26}$$

$$= H(ZM)_{\rho_\Gamma} - H(AM)_\rho \tag{7.27}$$

$$= H(Z'R)_{\rho_\Gamma} - H(R)_\rho \tag{7.28}$$

$$= H(ZR)_{\rho_\Gamma} - H(R)_{\rho_\Gamma} \tag{7.29}$$

$$= H(Z|R)_{\rho_\Gamma} \tag{7.30}$$

$$= -H(Z|Z'AM)_{\rho_\Gamma} \tag{7.31}$$

を得る．したがって，示したい式は $H(X|M)_{\rho_\Lambda} - H(Z|Z'AM)_{\rho_\Gamma} \ge \log(1/c)$ と等価である．さらに条件付きエントロピーを相対エントロピーで書き直すと，

$$D\big(\rho_\Gamma^{ZZ'AM}\|I^Z \otimes \rho_\Gamma^{Z'AM}\big) \ge \log(1/c) + D\big(\rho_\Lambda^{XM}\|I^X \otimes \rho^M\big) \tag{7.32}$$

を示せばよいことが分かる．ここで，$\rho_\Lambda^M = \rho^M$ を用いた．

さて，$D\big(\rho_\Gamma^{ZZ'AM}\|I^Z \otimes \rho_\Gamma^{Z'AM}\big)$ の下界を求めるために，

$$\Pi_\Gamma^{ZZ'A} := V_\Gamma^{A\to ZZ'A}\big(V_\Gamma^{A\to ZZ'A}\big)^\dagger, \quad \Pi_{\Gamma,\perp}^{ZZ'A} = I^{ZZ'A} - \Pi_\Gamma^{ZZ'A} \tag{7.33}$$

という系 $ZZ'A$ 上の射影演算子を用いて，量子状態 $\sigma^{ZZ'A}$ を

$$\sigma^{ZZ'A} \mapsto \Pi_\Gamma^{ZZ'A}\sigma^{ZZ'A}\Pi_\Gamma^{ZZ'A} + \Pi_{\Gamma,\perp}^{ZZ'A}\sigma^{ZZ'A}\Pi_{\Gamma,\perp}^{ZZ'A} \tag{7.34}$$

と変換する量子チャンネル $\mathcal{T}_\Gamma^{ZZ'A}$ を考えよう．量子相対エントロピーの量子チャンネルに対する単調性から，

$$D\big(\rho_\Gamma^{ZZ'AM}\|I^Z \otimes \rho_\Gamma^{Z'AM}\big) \ge D\big(\mathcal{T}_\Gamma^{ZZ'A}(\rho_\Gamma^{ZZ'AM})\|\mathcal{T}_\Gamma^{ZZ'A}(I^Z \otimes \rho_\Gamma^{Z'AM})\big) \tag{7.35}$$

が成り立つ．この右辺を具体的に計算する．

まず，

$$\Pi_\Gamma^{ZZ'A}|\rho_\Gamma\rangle^{ZZ'AMR} = V_\Gamma^{A\to ZZ'A}\big(V_\Gamma^{A\to ZZ'A}\big)^\dagger V_\Gamma^{A\to ZZ'A}|\rho\rangle^{AMR} \tag{7.36}$$

$$= V_\Gamma^{A\to ZZ'A}|\rho\rangle^{AMR} \tag{7.37}$$

$$= |\rho_\Gamma\rangle^{ZZ'AMR} \tag{7.38}$$

であることから,

$$\Pi_\Gamma^{ZZ'A} \rho_\Gamma^{ZZ'AM} \Pi_\Gamma^{ZZ'A} = \rho_\Gamma^{ZZ'AM}, \qquad \Pi_{\Gamma,\perp}^{ZZ'A} \rho_\Gamma^{ZZ'AM} \Pi_{\Gamma,\perp}^{ZZ'A} = 0 \qquad (7.39)$$

が従う. よって, $\mathcal{T}_\Gamma^{ZZ'A}(\rho_\Gamma^{ZZ'AM}) = \rho_\Gamma^{ZZ'AM}$ が成り立つので,

$$D\bigl(\mathcal{T}_\Gamma^{ZZ'A}(\rho_\Gamma^{ZZ'AM}) \| \mathcal{T}_\Gamma^{ZZ'A}(I^Z \otimes \rho_\Gamma^{Z'AM})\bigr)$$

$$= D\bigl(\rho_\Gamma^{ZZ'AM} \| \mathcal{T}_\Gamma^{ZZ'A}(I^Z \otimes \rho_\Gamma^{Z'AM})\bigr) \qquad (7.40)$$

$$= \operatorname{Tr}\Bigl[\rho_\Gamma^{ZZ'AM}\bigl(\log \rho_\Gamma^{ZZ'AM} - \log \mathcal{T}_\Gamma^{ZZ'A}(I^Z \otimes \rho_\Gamma^{Z'AM})\bigr)\Bigr] \qquad (7.41)$$

である. また, Π_Γ と $\Pi_{\Gamma,\perp}$ が直交することから,

$$\log \mathcal{T}_\Gamma^{ZZ'A}(I^Z \otimes \rho_\Gamma^{Z'AM}) = \log\Bigl[\Pi_\Gamma^{ZZ'A}(I^Z \otimes \rho_\Gamma^{Z'AM})\Pi_\Gamma^{ZZ'A} + \Pi_{\Gamma,\perp}^{ZZ'A}(I^Z \otimes \rho_\Gamma^{Z'AM})\Pi_{\Gamma,\perp}^{ZZ'A}\Bigr]$$
$$\qquad (7.42)$$

$$= \log\Bigl[\Pi_\Gamma^{ZZ'A}(I^Z \otimes \rho_\Gamma^{Z'AM})\Pi_\Gamma^{ZZ'A}\Bigr] + \log\Bigl[\Pi_{\Gamma,\perp}^{ZZ'A}(I^Z \otimes \rho_\Gamma^{Z'AM})\Pi_{\Gamma,\perp}^{ZZ'A}\Bigr]$$
$$\qquad (7.43)$$

が成り立つ. 最後の演算子のサポートは $\Pi_{\Gamma,\perp}^{ZZ'A} \otimes I^M$ のサポートだが, (7.39) より $\rho_\Gamma^{ZZ'AM}$ は $\Pi_{\Gamma,\perp}^{ZZ'A} \otimes I^M$ 上にはサポートを持たないので,

$$\operatorname{Tr}\Bigl[\rho_\Gamma^{ZZ'AM} \log(\Pi_{\Gamma,\perp}^{ZZ'A}(I^Z \otimes \rho_\Gamma^{Z'AM})\Pi_{\Gamma,\perp}^{ZZ'A})\Bigr] = 0 \qquad (7.44)$$

である. 以上より,

$$D\bigl(\rho_\Gamma^{ZZ'AM} \| I^Z \otimes \rho_\Gamma^{Z'AM}\bigr) \geq D\bigl(\rho_\Gamma^{ZZ'AM} \| \Pi_\Gamma^{ZZ'A}(I^Z \otimes \rho_\Gamma^{Z'AM})\Pi_\Gamma^{ZZ'A}\bigr) \qquad (7.45)$$

が従う. 後は右辺を変形していく.

量子相対エントロピーはアイソメトリ不変であることと,

$$\Pi_\Gamma^{ZZ'A} = V_\Gamma^{A\to ZZ'A}(V_\Gamma^{A\to ZZ'A})^\dagger \qquad (7.46)$$

$$\rho_\Gamma^{ZZ'AM} = V_\Gamma^{A\to ZZ'A} \rho^{AM}(V_\Gamma^{A\to ZZ'A})^\dagger \qquad (7.47)$$

を用いると,

$$D\bigl(\rho_\Gamma^{ZZ'AM} \| \Pi_\Gamma^{ZZ'A}(I^Z \otimes \rho_\Gamma^{Z'AM})\Pi_\Gamma^{ZZ'A}\bigr)$$

$$= D\bigl(\rho^{AM} \| (V_\Gamma^{A\to ZZ'A})^\dagger(I^Z \otimes \rho_\Gamma^{Z'AM})V_\Gamma^{A\to ZZ'A}\bigr) \qquad (7.48)$$

が成り立つ. さらに, アイソメトリ $V_\Lambda^{A\to XX'A}$ を作用させることで,

$$D\bigl(\rho_\Gamma^{ZZ'AM} \| \Pi_\Gamma^{ZZ'A}(I^Z \otimes \rho_\Gamma^{Z'AM})\Pi_\Gamma^{ZZ'A}\bigr)$$

$$= D\bigl(\rho_\Lambda^{XX'AM} \| V_{\Lambda,\Gamma}^{ZZ'A\to XX'A}(I^Z \otimes \rho_\Gamma^{Z'AM})(V_{\Lambda,\Gamma}^{ZZ'A\to XX'A})^\dagger\bigr) \qquad (7.49)$$

を得る. ここで, $V_{\Lambda,\Gamma}^{ZZ'A\to XX'A} := V_\Lambda^{A\to XX'A}(V_\Gamma^{A\to ZZ'A})^\dagger$ とし, $\rho_\Lambda^{XX'AM} = V_\Lambda^{A\to XX'A}\rho^{AM}$ $(V_\Lambda^{A\to XX'A})^\dagger$ を用いた. 最後に (7.49) の右辺の $X'A$ をトレースアウトすることで,

$$D\bigl(\rho_\Gamma^{ZZ'AM} \| I^X \otimes \rho_\Gamma^{Z'AM}\bigr)$$

$$\geq D\bigl(\rho_\Lambda^{XM} \| \operatorname{Tr}_{X'A}\bigl[V_{\Lambda,\Gamma}^{ZZ'A\to XX'A}(I^Z \otimes \rho_\Gamma^{Z'AM})(V_{\Lambda,\Gamma}^{ZZ'A\to XX'A})^\dagger\bigr]\bigr) \qquad (7.50)$$

が成り立つ.

ここで, $V_{\Lambda,\Gamma}^{ZZ'A \to XX'A}$ の定義を代入して直接計算すると,

$$\mathrm{Tr}_{X'A}\left[V_{\Lambda,\Gamma}^{ZZ'A \to XX'A}(I^Z \otimes \rho_\Gamma^{Z'AM})(V_{\Lambda,\Gamma}^{ZZ'A \to XX'A})^\dagger\right]$$

$$= \sum_{x,z}|x\rangle\langle x|^X \otimes \mathrm{Tr}_{Z'A}\left[\left(|z\rangle\langle z|^{Z'} \otimes \sqrt{\Gamma_z^A}\Lambda_x^A\sqrt{\Gamma_z^A}\right)\rho_\Gamma^{Z'AM}\right] \tag{7.51}$$

であることが分かる. また,

$$\sqrt{\Gamma_z^A}\Lambda_x^A\sqrt{\Gamma_z^A} = \left|\sqrt{\Lambda_x^A}\sqrt{\Gamma_z^A}\right|^2 \le cI^A \tag{7.52}$$

であることから,

$$\mathrm{Tr}_{X'A}\left[V_{\Lambda,\Gamma}^{ZZ'A \to XX'A}(I^Z \otimes \rho_\Gamma^{Z'AM})(V_{\Lambda,\Gamma}^{ZZ'A \to XX'A})^\dagger\right] \tag{7.53}$$

$$\le \sum_{x,z}|x\rangle\langle x|^X \otimes \mathrm{Tr}_{Z'A}\left[(|z\rangle\langle z|^{Z'} \otimes cI^A)\rho_\Gamma^{Z'AM}\right] \tag{7.54}$$

$$= cI^X \otimes \rho^M \tag{7.55}$$

を得る. ここで, $\{|x\rangle^X\}_x$ と $\{|z\rangle^Z\}_z$ が正規直交基底であることと, $\rho_\Gamma^M = \rho^M$ を用いた. この不等式を (7.50) へと代入し, 以下の命題 7.4 を用いると

$$D\left(\rho_\Gamma^{ZZ'AM}\|I^X \otimes \rho_\Gamma^{Z'AM}\right) \ge \log(1/c) + D\left(\rho_\Lambda^{XM}\|I^Z \otimes \rho^M\right) \tag{7.56}$$

となり, 示したい式を得る. □

命題 7.4 半正定値行列 $\sigma,\sigma' \in \mathcal{B}_{\ge 0}(\mathcal{H})$ が $\sigma \le \sigma'$ を満たすとする. このとき, 任意の量子状態 $\rho \in \mathcal{S}(\mathcal{H})$ に対して $D(\rho\|\sigma') \le D(\rho\|\sigma)$ が成り立つ.

証明(命題 7.4 の証明) 二次元ヒルベルト空間を持つ補助系を導入し, $\{|e_0\rangle,|e_1\rangle\}$ を補助系のヒルベルト空間の正規直交基底とする. 簡単な計算から,

$$D(\rho\|\sigma) = D\left(\rho \otimes |e_0\rangle\langle e_0|\|\sigma \otimes |e_0\rangle\langle e_0| + (\sigma' - \sigma) \otimes |e_1\rangle\langle e_1|\right) \tag{7.57}$$

が従う. $\sigma \le \sigma'$ なので, 右辺の相対エントロピーの右側の行列は半正定値行列であることに注意せよ. 補助系をトレースアウトして相対エントロピーの非増加性を用いると, 望みの不等式が従う. □

以下の主張は, (7.15) のメモリ系 M を自明な系とすれば直ちに従い, メモリなしのエントロピー不確定性関係と呼ばれる.

系 7.5 (メモリなしのエントロピー不確定性関係) 量子状態 $\rho \in \mathcal{S}(\mathcal{H})$ の量子系 A を, ランク 1 の POVM $\Lambda = \{\Lambda_x\}_x$ かランク 1 の POVM $\Gamma = \{\Gamma_z\}_z$ で測定することを考える. 各々の測定結果の確率分布に対応する Shannon エントロピーを $H_\rho(\Lambda)$ と $H_\rho(\Gamma)$ とすると,

$$H_\rho(\Lambda) + H_\rho(\Gamma) \ge \log(1/c) + H(A)_\rho \tag{7.58}$$

が成り立つ. ここで, $c = \max_{x,z}\left\|\sqrt{\Lambda_x}\sqrt{\Gamma_z}\right\|_\infty^2$ である.

練習問題 78 系 7.5 で, Λ が n-qubit Pauli-X の基底での測定, Γ が n-qubit Pauli-Z の基底での測定, 量子状態 ρ が n-qubit Pauli-X の固有状態であるとする. このときのエントロピー不確定性関係を書き下し, 非自明な不等式が得られることを確かめよ.

7.3 量子状態の識別—多数の量子状態の場合—

次に，平滑化しない Rényi エントロピーの応用の一つとして，条件付き min エントロピーが量子状態の識別タスクの平均成功確率を特徴付けることを説明する．二量子状態の識別タスクは 4.3 節で説明したが，ここでは候補となる量子状態が複数ある場合の識別タスクを考える．

7.3.1 複数量子状態の平均の識別成功確率

Alice は量子状態 ρ_x を確率 p_x で選んで Bob に手渡し，Bob は渡された量子状態に量子測定を行って渡された量子状態のラベル x を推定するタスクを考える．これまでと同様に，Bob はラベル x が選ばれる確率 p_x や密度演算子 ρ_x，$\{p_x, \rho_x\}$ に対応する密度演算子 $\sum_x p_x \rho_x$ を知っているとする．Bob が行う POVM を $\Lambda = \{\Lambda_x\}_x$ とすると，最適な POVM を用いた際の平均識別成功確率は

$$P_{\text{succ}}^{\text{opt}}(\{p_x, \rho_x\}_x) := \max_{\Lambda} \sum_x p_x \text{Tr}[\Lambda_x \rho_x] \tag{7.59}$$

である．最大化は全ての POVM で取る．

平均識別成功確率 $P_{\text{succ}}^{\text{opt}}(\{p_x, \rho_x\}_x)$ に対して，以下の定理が成り立つ．

定理 7.6（複数量子状態の識別成功確率）　(7.59) で与えられる平均の最大識別成功確率は量子状態 $\rho^{XA} = \sum_x p_x |x\rangle\langle x|^X \otimes \rho_x^A$ を用いて，

$$P_{\text{succ}}^{\text{opt}}(\{p_x, \rho_x\}_x) = 2^{-H_{\min}(X|A)_\rho} \tag{7.60}$$

で与えられる．ここで，$\{|x\rangle\}_x$ は系 X 上の直交する純粋状態の集合である．

証明　命題 6.22 で与えられる min エントロピーの性質を用いると，

$$2^{-H_{\min}(X|A)_\rho} = d_X \max_{\mathcal{E}} \langle\Phi|^{XX'}(\text{id}^X \otimes \mathcal{E}^{A \to X'})(\rho^{XA})|\Phi\rangle^{XX'} \tag{7.61}$$

$$= \max_{\mathcal{E}} \sum_x p_x \langle x|^{X'} \mathcal{E}^{A \to X'}(\rho_x^A)|x\rangle^{X'} \tag{7.62}$$

が成り立つことが分かる．

(7.62) の最大化においては，$\{|x\rangle\}_x$ で対角化された状態を出力する量子チャンネルだけを考えれば十分である．そのような量子チャンネルは，POVM $\Lambda = \{\Lambda_x\}_x$ を用いて $\mathcal{E}^{A \to X'}(\sigma^A) = \sum_x \text{Tr}[\Lambda_x^A \sigma^A]|x\rangle\langle x|^{X'}$ と表現できるので，

$$2^{-H_{\min}(X|A)_\rho} = \max_{\Lambda} \sum_x p_x \sum_y \text{Tr}[\Lambda_y^A \rho_x^A]|\langle x|y\rangle|^2 \tag{7.63}$$

$$= \max_{\Lambda} \sum_x p_x \text{Tr}[\Lambda_x^A \rho_x^A] = P_{\text{succ}}^{\text{opt}}(\{p_x, \rho_x\}_x) \tag{7.64}$$

が従う．　□

7.3.2 Pretty-good な測定

定理 7.6 によって，複数の量子状態の識別の最大の成功確率が min エントロピーで与えられることが分かった．では，識別に最適な POVM はどのようなものであろうか．一般に最適な POVM を構築することは容易ではないが，*pretty-good* な測定（*pretty-good measurement: PGM*）と呼ばれる量子測定を用いると，最大の識別成功確率よりも少しだけ低い成功確率を達成することができる．Pretty-good な測定はルート測定（*square-root measurement*）と呼ばれることもある．以下では，その測定を PGM と書くことにする．

定義 7.7（*Pretty-good* な測定[25)]） 量子状態のアンサンブル $\{p_x, \rho_x\}_x$ に対応する量子状態を $\rho = \sum_x p_x \rho_x$ とする．量子状態 ρ がフルランクであるときに，

$$\Lambda_x = p_x \rho^{-1/2} \rho_x \rho^{-1/2} \tag{7.65}$$

で与えられる POVM $\Lambda = \{\Lambda_x\}_x$ を，そのアンサンブルに対する PGM と呼ぶ．

定義 7.7 における ρ がフルランクであるという条件は，それほど重要ではない．全ての x に対して，$\mathrm{supp}[\rho_x] \subseteq \mathrm{supp}[\rho]$ が成り立つので，仮に ρ がフルランクでない場合には，その量子状態 ρ をサポートに限定して再定式化すればよいからだ．

練習問題 79 PGM が，実際に POVM になっていることを確認せよ．

PGM の名前の由来にもなっている定理が以下である．

定理 7.8 確率 p_x で選ばれた量子状態 ρ_x が与えられたときに，どの量子状態が与えられたかを識別する最大の平均成功確率を $P_{\mathrm{succ}}^{\mathrm{opt}}(\{p_x, \rho_x\}_x)$ とする．PGM を用いたときの平均成功確率 $P_{\mathrm{succ}}^{\mathrm{PGM}}(\{p_x, \rho_x\}_x)$ は

$$\left(P_{\mathrm{succ}}^{\mathrm{opt}}(\{p_x, \rho_x\}_x)\right)^2 \le P_{\mathrm{succ}}^{\mathrm{PGM}}(\{p_x, \rho_x\}_x) \tag{7.66}$$

を満たす．

証明 最大の成功確率を与える最適な POVM を $\Lambda^{\mathrm{opt}} = \{\Lambda_x^{\mathrm{opt}}\}_x$ とすると，

$$P_{\mathrm{succ}}^{\mathrm{opt}}(\{p_x, \rho_x\}_x) = \sum_x p_x \mathrm{Tr}[\Lambda_x^{\mathrm{opt}} \rho_x] \tag{7.67}$$

である．ここで，$\rho = \sum_x p_x \rho_x$ として $I = \rho^{1/4}\rho^{-1/4} = \rho^{-1/4}\rho^{1/4}$ を代入すると，

$$P_{\mathrm{succ}}^{\mathrm{opt}}(\{p_x, \rho_x\}_x) = \sum_x \mathrm{Tr}\left[(\rho^{1/4}\Lambda_x^{\mathrm{opt}}\rho^{1/4})(p_x \rho^{-1/4}\rho_x \rho^{-1/4})\right] \tag{7.68}$$

を得る．$\rho^{1/4}\Lambda_x^{\mathrm{opt}}\rho^{1/4}$ がエルミートであることに注意して，Hilbert–Schmidt 内積に対する Cauchy–Schwarz の不等式を使うことで，

$$P_{\mathrm{succ}}^{\mathrm{opt}}(\{p_x, \rho_x\}_x) \le \sum_x \left(\mathrm{Tr}\left[(\rho^{1/4}\Lambda_x^{\mathrm{opt}}\rho^{1/4})^2\right]\right)^{1/2} \left(\mathrm{Tr}\left[(p_x \rho^{-1/4}\rho_x \rho^{-1/4})^2\right]\right)^{1/2} \tag{7.69}$$

が成立する．

右辺の和の中の第一項を計算しよう．トレースの巡回性と $\Lambda_x^{\mathrm{opt}} \le I$ から，

$$\mathrm{Tr}\big[(\rho^{1/4}\Lambda_x^{\mathrm{opt}}\rho^{1/4})^2\big] = \mathrm{Tr}\big[\Lambda_x^{\mathrm{opt}}\rho^{1/2}\Lambda_x^{\mathrm{opt}}\rho^{1/2}\big] \tag{7.70}$$

$$\leq \mathrm{Tr}\big[\rho^{1/2}\Lambda_x^{\mathrm{opt}}\rho^{1/2}\big] \tag{7.71}$$

$$= \mathrm{Tr}\big[\Lambda_x^{\mathrm{opt}}\rho\big] \tag{7.72}$$

が従う．一方で第二項についてもトレースの巡回性を使うことで

$$\mathrm{Tr}\big[(p_x\rho^{-1/4}\rho_x\rho^{-1/4})^2\big] = \mathrm{Tr}\big[p_x^2\rho^{-1/2}\rho_x\rho^{-1/2}\rho_x\big] \tag{7.73}$$

$$= \mathrm{Tr}\big[p_x\Lambda_x^{\mathrm{PGM}}\rho_x\big] \tag{7.74}$$

が成り立つ．よって，

$$P_{\mathrm{succ}}^{\mathrm{opt}}(\{p_x,\rho_x\}_x) \leq \sum_x \Big(\mathrm{Tr}\big[\Lambda_x^{\mathrm{opt}}\rho\big]\Big)^{1/2}\Big(\mathrm{Tr}\big[p_x\Lambda_x^{\mathrm{PGM}}\rho_x\big]\Big)^{1/2} \tag{7.75}$$

となる．

最後に，(7.75) にベクトルの積に対する Cauchy–Schwarz の不等式を使うことで，

$$P_{\mathrm{succ}}^{\mathrm{opt}}(\{p_x,\rho_x\}_x) \leq \Big(\sum_x \mathrm{Tr}\big[\Lambda_x^{\mathrm{opt}}\rho\big]\Big)^{1/2}\Big(\sum_x \mathrm{Tr}\big[p_x\Lambda_x^{\mathrm{PGM}}\rho_x\big]\Big)^{1/2} \tag{7.76}$$

$$= \Big(\sum_x p_x\,\mathrm{Tr}\big[\Lambda_x^{\mathrm{PGM}}\rho_x\big]\Big)^{1/2} \tag{7.77}$$

$$= \big(P_{\mathrm{succ}}^{\mathrm{PGM}}(\{p_x,\rho_x\})\big)^{1/2} \tag{7.78}$$

を得る．ここで，$\sum_x \Lambda_x^{\mathrm{opt}} = I$ と $\mathrm{Tr}[\rho] = 1$ を用いた．　　　　□

定理 7.8 によって，PGM を用いることで最適に近い量子状態の識別成功確率を達成できることが分かる．定理 7.6 と組み合わせることで，直ちに以下の系を得る．

系 7.9　確率 p_x で選ばれた量子状態 ρ_x が与えられたときに，どの状態が与えられたかを識別するタスクを考える．量子状態のアンサンブル $\{p_x,\rho_x\}_x$ に対する PGM を用いると，識別に成功する平均確率は $\rho^{XA} = \sum_x p_x|x\rangle\langle x|^X \otimes \rho_x^A$（ただし，$\{|x\rangle\}_x$ は直交する純粋状態）を用いて，以下を満たす．

$$2^{-2H_{\min}(X|A)_\rho} \leq P_{\mathrm{succ}}^{\mathrm{PGM}}(\{p_x,\rho_x\}_x) \leq 2^{-H_{\min}(X|A)_\rho} \tag{7.79}$$

7.4　エンタングルメント・エントロピー

エントロピーは純粋状態のエンタングルメントを特徴付ける目的でもしばしば用いられ，エンタングルメント・エントロピー（*entanglement entropy*）と呼ばれる．

複合系 AB の純粋状態 $|\psi\rangle^{AB}$ を Schmidt 分解すると，$d = \min\{d_A = \dim\mathcal{H}^A, d_B = \dim\mathcal{H}^B\}$ と，各々の系での直交する純粋状態の集合 $\{|a_j\rangle^A\}_j$ と $\{|b_j\rangle^B\}_j$ を用いて，

$$|\psi\rangle^{AB} = \sum_{j=0}^{d-1} \lambda_j|a_j\rangle^A|b_j\rangle^B \tag{7.80}$$

と書ける．この Schmidt 係数 $\{\lambda_j\}_j$ は純粋状態 $|\psi\rangle^{AB}$ の性質を完全に特徴付けるが，一般にそれら全てを計算することは容易ではない．エンタングルメント・エントロピーの発想は，Schmidt 係数全てではなく，確率分布 $\{\lambda_j^2\}_j$ の Shannon エントロピーで $|\psi\rangle^{AB}$ のエンタングルメントを特徴付けようというものである．対応する Shannon エントロピーは，縮約密度演算子 ψ^A の von Neumann エントロピーに等しいため，以下のように定義される．

定義 7.10（エンタングルメント・エントロピー） 複合系 AB の純粋状態 $|\psi\rangle^{AB}$ に対して，$H(A)_\psi$ を，$|\psi\rangle^{AB}$ のエンタングルメント・エントロピーと呼ぶ．

エンタングルメント・エントロピーがエンタングルメントの特徴付けとして意味をなすのは，複合量子系 AB の純粋状態は必ず Schmidt 分解を持つという事実があるからである．混合状態についてはこの事実が成り立たないため，複合量子系 AB 上の混合状態 ρ^{AB} が与えられたときに，そのエンタングルメントをエンタングルメント・エントロピーによって特徴付けることはできないことには注意が必要である．

複合系 AB からなる量子系の純粋状態 $|\psi\rangle^{AB}$ のエンタングルメント・エントロピーは $0 \le H(A)_\rho \le \log d_A$ を満たす．このように，純粋状態のエンタングルメント・エントロピーは様々な値を取りうる訳だが，興味深い事実として，複合系 AB の純粋状態を Haar 測度の意味でヒルベルト空間 $\mathcal{H}^{AB}$ からランダムに選ぶと，その純粋状態は平均的にほぼ最大のエンタングルメントを持つことが知られている．ここで，Haar 測度の意味でヒルベルト空間からランダムに選んだ純粋状態を *Haar* ランダム状態（*Haar random states*）と呼ぶ．具体的には，Haar ランダム・ユニタリ $U \sim \mathsf{H}$ と固定された量子純粋状態 $|\varphi_0\rangle$ を用いて，$\{U|\varphi_0\rangle\}_{U\sim\mathsf{H}}$ で与えられるランダムな純粋状態を，Haar ランダム状態と呼ぶ．

定理 7.11（Haar ランダム状態の平均エンタングルメント・エントロピー） 量子系 AB のヒルベルト空間 $\mathcal{H}^{AB}$ 上の Haar 測度を H とし，$\dim \mathcal{H}^{AB} = d$，各部分系の次元を $d_A = \dim \mathcal{H}^A$，$d_B = \dim \mathcal{H}^B$ とする．また，$d_A \le d_B$ とする．Haar ランダム状態 $|\psi\rangle^{AB} \sim \mathsf{H}(d)$ のエンタングルメント・エントロピー $H(A)_\psi$ の平均は，

$$\mathbb{E}_{|\psi\rangle\sim\mathsf{H}}[H(A)_\psi] > \log d_A - \frac{1}{\ln 2}\frac{d_A}{d_B} \tag{7.81}$$

を満たす．

定理 7.11 より，Haar ランダム状態の平均的なエンタングルメント・エントロピーは，最大値 $\log d_A$ に近い．平均が最大値に近いということは，ほぼ全ての Haar ランダム状態が最大に近いエンタングルメント・エントロピーを持つことを意味するので，ランダムに選んだ純粋状態は非常に高い確率で最大に近いエンタングルメントを持つことが分かる．もちろん，系 AB 上のセパラブルな純粋状態も連続的な自由度を持っており，無数に存在する訳だが，ランダムに純粋状態を選んだ際にはそのような状態や，エンタングルメントが小さい純粋状態を選ぶ確率はほぼ無視できるということである．

証明(定理 7.11 の証明)　命題 6.21 より, エンタングルメント・エントロピー $H(A)_\psi$ は Rényi-2 エントロピーによって

$$H(A)_\psi \geq H_2(A)_\psi \tag{7.82}$$

と下から抑えられる. 以下では, Rényi-2 エントロピーの平均を計算することで, 定理 7.11 を示す.

Rényi-2 エントロピー $H_2(A)_\psi$ とその最大値 $\log d_A$ との差は,

$$\log d_A - H_2(A)_\psi = \log d_A + \log \mathrm{Tr}\big[(\psi^A)^2\big] = \log\Big[d_A \,\mathrm{Tr}\big[(\psi^A)^2\big]\Big] \tag{7.83}$$

で与えられる. ここで, $\ln x \leq x - 1$ を用いると,

$$\log d_A - H_2(A)_\psi \leq \frac{1}{\ln 2}\Big(d_A \,\mathrm{Tr}\big[(\psi^A)^2\big] - 1\Big) \tag{7.84}$$

が成り立つ. 両辺を Haar ランダム状態で平均を取り, (7.82) を用いることで,

$$\mathbb{E}_{|\psi\rangle \sim \mathsf{H}}\big[H(A)_\psi\big] \geq \log d_A - \frac{1}{\ln 2}\Big(d_A \mathbb{E}_{|\psi\rangle \sim \mathsf{H}}\big[\mathrm{Tr}[(\psi^A)^2]\big] - 1\Big) \tag{7.85}$$

を得る. 以下では, 右辺の平均を計算する.

スワップ・トリック (補題 3.5) を用いて,

$$\mathrm{Tr}\big[(\psi^A)^2\big] = \mathrm{Tr}\big[(\psi^A)^{\otimes 2}\mathbb{F}^{AA'}\big] = \mathrm{Tr}\Big[\big(|\psi\rangle\langle\psi|^{AB}\big)^{\otimes 2}\big(\mathbb{F}^{AA'} \otimes \mathbb{I}^{BB'}\big)\Big] \tag{7.86}$$

と書き換えることができる. ここで, 系 A' と系 B' は各々 A, B と同型な量子系で, $\mathbb{F}^{AA'} = \sum_{j,k=0}^{d_A-1}|e_j\rangle\langle e_k|^A \otimes |e_k\rangle\langle e_j|^{A'}$ は系 AA' 上のスワップ演算子, $\mathbb{I}^{BB'} = I^B \otimes I^{B'}$ は系 BB' 上の恒等演算子である. さらに, 命題 3.9 より,

$$\mathbb{E}_{|\psi\rangle \sim \mathsf{H}}\Big[\big(|\psi\rangle\langle\psi|^{AB}\big)^{\otimes 2}\Big] = \pi_{\mathrm{sym}}^{ABA'B'} = \frac{\mathbb{I}^{ABA'B'} + \mathbb{F}^{ABA'B'}}{d(d+1)} \tag{7.87}$$

が成り立つ. ここで, $\mathbb{I}^{ABA'B'} = \mathbb{I}^{AA'} \otimes \mathbb{I}^{BB'}$ や $\mathbb{F}^{ABA'B'} = \mathbb{F}^{AA'} \otimes \mathbb{F}^{BB'}$, $\mathbb{F}^2 = \mathbb{I}$ に注意すると,

$$\mathrm{Tr}\Big[\big(|\psi\rangle\langle\psi|^{AB}\big)^{\otimes 2}\big(\mathbb{F}^{AA'} \otimes \mathbb{I}^{BB'}\big)\Big] = \frac{1}{d(d+1)}\Big[\mathbb{F}^{AA'} \otimes \mathbb{I}^{BB'} + \mathbb{I}^{AA'} \otimes \mathbb{F}^{BB'}\Big] \tag{7.88}$$

を得る. 後は, $\mathrm{Tr}[\mathbb{I}^{AA'}] = d_A^2$, $\mathrm{Tr}[\mathbb{F}^{AA'}] = d_A$ 等を用いることで,

$$\mathbb{E}_{|\psi\rangle \sim \mathsf{H}}\Big[\mathrm{Tr}\big[(\psi^A)^2\big]\Big] = \frac{d_B + d_A}{d_A d_B + 1} < \frac{1}{d_A} + \frac{1}{d_B} \tag{7.89}$$

を得る. これを (7.85) に代入することで,

$$\mathbb{E}_{|\psi\rangle \sim \mathsf{H}}\big[H(A)_\psi\big] \geq \log d_A - \frac{1}{\ln 2}\frac{d_A}{d_B} \tag{7.90}$$

が従う.　　　　　　　　　　　　　　　　　　　　　　　　　　　　　　　□

定理 7.11 の証明から分かるとおり, von Neumann エントロピーよりも Rényi-2 エントロピーの方が解析的に取り扱いやすい. このように計算が簡単になる理由は, Rényi-α エントロピーは, α が 1 以外の正の整数である場合は, 密度演算子の α 次の単項式のトレースで表現でき, 単項式のトレースは置換演算子を用いたスワップ・トリックなどで簡単に計算できることに由来している.

また，スワップ・トリックは他にも利点を有している．それは，スワップ演算子 $\mathbb{F}^{AA'}$ がエルミート演算子であるため，可観測量とみなすことができる点だ．つまり，von Neumann エントロピーは可観測量ではないが，Rényi-2 エントロピーは可観測量として測定できる．具体的には，$|\psi\rangle^{AB}$ のエンタングルメント・エントロピーを Rényi-2 エントロピーで測りたい際には，その純粋状態を系 AB と系 $A'B'$ 上に独立に準備し，その二つの系にまたがる可観測量 $\mathbb{F}^{AA'} \otimes \mathbb{I}^{BB'}$ の期待値を測ればよい．

スワップ演算子 $\mathbb{F}^{AA'}$ をより馴染みのある表現で書き下すと，この手法を物理的にも理解しやすいであろう．3.1.3 項で見たとおり，スワップ演算子は，系 A 上の演算子空間 $\mathcal{B}(\mathcal{H}^A)$ の正規直交基底 $\{E_j^A\}_j$ を用いて，

$$\mathbb{F}^{AA'} = \sum_j E_j^A \otimes E_j^{A'\dagger} \tag{7.91}$$

と表現できる．特に，系 A が n-qubit である場合は，n-qubit Pauli 演算子 $\{\sigma_j\}_{j\in\{0,1,2,3\}^n}$ を用いて，

$$\mathbb{F}^{AA'} = \frac{1}{2^n} \sum_{j\in\{0,1,2,3\}^n} \sigma_j^A \otimes \sigma_j^{A'} = \frac{1}{2^n} \bigotimes_{m=1}^{n} \Big(\sum_{j_m=0}^{3} \sigma_{j_m}^{A_m} \otimes \sigma_{j_m}^{A'_m} \Big) \tag{7.92}$$

と表せる．ここで，A_m は系 A の m 番目の qubit の系である．(7.92) より，可観測量としてのスワップ演算子は，系 A の m 番目の qubit と系 A' の m 番目の qubit の間の Pauli 演算子の相関

$$I^{A_m} \otimes I^{A'_m}, \quad X^{A_m} \otimes X^{A'_m}, \quad Y^{A_m} \otimes Y^{A'_m}, \quad Z^{A_m} \otimes Z^{A'_m} \tag{7.93}$$

を測定することに対応することが分かるだろう．この測定を系 A の全ての qubit に対して行って平均を取ることで，スワップ演算子 $\mathbb{F}^{AA'}$ の期待値，つまり，本質的には Rényi-2 エントロピーを得ることができる．

練習問題 80 以下の二つの n-qubit 量子状態のエンタングルメント・エントロピーを考えよう．

$$|\text{GHZ}\rangle = \frac{1}{\sqrt{2}}(|0\rangle^{\otimes n} + |1\rangle^{\otimes n}) \tag{7.94}$$

$$|\text{W}\rangle = \frac{1}{\sqrt{n}}(|10\dots0\rangle + |01\dots0\rangle + \dots + |0\dots01\rangle) \tag{7.95}$$

各々，GHZ 状態，W 状態という名前が付いている．これらの状態を m-qubit からなる部分系 A と，$(n-m)$-qubit からなる残りの部分系 B に分割したときに，それぞれのエンタングルメント・エントロピーを m の関数として計算せよ．

第 III 部
ノイズレスな量子情報理論

8 情報源と情報源の圧縮

ここまでで量子情報の基礎に関する一通りの説明から，量子系における "情報" が古典系とはいささか異なる性質を持ちそうだというイメージが湧いてきたことだろう．そのイメージを元に，本章以降で「量子系を用いた情報処理」の説明を行っていく．既に量子系と情報に関する議論を多く行ってきたが，前章までは量子系を「情報」として扱うというよりも，むしろ，量子状態が持つ性質を情報的な観点から説明してきた．例えば，5 章では，量子通信のユニット・プロトコルとして，エンタングルメント配布，超高密度符号化，量子テレポーテーションの三つのプロトコルを解説したが，そのプロトコルで用いた量子状態は，「情報」というよりも「未知の量子状態」でしかなく，「量子情報」を真正面から取り扱うものではなかった．

このように考えると，量子情報とは何か，という自然な疑問に行き当たるだろう．本章では，「量子情報」を定義した上で，量子情報も通常の情報と同様に圧縮・解凍できることを説明する．

8.1 情 報 源

まず古典系における情報という言葉の意味について考えよう．「情報とは何か」という問いに答えることは案外難しいが，現代の情報科学では，「確率的に文字や記号を生成する情報源（*information source*）からデータが生成される確率過程」という数理モデルを用いて情報という概念を説明することが多い．ここではその考え方を紹介した上で，その考え方を拡張して量子系での情報源を導入し，量子情報を定める．

8.1.1 古典情報源

情報源とは，異なる記号からなるアルファベット $A = \{a_1, \ldots, a_J\}$ 上の確率分布のことである．アルファベットとしては，平仮名四十六種類の集合 {あ，い，…，ん} や，英語の {a, b, ..., z} をイメージするとよい．アルファベット A に含まれる記号を，与えられた確率に応じて確率的に出力するデバイスを情報源と呼ぶ．

情報源は確率変数の言葉で表現すると便利である．各アルファベットに数を対応させることで確率変数 X を導入し，情報源から t 個の記号の列が出力されたときの s 番目の出力を確率変数 X_s で表現することにする．このとき，ある t 個の記号の列 $x_1 x_2 \ldots x_t$ を

得る確率は

$$P_{X_1X_2...X_t}(x_1,x_2,...,x_t) = P(X_1 = x_1, X_2 = x_2,...,X_t = x_t) \tag{8.1}$$

という同時確率分布で与えられる．また，この列のことを情報源系列と呼ぶ．

　情報源を考える際には，同時確率分布の選び方が重要になる．例えば，情報源系列の長さを t に固定したときに，全ての考えられる文字の組み合わせに対する同時確率分布をあらかじめ与えておけば，この情報源から生み出される長さ t のデータの統計的性質を記述できる．しかし，そのような状況を取り扱うのは容易ではないし，また，そもそも文章の長さを固定している点で実際的でもない．したがって，実際の解析を進めるためには，数理的扱いやすさと現実への応用のバランスが取れた何らかの仮定をおく必要がある．

　本書では，情報源の最も単純な数理モデルとして，同時確率分布が各文字の生成確率 $P_X(x)$ の積で与えられる**記憶のない情報源**（*memoryless information source*）を考える．記憶のない情報源では，一つの確率変数 X を用いて，同時確率分布が

$$P_{X_1X_2...X_t}(x_1,x_2,...,x_t) = \prod_{s=1}^{t} P_X(x_s) \tag{8.2}$$

で与えられる．この状況を独立同分布と呼ぶ．独立同分布の情報源が出す情報源系列は，一つ一つの文字が与えられた確率分布に従ってランダムに生成されているにすぎないため，記憶のない情報源は，それ単体では実際に意味のある情報源にはなっていない．しかし，記憶のない情報源は，情報源の基本的な性質を理解する第一歩として重要な数理モデルであるため，本書では記憶のない情報源のみを説明することにする．

　情報源という概念を用いると，情報の送信という行為は「送信者が持っている情報源から記号 x が出力されたときに，受信者も記号 x を得ること」と考えられる．ここで，「情報を送ること」と「情報源を送ること」は全く別物であることには注意されたい．後者の場合，送信者も受信者も全く同じ情報源を得られるが，そこから出力される記号列は一般には異なってしまい，送信者と受信者は情報を何ら共有できない．情報を送ることの本質は，「送信者の確率変数と受信者の確率変数が完全に相関すること」にある．既に述べたとおり，送信者が何らかの確率で x を得た場合に受信者が確率 1 で x を得ることができれば情報通信に成功したといえるが，このことは両者の確率変数が完全に相関していることを意味する．この「情報を送る＝完全な相関を作る」という考え方は，以下で情報源や情報の送受信を量子系に拡張する際にも役に立つ．

■8.1.2　量子情報源の三つの定義

　古典情報系での情報源は，与えられたアルファベット A 上の確率変数 X によって定義された．確率変数はアンサンブル $\{p_x, x\}_{x \in A}$ として表すこともできる．この各アルファベットを量子純粋状態に置き換えることで，情報源の考え方を自然に量子系へと拡張できる．つまり，確率 p_x で純粋状態 $|\psi_x\rangle$ を出力するような量子デバイスを量子情報源 $\{p_x, |\psi_x\rangle\}_x$ と呼ぶ，という拡張である．ここで，アンサンブル $\{|\psi_x\rangle\}_x$ に含まれる量子状

態は必ずしも直交している必要はない.

このような量子アンサンブルを用いた量子情報源の定義は,古典情報源からの拡張という意味で自然に思えるかもしれない.しかしながら,量子特有の性質からこの定義は冗長な表現になっている.その問題点を見るために,対応する密度演算子が ρ で与えられる二つの量子情報源 $\{p_x, |\psi_x\rangle\}_x$ と $\{q_x, |\varphi_x\rangle\}_x$ を考える.これらの量子情報源から t 回の出力を得た場合,前者からは量子状態の列 $|\psi_{x_1}\rangle \otimes \cdots \otimes |\psi_{x_t}\rangle$ が確率 $p_{x_1} \cdots p_{x_t}$ で出力され,後者からは $|\varphi_{x_1}\rangle \otimes \cdots \otimes |\varphi_{x_t}\rangle$ が確率 $q_{x_1} \cdots q_{x_t}$ で出力される.このように表現すると,この二つの状況を識別できる可能性があるように見えるだろう.しかし,これら二つの量子情報源に対応する密度演算子が同じであるため,定理 2.6 で述べたとおり,それらを識別するような物理的過程は存在しない.したがって,量子アンサンブルに基づく表現は,識別不可能なものを一見すると識別できる可能性があるかのように表現していることになる.

この問題点は,密度演算子が量子系の本質的な記述であるにもかかわらず,量子アンサンブルを用いて量子情報源を定義しようとしたことに起因している.よって,その問題点を避けるためには,量子論の性質を正しく反映して,量子情報源を密度演算子 ρ によって定義するのがよい.

定義 8.1(密度演算子を用いた量子情報源）　密度演算子 ρ が定める確率分布に基づいて純粋状態を確率的に出力する量子デバイスを,量子情報源と呼ぶ.

定義 8.1 は現代でもよく用いられる量子情報源の定義であり,量子の本質を反映して先ほどの定義のような冗長性は持たない.こうして,密度演算子で量子情報源が定義されたため,そこから確率的に出力される純粋状態の列を量子情報と考えれば,量子情報を定義できたことになる.

これはこれでよいのだが,定義 8.1 に基づくと,ρ で表現される量子情報源から出力される量子純粋状態の母集団を直観的には理解しづらいという(我々の理解を進める上での)欠点がある.例えば,密度演算子 ρ を

$$\rho = \sum_x p_x |\psi_x\rangle\langle\psi_x| = \sum_x q_x |\varphi_x\rangle\langle\varphi_x| \tag{8.3}$$

と分解できたとしよう.この量子情報源から出てくる純粋状態は,$\{|\psi_x\rangle\}_x$ のどれかもしれないし,$\{|\varphi_x\rangle\}_x$ のどれかもしれない.もしくは,ρ の他の形の分解に現れる純粋状態かもしれない.もちろん,密度演算子が量子系の本質的な記述になっているという事実から,この類の非直観性は避けては通れないのだが,定義 8.1 ではなかなか理解が進まないという人も多いだろう.

このような理由もあり,近年最もよく用いられる量子情報源の定義は,量子相関を用いたものである.

定義 8.2(量子相関を用いた量子情報源）　量子系 A 上の量子情報源は,量子系 A と,量子系 A と同型なリファレンス系 R の間の純粋状態 $|\rho\rangle^{AR}$ によって与えられる.

このようにリファレンス系を導入して量子相関で量子情報源を定めると，リファレンス系での測定が出力量子状態を定めると捉えることができる．実際，練習問題 24 で見たとおり，$|\rho\rangle^{AR}$ の純粋化系 R を適切な POVM で測定することで，対応する密度演算子が ρ^A になる任意の量子アンサンブルを系 A に実現できる．つまり，「量子情報源 ρ^A がある確率 p_j である純粋状態 $|\psi_j\rangle^A$ を出力する」ことを，「純粋状態 $|\rho\rangle^{AR}$ の系 R を対応する POVM で量子測定する」と読み替えることができる．また，量子相関を用いて量子情報源を定義すると，量子情報を送信するという考え方は分かりよい．例えば，量子情報源 $|\rho\rangle^{AR}$ の系 A を送信者が持っているとする．この系 A を受信者へと送り，受信者とリファレンス系 R が $|\rho\rangle^{AR}$ を共有できたときに，量子情報を送れたと定義する訳だ．

本書ではこれ以降，基本的に量子相関を用いた定義を採用するが，説明の簡便さのために密度演算子を用いた定義を使うこともある．

8.2 典型系列と典型部分空間

古典系における記憶のない情報源が持つ重要な性質が典型系列（*typical sequences*）であり，その性質は量子情報源の典型部分空間（*typical subspace*）の概念へと拡張できる．以下ではまず典型系列について説明し，その後，典型部分空間の概念を説明する．

8.2.1 古典情報源の典型系列

記憶のない情報源から長さ n の記号列を得たとする．その情報源に対応する確率変数を X とおくと，その状況は，長さ n の記号列 $x^n := (x_1, x_2, \ldots, x_n)$ を

$$p(x^n) = \prod_{m=1}^{n} p(x_m) \tag{8.4}$$

の確率で出力する新たな確率変数 X^n で表現できる．ここで，$p(x_m)$ は確率変数 X に基づく確率分布である．

このような独立同分布に対して 6.4.2 項と同じ議論を展開することで，典型系列が得られる．記号列 $x^n = (x_1, x_2, \ldots, x_n)$ の中に各アルファベット a_j が n_j 個（ただし，$\sum_j n_j = n$）含まれる確率を $P(n_1, \ldots, n_J)$ とおくと，

$$P(n_1, \ldots, n_J) = \binom{n}{n_1, n_2, \ldots, n_J} \prod_{j=1}^{J} p(a_j)^{n_j} \tag{8.5}$$

である．ここで，$\binom{n}{n_1, \ldots, n_J} = n!/(n_1! \cdots n_J!)$ は多項係数で，J はアルファベットに含まれる記号の個数である．

練習問題 81 (8.5) で与えられる $P(n_1, \ldots, n_J)$ が，十分大きな n に対しては，

$$-\frac{1}{n} \log P(n_1, \ldots, n_J) = -H\left(\left\{\frac{n_1}{n}, \ldots, \frac{n_J}{n}\right\}\right) - \sum_{j=1}^{J} \frac{n_j}{n} \log p(a_j) + o(1) \tag{8.6}$$

を満たすことを示せ．ここで，H は Shannon エントロピーである．この式から，$\lim_{n \to \infty} P\big(p(a_1)n, \ldots, p(a_J)n\big) = 1$ を示せ．

練習問題 81 は大数の法則の直接的な帰結であり，長さ n の記号列は J^n 種類あるにも
かかわらず，n が十分大きい極限では記号 a_j が $np(a_j)$ 回現れるような記号列しか出力
されないと考えても問題ないことを示している．より正確には，n が十分大きいと，出
力される長さ n の記号列 $x^n = (x_1, \ldots, x_n)$ はほぼ確率 1 で

$$-H\left(\left\{\frac{n_1}{n}, \ldots, \frac{n_J}{n}\right\}\right) - \sum_{j=1}^{J} \frac{n_j}{n} \log p(a_j) \approx 0 \tag{8.7}$$

を満たす．この式を満たす記号列の集合のことを，典型系列と呼ぶ．

定義 8.3（典型系列）　アルファベット A とその上に値を持つ確率変数 $X = \{p(x), x\}_{x \in A}$
が与えられたとき，任意の $\delta > 0$ と $n \in \mathbb{Z}_>$ に対し，A^n の部分集合

$$T_\delta^n(X) := \left\{x^n = (x_1, \ldots, x_n) \in A^n : \left|-\frac{1}{n} \log p(x^n) - H(X)\right| \le \delta\right\} \tag{8.8}$$

を (n, δ)-典型系列と呼ぶ．ここで，$H(X) = -\sum_{x \in A} p(x) \log p(x)$ は確率分布 $\{p(x)\}_{x \in A}$ の
Shannon エントロピーである．

典型系列は以下の性質を満たす．これらは大数の法則を用いることで証明できるが，
本書では省略する．興味のある読者は情報理論の教科書や文献[3] 等を参照されたい．

定理 8.4（典型系列の性質）　アルファベット A とその上に値を持つ確率変数 $X = \{p(x), x\}_{x \in A}$ の (n, δ)-典型系列を $T_\delta^n(X)$，Shannon エントロピーを $H(X)$ とする．任意の
$\epsilon \in (0, 1)$ と $\delta > 0$ に対して十分大きな n が存在し，以下が成立する．

1. $\mathrm{Prob}[x^n \in T_\delta^n(X)] := \displaystyle\sum_{x^n \in T_\delta^n(X)} p(x^n) \ge 1 - \epsilon.$ \hfill (8.9)

2. $(1 - \epsilon) 2^{n(H(X) - \delta)} \le \left|T_\delta^n(X)\right| \le 2^{n(H(X) + \delta)}.$ \hfill (8.10)

3. 任意の $x^n \in T_\delta^n(X)$ に対して，$2^{-n(H(X) + \delta)} \le p(x^n) \le 2^{-n(H(X) - \delta)}.$ \hfill (8.11)

ここで，$\left|T_\delta^n(X)\right|$ は (n, δ)-典型系列に含まれる記号列の個数である．

定理 8.4 の性質 1 は，$T_\delta^n(X)$ が実際に典型系列であることを意味するものであり，性
質 2 は，典型系列に含まれる記号列の個数が $\approx 2^{nH(X)}$ 個程度であることを，性質 3 は，
典型系列に含まれる全ての記号列 $x^n \in T_\delta^n(X)$ がほぼ同じ確率 $p(x^n) \approx 2^{-nH(X)}$ で出力さ
れることを意味している．性質 2 と 3 を併せることで，確率変数 X^n の確率分布は，n が
十分に大きい極限においては，典型系列上での一様分布に収束することが分かるだろう．
これら二つの性質を併せて，**漸近等分配性**（*asymptotic equipartition property: AEP*）と
呼ぶ．

■8.2.2　量子情報源の典型部分空間

古典情報源が持つ典型系列の性質は量子情報源にも引き継がれる．密度演算子 ρ^A で
記述される量子情報源 A から n 個の量子状態が出力される状況を考えよう．密度演算

子を $\rho^A = \sum_x p_x |\psi_x\rangle\langle\psi_x|^A$ と対角化すると，独立同分布の量子情報源 n 個に対応する量子系 A^n 上の密度演算子 $\rho_n^{A^n} = (\rho^A)^{\otimes n}$ は，

$$\rho_n^{A^n} = \sum_{x^n} p_{x^n} |\psi_{x^n}\rangle\langle\psi_{x^n}|^{A^n} \tag{8.12}$$

で与えられる．ここで，p_{x^n} と $|\psi_{x^n}\rangle^{A^n}$ は，m 番目の系 A を A_m と表して，

$$p_{x^n} = \prod_{m=1}^{n} p_{x_m}, \qquad |\psi_{x^n}\rangle^{A^n} = \bigotimes_{m=1}^{n} |\psi_{x_m}\rangle^{A_m} \tag{8.13}$$

である．

　ここで，ρ の固有値のラベル x と対応する固有値 p_x を一つの確率変数 X とみなす．独立同分布 X^n においては典型系列をそのまま適用でき，n が十分大きい漸近極限では，X の典型系列 $T_\delta^n(X)$ に含まれる $x^n = (x_1,\ldots,x_n)$ が式 (8.12) の和で支配的になる．また，漸近等分配性より，$x^n \in T_\delta^n(X)$ に対しては $p_{x^n} \approx 2^{-nH(X)}$ である．$H(X)$ は確率変数 X の Shannon エントロピーだが，X の確率分布は密度演算子 ρ の固有値であるため，$H(X) = H(A)_\rho$ と，ρ の von Neumann エントロピーで書ける．

　以上より，n が十分大きければ，

$$\rho_n^{A^n} \approx 2^{-nH(X)} \sum_{x^n \in T_\delta^n(X)} |\psi_{x^n}\rangle\langle\psi_{x^n}|^{A^n} \tag{8.14}$$

が成り立つことが分かる．また，$\langle\psi_{y^n}|\psi_{x^n}\rangle = \delta_{y^n x^n}$ が成立するため，(8.14) の右辺の和は射影演算子である．その射影演算子を $\Pi_\delta^{A^n}(\rho)$ と書くと，

$$\rho_n^{A^n} \approx 2^{-nH(A)_\rho} \Pi_\delta^{A^n}(\rho) \tag{8.15}$$

と表現できる．射影演算子 $\Pi_\delta^{A^n}(\rho)$ のサポートを，量子情報源 ρ の典型部分空間（*typical subspace*）と呼ぶ．これはまさに，6.4.2 項で議論した内容の一般化であることに注意されたい．

　ここで，量子情報源 $\rho_n^{A^n}$ の次元は一般には d_A^n ($d_A = \dim \mathcal{H}^A$) だが，射影演算子 $\Pi_\delta^{A^n}(\rho)$ のランクは $\approx 2^{nH(A)_\rho}$ である．つまり，古典的な情報源の典型系列と同様に，n が十分大きい極限では，$\rho_n^{A^n}$ は典型部分空間以外にはほとんど重みを持っておらず，量子情報源 $\rho_n^{A^n}$ の本質的な自由度は典型部分空間だけに限られる．

　これらの考察を以下にまとめる．まず，典型系列の定義と上記の議論を踏まえて，典型部分空間を以下のように定義する．

定義 8.5（典型部分空間）　量子系 A 上の密度演算子 $\rho^A \in \mathcal{S}(\mathcal{H}^A)$ の対角化を $\rho^A = \sum_{x \in \mathcal{X}} p_x |\psi_x\rangle\langle\psi_x|^A$ とする．また，ρ^A の von Neumann エントロピーを $H(A)_\rho$ とする．任意の $\delta > 0$ と $n \in \mathbb{Z}_>$ に対して，$(\mathcal{H}^A)^{\otimes n}$ の部分空間

$$T_\delta^n(\rho) := \mathrm{span}\left\{ |\psi_{x^n}\rangle : \left| \frac{1}{n} \log \frac{1}{p_{x^n}} - H(A)_\rho \right| \le \delta \right\} \tag{8.16}$$

を ρ^A の (n,δ)-典型部分空間と呼ぶ．ここで，$x^n = x_1 \ldots x_n \in \mathcal{X}^n$ である．

この典型部分空間に対して，古典情報源の典型系列が満たす性質（定理 8.4）を適用すると，以下の定理を得る．

定理 8.6（典型部分空間が満たす性質）　密度演算子 $\rho^A \in \mathcal{S}(\mathcal{H}^A)$ の (n,δ)-典型部分空間を $T_\delta^n(\rho)$，その上への射影演算子を $\Pi_\delta^{A^n}(\rho)$ とする．任意の $\epsilon \in (0,1)$ と $\delta > 0$ に対して十分大きな n が存在し，以下が成立する．

1. $\mathrm{Tr}[\rho^{\otimes n}\Pi_\delta^{A^n}(\rho)] \geq 1-\epsilon.$ \hfill (8.17)

2. $(1-\epsilon)2^{n(H(A)_\rho-\delta)} \leq \mathrm{Tr}[\Pi_\delta^{A^n}(\rho)] \leq 2^{n(H(A)_\rho+\delta)}.$ \hfill (8.18)

3. $2^{-n(H(A)_\rho+\delta)}\Pi_\delta^{A^n}(\rho) \leq \Pi_\delta^{A^n}(\rho)\rho^{\otimes n}\Pi_\delta^{A^n}(\rho) \leq 2^{-n(H(A)_\rho-\delta)}\Pi_\delta^{A^n}(\rho).$ \hfill (8.19)

古典情報源の場合との対応から，定理 8.6 の二つ目と三つ目の性質を併せて，**量子漸近等分配性**（*quantum asymptotic equipartition property: QAEP*）と呼ぶ．

練習問題 82　古典情報源の典型系列が満たす性質（定理 8.4）を用いて，量子の典型部分空間が満たす定理 8.6 を証明せよ．

8.3　古典情報源の圧縮

情報源が持つ典型性の性質を利用することで，情報源を**圧縮**（*compression*）できる．まずは古典情報源の場合にこのことを説明しよう．以下では，情報源のアルファベットはビット $\{0,1\}$ であり，情報源から出力される記号列はビット列とする．

情報源の圧縮は，**符号化**（*encoding*）と**復号**（*decoding*）の組で与えられる．符号化とは，情報源 X^n から出力される長さ n のビット列を，より短い長さ nR（$0 \leq R \leq 1$）ビット列へと変換する操作である．復号はその逆操作で，符号化されて短くなった長さ nR のビット列から，符号化前の長さ n のビット列へと戻す操作である．情報源を過度に短いビット列に符号化するとうまく復号できなくなるため，元のビット列を復元できるという条件の下で最も短いビット列へと符号化することが圧縮の目標である．

定量的には，長さ n のビット列を長さ nR へと符号化し，復号の後のビット列が初期のビット列と同じである確率が n が大きい極限で 1 に近づくとき，その圧縮レート R を**達成可能な圧縮レート**（*achievable compression rate*）と呼ぶ．圧縮レートは小さければ小さいほどよいので，達成可能な圧縮レートの下限を情報源の**圧縮レート**（*compression rate*）と呼ぶ．

情報源 X の独立同分布 X^n に対しては，定理 8.4 から直ちに情報源圧縮プロトコルを構成できる．n が十分大きい場合は典型系列だけを対象とすればよいので，典型系列に含まれるビット列が出力された際にはその列をより短いビット列で表現し，典型系列以外が出力されたときには圧縮失敗とみなす符号化を考えることにする．復号は，符号化されたビット列を，対応する典型系列のビット列に読み替えるだけである．この符号化

と復号を用いて，以下の定理を示せる．

定理 8.7（*Shannon* の情報源圧縮定理）　情報源 X の圧縮レートは，情報源 X が持つ Shannon エントロピー $H(X)$ で与えられる．

　この定理は完全に古典の内容になるため，本書では証明しない．$H(X)$ が達成可能な圧縮レートであることは典型系列の議論からほぼ明らかであり，それを超える圧縮レートを達成できないことはエントロピーの性質から従う．

8.4　量子情報源の圧縮

　量子系においても，情報源を圧縮することができる．まず量子情報源の圧縮を定式化しよう．量子情報源 A は，リファレンス系 R との間のエンタングル状態 $|\rho\rangle^{AR}$ で与えられる．量子情報源の圧縮の符号化は，量子系 A の n 個のコピー A^n から量子系 C への量子チャンネル $\mathcal{E}^{A^n \to C}$ で，復号は，系 C から A^n への量子チャンネル $\mathcal{D}^{C \to A^n}$ で表現できる．この操作では量子系 A^n を量子系 C に圧縮しているとみなすことができるため，圧縮の性能を表す指標は量子系 C の次元 $d_C = \dim \mathcal{H}^C$ であり，d_C が小さい方が圧縮の性能がよい．古典情報源の場合と同様に，量子情報源 A^n から出力される量子情報が符号化と復号で失われる確率をほぼゼロにしつつ，できる限り小さい d_C への圧縮を実現することが，量子情報源の圧縮の目標になる．

　以上をまとめて，量子情報源の圧縮を以下のように定義する．

定義 8.8（量子情報源の圧縮）　量子情報源 $|\rho\rangle^{AR}$ の n 個のコピー $|\rho_n\rangle^{A^n R^n} := (|\rho\rangle^{AR})^{\otimes n}$ を符号化と復号の組 $(\mathcal{E}_n^{A^n \to C}, \mathcal{D}_n^{C \to A^n})$ によって，次元が d_C で与えられる量子系 C へと圧縮することを考える．その復元エラーを

$$\epsilon_n(\mathcal{E}_n, \mathcal{D}_n | \rho) := \frac{1}{2} \left\| |\rho_n\rangle\langle\rho_n|^{A^n R^n} - \mathcal{D}_n^{C \to A^n} \circ \mathcal{E}_n^{A^n \to C}(|\rho_n\rangle\langle\rho_n|^{A^n R^n}) \right\|_1 \tag{8.20}$$

とする．この復元エラーが

$$\lim_{n \to \infty} \epsilon_n(\mathcal{E}_n, \mathcal{D}_n | \rho) = 0 \tag{8.21}$$

を満たす符号化と復号の組の列 $\{(\mathcal{E}_n^{A^n \to C}, \mathcal{D}_n^{C \to A^n})\}_n$ が存在するとき，$\lim_{n \to \infty} \log d_C / n$ を達成可能な量子圧縮レートという．達成可能な量子圧縮レートの下限を量子圧縮限界と呼ぶ．

練習問題 83　量子情報源 $|\rho\rangle^{AR}$ が与えられたときに，

$$\frac{1}{2} \left\| |\rho\rangle\langle\rho|^{AR} - \mathcal{D}^{C \to A} \circ \mathcal{E}^{A \to C}(|\rho\rangle\langle\rho|^{AR}) \right\|_1 \leq \epsilon \tag{8.22}$$

を満たす符号化と復号の組 $(\mathcal{E}, \mathcal{D})$ があったとする．このとき，対応する密度演算子が ρ^A であるような系 A 上での任意の量子アンサンブル $\{p_j, |\varphi_j\rangle^A\}_j$ に対して，

$$\frac{1}{2} \sum_j p_j \left\| |\varphi_j\rangle\langle\varphi_j|^A - \mathcal{D}^{C \to A} \circ \mathcal{E}^{A \to C}(|\varphi_j\rangle\langle\varphi_j|^A) \right\|_1 \leq \epsilon \tag{8.23}$$

が成り立つことを示せ．

■ 8.4.1　量子情報源の圧縮定理

　達成可能な量子圧縮レートや量子圧縮限界は極限操作を含む形で定義されるため，解析することがとても難しいように思える．しかし，典型部分空間の性質を用いると，容易に量子圧縮限界を導出できる．以下の定理は，量子情報源の圧縮限界を与える．

定理 8.9 (*Schumacher* の量子情報源圧縮定理[26])　量子情報源 $|\rho\rangle^{AR}$ の独立同分布漸近極限での量子圧縮限界 $R(\rho)$ は，$R(\rho) = H(A)_\rho$ で与えられる．

証明(定理 8.9 の証明)　まず，量子圧縮レート $H(A)_\rho$ を達成する符号化と復号を具体的に構成することで，$R \le H(A)_\rho$ を示す．$\delta > 0$ として，密度演算子 ρ^A の (n,δ)-典型部分空間を T_δ，T_δ への射影演算子を $\Pi_\delta^{A^n} \in \mathcal{B}(\mathcal{H}^{A^n})$ と書く．表記の簡便さのために，n や引数の ρ を省略した．圧縮後の状態空間 $\mathcal{H}^C \subseteq \mathcal{H}^{A^n}$ として典型部分空間 T_δ を取り，$V^{A^n \to C}$ を，

$$(V^{A^n \to C})^\dagger V^{A^n \to C} = \Pi_\delta^{A^n} \tag{8.24}$$

を満たす系 A^n から系 C への部分アイソメトリとする．

　具体的な符号化と復号を以下で与える．まず，A^n に対して射影測定 $\{\Pi_\delta^{A^n}, I^{A^n} - \Pi_\delta^{A^n}\}$ を行う．射影測定の結果が前者のときは量子状態が $\mathcal{H}^C = T_\delta$ 上にのみサポートを持つが，その量子状態に $V^{A^n \to C}$ を作用させる．部分アイソメトリ $V^{A^n \to C}$ は一般には確率 1 で実行することはできないが，$V^{A^n \to C}$ のサポート，つまり，典型部分空間 T_δ に含まれる量子状態に対しては，状態が定義されている量子系を変えるだけの作用なので，確率 1 で実行できることに注意せよ．一方で，後者のときは測定後の量子状態を捨てて T_δ 上の固定した量子状態 $\tau^C \in \mathcal{D}(T_\delta)$ を生成する．この操作に対応する量子チャンネル $\mathcal{E}_n^{A^n \to C}$ は，任意の量子状態 $\zeta^{A^n} \in \mathcal{B}(\mathcal{H}^{A^n})$ を，

$$\mathcal{E}_n^{A^n \to C}(\zeta^{A^n}) = V^{A^n \to C}(\Pi_\delta^{A^n} \zeta^{A^n} \Pi_\delta^{A^n})(V^{A^n \to C})^\dagger + \mathrm{Tr}[(I^{A^n} - \Pi_\delta^{A^n})\zeta^{A^n}]\tau^C \tag{8.25}$$

へと写す量子チャンネルである．一方で，復号を，$\xi^C \in \mathcal{B}(\mathcal{H}^C)$ を

$$\mathcal{D}_n^{C \to A^n}(\xi^C) = (V^{A^n \to C})^\dagger \xi^C V^{A^n \to C} \tag{8.26}$$

と写す量子チャンネルで与える．ここで，$V^{A^n \to C}$ が部分アイソメトリなので $(V^{A^n \to C})^\dagger$ はアイソメトリであることに注意せよ．

　この符号化と復号の組 $(\mathcal{E}_n^{A^n \to C}, \mathcal{D}_n^{C \to A^n})$ で量子情報源の n 個のコピー $|\rho_n\rangle^{A^n R^n}$ を圧縮すると，最終的に得られる状態は

$$\mathcal{D}_n^{C \to A^n} \circ \mathcal{E}_n^{A^n \to C}(|\rho_n\rangle\langle\rho_n|^{A^n R^n}) = \Pi_\delta^{A^n}|\rho_n\rangle\langle\rho_n|^{A^n R^n}\Pi_\delta^{A^n} + p_{\mathrm{atyp}}(V^{A^n \to C})^\dagger \tau^C V^{A^n \to C} \tag{8.27}$$

となる．ここで，$p_{\mathrm{atyp}} = 1 - \mathrm{Tr}[\Pi_\delta^{A^n}|\rho_n\rangle\langle\rho_n|^{A^n R^n}]$ とおいた．この量子状態と元々の量子情報源 $|\rho_n\rangle^{A^n R^n}$ のトレース距離を評価する．

　まず，三角不等式を用いて，

$$\||\rho_n\rangle\langle\rho_n|^{A^n R^n} - \mathcal{D}_n^{C \to A^n} \circ \mathcal{E}_n^{A^n \to C}(|\rho_n\rangle\langle\rho_n|^{A^n R^n})\|_1$$

$$\le \||\rho_n\rangle\langle\rho_n|^{A^n R^n} - \Pi_\delta^{A^n}|\rho_n\rangle\langle\rho_n|^{A^n R^n}\Pi_\delta^{A^n}\|_1 + p_{\mathrm{atyp}}\|(V^{A^n \to C})^\dagger \tau^C V^{A^n \to C}\|_1 \tag{8.28}$$

が成り立つ. この右辺第一項の上限を求めよう. 簡単のため, $|\rho_n\rangle\langle\rho_n|^{A^n R^n}$ を $\rho_n^{A^n R^n}$ と表すと,

$$\left\|\rho_n^{A^n R^n} - \Pi_\delta^{A^n} \rho_n^{A^n R^n} \Pi_\delta^{A^n}\right\|_1$$
$$= \left\|(I^{A^n} - \Pi_\delta^{A^n})\rho_n^{A^n R^n} + \Pi_\delta^{A^n} \rho_n^{A^n R^n}(I^{A^n} - \Pi_\delta^{A^n})\right\|_1 \tag{8.29}$$
$$\leq \left\|(I^{A^n} - \Pi_\delta^{A^n})\rho_n^{A^n R^n}\right\|_1 + \left\|\Pi_\delta^{A^n} \rho_n^{A^n R^n}(I^{A^n} - \Pi_\delta^{A^n})\right\|_1 \tag{8.30}$$
$$= \left\|(I^{A^n} - \Pi_\delta^{A^n})\sqrt{\rho_n^{A^n R^n}}\sqrt{\rho_n^{A^n R^n}}\right\|_1 + \left\|\Pi_\delta^{A^n}\sqrt{\rho_n^{A^n R^n}}\sqrt{\rho_n^{A^n R^n}}(I^{A^n} - \Pi_\delta^{A^n})\right\|_1 \tag{8.31}$$

と変形できる. 最後の式に Hölder の不等式を用いて整理すると,

$$\left\|\rho_n^{A^n R^n} - \Pi_\delta^{A^n} \rho_n^{A^n R^n} \Pi_\delta^{A^n}\right\|_1$$
$$\leq \left\|(I^{A^n} - \Pi_\delta^{A^n})\sqrt{\rho_n^{A^n R^n}}\right\|_2 \left(\left\|\sqrt{\rho_n^{A^n R^n}}\right\|_2 + \left\|\Pi_\delta^{A^n}\sqrt{\rho_n^{A^n R^n}}\right\|_2\right) \tag{8.32}$$
$$\leq 2\sqrt{\mathrm{Tr}\left[(I^{A^n} - \Pi_\delta^{A^n})\rho_n^{A^n R^n}\right]} \tag{8.33}$$
$$= 2\sqrt{\mathrm{Tr}\left[(I^{A^n} - \Pi_\delta^{A^n})\rho_n^{A^n}\right]} \tag{8.34}$$
$$\leq 2\sqrt{\epsilon} \tag{8.35}$$

が従うことが分かる. 最後の不等式は, 典型部分空間の性質の 1 より従う.

一方で, (8.28) の右辺第二項は, トレースノルムがアイソメトリで不変であることから,

$$\left\|(V^{A^n \to C})^\dagger \tau^C V^{A^n \to C}\right\|_1 = \mathrm{Tr}[\tau^C] = 1 \tag{8.36}$$

が成り立つ. 典型部分空間が満たす性質 1 から $p_{\mathrm{atyp}} \leq \epsilon$ が成り立つことと併せて,

$$p_{\mathrm{atyp}} \left\|(V^{A^n \to C})^\dagger \tau^C V^{A^n \to C}\right\|_1 \leq \epsilon \tag{8.37}$$

を満たす.

以上より,

$$\frac{1}{2}\left\||\rho_n\rangle\langle\rho_n|^{A^n R^n} - \mathcal{D}_n^{C \to A^n} \circ \mathcal{E}_n^{A^n \to C}(|\rho_n\rangle\langle\rho_n|^{A^n R^n})\right\|_1 \leq \sqrt{\epsilon} + \frac{\epsilon}{2} \tag{8.38}$$

であることが分かった. つまり, 符号化と復号の組 $(\mathcal{E}_n^{A^n \to C}, \mathcal{D}_n^{C \to A^n})$ を用いると, 量子情報源の n 個のコピー $|\rho_n\rangle^{A^n R^n}$ を典型部分空間 T_δ に圧縮できる. 典型部分空間の次元は

$$\dim T_\delta \leq 2^{n(H(A)_\rho + \delta)} \tag{8.39}$$

を満たすので, $n \to \infty$ を取れば $\epsilon, \delta \to 0$ となることと併せて, 量子圧縮レート $H(A)_\rho$ を達成可能であることが分かった. 量子圧縮限界 $R(\rho)$ は達成可能な量子圧縮レートの下限なので, $R(\rho) \leq H(A)_\rho$ を満たす.

次に, $R(\rho) \geq H(A)_\rho$ を示そう. $\delta_n \geq 0$ と $\lim_{n \to \infty} \epsilon_n = 0$ を満たす ϵ_n に対して, 次元が $d_C = 2^{n(H(A)_\rho - \delta_n)}$ である量子系 C へと圧縮したときの復元エラーが $\epsilon_n(\mathcal{E}_n, \mathcal{D}_n|\rho) \leq \epsilon_n$ を満たすような符号化と復号の組 $(\mathcal{E}_n^{A^n \to C}, \mathcal{D}_n^{C \to A^n})$ があったとする. 符号化後の状態と復号後の状態を, それぞれ

$$\rho_{\text{enc}}^{CR^n} = \mathcal{E}_n^{A^n \to C}(|\rho_n\rangle\langle\rho_n|^{A^n R^n}) \tag{8.40}$$

$$\rho_{\text{dec}}^{A^n R^n} = \mathcal{D}_n^{C \to A^n} \circ \mathcal{E}_n^{A^n \to C}(|\rho_n\rangle\langle\rho_n|^{A^n R^n}) \tag{8.41}$$

と書くと

$$\frac{1}{2}\left\| |\rho_n\rangle\langle\rho_n|^{A^n R^n} - \rho_{\text{dec}}^{A^n R^n} \right\|_1 \le \epsilon_n \tag{8.42}$$

である.

復号後の量子状態 $\rho_{\text{enc}}^{CR^n}$ の相互情報量を考える. $d_C \le \dim\mathcal{H}^{A^n} = \dim\mathcal{H}^{R^n}$ に注意して, 相互情報量の最大値に関する命題 6.15 の性質 2 を用いると, $I(C:R^n)_{\rho_{\text{enc}}} \le 2\log d_C = 2n(H(A)_\rho - \delta_n)$ を得る. さらに相互情報量が任意の量子チャンネルで非増加であることから,

$$I(A^n:R^n)_{\rho_{\text{dec}}} \le 2n\big(H(A)_\rho - \delta_n\big) \tag{8.43}$$

が成り立つ.

一方で, 式 (8.42) から復号後の量子情報源 $\rho_{\text{dec}}^{A^n R^n}$ は元々の量子情報源 $|\rho_n\rangle^{A^n R^n}$ に近いことを使うと, $I(A^n:R^n)_{\rho_{\text{dec}}} \approx I(A^n:R^n)_{\rho_n}$ が分かる. 事実, $I(X:Z)_\tau = H(Z)_\tau - H(Z|X)_\tau$ という関係を用いて, $H(R^n)_{\rho_{\text{dec}}} = H(R^n)_{\rho_n}$ に注意すると,

$$\left| I(A^n:R^n)_{\rho_{\text{dec}}} - I(A^n:R^n)_{|\rho_n\rangle\langle\rho_n|} \right| = \left| H(R^n|A^n)_{\rho_{\text{dec}}} - H(R^n|A^n)_{|\rho_n\rangle\langle\rho_n|} \right| \tag{8.44}$$

$$\le 2\epsilon_n n \log d_R + f(\epsilon_n) \tag{8.45}$$

が成り立つ. ここで, 条件付き量子エントロピーの連続性を与える定理 6.17 を用いた. 関数 $f(\epsilon) = (1+\epsilon)\log(1+\epsilon) - \epsilon\log\epsilon$ はその定理に現れるものである. さらに, $|\rho_n\rangle^{A^n R^n} = (|\rho\rangle^{AR})^{\otimes n}$ から, $I(A^n:R^n)_{|\rho_n\rangle\langle\rho_n|} = 2nH(A)_\rho$ が成り立つので,

$$I(A^n:R^n)_{\rho_{\text{dec}}} \ge 2nH(A)_\rho - 2\epsilon_n n \log d_R - f(\epsilon_n) \tag{8.46}$$

を得る.

(8.43) と (8.46) を組み合わせて整理すると,

$$\delta_n \le \epsilon_n \log d_R + \frac{f(\epsilon_n)}{2n} \tag{8.47}$$

を得る. 仮定より $\lim_{n\to\infty}\epsilon_n = 0$ なので, (8.47) の右辺は $n \to \infty$ で 0 に収束する. よって, $\delta_n \ge 0$ と併せて, $\lim_{n\to\infty}\delta_n = 0$ である. これは, 漸近的に復元エラーがゼロになるという条件の下で量子圧縮を行うためには, 部分空間の次元は $2^{nH(A)_\rho}$ 以上でなければならないことを意味する. したがって, 量子圧縮限界 $R(\rho)$ は $R(\rho) \ge H(A)_\rho$ を満たす.

□

量子情報源圧縮定理は, 量子情報源を古典情報源と同様に圧縮・解凍できることを意味している. このことから, 例えば量子情報を量子メモリに保存する際には対応する量子状態をそのまま保存する必要はなく, 圧縮して保存した上で使用時に解凍すればよいことや, 量子通信路を用いて量子情報を送信する際にも量子状態をそのまま送信する必要はなく, 圧縮してから送信し, 受信者が解凍すればよいこと等が従う. このような量

子系の取り扱いは5章で見た量子状態を "そのまま" 送る通信プロトコルとは対照的であり，真に量子系を「情報」として取り扱うものといってよい．それが可能であることを示唆するのが量子情報源圧縮定理といえるため，量子情報源圧縮定理は，量子系の情報通信の幕開けを告げたマイルストーンとして知られている．

■ 8.4.2 量子圧縮符号の具体例

量子情報源圧縮定理をよりよく理解するために，1-qubit の密度演算子 ρ^A で与えられる量子情報源 A を用いて，具体例を与えておこう．量子情報源 ρ^A を純粋化する 1-qubit のリファレンス系 R を導入し，

$$|\rho\rangle^{AR} = \sqrt{p_0}|0\rangle^A|0\rangle^R + \sqrt{p_1}|1\rangle^A|1\rangle^R \tag{8.48}$$

と純粋化する．ただし，$p_0 + p_1 = 1$ である．この情報源の n 個のコピー $|\rho_n\rangle^{A^n R^n} = (|\rho\rangle^{AR})^{\otimes n}$ は，

$$|\rho_n\rangle^{A^n R^n} = \sum_{x_1,\dots,x_n=0}^{1} \sqrt{p_{x_1}\cdots p_{x_n}}|x_1\dots x_n\rangle^{A^n}|x_1\dots x_n\rangle^{R^n} \tag{8.49}$$

である．以降は $x^n = x_1 x_2 \dots x_n$，および，$p_{x^n} = p_{x_1}\cdots p_{x_n}$ という表記を用いる．

量子状態 ρ^A の (n,δ)-典型部分空間は二値エントロピー $h(p)$ を用いて

$$\left|-\frac{1}{n}\log p_{x^n} - h(p)\right| \leq \delta \tag{8.50}$$

を満たすビット列 x^n に対応する量子状態 $|x^n\rangle^A$ で張られる部分空間 $\mathcal{H}_{\mathrm{typ}}^A \subseteq \mathcal{H}^A$ である．その次元は $\dim \mathcal{H}_{\mathrm{typ}}^A = d_{\mathrm{typ}} \leq 2^{n(h(p_0)+\delta)}$ である．この式を満たすビット列 x^n は，6.4.2 項で見た例と同様に，0 を $\approx p_0 n$ 個，1 を $\approx p_1 n$ 個含む．

簡単のため，$d_{\mathrm{typ}} = 2^m$ と 2 の正の整数乗になっている場合を考える．符号化する際には，$\mathcal{H}_{\mathrm{typ}}^A$ に含まれる $|x^n\rangle^{A^n}$ を適当にラベル付けして $\{|x_0^n\rangle, \dots, |x_{2^m-1}^n\rangle\}$ とする．また，$\mathcal{H}_{\mathrm{typ}}^A$ に含まれない $|x^n\rangle^{A^n}$ を $\{|x_{2^m}^n\rangle, \dots, |x_{2^n-1}^n\rangle\}$ とラベル付けする．さらに，n-qubit の系 A^n を m-qubit の部分系 C と $(n-m)$-qubit の系 D に分割し，以下の基底変換を行うユニタリ U^A を作用させる．

$$\begin{array}{l} \text{典型部分空間} \begin{cases} |x_0^n\rangle^{A^n} \mapsto |0\dots00\rangle^C \otimes |0\dots0\rangle^D \\ |x_1^n\rangle^{A^n} \mapsto |0\dots01\rangle^C \otimes |0\dots0\rangle^D \\ |x_2^n\rangle^{A^n} \mapsto |0\dots10\rangle^C \otimes |0\dots0\rangle^D \\ \qquad\qquad \vdots \\ |x_{2^m-1}^n\rangle^{A^n} \mapsto |1\dots11\rangle^C \otimes |0\dots0\rangle^D \end{cases} \\[2em] \text{非典型部分空間} \begin{cases} |x_{2^m}^n\rangle^{A^n} \mapsto |0\dots00\rangle^C \otimes |0\dots01\rangle^D \\ \qquad\qquad \vdots \\ |x_{2^n-1}^n\rangle^{A^n} \mapsto |1\dots11\rangle^C \otimes |1\dots11\rangle^D \end{cases} \end{array} \tag{8.51}$$

典型部分空間に含まれる状態をこのユニタリで変換すると，系 D は必ず $|0\ldots0\rangle$ になることに注意せよ．

符号化の最後に，系 D を $\{|0\ldots0\rangle\langle0\ldots0|^D, I^D - |0\ldots0\rangle\langle0\ldots0|^D\}$ で射影測定し，前者に対応する結果が出たときは符号化成功，後者の場合は符号化失敗とする．前者の測定演算子は典型部分空間への射影演算子になっているため，符号化に成功する確率は $P_{\mathrm{succ}} \geq 1 - \epsilon$ を満たす．また，符号化に成功した際に得られる状態は

$$|\mathrm{Comp}\rangle^{CR^n} := \frac{1}{\sqrt{P_{\mathrm{succ}}}} \langle0\ldots0|^D U^{A^n} |\rho_n\rangle^{A^n R^n} \tag{8.52}$$

という系 CR^n 上の量子状態である．$A^n = CD$ に注意されたい．

圧縮された量子状態 $|\mathrm{Comp}\rangle^{CR^n}$ の復号は，$|0\ldots0\rangle^D$ を付け足してユニタリ $(U^{A^n})^\dagger$ を作用させる．$A^n = CD$ なので，復号された量子状態は

$$|\mathrm{Dec}\rangle^{A^n R^n} = (U^{A^n})^\dagger (|\mathrm{Comp}\rangle^{CR^n} \otimes |0\ldots0\rangle^D) \tag{8.53}$$

である．

練習問題 84　復号された量子情報源 $|\mathrm{Dec}\rangle^{A^n R^n}$ が元々の量子情報源 $|\rho_n\rangle^{A^n R^n}$ に近いこと，つまり，$|\langle\rho_n|\mathrm{Dec}\rangle|^2 = P_{\mathrm{succ}} \geq 1 - \epsilon$ を示せ．

LOCCによる量子状態操作

量子系を用いた通信では、送信者と受信者があらかじめエンタングルメントを共有することで何らかの利得に繋がることが多い。量子テレポーテーションや超高密度符号はその典型例だが、14.2節で説明するとおり、より一般の通信タスクにおいても共有エンタングルメントによる利得は存在する。このことから、共有エンタングルメントは量子通信の普遍的なリソースとみなすことができ、多くの研究が行われている。エンタングルメントは、LOCC（局所操作と古典通信）では平均的には非増加な量であるため、量子通信のリソースとしてのエンタングルメントを理解する第一歩として、LOCCでいかなる状態変換を達成できるかを明らかにしておくと便利である。

本章では、LOCCによる状態変換の理論を説明するが、一般にLOCCによる量子状態の変換を完全に特徴付けることは容易ではないため、本章では主に純粋状態を取り扱い、以下の二つのシナリオを中心としたLOCC状態変換を考える。

1) 通信を行う二者が純粋状態のコピーを多数保持する状況で、LOCCによって異なる純粋状態のなるべく多くのコピーへと変換することを目指すシナリオ。
2) 通信を行う二者が純粋状態を一つだけ保持する状況で、LOCCを通じて他の純粋状態一つへと変換することを目指すシナリオ。

前者を漸近的な状態変換（*asymptotic state conversion*）、後者をシングルショット状態変換（*single-shot state conversion*）と呼ぶ。

本章では、まず、LOCCの一般的な性質の特徴付けについて説明し、その後、漸近的およびシングルショットのLOCC状態変換の理論を解説する。

9.1 LOCCの基本的な性質

まずLOCCの基本的な性質を説明する。LOCCでは二者が空間的に離れている設定を考えるが、これまでどおり、その二者をAliceとBobと呼ぶ。また、系AやA'等はAliceが保持する量子系とし、系BやB'等はBobが保持する量子系とする。

AliceとBobが初期状態ρ^{AB}を共有しており、その量子状態にLOCCを行うとする。LOCCで送れる情報は古典的な情報のみなので、LOCCは、

1) Aliceは自身が持つ量子系に量子測定を行い、その測定結果をBobに送信する、
2) Bobは、送られてきたAliceの測定結果に応じて、何らかのPOVMで自身の量子

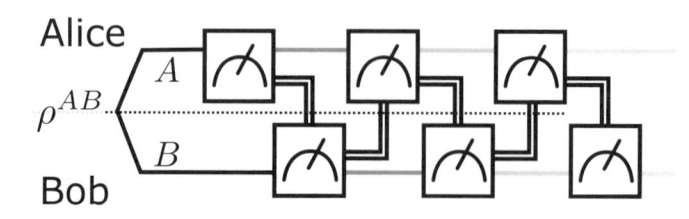

図 **9.1** LOCC のダイアグラム．二重線は古典通信を表す．各部分系の測定によって状態は徐々に変化していくが，Alice と Bob の間のエンタングルメントは平均的には非増加であることに注意せよ．

系を測定し，測定結果を Alice に送る，

3）Alice は，これまでの全ての測定結果に応じて何らかの POVM で自身の量子系を測定し，測定結果を Bob に送信する，

4）2) と 3) を繰り返す，

で表現できる．図 9.1 も参照せよ．一般には，Alice と Bob は測定の前に量子チャンネルを作用させてもよいが，そこまで含めて一つの POVM で表現できることに注意されたい．

練習問題 85 系 A と系 B の間の任意の LOCC の Kraus 表現は，$\{K_x^{A \to A'} \otimes L_x^{B \to B'}\}_x$ という形で与えられることを示せ．ただし，A' や B' はそれぞれ，Alice と Bob が持つ操作終了後の量子系である．

練習問題 85 から，LOCC を「Kraus 表現が $\{K_x^A \otimes L_x^A\}_x$ とテンソル積で書ける操作」として特徴付けることができるようにも思える．ところが，残念ながらそうではない．Kraus 表現が $\{K_x^A \otimes L_x^A\}_x$ とテンソル積で書ける操作はセパラブル操作（*separable operation*）と呼ばれ，LOCC の集合よりも真に大きな集合となっている．

セパラブル操作が LOCC よりも広い操作であることは，セパラブル操作では達成できるが，LOCC では達成できないタスクを具体的に与えればよい．そのようなタスクとしてよく知られているのは，以下の識別問題である．系 A と系 B を共に次元が 3 の量子系とする．このような次元が 3 の状態空間を持つ量子系を 1-qutrit と呼ぶ．複合系 AB は九次元になるが，Alice と Bob が以下の九つの量子状態のいずれかを共有しており，セパラブル操作または LOCC によって，どの状態を共有しているかを識別するタスクを考える．

$$|\psi_0\rangle^{AB} = |1\rangle^A \otimes |1\rangle^B \tag{9.1}$$

$$|\psi_{1,2}\rangle^{AB} = |0\rangle^A \otimes |0 \pm 1\rangle^B \tag{9.2}$$

$$|\psi_{3,4}\rangle^{AB} = |2\rangle^A \otimes |1 \pm 2\rangle^B \tag{9.3}$$

$$|\psi_{5,6}\rangle^{AB} = |1 \pm 2\rangle^A \otimes |0\rangle^B \tag{9.4}$$

$$|\psi_{7,8}\rangle^{AB} = |0 \pm 1\rangle^A \otimes |2\rangle^B \tag{9.5}$$

ここで，表記の簡便さのために，規格化定数を除いた．正確には，$|0 \pm 1\rangle = (|0\rangle \pm |1\rangle)/\sqrt{2}$ 等である．以下ではこれらの量子状態を順番に $|\psi_j\rangle^{AB}$ ($j = 0, \ldots, 8$) と書くことにする．これらの状態は全て系 A と系 B の間でテンソル積状態であり，また，互いに直交していることに注意せよ．

系 A と系 B のセパラブル操作を行えば，この九つの量子状態のどの状態が与えられたかを確率 1 で識別できる．具体的には，$\{|e_j\rangle\}_{j=0,1,2}$ を 1-qutrit の正規直交基底として，測定の Kraus 演算子が $\{(|e_j\rangle^A \otimes |e_j\rangle^B)\langle\psi_j|^{AB}\}_{j=1,\ldots,9}$ で与えられる測定を行うと，$|\psi_j\rangle^{AB}$ の直交性から明らかに全ての状態を確率 1 で識別できる．ここで，$|\psi_j\rangle^{AB}$ は全てテンソル積状態なので，この測定はセパラブル操作であることに注意せよ．一方で，どのような LOCC を行っても，これらの状態を確率 1 では識別できないことも示せる．証明は文献[27,28]を参照されたい．したがって，この識別問題は，セパラブル操作では実行できるが，LOCC では実行できないタスクであり，LOCC とセパラブル操作が等価ではないことを示唆するものである．

このことから，LOCC を Kraus 演算子の言葉で特徴付けるためには，各 Kraus 演算子がテンソル積であること以上に制限を付ける必要がある．残念ながらその特徴付けは未だになされておらず，LOCC の Kraus 表現を特徴付けることは量子情報における未解決問題の一つとなっている．完全な特徴付けが容易ではない原因の一つは，古典通信を系 A から系 B へ一回だけ行うことで実行できる LOCC の集合と，古典通信を系 A から系 B，系 B から系 A と二回行うことで実行できる LOCC の集合では，後者の方が真に大きいことにある．同様のことは古典通信の回数を増やしていっても成り立つ．文献[29]を参照されたい．つまり，LOCC を完全に特徴付けるためには任意回数の古典通信を含む LOCC を取り扱う必要があるのだ．この事実からも，LOCC の解析が困難になることは容易に想像できるだろう．

幸いなことに，考えたいタスクを純粋状態の状態変換だけに限定すると，状況は劇的に簡潔になる．以下の命題はその理由を与える．

命題 9.1 Alice から Bob への古典通信だけが許される LOCC を一方向 *LOCC*（*one-way LOCC*），Alice と Bob の間の双方向の古典通信が許される LOCC を二方向 *LOCC*（*two-way LOCC*）と呼ぶ．二方向 LOCC による純粋状態の変換は，必ず一方向 LOCC による純粋状態の変換で実現できる．

証明（命題 9.1 の証明） Alice と Bob で共有した純粋状態 $|\psi\rangle^{AB}$ に対する LOCC を考えよう．一般性を失うことなく $d_A = d_B = d$ と仮定する．まず，$|\psi\rangle^{AB} = \sum_{j=0}^{d-1} \sqrt{\lambda_j} |a_j\rangle^A |b_j\rangle^B$ と Schmidt 分解する．

純粋状態 $|\psi\rangle^{AB}$ の系 A に対して量子測定を行い，測定結果 x を得たとする．対応する Kraus 演算子 K_x^A を，$|\psi\rangle^{AB}$ の系 A の Schmidt 基底 $\{|a_j\rangle\}_j$ で $K_x^A = \sum_{p,q} K_{pq}^{(x)} |a_p\rangle\langle a_q|^A$ と展開すると，測定後の状態 $|\varphi_x\rangle^{AB}$ は

$$|\varphi_x\rangle^{AB} \propto \sum_{j,p} \sqrt{\lambda_j} K_{pj}^{(x)} |a_p\rangle^A |b_j\rangle^B \tag{9.6}$$

である．また，結果 x を得る確率は $\sum_{j,p} \lambda_j |K_{pj}^{(x)}|^2$ である．一方で，$|\psi\rangle^{AB}$ の系 B を Kraus 演算子 $L_x^B = \sum_{p,q} K_{pq}^{(x)} |b_p\rangle\langle b_q|^B$ で測定し，結果 x を得たとする．ここで，L_x^B の行列要素 $\{K_{pq}^{(x)}\}_{pq}$ は，K_x^A のものと同じであるが，K_x^A と L_x^B では展開する正規直交基底が異なることに注意せよ．L_x^B で測定した後の量子状態 $|\phi_x\rangle^{AB}$ は，

$$|\phi_x\rangle^{AB} \propto \sum_{j,p} \sqrt{\lambda_j} K_{pj}^{(x)} |a_j\rangle^A |b_p\rangle^B \tag{9.7}$$

を満たす．結果 x を得る確率は $\sum_{j,p} \lambda_j |K_{pj}^{(x)}|^2$ であり，系 A を測定した場合と等しい．

ここで，測定後の状態 $|\varphi_x\rangle^{AB}$ と $|\phi_x\rangle^{AB}$ を比較すると，系 A と系 B で基底のラベル (i,j) を入れ替えただけであることが分かる．したがってそれら二状態の Schmidt 係数は一致するので，ユニタリ U_x^A とユニタリ V_x^B を用いて $|\varphi_x\rangle^{AB} = (U_x^A \otimes V_x^B)|\phi_x\rangle^{AB}$ と書ける．よって，

$$K_x^A |\psi\rangle^{AB} = (U_x^A \otimes V_x^B) L_x^B |\psi\rangle^{AB} \tag{9.8}$$

を得る．これは，Kraus 演算子 K_x^A で系 A を測った後の量子状態と，Kraus 演算子 L_x^B で系 B を測った後の量子状態は，その測定結果 x に応じて系 A と系 B にそれぞれユニタリを作用させることで変換できることを意味する．つまり，系 A の量子測定は，系 B での量子測定と，測定結果を Alice と共有して各系にユニタリを作用させる操作で置き換えられる．この操作を繰り返せば，任意の二方向 LOCC は「片方での系の量子測定と，その測定結果をもう片方に古典通信し，各系でユニタリを作用させる」という一方向 LOCC の繰り返しで実現できる． □

命題 9.1 のおかげで，純粋状態のみの LOCC 変換を考える際には一方向 LOCC を行えば必要十分である．

9.2 漸近極限における純粋状態の LOCC 変換

純粋状態のみを取り扱う LOCC では一方向 LOCC だけを考えれば十分であることが分かった．実際に，漸近極限での LOCC 状態変換では，一方向 LOCC だけで達成可能な状態変換を全て実行できることを構成論的に示すことができる．

漸近極限での LOCC 状態変換での目標は，Alice と Bob が共有する純粋状態 $|\psi\rangle^{AB}$ の多数のコピーを，LOCC を通じてなるべく多くの他の純粋状態 $|\varphi\rangle^{AB}$ のコピーへと変換することにある．つまり，

$$(|\psi\rangle^{AB})^{\otimes n} \xrightarrow{\text{LOCC}} (|\varphi\rangle^{AB})^{\otimes m} \tag{9.9}$$

を達成する LOCC の中で，変換率 m/n を最大にするようなものを見つけたい．具体的には，漸近極限における $|\psi\rangle^{AB}$ から $|\varphi\rangle^{AB}$ への LOCC 変換率 $C(|\psi\rangle \to |\varphi\rangle)$ を次のように定義する．以下では，$\lfloor x \rfloor$ を x 以下の最大の整数とする．

定義 9.2 (漸近極限における純粋状態の *LOCC* 変換)　LOCC Λ によって, $(|\psi\rangle^{AB})^{\otimes n}$ を $(|\varphi\rangle^{AB})^{\otimes m}$ へと変換するエラー ϵ を

$$\epsilon\left(|\psi\rangle^{\otimes n} \to |\varphi\rangle^{\otimes m}\,|\Lambda\right) := \frac{1}{2}\left\|\Lambda\left((|\psi\rangle\langle\psi|^{AB})^{\otimes n}\right) - (|\varphi\rangle\langle\varphi|^{AB})^{\otimes m}\right\|_1 \tag{9.10}$$

とする. このとき,

$$C\left(|\psi\rangle \to |\varphi\rangle\right) := \sup\left\{r : \lim_{n\to\infty}\inf_{\Lambda}\epsilon(|\psi\rangle^{\otimes n} \to |\varphi\rangle^{\otimes\lfloor rn\rfloor}\,|\Lambda) = 0\right\} \tag{9.11}$$

を $|\psi\rangle^{AB}$ から $|\varphi\rangle^{AB}$ への漸近的な *LOCC* 変換率と呼ぶ. ここで, $\inf_\Lambda$ は全ての LOCC で取る.

漸近的な LOCC 変換率は数式を見ると煩雑だが, 実は以下の定理のように簡潔に特徴付けることができる.

定理 9.3 (漸近極限における *LOCC* 変換率)　量子純粋状態 $|\psi\rangle^{AB}$ から量子純粋状態 $|\varphi\rangle^{AB}$ への漸近的な LOCC 変換率は,

$$C\left(|\psi\rangle \to |\varphi\rangle\right) = \frac{H(A)_\psi}{H(A)_\varphi} \tag{9.12}$$

で与えられる.

定理 9.3 を示すためには, 各々の量子状態のエンタングルメントに着目するとよい. やや唐突に思えるかもしれないが, 以下ではまず, $|\psi\rangle^{AB}$ の n 個のコピーから LOCC でどれくらいの ebit を取り出せるか, また, どれくらいの ebit を Alice と Bob が共有していれば, LOCC で $|\varphi\rangle^{AB}$ の複数コピーへと変換できるかを説明する. その二つのタスクを組み合わせることで, 定理 9.3 を示すことができる.

9.3　エンタングルメント蒸留と希釈

一般に, エンタングルメント蒸留 (*entanglement distillation*), もしくは, エンタングルメント濃縮 (*entanglement concentration*) とは, Alice と Bob が共有する量子状態 ρ^{AB} の複数コピーから, LOCC のみでなるべく多くの ebit を取り出すタスクである. 具体的には, $|\Phi_2\rangle$ を Alice と Bob が共有する 1-ebit の最大エンタングル状態として,

$$(\rho^{AB})^{\otimes n} \xrightarrow{\text{LOCC}} |\Phi_2\rangle\langle\Phi_2|^{\otimes m} \tag{9.13}$$

を目指す. 文脈にもよるが, ρ^{AB} が純粋状態の場合にエンタングルメント濃縮, 混合状態の場合にエンタングルメント蒸留と呼ぶことが多い. 一方で, エンタングルメント蒸留の逆のタスクをエンタングルメント希釈 (*entanglement dilution*) と呼ぶ. 具体的には, Alice と Bob が共有する m-ebit から, LOCC のみで量子状態 ρ^{AB} の複数コピーを生成することを目指すもので,

$$|\Phi_2\rangle\langle\Phi_2|^{\otimes m} \xrightarrow{\text{LOCC}} (\rho^{AB})^{\otimes n} \tag{9.14}$$

というタスクである.

これらのプロトコルの性能の指標として,量子状態 ρ^{AB} の個数 n と ebit の数 m の比,つまり変換率 m/n に着目することが多く,各プロトコルの漸近極限での変換率を,蒸留可能なエンタングルメント (*distillable entanglement*),および,エンタングルメント・コスト (*entanglement cost*) と呼ぶ.

定義 9.4(蒸留可能なエンタングルメント) 量子系 AB の量子状態 ρ^{AB} に対して,

$$E_D(\rho) := \sup\left\{r : \lim_{n \to \infty} \inf_\Lambda \left\| \Lambda\left((\rho^{AB})^{\otimes n}\right) - |\Phi_2\rangle\langle\Phi_2|^{\otimes \lfloor rn \rfloor} \right\|_1 = 0\right\} \tag{9.15}$$

を蒸留可能なエンタングルメント $E_D(\rho)$ と呼ぶ.ここで,$\inf_\Lambda$ は LOCC 全てで取る.

定義 9.5(エンタングルメント・コスト) 量子系 AB の量子状態 ρ^{AB} に対して,

$$E_C(\rho) := \inf\left\{r : \lim_{n \to \infty} \inf_\Lambda \left\| \Lambda\left(|\Phi_2\rangle\langle\Phi_2|^{\otimes \lfloor rn \rfloor}\right) - (\rho^{AB})^{\otimes n} \right\|_1 = 0\right\} \tag{9.16}$$

をエンタングルメント・コスト $E_C(\rho)$ と呼ぶ.ここで,$\inf_\Lambda$ は LOCC 全てで取る.

これらの量は混合状態に対しても定義されるが,9.1 節で述べたとおり混合状態の LOCC の取り扱いは容易ではない.しばらくは純粋状態に限って解析を進め,その後に混合状態に対して分かっていることを説明する.

純粋状態に対する蒸留可能なエンタングルメントとエンタングルメント・コストに関しては,以下の定理が成り立つ.

定理 9.6(純粋状態に対する蒸留可能なエンタングルメントとエンタングルメント・コスト[30]) 量子系 AB の純粋状態 $|\psi\rangle^{AB}$ に対して,

$$E_D(|\psi\rangle\langle\psi|^{AB}) = E_C(|\psi\rangle\langle\psi|^{AB}) = H(A)_\psi \tag{9.17}$$

が成り立つ.$H(A)_\psi$ は純粋状態 $|\psi\rangle^{AB}$ のエンタングルメント・エントロピーである.

蒸留可能なエンタングルメントやエンタングルメント・コストは煩雑な定義であるにもかかわらず,やはり,どちらも部分系での縮約量子状態のエントロピーによって簡潔に特徴付けられる.エントロピーが現れることから既に気付いている読者も多いだろうが,このような簡潔な表現を得ることができる理由は,漸近極限では量子状態の典型系列のみを考えれば十分だからだ.次章以降で,定理 9.6 の証明のスケッチを与える.

練習問題 86 定理 9.6 を用いて定理 9.3 を示せ.

■ 9.3.1 エンタングルメント濃縮の具体的なプロトコル

まずは,エンタングルメント濃縮の具体的なプロトコルを与えることで,$E_D(|\psi\rangle\langle\psi|^{AB}) \geq H(A)_\psi$ を示す.プロトコルの基本的な発想は,Alice と Bob が共有する量子純粋状態 $|\psi\rangle^{AB}$ を "量子情報源" とみなし,系 A で量子圧縮プロトコルとほぼ同等の手続きを行う(図 9.2).

まず，量子状態 ψ^A の (n, δ)-典型部分空間 $T_\delta(\psi) \subseteq \mathcal{H}^{A^n}$ への射影演算子を Π^{A^n} としよう．表記を簡単にするため，δ は省略する．同様に，ψ^B に対応する典型部分空間への射影演算子を Π^{B^n} と書く．典型部分空間の次元は $\approx 2^{nH(A)_\psi}$ である．Alice と Bob が共有する量子状態 $|\psi_n\rangle^{A^n B^n} := (|\psi\rangle^{AB})^{\otimes n}$ の部分系 A^n と B^n を，各々 $\{\Pi^{A^n}, I^{A^n} - \Pi^{A^n}\}$ と $\{\Pi^{B^n}, I^{B^n} - \Pi^{B^n}\}$ で射影測定する．圧縮の場合と同様に，漸近極限ではどちらの部分系でも，Π^{A^n} と Π^{B^n} に対応する測定結果が得られる確率が 1 に収束する．したがって，以下ではその場合だけを考えることにする．

測定後の量子状態 $|\psi_n^{\mathrm{succ}}\rangle^{A^n B^n} \propto (\Pi^{A^n} \otimes \Pi^{B^n})|\psi_n\rangle^{A_n B_n}$ の比例係数は漸近極限で 1 に収束する．この状態は部分系 A^n では $(\psi_n^{\mathrm{succ}})^{A^n} \propto \Pi^{A^n} \psi_n^{A_n} \Pi^{A^n}$ である．ここで，典型部分空間の性質（定理 8.6 の 3）より

$$2^{-n(H(A)_\psi + \delta)}\Pi^{A^n} \le (\psi_n^{\mathrm{succ}})^{A^n} \le 2^{-n(H(A)_\psi - \delta)}\Pi^{A^n} \tag{9.18}$$

が成り立つので，十分大きな n に対しては

$$(\psi_n^{\mathrm{succ}})^{A^n} \approx 2^{-nH(A)_\psi}\Pi^{A^n} \tag{9.19}$$

となる．

最後に，(9.19) の両辺の純粋化を考えよう．左辺に関しては，構成から $|\psi_n^{\mathrm{succ}}\rangle^{A^n B^n}$ を純粋化として取れる．一方で，右辺の純粋化として，Alice と Bob で共有した $(nH(A)_\psi)$-ebit の最大エンタングル状態 $|\Phi_2\rangle^{\otimes nH(A)_\psi}$ を取れる．したがって，純粋化定理（定理 2.5）より，

$$U^{B^n}|\psi_n^{\mathrm{succ}}\rangle^{A^n B^n} \approx |\Phi_2\rangle^{\otimes nH(A)_\psi} \tag{9.20}$$

を満たす系 B^n 上のユニタリ U^{B^n} が存在することが分かる．この一連の手続きによって，Alice と Bob は $nH(A)_\psi$ 個の ebit を共有することができた．よって，n が十分大きい極限では，

$$E_D(|\psi\rangle\langle\psi|^{AB}) \ge H(A)_\psi \tag{9.21}$$

が成り立つことが分かる．

練習問題 87 図 9.2 では Alice と Bob の両者が測定を行っているが．この測定を片方だけで行っても同じプロトコルを実行できることを説明せよ．

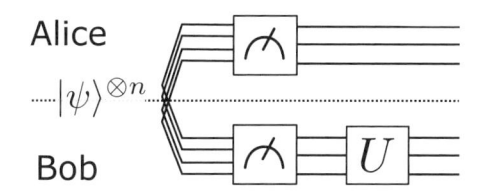

図 **9.2** エンタングルメント濃縮のダイアグラム．Alice と Bob は，各々の部分系 A^n と B^n に典型部分空間への射影演算子 Π_{typ} による射影測定を行う．その後，必要に応じて Bob（Alice でもよい）が適切なユニタリを作用させれば，任意基底での最大エンタングル状態に変換できる．

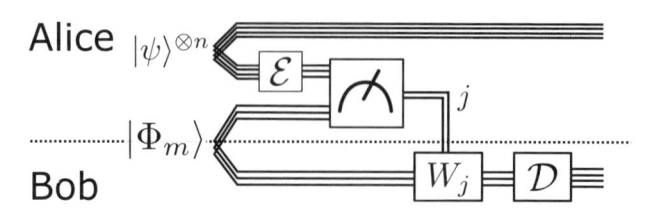

図 9.3 エンタングルメント希釈のダイアグラム. やや煩雑に見えるかもしれないが,
量子情報源の圧縮 $(\mathcal{E}, \mathcal{D})$ と, 量子テレポーテーションを組み合わせている.

■9.3.2 エンタングルメント希釈の具体的なプロトコル

次に, エンタングルメント希釈の具体的なプロトコルを与えることで, $E_C(|\psi\rangle^{AB}) \le H(A)_\psi$ を示す. 目標は Alice と Bob が共有する m-ebit の量子純粋状態に LOCC を行うことで, $|\psi_n\rangle^{A^n B^n} = (|\psi\rangle^{AB})^{\otimes n}$ を Alice と Bob で共有することだ. これは量子情報源の圧縮と量子テレポーテーションを使えば以下のステップで達成できる (図 9.3).

1) Alice は自分の手元で $|\psi_n\rangle^{A^n B^n}$ を生成する. 少しややこしいが, この時点では系 $A^n B^n$ の全てを Alice が持っている.

2) Alice は部分系 B^n に量子圧縮の符号化 $\mathcal{E}^{B^n \to C}$ を作用させ, 圧縮した量子状態 $|\psi_m^{\mathrm{comp}}\rangle^{A^n C}$ を得る. 漸近極限では確率 1 で圧縮の符号化に成功し, 系 C は $m := nH(B)_\psi = nH(A)_\psi$ 個の量子ビットから構成される系である.

3) Alice は量子テレポーテーションのプロトコルを用いて, 系 C を Bob へと送る. このプロトコルを実行するために, Bob と共有している m-ebit を消費し, Alice から Bob への $2m$-bit の古典通信が必要になる. 結果として, Alice が $|\psi_m^{\mathrm{comp}}\rangle^{A^n C}$ の部分系 A^n を, Bob が部分系 C を持つことになる.

4) Bob は系 C に量子圧縮の復号 $\mathcal{D}^{C \to B^n}$ を行うことで, Alice と Bob で量子状態 $|\psi_n\rangle^{A^n B^n}$ を共有できる.

このプロトコルで必要な Alice と Bob の通信は $2m = 2nH(A)_\psi$-bit の古典通信だけであるから, 一方向 LOCC で実行できる. また, 消費した ebit は $m = nH(A)_\psi$-ebit なので, 変換レートは $m/n = H(A)_\psi$ で与えられる. したがって,

$$E_C(|\psi\rangle^{AB}) \le H(A)_\psi \tag{9.22}$$

が示された.

■9.3.3 それぞれのプロトコルの最適性

以上で, エンタングルメント濃縮とエンタングルメント希釈の具体的なプロトコルをそれぞれ与えた. 各々の議論からは各プロトコルの最適性は分からないが, 二つを組み合わせることで, それらがどちらも最適であることを示せる. 証明は容易なので, 練習問題としておこう.

練習問題 88 9.3.1 項で考えたエンタングルメント濃縮と, 9.3.2 項で考えたエンタングルメン

ト希釈を超えるプロトコルが存在しないことを背理法で示せ.

以上より,前節に挙げた具体的なプロトコルが最適なエンタングルメント濃縮とエンタングルメント希釈プロトコルになっていることが分かり,定理 9.6 が示された.

9.4 混合状態に対するエンタングルメント蒸留と希釈

純粋状態に対しては,LOCC 状態変換や蒸留可能なエンタングルメント,エンタングルメント・コストを簡潔な表式で特徴付けられることが分かった.しかし,混合状態に対してはそのような簡潔な特徴付けは知られておらず,数多くの未解決問題が残っている.混合状態に対する蒸留可能なエンタングルメントとエンタングルメント・コストに関して,知られている事実をいくつか紹介しておこう.

まず,簡単に分かる事実として,混合状態に対しての蒸留可能なエンタングルメントはエンタングルメント・コストを上回ることはない.つまり,以下の命題が成立する.

命題 9.7 任意の量子状態 ρ^{AB} に対して,$E_D(\rho) \leq E_C(\rho)$ が成り立つ.

練習問題 89 命題 9.7 を示せ.

次に,混合状態に対するエンタングルメント蒸留を考えよう.純粋状態の場合は,定理 9.6 よりエンタングルした量子状態からは必ずエンタングルメントを蒸留できるが,混合状態の場合は,エンタングルしているにもかかわらずエンタングルメント蒸留が不可能な量子状態が存在する.この事実を示す鍵は,3.2.1 項で導入した PPT 状態である.PPT 状態とは,部分転置が量子状態になるような量子状態であった.また,PPT 状態ではない量子状態を NPT 状態と呼んだ.

以下の定理は,PPT 状態からはエンタングルメント蒸留できないことを示すものである.

定理 9.8（*PPT* 状態からのエンタングルメント蒸留不可能性定理） 任意の PPT 状態 ρ^{AB} に対して,$E_D(\rho) = 0$ が成り立つ.

証明（定理 9.8 の証明） まず,PPT 状態 ρ^{AB} に LOCC 操作 Λ を行った量子状態 $\Lambda(\rho^{AB})$ が PPT 状態であることを示す.LOCC 操作の Kraus 演算子はテンソル積で書けるため,Choi–Kraus 表現より,

$$\Lambda(\rho^{AB}) = \sum_x \left(K_x^{A \to A'} \otimes L_x^{B \to B'}\right) \rho^{AB} \left(K_x^{A \to A'} \otimes L_x^{B \to B'}\right)^\dagger \tag{9.23}$$

と表現できる.ここで,右辺の各項の部分転置を取ると,

$$T_{B'}\left(\left(K_x^{A \to A'} \otimes L_x^{B \to B'}\right) \rho^{AB} \left(K_x^{A \to A'} \otimes L_x^{B \to B'}\right)^\dagger\right)$$
$$= \left(K_x^{A \to A'} \otimes \bar{L}_x^{B \to B'}\right) T_B(\rho^{AB}) \left(K_x^{A \to A'} \otimes \bar{L}_x^{B \to B'}\right)^\dagger \tag{9.24}$$

が成り立つ. PPT 状態 ρ^{AB} は $T_B(\rho^{AB}) \geq 0$ を満たすので, (9.24) の右辺も半正定値である. したがって, (9.23) の各項は半正定値である. 半正定値演算子の和も半正定値演算子なので, $\Lambda(\rho^{AB})$ の部分転置を取っても半正定値であること, つまり, $\Lambda(\rho^{AB})$ が PPT 状態であることが分かった.

次に, 任意の PPT 状態と最大エンタングル状態の忠実度が小さいことを示す. 系 AB 上の PPT 状態を σ^{AB} とする. 一般性を失わずに各部分系の次元が $d_A \leq d_B$ を満たすとすると, 系 AB 上の任意の最大エンタングル状態は, 系 A と同型の量子系 A' と系 AA' 上の固定した最大エンタングル状態 $|\Phi_0\rangle^{AA'}$ を用いて,

$$|\Phi\rangle^{AB} = V^{A' \to B} |\Phi_0\rangle^{AA'} \tag{9.25}$$

と表せる. ただし, $V^{A' \to B}$ は系 A' から系 B へのアイソメトリである. この表現を用いると,

$$F(\sigma^{AB}, |\Phi\rangle\langle\Phi|^{AB}) = \mathrm{Tr}[\sigma^{AB} V^{A' \to B} |\Phi_0\rangle\langle\Phi_0|^{AA'} (V^{A' \to B})^\dagger] \tag{9.26}$$

$$= \mathrm{Tr}[(V^{A' \to B})^\dagger \sigma^{AB} V^{A' \to B} |\Phi_0\rangle\langle\Phi_0|^{AA'}] \tag{9.27}$$

$$= \mathrm{Tr}[\sigma_V^{AA'} |\Phi_0\rangle\langle\Phi_0|^{AA'}] \tag{9.28}$$

と書ける. ここで, 表記を簡単にするために, $\sigma_V^{AA'} = (V^{A' \to B})^\dagger \sigma^{AB} V^{A' \to B}$ を導入した. 量子状態 σ^{AB} が PPT 状態なので, $\sigma_V^{AA'}$ も PPT 状態である.

ここで, 練習問題 40 で見たとおり部分転置を取ってもトレースは不変であることと, 最大エンタングル状態の部分転置はスワップ演算子 $\mathbb{F}^{AA'}$ を用いて $T_{A'}(|\Phi_0\rangle\langle\Phi_0|^{AA'}) = \mathbb{F}^{AA'}/d_A$ と書けることを用いると, (9.28) を

$$F(\sigma^{AB}, |\Phi\rangle\langle\Phi|^{AB}) = \mathrm{Tr}[\sigma_V^{AA'} |\Phi_0\rangle\langle\Phi_0|^{AA'}] \tag{9.29}$$

$$= \mathrm{Tr}[T_{A'}(\sigma_V^{AA'}) T_{A'}(|\Phi_0\rangle\langle\Phi_0|^{AA'})] \tag{9.30}$$

$$= \frac{1}{d_A} \mathrm{Tr}[T_{A'}(\sigma_V^{AA'}) \mathbb{F}^{AA'}] \tag{9.31}$$

$$\leq \frac{1}{d_A} \|T_{A'}(\sigma_V^{AA'}) \mathbb{F}^{AA'}\|_1 \tag{9.32}$$

$$\leq \frac{1}{d_A} \|T_{A'}(\sigma_V^{AA'})\|_1 \|\mathbb{F}^{AA'}\|_\infty \tag{9.33}$$

と変形できる. 最後の不等式は Hölder の不等式より従う. ここで, $\sigma_V^{AA'}$ が PPT 状態なので, $T_{A'}(\sigma_V^{AA'})$ も量子状態である. よって, $\|T_{A'}(\sigma_V^{AA'})\|_1 = 1$ である. また, $\|\mathbb{F}^{AA'}\|_\infty = 1$ なので, 結局,

$$F(\sigma^{AB}, |\Phi\rangle\langle\Phi|^{AB}) \leq \frac{1}{d_A} \tag{9.34}$$

を得る. つまり, PPT 状態と任意の最大エンタングル状態の忠実度は, 次元が大きい系では大きくなりえないことが分かった.

これらの事実から, PPT 状態からエンタングルメント蒸留できないことは直ちに従う. 今, PPT 状態 ρ^{AB} の n 個のコピー $(\rho^{AB})^{\otimes n}$ に何らかの LOCC 操作 $\Lambda: A^n B^n \to \hat{A}\hat{B}$ を行っ

たとする．ただし，系 $\hat{A}$ と系 $\hat{B}$ の次元は，$r \geq 0$ を用いて $2^{\lfloor rn \rfloor}$ であるとする．PPT 状態のテンソル積状態は PPT 状態であること，および，先に示したとおり，PPT 状態に LOCC 操作を行っても PPT 状態が得られることから，最終的な量子状態 $\sigma^{\hat{A}\hat{B}} = \Lambda\big((\rho^{AB})^{\otimes n}\big)$ も PPT 状態である．よって，(9.34) より，系 $\hat{A}\hat{B}$ 上の任意の最大エンタングル状態に対して，

$$F\big(\sigma^{\hat{A}\hat{B}}, |\Phi\rangle\langle\Phi|^{\hat{A}\hat{B}}\big) \leq 2^{-\lfloor rn \rfloor} \tag{9.35}$$

が成り立つ．エンタングルメント蒸留に成功するためには，左辺の忠実度が n が大きい漸近極限で 1 に収束する必要があるので，$r = 0 + o(1/n)$ でなければならない．よって，PPT 状態からはエンタングルメント蒸留を行えず，任意の PPT 状態 ρ^{AB} に対して，

$$E_D(\rho) = 0 \tag{9.36}$$

が成り立つことが示された． $\qquad\qquad\square$

さて，定理 3.17 より，$(d_A, d_B) = (2,2), (2,3), (3,2)$ の場合はセパラブル状態全体の集合と PPT 状態全体の集合が一致するが，その他の次元の組み合わせではエンタングルしている PPT 状態も存在する．定理 9.8 は，そのようなエンタングル PPT 状態からは LOCC 操作でエンタングルメントを蒸留することはできないことを示唆する．このように，エンタングルしているにもかかわらずエンタングルメント蒸留が不可能な量子状態のことを，**束縛エンタングル状態**（*bound entangled states*）と呼ぶ．

束縛エンタングル状態に関する理解を深めることは量子情報における長年の課題となっている．定理 9.8 より PPT 状態はエンタングルメント蒸留が不可能であるが，その対偶を取ることで，エンタングルメント蒸留が可能であれば NPT 状態であることが分かる．その逆が成立するか否か，つまり，全ての NPT 状態はエンタングルメント蒸留可能かどうかは，量子情報における一大未解決問題として広く知られている．この未解決問題は「束縛エンタングル NPT 状態が存在するか否か」と言ってもよい．このあまりに有名な未解決問題の解決に向けて多くの研究が行われてきたが，その困難さから近年は話題に上ることも少なくなった．しかし，その問題の重要性が薄れた訳では全くないため，いつの日か，この未解決問題が解決されることを願うばかりである．

練習問題 90 Alice と Bob が量子状態 ρ^{AB} を共有していたとする．ただし，系 A と系 B は同型とし，それらの次元を d とする．このとき，LOCC 操作によって，

$$\rho^{AB} \mapsto \rho_{\text{iso}}^{AB} := \mathbb{E}_{U \sim \text{H}}\Big[\big(U^A \otimes \bar{U}^B\big)\rho^{AB}\big(U^A \otimes \bar{U}^B\big)^\dagger\Big] \tag{9.37}$$

を実現できることを確認せよ．ここで，$\bar{U}^B$ は系 B の任意の正規直交基底 $\{|e_j\rangle^B\}_{j=0}^{d-1}$ の元での複素共役である．また，右辺の量子状態 ρ_{iso}^{AB} が，最大エンタングル状態 $|\Phi\rangle^{AB} = \sum_{j=0}^{d-1} |e_j\rangle^A \otimes |e_j\rangle^B / \sqrt{d}$ と $f_\rho = \langle\Phi|^{AB}\rho^{AB}|\Phi\rangle^{AB}$ を用いて，

$$\rho_{\text{iso}}^{AB} = f_\rho|\Phi\rangle\langle\Phi|^{AB} + (1 - f_\rho)\frac{I^A \otimes I^B - |\Phi\rangle\langle\Phi|^{AB}}{d^2 - 1} \tag{9.38}$$

と表せることを示せ．この状態 ρ_{iso}^{AB} を**等方的な状態**（*isotoropic states*）と呼び，混合状態からのエンタングルメント蒸留の議論でよく用いられる．

9.5 シングルショットの量子純粋状態の変換

次に，Alice と Bob がたった一つの量子状態を共有しているシングルショットの状況下での，LOCC 状態変換を考えよう．この場合は，典型部分空間の議論は使えないため，LOCC 状態変換の可否を定理 9.3 のように端的に特徴付けることは難しそうに思える．しかし，実は全く異なる解析手法を用いることで，純粋状態に限定すればシングルショットでも非常にきれいな結果を得ることができる．以下では，Alice と Bob が純粋状態 $|\psi\rangle^{AB}$ を一個だけ共有しているときに，LOCC によってエラーゼロで他の純粋状態 $|\varphi\rangle^{AB}$ へと変換できる必要十分条件を与える．どちらかの純粋状態を最大エンタングル状態に取れば，エンタングルメント濃縮とエンタングルメント希釈をシングルショットで行うタスクになることに注意されたい．

9.5.1 数学的準備

まず，シングルショットでの LOCC による純粋状態変換を理解するために重要な *majorization* という概念を説明する．

定義 9.9 (*Majorization*) 二つの d 次元実ベクトル $x = (x_1,\ldots,x_d)$ と $y = (y_1,\ldots,y_d)$ が与えられたときに，それらのベクトル要素を降順に並び替えたものを $x^\downarrow = (x_1^\downarrow,\ldots,x_d^\downarrow)$ と $y^\downarrow = (y_1^\downarrow,\ldots,y_d^\downarrow)$ と書く．以下の二条件が成り立つとき，ベクトル x はベクトル y を *majorize* するといい，$x \succ y$ と表す．
  1) 任意の $k \in \{1,\cdots,d\}$ に対して，$\sum_{j=1}^k x_j^\downarrow \geq \sum_{j=1}^k y_j^\downarrow$.
  2) $\sum_{j=1}^d x_j = \sum_{j=1}^d y_j$.

Majorization は文字で書くとやや分かりにくいが，以下のように視覚化するととても分かりやすい．ベクトル x と y が与えられたときに全成分が非負になるように，適当な定数ベクトル $(c,c,\ldots,c)$ を足す．この操作で majorization の関係は変化しない．そうして作られた二つのベクトルも x と y と書くことにして，関数 L_x と L_y を

$$L_x(k) = \sum_{j=1}^k x_j^\downarrow, \quad L_y(k) = \sum_{j=1}^k y_j^\downarrow \tag{9.39}$$

と定義する．これは majorization の定義の一つ目の条件に現れる量そのものである．これらの関数を $(k,L_x(k))$ および $(k,L_y(k))$ とプロットしたものをそれぞれ曲線 L_x と L_y と書くと，全ての j に対して，$L_x(j+1) = L_x(j) + x_{j+1}^\downarrow \geq L_x(j)$ なので，これらの曲線は単調増加である．さらに，$x_j^\downarrow \geq x_{j+1}^\downarrow$ なので，その曲線は上に凸である．

これらの曲線 L_x と L_y を図 9.4 に示す．すると，

$$x \succ y \Leftrightarrow \text{曲線 } L_x \text{ が曲線 } L_y \text{ より下には位置せず，かつ，} L_x(d) = L_y(d) \tag{9.40}$$

であることが分かる．このように考えると，例えば任意の確率分布に対応するベクトル

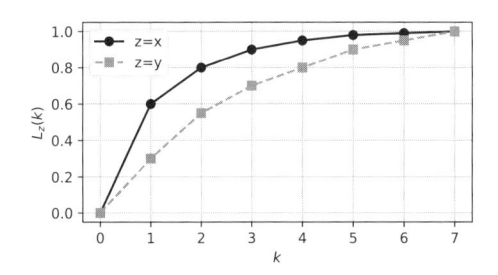

図 **9.4**　ベクトル $x = (0.6, 0.2, 0.1, 0.05, 0.03, 0.01, 0.01)$ とベクトル $y = (0.3, 0.25, 0.15,$ $0.1, 0.1, 0.05, 0.05)$ に対する $(k, L_x(k))$ および $(k, L_y(k))$ のグラフ．ただし，$L_x(0) = L_y(0) = 0$ とおいた．$x \succ y$ である．

$p = (p_1, \ldots, p_d)$ に対して，

$$(1, 0, \ldots, 0) \succ p \succ \left(\frac{1}{d}, \ldots, \frac{1}{d} \right) \tag{9.41}$$

が成り立つことが容易に分かる．

　二つの実ベクトルが majorization の関係を満たすとき，それらは性質のよい行列で関係付けられることが知られている．証明はここでは行わないが，興味がある読者は文献[1] などを参照されたい．

定理 9.10　二つの実ベクトル $x, y \in \mathbb{R}^d$ に対し，以下の二つは同値である．
　1）$x \succ y$.
　2）二重確率遷移行列 T を用いて $y = Tx$ と書ける．
二重確率遷移行列とは，全ての j と k に対して，$T_{jk} \geq 0$ と $\sum_{k=1}^{d} T_{jk} = \sum_{j=1}^{d} T_{jk} = 1$ が成り立つ行列のことである．

　以下の定理は，二重確率遷移行列は確率的にベクトルの要素を置換する操作に他ならないことを示す．

定理 9.11（*Birkhoff* の定理）　行列 T が二重確率遷移行列であることと，T が置換行列の確率混合で書けることは同値である．

　定理 9.10 と定理 9.11 を組み合わせることで，実ベクトル $x, y \in \mathbb{R}^d$ が $x \succ y$ であることと，その二つのベクトルが確率分布 $\{p_j\}$ と置換行列 $P_j \in \mathfrak{S}_d$ を用いて $y = \sum_j p_j P_j x$ と書けることが同値であることが分かる．ただし，$\mathfrak{S}_d$ は d 次の対称群である．

　Majorization の考え方はエルミート行列へと自然に拡張できる．エルミート行列の固有値の集合は実ベクトルとみなせるので，二つの同じサイズのエルミート行列 H と K の固有値の集合が majorization の関係を満たすとき，$H \succ K$ と書くことにする．

　定理 9.10 と定理 9.11 を密度演算子の場合に対して書き換えることで，以下の命題が成立する．

命題 9.12 量子状態 ρ と σ が与えられたときに，以下の二つは同値である．

1) $\rho > \sigma$.

2) ユニタリの集合 $\{U_j\}_j$ と確率分布 $\{p_j\}_j$ が存在し，$\sigma = \sum_j p_j U_j \rho U_j^\dagger$ と書ける．

ベクトルの場合とは異なり，量子状態の majorization の関係ではユニタリ操作の確率混合となることに注意されたい．

証明（命題 9.12 の証明） まず，1) から 2) を示す．各量子状態の固有値を $\{\rho_m\}_m$，$\{\sigma_m\}_m$ とし，固定された正規直交基底 $\{|e_m\rangle\}_m$ を用いて新しい量子状態を

$$\hat{\rho} := \sum_m \rho_m |e_m\rangle\langle e_m|, \quad \hat{\sigma} := \sum_m \sigma_m |e_m\rangle\langle e_m| \tag{9.42}$$

と定義すると，$\rho = V^\dagger \hat{\rho} V$，$\sigma = W^\dagger \hat{\sigma} W$ を満たすユニタリ V と W が存在する．また，$\rho > \sigma$ であることから，定理 9.10 と定理 9.11 より，確率分布 $\{p_j\}$ と置換行列 $\{P_j\}$ を用いて $\hat{\sigma} = \sum_j p_j P_j \hat{\rho} P_j^\dagger$ と書ける．よって，

$$\sigma = \sum_j p_j (W^\dagger P_j V) \rho (W^\dagger P_j V)^\dagger \tag{9.43}$$

を得る．$W^\dagger P_j V$ はユニタリなので，2 が示された．

次に，2 から 1 を示す．(9.42) の $\hat{\rho}$ と $\hat{\sigma}$ を用いると，$\hat{\sigma} = \sum_j p_j (W U_j V^\dagger) \hat{\rho} (W U_j V^\dagger)^\dagger$ となるユニタリ V と W が存在する．以下では，$W U_j V^\dagger = X_j$ と書く．この両辺を $|e_m\rangle$ で挟むことで，

$$\sigma_m = \sum_{j,n} p_j |\langle e_m|X_j|e_n\rangle|^2 \rho_n = \sum_n T_{mn} \rho_n \tag{9.44}$$

を得る．ここで，$T = \left(\sum_j p_j |\langle e_m|X_j|e_n\rangle|^2\right)_{mn}$ という行列を導入した．簡単に確認できるとおり，T は二重確率遷移行列になっている．したがって，定理 9.10 より，$\rho > \sigma$ が従う． □

■9.5.2 シングルショットにおける純粋状態の LOCC 変換

二つの量子状態に対する majorization を用いて，LOCC による純粋状態の状態変換を完全に特徴付ける定理が以下である．

定理 9.13（シングルショットの純粋状態の *LOCC* 変換[31]） 量子系 AB の純粋状態 $|\psi\rangle^{AB}$ と $|\varphi\rangle^{AB}$ を考える．AB 間の LOCC で $|\psi\rangle^{AB}$ から $|\varphi\rangle^{AB}$ へと変換できる必要十分条件は，$\varphi^A > \psi^A$ である．

証明（定理 9.13 の証明） まず，AB 間の LOCC だけで $|\psi\rangle^{AB}$ から $|\varphi\rangle^{AB}$ へと変換できると仮定する．このとき，命題 9.1 より，一方向 LOCC で変換できることが分かる．したがって，系 A での量子測定の Kraus 演算子の組 $\{K_j\}_j$ と，系 B での適切なユニタリ U_j を作用させることで，$|\psi\rangle^{AB}$ から $|\varphi\rangle^{AB}$ へと変換できる．

系 A の縮約密度演算子に着目してこの操作を書き下そう．以下では系 A 上の演算子

のみを考えるので，上添え字の A を省略する．全ての操作が終わった後の系 A 上の状態は，$K_j \psi K_j^{\dagger}/p_j$ だが，仮定よりこれは φ に等しい．ただし，$p_j = \mathrm{Tr}[K_j^{\dagger}K_j\psi]$ は測定結果 j を得る確率である．ここで，$K_j\sqrt{\psi}$ を極分解すると，ユニタリ V_j を用いて

$$K_j\sqrt{\psi} = \sqrt{K_j\psi K_j^{\dagger}}V_j \tag{9.45}$$

と書ける．よって，$K_j\sqrt{\psi} = \sqrt{p_j\varphi}V_j$ を得る．これは，$\sqrt{\psi}K_j^{\dagger}K_j\sqrt{\psi} = p_j V_j^{\dagger}\varphi V_j$ を意味する．全ての測定結果 j で和を取り，$\sum_j K_j^{\dagger}K_j = I$ を用いると，

$$\psi = \sum_j p_j V_j^{\dagger}\varphi V_j \tag{9.46}$$

を得る．命題 9.12 より，これは $\varphi^A \succ \psi^A$ を意味する．

逆に，$\varphi^A \succ \psi^A$ が成り立つと仮定しよう．命題 9.12 より，$\psi^A = \sum_j p_j V_j^A \varphi^A (V_j^A)^{\dagger}$ と書ける確率分布 $\{p_j\}_j$ とユニタリの集合 $\{V_j^A\}_j$ が存在する．測定結果 j に対応する Kraus 演算子 K_j^A を $K_j^A = \sqrt{p_j\varphi}(V_j^A)^{\dagger}(\psi^A)^{-1/2}$ と定義する．この Kraus 演算子は，完全性 $\sum_j (K_j^A)^{\dagger}K_j^A = I^A$ を満たすことに注意せよ．

この測定を $|\psi\rangle^{AB}$ の系 A に行い測定結果 j が得られたとしよう．測定後の状態を $|\psi_j\rangle^{AB}$ とおくと，

$$\psi_j^A = K_j^A \psi^A (K_j^A)^{\dagger}/p_j = \varphi^A \tag{9.47}$$

が成り立つことが確かめられる．よって測定後の量子状態の系 A での縮約密度演算子は $\psi_j^A = \varphi^A$ で与えられる．

純粋状態 $|\psi_j\rangle^{AB}$ が ψ_j^A の純粋化状態であり，$|\varphi\rangle^{AB}$ が φ^A の純粋化状態であることから，純粋化定理 2.5 よりあるユニタリ U_j^B が存在し，

$$|\varphi\rangle^{AB} = (I^A \otimes U_j^B)|\psi_j\rangle^{AB} \tag{9.48}$$

が成り立つことが分かる．(9.48) が任意の j に対して成り立つため，系 A を測定した後に測定結果に応じて系 B にユニタリ U_j を作用させれば，$|\varphi\rangle^{AB}$ が得られる．この操作は LOCC なので，$|\psi\rangle^{AB}$ から $|\varphi\rangle^{AB}$ への LOCC が可能であることが分かった． □

このように，量子純粋状態の LOCC 変換はシングルショットにおいても完全に特徴付けられる．しかし，その数学的手法は漸近極限の場合とは全く異なるものであることは興味深い．Majorization は近年，量子熱力学と呼ばれる分野にも応用されている．量子熱力学は本書の内容を超えているため説明を割愛するが，majorization のような数学が理論物理の発展にも貢献している事実は，一見すると物理とは関係のない数学であっても，発想次第では様々な応用が存在することを示唆するよい例であろう．

■9.5.3 エンタングルメント触媒

最後に majorization によるシングルショット LOCC 状態変換の特徴付けを用いて，LOCC 変換が持つ興味深い特性を紹介しよう．具体的には，以下の二つの量子状態を考

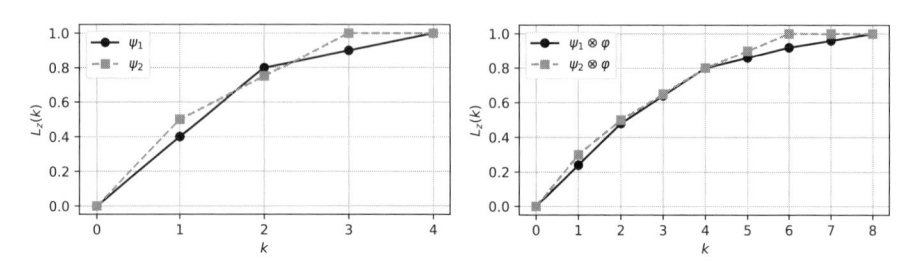

図 9.5　左図は ψ_1 と ψ_2 の majorization の関係を確かめるためのグラフ．途中で交差し
ているため，$\psi_1 \succ \psi_2$ も $\psi_2 \succ \psi_1$ も成り立たない．右図は $\psi_1^A \otimes \varphi^{A_c}$ と $\psi_2^A \otimes \varphi^{A_c}$
に対するもの．$\psi_2^A \otimes \varphi^{A_c}$ に対する曲線が $\psi_1^A \otimes \varphi^{A_c}$ を下回ることがないため，
$\psi_2^A \otimes \varphi^{A_c} \succ \psi_1^A \otimes \varphi^{A_c}$ であることが分かる．

える．

$$|\psi_1\rangle^{AB} = \sqrt{0.4}|00\rangle^{AB} + \sqrt{0.4}|11\rangle^{AB} + \sqrt{0.1}|22\rangle^{AB} + \sqrt{0.1}|33\rangle^{AB} \tag{9.49}$$

$$|\psi_2\rangle^{AB} = \sqrt{0.5}|00\rangle^{AB} + \sqrt{0.25}|11\rangle^{AB} + \sqrt{0.25}|22\rangle^{AB} \tag{9.50}$$

各々の量子状態の縮約密度行列 ψ_1^A と ψ_2^A を考えると，各量子状態の固有値の和をプロッ
トした図 9.5 から明らかなように，この二つの間には majorization の関係が成り立たな
い．したがって，定理 9.13 より，$|\psi_1\rangle^{AB}$ から $|\psi_2\rangle^{AB}$ へは LOCC では変換できないし，
$|\psi_2\rangle^{AB}$ から $|\psi_1\rangle^{AB}$ へも LOCC 変換できない．

　この事実を踏まえた上で，

$$|\varphi\rangle^{A_c B_c} = \sqrt{0.6}|00\rangle^{A_c B_c} + \sqrt{0.4}|11\rangle^{A_c B_c} \tag{9.51}$$

という量子状態を導入し，$|\psi_1\rangle^{AB} \otimes |\varphi\rangle^{A_c B_c}$ と $|\psi_2\rangle^{AB} \otimes |\varphi\rangle^{A_c B_c}$ の LOCC 変換可能性を
考えてみよう．ただし，系 A_c は Alice が持っており，系 B_c は Bob が持っているとす
る．このとき，$\psi_1^A \otimes \varphi^{A_c}$ と $\psi_2^A \otimes \varphi^{A_c}$ の固有値を書き下すと，

$$\psi_1^A \otimes \varphi^{A_c} : \{0.24, 0.24, 0.16, 0.16, 0.06, 0.06, 0.04, 0.04\} \tag{9.52}$$

$$\psi_2^A \otimes \varphi^{A_c} : \{0.3, 0.2, 0.15, 0.15, 0.1, 0.1, 0, 0\} \tag{9.53}$$

となり，図 9.5 からも分かるとおり，今度は $\psi_2^A \otimes \varphi^{A_c} \succ \psi_1^A \otimes \varphi^{A_c}$ が成り立つ．したがっ
て，定理 9.13 より，$|\psi_1\rangle^{AB} \otimes |\varphi\rangle^{A_c B_c}$ から $|\psi_2\rangle^{AB} \otimes |\varphi\rangle^{A_c B_c}$ は LOCC 変換可能であるこ
とが分かる．

　以上をまとめると，

$$|\psi_1\rangle^{AB} \xrightarrow{\text{LOCC}}\kern-1.5em/\kern0.8em |\psi_2\rangle^{AB} \tag{9.54}$$

$$|\psi_1\rangle^{AB} \otimes |\varphi\rangle^{A_c B_c} \xrightarrow{\text{LOCC}} |\psi_2\rangle^{AB} \otimes |\varphi\rangle^{A_c B_c} \tag{9.55}$$

が分かった．後者の (9.55) においては，追加で付け加えた量子状態 $|\varphi\rangle^{A_c B_c}$ は，LOCC
変換をした後に元々欲しかった状態 $|\psi_2\rangle^{AB}$ とのテンソル積に戻ること，つまり，$|\varphi\rangle^{A_c B_c}$
は LOCC 変換の初めと最後で変化しないことに注意されたい．これは，化学反応におけ

る触媒の効果に類似しているため，$|\varphi\rangle^{A_cB_c}$ を**触媒量子状態**（*catalytic states*）と呼び，この変換を**触媒 *LOCC* 状態変換**（*catalytic LOCC state transformation*）と呼ぶ[32]．

このように，LOCC 状態変換できない量子状態の組に対しても，うまい触媒量子状態を用いることで，触媒量子状態そのものを不変に保ちつつ LOCC 状態変換が可能になる場合がある．これは LOCC 状態変換の奇妙な性質を示す好例といえる．触媒量子状態を用いると，何も消費することなく，不可能だった LOCC 状態変換が可能になるのは興味深い．

練習問題 91　LOCC 状態変換が不可能である任意の量子純粋状態の組が与えられたとき，任意のテンソル積純粋状態はその組に対する触媒量子状態にはなりえないことを示せ．また，Alice と Bob が共有している任意次元の最大エンタングル状態も触媒量子状態にはなりえないことを示せ．

練習問題 91 より，量子純粋状態に対する触媒量子状態は「中途半端に」エンタングルしていなければならない．多くのプロトコルでは最大エンタングル状態が最もよいリソースであるが，触媒 LOCC 状態変換においてはそうではない点も興味深いところだろう．

第 IV 部

ノイジーな量子情報理論

10 量子系におけるノイズ推定

これまで，ノイズレスな量子系を情報処理の媒体として用いることで様々な情報処理が可能になることを見てきた．しかし，一般に量子的な特性はノイズに対して脆弱であることが多く，量子系を用いた情報処理を実装するためには，量子ノイズの影響を避けて通ることはできない．もちろん，ノイズは通常の情報処理タスクでも存在するが，古典系では 0 か 1 という離散ビット値だけを考えるのに対して，量子系は連続的な自由度を有するため，量子系を用いた情報処理へのノイズの影響は古典系に比べて圧倒的に大きい．

本章以降では，ノイジーな量子系における量子情報処理について説明する．本章ではまずその準備として，量子系におけるノイズの基礎を説明し，その後，量子ノイズを実験結果から推定する手法として一般的に用いられている乱択ベンチマーキング（*randomized benchmarking*）を説明する．

10.1 量子ノイズの具体例

量子系のノイズは，その量子系が持つ具体的な物理的性質に応じて様々な形を取りうる．複数の qubit から構成される物理系においては，各 qubit に独立にかかるノイズが支配的になる場合が多いため，1-qubit 上のノイズをよく理解することが，量子系のノイズの理解の第一歩になる．ここではまず，1-qubit 上のノイズでよく用いられる量子ノイズの具体例をいくつか紹介する．

10.1.1 Pauli ノイズ

1-qubit 上の最も典型的なノイズは，*Pauli* ノイズと呼ばれるもので，量子チャンネル

$$\mathcal{P}_p(\rho) = p_0\rho + p_1 X\rho X + p_2 Y\rho Y + p_3 Z\rho Z \tag{10.1}$$

で定式化される．ここで，$p = (p_0, p_1, p_2, p_3)$ は，$\sum_{j=0}^{3} p_j = 1$，$0 \le p_j \le 1$ を満たす確率分布である．この量子チャンネルの Kraus 演算子は $\{\sqrt{p_0}I, \sqrt{p_1}X, \sqrt{p_2}Y, \sqrt{p_3}Z\}$ で与えられるため，確率 p_W で Pauli-W 演算子（$W = X, Y, Z$）が作用するノイズ・モデルと表現してもよい．Pauli-W 演算子が作用することを，Pauli-W エラーが起こると表現する．

練習問題 92 Pauli ノイズが量子系 A に作用しているとする．Pauli ノイズ $\mathcal{P}_p$ の Stinespring

拡張が

$$V_p^{A \to AE} = \sum_{j=0}^{3} \sqrt{p_j} \sigma_j^A \otimes |e_j\rangle^E \tag{10.2}$$

で与えられることを示せ. ただし, $(\sigma_0, \sigma_1, \sigma_2, \sigma_3) = (I, X, Y, Z)$, $\{|e_j\rangle^E\}_{j=0}^3$ は環境系 E の正規直交基底である.

Pauli ノイズの特殊な場合として, $p_2 = p_3 = 0$ に対応するノイズを特にビット反転ノイズ (*bit flip noise*), $p_1 = p_2 = 0$ に対応するノイズを位相反転ノイズ (*phase flip noise*) と呼ぶ. ビット反転ノイズは具体的には, $\rho \mapsto (1-p)\rho + pX\rho X$ である. Pauli-Z 基底 $\{|0\rangle, |1\rangle\}$ を念頭におくと, このチャンネルは確率 p で Pauli-X 演算子が作用し, それによって Pauli-Z 基底のビット値が反転する. これがノイズの名前の由来である. 一方で, 位相反転ノイズは $\rho \mapsto (1-p)\rho + pZ\rho Z$ であり, $|0\rangle$ は不変に保たれるが, $|1\rangle$ は確率 p で $-|1\rangle$ に変化する. この変化が位相が反転したように見えるため, 位相反転ノイズと呼ばれる.

位相反転ノイズは, 文脈によっては位相緩和ノイズ (*dephasing channel*) と呼ばれることもある. 練習問題 93 より, $p = 1/2$ の位相反転ノイズは, 量子状態を Pauli-Z 基底 $\{|0\rangle, |1\rangle\}$ で書き下した際の非対角項が 0 になることが分かる. 非対角項はその基底の下で量子状態の位相の情報を保持しているため, 位相が緩和したと表現される.

練習問題 93 1-qubit の一般の量子状態 ρ を Pauli-Z 基底で展開すると, $p = 1/2$ の位相反転ノイズがかかることで,

$$\rho = \begin{pmatrix} \rho_{00} & \rho_{01} \\ \rho_{10} & \rho_{11} \end{pmatrix} \mapsto \begin{pmatrix} \rho_{00} & 0 \\ 0 & \rho_{11} \end{pmatrix} \tag{10.3}$$

と変化することを示せ.

Pauli ノイズのもう一つの特殊な場合として, $p_1 = p_2 = p_3 = p/4$ に対応するノイズを depolarizing ノイズと呼ぶ. Depolarizing ノイズのさらに特殊な場合として, $p = 1$ のときを完全 depolarizing ノイズ (*completely depolarizing noise*) と呼ぶ.

練習問題 94 Depolarizing ノイズは量子状態 ρ を

$$\rho \mapsto (1-p)\rho + p\pi \tag{10.4}$$

と変換することを示せ. ここで, π は 1-qubit の完全混合状態である. このことから, 完全 depolarizing ノイズは任意の量子状態を完全混合状態に置き換えるノイズであることが分かる.

■ 10.1.2 Amplitude damping ノイズ

Pauli ノイズではない 1-qubit 上のノイズの中で重要なのが, *amplitude damping ノイズ* (*amplitude damping noise*) である. Amplitude damping ノイズの具体的な表式は, 量子状態を Pauli-Z 基底 $\{|0\rangle, |1\rangle\}$ で展開すると分かりやすい. $0 \le \gamma \le 1$ に対して, amplitude damping ノイズは

$$\begin{pmatrix} \rho_{00} & \rho_{01} \\ \rho_{10} & \rho_{11} \end{pmatrix} \mapsto \begin{pmatrix} \rho_{00} + \gamma\rho_{11} & \sqrt{1-\gamma}\rho_{01} \\ \sqrt{1-\gamma}\rho_{10} & (1-\gamma)\rho_{11} \end{pmatrix} \tag{10.5}$$

という量子チャンネル $\mathcal{A}_\gamma$ で与えられる. (10.5) の対角項に着目すると, $|1\rangle$ の割合が減って, 代わりに $|0\rangle$ の割合が増えていることが分かる. 非対角項は, ノイズがかかった後も量子状態であるという要請から決まる. 実験では量子系の基底状態を $|0\rangle$ とし, 第一励起状態を $|1\rangle$ とすることが多いため, amplitude damping ノイズは第一励起状態がエネルギーを放出して基底状態に落ちるノイズといえる.

練習問題 95　Amplitude damping ノイズ $\mathcal{A}_\gamma$ が量子系 A に作用しているとする. その Stinespring 拡張が,

$$V_\gamma^{A\to AE} = \sqrt{\gamma}|0\rangle\langle 1|^A \otimes |e_0\rangle^E + (|0\rangle\langle 0|^A + \sqrt{1-\gamma}|1\rangle\langle 1|^A) \otimes |e_1\rangle^E \tag{10.6}$$

で与えられることを示せ. ここで, $\{|e_0\rangle^E, |e_1\rangle^E\}$ は環境系 E の正規直交基底である. また, $\mathcal{A}_\gamma$ の Kraus 演算子を求めよ.

■ 10. 1. 3　量子消去ノイズ

最後に量子消去ノイズ (*quantum erasure noise*) を説明する. 量子消去ノイズは任意次元の量子系に対して定義できるが, ここでは 1-qubit の場合のみを考えよう.

量子消去ノイズは 1-qubit の量子状態を, 三次元ヒルベルト空間上の量子状態へと変換する写像で,

$$\mathcal{E}_\epsilon(\rho) = (1-\epsilon)(\rho \oplus 0) + \epsilon(0 \oplus |e\rangle\langle e|) \tag{10.7}$$

と定義される. ここで, $0 \le \epsilon \le 1$ で, 右辺の直和 $\oplus$ は元々の 1-qubit の二次元ヒルベルト空間と新たに付け足した一次元ヒルベルト空間の直和である. つまり, $\rho \oplus 0$ の 0 は実数, $0 \oplus |e\rangle\langle e|$ の 0 は 2×2 の零行列である. (10.7) から分かるとおり, 量子消去ノイズは確率 ϵ で量子系の初期状態 ρ を零行列に変換するもので, その場合にはその qubit の情報が完全に消えてしまう. これが消去という名の由来である.

量子消去ノイズと depolarizing ノイズの違いを理解することは重要である. Depolarizing ノイズは確率 p で任意の量子状態を完全混合状態 π に変換するノイズなので, そのノイズが起こるとその qubit の情報は完全に失われる. このように書くと, 量子消去ノイズと depolarizing ノイズが同じものに見えるかもしれないが, 実際には似て非なるものである. 量子消去ノイズは, 確率 ϵ で量子状態 ρ が $0 \oplus |e\rangle\langle e|$ に置き換わるが, ここで重要なことは, 新たに付け加わった空間に $|e\rangle\langle e|$ という量子状態が生成されることだ. この事実を用いると, ノイズがかかった後にその新たな空間を量子測定することで, その qubit の情報が消去されたかどうかを知ることができる. つまり, 量子状態が消去されたことを知ることができるノイズが量子消去ノイズで, 量子状態が消去されたかどうかが分からないノイズが depolarizing ノイズなのである [*1].

この差異は, n-qubit の量子系を考えて, 各 qubit に独立に量子消去ノイズ, もしく

[*1]　ここでは, 一次元ヒルベルト空間を付け足すことで量子消去ノイズを (10.7) で定義したが, これはあくまで便宜上のもので, より現実に即して「消去されたことが分かるノイズ」として量子消去ノイズと定めてもよいだろう.

は，depolarizing ノイズがかかる状況を考えるとより顕著である．量子消去ノイズの場合は，平均すると ϵn 個の qubit が $0 \oplus |e\rangle\langle e|$ に置き換わるが，各 qubit に追加されたヒルベルト空間を測定することで，消去された qubit の場所を全て知ることができる．一方で，depolarizing ノイズの場合は，平均的に pn 個の qubit の情報が消去されるが，どの qubit が消去されたかは分からない．このことから，depolarizing ノイズは量子消去ノイズよりも強いノイズになっていることが分かるだろう．

練習問題 96 1-qubit 上の量子消去ノイズを考える．1-qubit の量子系 A に対応するヒルベルト空間を $\mathcal{H}^A$ とし，量子消去ノイズが作用した後の三次元ヒルベルト空間 $\mathcal{H}^A \oplus \mathrm{span}\{|e\rangle\}$ に対応する量子系を A' とする．量子消去ノイズ $\mathcal{E}_\epsilon^{A \to A'}$ の Stinespring 拡張が，

$$V_\epsilon^{A \to A'E} = \sqrt{1-\epsilon} I^{A \to A'} \otimes |e_0\rangle^E + \sqrt{\epsilon}|e\rangle^{A'}\left(|e_1\rangle^E\langle 0|^A + |e_2\rangle^E\langle 1|^A\right) \tag{10.8}$$

で与えられることを示せ．ここで，$I^{A \to A'}$ は，量子系 A のヒルベルト空間 $\mathcal{H}^A$ を $\mathcal{H}^{A'} = \mathcal{H}^A \oplus \mathrm{span}\{|e\rangle\}$ の部分空間 $\mathcal{H}^A$ へと埋め込む自明なアイソメトリであり，$\{|e_0\rangle^E, |e_1\rangle^E, |e_2\rangle^E\}$ は環境系 E の正規直交基底である．$\mathcal{E}_\epsilon^{A \to A'}$ の Kraus 演算子も導出せよ．

10.2　量子ノイズの定量的指標

　量子ノイズが存在する状況下での量子情報処理を考えるためには，量子ノイズを定量化する指標をうまく定める必要がある．基本的な考え方としては，量子ノイズを表す量子チャンネル $\mathcal{N}$ と，ノイズレスな状況での時間発展を表す恒等写像 id がどれくらい近いかを測ればよいが，その近さを定める "ものさし" としては様々なものが考えられ，状況に応じて異なるものが用いられる．本節では，量子情報でよく用いられる「量子チャンネルの最小忠実度」，「量子チャンネルの平均忠実度」，「エンタングルメント忠実度」，「チャンネル忠実度」という，代表的なノイズの指標を四つ紹介し，それらの関係を説明する．

10.2.1　最小忠実度と平均忠実度

　まず，量子チャンネルの最小忠実度（*minimum fidelity of quantum channels*）を導入する．

定義 10.1（量子チャンネルの最小忠実度）　量子チャンネル $\mathcal{N}: \mathcal{B}(\mathcal{H}) \to \mathcal{B}(\mathcal{H})$ に対して，

$$F_{\min}(\mathcal{N}) := \min_{|\psi\rangle \in \mathcal{H}} F\left(|\psi\rangle\langle\psi|, \mathcal{N}(|\psi\rangle\langle\psi|)\right) \tag{10.9}$$

を $\mathcal{N}$ の最小忠実度と呼ぶ．ただし，$F(\rho,\sigma) = \|\sqrt{\rho}\sqrt{\sigma}\|_1^2$ は忠実度である．

　量子チャンネル $\mathcal{N}$ をノイズとみなすと，最小忠実度は，量子ノイズに最も "弱い" 純粋状態がどれくらい影響を受けるかを見積もるものである．その意味で最悪ケースの定量化といえる．最小忠実度が分かれば任意の純粋状態に対するノイズの影響を厳密に見積もれるため，操作論的にはとてもよい意味を持つ．

　一方で，全ての純粋状態で忠実度を最小化することは容易ではないため，最小忠実度を定義に従って計算することは困難である．また，実用上も，多くの純粋状態に対して量子ノイズの影響が小さければ十分という状況も考えられる．そのような場合は，ランダムな純粋状態に対して量子ノイズが平均的に与える影響を考えることが多い．この発想に基づいて定義される量が，**量子チャンネルの平均忠実度**（*average fidelity of quantum channels*）である．

定義 10.2（量子チャンネルの平均忠実度）　量子チャンネル $\mathcal{N} : \mathcal{B}(\mathcal{H}) \to \mathcal{B}(\mathcal{H})$ に対して，

$$\bar{F}(\mathcal{N}) := \mathbb{E}_{|\psi\rangle \sim \mathsf{H}}\Big[F\big(|\psi\rangle\langle\psi|, \mathcal{N}(|\psi\rangle\langle\psi|)\big)\Big] \tag{10.10}$$

を平均忠実度と呼ぶ．ここで，$|\psi\rangle \sim \mathsf{H}$ は Haar ランダム状態である．

　以下の命題で与えるとおり，平均忠実度は量子チャンネルの Kraus 演算子だけで表現することができる．

命題 10.3　量子チャンネル $\mathcal{N} : \mathcal{B}(\mathcal{H}) \to \mathcal{B}(\mathcal{H})$ の Kraus 演算子を $\{N_j\}_j$ とする．ヒルベルト空間 $\mathcal{H}$ の次元を d とすると，量子チャンネルの平均忠実度は

$$\bar{F}(\mathcal{N}) = \frac{d + \sum_j \big|\mathrm{Tr}[N_j]\big|^2}{d(d+1)} \tag{10.11}$$

で与えられる．

証明　量子チャンネル $\mathcal{N}$ の平均忠実度を具体的に書くと，

$$\bar{F}(\mathcal{N}) = \mathbb{E}_{\psi \sim \mathsf{H}}\Big[\mathrm{Tr}\big[|\psi\rangle\langle\psi|\mathcal{N}(|\psi\rangle\langle\psi|)\big]\Big] \tag{10.12}$$

$$= \mathbb{E}_{\psi \sim \mathsf{H}}\Big[\mathrm{Tr}\big[(|\psi\rangle\langle\psi| \otimes \mathcal{N}(|\psi\rangle\langle\psi|))\mathbb{F}\big]\Big] \tag{10.13}$$

$$= \mathrm{Tr}\Big[\mathbb{E}_{\psi \sim \mathsf{H}}\big[|\psi\rangle\langle\psi|^{\otimes 2}\big](\mathrm{id} \otimes \mathcal{N}_*)(\mathbb{F})\Big] \tag{10.14}$$

となる．ここで，二つ目の等式の $\mathbb{F}$ はスワップ演算子で，スワップ・トリック（補題 3.5）を用いた．最後の式の $\mathcal{N}_*$ は $\mathcal{N}$ の共役写像である．共役写像に関しては 3.3.3 項を参照せよ．

　系 3.9 から，$\mathbb{E}_{\psi \sim \mathsf{H}}\big[|\psi\rangle\langle\psi|^{\otimes 2}\big] = (\mathbb{I} + \mathbb{F})/d(d+1)$ が成り立つので，この関係式を代入して，共役写像を通常の写像に戻すことで，

$$\bar{F}(\mathcal{N}) = \frac{1}{d(d+1)}\mathrm{Tr}\Big[\big(I \otimes \mathcal{N}(I) + (\mathrm{id} \otimes \mathcal{N})(\mathbb{F})\big)\mathbb{F}\Big] \tag{10.15}$$

$$= \frac{1}{d(d+1)}\Big(\mathrm{Tr}[\mathcal{N}(I)] + \mathrm{Tr}\big[(\mathrm{id} \otimes \mathcal{N})(\mathbb{F})\mathbb{F}\big]\Big) \tag{10.16}$$

$$= \frac{1}{d(d+1)}\Big(d + \mathrm{Tr}\big[(\mathrm{id} \otimes \mathcal{N})(\mathbb{F})\mathbb{F}\big]\Big) \tag{10.17}$$

を得る．最後の式変形では，量子チャンネルがトレースを保存することを用いた．

　スワップ演算子 $\mathbb{F}$ を正規直交基底 $\{|e_j\rangle\}_j$ で $\sum_{p,q}|e_p\rangle\langle e_q| \otimes |e_q\rangle\langle e_p|$ と展開して計算すると，

$$\mathrm{Tr}\Big[(\mathrm{id}\otimes\mathcal{N})(\mathbb{F})\mathbb{F}\Big] = \sum_{p,q}\langle e_p|\mathcal{N}(|e_p\rangle\langle e_q|)|e_q\rangle \tag{10.18}$$

が従う. 最後に量子チャンネル $\mathcal{N}$ を Kraus 演算子 $\{N_j\}_j$ を用いて Choi–Kraus 表現することで,

$$\mathrm{Tr}\Big[(\mathrm{id}\otimes\mathcal{N})(\mathbb{F})\mathbb{F}\Big] = \sum_j \sum_{p,q}\langle e_p|N_j|e_p\rangle\langle e_q|N_j^\dagger|e_q\rangle \tag{10.19}$$

$$= \sum_j \mathrm{Tr}[N_j]\mathrm{Tr}[N_j^\dagger] \tag{10.20}$$

$$= \sum_j \Big|\mathrm{Tr}[N_j]\Big|^2 \tag{10.21}$$

であることが分かる. Kraus 演算子はアイソメトリだけの自由度があるが（定理 3.23 を参照のこと）, 任意の Kraus 演算子の選び方に対して上記の式が成り立つことに注意されたい. (10.21) を (10.17) に代入すれば, 命題を得る. □

最小忠実度と平均忠実度は全く異なる発想に基づく指標であり, 練習問題 97 のように一般にはその二つの忠実度は異なる値を取る.

練習問題 97 (10.1) で与えられる 1-qubit の Pauli ノイズ $\mathcal{P}_p$ と, (10.5) で与えられる 1-qubit の amplitude damping ノイズ $\mathcal{A}_\gamma$ の最小忠実度と平均忠実度が,

$$F_{\min}(\mathcal{P}_p) = p_0 + \min\{p_1, p_2, p_3\}, \quad \bar{F}(\mathcal{P}_p) = \frac{1+2p_0}{3} \tag{10.22}$$

$$F_{\min}(\mathcal{A}_\gamma) = 1 - \gamma, \quad \bar{F}(\mathcal{A}_\gamma) = \frac{4 - \gamma + 2\sqrt{1-\gamma}}{6} \tag{10.23}$$

で与えられることを示せ.

練習問題 97 において, Pauli ノイズ $\mathcal{P}_p$ は一般には $p = (p_0, p_1, p_2, p_3)$ という確率分布をパラメータとして持つにもかかわらず, その平均忠実度 $\bar{F}(\mathcal{P}_p)$ は p_0 のみに依存することは注意されたい. これは, 平均忠実度の定義において Haar ランダム状態で平均を取るために, Pauli-X エラー, Pauli-Y エラー, Pauli-Z エラーの区別がなくなったことに起因する. このように, 特に平均忠実度は必ずしもノイズの全ての特徴を反映するものではないことには注意が必要である.

■10.2.2 エンタングルメント忠実度とチャンネル忠実度

量子チャンネルの忠実度を全く異なる視点から定義することもできる. 特に, 8 章で議論した量子情報源を考える際には, 量子情報源に対応する純粋化を考えた方がより自然である. その発想に基づく指標が, エンタングルメント忠実度（*entanglement fidelity*）と, その特殊な場合のチャンネル忠実度（*channel fidelity*）である.

定義 10.4（エンタングルメント忠実度とチャンネル忠実度） 系 A 上の量子状態 ρ^A $\in \mathcal{S}(\mathcal{H}^A)$ と, 量子チャンネル $\mathcal{N}^A : \mathcal{B}(\mathcal{H}^A) \to \mathcal{B}(\mathcal{H}^A)$ に対して,

$$F_e(\rho,\mathcal{N}) := F\Big(|\rho\rangle\langle\rho|^{AR}, \mathcal{N}^A(|\rho\rangle\langle\rho|^{AR})\Big) \tag{10.24}$$

をエンタングルメント忠実度と呼ぶ. ここで, $|\rho\rangle^{AR}$ はリファレンス系 R による ρ^A の純粋化状態である. 量子状態 ρ^A が系 A 上の完全混合状態 $\pi^A \in \mathcal{S}(\mathcal{H}^A)$ で与えられるとき, 対応するエンタングルメント忠実度をチャンネル忠実度と呼び, $F_c(\mathcal{N})$ と表す.

練習問題 98 エンタングルメント忠実度 $F(\rho,\mathcal{N})$ は密度演算子 ρ の純粋化の仕方に依存しないことを示せ.

練習問題 99 ある量子アンサンブル $\{p_j,|\psi_j\rangle\}$ に対応する密度演算子 $\rho = \sum_j p_j|\psi_j\rangle\langle\psi_j|$ に対して, 以下が成り立つことを示せ.

$$F_e(\rho,\mathcal{N}) \le \sum_j p_j F\Big(|\psi_j\rangle\langle\psi_j|, \mathcal{N}(|\psi_j\rangle\langle\psi_j|)\Big) \tag{10.25}$$

■10.2.3 各忠実度の関係

ここまで量子チャンネルの最小忠実度 $F_{\min}(\mathcal{N})$, 平均忠実度 $\bar{F}(\mathcal{N})$, エンタングルメント忠実度 $F_e(\rho,\mathcal{N})$, チャンネル忠実度 $F_c(\mathcal{N})$ と, 量子ノイズの指標を四つ導入した. これらは一般には異なる値を取るが, 実は大きく二つのクラスに分けることができる. ここでは, 文献[33] に則ってそのことを説明しよう.

一つ目のクラスは平均忠実度 $\bar{F}(\mathcal{N})$ とチャンネル忠実度 $F_c(\mathcal{N})$ であり, 以下の命題から, 本質的にはその二つは同じ指標といえる.

命題 10.5 量子チャンネル $\mathcal{N}: \mathcal{B}(\mathcal{H}) \to \mathcal{B}(\mathcal{H})$ に対して, ヒルベルト空間 $\mathcal{H}$ の次元を d とすると, 平均忠実度 $\bar{F}(\mathcal{N})$ とチャンネル忠実度 $F_c(\mathcal{N})$ は以下の関係を満たす.

$$\bar{F}(\mathcal{N}) = \frac{dF_c(\mathcal{N}) + 1}{d + 1} \tag{10.26}$$

練習問題 100 量子チャンネル $\mathcal{N}$ の Kraus 演算子を $\{N_j\}_j$ としたとき, $F_c(\mathcal{N}) = \sum_j |\mathrm{Tr}[N_j]|^2/d^2$ を示し, 命題 10.5 を証明せよ.

命題 10.5 から, 平均忠実度とチャンネル忠実度の差は $\mathcal{O}(d^{-1})$ 程度であり, 系の次元 d が大きい場合にはほぼ一致する. 練習問題 97 で見たように, 平均忠実度は必ずしもノイズの全ての特徴を反映するものではないため, 命題 10.5 から, チャンネル忠実度に関しても同様である.

もう一つのクラスは, 最小忠実度 $F_{\min}(\mathcal{N})$ とエンタングルメント忠実度 $F_e(\rho,\mathcal{N})$ である. この二つは, 互いに上界と下界を与える.

命題 10.6 量子チャンネル $\mathcal{N}: \mathcal{B}(\mathcal{H}) \to \mathcal{B}(\mathcal{H})$ に対して, 最小忠実度 $F_{\min}(\mathcal{N})$ とエンタングルメント忠実度 $F_e(\rho,\mathcal{N})$ は

$$1 - \min_{\rho \in \mathcal{S}(\mathcal{H})} F_e(\rho,\mathcal{N}) \le 4\sqrt{1 - F_{\min}(\mathcal{N})} \le 8\Big(1 - \min_{\rho \in \mathcal{S}(\mathcal{H})} F_e(\rho,\mathcal{N})\Big)^{1/4} \tag{10.27}$$

を満たす.

証明 以下では，量子チャンネルが作用する量子系を A とし，系 A を純粋化する系を R とする．まず一つ目の不等号を示す．エンタングルメント忠実度の定義から，ρ^A の純粋化を $|\rho\rangle^{AR}$ として，

$$1 - F_e(\rho, \mathcal{N}) = \langle \rho|^{AR} \big(\mathrm{id}^A - \mathcal{N}^A \big) (|\rho\rangle\langle\rho|^{AR}) |\rho\rangle^{AR} \tag{10.28}$$

が成り立つ．純粋化状態 $|\rho\rangle^{AR}$ の Schmidt 分解を $|\rho\rangle^{AR} = \sum_j \sqrt{\lambda_j} |e_j\rangle^A |e_j\rangle^R$ として Hölder の不等式（命題 3.2）を用いると，

$$1 - F_e(\rho, \mathcal{N}) = \sum_{j,k} \lambda_j \lambda_k \mathrm{Tr}\Big[(\mathrm{id}^A - \mathcal{N}^A)(|e_j\rangle\langle e_k|^A) |e_k\rangle\langle e_j|^A \Big] \tag{10.29}$$

$$\leq \sum_{j,k} \lambda_j \lambda_k \Big\| (\mathrm{id}^A - \mathcal{N}^A)(|e_j\rangle\langle e_k|^A) |e_k\rangle\langle e_j|^A \Big\|_1 \tag{10.30}$$

$$\leq \sum_{j,k} \lambda_j \lambda_k \Big\| (\mathrm{id}^A - \mathcal{N}^A)(|e_j\rangle\langle e_k|^A) \Big\|_1 \Big\| |e_k\rangle\langle e_j|^A \Big\|_\infty \tag{10.31}$$

$$= \sum_{j,k} \lambda_j \lambda_k \Big\| (\mathrm{id}^A - \mathcal{N}^A)(|e_j\rangle\langle e_k|^A) \Big\|_1 \tag{10.32}$$

$$\leq \sum_{j,k} \lambda_j \lambda_k \big\| \mathrm{id}^A - \mathcal{N}^A \big\|_{1\to 1} \big\| |e_j\rangle\langle e_k|^A \big\|_1 \tag{10.33}$$

$$= \big\| \mathrm{id}^A - \mathcal{N}^A \big\|_{1\to 1} \tag{10.34}$$

を得る．ここで，$\| \mathrm{id}^A - \mathcal{N}^A \|_{1\to 1} = \max_X \|(\mathrm{id} - \mathcal{N})(X)\|_1$ は，写像の $1 \to 1$ ノルムである．ただし，最大化は $\|X\|_1 \leq 1$ を満たす全ての $X \in \mathcal{B}(\mathcal{H})$ で取る．

(10.34) の上界を求めるために，最大化を取る演算子 X を，$H = (X + X^\dagger)/2$ と $K = (X - X^\dagger)/(2i)$ を用いて，$X = H + iK$ を表すことにする．新しい演算子 H と K はどちらもエルミート演算子であり，

$$\big\| \mathrm{id}^A - \mathcal{N}^A \big\|_{1\to 1} = \max_X \Big\| (\mathrm{id}^A - \mathcal{N}^A)(H^A) + i(\mathrm{id}^A - \mathcal{N}^A)(K^A) \Big\|_1 \tag{10.35}$$

$$\leq 2 \max_H \Big\| (\mathrm{id}^A - \mathcal{N}^A)(H^A) \Big\|_1 \tag{10.36}$$

を満たす．ここで，最大化は $\|H^A\|_1 \leq 1$ を満たす全てのエルミート演算子で取る．さらに H^A を $H^A = \sum_j h_j |\varphi_j\rangle\langle\varphi_j|^A$ と対角化すると，$\|H\|_1 \leq 1$ は $\sum_j |h_j| \leq 1$ と同値である．対角化表示を用いると，以下を得る．

$$\big\| \mathrm{id}^A - \mathcal{N}^A \big\|_{1\to 1} \leq 2 \max_{h_j, |\varphi_j\rangle} \Big\| \sum_j h_j (\mathrm{id}^A - \mathcal{N}^A)(|\varphi_j\rangle\langle\varphi_j|^A) \Big\|_1 \tag{10.37}$$

$$\leq 2 \max_{h_j, |\varphi_j\rangle} \sum_j |h_j| \Big\| (\mathrm{id}^A - \mathcal{N}^A)(|\varphi_j\rangle\langle\varphi_j|^A) \Big\|_1 \tag{10.38}$$

$$\leq 2 \max_{|\psi\rangle} \Big\| (\mathrm{id}^A - \mathcal{N}^A)(|\psi\rangle\langle\psi|^A) \Big\|_1 \tag{10.39}$$

$$= 4 \max_{|\psi\rangle} \sqrt{1 - F\big(|\psi\rangle\langle\psi|^A, \mathcal{N}^A(|\psi\rangle\langle\psi|^A) \big)} \tag{10.40}$$

$$= 4 \sqrt{1 - \min_{|\psi\rangle} F\big(|\psi\rangle\langle\psi|^A, \mathcal{N}^A(|\psi\rangle\langle\psi|^A) \big)} \tag{10.41}$$

$$= 4 \sqrt{1 - F_{\min}(\mathcal{N})} \tag{10.42}$$

(10.40) の導出には，トレース・ノルムと忠実度の関係を与える命題 4.4 を用いた．(10.34) と (10.42) より，任意の密度演算子 ρ に対して，

$$1 - F_e(\rho, \mathcal{N}) \leq 4\sqrt{1 - F_{\min}(\mathcal{N})} \tag{10.43}$$

が成り立つことが分かり，一つ目の不等式が示された．

二つ目の不等式も $\|\mathrm{id}^A - \mathcal{N}^A\|_{1\to 1}$ を介して示せる．まず，$|\psi\rangle^A$ を最小忠実度を達成する純粋状態とすると，

$$1 - F_{\min}(\mathcal{N}) = \mathrm{Tr}\Big[(\mathrm{id}^A - \mathcal{N}^A)(|\psi\rangle\langle\psi|^A)|\psi\rangle\langle\psi|^A\Big] \tag{10.44}$$

$$\leq \Big\|(\mathrm{id}^A - \mathcal{N}^A)(|\psi\rangle\langle\psi|^A)|\psi\rangle\langle\psi|^A\Big\|_1 \tag{10.45}$$

$$\leq \Big\|(\mathrm{id}^A - \mathcal{N}^A)(|\psi\rangle\langle\psi|^A)\Big\|_1 \tag{10.46}$$

$$\leq \big\|\mathrm{id}^A - \mathcal{N}^A\big\|_{1\to 1} \tag{10.47}$$

が成り立つ．

系 R を，$\min_\rho F_e(\rho, \mathcal{N})$ の最小を達成する純粋化系とする．$1 \to 1$ ノルムの性質より $\|\mathrm{id}^A - \mathcal{N}^A\|_{1\to 1} \leq \|(\mathrm{id}^A - \mathcal{N}^A) \otimes \mathrm{id}^R\|_{1\to 1}$ が成り立つため，

$$1 - F_{\min}(\mathcal{N}) \leq \big\|(\mathrm{id}^A - \mathcal{N}^A) \otimes \mathrm{id}^R\big\|_{1\to 1} \tag{10.48}$$

を得るが，(10.40) と同様に，これは以下のように上から抑えられる．

$$\big\|(\mathrm{id}^A - \mathcal{N}^A) \otimes \mathrm{id}^R\big\|_{1\to 1} \leq 4\sqrt{1 - \min_{|\varphi\rangle} F\Big(|\varphi\rangle\langle\varphi|^{AR}, \mathcal{N}^A \otimes \mathrm{id}^R(|\varphi\rangle\langle\varphi|^{AR})\Big)} \tag{10.49}$$

$$= 4\sqrt{1 - \min_\rho F_e(\rho, \mathcal{N})} \tag{10.50}$$

この式と (10.48) を組み合わせることで，

$$4\sqrt{1 - F_{\min}(\mathcal{N})} \leq 8\Big(1 - \min_\rho F_e(\rho, \mathcal{N})\Big)^{1/4} \tag{10.51}$$

を得る． $\square$

以上のことから，本節で導入した量子ノイズの指標は，「平均忠実度 $\bar{F}(\mathcal{N})$ とチャンネル忠実度 $F_c(\mathcal{N})$」というクラスと，「エンタングルメント忠実度 $F_e(\rho, \mathcal{N})$ と最小忠実度 $F_{\min}(\mathcal{N})$」というクラスに大別できることが分かった．

これらの指標を用いて量子ノイズを定量化する際には，目的に応じた適切な指標を採用する必要がある．一般的な慣習では，実験系での量子ノイズ推定においては平均忠実度を用いることが多い一方で，量子情報源から出力される量子情報へのノイズの影響を議論する際にはエンタングルメント忠実度が用いられることが多い．

10.3 乱択ベンチマーキング

ここまでで，量子ノイズに関する理論の基礎を説明してきた．この基礎を元に，量子ノイズを推定する実験手法としてよく用いられる乱択ベンチマーキング[34~36)] を説明しよう．

■10.3.1 量子ノイズの推定について

あるユニタリ時間発展 U を実際の実験系で実装することを考える．実験では量子ノイズが不可避であるため，多くの場合，実装した時間発展は理想的なユニタリ U にはならず，未知の量子チャンネル $\mathcal{N}$ で記述される想定していない時間発展になってしまう．この未知の量子チャンネル $\mathcal{N}$ をうまく推定することが，量子ノイズの推定の一般的な目標である．

言うまでもなく量子ノイズの推定は容易ではない．その困難さを具体的に説明するために，1-qubit 量子ゲートのノイズ推定を考えてみよう．まず，ノイズのない理想的な状況では，1-qubit を $|0\rangle$ という初期状態に用意して何らかの量子ゲート U を作用させ，射影測定 $\{|0\rangle\langle 0|, |1\rangle\langle 1|\}$ で測定すれば，確率 $p_{\text{noiseless}}(j) = |\langle j|U|j\rangle|^2$ で測定結果 j（ただし，$j = 0, 1$）が得られる．このような単純なプロセスであっても，実験で実装すると全てのステップに未知の量子ノイズがかかる．まず，初期状態の準備過程がノイジーになるため，純粋状態 $|0\rangle$ を準備したつもりでも，実際には何らかの未知の混合状態 ρ_{ini} が準備される．その後のステップにおいても，作用させたかった量子ゲート U ではなく未知の量子チャンネル $\mathcal{N}$ が作用し，射影測定にもノイズがのることで，一般には何らかのPOVM $\{M_0, M_1\}$ になる．結果として，測定結果 $j = 0, 1$ が出る確率は

$$p_{\text{noisy}}(j) = \text{Tr}[M_j \mathcal{N}(\rho_{\text{ini}})] \tag{10.52}$$

となる．この確率分布は一般的には理想的な状況の確率分布 $\{p_{\text{noiseless}}(j)\}_j$ とは異なるため，量子ノイズに関する何らかの情報を有しているが，その差異から具体的に量子ノイズを推定するのは容易ではない．というのは，$\{p_{\text{noisy}}(j)\}_j$ という確率分布は「初期状態準備のノイズ，量子ゲートのノイズ，量子測定のノイズ」の全てをひとまとめにしたものなので，各過程のノイズを個別に議論することはできないからだ．

また，実際には量子系が本質的に確率的であるということから，確率分布 $\{p_{\text{noisy}}(j)\}_j$ を正しく見積もることすら難しい．量子測定の確率分布を正しく見積もるためには同一状況下で複数回実験を試行する必要があるが，各物理過程にノイズがのる場合，複数回の試行の間に同一のノイズがかかり続けるとは限らない．そのため，試行のたびに異なる量子ノイズがかかるという最悪の状況では，測定の結果自体が毎回異なる（未知の）確率分布の元で得られることになる．そのような状況では，測定結果から何かを推定するのは全く不可能である．

このように，完全に一般の状況下で量子ノイズを推定することはほとんど不可能といえる．しかし，実際の実験においては何もかもが未知という訳ではなく，実験家による様々な工夫や事前検証からノイズに関してある程度の事前知識を有することが多い．このことを踏まえて，理論研究においては，実験的にもある程度妥当な仮定の下で，可能な限り簡潔にノイズを推定する手法を提案することが重要になる．

■10.3.2 量子ノイズに対する仮定

乱択ベンチマーキング（*randomized benchmarking*）は量子情報の実験でよく用いられ

る量子ノイズの推定手法であり，いくつかの仮定を満たす量子ノイズを，初期状態準備と量子測定にかかるノイズ（これらを SPAM エラー（*state-preparation-and-measurement error: SPAM error*）と呼ぶ）に依存しない形で，特徴付けることができる．ここではまず，量子ノイズが満たすべき仮定を説明しよう．以降では，理想的な量子ゲートによるユニタリ時間発展 U に対応する量子チャンネルを $\mathcal{U}$ と表し，U にノイズがのったノイジーな量子ゲートによる時間発展を量子チャンネル $\mathcal{G}_U$ と表す．前者は単に $\mathcal{U}(\rho) = U \rho U^\dagger$ である．

乱択ベンチマーキングでは，以下の二つの仮定を満たす量子ノイズを特徴付けることができる．

1) ノイジーな量子ゲート $\mathcal{G}_U$ は，ノイズレスな量子ゲートによるユニタリ時間発展 $\mathcal{U}$ と量子ノイズ $\mathcal{N}_U$ を用いて，$\mathcal{G}_U = \mathcal{N}_U \circ \mathcal{U}$ と表せる．

2) 量子ノイズ $\mathcal{N}_U$ は量子ゲートの種類に依存しない．つまり，全ての量子ゲート U に対して，$\mathcal{N}_U = \mathcal{N}$ が成り立つ．

仮定 1 は，理想的な量子ゲートによるユニタリ時間発展 U が終了した後に量子ノイズ $\mathcal{N}_U$ がかかるというものだ[*2)]．この仮定は，1-qubit 量子ゲートや 2-qubit 量子ゲートなど，その実装にかかる時間が量子ノイズの時間スケールと比較して十分短い場合には成り立つと期待される．したがって，乱択ベンチマーキングを考える際には，短時間で実装できる 1-qubit や 2-qubit ゲートへの応用を念頭におくのがよい．

仮定 2 は，仮定 1 よりも強い仮定であり，実際にはあまり現実的ではない．というのは，実際の実験系では量子ノイズ $\mathcal{N}_U$ は量子ゲート U に依存することが多いからだ．その典型的な例として，1-qubit ゲート U を実装する際の典型的なノイズを考えよう．実験では，適切な 1-qubit ハミルトニアン H を準備して量子ゲートを $U = e^{iHt}$ というハミルトニアン時間発展で実装することになるが，その際に制御精度不足によって時間 t が $t + \delta$ にずれてしまい，結果としてノイジーな量子ゲートが実装されることがある．この類のノイズを過剰回転と呼ぶが，過剰回転は明らかにハミルトニアンの種類，つまり，作用させたいゲートの種類に依存する．したがって，仮定 2 は満たされない．このように，仮定 2 は実際の実験系で常に満たされているとは限らない．ただし，仮定 2 が厳密には成り立たない場合であっても，乱択ベンチマーキングを行うことで，実装するユニタリには依存しない実験系の背景ノイズや，量子ノイズの第ゼロ近似としてユニタリの種類に非依存なノイズ成分を推定できることは期待できる．

これら二つの仮定をまとめると，乱択ベンチマーキングのプロトコルが実際に役に立つのは，「1-qubit や 2-qubit の量子ゲートなど，ユニタリ操作が量子ノイズよりも短い時間スケールで終了する状況」において，「ユニタリに依存しない背景ノイズ等，全ての

[*2)]　より一般には，量子ノイズ $\mathcal{N}_U$ は直前の理想的な量子ゲート U だけでなく，それまでに作用させた量子ゲート等にも依存してもよい．しかし，乱択ベンチマーキングの設定では仮定 2 でそのような状況を排除するため，ここではそのようなノイズについては議論しないことにする．

量子ゲートの共通にかかるノイズを推定したい」場合であることが分かる．このような限定的な状況にしか適用できない乱択ベンチマーキングだが，次節で説明するように，そのプロトコルは極めて容易に実装できるという長所があるために，実際の量子情報処理の実験では量子ノイズを簡潔に推定する方法としてよく用いられている．

■ 10.3.3 乱択ベンチマーキング・プロトコル

量子系のノイズが前節の二つの仮定を満たすとした上で，乱択ベンチマーキングの具体的なプロトコルを説明しよう．

理想的な量子ゲート U に対するノイジーな量子チャンネルを $\mathcal{G}_U = \mathcal{N} \circ \mathcal{U}$ と表すと，乱択ベンチマーキングを用いて推定できる量は，$\mathcal{N}$ の平均忠実度 $\bar{F}(\mathcal{N})$ である．Haar 測度のユニタリ不変を用いることで，平均忠実度を

$$\bar{F}(\mathcal{N}) = \mathbb{E}_{|\psi\rangle \sim \mathsf{H}}\Big[F\big(|\psi\rangle\langle\psi|, \mathcal{N}(|\psi\rangle\langle\psi|)\big)\Big] \tag{10.53}$$

$$= \mathbb{E}_{|\psi\rangle \sim \mathsf{H}}\Big[F\big(U|\psi\rangle\langle\psi|U^\dagger, \mathcal{N}(U|\psi\rangle\langle\psi|U^\dagger)\big)\Big] \tag{10.54}$$

$$= \mathbb{E}_{|\psi\rangle \sim \mathsf{H}}\Big[F\big(U|\psi\rangle\langle\psi|U^\dagger, \mathcal{G}_U(|\psi\rangle\langle\psi|)\big)\Big] \tag{10.55}$$

と書き換えることができるため，$\bar{F}(\mathcal{N})$ は理想的な量子ゲート U とノイジーな量子ゲート $\mathcal{G}_U$ の間の平均忠実度と考えることができる．今後の解析のために，忠実度パラメータ (fidelity parameter) $f(\mathcal{N})$ を

$$f(\mathcal{N}) := \frac{d\bar{F}(\mathcal{N}) - 1}{d - 1} \tag{10.56}$$

と導入しておこう．ただし，d は量子ノイズ $\mathcal{N}$ がかかる量子系の次元である．

練習問題 101 量子チャンネル $\mathcal{N}$ の Kraus 演算子を $\{N_j\}_j$ としたとき，忠実度パラメータ $f(\mathcal{N})$ が $f(\mathcal{N}) = \frac{\sum_j \left|\mathrm{Tr}[N_j]\right|^2 - 1}{d^2 - 1}$ で与えられることを示せ．

乱択ベンチマーキングは，ユニタリ 2-デザイン $\mathsf{U}_2 = \{U_j\}_{j=1}^J$ をなす量子ゲートの集合に基づくプロトコルである．ここで，各ユニタリ $U_j \in \mathsf{U}_2(\mathcal{H})$ は量子ゲートを表す．典型的には 1-qubit や 2-qubit に作用する量子ゲートを想定することが多いが，以下の議論は任意次元の量子系に作用するユニタリ 2-デザインに対して成り立つ．ユニタリ 2-デザインとは，任意の演算子 $O \in \mathcal{B}(\mathcal{H})$ に対して，

$$\mathbb{E}_{U \sim \mathsf{U}_2}\Big[U^{\otimes 2} O U^{\otimes 2\dagger}\Big] = \mathbb{E}_{U \sim \mathsf{H}}\Big[U^{\otimes 2} O U^{\otimes 2\dagger}\Big] \tag{10.57}$$

を満たすユニタリ群上の確率分布であった．ただし，右辺の $U \sim \mathsf{H}$ は Haar ランダム・ユニタリである．定理 3.12 より，Clifford 群が典型的なユニタリ 2-デザインであるため，乱択ベンチマーキングでは Clifford ゲートの集合を用いることが多い．乱択ベンチマーキングの仮定 2 に従って，ユニタリの集合 U_2 の各々の量子ゲート U_j が，ゲートに非依存なノイズ $\mathcal{N}$ で

$$\mathsf{U}_2 = \{U_j\}_{j=1}^J \mapsto \mathsf{G} = \{\mathcal{G}_j = \mathcal{N} \circ \mathcal{U}_j\}_{j=1}^J \tag{10.58}$$

とノイジーに実装されるとすると，以下の乱択ベンチマーキングによって，このノイズの平均忠実度を推定できる．図 10.1 も参考にされたい．

──────── 乱択ベンチマーキングの手順 ────────

1）初期状態 ρ_{ini}，POVM $M = \{M_0, M_1\}$，$m_{\max} \in \mathbb{Z}_{>}$ を選ぶ．

2）$m = 1, \ldots, m_{\max}$ に対して 3）〜7）を繰り返す．

3）ユニタリ 2-デザイン U_2 から m 個の量子ゲート $(U_{j_1}, \ldots, U_{j_m})$ をランダムに選ぶ．

4）3）で選んだ量子ゲートに対応するノイジーな量子ゲートの列 $\mathcal{G}_{\boldsymbol{j}} := \mathcal{G}_{j_m} \circ \cdots \circ \mathcal{G}_{j_1}$ を ρ_{ini} に作用させる．ここで，$\boldsymbol{j} = (j_1, \ldots, j_m) \in \{1, \ldots, J\}^m$ である．最後に，量子ゲート列 $U_{\boldsymbol{j}} = U_{j_m} \cdots U_{j_1}$ の逆操作 $U_{\boldsymbol{j}}^{\dagger}$ に対応するノイジーな量子ゲート $\mathcal{G}_{\boldsymbol{j}}^{\mathrm{inv}}$ を $\mathcal{G}_{\boldsymbol{j}}(\rho_{\mathrm{ini}})$ に作用させる．

5）$\mathcal{G}_{\boldsymbol{j}}^{\mathrm{inv}} \circ \mathcal{G}_{\boldsymbol{j}}(\rho_{\mathrm{ini}})$ を POVM M で測定し，結果 0 か 1 を得る．

6）4）〜5）を繰り返し，測定結果 0 を得る確率

$$p_0(m, \boldsymbol{j} | \rho_{\mathrm{ini}}, M, \mathcal{N}) = \mathrm{Tr}\left[M_0\big(\mathcal{G}_{\boldsymbol{j}}^{\mathrm{inv}} \circ \mathcal{G}_{\boldsymbol{j}}(\rho_{\mathrm{ini}})\big)\right] \tag{10.59}$$

を推定する．

7）3）〜6）を繰り返し，$p_0(m, \boldsymbol{j} | \rho_{\mathrm{ini}}, M, \mathcal{N})$ の $\boldsymbol{j}$ での平均値

$$p_0(m | \rho_{\mathrm{ini}}, M, \mathcal{N}) = \frac{1}{J^m} \sum_{\boldsymbol{j} \in \{1, \ldots, J\}^m} p_0(m, \boldsymbol{j} | \rho_{\mathrm{ini}}, M, \mathcal{N}) \tag{10.60}$$

を推定する．

乱択ベンチマーキングを実際に実験で実行すると，各 $m = 1, \ldots, m_{\max}$ に対する確率 $p_0(m | \rho_{\mathrm{ini}}, M, \mathcal{N})$ の値が得られる．仮にノイズがない理想的な状況，つまり，$\mathcal{N} = \mathrm{id}$ の場合を考えると，手順 5）で逆ユニタリ $U_{\boldsymbol{j}}^{-1}$ を作用させることから，

$$p_0(m | \rho_{\mathrm{ini}}, M, \mathcal{N}) = \mathrm{Tr}[M_0 \rho_{\mathrm{ini}}] \tag{10.61}$$

となる．この右辺は量子ゲートを作用させる回数 m には依存しないので，ノイズレスな状況では，確率 $p_0(m | \rho_{\mathrm{ini}}, M, \mathcal{N})$ は m には依存しない関数になることが分かる．このこ

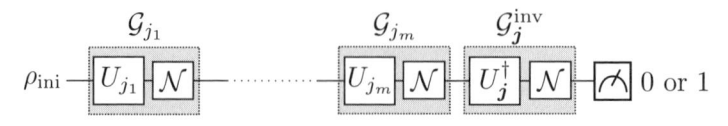

図 10.1　乱択ベンチマーキングの概念図．ユニタリ 2-デザイン U_2 からランダムに選んだ m 個の量子ゲート $(U_{j_1}, \ldots, U_{j_m})$ に対応するノイジーな量子ゲート $(\mathcal{G}_{j_1}, \ldots, \mathcal{G}_{j_m})$ をノイジーな初期状態 ρ_{ini} に作用させる．さらに，$U_{\boldsymbol{j}}^{\dagger} = (U_{j_m} \cdots U_{j_1})^{\dagger}$ に対応するノイジーな量子ゲート $\mathcal{G}_{\boldsymbol{j}}^{\mathrm{inv}}$ を作用させた後に，POVM $M = \{M_0, M_1\}$ で測定する．この手順を繰り返し，測定結果 0 を得る確率 $p_0(m, \boldsymbol{j} | \rho_{\mathrm{ini}}, M, \mathcal{N})$ を推定する．最後に，$\boldsymbol{j}$ の選び方で平均を取り，$p_0(m | \rho_{\mathrm{ini}}, M, \mathcal{N})$ を計算する．

とから，$p_0(m|\rho_{\mathrm{ini}},M,\mathcal{N})$ がどのように m に依存するかを見ることで，量子ノイズ $\mathcal{N}$ に関する何らかの情報を得られることが分かるだろう．

以下の定理は，量子ノイズ $\mathcal{N}$ と，確率 $p_0(m|\rho_{\mathrm{ini}},M,\mathcal{N})$ の m 依存性の関係を明らかにするものである．

定理 10.7（乱択ベンチマーキングの基本定理）　量子ノイズ $\mathcal{N}$，任意の初期状態 ρ_{ini}，任意の量子測定の POVM $M = \{M_0,M_1\}$ に対して，

$$p_0(m|\rho_{\mathrm{ini}},M,\mathcal{N}) = B(\rho_{\mathrm{ini}},M,\mathcal{N})f(\mathcal{N})^m + A(M,\mathcal{N}) \tag{10.62}$$

が成り立つ．ここで，$f(\mathcal{N})$ は量子ノイズ $\mathcal{N}$ の忠実度パラメータであり，$A(M,\mathcal{N})$ と $B(\rho_{\mathrm{ini}},M,\mathcal{N})$ は π を完全混合状態として，

$$A(M,\mathcal{N}) = \mathrm{Tr}\big[M_0\mathcal{N}(\pi)\big],\quad B(\rho_{\mathrm{ini}},M,\mathcal{N}) = \mathrm{Tr}\big[M_0\mathcal{N}(\rho_{\mathrm{ini}} - \pi)\big] \tag{10.63}$$

で与えられる実数で，m には依存しない．

定理 10.7 において，$A(M,\mathcal{N})$ や $B(\rho_{\mathrm{ini}},M,\mathcal{N})$ は m には依存しないため，確率 $p_0(m|\rho_{\mathrm{ini}},M,\mathcal{N})$ の m 依存性は $f(\mathcal{N})^m$ だけであることに注意せよ．したがって，確率 $p_0(m|\rho_{\mathrm{ini}},M,\mathcal{N})$ は m についての指数関数で与えられることが分かる．このことを利用すれば，実験的に得られたデータを m の指数関数でフィッティングすることによって，その減衰率から量子ノイズ $\mathcal{N}$ の忠実度パラメータ $f(\mathcal{N})$ を推定できる．これが乱択ベンチマーキングを用いた量子ノイズ推定の方法である．

この手法が SPAM エラーに依存しない理由は，確率 $p_0(m|\rho_{\mathrm{ini}},M,\mathcal{N})$ の指数減衰の減衰係数が量子ノイズ $\mathcal{N}$ の忠実度パラメータ $f(\mathcal{N})$ だけで決まり，初期状態や量子測定の選び方に依存しないためである．実際，(10.62) において，初期状態 ρ_{ini} および量子測定 M は $A(M,\mathcal{N})$ と $B(\rho_{\mathrm{ini}},M,\mathcal{N})$ のみに現れる．したがって，初期状態や量子測定に未知のノイズがのっていたとしても減衰係数はそれらに影響されず，忠実度パラメータ $f(\mathcal{N})$ のみを実験データから推定できる．ただし，初期状態や量子測定の精度は，フィッティングの容易さには影響することには注意が必要である．例えば，初期状態が完全混合状態である場合は $B(\rho_{\mathrm{ini}},M,\mathcal{N}) = 0$ となり，$p_0(m|\rho_{\mathrm{ini}},M,\mathcal{N})$ は m にも $f(\mathcal{N})$ にも依存しない定数となる．したがって，そのような場合には $f(\mathcal{N})$ の推定に失敗する．もちろんこれは極端な例だが，フィッティングを容易にするためには初期状態をできるだけ完全混合状態とは離れた状態に準備することが重要である．

証明（定理 10.7 の証明）　乱択ベンチマーキングで重要な量は

$$p_0(m|\rho_{\mathrm{ini}},M,\mathcal{N}) = \frac{1}{J^m}\sum_{\boldsymbol{j}} p_0(m,\boldsymbol{j}|\rho_{\mathrm{ini}},M,\mathcal{N}) \tag{10.64}$$

$$= \mathbb{E}_{U_{j_m},\ldots,U_{j_1}\sim\mathsf{U}_2}\Big[\mathrm{Tr}\big[M_0(\mathcal{G}_{\boldsymbol{j}}^{\mathrm{inv}}\circ\mathcal{G}_{\boldsymbol{j}}(\rho_{\mathrm{ini}}))\big]\Big] \tag{10.65}$$

であった．各量子ゲート U_{j_l} はユニタリ 2-デザイン $\mathsf{U}_2 = \{U_j\}_{j=1}^J$ から独立に選ぶため，平均を取る操作 $\frac{1}{J^m}\sum_{\boldsymbol{j}}$ を $\mathbb{E}_{U_{j_m},\ldots,U_{j_1}\sim\mathsf{U}_2}$ と表した．以降では，ρ_{ini} や M，$\mathcal{N}$ を省略して，

単に $p_0(m)$ と表すことにする.

ノイズに対する仮定より,各ノイジー量子ゲート $\mathcal{G}_j$ は $\mathcal{N} \circ \mathcal{U}_j$ で与えられる.よって,

$$\mathcal{G}_j = (\mathcal{N} \circ \mathcal{U}_{j_m}) \circ \cdots \circ (\mathcal{N} \circ \mathcal{U}_{j_2}) \circ (\mathcal{N} \circ \mathcal{U}_{j_1}) \tag{10.66}$$

である.また,$\mathcal{G}_j^{\text{inv}} = \mathcal{N} \circ (\mathcal{U}_{j_m} \ldots \mathcal{U}_{j_1})^\dagger$ である.ここで,$U_{j'_l} := U_{j_l} U_{j_{l-1}} \cdots U_{j_1}$ というユニタリを導入すると,直接的な計算から,

$$\mathcal{G}_j^{\text{inv}} \circ \mathcal{G}_j = \mathcal{N} \circ (\mathcal{U}_{j'_m}^\dagger \circ \mathcal{N} \circ \mathcal{U}_{j'_m}) \circ \cdots \circ (\mathcal{U}_{j'_2}^\dagger \circ \mathcal{N} \circ \mathcal{U}_{j'_2}) \circ (\mathcal{U}_{j'_1}^\dagger \circ \mathcal{N} \circ \mathcal{U}_{j'_1}) \tag{10.67}$$

という形に書き直せることが分かる.

この表式を用いて,U_{j_m} に対する平均を取ると,

$$\mathbb{E}_{U_{j_m} \sim \mathsf{U}_2} \left[\mathcal{U}_{j'_m}^\dagger \circ \mathcal{N} \circ \mathcal{U}_{j'_m} \right] = \mathbb{E}_{U_{j_m} \sim \mathsf{U}_2} \left[(\mathcal{U}_{j_m} \circ \cdots \circ \mathcal{U}_{j_1})^\dagger \circ \mathcal{N} \circ (\mathcal{U}_{j_m} \circ \cdots \circ \mathcal{U}_{j_1}) \right] \tag{10.68}$$

という項が現れる.ここで,$\mathcal{U}(\rho) = U \rho U^\dagger$ なので,この右辺は,U_{j_m} と $U_{j_m}^\dagger$ を各々二つずつ含む.ユニタリ t-デザインが持つ一般的な性質を与える命題 3.13 の 4) を思い出すと,そのような演算子をユニタリ 2-デザインで平均を取ったものは,その平均を Haar ランダム・ユニタリ H での平均に置き換えることができる.さらに Haar 測度のユニタリ不変性を用いることで,

$$\mathbb{E}_{U_{j_m} \sim \mathsf{U}_2} \left[\mathcal{U}_{j'_m}^\dagger \circ \mathcal{N} \circ \mathcal{U}_{j'_m} \right] = \mathbb{E}_{U \sim \mathsf{H}} [\mathcal{U}^\dagger \circ \mathcal{N} \circ \mathcal{U}] =: \mathcal{N}_{\text{av}} \tag{10.69}$$

と変形できる.

同じ議論を残りの量子ゲート $U_{j_{m-1}}, \ldots, U_{j_1}$ に順次適用すると,

$$\mathbb{E}_{U_{j_m}, \ldots, U_{j_1} \sim \mathsf{U}_2} [\mathcal{G}_j^{\text{inv}} \circ \mathcal{G}_j] = \mathcal{N} \circ \mathcal{N}_{\text{av}}^m \tag{10.70}$$

を得る.右辺の $\mathcal{N}_{\text{av}}^m = \mathcal{N}_{\text{av}} \circ \cdots \circ \mathcal{N}_{\text{av}}$ は,$\mathcal{N}_{\text{av}}$ を m 回作用させる量子チャンネルである.この表記を用いると,確率 $p(m)$ を

$$p_0(m) = \text{Tr}[M_0 \mathcal{N} \circ \mathcal{N}_{\text{av}}^m(\rho_{\text{ini}})] \tag{10.71}$$

$$= \text{Tr}[M_0' \mathcal{N}_{\text{av}}^m(\rho_{\text{ini}})] \tag{10.72}$$

と簡潔な形で表現できる.ただし,量子チャンネル $\mathcal{N}$ の共役写像 $\mathcal{N}_*$ を用いて,$M_0' = \mathcal{N}_*(M_0)$ とおいた.

以下では,(10.72) を帰納的に計算する.そのために,$\rho_m := \mathcal{N}_{\text{av}}^m(\rho_{\text{ini}})$ という表記を導入する.ただし,$\rho_0 = \rho_{\text{ini}}$ とする.この表記を用いると,

$$p_0(m) = \text{Tr}[M_0' \mathcal{N}_{\text{av}}(\rho_{m-1})] \tag{10.73}$$

と表せる.量子チャンネル $\mathcal{N}_{\text{av}}$ の定義 (10.69) を思い出し,量子チャンネル $\mathcal{N}$ の Kraus 演算子 $\{N_j\}_j$ による Choi–Kraus 表現を用いると,

$$p_0(m) = \mathbb{E}_{U \sim \mathsf{H}} \left[\text{Tr} \left[M_0' U^\dagger \mathcal{N}(U \rho_{m-1} U^\dagger) U \right] \right] \tag{10.74}$$

$$= \sum_j \mathbb{E}_{U \sim \mathsf{H}} \left[\text{Tr} \left[M_0' U^\dagger N_j U \rho_{m-1} U^\dagger N_j^\dagger U \right] \right] \tag{10.75}$$

$$= \sum_j \text{Tr} \left[\left((M_0' \otimes \rho_{m-1}) \mathbb{E}_{U \sim \mathsf{H}} \left[U^{\dagger \otimes 2} (N_j \otimes N_j^\dagger) U^{\otimes 2} \right] \right) \mathbb{F} \right] \tag{10.76}$$

と表せる．最後の式ではスワップ・トリックを用いた．スワップ演算子 $\mathbb{F}$ は，一つ目と二つ目のヒルベルト空間を置換するものである．命題 3.9 を用いることで，

$$\mathbb{E}_{U \sim \mathsf{H}}\left[U^{\dagger \otimes 2}\left(N_j \otimes N_j^{\dagger}\right)U^{\otimes 2}\right] = \frac{1}{d(d^2-1)}\left(\left(dm_0 - m_1\right)\mathbb{I} + \left(dm_1 - m_0\right)\mathbb{F}\right) \tag{10.77}$$

が従う．ただし，d は系の次元で，m_0 と n_1 は

$$m_0 = \left|\mathrm{Tr}[N_j]\right|^2, \quad m_1 = \mathrm{Tr}[N_j^{\dagger}N_j] \tag{10.78}$$

である．これを代入して整理すると，

$$\begin{aligned}
p_0(m) = \frac{1}{d(d^2-1)}\Bigg\{ & \left(d\sum_j \left|\mathrm{Tr}[N_j]\right|^2 - \sum_j \mathrm{Tr}[N_j^{\dagger}N_j]\right)\mathrm{Tr}\left[M_0'\rho_{m-1}\right] \\
& + \left(d\sum_j \mathrm{Tr}[N_j^{\dagger}N_j] - \sum_j \left|\mathrm{Tr}[N_j]\right|^2\right)\mathrm{Tr}\left[M_0'\right]\Bigg\}
\end{aligned} \tag{10.79}$$

を得る．さらに，練習問題 101 より，忠実度パラメータ $f(\mathcal{N})$ が

$$f(\mathcal{N}) = \frac{\sum_j \left|\mathrm{Tr}[N_j]\right|^2 - 1}{d^2 - 1} \tag{10.80}$$

であることと，$\mathcal{N}$ の Kraus 演算子 $\{N_j\}_j$ が $\sum_j N_j^{\dagger}N_j = I$ を満たすことを用いて整理すると，

$$p_0(m) = f(\mathcal{N})\mathrm{Tr}\left[M_0'\rho_{m-1}\right] + \left(1 - f(\mathcal{N})\right)\mathrm{Tr}\left[M_0'\pi\right] \tag{10.81}$$

$$= f(\mathcal{N})\mathrm{Tr}\left[M_0'\mathcal{N}_{\mathrm{av}}(\rho_{m-2})\right] + \left(1 - f(\mathcal{N})\right)\mathrm{Tr}\left[M_0'\pi\right] \tag{10.82}$$

$$= f(\mathcal{N})p_0(m-1) + \left(1 - f(\mathcal{N})\right)\mathrm{Tr}\left[M_0'\pi\right] \tag{10.83}$$

が従う．ただし，π は完全混合状態である．(10.83) は，m に関する漸化式を与える．この漸化式は容易に解くことができて，

$$p_0(m) = f(\mathcal{N})^m \mathrm{Tr}\left[M_0'\rho_{\mathrm{ini}}\right] + \left(1 - f(\mathcal{N})^m\right)\mathrm{Tr}\left[M_0'\pi\right] \tag{10.84}$$

$$= f(\mathcal{N})^m \mathrm{Tr}\left[M_0'(\rho_{\mathrm{ini}} - \pi)\right] + \mathrm{Tr}\left[M_0'\pi\right] \tag{10.85}$$

を得る． $\qquad\qquad\square$

▨ 10.3.4 乱択ベンチマーキングにおけるサンプリング回数

乱択ベンチマーキングを理論提案どおり忠実に実行しようとすると，実験の繰り返し回数は膨大になってしまう．これは，以下の二つの理由によるものである．

- 手順 6) で測定結果 0 を得る確率 $p_0(m, \boldsymbol{j}|\rho_{\mathrm{ini}}, M, \mathcal{N})$ を高い精度で推定するためには，同一の設定の下で実験を多数繰り返す必要がある．
- 手順 7) で測定確率 $p_0(m, \boldsymbol{j}|\rho_{\mathrm{ini}}, M, \mathcal{N})$ を全ての $\boldsymbol{j}$ の選び方で平均を取ったもの $p_0(m|\rho_{\mathrm{ini}}, M, \mathcal{N})$ を計算する必要があるため，全ての $\boldsymbol{j} \in \{1, \ldots, J\}^m$ に対して測定確率 $p_0(m, \boldsymbol{j}|\rho_{\mathrm{ini}}, M, \mathcal{N})$ を推定する必要がある．したがって，各 m に対して J^m 回，異なる設定で実験を行わなければならない．

実験の繰り返し回数は，しばしばサンプリング回数と呼ばれるが，乱択ベンチマーキングの理論提案を文字どおり実装するためには膨大な数のサンプリングが必要になり，実用に耐えないように思えるかもしれない．ところが，実際には統計学を用いてサンプリング回数と推定精度の関係を調べることで，驚くほど少ないサンプリング回数で乱択ベンチマーキングを精度よく実行できることを示せる[37,38]．ここでは，数値シミュレーションを用いてそのことを例示しよう．

　図 10.2 では，ノイジーな状況下での 1-qubit の乱択ベンチマーキングを数値的にシミュレートすることで得られた測定確率 $p_0(m)$ をプロットしている[*3]．数値計算ではユニタリ 2-デザインとして 1-qubit Clifford ゲートの集合を用いており（定理 3.12 を参照のこと），1-qubit Clifford ゲートは 24 個あるため $J = 24$ である．図では，depolarizing ノイズ $\mathcal{P}_p : \rho \mapsto p\rho + (1-p)\pi$ によってノイジーになった Clifford ゲートを m 回作用させる量子回路を数値的に実行し，乱択ベンチマーキングをシミュレートした．図中の各データ点 ×，△，○ が数値計算の結果得られたもので，そのデータ点を m に関する指数関数でフィッティングすることで，depolarizing ノイズ $\mathcal{P}_p$ の忠実度パラメータを見積もっている．本数値シミュレーションでは特に，$p = 0.005, 0.01, 0.03$ を考え，また，SPAM エラーとして，初期状態は $\rho_{\mathrm{ini}} = 0.95|0\rangle\langle 0| + 0.05|1\rangle\langle 1|$ とし，量子測定も確率 0.05 で誤った出力を出す（実際には測定結果が 0 であっても，出力 1 を返す）ものと仮定した．

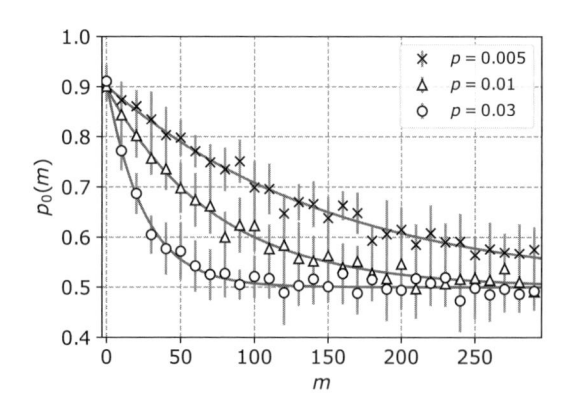

図 10.2　1-qubit での乱択ベンチマーキングの数値シミュレーション．1-qubit Clifford ゲートに depolarizing ノイズ $\mathcal{P}_p$ が作用している状況を考えており，ノイズ $\mathcal{P}_p$ のノイズ・パラメータ $p = 0.005, 0.01, 0.03$ に対する数値計算を行った．各点 ×，△，○ は，対応する量子回路を数値シミュレーションすることで得られた $p_0(m|\rho_{\mathrm{ini}}, M, \mathcal{P}_p)$ のデータ点であり，各データ点の分散を縦線で表している．同時に，各データ点を m に対する指数関数 $Af^m + B$ でフィッティングした曲線も載せている．そのフィッティングの指数減衰係数 f がノイズの忠実度パラメータ $f(\mathcal{P}_p)$ の推定値を与える．その他の詳細は本文を参照せよ．

[*3]　表現を簡単にするために，$p_0(m|\rho_{\mathrm{ini}}, M, \mathcal{N})$ の $\rho_{\mathrm{ini}}, M, \mathcal{N}$ は省略している．

練習問題 102 Depolarizing ノイズ $\mathcal{P}_p$ に対する忠実度パラメータ $f(\mathcal{P}_p)$ と平均忠実度 $\bar{F}(\mathcal{P}_p)$ が，各々 $f(\mathcal{P}_p) = 1 - p$ と $\bar{F}(\mathcal{P}_p) = 1 - p/2$ で与えられることを示せ．

定理 10.7 より，十分な回数のサンプリングを行えば depolarizing ノイズ $\mathcal{P}_p$ の忠実度パラメータ $f(\mathcal{P}_p)$ を高精度で推定することが保証されている．しかし，図 10.2 の数値シミュレーションでは，手順 6) で各 j に対して結果 0 を得る測定確率 $p_0(m, j)$ を見積もるためのサンプリング回数は百回，手順 7) で平均測定確率 $p_0(m)$ を見積もるためのサンプリング回数は十回に固定しており，理論提案を忠実に実行するよりも遥かに少ない回数しかサンプリングしていない．特に後者に関しては，図では量子ゲートを作用させる回数 m を 300 程度まで取っているため，理論提案を忠実に実行するためには最低でも $J^m = 24^{300}$ 程度サンプリングが必要になる．この値と比較すると，数値計算での十回という値がいかに小さいかが理解できるだろう [*4)]．

実際に，サンプリング回数が少ないために図 10.2 の各データ点が持つ分散はかなり大きい．しかし，そのようなばらつきの大きい各データ点を指数関数でフィッティングしたとしても，よい推定結果が得られる．図 10.2 の数値計算から推定された平均忠実度 $\bar{F}_{\mathrm{RB}}(\mathcal{P}_p)$ と，練習問題 102 より計算できる実際の平均忠実度 $\bar{F}(\mathcal{P}_p)$ を比較すると，$p = 0.005, 0.01, 0.03$ に対して，

$$\bar{F}_{\mathrm{RB}}(\mathcal{P}_{p=0.005}) = 0.9967, \qquad \bar{F}(\mathcal{P}_{p=0.005}) = 0.9975 \tag{10.86}$$

$$\bar{F}_{\mathrm{RB}}(\mathcal{P}_{p=0.01}) = 0.9931, \qquad \bar{F}(\mathcal{P}_{p=0.01}) = 0.995 \tag{10.87}$$

$$\bar{F}_{\mathrm{RB}}(\mathcal{P}_{p=0.03}) = 0.9805, \qquad \bar{F}(\mathcal{P}_{p=0.03}) = 0.985 \tag{10.88}$$

となっている．このように，乱択ベンチマーキングは極端に少ないサンプリング回数であっても平均忠実度をよい精度で推定できる．この精度をより高めるためには単純にサンプリング回数を増やせばよいが，経験則として手順 6) で測定確率 $p_0(m, j)$ を見積もるためのサンプリング回数を増やした方が，より高い精度に繋がりやすい．

以上のように，乱択ベンチマーキングは実験的に簡単な手法であるのみならず，必要なサンプリング回数＝実験の繰り返し回数も驚くほど少なくてよい．これが，乱択ベンチマーキングが量子情報に関係する実験でよく用いられる理由の一つである．少ないサンプリング回数で十分高い推定精度を出せる理由の一つは，この数値シミュレーションで用いた Clifford ゲートの集合がユニタリ 2-デザインであるだけでなくユニタリ 3-デザインになる等のよりよい性質を満たすことと深く関係しているが，その詳細に関しては文献 [37,38)] を参照されたい．

[*4)] 指数関数によるフィッティングを行う際には m が小さい領域が重要であるため，$J^m = 24^{300}$ は原理原則的な見積もりにすぎない．しかし，$m = O(1)$ であったとしても，$J^m = 24^m$ は数値計算で行ったサンプリング回数 10 と比較してかなり大きいことに留意せよ．

11 量子誤り訂正の基礎

前章では，量子系のノイズを推定するための実験手法について議論した．実際の実験では，量子ノイズの推定から得た情報を元にして実験の精度を改善し，よりノイズの少ない実験系の実現を目指すことになる．しかし，大規模な量子系を用いて情報処理を行うためには，そのような "ハードウェア" を改善するアプローチだけでは十分ではなく，"ソフトウェア" からのアプローチが必須である．

量子誤り訂正符号は，量子系のノイズを "ソフトウェア" 的なアプローチによって実効的にキャンセルする手法である．本章ではまず，量子誤り訂正のこころを説明した後にシンプルな量子誤り訂正符号の例を与え，その後，量子誤り訂正に関する一般論を説明する．最後に，量子誤り訂正符号を具体的に構築する際に便利な量子状態の表現方法としてスタビライザー形式を学ぶ．

11.1 量子誤り訂正とは

量子系を情報処理に応用するためには，ハードウェアの改善だけで量子系のノイズを十分なレベルにまで軽減することは実質的に不可能である．例えば，一つ一つの量子ゲートがエラー率 ϵ 程度で実装できたとしよう．そのような量子ゲート M 個から構成される量子回路のエラー率を大まかに見積もると，

$$1-\left(1-\epsilon\right)^{M} = M\epsilon + \mathcal{O}(\epsilon^2) \tag{11.1}$$

となる．このエラー率が無視できるレベルであるためには，一つの量子ゲートのエラー率を $\epsilon = O(1/M)$ 程度に抑える必要がある．通常，何らかの情報処理を行う際には，大量の qubit 数 n と大量の量子ゲート（例えば，$M = \mathcal{O}(n^2)$ など）を使用するため，量子回路全体としてエラーをほぼ無視するには，各々の量子ゲートの精度を qubit 数 n に依存して高めなければならず，現実的ではない．

この問題点を解決するために，ソフトウェア的な観点から量子ノイズを実効的に軽減する方法を考える必要がある．それが量子誤り訂正 (*quantum error correction: QEC*) と呼ばれる手法である．量子誤り訂正では，量子ノイズを表す量子チャンネル $\mathcal{N}$ が与えられたときに，

$$\mathcal{D} \circ \mathcal{N} \circ \mathcal{E} \approx \mathrm{id} \tag{11.2}$$

を達成する量子チャンネルの組 $(\mathcal{E}, \mathcal{D})$ を見つけることを目標とする．量子チャンネル $\mathcal{E}$ を符号化（*encode*），量子チャンネル $\mathcal{D}$ を復号（*decode*）と呼び，その組を**量子誤り訂正符号**（*quantum error correcting code: QECC*）と呼ぶ．以下で具体的に見るように，符号化する際には一般に，ノイズから守りたい量子状態をより多くの qubit 上の量子状態を用いて表現する．これを冗長化と呼ぶ．冗長化する際に用いる「より多くの qubit」は物理的に存在する qubit と対応することが多く，**物理** *qubit*（*physical qubit*）や**物理系**（*physical system*）と呼ぶ．一方で，守りたい量子状態を**論理状態**（*logical state*）と呼び，論理状態を定める qubit や量子系を**論理** *qubit*（*logical qubit*），**論理系**（*logical system*）と呼ぶ．説明がやや抽象的だが，以下の具体例を見れば容易に理解できるだろう．

　量子誤り訂正符号における冗長化を説明する前に，まずは古典的な誤り訂正符号の例を用いて，冗長化のイメージを掴もう．古典的な 1-bit で表現される情報が，確率 p で反転するノイズを考える．そのようなノイズを**ビット反転ノイズ**（*bit-flip noise*）と呼ぶ．符号化も復号も行わなければ確率 p で情報にエラーが発生するが，このエラーを抑制するために，

$$0 \to 000, \quad 1 \to 111 \tag{11.3}$$

と，1-bit の情報を 3-bit に符号化することを考える．復号としては，0 と 1 の多数決を取って bit 値を決定する．この誤り訂正符号の物理系は 3-bit，論理系は 1-bit から構成されるが，1-bit の情報を表現するのにわざわざ 3-bit 使用しているという意味で，符号化によって冗長性が増している．この冗長性があるおかげで，この誤り訂正符号においては，二つ以上の物理 bit 値が反転した場合にのみ論理 bit にエラーが起こることになる．例えば，一つ目の bit にのみノイズが起こった場合は，符号化と復号によって，

$$0 \xrightarrow{\text{符号化}} 000 \xrightarrow{\text{ノイズ}} 100 \xrightarrow{\text{復号}} 0 \tag{11.4}$$

$$1 \xrightarrow{\text{符号化}} 111 \xrightarrow{\text{ノイズ}} 011 \xrightarrow{\text{復号}} 1 \tag{11.5}$$

となり，ノイズの影響を完全に消すことができる．一方で，例えば一つ目と二つ目の bit にノイズが起こると，

$$0 \xrightarrow{\text{符号化}} 000 \xrightarrow{\text{ノイズ}} 110 \xrightarrow{\text{復号}} 1 \tag{11.6}$$

$$1 \xrightarrow{\text{符号化}} 111 \xrightarrow{\text{ノイズ}} 001 \xrightarrow{\text{復号}} 0 \tag{11.7}$$

となるため，誤り訂正に失敗する．この考察から，論理 bit にエラーが起こる確率は二つ以上の物理 bit 値が反転する確率に等しいことが分かるので，ビット反転ノイズが三個の各物理 bit に独立にかかるとすれば，

$$3p^2(1-p) + p^3 = 3p^2 - 2p^3 \tag{11.8}$$

が論理 bit にエラーが起こる確率となる．したがって，$3p^2 - 2p^3 < p$，つまり，$p < 1/2$ の場合は，この誤り訂正符号によって，ビット反転が起こる確率が軽減されることが分かる．

この例のように，誤り訂正の基本的な考え方は，冗長性を増やすことで論理的な情報を物理的なノイズから保護するというものである．上の例では 3-bit を用いて冗長化することで，ノイズが起こる確率を p から $\mathcal{O}(p^2)$ へと抑制することができた．一般には冗長化の度合いを上げれば，一定レベル以下のノイズを任意に抑制することが可能になる．

練習問題 103　古典的なビット反転ノイズに対して，九個の物理 bit に $0 \mapsto 00...0,\ 1 \mapsto 11...1$ と符号化して多数決を用いて復号する場合のエラー確率を求めよ．また，上述の三個の物理 bit を用いた符号化 $\mathcal{E}$ と復号 $\mathcal{D}$ を二回繰り返す符号（つまり，符号化は $\mathcal{E}^2$，復号は $\mathcal{D}^2$）を考えると，この場合も九個の物理 bit に 1 論理 bit を埋め込むことになる．その場合のエラー確率を求め，二つのエラー確率を比較せよ．

量子誤り訂正符号の基本的な発想も古典的な誤り訂正符号と同様であり，量子情報に冗長性を持たせることにある．この場合の冗長性とは，ノイズから守りたい量子状態を，より大きなヒルベルト空間へと埋め込むことに対応する．以下では，量子誤り訂正符号の簡単な例を通じて，量子系における冗長性の意味を見ていこう．

■ 11.1.1　具体例 1：3-qubit 符号とビット反転ノイズ

量子誤り訂正符号に慣れるために，先ほどのビット反転ノイズに対する古典的な誤り訂正符号を，ほぼそのまま量子系に拡張してみる．符号化として，

$$|0\rangle \mapsto |\bar{0}\rangle := |000\rangle, \quad |1\rangle \mapsto |\bar{1}\rangle := |111\rangle \tag{11.9}$$

という量子チャンネル $\mathcal{E}$ を考える．ここで，上付きのバーは，その量子状態が論理的な量子状態であることを示唆するものである．本書ではこれまで上付きのバーで複素共役を表してきたが，量子誤り訂正符号を議論する際には，上付きのバーで論理量子状態を意味することにする．古典誤り訂正符号の場合と同様に，この符号化は 3-qubit の物理系を用いて 1-qubit の論理系を表現する形になっており，この量子誤り訂正符号を *3-qubit 符号*と呼ぶ．

ここで，物理系のヒルベルト空間は $2^3 = 8$ 次元だが，符号化された量子状態は，$|\bar{0}\rangle = |000\rangle$ と $|\bar{1}\rangle = |111\rangle$ の二つの量子状態が張る二次元部分空間 $\mathcal{H}_{\text{code}} := \text{span}\{|\bar{0}\rangle = |000\rangle, |\bar{1}\rangle = |111\rangle\}$ のみにサポートを持つことに注意しよう．実際，上述の符号化を $\alpha|0\rangle + \beta|1\rangle$ という重ね合わせ状態に作用させると，論理量子状態 $\alpha|000\rangle + \beta|111\rangle = \alpha|\bar{0}\rangle + \beta|\bar{1}\rangle$ を得るが，これは二次元空間 $\mathcal{H}_{\text{code}}$ に含まれている．この二次元空間 $\mathcal{H}_{\text{code}}$ を，この量子誤り訂正符号の*符号空間*（*code space*）呼ぶ．

符号空間 $\mathcal{H}_{\text{code}}$ 上の演算子も，量子状態と同様に上付きのバーで表現することにしよう．例えば，論理 Pauli-X と-Z 演算子を $\bar{X}$, $\bar{Z}$ と書き，それぞれ，

$$\bar{X}: |\bar{0}\rangle \mapsto |\bar{1}\rangle \ \text{ and } \ |\bar{1}\rangle \mapsto |\bar{0}\rangle \tag{11.10}$$

$$\bar{Z}: |\bar{0}\rangle \mapsto |\bar{0}\rangle \ \text{ and } \ |\bar{1}\rangle \mapsto -|\bar{1}\rangle \tag{11.11}$$

という作用で定義する．ただし，このような論理演算子は，3-qubit の物理系の演算子と

しては一意ではない. これは重要な事実なので, 具体的に確かめておこう. 以下では, m 番目の物理 qubit に作用する物理 Pauli 演算子を X_m や Z_m 等と書く. まず, $m = 1, 2, 3$ に対して,

$$Z_m|\bar{0}\rangle = Z_m|000\rangle = |000\rangle = |\bar{0}\rangle \tag{11.12}$$

$$Z_m|\bar{1}\rangle = Z_m|111\rangle = -|111\rangle = -|\bar{1}\rangle \tag{11.13}$$

なので, Z_m は全て論理 Pauli-Z 演算子 $\bar{Z}$ であることが分かる. さらに, 同様の計算から, これらを全て掛け合わせた $Z_1 Z_2 Z_3 = Z_1 \otimes Z_2 \otimes Z_3$ も, 論理 Pauli-Z 演算子であることが分かるだろう. もちろん, 論理 Pauli-X 演算子 $\bar{X}$ や論理恒等演算子 $\bar{I}$ に関しても同様で, 複数の物理演算子が論理演算子一つに対応する.

練習問題 104 論理 Pauli-X 演算子 $\bar{X}$ と論理恒等演算子 $\bar{I}$ を, それぞれ複数個構成せよ.

古典誤り訂正符号の場合と同様に, この 3-qubit 符号は三つの物理 qubit に独立に作用するビット反転ノイズ $\mathcal{N}_{\text{bit}}^{\otimes 3}$ を軽減することができる. 1-qubit 上のビット反転ノイズ $\mathcal{N}_{\text{bit}}$ は

$$\mathcal{N}_{\text{bit}}(\rho) = (1 - p)\rho + pX\rho X \tag{11.14}$$

である. このことを実際に確かめよう. 上述の符号化を用いて, 未知の 1-qubit 量子状態 $|\psi\rangle = \alpha|0\rangle + \beta|1\rangle$ を符号化すると, 論理量子状態 $|\bar{\psi}\rangle := \alpha|\bar{0}\rangle + \beta|\bar{1}\rangle$ を得る. 以下では簡単のため, $\psi = |\psi\rangle\langle\psi|$, $\bar{\psi} = |\bar{\psi}\rangle\langle\bar{\psi}|$ という表記を用いる. 簡単な計算から, 論理状態 $\bar{\psi}$ にビット反転ノイズ $\mathcal{N}_{\text{bit}}^{\otimes 3}$ がかかることで, 量子状態は

$$\bar{\psi}_{\text{noisy}} := \mathcal{N}_{\text{bit}}^{\otimes 3} \circ \mathcal{E}(\psi) = (1 - p)^3 \bar{\psi} + p(1 - p)^2 \sum_{m=1}^{3} X_m \bar{\psi} X_m$$
$$+ p^2(1 - p) \sum_{m > n} X_m X_n \bar{\psi} X_m X_n + p^3 X_1 X_2 X_3 \bar{\psi} X_1 X_2 X_3 \tag{11.15}$$

と変化することが確かめられる.

さて, この状態から可能な限り元の量子状態 $\alpha|0\rangle + \beta|1\rangle$ を復元するためには, どのような復号を行えばよいだろうか. 古典からの類推で, 各物理 qubit を測定基底 $\{|0\rangle, |1\rangle\}$ で測定してその結果の多数決を取ることが思い浮かぶかもしれないが, これはうまくいかない. その理由は, そのような測定を行うと量子状態の重ね合わせが破壊されてしまい, 測定そのものが追加のノイズとなってしまうからだ. 実際, ノイズレスな状況であったとしても, そのような測定を行うと,

$$\alpha|\bar{0}\rangle + \beta|\bar{1}\rangle = \alpha|000\rangle + \beta|111\rangle \tag{11.16}$$

$$\rightarrow \begin{cases} |000\rangle & \text{測定結果が 000 の場合} \\ |111\rangle & \text{測定結果が 111 の場合} \end{cases} \tag{11.17}$$

という状態変化が起こり, 保護したかった量子状態 $\alpha|0\rangle + \beta|1\rangle$ は失われてしまう.

この問題を回避するためには, 符号空間 $\mathcal{H}_{\text{code}}$ への射影演算子 $P_0 := |\bar{0}\rangle\langle\bar{0}| + |\bar{1}\rangle\langle\bar{1}|$ を含

む量子測定を行えばよい. 残りの射影測定演算子は, $m = 1, 2, 3$ に対して, $P_m := X_m P_0 X_m$ と選ぶ. 具体的に射影測定 $\{P_0, P_1, P_2, P_3\}$ の演算子を書き下すと,

$$P_0 = |000\rangle\langle 000| + |111\rangle\langle 111| \tag{11.18}$$

$$P_1 = |100\rangle\langle 100| + |011\rangle\langle 011| \tag{11.19}$$

$$P_2 = |010\rangle\langle 010| + |101\rangle\langle 101| \tag{11.20}$$

$$P_3 = |001\rangle\langle 001| + |110\rangle\langle 110| \tag{11.21}$$

である. この射影測定を行うと, 符号空間 $\mathcal{H}_{\text{code}}$ に属する任意の量子状態に対しては必ず測定結果 0 が得られ, 測定の影響を受けない. したがって, 少なくともノイズがかかっていない論理量子状態の復号が可能であることが分かる. さらに, 三個の物理 qubit の中で一つの qubit だけがビット反転を起こした場合は, どれが反転したかを知ることができる. 実際に, 簡単な計算から, ノイジーな量子状態 (11.15) を $\{P_0, P_1, P_2, P_3\}$ で測定すると, 各測定結果に応じて量子状態が以下のように変化する. ただし, 規格化定数は除いて表記している.

$$測定結果\ 0 \to (1-p)^3 \bar{\psi} + p^3 X_1 X_2 X_3 \bar{\psi} X_1 X_2 X_3 \tag{11.22}$$

$$測定結果\ 1 \to p(1-p)^2 X_1 \bar{\psi} X_1 + p^2(1-p) X_2 X_3 \bar{\psi} X_2 X_3 \tag{11.23}$$

$$測定結果\ 2 \to p(1-p)^2 X_2 \bar{\psi} X_2 + p^2(1-p) X_1 X_3 \bar{\psi} X_1 X_3 \tag{11.24}$$

$$測定結果\ 3 \to p(1-p)^2 X_3 \bar{\psi} X_3 + p^2(1-p) X_1 X_2 \bar{\psi} X_1 X_2 \tag{11.25}$$

最後に, この測定結果に基づいて誤り訂正を行う. 具体的には, 測定結果が 0 のときは何も作用せず, 1, 2, 3 のときには, 各々 X_1, X_2, X_3 を作用する.

このような復号を考えると, 量子的な 3-qubit 符号を用いることで, 独立なビット反転ノイズの影響を $\mathcal{O}(p^2)$ まで抑制できることを確かめられる.

練習問題 105 測定からこの操作までの一連の操作を量子チャンネル $\mathcal{D}$ と書くと,

$$\mathcal{D} \circ \mathcal{N}_{\text{bit}}^{\otimes 3} \circ \mathcal{E}(\psi) = \left(1 - \mathcal{O}(p^2)\right)\bar{\psi} + \mathcal{O}(p^2)\bar{X}\bar{\psi}\bar{X} \tag{11.26}$$

となることを示せ.

この結果は, 量子系においても (少なくともビット反転ノイズに対しては) 誤り訂正が可能であることを示唆するものである. この 3-qubit 符号の符号化・復号の手順から学ぶべき最も重要なことは, 適切な測定を行えば量子的な重ね合わせを保ったまま誤り訂正が可能である点にある. より具体的には, 符号空間に対して自明に作用する量子測定を用いれば, 論理量子状態に影響を与えずにノイズに関する情報を得ることができる. そのようなノイズの素性を明らかにするための測定を, 一般にシンドローム測定 (*syndrome measurement*) と呼ぶ.

今後のために, 3-qubit 符号で用いたシンドローム測定 $\{P_0, P_1, P_2, P_3\}$ を他の形で書き換えておこう. そのために, $\{P_0, P_1, P_2, P_3\}$ の各々の演算子を, 「bit 値が異なるのはど

の qubit か」という観点から理解しておくとよい．例えば，P_0 に対応する測定結果が得られたときは三個の物理 qubit は全て同じ bit 値を持ち，P_1 の場合は，一つ目の qubit のみが異なる bit 値を持つ，などである．ここで，測定結果から分かることはあくまで bit 値が同じか異なるかだけであって，各 qubit の bit 値そのものは分からないことには留意されたい．このシンドローム測定を行う代わりに，可観測量 Z_1Z_2 と Z_2Z_3 の固有値 ± 1 の空間への射影測定を独立に行っても同じ情報を得ることができる．具体的には，例えば，Z_1Z_2 は

$$Z_1Z_2 = \left(|00\rangle\langle 00| + |11\rangle\langle 11|\right) - \left(|01\rangle\langle 01| + |10\rangle\langle 10|\right) \tag{11.27}$$

と書けるので，Z_1Z_2 の固有値 ± 1 の空間への射影測定は，

$$\left\{ |00\rangle\langle 00| + |11\rangle\langle 11|, \quad |01\rangle\langle 01| + |10\rangle\langle 10| \right\} \tag{11.28}$$

という射影測定を一つ目と二つ目の物理 qubit に行うことに対応する．Z_2Z_3 の固有値 ± 1 の空間への射影測定も同様である．量子誤り訂正の文脈では，このような測定を端的に $\{Z_1Z_2, Z_2Z_3\}$ による（シンドローム）測定と呼ぶ．

練習問題 106 可観測量 Z_1Z_2 によるシンドローム測定において，測定結果 ± 1 に対応する射影演算子が $(I \pm Z_1Z_2)/2$ で与えられることを確かめよ．

Z_1Z_2 によるシンドローム測定を行うと，(11.28) から，一つ目と二つ目の物理 qubit のビット値が同じ場合は測定結果 $+1$ を得て，異なる場合は測定結果 -1 を得ることが分かる．同様に，Z_2Z_3 によるシンドローム測定から，二つ目と三つ目の物理 qubit が同じか異なるかについての情報を得ることができる．この二つの測定結果を組み合わせると，三つの物理 qubit のどの qubit が異なるビット値を持つかを推定できる．これは，(11.18) から (11.21) までで与えられる $\{P_0, P_1, P_2, P_3\}$ から推定できる情報と全く同じ情報である．よって，シンドローム測定 $\{P_0, P_1, P_2, P_3\}$ の代わりに，$\{Z_1Z_2, Z_2Z_3\}$ のシンドローム測定を行っても，全く同じ復号を実現可能である．

■ 11.1.2 具体例 2：3-qubit 符号と位相反転ノイズ

(11.9) で与えられる 3-qubit 符号はビット反転ノイズを抑制できることが分かった．しかし，このノイズは古典的なビット値を反転するだけであるため，古典系のビット反転ノイズと大差ない．その 3-qubit 符号は，古典には存在しない他の量子ノイズを抑制できるだろうか．例えば，位相反転ノイズ

$$\mathcal{N}_{\text{phase}}(\rho) = (1-p)\rho + pZ\rho Z \tag{11.29}$$

が (11.9) の 3-qubit 符号に対してどう作用するかを見てみよう．

練習問題 107 1-qubit の論理量子状態 $|\bar{\psi}\rangle = \alpha|\bar{0}\rangle + \beta|\bar{1}\rangle$ に独立な位相反転ノイズ $\mathcal{N}_{\text{phase}}^{\otimes 3}$ がかかったとする．ノイジーな論理量子状態は，論理 Pauli-Z 演算子を用いて，

$$\mathcal{N}_{\text{phase}}^{\otimes 3}(\bar{\psi}) = (1-3p)\bar{\psi} + 3p\bar{Z}\bar{\psi}\bar{Z} + \mathcal{O}(p^2) \tag{11.30}$$

表 11.1　ビット反転ノイズ $\mathcal{N}_{\mathrm{bit}}$ と位相反転ノイズ $\mathcal{N}_{\mathrm{phase}}$ に対する 3-qubit 符号のまと
め. 復号操作はシンドローム測定の結果に応じて, いずれかを作用させる.

ノイズ	符号化	論理 Pauli 演算子	シンドローム測定	復号操作
$\mathcal{N}_{\mathrm{bit}}$	$\lvert \bar{0} \rangle = \lvert 000 \rangle$ $\lvert \bar{1} \rangle = \lvert 111 \rangle$	$\bar{X} = X_1 X_2 X_3$ etc., $\bar{Z} = Z_1$ etc.	$Z_1 Z_2$ と $Z_2 Z_3$	$\{I, X_1, X_2, X_3\}$
$\mathcal{N}_{\mathrm{phase}}$	$\lvert \bar{0} \rangle = \lvert +++ \rangle$ $\lvert \bar{1} \rangle = \lvert --- \rangle$	$\bar{X} = Z_1 Z_2 Z_3$ etc., $\bar{Z} = X_1$ etc.	$X_1 X_2$ と $X_2 X_3$	$\{I, Z_1, Z_2, Z_3\}$

と表せることを示せ. また, このノイジーな論理量子状態に対して前節で考えたシンドローム測
定に基づく復号 $\mathcal{D}$ を行うと,

$$\mathcal{D} \circ \mathcal{N}_{\mathrm{phase}}^{\otimes 3}(\bar{\psi}) = \mathcal{N}_{\mathrm{phase}}^{\otimes 3}(\bar{\psi}) \tag{11.31}$$

となることを示せ.

　練習問題 107 から, 前節の 3-qubit 符号を用いても位相反転ノイズは抑制できないこ
とが分かる. このように, ある量子誤り訂正符号がビット反転ノイズを訂正できるから
といって, その量子誤り訂正符号が必ずしも位相反転ノイズを訂正できる訳ではない.
一般には, ある量子誤り訂正符号を用いてどの程度量子ノイズを軽減できるかは, 用い
る量子誤り訂正符号と訂正したい量子ノイズの組み合わせに依存する.

　ただし, 前節の 3-qubit 符号を少し変更すれば, 位相反転ノイズを抑制する量子誤
り訂正符号を得ることができる. 位相反転ノイズ $\mathcal{N}_{\mathrm{phase}}$ とビット反転ノイズ $\mathcal{N}_{\mathrm{bit}}$ が,
Hadamard ゲート H を用いて $\mathcal{N}_{\mathrm{phase}} = H \mathcal{N}_{\mathrm{bit}} H^{\dagger}$ と書けるため, 3-qubit 符号における
Pauli-X と Pauli-Z の役割を入れ替えればよい. 具体的には,

$$\lvert 0 \rangle \mapsto \lvert \bar{0} \rangle := \lvert +++ \rangle, \qquad \lvert 1 \rangle \mapsto \lvert \bar{1} \rangle := \lvert --- \rangle \tag{11.32}$$

という符号化を考えて, シンドローム測定や復号も同様の変更を加えることで, 位相反
転ノイズを $\mathcal{O}(p^2)$ に抑制することが可能である. ここで, $\lvert \pm \rangle = (\lvert 0 \rangle \pm \lvert 1 \rangle)/\sqrt{2}$ は Pauli-X
の固有状態である. 表 11.1 を参照されたい.

■ **11.1.3　具体例 3：9-qubit 符号**

　適切な 3-qubit 符号を用いることで, ビット反転ノイズ, もしくは, 位相反転ノイズ
のどちらか一つは抑制できることが分かった. 実は, これらを連接 (*concatenate*) する
ことで, 任意の 1-qubit ノイズを軽減できる量子誤り訂正符号を構築することができる.
そのようにして構築された新しい符号を *9-qubit* 符号, もしくは, 提案者の名前にちな
んで *Shor* 符号と呼ぶ[39]. 以下では, 9-qubit 符号を具体的に説明する.

　9-qubit 符号は二つの 3-qubit 符号を連接して得られる量子誤り訂正符号で, その名が
表すとおり, 一個の論理 qubit を九個の物理 qubit を用いて符号化する. 具体的な符号
化の手順は, まず, 九個の物理 qubit を三個ずつに分割し, 各々の三個の物理 qubit を,

$$\lvert 0 \rangle \mapsto \lvert \bar{0} \rangle = \lvert 000 \rangle, \qquad \lvert 1 \rangle \mapsto \lvert \bar{1} \rangle = \lvert 111 \rangle \tag{11.33}$$

と, ビット反転ノイズに対する 3-qubit 符号へと符号化する. このことで, 三個の論理

qubit が得られるが，さらにその三個の論理 qubit を組み合わせて，位相反転ノイズに対する 3-qubit 符号を

$$|\bar{0}\rangle \mapsto |\bar{\bar{0}}\rangle = |\mp\mp\mp\rangle, \qquad |\bar{1}\rangle \mapsto |\bar{\bar{1}}\rangle = |\text{---}\rangle \tag{11.34}$$

と構築する．つまり，異なる量子誤り訂正符号を用いて，二重に符号化を行う訳だ．のように，バーが二重のものは二回符号化されたという意味である．ここで，$|\pm\rangle = (|\bar{0}\rangle \pm |\bar{1}\rangle)/\sqrt{2}$ に留意すると，最終的な論理 qubit の量子状態は，

$$|\bar{\bar{0}}\rangle = \left(\frac{|000\rangle + |111\rangle}{\sqrt{2}}\right)^{\otimes 3}, \qquad |\bar{\bar{1}}\rangle = \left(\frac{|000\rangle - |111\rangle}{\sqrt{2}}\right)^{\otimes 3} \tag{11.35}$$

で与えられる．

符号化の回数を符号化の階層と呼ぶこともある．バーが一重の第一階層論理 qubit は三つの物理 qubit から構成され，二重に符号化された第二階層論理 qubit は合計九つの物理 qubit から構成される．復号については，各階層の復号を独立に行えばよい．第二階層と第一階層の復号はどちらから行ってもよいが，ここでは第二階層の復号を行ってから第一階層の復号を行う手順を考えよう．第二階層の符号化が位相反転ノイズを抑制するものに留意すると，第二階層の論理 qubit に対するシンドローム測定は

$$\{\bar{X}_1\bar{X}_2 = X_1X_2X_3X_4X_5X_6, \bar{X}_2\bar{X}_3 = X_4X_5X_6X_7X_8X_9\} \tag{11.36}$$

である．ここで，$\bar{X}_m$ は第一階層の m 番目の論理 qubit に作用する論理 Pauli-X 演算子である．シンドローム測定の結果に応じて $\bar{I}$, $\bar{Z}_1$, $\bar{Z}_2$, $\bar{Z}_3$ のいずれかを作用させることで，第二階層の復号が完了する．続いて，第一階層を復号する．第一階層の符号化はビット反転ノイズを抑制するものなので，一つ目の第一階層論理 qubit を Z_1Z_2 と Z_2Z_3 でシンドローム測定し，I, X_1, X_2, X_3 のいずれかを作用させる．次に，二つ目の第一階層論理 qubit を Z_4Z_5 と Z_5Z_6 でシンドローム測定し，I, X_4, X_5, X_6 によって復号し，最後に三つ目の第一階層論理 qubit も同様に復号すれば，全ての復号が終了する．

9-qubit 符号が実際にビット反転ノイズと位相反転ノイズの双方を抑制することを確かめよう．まず，九個の物理 qubit が各々確率 p でビット反転する場合を考える．第一階層の論理 qubit はビット反転ノイズに対して耐性を持つため，第一階層の論理 qubit の論理ビットが反転する確率は $\mathcal{O}(p^2)$ である．このビット反転ノイズは第二階層の論理 qubit へと受け継がれるが，練習問題 107 で確かめたとおり，第二階層の符号化はビット反転ノイズに対しては何の影響も及ぼさない．したがって，最終的なビット反転ノイズの影響は $\mathcal{O}(p^2)$ となり，ノイズが抑制されることが分かる．位相反転ノイズに関しても同様であり，その場合は，第一階層の符号化はノイズを抑制しないが，第二階層の符号化によって $\mathcal{O}(p^2)$ までノイズは軽減する．以上のことから，9-qubit 符号が一個の物理 qubit に対するビット反転ノイズと位相反転ノイズの双方を軽減できることが分かった．

9-qubit 符号は，ビット反転ノイズと位相反転ノイズの双方に耐性を持つため，仮にその双方のノイズが同時にかかったとしても，訂正できる．そのようなノイズをビット・位相反転ノイズと呼び，対応する量子チャンネルは

$$\mathcal{N}_{\text{bit,phase}}(\rho) = (1-p)\rho + pY\rho Y \tag{11.37}$$

で与えられる.

　このように，9-qubit 符号は，ビット反転ノイズ，位相反転ノイズ，ビット・位相反転ノイズの三種類のノイズを抑制できることができることが分かる．実はこの事実を元にすると，9-qubit 符号を用いることで，1 物理 qubit 上の任意の量子ノイズを訂正できることを示せる．このことを見るために，例えば，9-qubit 符号を構成する一つ目の物理 qubit に，任意の 1-qubit ノイズ $\mathcal{N}$ がかかった状況を考えよう．符号化された論理量子状態を $|\bar{\psi}\rangle$ と表すと，ノイジーな論理量子状態は，ノイズ $\mathcal{N}$ の Kraus 演算子 $\{N_j\}_j$ を用いて，

$$\mathcal{N}(|\bar{\psi}\rangle\langle\bar{\psi}|) = \sum_j N_j |\bar{\psi}\rangle\langle\bar{\psi}| N_j^\dagger \tag{11.38}$$

と展開できる．ただし，各 Kraus 演算子は一つ目の物理 qubit にだけ作用している．Pauli 演算子が演算子基底であることを用いると，各 Kraus 演算子を Pauli 演算子で書き下すことができるので，

$$\mathcal{N}(|\bar{\psi}\rangle\langle\bar{\psi}|) = \sum_j \left(c_j^I I_1 + c_j^X X_1 + c_j^Y Y_1 + c_j^Z Z_1\right)|\bar{\psi}\rangle\langle\bar{\psi}|\left(c_j^I I_1 + c_j^X X_1 + c_j^Y Y_1 + c_j^Z Z_1\right)^\dagger \tag{11.39}$$

と表せる．ここで，c_j^W $(W = I, X, Y, Z)$ は展開係数である.

　このノイジーな論理量子状態に 9-qubit 符号のシンドローム測定を行い，その結果に応じて復号操作を行うと，量子状態はどう変化するだろうか．シンドローム測定の中で一つ目の物理 qubit を測定するものは $Z_1 Z_2$ と $\bar{X}_1 \bar{X}_2$ だけなので，その他のシンドローム測定は自明な測定結果 $+1$ を与える．その二つのシンドローム測定は，各々測定結果 ± 1 を与えるため，合計で四通りの可能性がある．まず，双方の測定結果が $+1$ であった場合には，ノイズがかからなかった場合に対応すると考えられる．実際にそのことを確かめよう．練習問題 106 を思い出すと，測定結果が得られた場合，量子状態は，規格化を除いて，

$$\frac{I + \bar{X}_1 \bar{X}_2}{2} \frac{I + Z_1 Z_2}{2} \mathcal{N}(|\bar{\psi}\rangle\langle\bar{\psi}|) \frac{I + Z_1 Z_2}{2} \frac{I + \bar{X}_1 \bar{X}_2}{2} \tag{11.40}$$

へと変化する．ここで，簡単な計算から $Z_1 Z_2 |\bar{\psi}\rangle = |\bar{\psi}\rangle$ が成り立つことが確かめられるので，

$$\frac{I + Z_1 Z_2}{2} W_1 |\bar{\psi}\rangle = \begin{cases} W_1 |\bar{\psi}\rangle & W_1 = I_1, Z_1 \text{ の場合} \\ 0 & W_1 = X_1, Y_1 \text{ の場合} \end{cases} \tag{11.41}$$

である．場合分けの後者の $W_1 = X_1, Y_1$ の計算では，$Z_1 X_1 = -X_1 Z_1$ などの反交換関係を用いた．同様に，

$$\frac{I + \bar{X}_1 \bar{X}_2}{2} W_1 |\bar{\psi}\rangle = \begin{cases} W_1 |\bar{\psi}\rangle & W_1 = I_1, X_1 \text{ の場合} \\ 0 & W_1 = Y_1, Z_1 \text{ の場合} \end{cases} \tag{11.42}$$

も確かめられる．これらを用いると，(11.40) で与えられる量子状態は，規格化定数を含

めて $|\bar{\psi}\rangle\langle\bar{\psi}|$ になっていることを確認できる．異なる測定結果に対しても同様の計算を行うと，例えば，Z_1Z_2 のシンドローム測定の結果が -1，X_1X_2 のシンドローム測定の結果が $+1$ だった場合には，

$$\frac{I - Z_1Z_2}{2} W_1|\bar{\psi}\rangle = \begin{cases} W_1|\bar{\psi}\rangle & W_1 = X_1, Y_1 \text{ の場合} \\ 0 & W_1 = I_1, Z_1 \text{ の場合} \end{cases} \tag{11.43}$$

に気を付けると，測定後の量子状態が $X_1|\bar{\psi}\rangle\langle\bar{\psi}|X_1$ になることが分かる．

このように，(11.39) で与えられるノイジーな量子状態に対してシンドローム測定を行うと，その測定結果に応じて，測定後の量子状態は必ず

$$\left\{ |\bar{\psi}\rangle\langle\bar{\psi}|, \ X_1|\bar{\psi}\rangle\langle\bar{\psi}|X_1, \ Y_1|\bar{\psi}\rangle\langle\bar{\psi}|Y_1, \ Z_1|\bar{\psi}\rangle\langle\bar{\psi}|Z_1 \right\} \tag{11.44}$$

のいずれかに変化することが分かる．このいずれの状態も，一つ目の qubit にかかったノイズ $\mathcal{N}$ には依存しないことに注意せよ．したがって，一つ目の qubit にかかるノイズは任意だったにもかかわらず，シンドローム測定を行うことで，量子状態は「ノイズが起こらなかった」,「ビット反転ノイズが起きた」,「位相反転ノイズが起きた」,「ビット・位相反転ノイズが起きた」の四通りのいずれかに変化する．もちろん，実際の量子系がこのいずれの状況にあるかはシンドローム測定の結果から分かるので，適切な Pauli 演算子を作用させることで，全ての場合で量子ノイズの訂正に成功する．

以上の議論から，9-qubit 符号によって，1 物理 qubit 上の任意の量子ノイズを訂正できることが分かった．では，二つ以上の物理 qubit にノイズがかかった場合はどうだろうか．その場合，訂正できる場合もあれば訂正できない場合もある．例えば，X_1X_4 という演算子によって一番目と四番目の物理 qubit がビット反転した場合は，その 2-qubit のビット反転は第一階層のシンドローム測定によって正しく検知できるため訂正可能である．一方で，X_1X_2 によって一番目と二番目の物理 qubit がビット反転してしまうと，シンドローム測定の結果から誤って三番目の物理 qubit のビットが反転したと判断してしいまい，最終的に論理 qubit の誤りへと繋がる．

11.2　量子誤り訂正の基礎理論

3-qubit 符号や 9-qubit 符号を通じて量子誤り訂正符号の具体的なイメージが掴めたところで，量子誤り訂正符号の一般論を説明しよう．先ほどまでの 3-qubit 符号や 9-qubit 符号の例では，量子ノイズが各物理 qubit に独立にかかると仮定していたが，本節以降では特別な言及がない限り，一般の量子ノイズに対する量子誤り訂正の理論を考える．

11.2.1　量子誤り訂正可能性の必要十分条件

ここまで曖昧に使ってきた「量子ノイズを訂正する」という言葉だが，まずその意味をやや広い観点から定義しておこう．

定義 11.1（量子誤り訂正可能性）　量子ノイズ $\mathcal{N}^{A \to B}$ を復元エラー ϵ で誤り訂正可能であるとは,

$$\mathcal{D}^{B \to A'} \circ \mathcal{N}^{A \to B} \circ \mathcal{E}^{A' \to A} \overset{\epsilon}{\approx} \mathrm{id}^{A'} \tag{11.45}$$

を満たす符号化量子チャンネルと復号量子チャンネルの組 $(\mathcal{E}^{A' \to A}, \mathcal{D}^{B \to A'})$ が存在することをいう. ここで, $\overset{\epsilon}{\approx}$ は何らかの量子チャンネルの尺度の下での近似である.

　定義 11.1 では, あえて量子チャンネルの尺度を指定しなかったが, これは, 文脈に応じて異なる尺度が用いられているからだ. 量子誤り訂正を理解する第一歩は, 定義 11.1 での $\epsilon = 0$ の場合, つまり復元エラーなしの量子誤り訂正の理解である. 本節ではしばらくの間, $\epsilon = 0$ の場合のみを考える. この場合には, 量子誤り訂正が可能か否かは量子チャンネルの尺度の選び方に関係しない.

練習問題 108　量子ノイズ $\mathcal{N}^{A \to B}$ が符号化 $\mathcal{E}^{A' \to A}$ と復号 $\mathcal{D}^{B \to A'}$ によって復元エラーなしで量子誤り訂正可能であるとする. このとき, $\dim \mathcal{H}^{A'} \leq \dim \mathcal{H}^A$ であることを示せ. このことから, 符号化は必ず元のヒルベルト空間よりも大きいヒルベルト空間への写像を用いた冗長化が必要であることが分かる.

　量子誤り訂正を考える際には, 符号化をアイソメトリで行うことが多い. 本章でも特に言及しない限りは, アイソメトリによる符号化を考える. アイソメトリは単に量子系の状態空間をより大きな量子系の状態空間へと埋め込むものなので, アイソメトリによる符号化は埋め込まれた空間によって特徴付けることもできる. その埋め込まれた空間のことを符号空間（*code space*）と呼ぶ. また, 符号空間の正規直交基底の各基底ベクトルを符号語（*codeword*）と呼ぶ. 具体的には, 符号化がアイソメトリ $V^{A' \to A}$ で与えられたとすると,

$$\Pi_{\mathrm{code}}^A = V^{A' \to A} \left(V^{A' \to A} \right)^\dagger \tag{11.46}$$

は量子系 A 上の射影演算子であるが, この射影演算子のサポート $\mathcal{H}_{\mathrm{code}} = \mathrm{supp}[\Pi_{\mathrm{code}}^A]$ $\subseteq \mathcal{H}^A$ が符号空間であり, その量子誤り訂正符号を特徴付ける. 符号空間はまた,

$$\mathcal{H}_{\mathrm{code}} = \mathrm{span}\{ V^{A' \to A} |\psi\rangle^{A'} : |\psi\rangle^{A'} \in \mathcal{H}^{A'} \} \tag{11.47}$$

という形で書くこともできる. この表記に従うと, 系 A' の正規直交基底 $\{|e_j\rangle^{A'}\}_j$ を用いて, 符号語は $\{|\bar{e}_j\rangle = V^{A' \to A} |e_j\rangle^{A'}\}_j$ で与えられる. 符号化アイソメトリ $V^{A' \to A}$ によって符号化された量子状態は必ず符号空間に存在する. さらに, 量子誤り訂正符号の定義から, 符号空間上の任意の量子状態 $\rho_{\mathrm{code}}^A \in \mathcal{S}(\mathcal{H}_{code})$ に対して

$$\mathcal{D}^{B \to A} \circ \mathcal{N}^{A \to B}(\rho_{\mathrm{code}}^A) = \rho_{\mathrm{code}}^A \tag{11.48}$$

が成り立つことに注意せよ.

　量子ノイズ $\mathcal{N}$ が与えられたとき, 必ずそのノイズを訂正できる量子誤り訂正符号が構築できる訳ではない. 例えば, 全ての量子状態 ρ を完全混合状態 π へと変化させる量子ノイズが起こると, どうやっても元の量子状態を復元できないことは明らかであろう. 誤り訂正が可能な量子ノイズを特徴付けるのが, 以下の *Knill–Laflamme* の定理である.

定理 11.2 (*Knill–Laflamme* 条件[40]) 量子ノイズ $\mathcal{N}^{A \to B}$ の Kraus 演算子を $\{N_m^{A \to B}\}_m$ とする. 量子ノイズ $\mathcal{N}^{A \to B}$ を復元エラーなしで訂正できる量子誤り訂正符号が存在する必要十分条件は,

$$\Pi_{\text{code}}^A (N_m^{A \to B})^\dagger (N_n^{A \to B}) \Pi_{\text{code}}^A = C_{mn} \Pi_{\text{code}}^A \tag{11.49}$$

が成り立つことである. ここで, Π_{code}^A は符号空間 $\mathcal{H}_{\text{code}}$ への射影演算子, $C = (C_{mn})_{m,n}$ は $\text{Tr}[C] = 1$ を満たすエルミート行列である.

量子誤り訂正の理論では, 量子ノイズ $\mathcal{N}^{A \to B}$ の Kraus 演算子 $\{N_m^{A \to B}\}_m$ をエラー演算子 (*error operators*) と呼ぶ. 定理 11.2 は, 量子ノイズが与えられたときに, その量子ノイズを訂正できる量子誤り訂正符号が存在する条件を与えると解釈することもできるし, 逆の観点から, 射影演算子 Π_{code}^A で指定される符号空間を持つ量子誤り訂正符号は, Knill–Laflamme 条件 (11.49) を満たすエラー演算子を全て訂正できると解釈してもよい. 後者の観点から, 量子誤り訂正符号が与えられたときに, Knill–Laflamme 条件を満たすエラー演算子の集合を, その量子誤り訂正符号で誤り訂正可能なエラー演算子の集合と表現することもある.

Knill–Laflamme 条件を直観的に理解するためには, 以下のように書き換えるとよい.

系 11.3 量子ノイズ $\mathcal{N}^{A \to B}$ の Kraus 演算子を $\{N_m^{A \to B}\}_m$ とする. 符号語が $\{|\bar{e}_j\rangle\}_j$ で与えられる量子誤り訂正符号が量子ノイズ $\mathcal{N}^{A \to B}$ を訂正可能である必要十分条件は,

$$\langle \bar{e}_i |^A (N_m^{A \to B})^\dagger (N_n^{A \to B}) |\bar{e}_j\rangle^A = C_{mn} \delta_{ij} \tag{11.50}$$

が全ての i, j に対して成立することである. ここで, $C = (C_{mn})_{m,n}$ は $\text{Tr}[C] = 1$ を満たすエルミート行列である.

練習問題 109 定理 11.2 を用いて系 11.3 を示せ.

系 11.3 は, Knill–Laflamme 条件の本質は, エラー演算子が符号語に対してどう作用するかにあることを意味している. 実際, (11.50) で $i \neq j$ とおくことで, 量子ノイズを訂正可能であるためには, 各符号語に $N_m^{A \to B}$ や $N_n^{A \to B}$ といった異なるエラー演算子がかかったとしても, 符号語間の直交性を保つ必要があることが分かる. ノイズによって直交性が失われてしまうと, 元々は直交していた二量子状態を識別できなくなるため, これは直観的には自然な必要条件であろう. 次に, (11.50) で $i = j$ とおくことで, 全ての符号語に対して

$$\langle \bar{e}_j |^A (N_m^{A \to B})^\dagger (N_n^{A \to B}) |\bar{e}_j\rangle^A = C_{mn} \tag{11.51}$$

という条件を得る. ここで, 右辺が符号語のラベル j に依存しないことが重要である. 仮に右辺が j に依存する場合, 復号の過程でどのエラー演算子 $N_m^{A \to B}$ が作用したかを特定する際に, 符号化された論理量子状態について, 何らかの情報を得ることができてしまう. このことによって, 量子状態にバックアクションが起こり, 一般には論理量子状態に追加のノイズが誘起されてしまう. したがって, 条件 (11.51) も完全な量子誤り訂

正のために必要であることが直観的には理解できる.

以上の考察から,「どのエラー演算子が作用しても符号空間の量子状態の直交性が保たれること」,および,「作用したエラー演算子を特定する際に,論理量子状態の情報を得ないこと」の二つが復元エラーなしの量子誤り訂正に必要であることが期待される.系 11.3,もしくは Knill–Laflamme 条件は,この二条件が量子誤り訂正に必要かつ十分であることを示すものである.

証明(定理 11.2 の証明) まず,(11.49) が量子誤り訂正の十分条件であることを証明する.そのために,(11.49) が成り立つ場合は,任意の論理量子状態 $\rho_{\text{code}}^A \in \mathcal{S}(\mathcal{H}_{\text{code}})$ に対して,$\mathcal{D}^{B \to A} \circ \mathcal{N}^{A \to B}(\rho_{\text{code}}^A) = \rho_{\text{code}}^A$ を満たす復号量子チャンネル $\mathcal{D}^{B \to A}$ を具体的に構築できることを示す.

今,仮定より,

$$\Pi_{\text{code}}^A (N_m^{A \to B})^\dagger (N_n^{A \to B}) \Pi_{\text{code}}^A = C_{mn} \Pi_{\text{code}}^A \tag{11.52}$$

を満たすエルミート行列 C が存在する.そのエルミート行列 C を $\Lambda = UCU^\dagger$ と対角化する.U はユニタリ行列,Λ は $\{\lambda_k\}$ を対角成分に持つ対角行列である.仮定より $\text{Tr}[C] = 1$ なので,$\sum_k \lambda_k = 1$ を満たす.これらの行列を行列要素で表すと $\lambda_k \delta_{kl} = \sum_{m,n} U_{km} C_{mn} \bar{U}_{ln}$ と書ける.したがって,(11.52) の両辺に適当な数をかけて足しあげると,

$$\Pi_{\text{code}}^A (M_k^{A \to B})^\dagger (M_l^{A \to B}) \Pi_{\text{code}}^A = \lambda_k \delta_{kl} \Pi_{\text{code}}^A \tag{11.53}$$

を得る.ここで,$M_k^{A \to B} = \sum_m \bar{U}_{km} N_m^{A \to B}$ とおいた.定理 3.23 より,$\{M_k^{A \to B}\}_k$ も量子ノイズ $\mathcal{N}^{A \to B}$ の Kraus 演算子であることに注意せよ.

ここで,$M_k^{A \to B} \Pi_{\text{code}}^A$ を極分解して (11.53) を用いると,部分アイソメトリ $V_k^{A \to B}$ を用いて

$$M_k^{A \to B} \Pi_{\text{code}}^A = V_k^{A \to B} \sqrt{\Pi_{\text{code}}^A (M_k^{A \to B})^\dagger M_k^{A \to B} \Pi_{\text{code}}^A}, \tag{11.54}$$

$$= \sqrt{\lambda_k} V_k^{A \to B} \Pi_{\text{code}}^A \tag{11.55}$$

と表せることが分かる.これは,各エラー演算子が符号空間内に部分アイソメトリを作用させた上で定数倍しているにすぎないことを意味する.また,(11.53) から

$$\Pi_{\text{code}}^A (V_k^{A \to B})^\dagger V_l^{A \to B} \Pi_{\text{code}}^A = \delta_{kl} \Pi_{\text{code}}^A \tag{11.56}$$

を満たすことも分かる.

部分アイソメトリ $V_k^{A \to B}$ と符号空間への射影演算子 Π_{code}^A を用いて,復号量子チャンネル $\mathcal{D}^{B \to A}$ を

$$\left\{ D_l^{B \to A} := \Pi_{\text{code}}^A (V_l^{A \to B})^\dagger \right\}_l \tag{11.57}$$

という Kraus 演算子によって定義する,これらの和が完全性条件 $\sum_l D_l^\dagger D_l = I$ を満たすとは限らないため,$\mathcal{D}^{B \to A}$ の入力が $\sum_l (D_l^{B \to A})^\dagger D_l^{B \to A} = \sum_l V_l^{A \to B} \Pi_{\text{code}}^A (V_l^{A \to B})^\dagger$ のサポートに含まれない場合は系 B をトレースアウトすることにする.ただし,以下の議論では

$\mathcal{D}^{B \to A}$ の入力は $\mathcal{N}^{A \to B}(\rho^A)$ であり，その状態は $\sum_l V_l^{A \to B} \Pi_{\text{code}}^A (V_l^{A \to B})^\dagger$ のサポートに含まれるため，そのサポートから外れた量子状態の取り扱いは以下では重要でないことに注意せよ．

任意の論理量子状態 $\rho_{\text{code}}^A \in \mathcal{S}(\mathcal{H}_{\text{code}})$ に対する $\mathcal{D}^{B \to A} \circ \mathcal{N}^{A \to B}$ の作用は，

$$\mathcal{D}^{B \to A} \circ \mathcal{N}^{A \to B}(\rho^A) = \sum_{l,k} D_l^{B \to A} M_k^{A \to B} \rho_{\text{code}}^A (M_k^{A \to B})^\dagger (D_l^{B \to A})^\dagger \tag{11.58}$$

で与えられる．この式に，$\Pi_{\text{code}}^A \rho_{\text{code}}^A \Pi_{\text{code}}^A = \rho_{\text{code}}^A$ と，$D_l^{B \to A}$ の具体的な形を代入し，(11.55) を用いると，

$$\mathcal{D}^{B \to A} \circ \mathcal{N}^{A \to B}(\rho^A)$$
$$= \sum_{l,k} \lambda_k \left(\Pi_{\text{code}}^A (V_l^{A \to B})^\dagger V_k^{A \to B} \Pi_{\text{code}}^A \right) \rho_{\text{code}}^A \left(\Pi_{\text{code}}^A (V_l^{A \to B})^\dagger V_k^{A \to B} \Pi_{\text{code}}^A \right)^\dagger \tag{11.59}$$

と変形できる．最後に (11.56) と $\sum_k \lambda_k = 1$ を用いることで，$\mathcal{D}^{B \to A} \circ \mathcal{N}^{A \to B}(\rho_{\text{code}}^A) = \rho_{\text{code}}^A$ が従う．よって，任意の論理量子状態 ρ_{code}^A に対する量子ノイズを訂正できることが分かった．

次に，(11.49) が復元エラーなしの誤り訂正の必要条件であることを示そう．量子誤り訂正できることから，符号空間上の任意の量子状態 ρ_{code}^A に対して $\mathcal{D}^{B \to A} \circ \mathcal{N}^{A \to B}(\rho_{\text{code}}^A) = \rho_{\text{code}}^A$ が成り立つ復号量子チャンネル $\mathcal{D}^{B \to A}$ が存在する．その Kraus 演算子を $\{D_l^{B \to A}\}_l$ と表し，ρ_{code}^A が特に純粋状態 $|\psi_{\text{code}}\rangle\langle\psi_{\text{code}}|^A$ である場合を考えると，

$$\sum_{m,l} (D_l^{B \to A} N_m^{A \to B}) |\psi_{\text{code}}\rangle\langle\psi_{\text{code}}|^A (D_l^{B \to A} N_m^{A \to B})^\dagger = |\psi_{\text{code}}\rangle\langle\psi_{\text{code}}|^A \tag{11.60}$$

が従う．右辺が純粋状態なので，この式は，全ての m と l に対して

$$(D_l^{B \to A} N_m^{A \to B}) |\psi_{\text{code}}\rangle^A \propto |\psi_{\text{code}}\rangle^A \tag{11.61}$$

が成り立つことを意味する．この関係が，任意の純粋状態 $|\psi_{\text{code}}\rangle^A \in \mathcal{H}_{\text{code}}$ に対して成り立つので，$D_l^{B \to A} N_m^{A \to B} = c_{lm} \Pi_{\text{code}}^A$ である．最後に，復号量子チャンネルがトレース保存であることから $\sum_l (D_l^{B \to A})^\dagger D_l^{B \to A} = I^B$ が成り立つことを用いると，

$$\Pi_{\text{code}}^A (N_m^{A \to B})^\dagger N_n^{A \to B} \Pi_{\text{code}}^A = \Pi_{\text{code}}^A (N_m^{A \to B})^\dagger \left(\sum_l (D_l^{B \to A})^\dagger D_l^{B \to A} \right) N_n^{A \to B} \Pi_{\text{code}}^A \tag{11.62}$$

$$= \sum_l (D_l^{B \to A} N_m^{A \to B} \Pi_{\text{code}}^A)^\dagger (D_l^{B \to A} N_n^{A \to B} \Pi_{\text{code}}^A) \tag{11.63}$$

$$= C_{mn} \Pi_{\text{code}}^A \tag{11.64}$$

を得る．ここで，$C_{mn} = \sum_l \bar{c}_{lm} c_{ln}$ とおいた．$\bar{C}_{mn} = C_{nm}$ を満たすため，行列 C はエルミートである．また，(11.64) と量子ノイズ $\mathcal{N}^{A \to B}$ のトレース保存性条件 $\sum_m (N_m^{A \to B})^\dagger N_m^{A \to B} = I^A$ から，$\text{Tr}[C] = 1$ は直ちに従う．　　　□

Knill–Laflamme 条件の係数行列 C は，対応する量子誤り訂正符号の重要な性質を反映している．このことを見るために，符号の縮退という概念を導入しよう．量子誤り訂

正符号と量子ノイズのエラー演算子の集合が与えられたときに，論理量子状態に対して同じ作用を持つ異なるエラー演算子が存在したとする．具体的には，任意の符号語 $|\bar{e}_j\rangle$ に対して

$$N_{n_0}^{A\to B}|\bar{e}_j\rangle = \sum_{n\neq n_0} \alpha_n N_n^{A\to B}|\bar{e}_j\rangle \tag{11.65}$$

を満たすエラー演算子 $N_{n_0}^{A\to B}$ が存在したとしよう．ここで，$\alpha_n \in \mathbb{C}$ は係数である．このエラー演算子の符号空間への作用は，明らかに $\sum_{n\neq n_0} \alpha_n N_n^{A\to B}$ の作用と一致している．そのようなエラー演算子 $N_{n_0}^{A\to B}$ が存在する量子誤り訂正符号を縮退符号（*degenerate code*）と呼び，縮退していない符号を非縮退符号（*non-degenerate code*）と呼ぶ．符号の縮退は古典誤り訂正符号ではありえないことで，量子誤り訂正符号のみが持ちうる特徴である．既に見た 9-qubit 符号は，縮退符号の具体例である．実際，9-qubit 符号では，例えば Z_1 と Z_2 は符号語に対して全く同じ作用をもたらす．

さて，量子誤り訂正符号が縮退符号である場合に，係数行列 C がどうなるかを考える．係数行列 C は固定した符号語 $|\bar{e}_j\rangle$ を用いて，

$$C_{mn} = \langle \bar{e}_j|^A (N_m^{A\to B})^\dagger (N_n^{A\to B})|\bar{e}_j\rangle^A \tag{11.66}$$

と書き換えられるので，(11.65) から

$$C_{mn_0} = \langle \bar{e}_j|^A (N_m^{A\to B})^\dagger (N_{n_0}^{A\to B})|\bar{e}_j\rangle^A \tag{11.67}$$

$$= \sum_{n\neq n_0} \alpha_n \langle \bar{e}_j|^A (N_m^{A\to B})^\dagger (N_n^{A\to B})|\bar{e}_j\rangle^A \tag{11.68}$$

$$= \sum_{n\neq n_0} \alpha_n C_{mn} \tag{11.69}$$

が任意の m に対して従う．これは，係数行列 C の列ベクトルが線形従属の関係にあることを意味するので，係数行列 C はフルランクではない．つまり，量子誤り訂正符号が縮退符号である場合には，係数行列 C はフルランクにはならないことが分かる．逆に，係数行列がフルランクである場合には，その量子誤り訂正符号は非縮退符号となる．このように，係数行列のランクを考えることで，その量子誤り訂正符号の縮退に関する情報を得ることができる．

練習問題 110 エラー演算子の集合 $E_1 = \{X_1, Y_1, Z_1\}$, $E_2 = \{X_1, X_2, Z_1, Z_2\}$, $E_3 = \{Z_1, Z_2 Z_3\}$ を考える．各々のエラー演算子集合に対して，9-qubit 符号が Knill–Laflamme 条件を満たすかどうか，また，縮退しているかどうかを調べよ．

■11.2.2 ノイズの離散化

量子誤り訂正符号の具体例として，9-qubit 符号は一個の物理 qubit にかかる任意の量子ノイズを訂正できることを確かめた．この性質は，1-qubit 上の任意のエラー演算子が演算子基底である Pauli 演算子の線形結合で表現できることと，9-qubit 符号が一個の物理 qubit 上のビット反転（Pauli-X エラー），位相反転（Pauli-Z エラー），ビット・位相反転（Pauli-Y エラー）の三種類を訂正できることに由来するものであった．

この性質は一般の量子誤り訂正符号へと拡張でき，量子ノイズの離散化と呼ばれている．

定理11.4（量子ノイズの離散化定理）　ある量子誤り訂正符号を用いて，量子ノイズ $\mathcal{N}^{A \to B}$ を復元エラーなしで訂正可能とする．量子ノイズ $\mathcal{M}^{A \to B}$ の Kraus 演算子が，$\mathcal{N}^{A \to B}$ の Kraus 演算子の線形結合で与えられるならば，その量子誤り訂正符号は量子ノイズ $\mathcal{M}^{A \to B}$ も復元エラーなしで訂正できる．

任意のエラー演算子は演算子基底の線形結合で書けることを思い出すと，定理 11.4 は，演算子基底に対応するエラー演算子を全て訂正できる量子誤り訂正符号は任意のエラーを訂正できることを意味している．つまり，考えたい量子ノイズが仮に連続的なパラメータを持つものであったとしても，実際にはその連続性を直接取り扱う必要はなく，演算子基底という離散有限個のエラー演算子を訂正する方法を考えるだけで十分である．このことから，本定理を量子ノイズの離散化定理と呼ぶ．

定理 11.4 は，定理 11.2 の証明と同じく Kraus 演算子の自由度を用いることで容易に示せる．

証明（定理 11.4）　量子ノイズ $\mathcal{N}^{A \to B}$ の Kraus 演算子を $\{N_m^{A \to B}\}_m$ とする．量子誤り訂正符号が量子ノイズ $\mathcal{N}^{A \to B}$ を訂正できることから，$\{N_m^{A \to B}\}_m$ は Knill–Laflamme 条件を満たすが，Kraus 演算子の自由度を用いることで，一般性を失わず，

$$\Pi_{\text{code}}^A N_m^{A \to B} (N_n^{A \to B})^\dagger \Pi_{\text{code}}^A = \lambda_m \delta_{mn} \Pi_{\text{code}}^A \tag{11.70}$$

が成り立つとする．量子ノイズ $\mathcal{N}^{A \to B}$ の復号量子チャンネルとして，定理 11.2 の十分条件を示す際に用いた議論と同様のものを考えよう．具体的には，$N_m^{A \to B} \Pi_{\text{code}}^A$ を極分解することで得られるアイソメトリ $V_m^{A \to B}$ を用いて Kraus 演算子 $\{D_l^{B \to A} = \Pi_{\text{code}}^A (V_l^{A \to B})^\dagger\}_l$ を定義し，それらで定まる復号量子チャンネル $\mathcal{D}^{B \to A}$ を用いる．アイソメトリ $V_m^{A \to B}$ は，

$$N_m^{A \to B} \Pi_{\text{code}}^A = \sqrt{\lambda_m} V_m^{A \to B} \Pi_{\text{code}}^A \tag{11.71}$$

$$\Pi_{\text{code}}^A (V_m^{A \to B})^\dagger V_n^{A \to B} \Pi_{\text{code}}^A = \delta_{mn} \Pi_{\text{code}}^A \tag{11.72}$$

を満たすことに注意せよ．

仮定より，量子ノイズ $\mathcal{M}^{A \to B}$ の Kraus 演算子 $\{M_k^{A \to B}\}_k$ は $M_k^{A \to B} = \sum_m c_{km} N_m^{A \to B}$ と書けるが，(11.71) と (11.72) を用いることで，

$$D_l^{B \to A} M_k^{A \to B} \Pi_{\text{code}}^A = \left(\Pi_{\text{code}}^A (V_l^{A \to B})^\dagger\right) \left(\sum_m c_{km} N_m^{A \to B} \Pi_{\text{code}}^A\right) \tag{11.73}$$

$$= \sum_m c_{km} \sqrt{\lambda_m} \Pi_{\text{code}}^A (V_l^{A \to B})^\dagger V_m^{A \to B} \Pi_{\text{code}}^A \tag{11.74}$$

$$= c_{kl} \sqrt{\lambda_l} \Pi_{\text{code}}^A \tag{11.75}$$

が成り立つことが分かる．したがって，任意の論理量子状態 ρ_{code}^A に対して，

$$\mathcal{D}^{B \to A} \circ \mathcal{M}^{A \to B}(\rho_{\text{code}}^A) \tag{11.76}$$

$$= \sum_{l,k} (D_l^{B \to A} M_k^{A \to B}) \rho_{\text{code}}^A (D_l^{B \to A} M_k^{A \to B})^\dagger \tag{11.77}$$

$$= \sum_{l,k} (D_l^{B \to A} M_k^{A \to B} \Pi_{\text{code}}^A) \rho_{\text{code}}^A (D_l^{B \to A} M_k^{A \to B} \Pi_{\text{code}}^A)^\dagger \tag{11.78}$$

$$= \sum_{l,k} |c_{kl}|^2 \lambda_l \Pi_{\text{code}}^A \rho_{\text{code}}^A \Pi_{\text{code}}^A \tag{11.79}$$

$$= \sum_{l,k} |c_{kl}|^2 \lambda_l \rho_{\text{code}}^A \propto \rho_{\text{code}}^A \tag{11.80}$$

が従う.量子ノイズ $\mathcal{M}^{A \to B}$ と復号量子チャンネル $\mathcal{D}^{B \to A}$ はどちらもトレースを保存するので比例係数は 1 となり,量子ノイズ $\mathcal{N}^{A \to B}$ の復号量子チャンネル $\mathcal{D}^{B \to A}$ は,量子ノイズ $\mathcal{M}^{A \to B}$ に対しても復元エラーなしの量子誤り訂正を達成することが示された.

□

■11.2.3 符号化レートと符号距離

次に,量子誤り訂正符号の性能を特徴付ける目安としてよく用いられる符号化レート (*encoding rate*) と符号距離 (*code distance*) を説明をしよう.量子誤り訂正符号の符号化が量子系 A' から量子系 A へのアイソメトリ $V^{A' \to A}$ で与えられたとすると,物理 qubit の個数 n と論理 qubit の個数 k は各々,

$$n := \log \dim \mathcal{H}^A \tag{11.81}$$

$$k := \log \dim \mathcal{H}^{A'} \tag{11.82}$$

で与えられる.多くの場合は n と k が共に正の整数で与えられる状況を考えることが多く,以下でも n と k は正の整数とする.

定義 11.5(符号化レート) 量子誤り訂正符号が与えられたとき,物理 qubit の個数 n と論理 qubit の個数 k の割合 k/n を,その符号の符号化レートと呼ぶ.

一方で,符号距離は Pauli 演算子のウエイト (*weight*) を用いて定義される.Pauli 演算子のウエイトとは,n-qubit 上の Pauli 演算子のテンソル積の中に含まれる I 以外の Pauli 演算子の個数のことである.例えば,$n = 3$ で $Z_1 I_2 Y_3$ の演算子は,ウエイトが 2 である.この Pauli 演算子のウエイトを用いて,符号距離を以下のように定義する.

定義 11.6(符号距離) 量子誤り訂正符号が n 個の物理 qubit から構成されるとし,その符号語を $\{|\bar{e}_j\rangle\}_j$ とする.全ての符号語の組 $(|\bar{e}_i\rangle, |\bar{e}_j\rangle)$ と,ウエイトが d 未満の全ての n-qubit Pauli 演算子 σ_μ に対して

$$\langle \bar{e}_i | \sigma_\mu | \bar{e}_j \rangle = C_\mu \delta_{ij} \tag{11.83}$$

が成立し,ウエイトが d の n-qubit Pauli 演算子で (11.83) を満たさないものが少なくとも一つ存在するとき,d を符号距離と呼ぶ.

符号距離の定義に出てくる (11.83) は，Knill–Laflamme 条件を書き換えた系 11.3 とほぼ同じものである．実際，系 11.3 の特殊な場合としてエラー演算子を n-qubit Pauli 演算子と取ると，$N_m = \sigma_m$ 等として，

$$\langle \bar{e}_i | \sigma_m \sigma_n | \bar{e}_j \rangle = C_{mn} \delta_{ij} \tag{11.84}$$

と表せる．Pauli 演算子の積も Pauli 演算子であることに注意して，(11.84) で Pauli 演算子を指定する (m, n) を μ とおけば，符号距離の定義式に一致する．系 11.3 が量子誤り訂正の必要十分条件を与えることから，これは，符号距離が d の量子誤り訂正符号は，ウエイトが $t \le (d-1)/2$ の全ての Pauli エラーを訂正できることを意味する．さらに，量子ノイズの離散化定理 11.4 から，Pauli エラーの任意の線形結合も訂正可能であることが従うため，符号距離が d の量子誤り訂正符号は，$t \le (d-1)/2$ 個の物理 qubit に作用する任意の量子ノイズを訂正できる．

練習問題 111 以下の二つが同値であることを示せ．
1) 量子誤り訂正符号の符号距離が d.
2) 任意の $(d-1)$ 個の物理 qubit が完全に失われたとしても，失われた物理 qubit の場所が全て分かっていれば，量子誤り訂正できる．

条件 2) のノイズは，場所が分かっている $(d-1)$ 個の物理 qubit が，各々完全混合状態 π に置き換わるノイズと考え，$\pi = \sum_{W=I,X,Y,Z} W \rho W / 4$ を用いるとよい．

量子誤り訂正符号としては，できるだけ多くの論理 qubit を埋め込めた方がよいし，符号距離も大きい方がよい．したがって，物理 qubit の個数 n を固定したときに，k や d がなるべく大きくなる符号化が，性能のよい量子誤り訂正符号といえる．

定義 11.7（$[[n, k, d]]$-量子誤り訂正符号）　量子誤り訂正符号が n 個の物理 qubit を用いて k 個の論理 qubit を埋め込むことができ，符号距離 d を持つとき，その量子誤り訂正符号を $[[n, k, d]]$-量子誤り訂正符号と呼ぶ．

練習問題 112 9-qubit 符号が $[[9, 1, 3]]$-量子誤り訂正符号であることを確認せよ．

符号化レート k/n と符号距離 d の間には，トレードオフの関係がある．例えば，符号化レート $k/n \approx 1$ の場合は冗長化する余地が少ないために量子ノイズに対して脆弱になり，符号距離も小さくなると予想される．逆に，符号化レートが小さくてよければ，より高いウエイトを持つ Pauli エラーを訂正できることが期待される．このトレードオフについて，原理的な観点からいくつかの関係が示されている．中でも特に重要な二つが，量子 *Singleton* 限界と量子 *Gilbert–Varshamov* 限界である．

命題 11.8（量子 Singleton 限界）　全ての $[[n, k, d]]$-量子誤り訂正符号は，

$$\frac{k}{n} \le 1 - \frac{2(d-1)}{n} \tag{11.85}$$

を満たす．

証明（命題 11.8 の証明）　与えられた $[[n, k, d]]$-量子誤り訂正符号の符号化アイソメトリ

を $V^{A' \to A}$ と書く. ここで, 量子系 A' は k-qubit, 量子系 A は n-qubit である. さらに, リファレンス系 R を導入し, $A'R$ の間の最大エンタングル状態 $|\Phi\rangle^{A'R}$ を用意し, その部分系 A' をアイソメトリ $V^{A' \to A}$ で符号化した論理量子状態 $|\Phi\rangle^{AR} = V^{A' \to A}|\Phi\rangle^{A'R}$ を考える. この量子状態の系 A に誤り訂正可能な量子ノイズがかかったとしても, 復号を行うことで $|\Phi\rangle^{A'R}$ を復元できる.

さて, 練習問題 111 より, 量子誤り訂正符号の符号距離が d であるため, $(d-1)$ 個の qubit が消去されても, 消去された qubit の場所を知っていれば誤りを訂正できる. つまり, 符号化された最大エンタングル状態 $|\Phi\rangle^{AR}$ の $(d-1)$ 個の qubit が消去されても, 残りの系から最大エンタングル状態を復元できる. 以下では, 消去される $(d-1)$ 個の qubit を系 C とし, 残りの qubit を系 B と呼ぶ. $A = BC$ であることに注意せよ.

まず, 系 B から最大エンタングル状態 $|\Phi\rangle^{A'R}$ を復元できるためには, 量子系 R と C の間の相互情報量がゼロでなければならないことを示そう. 復号量子チャンネルを $\mathcal{D}^{B \to A'}$ として,

$$\mathcal{D}^{B \to A'}\left(\mathrm{Tr}_C\left[|\bar{\Phi}\rangle\langle\bar{\Phi}|^{AR}\right]\right) = |\Phi\rangle\langle\Phi|^{A'R} \tag{11.86}$$

が成り立つとする. ここで両辺の純粋化を考えると, 左辺は $\mathcal{D}^{B \to A'}$ の Stinespring 表現 $V_{\mathcal{D}}^{B \to A'E}$ を用いて $V_{\mathcal{D}}^{B \to A'E}|\bar{\Phi}\rangle^{AR}$ と純粋化され, 右辺は新たな量子系 E を導入して, 系 CE 上の任意の純粋状態 $|\sigma\rangle^{CE}$ を用いることで, $|\Phi\rangle^{A'R} \otimes |\sigma\rangle^{CE}$ と純粋化できる. したがって, 純粋化定理 (定理 2.5) より, 系 CE 上のユニタリ W^{CE} が存在し,

$$V_{\mathcal{D}}^{B \to A'E}|\bar{\Phi}\rangle^{AR} = |\Phi\rangle^{A'R} \otimes W^{CE}|\sigma\rangle^{CE} \tag{11.87}$$

が成立する. この両辺の $A'E$ をトレースアウトすることで,

$$\mathrm{Tr}_B\left[|\bar{\Phi}\rangle\langle\bar{\Phi}|^{AR}\right] = \pi^R \otimes \sigma_W^C \tag{11.88}$$

を得る. ただし, $\sigma_W^C = \mathrm{Tr}_E\left[W^{CE}|\sigma\rangle\langle\sigma|^{CE}W^{CE\dagger}\right]$ である. また, $A = BC$ であることに気を付けよ. この式から直ちに $I(R:C)_{\bar{\Phi}} = 0$ が従うので, 量子系 R と C の間の相互情報量がゼロであることが, 系 B から最大エンタングル状態 $|\Phi\rangle^{A'R}$ を復元できる必要条件であることが示された.

量子 Singleton 限界を得るためには, 系 A を三つの部分系 BC_1C_2 に分割して, 各系の間の相互情報量を考えればよい. 部分系 C_1 と部分系 C_2 はどちらも $(d-1)$-qubit とし, 部分系 B は $(n-2(d-1))$-qubit とする. 量子誤り訂正符号の符号距離が d であることから, $(d-1)$-qubit からなる任意の部分系は, 量子系 R とは相関を持たない. したがって, $I(R:C_1)_{\bar{\Phi}} = I(R:C_2)_{\bar{\Phi}} = 0$ が系 B から最大エンタングル状態を復元できるための必要条件である. これらを von Neumann エントロピーで書き下し, さらに, $|\bar{\Phi}\rangle^{AR}$ が純粋状態であることから $H(RC_1)_{\bar{\Phi}} = H(BC_2)_{\bar{\Phi}}$ 等が成り立つことを用いると,

$$H(R)_{\bar{\Phi}} + H(C_1)_{\bar{\Phi}} = H(BC_2)_{\bar{\Phi}}, \quad H(R)_{\bar{\Phi}} + H(C_2)_{\bar{\Phi}} = H(BC_1)_{\bar{\Phi}} \tag{11.89}$$

を得る. また, von Neumann エントロピーの性質 (命題 6.13 を参照のこと) から, $H(BC_2)_{\bar{\Phi}} \le H(B)_{\bar{\Phi}} + H(C_2)_{\bar{\Phi}}$ 等が成り立つため,

$$H(R)_{\bar{\Phi}} + H(C_1)_{\bar{\Phi}} \le H(B)_{\bar{\Phi}} + H(C_2)_{\bar{\Phi}} \tag{11.90}$$

$$H(R)_{\bar{\Phi}} + H(C_2)_{\bar{\Phi}} \le H(B)_{\bar{\Phi}} + H(C_1)_{\bar{\Phi}} \tag{11.91}$$

が成立する. 辺々を足して整理すると $H(R)_{\bar{\Phi}} \le H(B)_{\bar{\Phi}}$ が成り立つことが分かる. 最後に $H(R)_{\bar{\Phi}} = k$ と $H(B)_{\bar{\Phi}} \le \log \dim \mathcal{H}^B = n - 2(d-1)$ を用いることで, 量子 Singleton 限界を得る. □

量子 Singleton 限界は全ての量子誤り訂正符号が満たすべき必要条件を与えている. 一方で, 量子 Gilbert–Varshamov 限界は, 特定の性能を持つ $[[n,k,d]]$-量子誤り訂正符号の存在を示唆するものである.

命題 11.9（量子 Gilbert–Varshamov 限界）　正の整数の組 (n,k,d) が

$$\sum_{m=0}^{d-1} \binom{n}{m} 3^m \le 2^{n-k} \tag{11.92}$$

を満たすならば, $[[n,k,d]]$-量子誤り訂正符号が少なくとも一つ存在する. この条件は n が十分大きい極限では,

$$\frac{k}{n} \le 1 - h\left(\frac{d}{n}\right) - \frac{d}{n}\log 3 \tag{11.93}$$

と書ける. ここで, $h(x) = -x\log x - (1-x)\log(1-x)$ は二値エントロピーである.

証明（命題 11.9 の証明）　ウエイトが $d-1$ 以下の n-qubit 上の Pauli 演算子の集合を $\mathsf{P}_{\le d-1}$ とする. そのような n-qubit Pauli 演算子は $|\mathsf{P}_{\le d-1}| = M = \sum_{m=0}^{d-1} \binom{n}{m} 3^m$ 個ある.

符号距離の定義より, 全ての $\sigma_\mu \in \mathsf{P}_{\le d-1}$ と任意の符号語の組 $(|\bar{e}_i\rangle, |\bar{e}_j\rangle)$ に対して,

$$\langle \bar{e}_i | \sigma_\mu | \bar{e}_j \rangle = C_\mu \delta_{ij} \tag{11.94}$$

が成り立つ. 量子誤り訂正符号の存在を示すために, (11.94) を満たす符号語をいくつ取れるかを具体的に数え上げる. まず, 一つ目の符号語 $|\bar{e}_0\rangle$ に対して, 二つ目の符号語 $|\bar{e}_1\rangle$ を

$$|\bar{e}_1\rangle \notin \mathcal{H}_0 := \mathrm{span}\{\sigma_\mu |\bar{e}_0\rangle : \sigma_\mu \in \mathsf{P}_{\le d-1}\} \tag{11.95}$$

と取れば, (11.94) は自動的に満たされる. この右辺に現れる部分空間 $\mathcal{H}_0$ は M 個のベクトルで張られる空間であるため, $\dim \mathcal{H}_0 \le M$ を満たす. 同様に, 三つ目の符号語 $|\bar{e}_2\rangle$ を

$$|\bar{e}_2\rangle \notin \mathcal{H}_{0,1} := \mathrm{span}\{\sigma_\mu |\bar{e}_j\rangle : \sigma_\mu \in \mathsf{P}_{\le d-1}, j = 0,1\} \tag{11.96}$$

と取れば, (11.94) が $i,j = 0,1,2$ に対して満たされる. また, $\dim \mathcal{H}_{0,1} \le 2M$ である.

この議論から, M 次元の部分空間に一つの符号語だけが存在するように符号語の集合を構成すれば, 全ての符号語に対して (11.94) が成立することが分かる. n 物理 qubit のヒルベルト空間の次元は 2^n であり, k 論理 qubit の符号語は 2^k 個あることから, $2^k M \le 2^n$ を満たす場合は, $[[n,k,d]]$-量子誤り訂正符号が存在する. M の具体的な表式を代入すると, (11.92) を得る.

n が十分大きい極限の漸近的な表式を得るために，量子 Singleton 限界から $d \leq (n+1)/2$ が必ず成立することに注意しよう．この事実から，

$$\sum_{m=0}^{d-1} \binom{n}{m} 3^m \leq \binom{n}{d-1} \sum_{m=0}^{d-1} 3^m = \frac{3^d-1}{2} \binom{n}{d-1} \tag{11.97}$$

が従う．よって，

$$\frac{3^d-1}{2} \binom{n}{d-1} \leq 2^{n-k} \tag{11.98}$$

が満たされていれば (11.92) も満たされる．両辺の log を取り，$\log \binom{n}{m} = nh(m/n) + \mathcal{O}(\log n)$ を用いると，

$$\frac{k}{n} \leq 1 - h\left(\frac{d}{n}\right) - \frac{d}{n}\log 3 + \mathcal{O}\left(\frac{\log n}{n}\right) \tag{11.99}$$

を満たす $[[n,k,d]]$-量子誤り訂正符号が存在することが分かる．	□

　この証明は代数的な関係式に基づくものなので，量子 Gilbert–Varshamov 限界を満たす $[[n,k,d]]$-量子誤り訂正符号を具体的に構築する方法は非自明である．11.3.4項では，スタビライザー符号と呼ばれる量子誤り訂正符号のクラスを用いて，量子 Gilbert–Varshamov 限界を達成する符号化の手法を紹介する．

練習問題 113 　n-qubit 上の量子誤り訂正符号で，pn 個にかかる任意のエラーを訂正でき，かつ，n が十分大きな漸近極限で非ゼロの符号化レートを持つものを考える．量子 Gilbert–Varchamov 限界より，$p < p_{GV}$ であれば，そのような量子誤り訂正符号が存在する．数値計算によって，p_{GV} の値を求めよ．

　図 11.1 では，量子 Singleton 限界と量子 Gilbert–Varshamov 限界をプロットした．符号化レートや符号化距離を最大にする量子誤り訂正は，この二つの曲線に挟まれた領域のどこかに存在する．

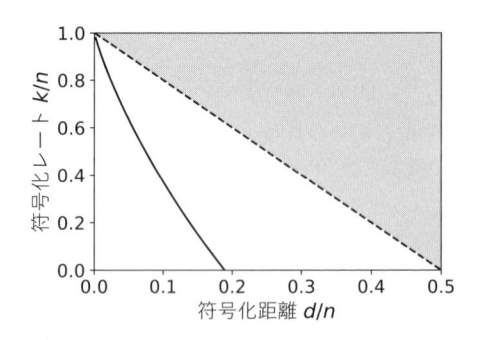

図 11.1　符号化レート k/n と符号化距離を物理 qubit の個数で割ったもの d/n の関係．点線が量子 Singleton 限界であり，これより上の黒い領域はどのような量子誤り訂正符号を持ってきても実現できない．実線は量子 Gilbert–Varshamov 限界であり，この線を実現する量子誤り訂正符号は存在する．ただし，n が十分大きい状況を考えたいので，量子 Singleton 限界の $1/n$ の項は無視した．

▓ 11.2.4 符号距離と独立なノイズに対する復元エラー

量子誤り訂正符号の符号距離 d から，その符号のエラー耐性について一定の示唆を得ることができる．このことを見るために，$[[n,k,d]]$-量子誤り訂正符号が，n 個の物理 qubit に独立に作用する量子ノイズに対して，どの程度耐性を持つかを考えよう．

より具体的に，1-qubit 上の量子ノイズとして，確率 p で何らかのエラーが生じるものを考える．対応する量子チャンネルは

$$\mathcal{N}_p(\rho) = (1-p)\rho + p\mathcal{N}'(\rho) \tag{11.100}$$

で与えられる．ここで，$\mathcal{N}'$ は恒等写像ではない何らかの量子チャンネルとする．このノイズが n 個の物理 qubit に独立に作用する状況を考えると，全体の量子ノイズは量子チャンネル $\mathcal{N}_p^{\otimes n}$ となる．

符号距離が d であることから，その量子誤り訂正符号は $m := (d-1)/2$ 個の qubit に作用する任意のエラーを訂正できる．全系の量子ノイズ $\mathcal{N}_p^{\otimes n}$ を展開することで，エラー $\mathcal{N}'$ が m 個以下の qubit に作用する確率は，

$$P_0 = \sum_{l=0}^{m} \binom{n}{l}(1-p)^{n-l} p^l \tag{11.101}$$

であるため，復元エラーゼロで誤り訂正に成功する確率 P_{succ} は，$P_{\mathrm{succ}} \geq P_0$ を満たす．エラー確率 p と m が $pn \leq m$ を満たす場合，(11.101) の右辺の和は $l = pn$ を含む．よって

$$\log P_0 \geq \log \binom{n}{pn}(1-p)^{(1-p)n} p^{pn} \tag{11.102}$$

$$\approx n\big(h(p) + (1-p)\log(1-p) + p\log p\big) = 0 \tag{11.103}$$

が成り立つ．ここで，$\log \binom{n}{pn} \approx nh(p)$ を用いた．以上より，$pn \leq m$ の場合には，n が大きい極限で $P_{\mathrm{succ}} \geq P_0 \approx 1$ が成り立ち，$P_{\mathrm{succ}} \approx 1$ となる．条件 $pn \leq m$ を符号距離で書き換えると，十分大きい n に対して量子誤り訂正に成功する十分条件として，

$$p \leq \frac{m}{n} = \frac{d-1}{2n} \tag{11.104}$$

が得られる．したがって，符号距離 d が物理 qubit の個数 n に比例する量子誤り訂正符号は，各物理 qubit にエラーが起こる確率 p が (11.104) を満たすならば，そのエラーを訂正できる．

ここで，(11.104) は，n が大きい極限で量子誤り訂正に成功するための十分条件を与えるが，この条件は一般には必要条件ではないことには注意が必要である．符号距離が d の量子誤り訂正符号は，$(d-1)/2$ 個の qubit に作用する任意のエラーを訂正できるが，エラーの種類によっては，それ以上の個数の qubit にかかるエラーも訂正できることもあるからだ．このことは，既に 9-qubit 符号の具体例で見た．9-qubit 符号の符号距離は 3 であるため，$(3-1)/2 = 1$ 個の物理 qubit にかかる任意のエラーを訂正できるが，それだけでなく，二個以上の物理 qubit に作用するエラーで訂正できるものも数多く存在する．

この理由から，符号距離から概算した復元エラーは最悪値の見積もりに近く，実際の

復元エラーを数値計算すると，大幅によい値が得られることも少なくない．極端な例を挙げれば，(11.104) で $d = \mathcal{O}(\log n)$ とおくと，「$p \lesssim (\log n)/n$ というノイズを誤り訂正できる」という条件が得られるが，この条件は $n \to \infty$ の極限では自明な主張になる．ところが実際には，文献[41,42]など，各物理 qubit に独立に作用する量子ノイズを誤り訂正できる符号距離 $\mathcal{O}(\log n)$ の量子誤り訂正符号が存在することが報告されている．

11.3　スタビライザー符号とスタビライザー形式

　量子誤り訂正符号の重要なクラスとして，スタビライザー符号（*stabilizer codes*）がある．ここまで見てきた 3-qubit 符号や 9-qubit 符号は，どちらもスタビライザー符号の具体例である．スタビライザー符号は，スタビライザー形式（*stabilizer formalism*）と呼ばれる定式化を用いると簡潔に記述できる．スタビライザー形式は群の言葉を用いて定義されるため，まずは群論の言葉をいくつか復習し，その後，スタビライザー符号の一般論を説明しよう．

■11.3.1　群論の復習

　群 G とは，結合法則を満たす積が定義されており，その積の下での逆元と単位元が存在する集合のことである．群 G の部分集合で，G の任意の元がその部分集合に含まれる元の積で表せるとき，その部分集合は群 G を生成するという．群 G を生成する部分集合で最小のものを，群 G の生成系（*generator set*），生成系の元を生成子（*generators*）という．また，生成系 H から生成される群を $\langle H \rangle$ と表す．

　量子情報で最も身近な群は，Pauli 群であろう．n-qubit Pauli 群 P_n は，

$$\mathsf{P}_n = \{\pm 1, \pm i\} \times \{I, X, Y, Z\}^{\otimes n} \tag{11.105}$$

で与えられる．また，1-qubit の全ての Pauli 演算子は Pauli-X と Pauli-Z の積で表すことができるため，$\{X, Z\}$ が生成系であり，$\mathsf{P}_1 = \langle X, Z \rangle$ と表せる．その他にも，$\mathsf{P}_1 = \langle X, Z \rangle = \langle X, Y \rangle = \langle Y, Z \rangle$ 等，複数の生成系の取り方が存在することに注意せよ．

　群 G の部分群 H が与えられたときに，部分群 H の中心化群（*centralizer*）$\mathcal{C}(H)$ と正規化群（*normalizer*）$\mathcal{N}(H)$ を以下で定義する．

$$\mathcal{C}(H) := \{g \in G : \forall h \in H, ghg^{-1} = h\} \tag{11.106}$$

$$\mathcal{N}(H) := \{g \in G : \forall h \in H, ghg^{-1} \in H\} \tag{11.107}$$

量子情報でよく用いる正規化群として，Clifford 群がある．n-qubit Clifford 群の元 $C \in \mathsf{C}_n$ は，任意の Pauli 演算子 $P \in \mathsf{P}_n$ に対して，

$$CPC^\dagger \in \mathsf{P}_n \tag{11.108}$$

を満たすので，n-qubit Clifford 群は n-qubit Pauli 群の正規化群である．Clifford 演算子はユニタリなので，$C^{-1} = C^\dagger$ であることに注意せよ．

■ 11.3.2 スタビライザー符号

スタビライザー符号は，n-qubit Pauli 群 P_n を用いて定式化される．スタビライザー形式では，n-qubit Pauli 群 P_n の以下の性質を頻繁に用いる．

- 全ての $W \in \mathsf{P}_n$ は，$W^2 = \pm I$ を満たす．また，Pauli 演算子は $W^2 = I$ を満たし，その固有値は ± 1 である．
- 全ての $W, W' \in \mathsf{P}_n$ に対して，$[W, W'] = 0$ か $\{W, W'\} = 0$ が成り立つ．ここで，$\{W, W'\} = WW' + W'W$ は反交換子である．
- 全ての $W \in \mathsf{P}_n$ はユニタリであり，また，エルミートか反エルミートである．Pauli 演算子はユニタリかつエルミートである．

スタビライザー符号は，Pauli 群 P_n の部分群を用いて以下のように定義される．

定義 11.10（スタビライザー群とスタビライザー符号） n-qubit Pauli 群 P_n の可換部分群 S で，$-I$ を含まないものを**スタビライザー群**（*stabilizer group*）と呼び，スタビライザー群の元を**スタビライザー演算子**という．任意のスタビライザー演算子 $W \in$ S に対して $W|\psi\rangle = |\psi\rangle$ を満たす状態を，スタビライザー群 S に対する**スタビライザー状態**と呼ぶ．スタビライザー群 S が定める**スタビライザー符号** $C(\mathsf{S})$ とは，符号空間が，

$$\mathcal{H}_{\mathrm{code}} = \mathrm{span}\{|\psi\rangle : \text{全ての } W \in \mathsf{S} \text{ に対して，} W|\psi\rangle = |\psi\rangle\} \tag{11.109}$$

で与えられる量子誤り訂正符号である．

スタビライザー群は一般には，n-qubit Pauli 群以外に対しても同様の方法で定義することができる．しかし，量子情報においてはほとんどの場合，n-qubit Pauli 群に対するスタビライザー群を考える．本書ではこの状況を踏まえて，スタビライザー群と言った際には必ず n-qubit Pauli 群のスタビライザー群を意味することとする．

練習問題 114 Pauli 群の元の固有値は ± 1, $\pm i$ の四値を取るが，スタビライザー演算子の固有値は ± 1 の二値しか取らないことを示せ．

練習問題 115 スタビライザー群 S が $-I$ を含まないことから，中心化群 $\mathcal{C}(\mathsf{S})$ と正規化群 $\mathcal{N}(\mathsf{S})$ が一致することを示せ．

スタビライザー符号の任意の論理量子状態 $|\bar{\psi}\rangle$ は，全てのスタビライザー演算子 $W \in$ S の $+1$ の固有状態である．つまり，

$$W|\bar{\psi}\rangle = |\bar{\psi}\rangle \tag{11.110}$$

が成り立つので，任意の論理量子状態はスタビライザー群の作用に対して不変に保たれる．また，スタビライザー符号の符号空間は，各スタビライザー演算子 $W \in$ S の $+1$ の固有空間を考えて，それらの固有空間の共通部分空間を取ったものに他ならない．スタビライザー演算子 $W \in$ S の固有値が ± 1 であることから，$+1$ の固有空間への射影演算子は $(I + W)/2$ で与えられる．したがって，符号空間への射影演算子 $\Pi_{\mathrm{code}}(\mathsf{S})$ は，

$$\Pi_{\mathrm{code}}(\mathsf{S}) = \prod_{W \in \mathsf{S}} \frac{I + W}{2} \tag{11.111}$$

と表せる.

このように, スタビライザー群が持つよい性質から, スタビライザー符号は様々なよい性質を持つが, スタビライザー群をその生成系 $\{S_1,\ldots,S_m\}$ を用いて $S = \langle S_1,\ldots,S_m \rangle$ と表現しておくとさらに便利である. ここで, 各 $S_j \in P_n$ は $S_j^2 = I$ を満たし, さらに全ての i,j に対して $[S_i,S_j] = 0$ が成り立つことに注意されたい. スタビライザー群の生成系や正規化群を用いたスタビライザー符号の特徴付けを以下の命題にまとめておこう. 証明は割愛するが, 興味ある読者は文献[1] などを参照されたい.

命題 11.11　$n-k$ 個の生成子で生成される n-qubit 上のスタビライザー群 $S = \langle S_1,\ldots, S_{n-k} \rangle$ $(S_j \in P_n)$ に対応するスタビライザー符号 $C(S)$ は, 以下の性質を満たす.

1) スタビライザー符号 $C(S)$ の符号空間を $\mathcal{H}_{\mathrm{code}}(S)$ とし, 符号空間上への射影演算子を $\Pi_{\mathrm{code}}(S)$ とすると,

$$\Pi_{\mathrm{code}}(S) = \prod_{j=1}^{n-k} \frac{I+S_j}{2} = \frac{1}{2^{n-k}} \sum_{W \in S} W \tag{11.112}$$

$$\dim \mathcal{H}_{\mathrm{code}}(S) = \mathrm{Tr}\left[\Pi_{\mathrm{code}}(S)\right] = 2^k \tag{11.113}$$

が成り立つ. 二つ目の式より, $n-k$ 個の生成子によって定まる n-qubit 上のスタビライザー符号 $C(S)$ は k 個の論理 qubit を持つことが分かる.

2) スタビライザー符号 $C(S)$ の 2^k 個の符号語 $\{|\bar{j}_1,\ldots,\bar{j}_k\rangle\}_{j_1,\ldots,j_k \in \{0,1\}}$ を, 以下の手順で定めることができる. まず, スタビライザー群 S の正規化群を $\mathcal{N}(S)$ とする. 正規化群からスタビライザー群を除いた $\mathcal{N}(S) \setminus S$ から互いに可換な相異なる演算子を k 個取り, $\{\bar{Z}_1,\ldots,\bar{Z}_k\}$ とする. これらの演算子と $j_1,\ldots,j_k \in \{0,1\}$ から, 拡張されたスタビライザー群を以下のように構成する.

$$\langle S_1,\ldots,S_{n-k},(-1)^{j_1}\bar{Z}_1,\ldots,(-1)^{j_k}\bar{Z}_k \rangle \tag{11.114}$$

拡張スタビライザー群は n 個の生成子を持つことから, 1) より拡張スタビライザー群は一次元 Hilbert 空間を定めるが, その空間に属する量子純粋状態を符号語 $|\bar{j}_1,\ldots,\bar{j}_k\rangle$ とする.

3) 2) のように符号語を定めたとすると, l 個目の論理 qubit の論理 Pauli-Z 演算子は $\bar{Z}_l$ で与えられる. さらに,

$$\bar{Z}_l\bar{X}_l\bar{Z}_l = -\bar{X}_l,\ \bar{Z}_s\bar{X}_l\bar{Z}_s = \bar{X}_l\ (s \neq l) \tag{11.115}$$

を満たす $\bar{X}_l \in P_n$ が存在し, l 個目の論理 qubit の論理 Pauli-X 演算子を与える.

命題 11.11 の 2) と 3) で, 論理 Pauli 演算子の取り方は一意には定まらないことには注意が必要である. 例えば, 2) で構成される論理 Pauli-Z 演算子 $\bar{Z}_j$ の代わりに, $\bar{Z}'_j = S\bar{Z}_j = \bar{Z}_jS$ $(S \in S)$ を取ったとしても拡張スタビライザー群 (11.114) は不変である. したがって, 論理 Pauli-Z 演算子に任意のスタビライザー演算子をかけた演算子も, やはり論理 Pauli-Z 演算子になる. 同様のことは, 論理 Pauli-X 演算子に対しても成り

立つ. したがって, 論理 Pauli 演算子は常にスタビライザー演算子の自由度を持つ.

これまでの 3-qubit 符号や 9-qubit 符号は, スタビライザー符号の典型的な具体例である. 例えば, ビット反転ノイズを訂正する 3-qubit 符号 $|\bar{0}\rangle = |000\rangle$, $|\bar{1}\rangle = |111\rangle$ の符号語は, どちらも $Z_1 Z_2$, $Z_2 Z_3$ という 3-qubit Pauli 演算子の +1 固有値に対応する固有量子状態である. したがって, その符号はスタビライザー群が

$$\mathsf{S}_{\mathrm{bit}} := \langle Z_1 Z_2, Z_2 Z_3 \rangle \tag{11.116}$$

で与えられるスタビライザー符号 $C(\mathsf{S}_{\mathrm{bit}})$ である. 命題 11.11 の 2) に従って, 3-qubit 符号の論理 Pauli 演算子を構築してみよう. まず, $\mathsf{S}_{\mathrm{bit}}$ の正規化群 $\mathcal{N}(\mathsf{S}_{\mathrm{bit}})$ は, $\mathcal{N}(\mathsf{S}_{\mathrm{bit}}) = \langle Z_1, Z_2, Z_3 \rangle$ で与えられるので,

$$\mathcal{N}(\mathsf{S}_{\mathrm{bit}}) \setminus \mathsf{S}_{\mathrm{bit}} = \{Z_1, Z_2, Z_3, Z_1 Z_2 Z_3\} \tag{11.117}$$

となる. したがって, 例えば $\bar{Z} = Z_1 Z_2 Z_3$ と取ることができる. この論理 Pauli-Z 演算子に ± 1 をかけたものをスタビライザー群 $\mathsf{S}_{\mathrm{bit}}$ に付け足すことで, 拡張スタビライザー群として

$$\langle Z_1 Z_2, Z_2 Z_3, Z_1 Z_2 Z_3 \rangle, \quad \langle Z_1 Z_2, Z_2 Z_3, -Z_1 Z_2 Z_3 \rangle \tag{11.118}$$

を得るが, 各々のスタビライザー状態は, 確かに符号語 $|\bar{0}\rangle = |000\rangle$ と $|\bar{1}\rangle = |111\rangle$ となっている. 最後に, 論理 Pauli-X 演算子 $\bar{X}$ として, 論理 Pauli-Z 演算子 $\bar{Z}$ と反交換関係を満たすものを取ればよいので, 例えば, $\bar{X} = X_1 X_2 X_3$ と取ることができる.

練習問題 116 9-qubit 符号に対するスタビライザー群 S_9 が

$$\langle Z_1 Z_2, Z_2 Z_3, Z_4 Z_5, Z_5 Z_6, Z_7 Z_8, Z_8 Z_9, X_1 X_2 X_3 X_4 X_5 X_6, X_4 X_5 X_6 X_7 X_8 X_9 \rangle \tag{11.119}$$

で与えられることを確かめよ. また, 論理 Pauli 演算子の一例として,

$$\bar{Z} = X_1 X_2 X_3 X_4 X_5 X_6 X_7 X_8 X_9, X_1 X_2 X_3, \text{etc.} \tag{11.120}$$

$$\bar{X} = Z_1 Z_2 Z_3 Z_4 Z_5 Z_6 Z_7 Z_8 Z_9, Z_1 Z_4 Z_7, \text{etc.} \tag{11.121}$$

等と取れることを確かめよ.

練習問題 117 9-qubit 符号は, 三つの物理 qubit から構成されるブロックを三つ組み合わせたものである. この一般化を考えよう. m を 3 以上の奇数として, 以下で与えられる $[[m^2, 1, d]]$-量子誤り訂正符号を考える.

$$|\bar{0}\rangle \propto (|0\rangle^{\otimes m} + |1\rangle^{\otimes m})^{\otimes m}, \quad |\bar{1}\rangle \propto (|0\rangle^{\otimes m} - |1\rangle^{\otimes m})^{\otimes m} \tag{11.122}$$

この符号に対応するスタビライザーの生成系と論理 Pauli 演算子を求めよ. また, この符号の符号距離 d を求めよ.

練習問題 116 より, スタビライザー符号のシンドローム測定の集合が, 対応するスタビライザー群の生成系と一致することに気付いた読者もいるだろう. 実際, 論理量子状態は全てのスタビライザー演算子の +1 固有空間に含まれるため, ノイズがない場合はどのような生成子で測定したとしても, 必ず +1 という結果が得られ, 量子状態が破壊されることはない. 一方で, いずれかの生成子と反交換する Pauli エラーがかかった場

合は，対応する生成子の測定結果が -1 になるため，エラーに関する情報を得ることができる．このことをまとめると，スタビライザー符号の復号手順は，一般に以下の二ステップからなることが分かる．

1) スタビライザー群 S の生成子 S_j $(j = 1, \ldots, n-k)$ によるシンドローム測定を行い，シンドローム測定の結果 $\{s_1, \ldots, s_{n-k}\}$ $(s_j = \pm 1)$ を得る．

2) シンドローム測定の結果から Pauli エラーを推定し，その Pauli 演算子を系に作用することで復号を完了する．

練習問題 118

1) 量子 Singleton 限界を用いて，一つの論理 qubit を符号化でき，任意の 1-qubit エラーを訂正できる量子誤り訂正符号を構成するために最低限必要な物理 qubit の個数が 5 であることを示せ．

2) 5-qubit 上の以下のスタビライザー群 S_5 を考える．

$$S_5 = \langle X_1 Z_2 Z_3 X_4 I_5, I_1 X_2 Z_3 Z_4 X_5, X_1 I_2 X_3 Z_4 Z_5, Z_1 X_2 I_3 X_4 Z_5 \rangle \tag{11.123}$$

S_5 によって定まるスタビライザー符号を 5-qubit 符号と呼ぶ．各生成子と $\{X_m, Y_m, Y_m\}_{m=1,\ldots,5}$ の交換関係を調べることで，1-qubit Pauli エラーが生じたときには，シンドローム測定の結果からどの qubit にどの Pauli エラーが生じたかを一意に決定できることを示せ．これは，任意の 1-qubit エラーを訂正可能であることを意味する．

3) 5-qubit 符号の符号距離が 3 であることを示し，[[5,1,3]]-量子誤り訂正符号であることを確かめよ．また，論理 Pauli 演算子を求めよ．

9-qubit 符号や 5-qubit 符号の場合は，シンドローム測定の結果から Pauli エラーを容易に推定できる．しかし，n-qubit 上のスタビライザー符号を考えると，シンドローム測定の結果からエラーを推定することは一般には困難である．事実，一般にはエラーを正確に推定するためには，物理 qubit の個数 n に対して効率的には実行できないことが多い．したがって，多くのスタビライザー符号では，「シンドローム測定の結果からエラーを推定するのに必要な時間」と「エラー推定の精度の高さ」がトレードオフとなっている．シンドロームの値から効率的かつ精度高くエラーを推定するタスクに関しては，具体的なスタビライザー符号の構造も考慮しつつ，ケースバイケースで多くの研究が行われている．

量子誤り訂正の必要十分条件である Knill–Laflamme 条件（定理 11.2）を用いると，スタビライザー符号は以下の命題を満たすことが分かる．

命題 11.12 スタビライザー群 S と Pauli エラーの集合 $\{P_m\}_m$ $(P_m \in \mathsf{P}_n)$ を考える．全ての m,l に対して $P_m P_l \notin \mathcal{N}(\mathsf{S}) \backslash \mathsf{S}$ が成り立っていれば，スタビライザー符号 $C(\mathsf{S})$ は $\{P_m\}_m$ を訂正できる．

証明（命題 11.12） スタビライザー群 S の生成系を $\langle S_1, \ldots, S_{n-k} \rangle$ とすると，符号空間への射影演算子 $\Pi_{\text{code}}(\mathsf{S})$ は，命題 11.11 より，

$$\Pi_{\text{code}}(\mathsf{S}) = \prod_{j=1}^{n-k} \frac{I + S_j}{2} \tag{11.124}$$

で与えられる.

全ての m,l に対して $P_m P_l \notin \mathcal{N}(\mathsf{S}) \setminus \mathsf{S}$ が成り立つとすると,全ての m,l に対して,$P_m P_l \in \mathsf{S}$ が成り立つか,もしくは,$(P_m P_l) S_j (P_m P_l)^\dagger = -S_j$ を満たす生成子 S_j が少なくとも一つ存在する.前者の場合,

$$\Pi_{\mathrm{code}}(\mathsf{S})(P_m P_l)\Pi_{\mathrm{code}}(\mathsf{S}) = \Pi_{\mathrm{code}}(\mathsf{S}) \tag{11.125}$$

が成り立つため,Knill–Laflamme 条件を満たす.後者の場合,

$$\bigl(I + S_j\bigr)P_m P_l\bigl(I + S_j\bigr) = \bigl(I + S_j\bigr)\bigl(I - S_j\bigr)P_m P_l = 0 \tag{11.126}$$

が成り立つため,(11.124) と併せて,$\Pi_{\mathrm{code}}(\mathsf{S})P_m P_l \Pi_{\mathrm{code}}(\mathsf{S}) = 0$ を満たす.したがって,この場合も Knill–Laframme 条件を満たすことが分かる. □

このように,スタビライザー符号の多くの性質はスタビライザー群を調べることで理解できる.スタビライザー形式の利便性はそれだけにとどまらず,新しい量子誤り訂正符号を構成するという観点からも重要な役割を果たしている.実際,スタビライザー形式を用いると,特定の性質を満たす二つの古典的な誤り訂正符号から量子誤り訂正符号(スタビライザー符号)を構成する一般的な処方箋を与えることができる.そのようにして構成されたスタビライザー符号は,提案者の名前にちなんで,*Calderbank–Steane–Shor* 符号(*CSS* 符号)と呼ばれている.CSS 符号の手法を用いると量子誤り訂正符号を体系的に構築することができるため,よりよい性能を持つ量子誤り訂正符号を構成したいときには極めて役立つ.本書で説明したスタビライザー符号の中では,9-qubit 符号はCSS 符号だが,5-qubit 符号は CSS 符号ではない.

CSS 符号は量子誤り訂正研究の主役と言っても過言ではなく,その手法や考え方の習得は必須といえる.しかし,CSS 符号の一般論を展開するためには古典誤り訂正符号の基礎知識が必要となるため,非常に心残りだが,本書では取り扱わないことにする.興味のある読者は文献[1] などを参照にしてほしい.

▰ 11.3.3 スタビライザー形式と Gottesman–Knill の定理

スタビライザー群を用いて量子状態や符号空間を記述する方法を,スタビライザー形式と呼ぶ.スタビライザー形式はスタビライザー符号を端的に記述するだけでなく,スタビライザー状態のある種の時間発展を古典的に効率的にシミュレートする方法としても便利である.

この事実を簡単に説明しておこう.n-qubit 上のスタビライザー群 $\mathsf{S} = \langle S_1,\ldots,S_n \rangle$ で指定されるスタビライザー状態 $|\mathsf{S}\rangle$ の Clifford 演算子による時間発展を考えよう.n-qubit Clifford 群 C_n とは,n-qubit Pauli 群 P_n の正規化群であり,具体的には

$$\mathsf{C}_n := \bigl\{ C \in \mathsf{U}\bigl((\mathbb{C}^2)^{\otimes n}\bigr) : \text{任意の } P \in \mathsf{P}_n \text{ に対して,} \ CPC^\dagger \in \mathsf{P}_n \bigr\} \tag{11.127}$$

で与えられるものであった(定義 1.7 を参照のこと).Clifford 演算子 C でスタビライザー状態 $|\mathsf{S}\rangle$ を時間発展させると $C|\mathsf{S}\rangle$ が得られる.この量子状態が,全ての j に対して,

$$(CS_jC^\dagger)C|\mathsf{S}\rangle = CS_j|\mathsf{S}\rangle = C|\mathsf{S}\rangle \tag{11.128}$$

を満たすことに気を付けると，$C|\mathsf{S}\rangle$ が新しいスタビライザー群

$$\mathsf{S}_C := \langle CS_1C^\dagger, \ldots, CS_nC^\dagger \rangle \tag{11.129}$$

のスタビライザー状態であることが分かる．Clifford 演算子 C に対しては $CS_jC^\dagger \in \mathsf{P}_n$ が成り立ち S_C が Pauli 群の部分群になること，また，Clifford 演算子はユニタリであり交換関係を変えないので，S_C の元は全て互いに可換である．したがって，確かに S_C はスタビライザー群になっている．

この事実を用いると，スタビライザー状態 $|\mathsf{S}\rangle$ に Clifford 演算子 C を作用した際の量子状態の変化を追うためには，状態そのものではなくスタビライザー群の変化を追えば十分であることが分かる．これはスタビライザー状態の時間発展を記述する極めて効率的な手法を与える．実際，n-qubit Pauli 演算子は 4^n 個しかないので，一つの Pauli 演算子を指定するためには，$\log 4^n = 2n$-bit を用いればよい．スタビライザー群は最大でも n 個の Pauli 演算子から生成されるため，スタビライザー群は高々 $2n^2$-bit で記述可能である．したがって，スタビライザー状態に Clifford 演算子 C を作用させた時間発展は，$2n^2$-bit を適切に更新するだけで記述できる．これは，愚直に量子状態を直交基底で展開して 2^n 個の複素係数の時間発展を追うよりも遥かに効率的な記述方法である．

量子回路への応用を鑑みると，n-qubit Clifford 群の生成系を考えることは重要である．既に 3.4 節で述べたとおり，n-qubit Clifford 群は Hadamard ゲート H と位相ゲート S，および，2-qubit 上のユニタリ・ゲートである CNOT ゲート ctrl-X を任意の qubit に作用させることで生成できる．つまり，その生成系は

$$\mathsf{C} = \langle \{H_j, S_j\}_j, \{\text{ctrl-}X_{ij}\}_{i,j} \rangle \tag{11.130}$$

である．ここでは，添え字で各 Clifford ゲートが作用する qubit を指定した．Clifford ゲートだけで構成される量子回路を *Clifford 回路* と呼ぶが，先ほどの議論と併せると，初期状態がスタビライザー状態で与えられて，時間発展が Clifford 回路で記述される場合は，スタビライザー形式を用いることで効率的にその時間発展を追うことができる．

練習問題 119 CNOT ゲートによる共役作用が 2-qubit Pauli 群の生成系 $\langle X_1, Z_1, X_2, Z_2 \rangle$ をどのように変換するかを確かめよ．ただし，一番目の qubit を制御 qubit とする．

スタビライザー形式はまた，Pauli 演算子での量子測定に対しても効率的な表現を与える．n-qubit 上のスタビライザー群 $\mathsf{S} = \langle S_1, \ldots, S_n \rangle$ に対応するスタビライザー状態 $|\mathsf{S}\rangle$ に対して，n-qubit Pauli 演算子 $P \in \mathsf{P}_n$ で測定することを考える．このとき，P は全ての生成子 S_j と可換であるか，それとも一つ以上の生成子と反交換であるかのどちらかである．

前者の場合は，$\pm P$ のどちらかがスタビライザー群 S に含まれる．係数の正負に対応して測定結果 ± 1 が得られ，測定後の状態はスタビライザー状態 $|\mathsf{S}\rangle$ のままである．後者の場合は，仮に P が二つ以上の生成子 S_i, S_j と反交換であった場合，生成子を $S_i S_j$

と S_j に取り換えることで，P が一つの生成子 S_j とだけ反交換であるように生成系を取り換えることができる．以下では簡単のため，生成系を取り換えて S_n のみが P と反交換であるとする．このとき，測定結果 ± 1 を得る確率 $p(\pm 1)$ は

$$p(+1) = \langle S|\frac{I+P}{2}|S\rangle = \langle S|\frac{I+PS_n}{2}|S\rangle = \langle S|\frac{I-S_nP}{2}|S\rangle = \langle S|\frac{I-P}{2}|S\rangle = p(-1) \quad (11.131)$$

を満たすため，どちらも 1/2 の確率になる．測定後の量子状態 $|S'_\pm\rangle = (I\pm P)|S\rangle/\sqrt{2}$ は，S_n の固有状態ではなくなる代わりに，P の ± 1 固有値に対応する固有状態になることは容易に確認できる．したがって，測定後の量子状態は

$$S'_\pm = \langle S_1,\ldots,S_{n-1},\pm P\rangle \quad (11.132)$$

という新しいスタビライザー群に対するスタビライザー状態になる．つまり，スタビライザー状態を Pauli 演算子で測定した場合，測定確率は常に一様であり，また，スタビライザー群を更新することで測定後の状態も効率的に記述できることが分かった．

以上をまとめると，スタビライザー状態に対しては，Clifford 回路による時間発展と Pauli 演算子による量子測定は効率的に記述できる．この事実は Gottesman–Knill の定理として知られる．

定理 11.13（*Gottesman–Knill* の定理[43]） スタビライザー状態の Clifford 回路による時間発展および Pauli 演算子による量子測定は，古典的に効率的にシミュレートできる．

この定理は，スタビライザー符号を古典計算機を用いてシミュレートする際に重要な役割を果たす．実際，スタビライザー符号の符号語はスタビライザー状態であり，シンドローム測定は Pauli 演算子による量子測定である．したがって，量子ノイズが Pauli エラーで与えられるなどの特定の条件を満たす際には，本定理を直ちに応用することができ，スタビライザー符号のエラー耐性を効率的にシミュレートすることができる．

5.2.2 項で考えた量子テレポーテーション・プロトコルで，Alice が Bob に送りたい量子状態が 1-qubit のスタビライザー状態の場合を考え，プロトコルをスタビライザー形式で記述してみよう．以下では，

$$|\Phi_\pm\rangle = (|00\rangle \pm |11\rangle)/\sqrt{2}, \quad |\Psi_\pm\rangle = (|01\rangle \pm |10\rangle)/\sqrt{2} \quad (11.133)$$

という表記を用いる．

1) $\{|\Phi_\pm\rangle, |\Psi_\pm\rangle\}$ は全てスタビライザー状態である．対応するスタビライザー群の生成系を求めよ．

2) 2-qubit の射影測定 $\{|\Phi_\pm\rangle, |\Psi_\pm\rangle\}$ を考える．この射影測定は，$X_1 X_2$，および，$Z_1 Z_2$ という二つの Pauli 演算子での測定で表せることを確かめよ．これらは可換なので，測定の順序は重要ではないことに留意せよ．

3) Alice と Bob が $|\Phi_+\rangle$ を共有しているとする．Alice が送りたい量子状態が $\langle W\rangle$（$W = X, Y, Z$）で定まるスタビライザー状態のとき，テレポーテーション・プロトコルの各ステップをスタビライザー形式で記述せよ．

■ 11.3.4 ランダム・スタビライザー符号と量子 Gilbert–Varshamov 限界

スタビライザー符号の具体例として 3-qubit 符号や 5-qubit 符号, 9-qubit 符号を見たが, n-qubit Clifford 群を用いてランダムにスタビライザー符号を構成することもできる. そのように構成された符号はランダム・スタビライザー符号 (random stabilizer codes) と呼ばれ, 漸近的に量子 Gilbert–Varshamov 限界を達成する. ここではその事実を説明しよう.

まず, n-qubit の量子系を考えて, スタビライザー群が $S_0 = \langle Z_{k+1}, Z_{k+2}, \ldots, Z_n \rangle$ で与えられる自明なスタビライザー符号を考える. このスタビライザー群は $n - k$ 個の生成子から構成されるため, k 個の論理 qubit を定めるスタビライザー符号になっている. このスタビライザー符号に, n-qubit Clifford 群 C_n から一様ランダム [*1)] に選んだ Clifford 演算子 $C \sim C_n$ を作用させることで, スタビライザー群は

$$S_0 \mapsto S_{\mathrm{random}} = \langle CZ_{k+1}C^\dagger, CZ_{k+2}C^\dagger, \ldots, CZ_nC^\dagger \rangle \tag{11.134}$$

と変換される. この新しいスタビライザー群に対応するスタビライザー符号 $C(S_{\mathrm{random}})$ をランダム・スタビライザー符号と呼ぶ. ここでは説明の便宜上, 初期のスタビライザー群を S_0 としたが, ランダムに選んだ Clifford 演算子は Pauli 群をランダムにシャッフルする役割を果たすため, ランダム・スタビライザー符号は初期のスタビライザー群の取り方に依存しないことには注意されたい.

以下の命題は, ランダム・スタビライザー符号が量子 Gilbert–Varshamov 限界を満たすことを示すものである.

命題 11.14 (ランダム・スタビライザー符号と量子 *Gilbert–Varshamov* 限界) ランダムな Clifford 演算子 $C \sim C_n$ を用いて生成されたランダム・スタビライザー符号 $C(S_{\mathrm{random}})$ の符号距離が d 以下である確率は,

$$\mathrm{Prob}_{C \sim C_n}[C(S_{\mathrm{random}}) \text{ の符号距離が } d \text{ 以下}] < 2^{-nH(n,k,d)} \tag{11.135}$$

を満たす. ただし, $h(x) = -x\log x - (1-x)\log(1-x)$ を二値エントロピーとして,

$$H(n,k,d) = 1 - h\left(\frac{d}{n}\right) - \frac{d}{n}\log 3 - \frac{k}{n} \tag{11.136}$$

である.

命題 11.14 より, $H(n,k,d) > 0$, つまり,

$$\frac{k}{n} < 1 - h\left(\frac{d}{n}\right) - \frac{d}{n}\log 3 \tag{11.137}$$

が満たされていれば, n が十分大きい漸近極限においてはほぼ確率 1 で, ランダム・スタビライザー符号の符号距離が $(d+1)$ 以上になることが分かる. この式は量子 Gilbert–Varshamov 限界に他ならないため, ランダムに選んだ Clifford 演算子を用いてスタビラ

[*1)] Clifford 群は離散群であるため, 一様分布は自明に定義される.

イザー符号を構成することで，漸近的に量子 Gilbert–Varshamov 限界を達成する性能の
よい $[[n,k,d]]$-量子誤り訂正符号を得ることができる．

命題 11.14 は，文献[44]の方法を用いることで以下のように示せる．

証明（命題 11.14）　本証明では，$\mu = \mu_1 \ldots \mu_m \in \{0,1,2,3\}^m$ を用いて，m-qubit Pauli 演算
子を $\sigma_\mu = \sigma_{\mu_1} \otimes \cdots \otimes \sigma_{\mu_m}$ と表記する．$\sigma_0 = I$, $\sigma_1 = X$, $\sigma_2 = Y$, $\sigma_3 = Z$ なので，σ_μ の
ウエイトは μ の中に含まれる 1,2,3 の個数である．また，以下では $x = x_1 \ldots x_k \in \{0,1\}^k$
（$x_j \in \{0,1\}$）に対して，

$$|\tilde{x}\rangle = \bigotimes_{j=1}^{k} |x_j\rangle \tag{11.138}$$

$$|x\rangle = |\tilde{x}\rangle \otimes |0\rangle^{\otimes n-k} \tag{11.139}$$

という表記を用いる．前者は k-qubit 上の量子状態であり，後者は n-qubit 上の量子状
態であることに留意されたい．

この表記を用いると，スタビライザー符号 $C(\mathsf{S}_0)$ の符号語は $\{|x\rangle\}_{x \in \{0,1\}^k}$ で与えられ
る．各符号語にクリフォード演算子 C を作用させることで，$C(\mathsf{S}_{\mathrm{random}})$ の符号語とし
て，$\{|\bar{x}\rangle := C|x\rangle\}_{x \in \{0,1\}^k}$ を得る．$C(\mathsf{S}_0)$ の符号距離が $d+1$ 以上になる条件は，任意の
$x, y \in \{0,1\}^k$ とウエイトが d 以下の全ての Pauli 演算子 $\sigma_\mu \in \mathsf{P}_n$ に対して，

$$\langle \bar{y}|\sigma_\mu|\bar{x}\rangle = c_\mu \delta_{xy} \tag{11.140}$$

が成り立つことである．

ここで $|x\rangle\langle y|$ を，1 番目から k 番目の qubit 上での Pauli 演算子 $\{\sigma_\nu\}_{\nu \in \{0,1,2,3\}^k}$ と，残
りの $(n-k)$-qubit 上の Pauli 演算子 $\{\sigma_{\nu}\}_{\nu \in \{0,1,2,3\}^{n-k}}$ で展開しよう．1 番目から k 番目の
qubit 上の恒等演算子 $I^{\otimes k}$ を σ_0 と書くことにして，$|0\rangle\langle 0| = (I + Z)/2$ に注意すると，

$$|x\rangle\langle y| = \frac{1}{2^n} \sum_{\mu \in \{0,1,2,3\}^n} \mathrm{Tr}[\sigma_\mu|x\rangle\langle y|]\sigma_\mu \tag{11.141}$$

$$= \frac{1}{2^n} \left(\sum_{\nu \in \{0,1,2,3\}^k} \mathrm{Tr}[\sigma_\nu|\tilde{x}\rangle\langle \tilde{y}|]\sigma_\nu \right) \left(\sum_{\nu' \in \{0,1,2,3\}^{n-k}} \mathrm{Tr}[\sigma_{\nu'}|0\rangle\langle 0|]\sigma_{\nu'} \right) \tag{11.142}$$

$$= \frac{1}{2^n} \left(\delta_{xy}\sigma_0 + \sum_{\nu \in \{0,1,2,3\}^k \neq 0^k} \langle \tilde{y}|\sigma_\nu|\tilde{x}\rangle \sigma_\nu \right) \otimes \left(\sum_{\nu' \in \{0,3\}^{n-k}} \sigma_{\nu'} \right) \tag{11.143}$$

であることが分かる．したがって，(11.140) の左辺の $\langle \bar{y}|\sigma_\mu|\bar{x}\rangle$ を Pauli 演算子で展開す
ると，

$$\langle \bar{y}|\sigma_\mu|\bar{x}\rangle = \mathrm{Tr}[\sigma_\mu C|x\rangle\langle y|C^\dagger] \tag{11.144}$$

$$= \frac{1}{2^n} \left(C_\mu \delta_{xy} + \sum_{\nu \in \{0,1,2,3\}^k \neq 0^k} \sum_{\nu' \in \{0,3\}^{n-k}} \langle \tilde{y}|\sigma_\nu|\tilde{x}\rangle \mathrm{Tr}\left[\sigma_\mu\left(C(\sigma_\nu \otimes \sigma_{\nu'})C^\dagger\right)\right] \right) \tag{11.145}$$

と書ける．ここで，$C_\mu = \sum_{\nu' \in \{0,3\}^{n-k}} \mathrm{Tr}[\sigma_\mu(C(\sigma_0 \otimes \sigma_{\nu'})C^\dagger)]$ は，x や y に依存しないこと
に注意せよ．

(11.145) より，もし全ての x,y とウエイトが d 以下の全ての Pauli 演算子 $\sigma_\mu \in \mathsf{P}_n$，全ての $v \in \{0,1,2,3\}^k \neq 0^k$，全ての $v' \in \{0,3\}^{n-k}$ に対して，$\mathrm{Tr}[\sigma_\mu(C(\sigma_v \otimes \sigma_{v'})C^\dagger)] = 0$ が成り立てば，$\langle \bar{y}|\sigma_\mu|\bar{x}\rangle = C_\mu \delta_{xy}/2^n$ となり，符号距離が $d+1$ 以上であることが従う．この対偶を取ることで，符号距離が d 以下であれば，

$$\mathrm{Tr}[\sigma_\mu(C(\sigma_v \otimes \sigma_{v'})C^\dagger)] \neq 0 \tag{11.146}$$

を満たすウエイトが d 以下の Pauli 演算子 $\sigma_\mu \in \mathsf{P}_n$ と $v \in \{0,1,2,3\}^k \neq 0^k$，$v' \in \{0,3\}^{n-k}$ が存在することが分かる．つまり，符号距離が d 以下であるための必要条件を得る．以下では，その必要条件を A とする．

以上の考察から，

$\mathrm{Prob}_{C \sim \mathsf{C}_n}[\,$符号距離が d 以下$\,]$

$\leq \mathrm{Prob}_{C \sim \mathsf{C}_n}[\,$条件 A が成立$\,]$

$$\leq \sum_{v \in \{0,1,2,3\}^k \neq 0^k} \sum_{v' \in \{0,3\}^{n-k}} \sum_{1 \leq |\mu| \leq d} \mathrm{Prob}_{C \sim \mathsf{C}_n}\left[\mathrm{Tr}\left[\sigma_\mu\left(C(\sigma_v \otimes \sigma_{v'})C^\dagger\right)\right] \neq 0\right] \tag{11.147}$$

が従う．ここで，$\sum_{1 \leq |\mu| \leq d}$ はウエイトが 1 以上 d 以下の全ての n-qubit Pauli 演算子についての和である．$\mu = 0^n$ の場合は $\mathrm{Tr}[\sigma_\mu(C(\sigma_v \otimes \sigma_{v'})C^\dagger)] = 0$ なので，$|\mu| \geq 1$ としてよいことに注意せよ．

(11.147) の確率は Clifford 演算子の特性を用いると期待値に置き換えることができる．$C \in \mathsf{C}_n$ より，$C(\sigma_v \otimes \sigma_{v'})C^\dagger \in \mathsf{P}_n$ なので，

$$\mathrm{Tr}\left[\sigma_\mu\left(C(\sigma_v \otimes \sigma_{v'})C^\dagger\right)\right] = 0, \pm 2^n \tag{11.148}$$

である．したがって，

$$\mathrm{Prob}_{C \sim \mathsf{C}_n}\left[\mathrm{Tr}\left[\sigma_\mu\left(C(\sigma_v \otimes \sigma_{v'})C^\dagger\right)\right] \neq 0\right] = \frac{1}{2^n}\mathbb{E}_{C \sim \mathsf{C}_n}\left[\left|\mathrm{Tr}\left[\sigma_\mu(C(\sigma_v \otimes \sigma_{v'})C^\dagger)\right]\right|\right] \tag{11.149}$$

$$= \frac{1}{2^{2n}}\mathbb{E}_{C \sim \mathsf{C}_n}\left[\mathrm{Tr}\left[\sigma_\mu^{\otimes 2}\left(C(\sigma_v \otimes \sigma_{v'})C^\dagger\right)^{\otimes 2}\right]\right] \tag{11.150}$$

$$= \frac{1}{2^{2n}}\mathrm{Tr}\left[\sigma_\mu^{\otimes 2}\mathbb{E}_{C \sim \mathsf{C}_n}\left[\left(C(\sigma_v \otimes \sigma_{v'})C^\dagger\right)^{\otimes 2}\right]\right] \tag{11.151}$$

が成り立つことが分かる．ここで，Clifford 群 C_n がユニタリ 2-デザインであることを思い出すと，Clifford 演算子に対する平均を，

$$\mathbb{E}_{C \sim \mathsf{C}_n}\left[\left(C(\sigma_v \otimes \sigma_{v'})C^\dagger\right)^{\otimes 2}\right] = \mathbb{E}_{U \sim \mathsf{H}}\left[\left(U(\sigma_v \otimes \sigma_{v'})U^\dagger\right)^{\otimes 2}\right] \tag{11.152}$$

と，Haar ランダム・ユニタリでの平均に置き換えることができる．後者は，命題 3.9 を用いた上で $v \neq 0^k$ であることから $\mathrm{Tr}[\sigma_v] = 0$ が成り立つことを用いると，

$$\mathbb{E}_{U \sim \mathsf{H}}\left[\left(U(\sigma_v \otimes \sigma_{v'})U^\dagger\right)^{\otimes 2}\right] = \frac{-\mathbb{I} + 2^n\mathbb{F}}{2^{2n}-1} \tag{11.153}$$

と計算できる．ただし，$\mathbb{I}$ は二階テンソル積空間上の恒等演算子で，$\mathbb{F}$ はスワップ演算子

である. これを (11.151) に代入すれば,

$$\mathrm{Prob}_{C \sim \mathsf{C}_n}\Big[\mathrm{Tr}\Big[\sigma_\mu\big(C(\sigma_\nu \otimes \sigma_{\nu'})C^\dagger\big)\Big] \neq 0\Big] = \frac{1}{2^{2n}(2^{2n}-1)}\,\mathrm{Tr}[\sigma_\mu^{\otimes 2}(-\mathbb{I}+2^n\mathbb{F})] \tag{11.154}$$

$$= \frac{1}{2^{2n}-1} \tag{11.155}$$

であることが分かる. 最後の式では, $\mu \neq 0^n$ に対しては $\mathrm{Tr}[\sigma_\mu] = 0$ であることと, スワップ・トリックを用いた.

以上をまとめると,

$$\mathrm{Prob}_{C \sim \mathsf{C}_n}[\text{符号距離が } d \text{ 以下}] \leq \frac{1}{2^{2n}-1} \sum_{\nu \in \{0,1,2,3\}^k \neq 0^k} \sum_{\nu' \in \{0,3\}^{n-k}} \sum_{1 \leq |\mu| \leq d} \tag{11.156}$$

$$= \frac{(4^k-1)2^{n-k}}{2^{2n}-1} \sum_{m=1}^{d} \binom{n}{m} 3^m \tag{11.157}$$

が成り立つことが示された. 最後に,

$$\frac{(4^k-1)2^{n-k}}{2^{2n}-1} < 2^{k-n}, \qquad \sum_{m=1}^{d} \binom{n}{m} 3^m \leq 3^d \times 2^{nh(d/n)} \tag{11.158}$$

という関係式を用いて整理すると, $H(n,k,d) = 1 - h(d/n) - (d/n)\log 3 - k/n$ として,

$$\mathrm{Prob}_{C \sim \mathsf{C}_n}[\text{符号距離が } d \text{ 以下}] < 2^{-nH(n,k,d)} \tag{11.159}$$

を得る. □

12 ノイジーな量子通信理論 1

　量子誤り訂正符号を用いると量子系のノイズを実効的にキャンセルすることができるが，量子誤り訂正符号の原理的な限界はどこにあるのだろうか．例えば，特定のノイズ $\mathcal{N}$ が与えられたときに，そのノイズに対して最適な量子誤り訂正符号を用いると，どこまで復元エラーを下げられるだろうか．また，十分に小さい復元エラーを達成できるという条件の下で，符号化レートをどこまで高めることができるだろうか．

　ノイジーな量子通信理論は，このような問いに答えるための理論である．その理論は量子チャンネル $\mathcal{N}$ を実際のノイジーな量子通信路とみなす文脈で発展してきたために「通信理論」と呼ばれているが，漸近極限での量子誤り訂正の性能限界を与える理論と解釈することもできる．ここからはノイジーな量子通信理論を通じて，量子誤り訂正の性能限界についての理解を深める．

　本章以降では，表記を簡単にするために，アイソメトリ $V^{A \to B}$ による密度演算子の時間発展を表す量子チャンネルを $\mathcal{V}^{A \to B}$ と書くことにする．例えば，$\mathcal{V}^{A \to B}(\rho^A) = V^{A \to B} \rho^A (V^{A \to B})^\dagger$ である．これは V だけでなく，U や W でも同様で，$\mathcal{U}(\bullet) = U \bullet U^\dagger$ 等という表記を用いる．

12.1　ノイジーな量子通信と量子通信容量

　特定の量子ノイズ $\mathcal{N}^{A \to B}$ が与えられたときに，そのノイズを復元エラー ϵ で誤り訂正可能であるとは，

$$\mathcal{D}^{B \to A'} \circ \mathcal{N}^{A \to B} \circ \mathcal{E}^{A' \to A} \overset{\epsilon}{\approx} \mathrm{id}^{A'} \tag{12.1}$$

を満たす符号化量子チャンネルと復号量子チャンネルの組 $(\mathcal{E}^{A' \to A}, \mathcal{D}^{B \to A'})$ が存在することをいうのであった．前章までは，量子ノイズを表す量子チャンネル $\mathcal{N}$ が手元にある量子系にかかり，符号化と復号をその量子系を持つ同一の人物が行う状況を暗に想定していたが，本章では，量子チャンネル $\mathcal{N}^{A \to B}$ をノイジーな量子通信路とみなし，送信者が符号化を，受信者が復号を行う状況を想定する．その状況下で，「ノイジーな量子通信路を用いて，ノイズレスに量子情報を送信する」ことを考える．本章ではこの解釈に基づいて説明を行うが，前章までと同様に量子チャンネル $\mathcal{N}$ が手元にある量子系にかかる量子ノイズであると解釈し，符号化と復号を同じ人物が行うと解釈すれば，本章で

の全ての結果は量子誤り訂正の文脈に焼き直せることに注意せよ.

量子チャンネル $\mathcal{N}^{A \to B}$ をノイジーな量子通信路とみなすと,(12.1) は適切な符号化と復号を行うことで,ノイジーな量子通信路 $\mathcal{N}^{A \to B}$ を用いて量子系 A' の任意の量子状態をエラー ϵ で送信できることを意味する.量子系 A' の大きさを qubit の単位で測れば,$\log \dim \mathcal{H}^{A'}$ 個の qubit をエラー ϵ で量子通信できると言ってもよい.もちろん,大量の量子情報を送信しようとするとエラーは必然的に大きくなることが予想されるため,送信可能な qubit の個数 $\log \dim \mathcal{H}^{A'}$ と復元エラー ϵ の間にはトレードオフの関係があると期待される.このトレードオフの関係を明らかにすることが当面の目標である.

■ 12.1.1 量子通信容量

ノイジーな量子通信路 $\mathcal{N}^{A \to B}$ を一度だけ用いてエラーなしでの量子通信を達成することは,一般には難しい.そのため,$\mathcal{N}^{A \to B}$ を複数回用いた量子通信路 $(\mathcal{N}^{A \to B})^{\otimes n}$ $(n \in \mathbb{Z}_>)$ による量子通信を考えることが多い.この設定は,前章においてしばしば用いた「ノイズが各物理 qubit に独立にかかる」という仮定の一般化といえる.例えば,ビット反転ノイズに対する 3-qubit 符号の具体例では,1-qubit 上のビット反転ノイズ $\mathcal{N}_{\mathrm{bit}}$ が独立に 3-qubit にかかる場合を考えて,$\mathcal{N}_{\mathrm{bit}}^{\otimes 3}$ に対する誤り訂正を考えた.本章の表記では,この状況は,系 A と系 B が同一の 1-qubit であり,$n = 3$ とおいた場合に相当する.

表記を簡単にするために,系 A の n 個のコピーを系 A^n,系 B の n 個のコピーを系 B^n とおき,ノイジーな量子通信路の n 階テンソル積を,

$$\mathcal{N}_n^{A^n \to B^n} := (\mathcal{N}^{A \to B})^{\otimes n} \tag{12.2}$$

と表すことにする.この状況下で,うまい符号化量子チャンネル $\mathcal{E}_n^{A' \to A^n}$ と復号量子チャンネル $\mathcal{D}_n^{B^n \to A'}$ を用いて,

$$\mathcal{D}_n^{B^n \to A'} \circ \mathcal{N}_n^{A^n \to B^n} \circ \mathcal{E}_n^{A' \to A^n} \approx \mathrm{id}^{A'} \tag{12.3}$$

を達成することを目指す.図 12.1 も参照のこと.ここで,符号化と復号は $\mathcal{E}^{\otimes n}$ 等のようにテンソル積である必要はないことに注意せよ.

これらの符号化と復号を行った際の復元エラーは,いくつかの方法で定義できる.例えば,ダイアモンド・ノルムに基づく,

$$\epsilon_n^\diamond(\mathcal{E}_n, \mathcal{D}_n | \mathcal{N}) := \frac{1}{2} \left\| \mathcal{D}_n^{B^n \to A'} \circ \mathcal{N}_n^{A^n \to B^n} \circ \mathcal{E}_n^{A' \to A^n} - \mathrm{id}^{A'} \right\|_\diamond \tag{12.4}$$

は,復元エラーとして妥当な定義の一つであろう.また,量子系 A' 上の量子情報源は系 A' と同型のリファレンス系 R を導入して量子状態 $|\rho\rangle^{A'R}$ によって定まることを思い出すと,量子情報源 $\rho^{A'}$ に依存する形で,復元エラーを,

$$\epsilon_n(\mathcal{E}_n, \mathcal{D}_n | \mathcal{N}, \rho) := \frac{1}{2} \left\| \mathcal{D}_n^{B^n \to A'} \circ \mathcal{N}_n^{A^n \to B^n} \circ \mathcal{E}_n^{A' \to A^n} \left(|\rho\rangle\langle\rho|^{A'R} \right) - |\rho\rangle\langle\rho|^{A'R} \right\|_1 \tag{12.5}$$

と定義することも自然だろう(図 12.2 を参照).さらに,量子情報源を表す量子状態 $|\rho\rangle^{A'R}$ を最大エンタングル状態 $|\Phi\rangle^{A'R}$ に固定し,

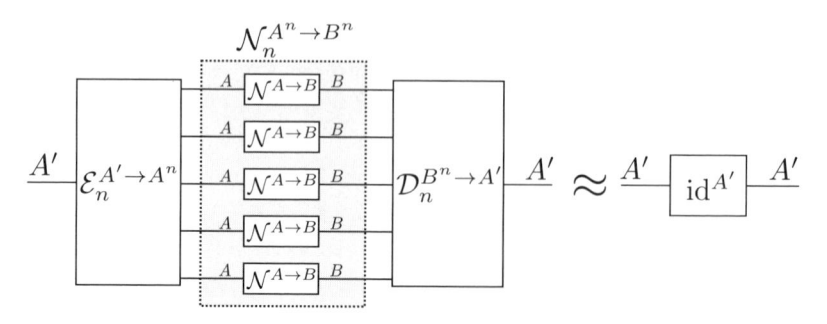

図 **12.1**　量子通信容量の設定．ノイジーな量子通信路の n 階テンソル積 $\mathcal{N}_n^{A^n \to B^n}$ と，符号化 $\mathcal{E}_n^{A' \to A^n}$，および，復号 $\mathcal{D}_n^{B^n \to A'}$ を組み合わせて，量子系 A' 上の恒等写像 $\mathrm{id}^{A'}$ を実現する．左図と右図の差をダイアモンド・ノルムで測ることで，復元エラー $\epsilon_n^{\diamond}(\mathcal{E}_n, \mathcal{D}_n | \mathcal{N})$ が定義される．

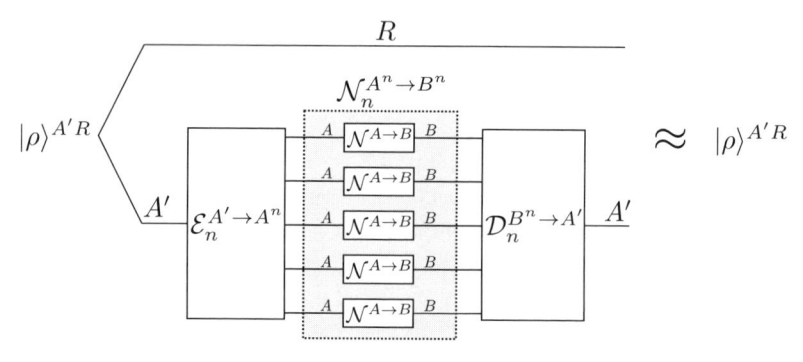

図 **12.2**　与えられた量子状態 $|\rho\rangle^{A'R}$ とノイジーな量子通信路 $\mathcal{N}^{A \to B}$ に対して，符号化 $\mathcal{E}_n^{A' \to A^n}$ と復号 $\mathcal{D}_n^{B^n \to A'}$ を用いてノイズレスな量子通信を行う設定．この設定に基づいて，復元エラー $\epsilon_n(\mathcal{E}_n, \mathcal{D}_n | \mathcal{N}, \rho)$ が定まる．また，入力量子状態 $|\rho\rangle^{A'R}$ を量子系 $A'R$ の間の最大エンタングル状態 $|\Phi\rangle^{A'R}$ に固定すると，復元エラー $\epsilon_n^{\mathrm{ent}}(\mathcal{E}_n, \mathcal{D}_n | \mathcal{N})$ となる．

$$\epsilon_n^{\mathrm{ent}}(\mathcal{E}_n, \mathcal{D}_n | \mathcal{N}) := \epsilon_n(\mathcal{E}_n, \mathcal{D}_n | \mathcal{N}, \Phi) \tag{12.6}$$

という復元エラーを考えてもよいかもしれない．これらの復元エラーは，当然，一般には異なる値を取る．ところが，実はどの復元エラーを採用したとしても，以下の議論には影響を与えない．このことは後に詳しく説明するが，ここでは単にその事実を述べるにとどめて議論を進める．

練習問題 120　最大エンタングル状態に基づく復元エラー $\epsilon_n^{\mathrm{ent}}(\mathcal{E}_n, \mathcal{D}_n | \mathcal{N})$ を Choi–Jamiołkowski 表現（3.3.2 項参照）を用いて表し，全ての $\mathcal{N}$, $\mathcal{E}_n$, $\mathcal{D}_n$ に対して

$$\epsilon_n^{\mathrm{ent}}(\mathcal{E}_n, \mathcal{D}_n | \mathcal{N}) \le \epsilon_n^{\diamond}(\mathcal{E}_n, \mathcal{D}_n | \mathcal{N}) \le \dim \mathcal{H}^{A'} \epsilon_n^{\mathrm{ent}}(\mathcal{E}_n, \mathcal{D}_n | \mathcal{N}) \tag{12.7}$$

が成り立つことを示せ．

　復元エラーとトレードオフの関係にあると予想されるのが，送信できる量子情報の量

である．既に述べたとおり，送信可能な量子情報の量は量子系 A' の次元で与えられるが，その次元 qubit 数で測り，ノイジーな量子通信路の使用回数 n で規格化した

$$\frac{\log\dim\mathcal{H}^{A'}}{n} \tag{12.8}$$

を，量子通信の通信レートと呼ぶ．この量子通信の通信レートは，前章で説明した $[[n,k,d]]$-量子誤り訂正符号の符号化レート k/n と類似の量である．ただし，$[[n,k,d]]$-量子誤り訂正符号の n は物理 qubit の個数を表す一方で，通信レートでの n はノイジーな量子通信路 $\mathcal{N}^{A\to B}$ の使用回数を表すため，その二つのレートは定数倍だけ異なる．例えば，ノイジーな量子通信路の入力系 A が 1-qubit だった場合は二つのレートは一致するが，それ以外の場合は，量子通信レートを入力系 A の qubit 数で割ったものが $[[n,k,d]]$-量子誤り訂正符号の意味での符号化レートになる．

　以下では，n が大きい漸近極限で任意に小さい復元エラーを達成できるという条件の下で，量子通信レートをどこまで大きく取れるかという問題を考える．この設定に基づいて定義される量が**量子通信容量**（*quantum capacity*）であり，「ノイジーな量子通信路を用いて漸近的にノイズレスに送信できる，量子通信路使用回数あたりの平均の qubit 数」を与える．以下では，異なる復元エラーを用いて，三種類の量子通信容量を定義する．

定義 12.1（**量子通信容量**）　量子チャンネル $\mathcal{N}^{A\to B}$ が与えられたとき，ダイアモンド・ノルムに基づく復元エラーが $\lim_{n\to\infty}\epsilon_n^\diamond(\mathcal{E}_n,\mathcal{D}_n|\mathcal{N})=0$ を満たす符号化と復号量子チャンネルの列 $\{(\mathcal{E}_n^{A'\to A^n},\mathcal{D}_n^{B^n\to A'})\}_n$ が存在するとき，

$$\lim_{n\to\infty}\frac{\log\dim\mathcal{H}^{A'}}{n} \tag{12.9}$$

を，ダイアモンド・ノルムの下で漸近的に達成可能な量子通信レートと呼ぶ．また，その上限を $\mathcal{N}^{A\to B}$ のダイアモンド・ノルムの下での**量子通信容量**と呼び，$Q^\diamond(\mathcal{N}^{A\to B})$ と表す．一方で，全ての量子状態 $|\rho\rangle^{A'R}$ に対して，$\lim_{n\to\infty}\epsilon_n(\mathcal{E}_n,\mathcal{D}_n|\mathcal{N},\rho)=0$ を達成する符号化と復号量子チャンネルの列 $\{(\mathcal{E}_n^{A'\to A^n},\mathcal{D}_n^{B^n\to A'})\}_n$ が存在するとき，

$$\lim_{n\to\infty}\frac{\log\dim\mathcal{H}^{A'}}{n} \tag{12.10}$$

を漸近的に達成可能な量子通信レートと呼ぶ．また，その上限を $\mathcal{N}^{A\to B}$ の量子通信容量と呼び，$Q(\mathcal{N}^{A\to B})$ と表す．

定義 12.2（**エンタングルメント生成容量**）　量子チャンネル $\mathcal{N}^{A\to B}$ に対し，最大エンタングル状態に基づく復元エラーが $\lim_{n\to\infty}\epsilon_n^{\mathrm{ent}}(\mathcal{E}_n,\mathcal{D}_n|\mathcal{N})=0$ を満たす符号化と復号量子チャンネルの列 $\{(\mathcal{E}_n^{A'\to A^n},\mathcal{D}_n^{B^n\to A'})\}_n$ が存在するとき，

$$\lim_{n\to\infty}\frac{\log\dim\mathcal{H}^{A'}}{n} \tag{12.11}$$

を漸近的に達成可能なエンタングルメント生成レートと呼ぶ．また，その上限を $\mathcal{N}^{A\to B}$ のエンタングルメント生成容量と呼び，$E(\mathcal{N}^{A\to B})$ と表す．

　定義 12.1 で定めた二つの通信容量の違いや，エンタングルメント生成容量との大小関係を把握しておくことは重要である．まず，ダイアモンド・ノルムの下での量子通信容量においては，うまい符号化と復号が存在し，それらを用いることでノイジーな量子通信路 $\mathcal{N}_n^{A^n \to B^n}$ を恒等写像 $\mathrm{id}^{A'}$ へと変換できる．したがって，この状況では，入力量子状態には依存しない符号化と復号が存在し，ノイズレスな量子通信を実現できる．一方で，単なる量子通信容量においては，一般には符号化と復号は入力量子状態 $|\rho\rangle^{A'R}$ に依存してもよい．ダイアモンド・ノルムの下での量子通信容量の方がより強い制約を課しているので，当然，$Q^\diamond(\mathcal{N}^{A \to B}) \le Q(\mathcal{N}^{A \to B})$ が成り立つ．また，エンタングルメント生成容量は，量子通信容量の入力状態を最大エンタングル状態に固定しているので，さらに特殊な場合を考えている．したがって，エンタングルメント生成容量が量子通信容量より小さくなることはない．以上の考察から，

$$Q^\diamond(\mathcal{N}^{A \to B}) \le Q(\mathcal{N}^{A \to B}) \le E(\mathcal{N}^{A \to B}) \tag{12.12}$$

が成り立つことが分かる．

　一方で，素直に考えると (12.12) の逆の関係は成り立たないように思えるだろう．練習問題 120 から分かるとおり，各復元エラーの値が大きく異なる状況も存在するからだ．ところが，実際には，

$$Q^\diamond(\mathcal{N}^{A \to B}) = Q(\mathcal{N}^{A \to B}) = E(\mathcal{N}^{A \to B}) \tag{12.13}$$

が成り立つ．この関係式 (12.13) は，量子通信容量が復元エラーの定義の微細な違いに依存しないことを意味するものでもあり，量子通信容量という量の素性のよさを示唆するものといえる．次節では (12.13) を示そう．

■12.1.2　量子通信容量の等価性

　ここでは，文献[4] の手法に従って各種通信容量の等価性を示す．まずはその主張を定理として述べておこう．

定理 12.3（量子通信容量とエンタングルメント生成容量の等価性）　任意の量子チャンネル $\mathcal{N}^{A \to B}$ に対して，

$$Q^\diamond(\mathcal{N}^{A \to B}) = Q(\mathcal{N}^{A \to B}) = E(\mathcal{N}^{A \to B}) \tag{12.14}$$

が成り立つ．

　証明の方針は，$Q^\diamond(\mathcal{N}^{A \to B}) = E(\mathcal{N}^{A \to B})$ を示すことである．前節での議論から (12.12) が成り立つため，この等号を示せれば定理 12.3 は直ちに従う．$Q^\diamond(\mathcal{N}^{A \to B}) = E(\mathcal{N}^{A \to B})$ を証明するために，まず二つの補題を示す．

補題 12.4　量子系 A 上の量子チャンネル $\mathcal{T}^A$ が，任意の純粋状態 $|\varphi\rangle^A$ に対して，$\| \mathcal{T}^A(|\varphi\rangle\langle\varphi|^A) - |\varphi\rangle\langle\varphi|^A \|_1 \le \epsilon$ を満たすとき，$\| \mathcal{T}^A - \mathrm{id}^A \|_\diamond \le 2\sqrt{\epsilon}$ が成り立つ．

証明（補題 12.4 の証明）　ダイアモンド・ノルムの性質から，$\|\mathcal{T}^A - \mathrm{id}^A\|_\diamond \le 2\sqrt{\epsilon}$ を示すためには，系 A と同型の量子系 R を導入し，任意の純粋状態 $|\rho\rangle^{AR}$ に対して，

$$\left\|\mathcal{T}^A(|\rho\rangle\langle\rho|^{AR}) - |\rho\rangle\langle\rho|^{AR}\right\|_1 \le 2\sqrt{\epsilon} \tag{12.15}$$

が成り立つことを示せばよい.

トレース距離と忠実度の関係（命題 4.4）より，

$$\left\|\mathcal{T}^A(|\rho\rangle\langle\rho|^{AR}) - |\rho\rangle\langle\rho|^{AR}\right\|_1 \le 2\sqrt{1 - F\left(\mathcal{T}^A(|\rho\rangle\langle\rho|^{AR}), |\rho\rangle\langle\rho|^{AR}\right)} \tag{12.16}$$

が従う. ここで，$|\rho\rangle^{AR}$ の Schmidt 分解を $|\rho\rangle^{AR} = \sum_j \sqrt{p_j}|e_j\rangle^A \otimes |f_j\rangle^R$ とすると，Hölder の不等式を用いることで，

$$1 - F\left(\mathcal{T}^A(|\rho\rangle\langle\rho|^{AR}), |\rho\rangle\langle\rho|^{AR}\right) = \sum_{j,k} p_j p_k \operatorname{Tr}\left[\left(|e_j\rangle\langle e_k|^A - \mathcal{T}^A(|e_j\rangle\langle e_k|^A)\right)|e_k\rangle\langle e_j|^A\right] \tag{12.17}$$

$$\le \sum_{j,k} p_j p_k \left\|(|e_j\rangle\langle e_k|^A - \mathcal{T}^A(|e_j\rangle\langle e_k|^A))|e_k\rangle\langle e_j|^A\right\|_1 \tag{12.18}$$

$$\le \sum_{j,k} p_j p_k \left\||e_j\rangle\langle e_k|^A - \mathcal{T}^A(|e_j\rangle\langle e_k|^A)\right\|_\infty \left\||e_k\rangle\langle e_j|^A\right\|_1 \tag{12.19}$$

$$= \sum_{j,k} p_j p_k \left\||e_j\rangle\langle e_k|^A - \mathcal{T}^A(|e_j\rangle\langle e_k|^A)\right\|_\infty \tag{12.20}$$

を得る.

ここで，任意の $j \neq k$ に対して，$|\omega_\alpha\rangle^A = (|e_j\rangle^A + i^\alpha|e_k\rangle^A)/\sqrt{2}$ $(\alpha = 0, 1, 2, 3)$ とおくと，これは純粋状態であり，$|e_j\rangle\langle e_k| = \sum_{\alpha=0}^{3} i^\alpha |\omega_\alpha\rangle\langle\omega_\alpha|^A/2$ を満たす. したがって，

$$\left\||e_j\rangle\langle e_k|^A - \mathcal{T}^A(|e_j\rangle\langle e_k|^A)\right\|_\infty \le \frac{1}{2}\sum_{\alpha=0}^{3}\left\||\omega_\alpha\rangle\langle\omega_\alpha|^A - \mathcal{T}^A(|\omega_\alpha\rangle\langle\omega_\alpha|^A)\right\|_\infty \tag{12.21}$$

$$\le \frac{1}{4}\sum_{\alpha=0}^{3}\left\||\omega_\alpha\rangle\langle\omega_\alpha|^A - \mathcal{T}^A(|\omega_\alpha\rangle\langle\omega_\alpha|^A)\right\|_1 \tag{12.22}$$

$$\le \epsilon \tag{12.23}$$

が成り立つ. ここで，トレースレスの行列 M に対して $\|M\|_\infty \le \|M\|_1/2$ が成り立つことと，任意の純粋状態 $|\varphi\rangle^A$ に対して，$\|\mathcal{T}^A(|\varphi\rangle\langle\varphi|^A) - |\varphi\rangle\langle\varphi|^A\|_1 \le \epsilon$ が成り立つというこの補題の仮定を用いた. また，補題の仮定より，全ての j に対して

$$\left\||e_j\rangle\langle e_j|^A - \mathcal{T}^A(|e_j\rangle\langle e_j|^A)\right\|_\infty \le \epsilon \tag{12.24}$$

が成り立つことも分かる.

これらを (12.20) に代入し，さらに (12.16) に代入することで，$\left\|\mathcal{T}^A(|\rho\rangle\langle\rho|^{AR}) - |\rho\rangle\langle\rho|^{AR}\right\|_1 \le 2\sqrt{\epsilon}$ を得る. 　　　□

練習問題 121　トレースレスの行列 M に対しては，$\|M\|_\infty \le \|M\|_1/2$ が成り立つことを示せ.

補題 12.5　次元が d_A である量子系 A 上の量子チャンネル $\mathcal{T}^A$ が，系 AR 上の最大エンタングル状態 $|\Phi\rangle^{AR}$ に対して

$$\left\| \mathcal{T}^A\big(|\Phi\rangle\langle\Phi|^{AR}\big) - |\Phi\rangle\langle\Phi|^{AR} \right\|_1 \le \epsilon \tag{12.25}$$

を満たすとする．このとき，次元が $d_B \le d_A/2$ を満たす任意の量子系 B に対して，

$$\left\| \mathcal{P}^{A\to B} \circ \mathcal{T}^A \circ \mathcal{V}^{B\to A} - \mathrm{id}^B \right\|_\diamond \le 4\sqrt{\epsilon} \tag{12.26}$$

を満たすアイソメトリ $V^{B\to A}$ と量子チャンネル $\mathcal{P}^{A\to B}$ が存在する．

　　補題 12.5 において，$\mathcal{V}^{B\to A}$ という表記を用いたが，これはアイソメトリ $V^{B\to A}$ を用いて $\mathcal{V}^{B\to A}(\sigma^B) = V^{B\to A}\sigma^B(V^{B\to A})^\dagger$ で与えられる量子チャンネルである．

証明（補題 12.5 の証明）　量子系 A の正規直交基底を以下の手順で定める．まず，$\mathcal{H}^A_{d_A-1} = \mathcal{H}^A$ とする．$j = d_A-1, \ldots, 1, 0$ に対して，順次，

$$|\varphi_j\rangle^A := \mathrm{argmax}_{|\varphi\rangle \in \mathcal{H}^A_j} \left\| \mathcal{T}^A(|\varphi\rangle\langle\varphi|^A) - |\varphi\rangle\langle\varphi|^A \right\|_1 \tag{12.27}$$

$$\mathcal{H}^A_{j-1} := \mathrm{span}\{|\varphi_{d_A-1}\rangle^A, |\varphi_{d_A-2}\rangle^A, \ldots, |\varphi_j\rangle^A\}^\perp \tag{12.28}$$

を定める．ここで，argmax とは最大を達成する元を表し，$\mathcal{K}^\perp$ はヒルベルト空間 $\mathcal{K}$ の直交補空間を意味する．このように構成された量子状態の集合 $\{|\varphi_j\rangle^A\}_{j=0}^{d_A-1}$ は，構成から $\langle\varphi_i|\varphi_j\rangle = \delta_{ij}$ を満たすため，系 A の正規直交基底である．また，$i \le j$ に対して，

$$\left\| \mathcal{T}^A(|\varphi_i\rangle\langle\varphi_i|^A) - |\varphi_i\rangle\langle\varphi_i|^A \right\|_1 \le \left\| \mathcal{T}^A(|\varphi_j\rangle\langle\varphi_j|^A) - |\varphi_j\rangle\langle\varphi_j|^A \right\|_1 \tag{12.29}$$

が成り立つことに注意せよ．こうして定めた系 A の正規直交基底を用いて，系 R の状態を $|\bar\varphi_j\rangle^R = \sqrt{d_A}\langle\varphi_j|^A|\Phi\rangle^{AR}$ と定めると，$\{|\bar\varphi_j\rangle^R\}_{j=0}^{d_A-1}$ は系 R の正規直交基底になる．

　　このような系 A と系 R の基底を用いると，最大エンタングル状態 $|\Phi\rangle^{AR}$ は

$$|\Phi\rangle^{AR} = \frac{1}{\sqrt{d_A}} \sum_{j=0}^{d_A-1} |\varphi_j\rangle^A \otimes |\bar\varphi_j\rangle^R \tag{12.30}$$

と表せる．この表記を用いると，(12.25) は，

$$\epsilon \ge \frac{1}{d_A} \left\| \sum_{j,k=0}^{d_A-1} \Big(\mathcal{T}^A(|\varphi_j\rangle\langle\varphi_k|^A) - |\varphi_j\rangle\langle\varphi_k|^A \Big) \otimes |\bar\varphi_j\rangle\langle\bar\varphi_k|^R \right\|_1 \tag{12.31}$$

と表せる．ここで，系 R 上に $\rho \mapsto \sum_j \langle\bar\varphi_j|\rho|\bar\varphi_j\rangle|\bar\varphi_j\rangle\langle\bar\varphi_j|$ という量子チャンネルを作用させると，トレース距離が量子チャンネルの下で単調減少であるため，

$$\epsilon \ge \frac{1}{d_A} \left\| \sum_{j=0}^{d_A-1} \Big(\mathcal{T}^A(|\varphi_j\rangle\langle\varphi_j|^A) - |\varphi_j\rangle\langle\varphi_j|^A \Big) \otimes |\bar\varphi_j\rangle\langle\bar\varphi_j|^R \right\|_1 \tag{12.32}$$

$$= \frac{1}{d_A} \sum_{j=0}^{d_A-1} \left\| \mathcal{T}^A(|\varphi_j\rangle\langle\varphi_j|^A) - |\varphi_j\rangle\langle\varphi_j|^A \right\|_1 \tag{12.33}$$

が従う．

　　さて，(12.33) はトレース距離の平均が ϵ 以下であることを意味するため，

$$\left\| \mathcal{T}^A \big(|\varphi_j\rangle\langle\varphi_j|^A \big) - |\varphi_j\rangle\langle\varphi_j|^A \right\|_1 \le 2\epsilon \tag{12.34}$$

を満たす j が必ず存在する. この式を満たす最大の j を $d-1$ と表すことにすると, (12.29) より, $j \in \{0, \dots, d-1\}$ に対しては,

$$0 \le \left\| \mathcal{T}^A \big(|\varphi_j\rangle\langle\varphi_j|^A \big) - |\varphi_j\rangle\langle\varphi_j|^A \right\|_1 \le 2\epsilon \tag{12.35}$$

が成り立ち, $j \in \{d, \cdots, d_A - 1\}$ に対しては,

$$2\epsilon < \left\| \mathcal{T}^A \big(|\varphi_j\rangle\langle\varphi_j|^A \big) - |\varphi_j\rangle\langle\varphi_j|^A \right\|_1 \tag{12.36}$$

が成り立つ. これらの下限を (12.33) に代入することで $\epsilon > 2\epsilon(d_A - d)/d_A$ が成り立つことが分かるので, $d > d_A/2$ である. また, 正規直交基底 $\{|\varphi_0\rangle^A, \dots, |\varphi_{d_A-1}\rangle^A\}$ の構成から, 部分空間 $\mathcal{H}^A_{\le} := \mathrm{span}\{|\varphi_0\rangle^A, \dots, |\varphi_{d-1}\rangle^A\}$ に含まれる任意の量子状態 $|\varphi\rangle$ は,

$$\left\| \mathcal{T}^A \big(|\varphi\rangle\langle\varphi|^A \big) - |\varphi\rangle\langle\varphi|^A \right\|_1 \le 2\epsilon \tag{12.37}$$

を満たす.

さて, $d_B \le d_A/2$ を満たす任意の量子系 B から量子系 A へのアイソメトリ $V^{B \to A}$ を, $\mathrm{Im}V^{B \to A} \subseteq \mathcal{H}^A_{\le}$ を満たすように取る. $\mathcal{H}^A_{\le}$ の次元 d は $d_A/2 < d$ を満たすため, そのようなアイソメトリが存在する. 以下では, 射影演算子 $V^{B \to A}(V^{B \to A})^\dagger$ を Π_V^A と表す. 一方で, 量子系 A から量子系 B への量子チャンネル $\mathcal{P}^{A \to B}$ を, 系 B の最大混合状態 π^B を用いて

$$\mathcal{P}^{A \to B}(\rho^A) := (V^{B \to A})^\dagger \rho^A V^{B \to A} + \mathrm{Tr}\Big[(I^A - \Pi_V^A)\rho^A \Big] \pi^B \tag{12.38}$$

とする. この写像が CPTP 写像であることは容易に確認できる.

三角不等式を用いると, 任意の量子純粋状態 $|\psi\rangle^B \in \mathcal{H}^B$ に対して,

$$\begin{aligned}
&\left\| \mathcal{P}^{A \to B} \circ \mathcal{T}^A \circ \mathcal{V}^{B \to A} \big(|\psi\rangle\langle\psi|^B \big) - |\psi\rangle\langle\psi|^B \right\|_1 \\
&\le \left\| (V^{B \to A})^\dagger \Big(\mathcal{T}^A \circ \mathcal{V}^{B \to A} \big(|\psi\rangle\langle\psi|^B \big) \Big) V^{B \to A} - |\psi\rangle\langle\psi|^B \right\|_1 \\
&\quad + \mathrm{Tr}\Big[(I^A - \Pi_V^A) \mathcal{T}^A \circ \mathcal{V}^{B \to A} \big(|\psi\rangle\langle\psi|^B \big) \Big]
\end{aligned} \tag{12.39}$$

を得る. 右辺第一項は, トレース距離がアイソメトリで不変であることを用いると,

$$\begin{aligned}
&\left\| (V^{B \to A})^\dagger \Big(\mathcal{T}^A \circ \mathcal{V}^{B \to A} \big(|\psi\rangle\langle\psi|^B \big) \Big) V^{B \to A} - |\psi\rangle\langle\psi|^B \right\|_1 \\
&= \left\| \Pi_V^A \Big(\mathcal{T}^A \circ \mathcal{V}^{B \to A} \big(|\psi\rangle\langle\psi|^B \big) \Big) \Pi_V^A - \mathcal{V}^{B \to A} \big(|\psi\rangle\langle\psi|^B \big) \right\|_1
\end{aligned} \tag{12.40}$$

と書き換えられる. さらに, $\Pi_V^A V^{B \to A} |\psi\rangle^B = V^{B \to A} |\psi\rangle^B$ を用いると,

$$\begin{aligned}
&\left\| \Pi_V^A \Big(\mathcal{T}^A \circ \mathcal{V}^{B \to A} \big(|\psi\rangle\langle\psi|^B \big) \Big) \Pi_V^A - \mathcal{V}^{B \to A} \big(|\psi\rangle\langle\psi|^B \big) \right\|_1 \\
&= \left\| \Pi_V^A \Big(\mathcal{T}^A \circ \mathcal{V}^{B \to A} \big(|\psi\rangle\langle\psi|^B \big) - \mathcal{V}^{B \to A} \big(|\psi\rangle\langle\psi|^B \big) \Big) \Pi_V^A \right\|_1
\end{aligned} \tag{12.41}$$

$$\le \left\| \mathcal{T}^A \circ \mathcal{V}^{B \to A} \big(|\psi\rangle\langle\psi|^B \big) - \mathcal{V}^{B \to A} \big(|\psi\rangle\langle\psi|^B \big) \right\|_1 \tag{12.42}$$

$$\le 2\epsilon \tag{12.43}$$

を得る. 最後の不等式は $\mathcal{V}^{B\to A}(|\psi\rangle\langle\psi|^B)\in\mathcal{H}_{\leq}^{A}$ であるため, (12.37) から従う.

一方で, (12.39) の右辺第二項は, アイソメトリによるトレース・ノルムの不変性を用いることで,

$$\mathrm{Tr}\Big[\big(I^A-\Pi_V^A\big)\mathcal{T}^A\circ\mathcal{V}^{B\to A}\big(|\psi\rangle\langle\psi|^B\big)\Big]$$

$$=1-\mathrm{Tr}\Big[\Pi_V^A\mathcal{T}^A\circ\mathcal{V}^{B\to A}\big(|\psi\rangle\langle\psi|^B\big)\Big]\tag{12.44}$$

$$=\mathrm{Tr}\Big[\big(V^{B\to A}\big)^{\dagger}\Big(\mathcal{V}^{B\to A}\big(|\psi\rangle\langle\psi|^B\big)-\mathcal{T}^A\circ\mathcal{V}^{B\to A}\big(|\psi\rangle\langle\psi|^B\big)\Big)V^{B\to A}\Big]\tag{12.45}$$

$$\leq\Big\|\big(V^{B\to A}\big)^{\dagger}\Big(\mathcal{V}^{B\to A}\big(|\psi\rangle\langle\psi|^B\big)-\mathcal{T}^A\circ\mathcal{V}^{B\to A}\big(|\psi\rangle\langle\psi|^B\big)\Big)V^{B\to A}\Big\|_1\tag{12.46}$$

$$\leq\Big\|\mathcal{V}^{B\to A}\big(|\psi\rangle\langle\psi|^B\big)-\mathcal{T}^A\circ\mathcal{V}^{B\to A}\big(|\psi\rangle\langle\psi|^B\big)\Big\|_1\tag{12.47}$$

$$\leq2\epsilon\tag{12.48}$$

と上から抑えられる. 最後の不等式では, $\mathcal{V}^{B\to A}(|\psi\rangle\langle\psi|^B)\in\mathcal{H}_{\leq}^{A}$ と (12.37) を用いた.

以上より, 任意の量子純粋状態 $|\psi\rangle^B\in\mathcal{H}^B$ に対して,

$$\Big\|\mathcal{P}^{A\to B}\circ\mathcal{T}^A\circ\mathcal{V}^{B\to A}\big(|\psi\rangle\langle\psi|^B\big)-|\psi\rangle\langle\psi|^B\Big\|_1\leq4\epsilon\tag{12.49}$$

が成り立つことが分かった. 補題 12.4 を用いることで, (12.26) を得る. □

補題 12.5 は, 最大エンタングル状態をほぼ不変に保つ量子チャンネル $\mathcal{T}^A$ があったとすると, 系 A の半分以下の次元を持つ任意の量子系 B を系 A の部分空間に埋め込み, 量子チャンネル $\mathcal{T}^A$ をかけた後に追加の量子チャンネル $\mathcal{P}^{A\to B}$ を作用させることで, 系 B 上の恒等写像を実現できることを示唆するものである. この補題を用いることで, $Q^{\diamond}(\mathcal{N}^{A\to B})=E(\mathcal{N}^{A\to B})$ を示す.

証明(定理 12.3 の証明)　定理 12.3 を示すためには, $Q^{\diamond}(\mathcal{N}^{A\to B})\geq E(\mathcal{N}^{A\to B})$ を示せば十分である. 逆の不等号は自明に従う.

エンタングルメント生成容量 $E(\mathcal{N}^{A\to B})$ を達成する符号化と復号の組の列を $\{(\mathcal{E}_n^{A'\to A^n},\mathcal{D}_n^{B^n\to A'})\}_n$ とおく. 定義より,

$$\frac{1}{2}\Big\|\mathcal{D}_n^{B^n\to A'}\circ\mathcal{N}_n^{A^n\to B^n}\circ\mathcal{E}_n^{A'\to A^n}\big(|\Phi\rangle\langle\Phi|^{A'R}\big)-|\Phi\rangle\langle\Phi|^{A'R}\Big\|_1\leq\epsilon_n\tag{12.50}$$

と $\lim_{n\to\infty}\epsilon_n=0$ を満たす実数列 $\{\epsilon_n\}_n$ が存在する.

補題 12.5 より, $\dim\mathcal{H}^{A''}=\dim\mathcal{H}^{A'}/2$ を満たす量子系 A'' から A' へのアイソメトリ $V^{A''\to A'}$ と量子チャンネル $\mathcal{P}^{A'\to A''}$ が存在し, 全ての $n\in\mathbb{Z}_{>}$ に対して,

$$\frac{1}{2}\Big\|\mathcal{P}^{A'\to A''}\circ\mathcal{D}_n^{B^n\to A'}\circ\mathcal{N}_n^{A^n\to B^n}\circ\mathcal{E}_n^{A'\to A^n}\circ\mathcal{V}^{A''\to A'}-\mathrm{id}^{A''}\Big\|_{\diamond}\leq2\sqrt{2\epsilon_n}\tag{12.51}$$

が満たされる. ここで, $\mathcal{E}_n^{A''\to A^n}:=\mathcal{E}_n^{A'\to A^n}\circ\mathcal{V}^{A''\to A'}$ を新たな符号化, $\mathcal{D}_n^{B^n\to A''}:=\mathcal{P}^{A'\to A''}\circ\mathcal{D}_n^{B^n\to A'}$ を新たな復号と思えば,

$$\frac{1}{2}\Big\|\mathcal{D}_n^{B^n\to A''}\circ\mathcal{N}_n^{A^n\to B^n}\circ\mathcal{E}_n^{A''\to A^n}-\mathrm{id}^{A''}\Big\|_{\diamond}\leq2\sqrt{2\epsilon_n}\tag{12.52}$$

と書ける.

この左辺はダイアモンド・ノルムの下での量子通信容量における復元エラー $\epsilon_n^\circ(\mathcal{E}_n, \mathcal{D}_n | \mathcal{N})$ に他ならない. 右辺が n が大きい漸近極限でゼロに近づくため, このエラーも漸近極限でゼロに近づく. したがって, ダイアモンド・ノルムの下での量子通信容量は

$$Q^\diamond(\mathcal{N}^{A \to B}) \geq \lim_{n \to \infty} \frac{\log \dim \mathcal{H}^{A''}}{n} \tag{12.53}$$

$$= \lim_{n \to \infty} \frac{\log(\dim \mathcal{H}^{A'}/2)}{n} \tag{12.54}$$

$$= \lim_{n \to \infty} \frac{\log \dim \mathcal{H}^{A'}}{n} = E(\mathcal{N}^{A \to B}) \tag{12.55}$$

を満たす. □

定理 12.3 より, 二つの量子通信容量とエンタングルメント生成容量を定める際に用いた復元エラーは一般には異なる値を取るものの, 漸近極限によって定まる通信容量そのものは全て同じになることが分かる. 以下では特筆する必要がない場合は, 一括りに量子通信容量と呼ぶことにする.

12.2 量子通信容量定理

与えられた量子チャンネル $\mathcal{N}^{A \to B}$ に対する量子通信容量を求めることは, 量子情報理論における積年の課題の一つである. 現在のところ, 一般の量子チャンネルに対する量子通信容量を効率的に計算可能な形で表現することはできていないが, それらは形式的にはコヒーレント情報量（*coherent information*）と呼ばれる量で特徴付けられることが分かっている.

コヒーレント情報量は, 基本的には条件付きエントロピーの正負を逆転させたものであり, 以下のように定義される.

定義 12.6（コヒーレント情報量） 量子チャンネル $\mathcal{T}^{A \to B}$ と, 系 A の量子状態 ρ^A が与えられたとする. 系 A と同型の量子系 $\hat{A}$ を導入し, 量子状態 ρ^A の純粋化を $|\rho\rangle^{A\hat{A}}$ とする. また, $\mathcal{T}^{\hat{A} \to B}(|\rho\rangle\langle\rho|^{A\hat{A}})$ の条件付きエントロピーを $H(A|B)_{\mathcal{T}(|\rho\rangle\langle\rho|)}$ とする. このとき,

$$I_c(\rho^A, \mathcal{T}^{A \to B}) = -H(A|B)_{\mathcal{T}(|\rho\rangle\langle\rho|)} \tag{12.56}$$

を $(\rho^A, \mathcal{T}^{A \to B})$ のコヒーレント情報量と呼ぶ. また,

$$I_c(\mathcal{T}^{A \to B}) = \max_\rho I_c(\rho^A, \mathcal{T}^{A \to B}) \tag{12.57}$$

を, 量子チャンネル $\mathcal{T}^{A \to B}$ の最大コヒーレント情報量と呼ぶ. ここで, 最大化は系 A の量子状態全てで取る.

練習問題 122 任意の量子チャンネル $\mathcal{T}^{A \to B}$ に対して, $I_c(\mathcal{T}^{A \to B}) \geq 0$ が成り立つことを示せ.

条件付きエントロピー $H(A|B)_\sigma$ は，一般的には量子状態 σ^{AB} が持つ系 A と系 B の間の量子相関の指標と解釈することもできる．例えば，$H(A|B)_\sigma$ が負であるときには，σ^{AB} は必ずエンタングルしている．このことから，$(\rho^A, \mathcal{T}^{A\to B})$ のコヒーレント情報量は，量子状態 ρ^A の純粋化状態 $|\rho\rangle^{AA'}$ の片方の系に量子チャンネルを作用させたとき，系 A と系 B の間にどの程度量子相関が残っているかを表す指標であると直観的には理解できる．

また，以下の練習問題 123 より，コヒーレント情報量は，量子チャンネルを作用した後の量子状態のエントロピーと，量子チャンネルを作用させることで環境系に捨てられたエントロピーの差によって表すこともできる．

練習問題 123 量子チャンネル $\mathcal{T}^{A\to B}$ の相補チャンネルを $\bar{\mathcal{T}}^{A\to E}$ とする．このとき，$(\rho^A, \mathcal{T}^{A\to B})$ のコヒーレント情報量 $I_c(\rho, \mathcal{T})$ は，

$$I_c(\rho^A, \mathcal{T}^{A\to B}) = H(B)_{\mathcal{T}(\rho)} - H(E)_{\bar{\mathcal{T}}(\rho)} \tag{12.58}$$

と表せることを示せ．

量子チャンネルの最大コヒーレント情報量を用いると，量子通信容量を比較的簡潔な形で表すことができる．その定理は，証明者の名前にちなんで，*Lloyd–Shor–Devetak* (*LSD*) 定理，もしくは，**量子通信容量定理**と呼ばれ，量子情報理論における最も重要な定理の一つとなっている．

定理 12.7（量子通信容量定理[45〜47]） ノイジーな量子通信路 $\mathcal{N}^{A\to B}$ の n 階テンソル積を $\mathcal{N}_n^{A^n \to B^n} = (\mathcal{N}^{A\to B})^{\otimes n}$ と表すと，

$$Q(\mathcal{N}^{A\to B}) = Q^\diamond(\mathcal{N}^{A\to B}) = E(\mathcal{N}^{A\to B}) = \lim_{n\to\infty} \frac{1}{n} I_c(\mathcal{N}_n^{A^n \to B^n}) \tag{12.59}$$

が成り立つ．

定理 12.7 を次の二つの定理に分割しておくと便利である．以下の二つの定理では，意図的に量子通信容量とエンタングルメント生成容量という言葉を使い分ける．

定理 12.8（量子通信容量の逆定理） ノイジーな量子通信路 $\mathcal{N}^{A\to B}$ のエンタングルメント生成容量 $E(\mathcal{N}^{A\to B})$ は，以下を満たす．

$$E(\mathcal{N}^{A\to B}) \le \lim_{n\to\infty} \frac{1}{n} I_c(\mathcal{N}_n^{A^n \to B^n}) \tag{12.60}$$

定理 12.9（量子通信容量の順定理） ノイジーな量子通信路 $\mathcal{N}^{A\to B}$ の量子通信容量 $Q(\mathcal{N}^{A\to B})$ は，以下を満たす．

$$Q(\mathcal{N}^{A\to B}) \ge \lim_{n\to\infty} \frac{1}{n} I_c(\mathcal{N}_n^{A^n \to B^n}) \tag{12.61}$$

逆定理 12.8 と順定理 12.9 を，三種類の容量の等価性を示唆する定理 12.3 と組み合わせると，量子通信容量定理 12.7 が従う．

ここで，量子通信容量定理だけから，量子通信容量とエンタングルメント生成容量の

等価性を導けることに注意されたい. これは, 自明に成り立つ関係式である $Q(\mathcal{N}^{A \to B}) \leq E(\mathcal{N}^{A \to B})$ と, 逆定理 12.8 と順定理 12.9 を組み合わせることで,

$$\lim_{n \to \infty} \frac{1}{n} I_c(\mathcal{N}_n^{A^n \to B^n}) \leq Q(\mathcal{N}^{A \to B}) \leq E(\mathcal{N}^{A \to B}) \leq \lim_{n \to \infty} \frac{1}{n} I_c(\mathcal{N}_n^{A^n \to B^n}) \tag{12.62}$$

が成り立つからだ. しかし, この証明ではダイアモンド・ノルムの下での量子通信容量に関する示唆は得られない. また, この証明は量子通信容量定理に依存するものであるため, 他のシナリオへの応用も困難である. このような理由から, 本書では補題 12.5 に基づく定理 12.3 の証明を与えた.

▌12.2.1 量子通信容量の逆定理の証明

まず, 量子通信容量の逆定理 12.8, つまり, ノイジーな量子通信路 $\mathcal{N}^{A \to B}$ のエンタングルメント生成容量 $E(\mathcal{N}^{A \to B})$ が,

$$E(\mathcal{N}^{A \to B}) \leq \lim_{n \to \infty} \frac{1}{n} I_c(\mathcal{N}_n^{A^n \to B^n}) \tag{12.63}$$

を満たすことを示そう. ここでは少し欲を出して, 仮にノイジーな量子通信路に加えて送信者から受信者への一方向のノイズレスな古典通信を許したとしても, エンタングルメント生成容量は (12.63) の右辺を超えられないことを示す. 証明の方針は文献[3] に従っている.

具体的には, 送信者は符号化の過程で任意の量子測定を行い, その測定結果と測定後の量子状態を受信者に送ってもよい状況を考える. 測定結果 m を保持するメモリ系 M を導入し, 系 A' とリファレンス系 R の間の最大エンタングル状態を符号化した後の量子状態が,

$$|\Phi\rangle\langle\Phi|^{A'R} \mapsto \rho_{\mathrm{enc}}^{MA^n R} = \sum_m p_m |m\rangle\langle m|^M \otimes \rho_m^{A^n R} \tag{12.64}$$

で与えられるとする. ここで, p_m は測定結果 m を得る確率, $\{|m\rangle^M\}_m$ はメモリ系 M の正規直交する量子状態, $\rho_m^{A^n R}$ は測定結果 m が得られたときの量子状態である. この量子系 A^n をノイジーな量子通信路 $\mathcal{N}_n^{A^n \to B^n}$ で, メモリ系 M をノイズレスな古典通信路で送信する. 我々が元々考えていた古典通信が許されない状況は, メモリ系 M が, ヒルベルト空間が $\mathbb{C}$ で与えられる自明な量子系である場合に相当する.

受信者は, 量子系 $B^n M$ に何らかの復号量子チャンネル $\mathcal{D}^{B^n M \to A'}$ を作用させ, リファレンス系 R との間の最大エンタングル状態を復元することを目指す. その復元エラーは,

$$\frac{1}{2} \left\| \mathcal{D}^{B^n M \to A'} \circ \mathcal{N}_n^{A^n \to B^n}(\rho_{\mathrm{enc}}^{MA^n R}) - |\Phi\rangle\langle\Phi|^{A'R} \right\|_1 \tag{12.65}$$

で与えられる. この復元エラーが n が大きい漸近極限でゼロに近づくという条件の下で達成可能なエンタングルメント生成レートの上限を, **一方向古典通信を許したエンタングルメント生成容量** $E_+(\mathcal{N}^{A \to B})$ と呼ぶことにする. この量は, 古典通信を許さないエンタングルメント生成容量 $E(\mathcal{N}^{A \to B})$ より小さくなることはないので,

$$E(\mathcal{N}^{A \to B}) \leq E_+(\mathcal{N}^{A \to B}) \tag{12.66}$$

が成り立つことは明らかである.

こうして定義した一方向古典通信を許すエンタングルメント生成容量 $E_+(\mathcal{N}^{A\to B})$ に対して, 以下の定理が成り立つ.

定理 12.10 ノイジーな量子通信路 $\mathcal{N}^{A\to B}$ に対する一方向古典通信を許したエンタングルメント生成容量 $E_+(\mathcal{N}^{A\to B})$ は, 以下を満たす.

$$E_+(\mathcal{N}^{A\to B}) \le \lim_{n\to\infty} \frac{1}{n} I_c(\mathcal{N}_n^{A^n\to B^n}) \tag{12.67}$$

定理 12.10 と (12.66) を組み合わせると, 直ちに量子通信容量の逆定理 12.8 が従う.

証明(定理 12.10 の証明)　上記の量子通信を行った結果, 復元エラーが,

$$\frac{1}{2}\left\| \mathcal{D}^{B^nM\to A'} \circ \mathcal{N}_n^{A^n\to B^n}(\rho_{\mathrm{enc}}^{MA^nR}) - |\Phi\rangle\langle\Phi|^{A'R}\right\|_1 \le \epsilon_n \tag{12.68}$$

を満たすとする. ただし, ϵ_n は $\lim_{n\to\infty}\epsilon_n = 0$ を満たすものである. エントロピーの性質と, 条件付きエントロピーの連続性を与える Alicki–Fannes–Winter の不等式(定理 6.17), および, データ処理不等式を用いると,

$$\log\dim\mathcal{H}^{A'} = -H(R|A')_{|\Phi\rangle\langle\Phi|} \tag{12.69}$$

$$\le -H(R|A')_{\mathcal{D}_n\circ\mathcal{N}_n(\rho_{\mathrm{enc}})} + f(\epsilon_n) \tag{12.70}$$

$$\le -H(R|B^nM)_{\mathcal{N}_n(\rho_{\mathrm{enc}})} + f(\epsilon_n) \tag{12.71}$$

が成り立つ. ここで, $f(\epsilon) = 2\epsilon\log\dim\mathcal{H}^{A'} + (1+\epsilon)h\epsilon/(1+\epsilon)$ である.

さて,

$$\mathcal{N}_n^{A^n\to B^n}(\rho_{\mathrm{enc}}) = \sum_m p_m|m\rangle\langle m|^M \otimes \mathcal{N}_n^{A^n\to B^n}(\rho_m^{A^nR}) \tag{12.72}$$

なので, $H(R|B^nM)_{\mathcal{N}_n(\rho_{\mathrm{enc}})} = \sum_m p_m H(R|B^n)_{\mathcal{N}_n(\rho_m)}$ が従う. よって,

$$-H(R|B^nM)_{\mathcal{N}_n(\rho_{\mathrm{enc}})} \le \max_m\{-H(R|B^n)_{\mathcal{N}_n(\rho_m)}\} \tag{12.73}$$

$$\le \max_{|\psi\rangle}\{-H(R|B^n)_{\mathcal{N}_n(|\psi\rangle\langle\psi|)}\} \tag{12.74}$$

が成り立つ. ここで, 条件付きエントロピーが量子状態の確率混合に対して凹関数であること(命題 6.14)を用いた. ここで, 系 A^n と同型の量子系 $\hat{A}^n$ を導入すると, 系 $\hat{A}^n$ の次元は系 R よりも大きい. したがって, 何らかのアイソメトリで系 R を系 $\hat{A}^n$ に埋め込むことができる. アイソメトリによって条件付きエントロピーは不変なので, 埋め込まれた状態 $|\psi_n\rangle^{A^n\hat{A}^n}$ は,

$$-H(R|B^n)_{\mathcal{N}_n(|\psi\rangle\langle\psi|)} = -H(\hat{A}^n|B^n)_{\mathcal{N}_n(|\psi_n\rangle\langle\psi_n|)} \tag{12.75}$$

を満たす. 後者の条件付きエントロピーは $\mathcal{N}_n^{A^n\to B^n}(|\psi_n\rangle\langle\psi_n|^{A^n\hat{A}^n})$ に対するものだが, 系 A^n と系 $\hat{A}^n$ が同型であることから系のラベルを付け替えて, $\mathcal{N}_n^{\hat{A}^n\to B^n}(|\psi_n\rangle\langle\psi_n|^{A^n\hat{A}^n})$ という状態を考えると, $H(\hat{A}^n|B^n)_{\mathcal{N}_n(|\psi_n\rangle\langle\psi_n|)} = H(A^n|B^n)_{\mathcal{N}_n(|\psi_n\rangle\langle\psi_n|)}$ と表せる. これを (12.74) に代入して, (12.74) の系 A^nR 上の量子状態 $|\psi\rangle^{A^nR}$ での最大化を, 系 $A^n\hat{A}^n$ 上

の量子状態 $|\psi_n\rangle^{A^n \hat{A}^n}$ での最大化に置き換えることで,

$$\max_{|\psi\rangle}\{-H(R|B^n)_{\mathcal{N}_n(|\psi\rangle\langle\psi|)}\} \leq \max_{|\psi_n\rangle}\{-H(A^n|B^n)_{\mathcal{N}_n(|\psi_n\rangle\langle\psi_n|)}\} \tag{12.76}$$

を得る. この右辺は量子チャンネル $\mathcal{N}_n^{A^n \to B^n}$ の最大コヒーレント情報量 $I_c(\mathcal{N}_n^{A^n \to B^n})$ に他ならない.

以上をまとめると,

$$\log \dim \mathcal{H}^{A'} \leq I_c(\mathcal{N}_n^{A^n \to B^n}) + f(\epsilon_n) \tag{12.77}$$

が成り立つことが分かる. 両辺を n で割り, $n \to \infty$ の極限を取ることで,

$$E_+(\mathcal{N}^{A \to B}) \leq \lim_{n \to \infty} \frac{1}{n} I_c(\mathcal{N}_n^{A^n \to B^n}) \tag{12.78}$$

が示された. $\qquad\qquad\qquad\qquad\qquad\qquad\qquad\qquad\qquad\qquad\qquad\square$

以上で, 量子通信容量の逆定理が示された. 次節以降では量子通信容量の順定理 12.9 を示すが, その前に, ノイジーな量子通信路を用いた量子通信で一方向古典通信が果たす役割について, コメントをしておこう. そのために, 一方向古典通信を許したエンタングルメント生成容量と同様の方法で, 一方向古典通信を許した量子通信容量 $Q_+(\mathcal{N}^{A \to B})$ と $Q_+^{\diamond}(\mathcal{N}^{A \to B})$ を定義する. すると, 簡単な考察から,

$$E_+(\mathcal{N}^{A \to B}) = Q_+(\mathcal{N}^{A \to B}) = Q_+^{\diamond}(\mathcal{N}^{A \to B}) \tag{12.79}$$

という関係が成り立つことが分かる.

練習問題 124 (12.79) を示せ.

さらに, 全ての容量に対して, 一方向古典通信を許すことで容量が小さくなることはないことに注意すると, (12.79) と量子通信容量の順定理 12.9, および, 定理 12.10 を組み合わせると,

$$Q^{\diamond}(\mathcal{N}^{A \to B}) = Q(\mathcal{N}^{A \to B}) = E(\mathcal{N}^{A \to B})$$

$$= Q_+^{\diamond}(\mathcal{N}^{A \to B}) = Q_+(\mathcal{N}^{A \to B}) = E_+(\mathcal{N}^{A \to B}) = \lim_{n \to \infty} \frac{1}{n} I_c(\mathcal{N}_n^{A^n \to B^n}) \tag{12.80}$$

が従う. つまり, ノイジーな量子通信路を用いた量子通信においては, 一方向古典通信を許したとしても, どの通信容量も増加しない.

▣ 12.2.2 ランダム符号化

次に, 量子通信容量の順定理 12.9 を証明する. その証明はランダム符号化 (*random coding*) と呼ばれる符号化の解析を通じて得られる.

ランダム符号化は細部の違いによってバリエーションが考えられるが, 本書では, 以下のようなランダム符号化を考える.

1) 量子チャンネル $\mathcal{N}^{A \to B}$ の入力量子系 A の部分空間として, r 次元部分空間 $\mathcal{H}_r^A \subseteq \mathcal{H}^A$ を選ぶ. ただし, $r \geq 2$ とする.

2) 量子チャンネル $\mathcal{N}_n^{A^n \to B^n}$ の入力量子系 A^n の r^n 次元部分空間 $\mathcal{H}_r^{A^n} := (\mathcal{H}_r^A)^{\otimes n} \subseteq \mathcal{H}^{A^n}$ を符号化空間と呼ぶ [*1]. アイソメトリを $V_{\mathrm{enc}}^{A' \to A^n}$ によって，量子系 A' を符号化空間 $\mathcal{H}_r^{A^n}$ の任意の部分空間へと埋め込む.

3) 符号化空間 $\mathcal{H}_r^{A^n}$ 上のユニタリ群 $\mathsf{U}(r^n)$ の Haar 測度を $\mathsf{H}(r^n)$ とする. 符号化空間上には $U \sim \mathsf{H}(r^n)$ が，符号化空間の直交補空間には恒等演算子が作用するようなユニタリ $U^{A^n} = U \oplus I$ をかける. 以下では，このようなユニタリを符号化空間上の *Haar* ランダム・ユニタリと呼ぶ. 符号化空間上の Haar ランダム・ユニタリを $U^{A^n} \sim \mathsf{H}(r^n)$ と表記する.

このように定めたランダム符号化は，ステップ 1 での r（$2 \le r \le \dim \mathcal{H}^A$）や部分空間 $\mathcal{H}_r^A \subseteq \mathcal{H}^A$ の選び方に依存し，それらはランダム符号化のある種のパラメータの役割を果たす. また，ステップ 2 では，系 A' を符号化空間の任意の部分空間へと埋め込むが，その後のステップ 3 で符号化空間上に Haar ランダム・ユニタリを作用させるため，このときの部分空間の選び方は重要ではない. 最後に，ステップ 3 ではユニタリを符号化空間上の Haar ランダム・ユニタリと直交補空間上の恒等演算子を用いて $U \oplus I$ と分解したが，符号化された量子状態は常に符号化空間内にあるため，後者の恒等演算子は解析上は全く重要ではなく，$U^{A^n} = U \oplus I$ が系 A^n 上のユニタリとなるためだけに導入したものである.

図 12.3 は，ランダム符号化のダイアグラムである. 例えば，量子状態 $|\rho\rangle^{A'R}$ の量子系 A' を上記の手続きでランダム符号化すると，符号化空間の部分空間へのアイソメトリ $V_{\mathrm{enc}}^{A' \to A^n}$ と符号化空間上の Haar ランダム・ユニタリ $U^{A^n} \sim \mathsf{H}(r^n)$ を用いて，符号化

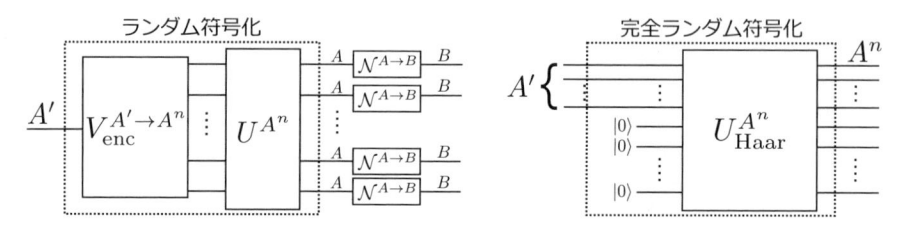

図 12.3　ランダム符号化（左図）と完全ランダム符号化（右図）の概念図. 左図では，量子系 A' をアイソメトリ $V_{\mathrm{enc}}^{A' \to A^n}$ で r^n 次元の符号化空間 $\mathcal{H}_r^{A^n} = (\mathcal{H}_r^A)^{\otimes n}$ に埋め込み，その後，符号化空間に Haar ランダム・ユニタリ $U^{A^n} \sim \mathsf{H}(r^n)$ を作用させる. この Haar ランダム・ユニタリは，ヒルベルト空間 $\mathcal{H}^{A^n}$ 全体に作用するものではないことに注意せよ. 右図は，量子系 A' と量子チャンネル $\mathcal{N}_n^{A^n \to B^n}$ の入力量子系 A^n が qubit 系である場合の完全ランダム符号化である. 純粋状態にある補助 qubit を量子系 A' に付け足すことで系を A^n に拡張し，量子系 A^n の全空間に Haar ランダム・ユニタリ $U_{\mathrm{Haar}}^{A^n} \sim \mathsf{H}$ をかける.

[*1]　本書では，説明の都合上，符号化空間という言葉を導入したが，あまり標準的な言葉遣いではない. また，符号化空間という言葉を，量子誤り訂正符号の符号語が張る「符号空間」と混同しないように注意せよ.

された量子状態は,

$$|\rho_{\text{enc}}\rangle^{A^nR} := U^{A^n} V_{\text{enc}}^{A' \to A^n} |\rho\rangle^{A'R} \tag{12.81}$$

となる. 繰り返しになるが, 符号化空間上の Haar ランダム・ユニタリ $U^{A^n} \sim \mathsf{H}(r^n)$ は $U \oplus I$ という形をしており, $\mathcal{H}^{A^n}$ 上のユニタリ群 $\mathsf{U}(\mathcal{H}^{A^n})$ 上の Haar ランダム・ユニタリではないことには注意せよ. この符号化された量子状態の部分系 A^n をノイジーな量子通信路 $\mathcal{N}_n^{A^n \to B^n}$ に入力することで, ノイズがかかった後の量子状態は,

$$\rho_{\text{noisy}}^{B^nR} := \mathcal{N}_n^{A^n \to B^n} \circ \mathcal{U}^{A^n} \circ \mathcal{V}_{\text{enc}}^{A' \to A^n} (|\rho\rangle\langle\rho|^{A'R}) \tag{12.82}$$

となる. これが, 復号を行う直前の量子状態である.

既に述べたとおり, ランダム符号化は, 次元 r や r 次元部分空間 $\mathcal{H}_r^A \subseteq \mathcal{H}^A$ の選び方に依存するが, 最も単純な選び方として $\mathcal{H}_r^A = \mathcal{H}^A$ という取り方が考えられる. この場合のランダム符号化を, 本書では完全ランダム符号化 (*fully random coding*) と呼ぶことにする[*2]. 完全ランダム符号化では, 符号化空間はノイジーな量子通信路の入力量子系 $\mathcal{H}^{A^n}$ そのものになり, 符号化空間上の Haar ランダム・ユニタリは, 単に量子系 A^n 上の Haar ランダム・ユニタリ $U^{A^n} \sim \mathsf{H}$ になる. 完全ランダム符号化は理解しやすいというメリットはあるものの, 以下で詳細に説明するとおり, ノイジーな量子通信路の種類によっては必ずしも最適な符号化とはならない.

ランダム符号化では Haar ランダム・ユニタリを用いるため, 符号化を行うたびに異なるユニタリが選ばれて異なる符号化が行われる. この意味で, ランダム符号化は確率的な符号化といえる. 以下の定理は, ランダム符号化を行った際の量子通信レートと平均的な復元エラーの関係を与える.

定理 12.11 ノイジーな量子通信路 $\mathcal{N}^{A \to B}$ と量子系 $A'R$ の純粋状態 $|\rho\rangle^{A'R}$ に対して, 入力量子系 A の部分空間 $\mathcal{H}_r^A \subseteq \mathcal{H}^A$ で特徴付けられる上述のランダム符号化を行い, 量子チャンネル $\mathcal{D}_n^{B \to A'}$ で復号した際の復元エラーを $\epsilon_n(U, \mathcal{D}_n | \mathcal{N}, \rho)$ とする. また, 部分空間 $\mathcal{H}_r^A$ 上の一様混合状態を π_r^A として,

$$\lim_{n \to \infty} \frac{1}{n} \log \dim \mathcal{H}^{A'} < I_c(\pi_r^A, \mathcal{N}^{A \to B}) \tag{12.83}$$

が成り立つとする. このとき, 全ての $|\rho\rangle^{A'R}$ に対して,

$$\lim_{n \to \infty} \mathbb{E}_{U^{A^n} \sim \mathsf{H}(r^n)} [\epsilon_n(U, \mathcal{D}_n | \mathcal{N}, \rho)] = 0 \tag{12.84}$$

を満たす復号量子チャンネルの列 $\{\mathcal{D}_n\}_n$ が存在する. ここで, $\mathbb{E}_{U^{A^n} \sim \mathsf{H}(r^n)}$ は, 符号化空間上での Haar ランダム・ユニタリ $U^{A^n} \sim \mathsf{H}(r^n)$ での平均である.

定理 12.11 より, 条件 (12.83) が満たされていれば, ランダム符号化を復号するよい復号量子チャンネルが存在し, 漸近極限で平均復元エラーがゼロに収束する. 復元エラーは非負であるため, 復元エラーが平均でゼロに近づくことは符号化空間上の Haar ラン

[*2] この表現は本書特有のものであり, 一般的ではない.

ダム・ユニタリのほぼ全てに対して復元エラーがゼロに収束することを意味する．つまり，ランダム符号化では符号化のたびに異なる符号化が行われるものの，(12.83) が満たされている場合は復元エラーは確率 1 でゼロに漸近収束するため，どの符号化が行われたかを気にする必要はない．

定理 12.11 の証明にはやや数学的な準備が必要になるため後回しにし，次節では，この定理に基づいて量子通信容量の順定理を示す．

■12.2.3　量子通信容量の順定理の証明

定理 12.11 を認めると，量子通信容量の順定理 12.9 は比較的簡単に示せる．ここでは，文献[4] の手法に則って示そう．まず，定理 12.11 より，ランダム符号化によって，任意の $\delta > 0$ に対して，量子通信レート $I_c(\pi_r^A, \mathcal{N}^{A \to B}) - \delta$ を漸近的に達成可能であることが分かる．量子通信容量は達成可能な量子通信レートの上限なので，定理 12.11 より，直ちに以下の系が従う．

系 12.12（ランダム符号化で達成可能な量子通信レート）　量子系 A の任意の r 次元部分空間 $\mathcal{H}_r^A \subseteq \mathcal{H}^A$ に対して，$Q(\mathcal{N}^{A \to B}) \geq I_c(\pi_r^A, \mathcal{N}^{A \to B})$ である．ただし，π_r^A は $\mathcal{H}_r^A$ 上の完全混合状態である．

さらに，系 12.12 と典型部分空間の議論を用いることで，以下の系を得る．

系 12.13　任意の量子状態 ρ^A に対して，$Q(\mathcal{N}^{A \to B}) \geq I_c(\rho^A, \mathcal{N}^{A \to B})$ である．

証明（系 12.13 の証明）　量子状態の多数のコピーが与えられた際の典型部分空間の議論を思い出そう．量子状態 ρ^A に対して，$(\rho^A)^{\otimes n}$ の典型部分空間への射影演算子を $\Pi_{\mathrm{typ}}^{A^n}$ と表す．定理 8.6 より，n が十分大きい極限では，$(\rho^A)^{\otimes n} \approx \Pi_{\mathrm{typ}}^{A^n}/\mathrm{Tr}[\Pi_{\mathrm{typ}}^{A^n}] =: \pi_{\mathrm{typ}}^{A^n}$ が成り立つのであった．

練習問題 123 より，コヒーレント情報量は相補チャンネルを用いて表現できる．量子チャンネル $\mathcal{N}^{A \to B}$ の相補チャンネルを $\bar{\mathcal{N}}^{A \to E}$ と表すと，$\mathcal{N}_n^{A^n \to B^n}$ の相補チャンネルは $\bar{\mathcal{N}}_n^{A^n \to E^n} = (\bar{\mathcal{N}}^{A \to E})^{\otimes n}$ である．この表記を用いると，

$$I_c(\sigma, \mathcal{N}_n^{A^n \to B^n}) = H(B^n)_{\mathcal{N}_n(\sigma)} - H(E^n)_{\bar{\mathcal{N}}_n(\sigma)} \tag{12.85}$$

である．この事実とエントロピーの連続性，典型部分空間の議論を組み合わせることで，以下を得る．

$$\lim_{n \to \infty} \frac{1}{n} I_c(\pi_{\mathrm{typ}}^{A^n}, \mathcal{N}_n^{A^n \to B^n}) = \lim_{n \to \infty} \frac{1}{n} \left(H(B^n)_{\mathcal{N}_n(\pi_{\mathrm{typ}})} - H(E^n)_{\bar{\mathcal{N}}_n(\pi_{\mathrm{typ}})} \right) \tag{12.86}$$

$$= \lim_{n \to \infty} \frac{1}{n} \left(H(B^n)_{\mathcal{N}(\rho)^{\otimes n}} - H(E^n)_{\bar{\mathcal{N}}(\rho)^{\otimes n}} \right) \tag{12.87}$$

$$= H(B)_{\mathcal{N}(\rho)} - H(E)_{\bar{\mathcal{N}}(\rho)} \tag{12.88}$$

$$= I_c(\rho^A, \mathcal{N}^{A \to B}) \tag{12.89}$$

(12.88) では，エントロピーがテンソル積に対して加法的であることを用いた．

一方で，系 12.12 を $\mathcal{N}_n^{A^n \to B^n}$ に適用することで，

$$\frac{1}{n}I_c(\pi_{\mathrm{typ}}^{A^n}, \mathcal{N}_n^{A^n \to B^n}) \le \frac{1}{n}Q(\mathcal{N}_n^{A^n \to B^n}) = Q(\mathcal{N}^{A \to B}) \tag{12.90}$$

を得る．最後の等式は，$\mathcal{N}_n^{A^n \to B^n} = (\mathcal{N}^{A \to B})^{\otimes n}$ と量子通信容量が量子チャンネルの使用回数の漸近極限で定義される事実から自明に従う．(12.89) と (12.90) より，$Q(\mathcal{N}^{A \to B}) \ge I_c(\rho^A, \mathcal{N}^{A \to B})$ を得る． □

最後に，量子通信容量の順定理 12.9 は，系 12.13 から直ちに従う．

証明（定理 12.9 の証明）　系 12.13 から，任意の $n \in \mathbb{Z}_>$ と任意の量子状態 $\rho_n^{A^n} \in \mathcal{S}(\mathcal{H}^{A^n})$ に対して，

$$Q(\mathcal{N}^{A \to B}) = \frac{1}{n}Q(\mathcal{N}_n^{A^n \to B^n}) \ge \frac{1}{n}I_c(\rho_n^{A^n}, \mathcal{N}_n^{A^n \to B^n}) \tag{12.91}$$

が成り立つ．この最右辺を全ての量子状態 $\rho_n^{A^n}$ で最大化し，$n \to \infty$ の極限を取れば，

$$Q(\mathcal{N}^{A \to B}) \ge \lim_{n \to \infty}\frac{1}{n}I_c(\mathcal{N}_n^{A^n \to B^n}) \tag{12.92}$$

を得る．これは，量子通信容量の順定理 12.9 に他ならない． □

このように，量子通信容量の順定理は，ランダム符号化に関する定理 12.11 の帰結として，容易に示せる．定理 12.11 はいくつかの方法で示すことができるが，以下では現代の量子情報理論の基本であるデカップリング・アプローチ（*decoupling approach*）に基づいた証明を与える．まずは次節でデカップリング・アプローチの考え方と関連する定理を示し，その後の節で定理 12.11 を示す．

12.3　デカップリング・アプローチ

デカップリング・アプローチとは，量子通信理論で発展してきた考え方であり，Knill–Laflamme 条件とは異なる形で量子誤り訂正の近似的訂正可能性を定式化するものである．ここでは，デカップリング・アプローチの基本的な考え方と，その基礎を与えるデカップリング定理について説明する．

本節で説明する内容は漸近極限を取らなくても成り立つので，本節ではノイジーな量子通信路の使用回数 n を明記しないことにする．

12.3.1　Uhlmann 復号

デカップリング・アプローチは，与えられた符号化 $\mathcal{E}^{A' \to A}$ に対して，復号量子チャンネル $\mathcal{D}^{B \to A'}$ を具体的に構築することなく，よい復号が存在するかを確かめる手段を与える．具体的に説明するために，量子系 A' を何らかの方法で符号化して量子ノイズ $\mathcal{N}^{A \to B}$ がかかった後の量子状態

$$\rho_{\mathrm{noisy}}^{BR} = \mathcal{N}^{A \to B} \circ \mathcal{E}^{A' \to A}(|\rho\rangle\langle\rho|^{A'R}) \tag{12.93}$$

の純粋化状態を考えよう. 符号化 $\mathcal{E}^{A'\to A}$ と量子ノイズ $\mathcal{N}^{A\to B}$ の Stinespring 拡張を, 各々 $V_{\mathcal{E}}^{A'\to AD}$ と $V_{\mathcal{N}}^{A\to BE}$ と表して, 量子系 DE を環境系と呼ぶことにすると,

$$|\rho_{\text{noisy}}\rangle^{BEDR} = V_{\mathcal{N}}^{A\to BE} V_{\mathcal{E}}^{A'\to AD}|\rho\rangle^{A'R} \tag{12.94}$$

が, 復号する直前のノイジーな量子状態 (12.93) の純粋化の一つである. 図 12.4 も参照されたい.

この量子純粋状態 $|\rho_{\text{noisy}}\rangle^{BEDR}$ の系 EDR 上での縮約密度行列 $\rho_{\text{noisy}}^{EDR}$ によって, よい復号が存在するための必要十分条件を与えることができる.

補題 12.14 量子状態 $\rho_{\text{noisy}}^{EDR}$ を, 純粋状態 (12.94) の部分系 EDR 上の量子状態とする. ある量子状態 σ^{ED} が存在して

$$\frac{1}{2}\left\|\rho_{\text{noisy}}^{EDR} - \sigma^{ED}\otimes\rho^{R}\right\|_1 \le \Delta \tag{12.95}$$

が成り立つとき, 必ず

$$\frac{1}{2}\left\|\mathcal{D}^{B\to A'}\circ\mathcal{N}^{A\to B}\circ\mathcal{E}^{A'\to A}\left(|\rho\rangle\langle\rho|^{A'R}\right) - |\rho\rangle\langle\rho|^{A'R}\right\|_1 \le \sqrt{2\Delta} \tag{12.96}$$

を満たす復号量子チャンネル $\mathcal{D}^{B\to A'}$ が存在する. 逆に, $0\le\epsilon\le 1$ に対して

$$\frac{1}{2}\left\|\mathcal{D}^{B\to A'}\circ\mathcal{N}^{A\to B}\circ\mathcal{E}^{A'\to A}\left(|\rho\rangle\langle\rho|^{A'R}\right) - |\rho\rangle\langle\rho|^{A'R}\right\|_1 \le \epsilon \tag{12.97}$$

を満たす符号化量子チャンネル $\mathcal{E}^{A'\to A}$ と復号量子チャンネル $\mathcal{D}^{B\to A'}$ が存在するとき, 必ず

$$\frac{1}{2}\left\|\rho_{\text{noisy}}^{EDR} - \sigma^{ED}\otimes\rho^{R}\right\|_1 \le \sqrt{2\epsilon} \tag{12.98}$$

を満たす環境系 ED 上の量子状態 σ^{ED} が存在する.

補題 12.14 より, 小さい復元エラーで量子状態を復元できることと, $\rho_{\text{noisy}}^{EDR}$ が系 ED と系 R の間でテンソル積状態に近いことが, ほぼ等価であることが分かる. テンソル積状態に近いことを何の相関も持たないという意味で「リファレンス系 R が環境系 ED か

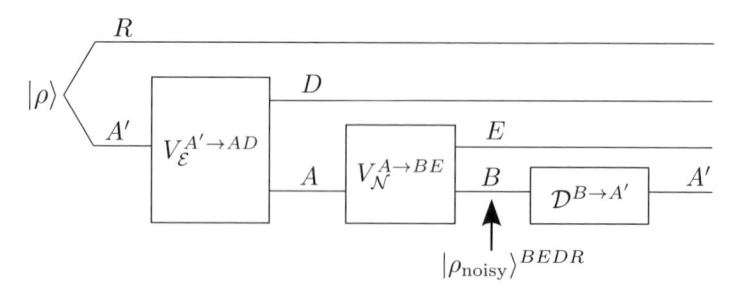

図 12.4 デカップリング・アプローチの概念図. 復号量子チャンネル $\mathcal{D}^{B\to A'}$ を作用させる直前の量子状態を純粋化するために, リファレンス系 R, 符号化 $\mathcal{E}^{A'\to A}$ の Stinespring 拡張 $V_{\mathcal{E}}^{A'\to AD}$, 量子ノイズ $\mathcal{N}^{A\to B}$ の Stinespring 拡張 $V_{\mathcal{N}}^{A\to BE}$ を導入した.

らデカップルしている」と表現できるので，これがデカップリング・アプローチの語源となっている．この考え方に基づくと，リファレンス系 R が環境系 ED からデカップルしているか否かを確かめることで，復号量子チャンネルを具体的に構築することなく，よい復号方法が存在することを示せる．これがこのアプローチが重宝される一番の理由である．

練習問題 125　ビット反転ノイズに対する 3-qubit 符号を用いて，具体的にデカップリングを確かめよう．3-qubit 符号では三つの物理 qubit を用いて一つの論理 qubit を符号化するので，系 A' は 1-qubit，系 A は 3-qubit である．仮想的に系 A' と同型のリファレンス系 R を導入し，系 $A'R$ の初期状態を $|\rho\rangle^{A'R} = \alpha|00\rangle^{A'R} + \beta|11\rangle^{A'R}$ とする．系 A' をアイソメトリ $V_{\mathrm{enc}}^{A'\to A} = |\bar{0}\rangle\langle 0| + |\bar{1}\rangle\langle 1| = |000\rangle\langle 0| + |111\rangle\langle 1|$ で符号化する．符号化がアイソメトリなので，符号化量子チャンネルの環境系 D は考えなくてよい．量子ノイズとして，ビット反転ノイズ $\mathcal{N}_{\mathrm{bit}} : \rho \mapsto p\rho + (1-p)X\rho X$ が三つの物理 qubit に独立に作用するするノイズ $\mathcal{N}_{\mathrm{bit}}^{\otimes 3}$ を考える．その量子ノイズ $\mathcal{N}_{\mathrm{bit}}^{\otimes 3}$ の Stinespring 拡張を $V_p^{A\to AE}$ とすると，復号する直前の量子状態の純粋化は，

$$V_p^{A\to AE} V_{\mathrm{enc}}^{A'\to A} |\rho\rangle^{A'R} \tag{12.99}$$

で与えられる．この状態のリファレンス系 R と環境系 E の縮約密度演算子が，ノイズ・パラメータ p の一次まではデカップルすること，つまり，系 RE のテンソル積状態になることを示せ．このことは，3-qubit 符号が一個のビット反転ノイズを訂正できることを意味する．

　補題 12.14 は，4 章で示した Uhlmann の定理 4.2 の直接的な帰結として導かれる．このことから，補題 12.14 の証明で与えられる復号方法は *Uhlmann の復号*（*Uhlmann decoder*）と呼ばれる．補題 12.14 を示すために，Uhlmann の定理 4.2 をトレース距離で書き換えておく．

補題 12.15　二つの量子状態 $\rho^A, \sigma^A \in \mathcal{S}(\mathcal{H}^A)$ に対して，$|\rho\rangle^{AB}$ と $|\sigma\rangle^{AC}$ をそれぞれの純粋化状態とする．一般性を失わずに $d_B \le d_C$ とすると，

$$\frac{1}{2}\left\| \mathcal{V}^{B\to C}(|\rho\rangle\langle\rho|)^{AB} - |\sigma\rangle\langle\sigma|^{AC} \right\|_1 \le \sqrt{\|\rho^A - \sigma^A\|_1} \tag{12.100}$$

を満たす B から C へのアイソメトリ $V^{B\to C}$ が存在する．

証明（補題 12.15）　$\|\rho^A - \sigma^A\|_1 = \delta$ とおくと，忠実度とトレース距離の関係（命題 4.4）より，$F(\rho^A, \sigma^A) \ge (1 - \delta/2)^2$ が成り立つ．したがって，Uhlmann の定理から

$$F(V^{B\to C}|\rho\rangle^{AB}, |\sigma\rangle^{AC}) \ge (1 - \delta/2)^2 \tag{12.101}$$

を満たす B から C へのアイソメトリ $V^{B\to C}$ が存在する．もう一度，忠実度とトレース距離の関係（命題 4.4）を用いると，

$$\left\| \mathcal{V}^{B\to C}(|\rho\rangle\langle\rho|^{AB}) - |\sigma\rangle\langle\sigma|^{AC} \right\|_1 \le 2\sqrt{1 - F(V^{B\to C}|\rho\rangle^{AB}, |\sigma\rangle^{AC})} \tag{12.102}$$

$$\le 2\sqrt{\delta} \tag{12.103}$$

が成り立つ．　　□

　補題 12.15 を用いて，補題 12.14 を示そう．

証明（補題 12.14 の証明）　まず，(12.95) が満たされているときに，(12.96) を満たす復号量子チャンネルが存在することを示す．条件 (12.95) に現れる二つの量子状態 $\rho^{EDR}_{\text{noisy}}$ と $\sigma^{ED} \otimes \rho^R$ の量子状態の純粋化を考える．構成から，$\rho^{EDR}_{\text{noisy}}$ の純粋化として，$|\rho_{\text{noisy}}\rangle^{BEDR}$ $= V_{\mathcal{N}}^{A \to BE} V_{\mathcal{E}}^{A' \to AD} |\rho\rangle^{A'R}$ を取れる．一方で，σ^{ED} を $|\sigma\rangle^{CED}$ と純粋化する量子系 C を新しく導入することで，$\sigma^{ED} \otimes \rho^R$ の純粋化として $|\sigma\rangle^{CED} \otimes |\rho\rangle^{A'R}$ を取れる．ここで，量子系 C は $\dim \mathcal{H}^B \le \dim \mathcal{H}^{A'C}$ が成り立つように取ることにする．

補題 12.15 と (12.95) より，アイソメトリ $W^{B \to A'C}$ が存在し，

$$\frac{1}{2} \left\| \mathcal{W}^{B \to A'C} (|\rho_{\text{noisy}}\rangle\langle\rho_{\text{noisy}}|^{BEDR}) - |\rho\rangle\langle\rho|^{A'R} \otimes |\sigma\rangle\langle\sigma|^{CED} \right\|_1 \le \sqrt{2\Delta} \tag{12.104}$$

が成り立つ．左辺の量子系 CED をトレースアウトし，トレース距離の部分トレースに関する単調性を用いると，

$$\frac{1}{2} \left\| \mathcal{D}^{B \to A'} \circ \mathcal{N}^{A \to B} \circ \mathcal{E}^{A' \to A} (|\rho\rangle\langle\rho|^{A'R}) - |\rho\rangle\langle\rho|^{A'R} \right\|_1 \le \sqrt{2\Delta} \tag{12.105}$$

を得る．ここで，$\mathcal{D}^{B \to A'} := \mathrm{Tr}_C \circ \mathcal{W}^{B \to A'C}$ とおいた．よって，(12.96) を満たす量子チャンネルの存在が示された．

次に，(12.98) を示す．復号量子チャンネル $\mathcal{D}^{B \to A'}$ の Stinespring 拡張を $\mathcal{V}_{\mathcal{D}}^{B \to A'C}$ とする．(12.97) に補題 12.15 を用いると，系 CED 上の量子状態 $|\sigma\rangle^{CED}$ が存在し，

$$\frac{1}{2} \left\| \mathcal{V}_{\mathcal{D}}^{B \to A'C} (|\rho_{\text{noisy}}\rangle\langle\rho_{\text{noisy}}|^{BEDR}) - |\rho\rangle\langle\rho|^{A'R} \otimes |\sigma\rangle\langle\sigma|^{CED} \right\|_1 \le \sqrt{2\epsilon} \tag{12.106}$$

が成り立つことが分かる．ここで，純粋化系 CED のアイソメトリの自由度を $|\sigma\rangle^{CED}$ に含めたことに注意せよ．系 $A'C$ をトレースアウトすることで，

$$\frac{1}{2} \left\| \rho^{EDR}_{\text{noisy}} - \sigma^{ED} \otimes \rho^R \right\|_1 \le \sqrt{2\epsilon} \tag{12.107}$$

が従う． □

■ 12.3.2　デカップリングと量子相関

補題 12.14 を量子相関の観点から定性的に理解しておくと，デカップリング・アプローチに対する理解が深まるだろう．そのために，$|\rho\rangle^{A'R}$ の特別な場合として最大エンタングル状態 $|\Phi\rangle^{A'R}$ を取ろう．この場合，(12.94) のノイジーな量子状態の純粋化 $|\rho_{\text{noisy}}\rangle^{BEDR}$ は，

$$|\Phi_{\text{noisy}}\rangle^{BEDR} = V_{\mathcal{N}}^{A \to BE} V_{\mathcal{E}}^{A' \to AD} |\Phi\rangle^{A'R} \tag{12.108}$$

となる．以下では，この量子状態における各量子系の間の相関を考える．

まず，一般論として，三つの部分系から構成される量子系 PQR の任意の純粋状態 $|\varphi\rangle^{PQR}$ は，

$$2H(R)_\varphi = I(R:P)_\varphi + I(R:Q)_\varphi \tag{12.109}$$

を満たす．相互情報量が相対エントロピーを用いて，$I(R:P)_\varphi = D(\varphi^{RP} \| \varphi^R \otimes \varphi^P)$ と書けること（命題 6.15）から，相互情報量を量子系 RP 間の全相関の指標と解釈できるこ

とを思い出すと，(12.109) の右辺は，「系 R と系 P の間の全相関」と「系 R と系 Q の間の全相関」の和とみなせる．(12.109) は，それらの相関の和が系 R のエントロピーの二倍に等しいことを意味する．したがって，例えば系 R が系 P と強く相関していると，必然的に系 R は系 Q は強い相関を持てない．

練習問題 126 (12.109) を示せ．

補題 12.14 の背後にあるのは，量子系における相関が持つ制約 (12.109) に他ならない．(12.109) を (12.108) で与えられるノイジーな量子状態の純粋化状態 $|\Phi_{\text{noisy}}\rangle^{BEDR}$ に適用しよう．$P=B$，$Q=ED$，$R=R$ とおくことで，

$$2\log\dim\mathcal{H}^{A'} = I(R:B)_{\Phi_{\text{noisy}}} + I(R:ED)_{\Phi_{\text{noisy}}} \tag{12.110}$$

が従う．この式から，補題 12.14 を直観的に理解できる．議論を簡単にするために，リファレンス系 R と環境系 ED が完全にデカップルしており，テンソル積状態になっているとしよう．この場合，$I(R:ED)_{\Phi_{\text{noisy}}}=0$ なので，

$$I(R:B)_{\Phi_{\text{noisy}}} = 2\log\dim\mathcal{H}^{A'} \tag{12.111}$$

が従う．つまり，Φ_{noisy}^{RB} が最大の相互情報量を持つ．最大の相互情報量を持つ量子状態は最大エンタングル状態に限られるため，系 B のうまい分割 $R'C$（ただし，系 R' は系 R および系 A' と同型）が存在し*3)，$\Phi_{\text{noisy}}^{RB}=|\Phi\rangle\langle\Phi|^{RR'}\otimes\sigma^C$ と表せることが分かる．ここで，$|\Phi\rangle^{RR'}$ は系 R と系 B の部分系 R' の間の最大エンタングル状態であり，σ^C は何らかの量子状態である．この量子状態の量子系 C をトレースアウトすれば量子系 $R'R$ の間の最大エンタングル状態 $|\Phi\rangle^{R'R}$ を得る．後は，系 R' を系 A' と読み替えれば，量子系 $A'R$ の間の最大エンタングル状態 $|\Phi\rangle^{AR}$ を得ることができる，よって，リファレンス系 R と系 ED が完全にデカップルしていれば，量子系 $A'R$ の間の最大エンタングル状態を復元でき，復号に成功する．

一方で，その逆も同様に成立する．つまり，復元エラーがゼロになる復号操作が存在するときには，リファレンス系 R と環境系 ED は必ずデカップルしていることも，(12.110) から理解できる．

練習問題 127 (12.110) を用いて，量子系 B に復号量子チャンネルを作用することで量子系 $A'R$ 上の最大エンタングル状態をエラーゼロで復元できるとき，リファレンス系 R と環境系 ED はテンソル積状態であることを示せ．

このように，デカップリングと復元エラーの関係は，突き詰めれば，「三つの部分系から構成される複合量子系上の純粋状態は，三つの部分系のうちある二つの部分系が持つ相関と，異なる二つの部分系が持つ相関がトレードオフの関係にある」という性質 (12.109) に由来している．このような性質は，量子系における相関が持つ**モノガミー的性質**と呼

---

*3) ここでは原理的な話にとどまっているが，実際的にはそのような系 B の「うまい分割」を見つけることが，復号操作の肝の一つである．

ばれており，デカップリングの考え方の基礎をなすだけでなく，エンタングルメントの
特異な性質として，様々な定量的研究が行われている．

　ここまでは復元エラーがゼロの場合を考察してきたが，以下の練習問題で見るとおり，
復元エラーがゼロでない場合には，相互情報量を介した解析では復元エラーの見積もり
が甘くなる．この意味において，補題 12.14 は，デカップリングの度合いと復元エラー
をより正確に結び付けるものとみなすこともできる．

練習問題 128　量子状態 $|\Phi_{\mathrm{noisy}}\rangle^{BEDR} = V_{\mathcal{N}}^{A\to BE} V_{\mathcal{E}}^{A'\to AD} |\rho\rangle^{A'R}$ が，$I(R:ED)_{\Phi_{\mathrm{noisy}}} \le \epsilon$ を満たす
とき，

$$\frac{1}{2}\left\| \mathcal{D}^{B\to A'} \circ \mathcal{N}^{A\to B} \circ \mathcal{E}^{A'\to A}\left(|\rho\rangle\langle\rho|^{A'R}\right) - |\rho\rangle\langle\rho|^{A'R} \right\|_1 \le (2\epsilon\ln 2)^{1/4} \tag{12.112}$$

を満たす復号量子チャンネル $\mathcal{D}^{B\to A'}$ が存在することを示せ．

練習問題 129　符号化 $\mathcal{E}^{A'\to A}$ と復号量子チャンネル $\mathcal{D}^{B\to A'}$ が存在し，

$$\frac{1}{2}\left\| \mathcal{D}^{B\to A'} \circ \mathcal{N}^{A\to B} \circ \mathcal{E}^{A'\to A}\left(|\Phi\rangle\langle\Phi|^{A'R}\right) - |\Phi\rangle\langle\Phi|^{A'R} \right\|_1 \le \epsilon \tag{12.113}$$

が成り立つとき，以下を示せ．

$$I(R:ED)_{\Phi_{\mathrm{noisy}}} \le 2\epsilon \log\dim \mathcal{H}^{A'} + (1+\epsilon)h\left(\frac{\epsilon}{1+\epsilon}\right) \tag{12.114}$$

ここで，$h(p) = -p\log p - (1-p)\log(1-p)$ は二値エントロピーである．

■ 12.3.3　シングルショット・デカップリング定理

　デカップリング・アプローチを用いることで，復号量子チャンネルを具体的に構成す
ることなく，復号可能かどうかを判断できることが分かった．このアプローチと併せて
よく用いられる定理が，デカップリング定理である．ここでは，デカップリング定理の
中で最も汎用性が高いシングルショット・デカップリング定理を説明しよう．

　デカップリング定理が取り扱う具体的なプロトコルの概念図は，図 12.5 のとおりであ
る．やや唐突，かつ，抽象的ではあるものの，量子系 SR 上の量子状態 ρ^{SR} の部分系 S
に Haar ランダム・ユニタリ U^S を作用させ，その後，量子系 S から量子系 E へのト
レース非増加 CP 写像 $\mathcal{T}^{S\to E}$ を作用させる状況を考える．最終的に得られるのは量子系
ER 上の劣規格化状態であり，

$$\mathcal{T}^{S\to E} \circ \mathcal{U}^S\left(\rho^{SR}\right) \tag{12.115}$$

で与えられる．デカップリング定理では，この量子状態がデカップルしているか否か，

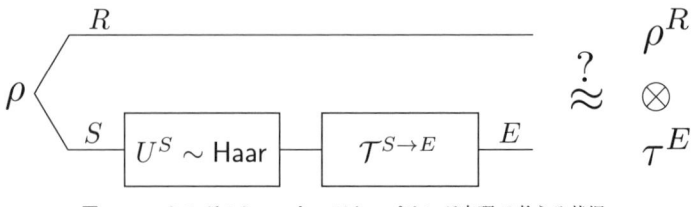

図 **12.5**　シングルショット・デカップリング定理で考える状況．

つまり，何らかのテンソル積状態にどれくらい近いかということを考える．

以下の定理は，テンソル積状態への近さが平滑化条件付き min エントロピーで与えられることを示唆する．証明は初等的だがやや煩雑なので，文献[48] を参照されたい．

定理 12.16（シングルショット・デカップリング定理[48]）　量子状態 ρ^{SR} と，トレース非増加 CP 写像 $\mathcal{T}^{S \to E}$ が与えられたとき，$\tau^{SE} := \mathfrak{J}(\mathcal{T}^{S \to E})$ を，$\mathcal{T}^{S \to E}$ の Choi–Jamiołkowski 表現とする．任意の $\epsilon \geq 0$ に対して，

$$\mathbb{E}_{U \sim \mathsf{H}}\left[\left\| \mathcal{T}^{S \to E} \circ \mathcal{U}^S(\rho^{SR}) - \tau^E \otimes \rho^R \right\|_1\right] \leq 2^{-(H_{\min}^\epsilon(S|R)_\rho + H_{\min}^\epsilon(S|E)_\tau)/2} + 12\epsilon \tag{12.116}$$

が成り立つ．

シングルショット・デカップリング定理 12.16 より，

$$H_{\min}^\epsilon(S|R)_\rho + H_{\min}^\epsilon(S|E)_\tau \gg 1 \tag{12.117}$$

のとき，(12.116) の右辺が小さくなり，Haar ランダム・ユニタリでの平均がゼロに近くなることが分かる．もちろん，(12.116) の左辺は非負なので，その上界がゼロに収束することは，Haar 測度の意味で一様に選ばれたほぼ全てのユニタリに対して $\mathcal{T}^{S \to E} \circ \mathcal{U}^S(\rho^{SR}) \approx \tau^E \otimes \rho^R$ が成り立ち，系 R と系 E がデカップルする．

ここで，(12.117) の左辺第一項は，初期の量子状態 ρ^{SR} の条件付きエントロピーである．条件付きエントロピーはセパラブル状態に対しては非負であるが，一般のエンタングル状態に対しては負の値を取りうることを思い出すと，(12.116) の第一項は，定性的には ρ^{SR} が強くエンタングルしているほど，最終状態はデカップルしにくくなることを示唆している．これは直観的には納得のいく条件だろう．一方で，(12.117) の左辺第二項は $\mathcal{T}^{S \to E}$ の Choi–Jamiołkowski 表現の条件付きエントロピーなので，直観的には最大エンタングル状態を写像 $\mathcal{T}^{S \to E}$ に入力したときに，どの程度量子相関が切れるかを定量化した指標と理解できる．これらを合わせると，(12.117) は，直観的には，「初期状態が持つ量子相関」と「写像が持つ量子相関を切る能力」のバランスがデカップルするか否かを決めることを示唆している．

シングルショット・デカップリング定理 12.16 は Haar ランダム・ユニタリに対する主張だが，必ずしも Haar ランダム・ユニタリを用いる必要はなく，任意のユニタリ 2-デザインに対して成り立つ．これは文献[48] での証明から明らかだが，ここでは詳しくは述べない．したがって，シングルショット・デカップリング定理 12.16 で用いる Haar ランダム・ユニタリをユニタリ 2-デザインに変更したとしても，全く同様の主張が成立する．例えば，n-qubit Clifford 群はユニタリ 2-デザインの典型的な例であるため，Haar ランダム・ユニタリの代わりにランダムに選んだ Clifford 演算子を作用させてもよい．

12.4　デカップリングによるランダム符号化の性能評価

シングルショット・デカップリング定理 12.16 を用いて，ランダム符号化の性能を評

価する定理 12.11 を示そう. 我々が考えていたのは, 与えられたノイジーな量子通信路 $\mathcal{N}^{A \to B}$ の n 階テンソル積 $\mathcal{N}_n^{A^n \to B^n} = (\mathcal{N}^{A \to B})^{\otimes n}$ に対して, 量子系 A の r 次元部分空間 $\mathcal{H}_r^A \subseteq \mathcal{H}^A$ で特徴付けられるランダム符号化 $\mathcal{E}_n^{A' \to A^n}$ を行う状況であった. このランダム符号化は, 符号化空間に作用させる Haar ランダム・ユニタリ $U^{A^n} \sim \mathsf{H}(r^n)$ に依存する. 量子状態 $|\rho\rangle^{A'R}$ の系 A' をランダム符号化し, ある量子チャンネル $\mathcal{D}_n$ で復号した際の復元エラーを,

$$\epsilon_n(U, \mathcal{D}_n | \mathcal{N}, \rho) = \frac{1}{2} \left\| \mathcal{D}_n^{B^n \to A'} \circ \mathcal{N}_n^{A^n \to B^n} \circ \mathcal{E}_n^{A' \to A^n} \left(|\rho\rangle\langle\rho|^{A'R} \right) - |\rho\rangle\langle\rho|^{A'R} \right\|_1 \qquad (12.118)$$

で定める. 定理 12.11 の主張は, $\mathcal{H}_r^A$ 上の完全混合状態を π_r^A として,

$$\lim_{n \to \infty} \frac{1}{n} \log \dim \mathcal{H}^{A'} < I_c(\pi_r^A, \mathcal{N}^{A \to B}) \qquad (12.119)$$

が成り立つならば, 任意の純粋状態 $|\rho\rangle^{A'R}$ に対して,

$$\lim_{n \to \infty} \mathbb{E}_{U^{A^n} \sim \mathsf{H}(r^n)} [\epsilon_n(U, \mathcal{D}_n | \mathcal{N}, \rho)] = 0 \qquad (12.120)$$

を満たす復号量子チャンネルの列 $\{\mathcal{D}_n\}_n$ が存在する, ということであった. ここで, $\mathbb{E}_{U^{A^n} \sim \mathsf{H}(r^n)}$ は, ランダム符号化で用いる符号化空間上の Haar ランダム・ユニタリ $U^{A^n} \sim \mathsf{H}(r^n)$ での平均である.

証明(定理 12.11 の証明)　ランダム符号化した後にノイジーな量子通信路 $\mathcal{N}_n^{A^n \to B^n}$ が作用した量子状態は,

$$\rho_{\mathrm{noisy}}^{B^n R} = \mathcal{N}_n^{A^n \to B^n} \circ \mathcal{U}^{A^n} \left(|\rho_0\rangle\langle\rho_0|^{A^n R} \right) \qquad (12.121)$$

と表せる. ただし, $U^{A^n} \sim \mathsf{H}(r^n)$ は符号化空間上の Haar ランダム・ユニタリであり,

$$|\rho_0\rangle^{A^n R} = V_{\mathrm{enc}}^{A' \to A^n} |\rho\rangle^{A'R} \qquad (12.122)$$

とおいた. デカップリング・アプローチを用いるために, この量子状態 $\rho_{\mathrm{noisy}}^{B^n R}$ の純粋化を考える. 量子チャンネル $\mathcal{N}^{A \to B}$ の Stinespring 拡張を $V_{\mathcal{N}}^{A \to BE}$ とすると, $\mathcal{N}_n^{A^n \to B^n}$ の Stinespring 拡張は,

$$V_{\mathcal{N}_n}^{A^n \to B^n E^n} := \left(V_{\mathcal{N}}^{A \to BE} \right)^{\otimes n} \qquad (12.123)$$

で与えられる. このアイソメトリを用いると,

$$|\rho_{\mathrm{noisy}}\rangle^{B^n E^n R} = V_{\mathcal{N}_n}^{A^n \to B^n E^n} U^{A^n} |\rho_0\rangle^{A^n R} \qquad (12.124)$$

が $\rho_{\mathrm{noisy}}^{B^n R}$ の純粋化の一つである. 補題 12.14 より, この状態の環境系 $E^n R$ 上での縮約密度行列 $\rho_{\mathrm{noisy}}^{E^n R}$ が, 環境系 E^n とリファレンス系 R の間でデカップルしていれば, よい復号量子チャンネルが存在する.

　ここで, $\mathcal{N}_n^{A^n \to B^n}$ の相補チャンネル $\mathcal{\bar{N}}_n^{A^n \to E^n} = \mathrm{Tr}_{B^n} \circ \mathcal{V}_{\mathcal{N}_n}^{A^n \to B^n E^n} = (\mathcal{\bar{N}}^{A \to BE})^{\otimes n}$ を用いると, $\rho_{\mathrm{noisy}}^{E^n R}$ は,

$$\rho_{\mathrm{noisy}}^{E^n R} = \mathcal{\bar{N}}_n^{A^n \to E^n} \circ \mathcal{U}^{A^n} \left(|\rho_0\rangle\langle\rho_0|^{A^n R} \right) \qquad (12.125)$$

と書ける. ここで, $\rho_0^{A^n}$ は定義から符号化空間 $\mathcal{H}_r^{A^n}$ 上にしかサポートを持たないこと

から，相補チャンネルを作用させる前の量子状態に符号化空間への射影演算子 Π^{A^n} を作用させても状態は変化しない．つまり，

$$\rho_{\text{noisy}}^{E^n R} = \tilde{\mathcal{N}}_n^{A^n \to E^n} \circ \Pi^{A^n} \circ \mathcal{U}^{A^n} \big(|\rho_0\rangle\langle\rho_0|^{A^n R} \big) \tag{12.126}$$

である．ここで，$\Pi^{A^n}(\sigma^{A^n}) = \Pi^{A^n} \sigma^{A^n} \Pi^{A^n}$ という表記を用いた．また，符号化空間 $\mathcal{H}_r^{A^n} = (\mathcal{H}_r^A)^{\otimes n}$ がテンソル積で与えられることから，射影演算子 Π^{A^n} は，$\mathcal{H}_r^A$ への射影演算子 $\Pi_r^A \in \mathcal{B}(\mathcal{H}^A)$ を用いて $\Pi^{A^n} = (\Pi_r^A)^{\otimes n}$ とテンソル積で表せる．

さて，(12.126) を眺めると，U^{A^n} は符号化空間 $\mathcal{H}_r^{A^n}$ 上の Haar ランダム・ユニタリであり，$\rho_0^{A^n}$ が符号化空間 $\mathcal{H}_r^{A^n}$ 上にしかサポートを持たないことから，シングルショット・デカップリング定理 12.16 を適用できる．したがって，任意の $\delta \geq 0$ に対して，

$$\mathbb{E}_{U^{A^n} \sim \mathsf{H}(r^n)} \Big[\big\| \rho_{\text{noisy}}^{E^n R} - \nu_n^{E^n} \otimes \rho^R \big\|_1 \Big] \leq 2^{n H_n(\delta)/2} + 12\delta =: \Delta_n(\delta) \tag{12.127}$$

が成り立つ．ただし，

$$H_n(\delta) = -\frac{1}{n} \Big(H_{\min}^{\delta}(A^n | R)_{|\rho_0\rangle\langle\rho_0|} + H_{\min}^{\delta}(A^n | E^n)_{\nu_n} \Big) \tag{12.128}$$

であり，

$$\nu_n^{A^n E^n} = \tilde{\mathcal{N}}_n^{\hat{A}^n \to E^n} \circ \Pi^{\hat{A}^n} \big(|\Phi\rangle\langle\Phi|^{A^n \hat{A}^n} \big) \tag{12.129}$$

$$= \Big(\tilde{\mathcal{N}}^{\hat{A} \to E} \big(|\Phi_r\rangle\langle\Phi_r|^{A\hat{A}} \big) \Big)^{\otimes n} \tag{12.130}$$

$$=: \big(\nu^{AE} \big)^{\otimes n} \tag{12.131}$$

は量子チャンネル $\tilde{\mathcal{N}}_n^{A^n \to E^n} \circ \Pi^{A^n}$ の Choi–Jamiołkowski 表現である．ここで，$\Pi^{A^n} = (\Pi_r^A)^{\otimes n}$ であることと，テンソル積空間上の最大エンタングル状態は $|\Phi\rangle^{A^n \hat{A}^n} = (|\Phi\rangle^{A\hat{A}})^{\otimes n}$ と分解できることから，$|\Phi_r\rangle^{A\hat{A}}$ を $\mathcal{H}_r^A$ 上の完全混合状態 π_r^A の純粋化状態として，

$$\Pi^{\hat{A}^n} |\Phi\rangle^{A^n \hat{A}^n} = \big(\Pi_r^{\hat{A}} |\Phi\rangle^{A\hat{A}} \big)^{\otimes n} = |\Phi_r\rangle^{A\hat{A}} \tag{12.132}$$

と表せることを用いた．補題 12.14 より，$\epsilon_n(U, \mathcal{D}_n | \mathcal{N}, \rho) \leq \sqrt{\Delta_n(\delta)}$ を満たす復号量子チャンネルが存在するので，

$$\mathbb{E}_{U^{A^n} \sim \mathsf{H}(r^n)} \big[\epsilon_n(U, \mathcal{D}_n | \mathcal{N}, \rho) \big] \leq \mathbb{E}_{U^{A^n} \sim \mathsf{H}(r^n)} \big[\sqrt{\Delta_n(\delta)} \big] \tag{12.133}$$

$$\leq \sqrt{\mathbb{E}_{U^{A^n} \sim \mathsf{H}(r^n)} [\Delta_n(\delta)]} \tag{12.134}$$

$$= \sqrt{\Delta_n(\delta)} \tag{12.135}$$

を満たす復号量子チャンネルの列 $\{\mathcal{D}_n\}_n$ の存在が従う．ここで，$f(x) = x^{1/2}$ の凹性を用いた．以下では，$H_n(\delta)$ に含まれる二つの平滑化 min エントロピーを解析することで，$\Delta_n(\delta) \to 0$ となる条件を求める．

まず，平滑化 min エントロピーのアイソメトリに対する不変性と，平滑化 min エントロピーの下限 (6.93) から，

$$H_{\min}^{\epsilon}(A^n | R)_{|\rho_0\rangle\langle\rho_0|} = H_{\min}^{\epsilon}(A' | R)_{|\rho\rangle\langle\rho|} \geq -\log \dim \mathcal{H}^{A'} \tag{12.136}$$

を得る. 次に, $H_{\min}^{\delta}(A^n|E^n)_{v_n}$ を解析する. (12.131) より,

$$H_{\min}^{\delta}(A^n|E^n)_{v_n} = H_{\min}^{\delta}(A^n|E^n)_{v^{\otimes n}} \tag{12.137}$$

$$= -H_{\max}^{\delta}(A^n|B^n)_{v^{\otimes n}} \tag{12.138}$$

を得る. 二つ目の等式は平滑化エントロピーの双対性（定理 6.26）によるもので, $V_{\mathcal{N}}^{\hat{A} \to BE}|\Phi_r\rangle^{A\hat{A}}$ が v^{AE} の純粋化であることから従う.

　以上を代入することで,

$$H_n(\delta) \le \frac{1}{n}\Big(\log\dim\mathcal{H}^{A'} + H_{\max}^{\delta}(A^n|B^n)_{v^{\otimes n}}\Big) \tag{12.139}$$

を得る. 最後に平滑化 max エントロピーの量子漸近的等分配性（定理 6.28）, つまり,

$$\lim_{\delta \to 0}\lim_{n \to \infty}\frac{1}{n}H_{\max}^{\delta}(A^n|B^n)_{v^{\otimes n}} = H(A|B)_v \tag{12.140}$$

を用いる. この右辺は量子状態 $v^{AB} = \mathcal{N}^{\hat{A} \to B}\big(|\Phi_r\rangle\langle\Phi_r|^{A\hat{A}}\big)$ の条件付きエントロピーだが, $|\Phi_r\rangle^{A\hat{A}}$ が符号化空間 $\mathcal{H}_r^A$ 上の一様混合状態 π_r^A の純粋化であることを思い出すと, $H(A|B)_v = -I_c(\pi_r^A, \mathcal{N}^{A \to B})$ に他ならない. これを (12.139) に代入して, 両辺の極限を取ることで,

$$\lim_{\delta \to 0}\lim_{n \to \infty}H_n(\delta) \le -I_c(\pi_r^A, \mathcal{N}^{A \to B}) + \lim_{n \to \infty}\frac{\log\dim\mathcal{H}^{A'}}{n} < 0 \tag{12.141}$$

を得る. 最後の不等式は定理の仮定から従う. この事実と $\Delta_n(\delta) = 2^{nH_n(\delta)/2} + 12\delta$ より, $\lim_{\delta \to 0}\lim_{n \to \infty}\Delta_n(\delta) = 0$ である. これを (12.135) と組み合わせることで,

$$\lim_{n \to \infty}\frac{\log\dim\mathcal{H}^{A'}}{n} < I_c(\pi_r^A, \mathcal{N}^{A \to B}) \tag{12.142}$$

の場合は, 任意の $|\rho\rangle^{A'R}$ に対して

$$\lim_{n \to \infty}\mathbb{E}_{U^{A^n} \sim H(r^n)}\big[\epsilon_n(U, \mathcal{D}_n|\mathcal{N}, \rho)\big] = 0 \tag{12.143}$$

を満たす復号量子チャンネルの列 $\{\mathcal{D}_n\}_n$ が存在することが示された. □

13 ノイジーな量子通信理論2

　前章では，漸近的にノイズレスな量子通信を達成できるという条件の下で，ノイジーな量子通信路 $\mathcal{N}^{A \to B}$ の使用回数一回あたりに送信できる量子情報の量として量子通信容量を解析し，

$$Q^{\diamond}(\mathcal{N}^{A \to B}) = Q(\mathcal{N}^{A \to B}) = E(\mathcal{N}^{A \to B}) = \lim_{n \to \infty} \frac{1}{n} I_c(\mathcal{N}_n^{A^n \to B^n}) \tag{13.1}$$

を示した．本章では，この一般論に基づいて，(13.1) における漸近極限の必要性や，具体的な量子通信路に対する量子通信容量について説明する．本章の内容の多くは，文献[3]を参考にしている．

13.1　漸近極限の必要性と superactivation

　量子通信容量が (13.1) で与えられるという結果は，ノイジーな量子通信路を用いた量子通信の理解に向けて大きな成果ではあるが，その漸近極限を計算することは難しく，そのままでは実用性は低い．この漸近極限は必ず必要なのであろうか，また，漸近極限を取らなくてもよい量子チャンネルの例はあるだろうか．ここではこのような疑問について解説する．

13.1.1　Degradable な量子チャンネル

　まず，量子通信容量とエンタングルメント生成容量を漸近極限なしで表現できる量子チャンネルのクラスとして，*degradable* な量子チャンネルを紹介する．

定義 13.1（*Degradable* な量子チャンネル）　量子チャンネル $\mathcal{N}^{A \to B}$ の相補チャンネルを $\bar{\mathcal{N}}^{A \to E}$ とする．ある量子チャンネル $\mathcal{T}^{B \to E}$ が存在し，

$$\bar{\mathcal{N}}^{A \to E} = \mathcal{T}^{B \to E} \circ \mathcal{N}^{A \to B} \tag{13.2}$$

が成り立つとき，量子チャンネル $\mathcal{N}^{A \to B}$ を degradable と呼ぶ．

　Degradable な量子チャンネルは，直観的にも分かりやすい．量子チャンネル $\mathcal{N}^{A \to B}$ が degradable である場合，量子チャンネルの出力系 B に追加で量子チャンネル $\mathcal{T}^{B \to E}$ を作用させることで，相補チャンネル $\bar{\mathcal{N}}^{A \to E}$ を得ることができる．相補チャンネルは入力系 A から環境系 E への状態変化を表す写像であるため，degradable な量子チャン

ネルに対しては，量子チャンネルの出力系 B の状態を用いて環境系 E への状態変化を
シミュレートできることを示唆する.

練習問題 130　量子消去ノイズ $\mathcal{E}_\epsilon(\rho)=(1-\epsilon)(\rho \oplus 0)+\epsilon(0 \oplus |e\rangle\langle e|)\,(0 \leq \epsilon \leq 1)$ を考える. 量子消去
ノイズの相補チャンネル $\bar{\mathcal{E}}_\epsilon{}^{A \to E}$ が，環境系 E の適切な基底の下で,

$$\bar{\mathcal{E}}_\epsilon{}^{A \to E}(\rho^A)=\epsilon(\rho \oplus 0)+(1-\epsilon)(0 \oplus |e\rangle\langle e|) \tag{13.3}$$

と表せることを示せ. また，$0 \leq \epsilon, \delta \leq 1$ に対して，$\mathcal{E}_\delta \circ \mathcal{E}_\epsilon = \mathcal{E}_{\epsilon+\delta-\epsilon\delta}$ を示せ. これらの関係式を
用いて，$\mathcal{E}_\epsilon$ は，$0 \leq \epsilon \leq 1/2$ で degradable であることを示せ.

練習問題 131　Amplitude damping ノイズ $\mathcal{A}_\gamma$（10.1.2 項を参照）の相補チャンネルが，環境
系の基底を適切に取ることで $\bar{\mathcal{A}}_\gamma = \mathcal{A}_{1-\gamma}$ で与えられることを示し，amplitude damping ノイズ
が $0 \leq \gamma \leq 1/2$ において degradable であることを示せ.

　以下の命題によって，degradable な量子チャンネルに対する最大コヒーレント情報量
は，量子チャンネルのテンソル積に対して相加的になることが分かる.

命題 13.2　Degradable な量子チャンネル $\mathcal{N}^{A \to B}$ と $\mathcal{M}^{C \to D}$ に対して,

$$I_c(\mathcal{N}^{A \to B} \otimes \mathcal{M}^{C \to D})=I_c(\mathcal{N}^{A \to B})+I_c(\mathcal{M}^{C \to D}) \tag{13.4}$$

が成り立つ.

　命題 13.2 の非自明な主張は，degradable な量子チャンネルに対して，$I_c(\mathcal{N} \otimes \mathcal{M}) \leq$
$I_c(\mathcal{N})+I_c(\mathcal{M})$ が成り立つ点にある. 逆の不等式は，以下の練習問題で示すとおり，degrad-
able な量子チャンネルに限定せず，任意の量子チャンネルに対して成り立つ.

練習問題 132　任意の量子チャンネル $\mathcal{N}$ と $\mathcal{N}$ に対して，$I_c(\mathcal{N})+I_c(\mathcal{M}) \leq I_c(\mathcal{N} \otimes \mathcal{M})$ であるこ
とを示せ.

証明（命題 13.2 の証明）　量子チャンネル $\mathcal{N}^{A \to B}$ と $\mathcal{M}^{C \to D}$ の相補チャンネルを，それ
ぞれ $\bar{\mathcal{N}}^{A \to E}$ と $\bar{\mathcal{M}}^{C \to F}$ とおく. 相互情報量を具体的に書き下すことで，量子系 AC 上の
任意の量子状態 ρ^{AC} に対して,

$$I_c(\rho^{AC}, \mathcal{N}^{A \to B} \otimes \mathcal{M}^{C \to D})$$

$$=H(BD)_{\mathcal{N} \otimes \mathcal{M}(\rho)}-H(EF)_{\bar{\mathcal{N}} \otimes \bar{\mathcal{M}}(\rho)} \tag{13.5}$$

$$=I_c(\rho^A, \mathcal{N}^{A \to B})+I_c(\rho^C, \mathcal{M}^{C \to D})-\left(I(B:D)_{\mathcal{N} \otimes \mathcal{M}(\rho)}-I(E:F)_{\bar{\mathcal{N}} \otimes \bar{\mathcal{M}}(\rho)}\right) \tag{13.6}$$

が成り立つ.
　ここで，$\mathcal{N}^{A \to B}$ と $\mathcal{M}^{C \to D}$ が degradable であることから，量子チャンネル $\mathcal{T}^{B \to E}$ と
$\mathcal{S}^{D \to F}$ が存在し,

$$\bar{\mathcal{N}}^{A \to E} \otimes \bar{\mathcal{M}}^{B \to F}(\rho^{AC})=(\mathcal{T}^{B \to E} \otimes \mathcal{S}^{D \to F})(\mathcal{N}^{A \to B} \otimes \mathcal{M}^{C \to D})(\rho^{AC}) \tag{13.7}$$

が成り立つ. よって，相互情報量のデータ処理不等式より,

$$I(B:D)_{\mathcal{N} \otimes \mathcal{M}(\rho)}-I(E:F)_{\bar{\mathcal{N}} \otimes \bar{\mathcal{M}}(\rho)} \geq 0 \tag{13.8}$$

が従う．これを代入することで，任意の量子状態 ρ^{AC} に対して，

$$I_c(\rho^{AC}, \mathcal{N}^{A\to B} \otimes \mathcal{M}^{C\to D}) \leq I_c(\rho^A, \mathcal{N}^{A\to B}) + I_c(\rho^C, \mathcal{M}^{C\to D}) \tag{13.9}$$

が従う．よって，$I_c(\mathcal{N}^{A\to B} \otimes \mathcal{M}^{C\to D}) \leq I_c(\mathcal{N}^{A\to B}) + I_c(\mathcal{M}^{C\to D})$ が示された．練習問題 132 と併せて，命題を得る． □

命題 13.2 を用いると，degradable な量子チャンネルに対しては，量子通信容量とエンタングルメント生成容量を漸近極限なしで表現できることが分かる．

系 13.3 Degradable な量子チャンネル $\mathcal{N}^{A\to B}$ は，

$$Q^{\diamond}(\mathcal{N}^{A\to B}) = Q(\mathcal{N}^{A\to B}) = E(\mathcal{N}^{A\to B}) = I_c(\mathcal{N}^{A\to B}) \tag{13.10}$$

を満たす．

証明（系 13.3 の証明）　量子チャンネル $\mathcal{N}^{A\to B}$ が degradable なので，その n 階テンソル積 $\mathcal{N}_n^{A^n\to B^n} = (\mathcal{N}^{A\to B})^{\otimes n}$ も degradable である．定理 12.7 より，

$$Q^{\diamond}(\mathcal{N}^{A\to B}) = Q(\mathcal{N}^{A\to B}) = E(\mathcal{N}^{A\to B}) = \lim_{n\to\infty} \frac{1}{n} I_c(\mathcal{N}_n^{A^n\to B^n}) \tag{13.11}$$

だが，$\mathcal{N}_n^{A^n\to B^n}$ が degradable なので，最大コヒーレント情報量がテンソル積に対して相加的である．よって，最右辺は $I_c(\mathcal{N}^{A\to B})$ である． □

練習問題 133　相補チャンネルが degradable である量子チャンネルを，*anti-degradable* な量子チャンネルと呼ぶ．Anti-degradable な量子チャンネルの量子通信容量はゼロであることを示せ．

Degradable な量子チャンネルが持つもう一つの重要な特徴として，コヒーレント情報量が入力量子状態に対して凹関数になる点が挙げられる．

命題 13.4　Degradable な量子チャンネル $\mathcal{N}^{A\to B}$ は，以下を満たす．

$$\sum_j p_j I_c(\rho_j^A, \mathcal{N}^{A\to B}) \leq I_c\left(\sum_j p_j \rho_j^A, \mathcal{N}^{A\to B}\right) \tag{13.12}$$

ここで，$\{p_j\}_j$ は確率分布，$\{\rho_j\}_j$ は量子状態の集合である．

証明（命題 13.4 の証明）　量子チャンネル $\mathcal{N}^{A\to B}$ の相補チャンネルを $\bar{\mathcal{N}}^{A\to E}$ とする．$\mathcal{N}^{A\to B}$ が degradable であるため，量子系 B から環境系 E への量子チャンネル $\mathcal{T}^{B\to E}$ が存在し，$\bar{\mathcal{N}}^{A\to E} = \mathcal{T}^{B\to E} \circ \mathcal{N}^{A\to B}$ が成り立つ．ここで，新しい量子系 C を導入し，量子状態 $\rho^{BC} := \sum_j p_j \mathcal{N}^{A\to B}(\rho_j^A) \otimes |j\rangle\langle j|^C$ を定める．また，$\rho_{\mathcal{T}}^{EC} := \mathcal{T}^{B\to E}(\rho^{BC})$ とおく．$\mathcal{T}^{B\to E}$ の定義から，$\rho_{\mathcal{T}}^{EC} = \sum_j p_j \bar{\mathcal{N}}^{A\to E}(\rho_j^A) \otimes |j\rangle\langle j|^C$ である．

相互情報量のデータ処理不等式より，$I(B:C)_\rho \geq I(E:C)_{\rho_{\mathcal{T}}}$ が成り立つが，この式を整理すると，

$$H(B)_\rho - H(E)_{\rho_{\mathcal{T}}} \geq H(B|C)_\rho - H(E|C)_{\rho_{\mathcal{T}}} \tag{13.13}$$

を得る．ここで，

$$\rho^B = \mathcal{N}^{A \to B}\Big(\sum_j p_j \rho_j^A\Big), \quad \rho_{\mathcal{T}}^E = \mathcal{N}^{A \to E}\Big(\sum_j p_j \rho_j^A\Big) \tag{13.14}$$

なので，(13.13) の左辺は $I_c(\sum_j p_j \rho_j^A, \mathcal{N}^{A \to B})$ に等しい．一方で，

$$H(B|C)_\rho = \sum_j p_j H(B)_{\mathcal{N}(\rho_j)}, \quad H(E|C)_{\rho_{\mathcal{T}}} = \sum_j p_j H(E)_{\mathcal{N}'(\rho_j)} \tag{13.15}$$

なので，(13.13) の右辺は $\sum_j p_j I_c(\rho_j^A, \mathcal{N}^{A \to B})$ である． □

■13.1.2　最大コヒーレント情報量の超相加性

ここまでの議論から，量子通信容量定理における漸近極限の必要性の有無は，最大コヒーレント情報量のテンソル積に対する相加性によって決まることが分かる．Degradable な量子チャンネルに対しては相加性が成立したが，残念ながら，一般の量子チャンネルに対しては相加性は成り立たない．

最大コヒーレント情報量の相加性が成り立たない具体例として，1-qubit 上の depolarizing ノイズが挙げられる．対応する量子チャンネルは，$0 \le p \le 1$ を depolarizing のパラメータとして，

$$\mathcal{D}_p(X) = (1 - p)X + p\,\mathrm{Tr}[X]\pi \tag{13.16}$$

である．ここで，π は 1-qubit 上の完全混合状態である．以下では，9-qubit 符号とランダム符号化を組み合わせることで，depolarizing のパラメータ p が大きい場合に，

$$\frac{1}{9} I_c(\mathcal{D}_p^{\otimes 9}) > I_c(\mathcal{D}_p) \tag{13.17}$$

が成り立つことを示す．この関係式は，depolarizing ノイズはテンソル積に対して相加的ではないことを意味している．

初めに右辺の $I_c(\mathcal{D}_p)$ を計算しよう．Depolarizing チャンネルは，任意の 1-qubit ユニタリ U に対して，$U\mathcal{D}_p(X)U^\dagger = \mathcal{D}_p(UXU^\dagger)$ を満たすことと，最大コヒーレント情報量は $I_c(\mathcal{D}_p) = I_c(\mathcal{U} \circ \mathcal{D}_p)$ を満たすことに気を付けると，結局，depolarizing チャンネルの最大コヒーレント情報量は，対角化された量子状態 $\rho_\lambda = (1/2 + \lambda)|0\rangle\langle 0| + (1/2 - \lambda)|1\rangle\langle 1|$ を用いて，

$$I_c(\mathcal{D}_p) = \max_\lambda I_c(\rho_\lambda, \mathcal{D}_p) \tag{13.18}$$

と表せる．ただし，$-1/2 \le \lambda \le 1/2$ とする．

練習問題 134　(13.18) の右辺の $I_c(\rho_\lambda, \mathcal{D}_p)$ が，以下で与えられることを示せ．

$$I_c(\rho_\lambda, \mathcal{D}_p) = h\Big(\frac{(1-p)(1+2\lambda)}{2} + \frac{p}{2}\Big) - H \tag{13.19}$$

ただし，$h(x)$ は二値エントロピーで，H は以下の確率分布に対する Shannon エントロピーである．

$$\Big\{\frac{p}{2}\Big(\frac{1}{2} \pm \lambda\Big), \ \frac{2-p}{4} \pm \frac{1}{2}\sqrt{(2-p)^2\lambda^2 + (1-p)^2(1-4\lambda^2)}\Big\} \tag{13.20}$$

練習問題 134 を用いると，$I_c(\mathcal{D}_p) \geq 0$ の領域においては，(13.18) の右辺は $\lambda = 0$ で最大を取ることを確かめられる[*1]．$\lambda = 0$ の場合には，(13.19) から，

$$I_c(\mathcal{D}_p) = I_c(\pi, \mathcal{D}_p) = \max\left\{1 - H\left(\{p/4, p/4, p/4, 1 - 3p/4\}\right), 0\right\} \tag{13.21}$$

を得る．ただし，π は 1-qubit 上の完全混合状態で，$H(\{p/4, p/4, p/4, 1 - 3p/4\})$ は，確率分布 $\{p/4, p/4, p/4, 1 - 3p/4\}$ の Shannon エントロピーである．

次に，$I_c(\mathcal{D}_p^{\otimes 9})/9$ を評価しよう．9-qubit 上の量子状態として，11.1.3 項で導入した 9-qubit 符号の符号語 $\{|\bar{\bar{0}}\rangle, |\bar{\bar{1}}\rangle\}$ を用いて，

$$v = \frac{|\bar{\bar{0}}\rangle\langle\bar{\bar{0}}| + |\bar{\bar{1}}\rangle\langle\bar{\bar{1}}|}{2} \tag{13.22}$$

を考える．ここで，各符号語は具体的には，

$$|\bar{\bar{0}}\rangle = \left(\frac{|000\rangle + |111\rangle}{\sqrt{2}}\right)^{\otimes 3}, \quad |\bar{\bar{1}}\rangle = \left(\frac{|000\rangle - |111\rangle}{\sqrt{2}}\right)^{\otimes 3} \tag{13.23}$$

で与えられるのであった．最大コヒーレント情報量の定義より，

$$I_c(\mathcal{D}_p^{\otimes 9}) \geq I_c(v, \mathcal{D}_p^{\otimes 9}) \tag{13.24}$$

が成り立つ．以下では右辺を計算することで，$I_c(\mathcal{D}_p^{\otimes 9})$ を下から押さえる不等式を導く．

計算の都合上，9-qubit の系を S と表すことにする．リファレンス系 R を導入して，v^S の純粋化状態を $|v\rangle^{RS} = (|0\rangle^R \otimes |\bar{\bar{0}}\rangle^S + |1\rangle^R \otimes |\bar{\bar{1}}\rangle^S)/\sqrt{2}$ とする．さらに，$v_p^{RS} := (\mathrm{id}^R \otimes \mathcal{D}_p^{\otimes 9})(|v\rangle\langle v|^{RS})$ とおくと，定義から，

$$\frac{1}{9}I_c(v, \mathcal{D}_p^{\otimes 9}) = \frac{H(S)_{v_p} - H(RS)_{v_p}}{9} \tag{13.25}$$

である．この右辺の各々の項に現れる演算子を書き下すために，$\Pi_1 = |001\rangle\langle001| + |010\rangle\langle010| + |100\rangle\langle100|$, および，$\Pi_2 = |011\rangle\langle011| + |101\rangle\langle101| + |110\rangle\langle110|$ を用いて，3-qubit 上の演算子

$$\begin{aligned} M_{0\pm} = &\frac{1}{2}\left(1 - \frac{3p}{2} + \frac{3p^2}{4}\right)\left(|000\rangle\langle000| + |111\rangle\langle111|\right) \\ &\pm \frac{(1-p)^3}{2}\left(|000\rangle\langle111| + |111\rangle\langle000|\right) + \frac{p}{4}\left(1 - \frac{p}{2}\right)\left(\Pi_1 + \Pi_2\right) \end{aligned} \tag{13.26}$$

と

$$\begin{aligned} M_{1\pm} = &\frac{1-p}{2}\left(1 - \frac{p}{2} + \frac{p^2}{4}\right)\left(|000\rangle\langle000| - |111\rangle\langle111|\right) \\ &\pm \frac{(1-p)^3}{2}\left(-|000\rangle\langle111| + |111\rangle\langle000|\right) + \frac{p(1-p)}{4}\left(1 - \frac{p}{2}\right)\left(\Pi_1 - \Pi_2\right) \end{aligned} \tag{13.27}$$

を導入する．これらを用いると，

$$v_p^{RS} = \frac{1}{2}\left(|0\rangle\langle0|^R \otimes M_{0+}^{\otimes 3} + |0\rangle\langle1|^R \otimes M_{1+}^{\otimes 3} + |1\rangle\langle0|^R \otimes M_{1-}^{\otimes 3} + |1\rangle\langle1|^R \otimes M_{0-}^{\otimes 3}\right) \tag{13.28}$$

$$v_p^S = \frac{M_{0+}^{\otimes 3} + M_{0-}^{\otimes 3}}{2} \tag{13.29}$$

[*1]　筆者は手を抜いて数値計算で確かめたが，興味のある読者は証明にも挑戦するとよいだろう．

である．演算子 $M_{0\pm}^{\otimes 3}$ や $M_{1\pm}^{\otimes 3}$ は，9-qubit の量子系 S に作用する．これらのエントロピーを計算すれば，(13.25) より $I_c(v, \mathcal{D}_p^{\otimes 9})/9$ を得ることができる．計算自体を手で実行するのは面倒だが，数値的には容易にその値を計算できる．

さて，(13.21) で与えられる $I_c(\mathcal{D}_p)$ と，(13.25) で与えられる $I_c(v, \mathcal{D}_p^{\otimes 9})/9$ を，depolarizing のパラメータ p の関数としてプロットしたものが，図 13.1 である．p が十分小さいときには，

$$1 \approx I_c(\mathcal{D}_p) > \frac{1}{9} I_c(v, \mathcal{D}_p^{\otimes 9}) \approx \frac{1}{9} \tag{13.30}$$

が成り立つ．一方で，図 13.1 の右図から見て取れるように，p が十分大きい場合においては大小関係が反転し，

$$I_c(\mathcal{D}_p) < \frac{1}{9} I_c(v, \mathcal{D}_p^{\otimes 9}) \leq \frac{1}{9} I_c(\mathcal{D}_p^{\otimes 9}) \tag{13.31}$$

が成り立つ．この事実は，depolarizing ノイズという単純なノイズであっても，最大コヒーレント情報量は量子チャンネルのテンソル積に対して一般には超相加的になることを示唆している．したがって，一般的には量子通信容量における漸近極限が必要である．

最後に，量子通信レート $I_c(\mathcal{D}_p)$ と量子通信レート $I_c(v, \mathcal{D}_p^{\otimes 9})/9$ を達成する符号化を比較しておこう．前者に関しては，(13.21) より $I_c(\mathcal{D}_p) = I_c(\pi, \mathcal{D}_p)$ で与えられる．12.2.2 項で説明したとおり，コヒーレント情報量の量子状態はランダム・ユニタリを作用させる符号化空間を指定するものであり，完全混合状態 π の場合は完全ランダム符号化に対応する．したがって，depolarizing ノイズがかかる 1-qubit 量子系を A とし，その n 階テンソル積の量子系を A^n とおくと，そのノイジーな量子チャンネルを用いて送信したい量子系 A' に適当な個数の補助 qubit を付け足して量子系を A^n まで拡張した後に，系 A^n 上の Haar ランダム・ユニタリを作用させることで，量子通信レート $I_c(\mathcal{D}_p)$ を達成できる．図 13.2 の左図も参照のこと．

一方で，$I_c(v, \mathcal{D}_p^{\otimes 9})/9$ を達成するためには，$v = (|\bar{0}\rangle\langle\bar{0}| + |\bar{1}\rangle\langle\bar{1}|)/2$ に対応するランダム符号化を行えばよい．この場合，ランダムユニタリを作用させる符号化空間は，射影演算

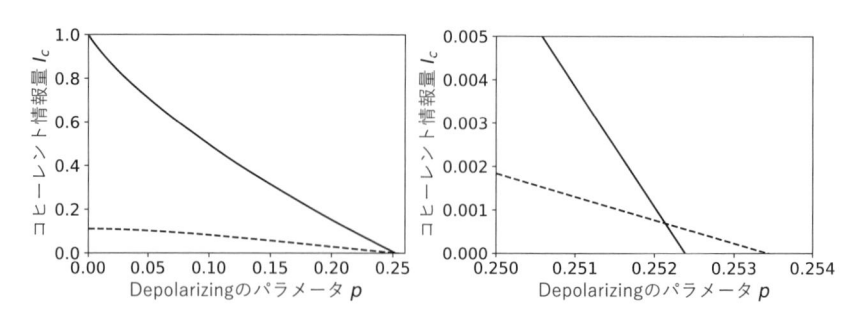

図 13.1　Depolarizing ノイズ $\mathcal{D}_p$ に対する最大コヒーレント情報量 $I_c(\mathcal{D}_p)$（実線）と，そのテンソル積 $\mathcal{D}_p^{\otimes 9}$ に対する $I_c(v, \mathcal{D}_p^{\otimes 9})/9$ の値（点線）．点線は $I_c(\mathcal{D}_p^{\otimes 9})/9$ の下界を与える．右図は，左図の拡大図．

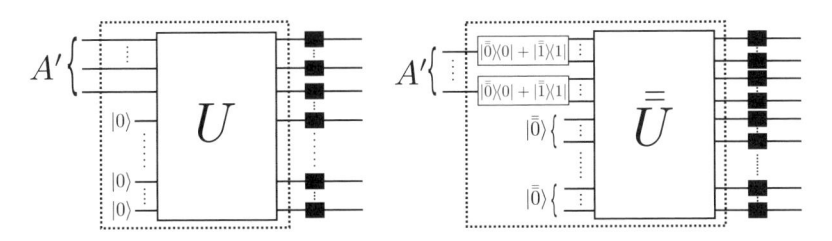

図 13.2 量子通信レート $I_c(\mathcal{D}_p)$ を達成する符号化（左図）と，量子通信レート $I_c(v, \mathcal{D}_p^{\otimes 9})/9$ を達成する符号化（右図）．点線の四角で囲まれた部分が符号化に対応する部分であり，その後の黒い四角は depolarizing ノイズ $\mathcal{D}_p$ を表す．左図は，送信したい量子系 A' に補助 qubit を付け足した後に，全系に Haar ランダム・ユニタリ $U \sim \mathsf{H}$ をかけるだけである．右図では，まず 1 論理 qubit を 9-qubit の符号化空間へと埋め込むアイソメトリ $|\bar{0}\rangle\langle 0| + |\bar{1}\rangle\langle 1|$ を作用させ，その後，$\mathrm{span}\{|\bar{\bar{0}}\bar{0}\ldots\bar{0}\rangle, |\bar{\bar{0}}\bar{0}\ldots\bar{1}\rangle, \ldots, |\bar{\bar{1}}\bar{1}\ldots\bar{1}\rangle\}$ に $\mathcal{H}_{\mathrm{enc}}$ 上のランダム・ユニタリ $\bar{U}$ をかける．

子 $|\bar{0}\rangle\langle\bar{0}| + |\bar{1}\rangle\langle\bar{1}|$ で決まる 9-qubit の二次元部分空間によって指定され，そのテンソル積空間，つまり，

$$\mathcal{H}_{\mathrm{enc}} = \mathrm{span}\left\{|\bar{\bar{0}}\bar{0}\ldots\bar{0}\rangle, |\bar{\bar{0}}\bar{0}\ldots\bar{1}\rangle, \ldots, |\bar{\bar{1}}\bar{1}\ldots\bar{1}\rangle\right\} \tag{13.32}$$

が符号化空間になる．全系の物理 qubit の個数を n とすると，$\dim\mathcal{H}_{\mathrm{enc}} = 2^{n/9}$（簡単のため，$n$ は 9 の倍数とする）である．系 A' をこの符号化空間 $\mathcal{H}_{\mathrm{enc}}$ の部分空間に埋め込んだ上で，$\mathcal{H}_{\mathrm{enc}}$ 上の Haar ランダム・ユニタリ $\bar{U}$ を作用させることで，量子通信レート $I_c(v, \mathcal{D}_p^{\otimes 9})/9$ を達成できる．図 13.2 の右図を参照のこと．

13.1.3 量子通信容量の superactivation

最大コヒーレント情報量の超相加性に起因する量子通信の奇妙な性質として，**量子通信容量の** *superactivation*（*superactivation of quantum capacity*）[49] がある．今，量子チャンネル $\mathcal{N}$ と $\mathcal{M}$ が，

$$Q(\mathcal{N}) = Q(\mathcal{M}) = 0 \tag{13.33}$$

を満たすとする．量子通信容量の定義より，これらの量子チャンネルを各々独立に複数回使用したとしてもノイズレスな量子通信は実現できない．この事実から，直観的には，仮に $\mathcal{N}$ と $\mathcal{M}$ を組み合わせたとしてもやはり何の量子情報も送信できないと思うかもしれない．ところが，各々の量子通信容量がゼロであったとしても，

$$Q(\mathcal{N}\otimes\mathcal{M}) > 0 \tag{13.34}$$

となることがある．つまり，量子チャンネル $\mathcal{N}$ と $\mathcal{M}$ は，それぞれを単体で何回使用しても量子情報は送信できないにもかかわらず，その二つを組み合わせて使用すれば量子情報を送信できるようになるという，奇妙な量子チャンネルの組が存在するのだ．この現象を量子通信容量の superactivation と呼ぶ．

ここでは詳細な証明は省くが，文献[4] に従って superactivation を起こす 2-qubit 上の量子チャンネルの組 $(\mathcal{N}, \mathcal{M})$ を紹介しよう．まず，一つ目の量子チャンネル $\mathcal{N}$ を消去パラメータ e が 1/2 である量子消去チャンネルとする．これは，練習問題 130 から degradable，かつ，anti-degradable な量子チャンネルなので，練習問題 133 より量子通信容量 $Q(\mathcal{N})$ はゼロである．

もう一つの量子チャンネル $\mathcal{M}$ を以下の Kraus 演算子によって定まるものとする．

$$M_1 = \begin{pmatrix} 0 & 0 & \alpha & 0 \\ 0 & 0 & 0 & 0 \\ \gamma & 0 & 0 & 0 \\ 0 & \gamma & 0 & 0 \end{pmatrix}, \quad M_2 = \begin{pmatrix} 0 & 0 & 0 & 0 \\ 0 & 0 & 0 & \alpha \\ -\gamma & 0 & 0 & 0 \\ 0 & \gamma & 0 & 0 \end{pmatrix}, \quad M_3 = \begin{pmatrix} \beta & 0 & 0 & 0 \\ 0 & 0 & 0 & 0 \\ 0 & 0 & \beta & 0 \\ 0 & 0 & 0 & 0 \end{pmatrix} \quad (13.35)$$

$$M_4 = \begin{pmatrix} 0 & 0 & 0 & 0 \\ \beta & 0 & 0 & 0 \\ 0 & 0 & 0 & \beta \\ 0 & 0 & 0 & 0 \end{pmatrix}, \quad M_5 = \begin{pmatrix} 0 & 0 & 0 & 0 \\ 0 & \beta & 0 & 0 \\ 0 & 0 & 0 & 0 \\ 0 & 0 & 0 & -\beta \end{pmatrix}, \quad M_6 = \begin{pmatrix} 0 & \beta & 0 & 0 \\ 0 & 0 & 0 & 0 \\ 0 & 0 & 0 & 0 \\ 0 & 0 & \beta & 0 \end{pmatrix} \quad (13.36)$$

ただし，

$$\alpha = \sqrt{2^{1/2} - 1}, \quad \beta = \sqrt{1 - 2^{-1/2}}, \quad \gamma = \sqrt{2^{-1/2} - 2^{-1}} \quad (13.37)$$

である．この量子チャンネル $\mathcal{M}$ の量子通信容量 $Q(\mathcal{M})$ がゼロであることは，やや煩雑な計算を要するが，この量子チャンネルの Choi–Jamiołkowski 表現 $\mathfrak{J}(\mathcal{M})$ が PPT 状態であることと，以下の定理から従う．

定理 13.5   Choi–Jamiołkowski 表現が PPT 状態である任意の量子チャンネル $\mathcal{N}^{A \to B}$ に対して，$Q(\mathcal{N}^{A \to B}) = 0$ が成り立つ．

定理 13.5 を示す前に，以下の命題を証明しておこう．

命題 13.6   量子チャンネル $\mathcal{N}^{A \to B}$ の Choi–Jamiołkowski 表現が PPT 状態であれば，任意の量子状態 ρ^{AR} に対して，$\mathcal{N}^{A \to B}(\rho^{AR})$ が PPT 状態になる．

練習問題 135   量子状態 ρ^{AR} に対する Choi–Jamiołkowski 表現の逆写像を $\mathcal{C}_\rho^{A \to R} = \mathfrak{J}^{-1}(\rho^{AR})$ とすると，これは完全正値写像である．系 A と同型の量子系 $\hat{A}$ を導入して，系 $A\hat{A}$ の最大エンタングル状態を $|\Phi\rangle^{A\hat{A}}$ とすると，

$$\mathcal{C}_\rho^{\hat{A} \to R}(|\Phi\rangle\langle\Phi|^{A\hat{A}}) = \rho^{AR} \quad (13.38)$$

が成り立つことを示せ．この表記を $\mathcal{N}^{A \to B}(\rho^{AR})$ へと代入することで，命題 13.6 を示せ．

練習問題 136   PPT 状態に対しては，蒸留可能なエンタングルメントがゼロであること（定理 9.8）に気を付けて，定理 13.5 を証明せよ．

ここまでの議論より，

$$Q(\mathcal{N}) = Q(\mathcal{M}) = 0 \quad (13.39)$$

であることが分かった. ところが, その二つの量子チャンネルのテンソル積 $\mathcal{N} \otimes \mathcal{M}$ の量子通信容量 $Q(\mathcal{N} \otimes \mathcal{M})$ は,

$$Q(\mathcal{N} \otimes \mathcal{M}) \geq I_c(\mathcal{N} \otimes \mathcal{M}) > 1/100 \tag{13.40}$$

を満たすことを示せる[4]. よって, 量子通信容量がゼロである二つの量子チャンネル $\mathcal{N}$ と $\mathcal{M}$ のテンソル積チャンネルは, 非ゼロの量子通信容量を持つ.

量子通信容量の superactivation はそれ自体が極めて興味深い現象だが, 同時に, ノイジーな量子通信路を用いた量子通信の特性を完全に理解するのが容易ではないことを示す意味でも重要な現象である. ノイジーな量子通信路は量子通信のリソースといえるが, superactivation の存在によって, ある量子通信路が量子通信のリソースになるかどうかは, その他にどのような量子通信路を使用できるかに強く依存することが示唆される.

13.2 達成可能な量子通信レートの例

漸近極限の必要性や superactivation 等の理由から, 一般の量子チャンネルの量子通信容量を計算することは難しい. しかし, degradable な量子チャンネルに対する量子通信容量や, 一般の量子チャンネルの量子通信容量を下から評価する不等式は, 比較的簡単に得ることができる. ここでは, 具体的な量子ノイズに対する量子通信容量について考えよう.

13.2.1 量子消去ノイズ

最も簡単な量子ノイズの例として, 量子消去ノイズを考えよう. 量子消去ノイズは 1-qubit の量子系 A から, 三次元ヒルベルト空間 $\mathcal{H}^{A'} = \mathcal{H}^A \oplus \mathrm{span}\{|e\rangle\}$ への写像で,

$$\mathcal{E}_\epsilon^{A \to A'}(\rho^A) = (1 - \epsilon)(\rho \oplus 0) + \epsilon(0 \oplus |e\rangle\langle e|) \tag{13.41}$$

で与えられるのであった. 練習問題 96 より, その Stinespring 拡張は

$$V_\epsilon^{A \to A'E} = \sqrt{1 - \epsilon} I^{A \to A'} \otimes |e_0\rangle^E + \sqrt{\epsilon}|e\rangle^{A'} \otimes (|e_1\rangle^E \langle 0|^A + |e_2\rangle^E \langle 1|^A) \tag{13.42}$$

である. ここで, $I^{A \to A'}$ は, 量子系 A のヒルベルト空間 $\mathcal{H}^A$ を $\mathcal{H}^{A'} = \mathcal{H}^A \oplus \mathrm{span}\{|e\rangle\}$ の部分空間 $\mathcal{H}^A$ へと埋め込む自明なアイソメトリであり, $\{|e_0\rangle^E, |e_1\rangle^E, |e_2\rangle^E\}$ は環境系 E の正規直交基底である.

さて, 練習問題 130 より, 量子消去チャンネルは $0 \leq \epsilon \leq 1/2$ に対しては degradable であった. したがって, 系 13.3 より, そのパラメータ領域に対する量子消去チャンネルの量子通信容量は, $Q(\mathcal{E}_\epsilon^{A \to A'}) = I_c(\mathcal{E}_\epsilon^{A \to A'})$ で与えられる. また, 既に述べたとおり, 練習問題 130 を用いると, $1/2 \leq \epsilon \leq 1$ に対しては, 量子消去チャンネルが anti-degradable になることも分かる. したがって, $1/2 \leq \epsilon \leq 1$ に対しては, $Q(\mathcal{E}_\epsilon^{A \to A'}) = 0$ が成り立つ.

以上より, 量子消去チャンネルの量子通信容量を得るためには, $0 \leq \epsilon \leq 1/2$ の場合の $I_c(\mathcal{E}_\epsilon^{A \to A'})$ を計算するだけでよい. その計算も容易に実行でき, 以下の命題を得る.

命題 13.7（量子消去チャンネルの量子通信容量）　量子消去チャンネル $\mathcal{E}_\epsilon^{A\to A'}$ の量子通信容量は，$Q(\mathcal{E}_\epsilon^{A\to A'}) = \max\{1-2\epsilon, 0\}$ で与えられる．

練習問題 137　命題 13.7 を示せ．また，$0 \le \epsilon \le 1/2$ の場合は，$Q(\mathcal{E}_\epsilon^{A\to A'}) = I_c(\pi^A, \mathcal{E}_\epsilon^{A\to A'})$ であることを確かめよ．量子系 A に作用する任意のユニタリ U^A に対して，量子系 A' 上のユニタリを $U^{A'} = U \oplus |e\rangle\langle e|$ と定めると，$\mathcal{E}_\epsilon^{A\to A'}(U^A\rho^A U^{A\dagger}) = U^{A'}\mathcal{E}_\epsilon^{A\to A'}(\rho^A)U^{A'\dagger}$ が成り立つことを用いるとよい．

　量子消去チャンネルの量子通信容量を達成する符号化についてもコメントしておこう．練習問題 137 から分かるとおり，量子消去チャンネルの量子通信容量は，符号化空間が完全混合状態 π で指定されるようなランダム符号化を用いて達成できる [*2]．そのようなランダム符号化は，既に 13.1.2 項の depolarizing ノイズで見たとおり，完全ランダム符号化に対応する．したがって，独立な量子消去チャンネルが n-qubit に独立に作用しているとすれば，純粋状態に準備した補助量子系を量子系 A' に付け足して量子系を n-qubit に拡張し，その n-qubit 全体に Haar ランダム・ユニタリを作用させることで，量子通信容量を達成できる．

■13.2.2　Amplitude damping ノイズ

　Amplitude damping ノイズに対しても，量子通信容量を簡単に計算できる．Amplitude damping ノイズは，$0 \le \gamma \le 1$ をパラメータとして，

$$\begin{pmatrix} \rho_{00} & \rho_{01} \\ \rho_{10} & \rho_{11} \end{pmatrix} \mapsto \begin{pmatrix} \rho_{00} + \gamma\rho_{11} & \sqrt{1-\gamma}\rho_{01} \\ \sqrt{1-\gamma}\rho_{10} & (1-\gamma)\rho_{11} \end{pmatrix} \tag{13.43}$$

という量子チャンネル $\mathcal{A}_\gamma$ で与えられるのであった．ただし，この行列の基底は $\{|0\rangle, |1\rangle\}$ である．また，練習問題 95 より，系 A に作用する amplitude damping ノイズ $\mathcal{A}_\gamma$ の Stinespring 拡張は，

$$V_\gamma^{A\to AE} = \sqrt{\gamma}|0\rangle\langle 1|^A \otimes |e_0\rangle^E + (|0\rangle\langle 0|^A + \sqrt{1-\gamma}|1\rangle\langle 1|^A) \otimes |e_1\rangle^E \tag{13.44}$$

で与えられる．ここで，$\{|e_0\rangle^E, |e_1\rangle^E\}$ は環境系 E の正規直交基底である．

　練習問題 131 より，$0 \le \gamma \le 1/2$ に対しては amplitude damping ノイズは degradable であり，同様の議論から $1/2 \le \gamma \le 1$ に対しては anti-degradable であることが分かる．したがって，量子消去ノイズの場合と同様に，$0 \le \gamma \le 1/2$ に対する $I_c(\mathcal{A}_\gamma)$ を計算すれば，amplitude damping ノイズの量子通信容量が求まる．

命題 13.8　Amplitude damping ノイズ $\mathcal{A}_\gamma$ の量子通信容量は，以下で与えられる．

$$Q(\mathcal{A}_\gamma) = \begin{cases} \max_{0\le\lambda\le 1} h\big((1-\gamma)\lambda\big) - h(\gamma\lambda) & 0 \le \gamma \le 1/2 \text{ の場合} \\ 0 & 1/2 < \gamma \le 1 \text{ の場合} \end{cases} \tag{13.45}$$

[*2]　もちろん，その他の符号化でも達成できることには注意せよ．

証明(命題 13.8 の証明) 以下では $0 \leq \gamma \leq 1/2$ に対する $I_c(\mathcal{A}_\gamma)$ のみを考える. Amplitude damping ノイズがかかる 1-qubit 系を A とし, 環境系を E とする. ただし, 表記を簡略化するために, 文脈から明らかな場合は A や E は表記しない. 一般の 1-qubit 量子状態 ρ に対するコヒーレント情報量 $I_c(\rho, \mathcal{A}_\gamma) = H(A)_{\mathcal{A}_\gamma(\rho)} - H(E)_{\bar{\mathcal{A}}_\gamma(\rho)}$ を計算するために, 量子状態 ρ を $\{|0\rangle, |1\rangle\}$ の基底で

$$\rho = \begin{pmatrix} 1 - \lambda & \eta \\ \bar{\eta} & \lambda \end{pmatrix} \tag{13.46}$$

と行列表示する. ここで, $0 \leq \lambda \leq 1$ であり, η は複素数である. この状態に $\mathcal{A}_\gamma$ を作用させると,

$$\mathcal{A}_\gamma(\rho) = \begin{pmatrix} (1 - \lambda) + \lambda\gamma & \sqrt{\lambda}\eta \\ \sqrt{\lambda}\bar{\eta} & \lambda(1 - \gamma) \end{pmatrix} \tag{13.47}$$

となる.

エントロピー $H(A)_{\mathcal{A}_\gamma(\rho)}$ は $\mathcal{A}_\gamma(\rho)$ の固有値のみに依存するが, 固有方程式を立てることで, 固有値に含まれる η は必ず $|\eta|$ の形になることが分かる. また, 練習問題 131 より, 相補チャンネル $\bar{\mathcal{A}}_\gamma$ は本質的に $\mathcal{A}_{1-\gamma}$ と同じなので, エントロピー $H(E)_{\bar{\mathcal{A}}_\gamma(\rho)}$ においても, やはり η は $|\eta|$ の形でしか出てこない. このことは, $I_c(\rho, \mathcal{A}_\gamma)$ は, $\eta \mapsto e^{i\theta}\eta$ ($0 \leq \theta < 2\pi$) の変換の下で不変であることを意味する. 特に, $I_c(\rho, \mathcal{A}_\gamma) = I_c(Z\rho Z, \mathcal{A}_\gamma)$ である. この事実より,

$$I_c(\rho, \mathcal{A}_\gamma) = \frac{1}{2}\Big(I_c(\rho, \mathcal{A}_\gamma) + I_c(Z\rho Z, \mathcal{A}_\gamma)\Big) \tag{13.48}$$

が成り立つ.

ここで, amplitude damping ノイズが $0 \leq \gamma \leq 1/2$ に対しては degradable である事実を用いる. 命題 13.4 より, degradable な量子チャンネルに対するコヒーレント情報量は入力量子状態に対して凹関数なので,

$$\frac{1}{2}\Big(I_c(\rho, \mathcal{A}_\gamma) + I_c(Z\rho Z, \mathcal{A}_\gamma)\Big) \leq I_c\Big(\frac{\rho + Z\rho Z}{2}, \mathcal{A}_\gamma\Big) \tag{13.49}$$

が従う. 右辺の量子状態 $\rho_{av} := (\rho + Z\rho Z)/2$ は $\rho_{av} = (1 - \lambda)|0\rangle\langle 0| + \lambda|1\rangle\langle 1|$ という対角行列なので, $\mathcal{A}_\gamma(\rho_{av})$ と $\bar{\mathcal{A}}_\gamma(\rho_{av})$ も対角行列になる. よって, それらのエントロピーは, 二値エントロピー $h(p)$ を用いて,

$$H(A)_{\mathcal{A}_\gamma(\rho_{av})} = h\big((1 - \gamma)\lambda\big), \quad H(E)_{\bar{\mathcal{A}}_\gamma(\rho_{av})} = h(\gamma\lambda) \tag{13.50}$$

となる. したがって, $I_c(\rho_{av}, \mathcal{A}_\gamma) = h\big((1 - \gamma)\lambda\big) - h(\gamma\lambda)$ である.

以上をまとめると, $I_c(\rho, \mathcal{A}_\gamma) \leq h\big((1 - \gamma)\lambda\big) - h(\gamma\lambda)$ が成り立つことが分かった. 左辺を全ての量子状態 ρ で最大化すれば, $I_c(\mathcal{A}_\gamma) \leq \max_{0 \leq \lambda \leq 1} h\big((1 - \gamma)\lambda\big) - h(\gamma\lambda)$ を得る. さらに, この等号を達成する対角量子状態が常に存在することから, $0 \leq \gamma \leq 1/2$ に対して,

$$I_c(\mathcal{A}_\gamma) = \max_{0 \leq \lambda \leq 1} h\big((1 - \gamma)\lambda\big) - h(\gamma\lambda) \tag{13.51}$$

が成り立つ. □

Amplitude damping ノイズに対する量子通信容量をランダム符号化で達成しようとすると、どのような符号化空間にランダム・ユニタリを作用させればよいだろうか。まず、一般のパラメータ γ に対しては、完全ランダム符号化では量子通信容量は達成できない。その理由は、「amplitude damping ノイズは量子状態 $|0\rangle$ を不変に保つ」という事実から直観的に理解できる。仮に amplitude damping ノイズが n-qubit に独立に作用する状況を考えると、この事実から、n-qubit の半分以上が $|0\rangle$ であるような量子状態で張られる空間と、n-qubit の半分以上が $|1\rangle$ であるような量子状態で張られる空間を比較すると、前者の方が amplitude damping ノイズの影響が少ない。したがって、$|0\rangle$ の数が多い部分空間を符号化空間として取ることで、より高い量子通信レートを実現できると期待される。しかし、n-qubit の系に Haar ランダム・ユニタリを作用させるだけの完全ランダム符号化では $|0\rangle$ と $|1\rangle$ は区別されず、amplitude damping ノイズの特殊性を一切考慮しない。このことから、直観的には完全ランダム符号化は amplitude damping ノイズに対しては最適ではないことが期待される。

完全ランダム符号化が amplitude damping ノイズに対して最適な符号化ではないことは、これからの議論できちんと示すこともできる。Amplitude damping ノイズに最適なランダム符号化を求めるためには、その最大コヒーレント情報量を達成する量子状態を見ればよいのであった。命題 13.8 の証明から、$\mathcal{A}_\gamma$ の最大コヒーレント情報量は、対角量子状態 $\sigma(\lambda) := \lambda|0\rangle\langle 0| + (1-\lambda)|1\rangle\langle 1|$ を用いて

$$I_c(\mathcal{A}_\gamma) = I_c(\sigma(\lambda), \mathcal{A}_\gamma) \tag{13.52}$$

で与えられた。ただし、λ は $\max_{0 \le \lambda \le 1} h((1-\gamma)\lambda) - h(\gamma\lambda)$ の最大を達成するように選ぶ。そのような対角量子状態 $\sigma(\lambda)$ に対するランダム符号化を考えればよいが、その量子状態は一般には一様混合状態ではないため、一様混合状態のサポートのテンソル積空間を符号化空間とするこれまでのランダム符号化とは事情が異なる。

一様混合状態以外に対応するランダム符号化を考える際には、系 12.13 の証明を参考にすればよい。その証明では、十分大きな m に対しては、

$$\sigma(\lambda)^{\otimes m} \approx \pi_{\text{typ}} \tag{13.53}$$

のように、典型部分空間上の一様混合状態で近似できる事実を用いた。その典型部分空間を $\mathcal{H}_{\text{typ}}$ とすると、これは m-qubit の量子系の部分空間である。この一様混合状態が Haar ランダム・ユニタリを作用させる符号化空間を決定すると考えればよい。つまり、n-qubit 上の amplitude damping ノイズ $\mathcal{A}_\gamma^{\otimes n}$ を m-qubit 毎のブロックに $(\mathcal{A}_\gamma^{\otimes m})^{\otimes n/m}$ と分割する（簡単のため n/m が整数とする）。そして、各ブロックの典型部分空間 $\mathcal{H}_{\text{typ}}$ によって、ランダム符号化の符号化空間を特徴付ける。全体としては n/m 個のブロックが存在するので、符号化空間は各ブロックの典型部分空間 $\mathcal{H}_{\text{typ}}$ のテンソル積、つまり、$\mathcal{H}_{\text{typ}}^{\otimes n/m}$ である。この符号化空間に Haar ランダム・ユニタリを作用させれば、amplitude damping ノイズの量子通信容量を達成できる。

このように、amplitude damping ノイズに対して量子通信容量を達成するランダム符

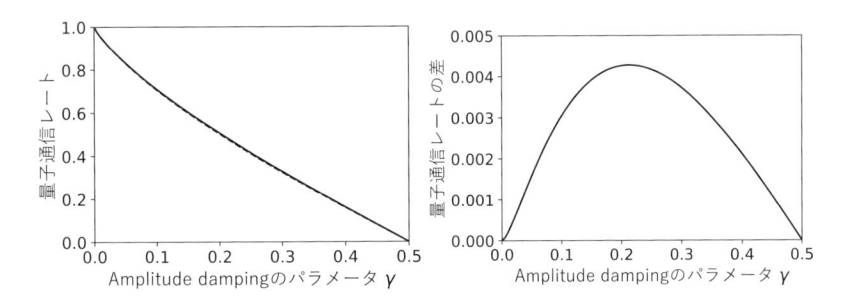

図 13.3 Amplitude damping ノイズ $\mathcal{A}_\gamma$ の量子通信容量 $Q(\mathcal{A}_\gamma)$（実線）と，完全ランダム符号化を用いて達成可能な量子通信レート $I_c(\pi, \mathcal{A}_\gamma)$（点線）の比較．左図では，実線と点線を見分けるのはほぼ不可能だが，右図に $Q(\mathcal{A}_\gamma) - I_c(\pi, \mathcal{A}_\gamma)$ を見ると多少の差が存在することが分かる．しかし，その差はあまり大きくない．

号化はやや巧妙なものである．しかし，量子通信容量 $Q(\mathcal{A}_\gamma)$ と比較して，完全ランダム符号化で達成可能な量子通信レート $I_c(\pi, \mathcal{A}_\gamma)$ が著しく悪い訳ではなく，実際のところは，ほとんど同じ量子通信レートを与える．図 13.3 に，命題 13.8 で与えられる量子通信容量 $Q(\mathcal{A}(\gamma))$ と，完全ランダム符号化を用いて達成可能な量子通信レート $I_c(\pi, \mathcal{A}(\gamma))$ をプロットしたので，参照されたい．

■ 13.2.3 Pauli ノイズ

最後に，1-qubit の Pauli ノイズに対して達成可能な量子通信レートを考えよう．Pauli ノイズは，$\sum_{j=0}^{3} p_j = 1$，$0 \le p_j \le 1$ を満たす確率分布 $p = \{p_0, p_1, p_2, p_3\}$ を用いて，

$$\mathcal{P}_p(\rho) = p_0 \rho + p_1 X \rho X + p_2 Y \rho Y + p_3 Z \rho Z \tag{13.54}$$

で与えられる．また，練習問題 92 より，1-qubit 量子系 A に作用する Pauli ノイズの Stinespring 拡張は，$(\sigma_0, \sigma_1, \sigma_2, \sigma_3) = (I, X, Y, Z)$，$\{|e_j\rangle^E\}_{j=0,\dots,3}$ を環境系 E の正規直交基底として，

$$V_p^{A \to AE} = \sum_{j=0}^{3} \sqrt{p_j} \sigma_j^A \otimes |e_j\rangle^E \tag{13.55}$$

で与えられる．

Pauli ノイズは degradable ではない．また，Pauli ノイズの特別な場合である depolarizing ノイズに対しては，実際に最大コヒーレント情報量が超相加的になることを既に確かめた．これらの事実より，Pauli ノイズに対する量子通信容量を求めることは容易ではないことが分かる．ここでは，Pauli ノイズに対する量子通信容量そのものを求めるのではなく，その下界を与える有名な *hashing* 限界を与えておこう．

命題 13.9（*Pauli ノイズに対する hashing 限界*）　Pauli ノイズ $\mathcal{P}_p$ の量子通信容量 $Q(\mathcal{P}_p)$ は，

$$Q(\mathcal{P}_p) \ge 1 - H(p) \tag{13.56}$$

を満たす．ここで，$H(p)$ は Pauli ノイズの確率分布 $p = (p_0, p_1, p_2, p_3)$ の Shannon エントロピーである．

証明（命題 13.9 の証明）　Pauli ノイズ $\mathcal{P}_p$ が作用する 1-qubit 量子系を A とおくと，定理 12.11 より，$Q(\mathcal{P}_p^A) \geq I_c(\pi^A, \mathcal{P}_p^A)$ が成り立つ．簡単な計算から，$\mathcal{P}_p^A(\pi^A) = \pi^A$ と，$\bar{\mathcal{P}}_p^{A \to E}(\pi^A) = \sum_{j=0}^3 p_j |e_j\rangle\langle e_j|^E$ を確かめられる．よって，

$$Q(\mathcal{P}_p^A) \geq I_c(\pi^A, \mathcal{P}_p^A) = H(A)_{\mathcal{P}_p(\pi)} - H(E)_{\bar{\mathcal{P}}_p(\pi)} = 1 - H(p) \tag{13.57}$$

を得る．　　　　　　　　　　　　　　　　　　　　　　　　　　　　　　　　　　　□

この証明から，hashing 限界は完全ランダム符号化で達成できることも分かる．

13.3　符号化量子回路の複雑性と具体的な復号方法

ランダム符号化が高い量子通信レートを達成する符号化であることを見てきたが，ランダム符号化を量子回路で効率的に実現できるだろうか．また，ここまでの議論では復号に関しては具体的な議論は行わず，デカップリングの議論から導かれる Uhlmann の復号を用いてきた．復号量子チャンネルを明示的に書き下すことはできるだろうか．本節では，このような疑問について説明する．

13.3.1　ランダム符号化の量子回路複雑性

これまでの議論で中心的な役割を果たしてきたランダム符号化だが，効率的な量子回路で実装できるだろうか．この問いを考える第一歩として，まず完全ランダム符号化を量子回路で実現することを考えよう．完全ランダム符号化は，補助量子系を付け足した上で Haar ランダム・ユニタリを作用させるだけの符号化なので，例えば n-qubit の完全ランダム符号化は，Haar ランダム・ユニタリを実装する n-qubit 量子回路で実現できる．しかし，17 章で見るとおり，n-qubit 上の Haar ランダム・ユニタリを量子回路で実現するためには，$\mathcal{O}(2^n)$ 個の量子ゲートが必要になる．したがって，完全ランダム符号化は効率的な量子回路では実現できない．

この問題点は，Haar ランダム・ユニタリの代わりにユニタリ・デザインを用いることで解決できる．完全ランダム符号化で Haar ランダム・ユニタリを用いた理由は，シングルショット・デカップリング定理 12.16 より，Haar ランダム・ユニタリがデカップリングを達成するからであった．しかし，その定理の直後で説明したとおり，デカップリングはユニタリ 2-デザインでも達成できる．このことから，実は完全ランダム符号化で用いる Haar ランダム・ユニタリをユニタリ 2-デザインで置き換えたとしても，全く同じ主張が成り立つ．

では，ユニタリ 2-デザインを効率的に実装する量子回路は存在するだろうか．この問いの答えも 17 章で詳しく説明するが，ユニタリ 2-デザインは，回路深さが $\mathcal{O}(n)$ 程度の

量子回路で実装できる．したがって，Haar ランダム・ユニタリの代わりにその量子回路
を用いることで，完全ランダム符号化と同じ性能を持つ符号化を達成できる．また，定理
3.12 より，n-qubit Clifford 群 C_n はユニタリ 3-デザインになっていることを思い出すと，
n-qubit Clifford 群 C_n からランダムに選んだ Clifford ユニタリを用いても，完全ランダ
ム符号化と同じ性能を持つ符号化を実現できる．実はそのような符号化は既に 11.3.4 項
で「ランダム・スタビライザー符号」として登場している．任意の n-qubit Clifford ユニ
タリは $\mathcal{O}(n^2/\log n)$ 個の Clifford ゲートを用いて，回路深さが $\mathcal{O}(n)$ 程度の Clifford 量子
回路で実装できることが知られている[50] ため，ランダム・スタビライザー符号は効率的に
実装できる．11.3.4 項では，ランダム・スタビライザー符号が量子 Gilbert–Varshamov
限界を達成することを示した（命題 11.14）が，ここまでの議論から，ランダム・スタビラ
イザー符号は，量子消去ノイズに対する量子通信容量と，Pauli ノイズに対する hashing
限界を達成できることも分かる．

　以上の考察より，Haar ランダム・ユニタリを用いた完全ランダム符号化を文字どおり
に量子回路で実装しようとすると非効率的だが，Haar ランダム・ユニタリをユニタリ 2-
デザインに置き換えることで，効率的な実装が可能になることが分かった．一方で，完
全ランダム符号化以外のランダム符号化が効率的に実装できるか否かは，量子系 A' を
符号化空間 $\mathcal{H}_r^{A^n}$ の部分空間に埋め込むアイソメトリを量子回路で効率的に実装できる
かどうかに依存する．例えば，13.1.2 項では depolarizing ノイズに対して 9-qubit 符号
とランダム符号化を組み合わせることを考えた．9-qubit 符号はスタビライザー符号な
ので，この場合は，Clifford 量子回路を用いて 9-qubit 符号に量子系 A' を埋め込んだ後
に，論理 qubit 上にランダムな Clifford ユニタリを作用させることで，全体の符号化を
Clifford 回路だけで効率的に実装できる．しかし，例えば amplitude damping ノイズに
対する量子通信容量を達成するためには，符号化空間として典型部分空間を取る必要が
あった．このような場合は，符号化空間へのアイソメトリを効率的に実装できるか否か
は一般には不明である．

■13.3.2　復号と Petz 写像

　次に具体的な復号方法について考えよう．ここまでの議論はデカップリング・アプロー
チに基づくもので，補題 12.14 を用いることで復号量子チャンネルを明示的に構築せず
に，よい復号の存在を示してきた．ここでは，*Petz 写像*（*Petz map*）と呼ばれる量子チャ
ンネルを導入し，その写像が具体的な復号量子チャンネルを与えることを説明する．

　Petz 写像を導入するために，まず，$\omega^A \in \mathcal{B}(\mathcal{H})$ を用いた写像 Γ_ω^A を

$$\Gamma_\omega^A(\xi^A) := \omega^A \xi^A (\omega^A)^\dagger \tag{13.58}$$

と定めておこう．この完全正値写像を用いて，Petz 写像は以下のように定義される．

定義 13.10（*Petz 写像*[51,52]）　量子状態 σ^A と量子チャンネル $\mathcal{T}^{A\to B}$ に対し，$\sigma_{\mathcal{T}}^B = \mathcal{T}^{A\to B}(\sigma^A)$ とする．量子系 B から量子系 A への写像

$$\mathcal{P}_{\sigma,\mathcal{T}}^{B \to A} := \Gamma_{\sigma^{1/2}}^{A} \circ \mathcal{T}_*^{B \to A} \circ \Gamma_{\sigma_{\mathcal{T}}^{-1/2}}^{B} \tag{13.59}$$

を，Petz 写像と呼ぶ．ここで，$\mathcal{T}_*^{B \to A}$ は $\mathcal{T}^{A \to B}$ の共役写像である．

Petz 写像は三つの完全正値写像 $\Gamma_{\sigma^{1/2}}^{A}$，$\mathcal{T}_*^{B \to A}$，$\Gamma_{\sigma_{\mathcal{T}}^{-1/2}}^{B}$ から構成されているため，完全正値である．一方で，この写像は一般にはトレースを保存せず，トレース非増加な写像となっている．これは，

$$\mathrm{Tr}\big[\mathcal{P}_{\sigma,\mathcal{T}}^{B \to A}(\rho^B)\big] = \mathrm{Tr}\Big[\sigma^{1/2}\mathcal{T}_*\Big(\mathcal{T}(\sigma)^{-1/2}\rho\mathcal{T}(\sigma)^{-1/2}\Big)\sigma^{1/2}\Big] \tag{13.60}$$

$$= \mathrm{Tr}\Big[\mathcal{T}(\sigma)^{-1/2}\mathcal{T}(\sigma)\mathcal{T}(\sigma)^{-1/2}\rho\Big] \tag{13.61}$$

$$= \mathrm{Tr}\big[\Pi_{\mathcal{T}(\sigma)}\rho\big] \leq \mathrm{Tr}[\rho] \tag{13.62}$$

であることから従う．ここで，$\Pi_{\mathcal{T}(\sigma)}$ は $\mathcal{T}(\sigma)$ のサポートへの射影演算子である．ただし，$\mathcal{T}(\sigma)$ のサポート上での量子状態に対しては，Petz 写像はトレース保存となり，量子チャンネルとして振る舞う．以下ではそのような場合のみを考えるため，Petz 写像を量子チャンネルとみなすことにする [*3)]．

練習問題 138 Petz 写像 $\mathcal{P}_{\sigma,\mathcal{T}}^{B \to A}$ に対して，$\mathcal{P}_{\sigma,\mathcal{T}}^{B \to A} \circ \mathcal{T}^{A \to B}(\sigma^A) = \sigma^A$ を示せ．$\mathcal{T}^{A \to B}$ が量子チャンネルであることに気を付けよ．

Petz 写像に対して，以下の定理が成り立つ．

定理 13.11（*Barnum–Knill* の定理[53)]） 量子状態 ρ^A と量子チャンネル $\mathcal{T}^{A \to B}$ に対する Petz 写像を $\mathcal{P}_{\rho,\mathcal{T}}^{B \to A}$ とすると，任意の量子チャンネル $\mathcal{R}^{B \to A}$ に対して，

$$F_e\big(\rho^A, \mathcal{P}_{\rho,\mathcal{T}}^{B \to A} \circ \mathcal{T}^{A \to B}\big) \geq \Big(F_e\big(\rho^A, \mathcal{R}^{B \to A} \circ \mathcal{T}^{A \to B}\big)\Big)^2 \tag{13.63}$$

が成り立つ．ここで，F_e はエンタングルメント忠実度である．

定理 13.11 を証明する前に，その意味を具体的に説明しておこう．量子チャンネル $\mathcal{T}^{A \to B}$ が量子状態 ρ^A の純粋化 $|\rho\rangle^{AR}$ に作用する状況を考え，$\mathcal{T}^{A \to B}(|\rho\rangle\langle\rho|^{AR})$ に何らかの"復元"量子チャンネルを作用させることで，元の量子状態 $|\rho\rangle^{AR}$ を復元したいという状況を考える．最適な復元量子チャンネルを用いた際の復元エラー ϵ_{opt} を非忠実度で測ることにすると，そのエラーはエンタングルメント忠実度を用いて，

$$\epsilon_{\mathrm{opt}} := 1 - \max_{\mathcal{R}} \langle\rho|^{AR}\mathcal{R}^{B \to A} \circ \mathcal{T}^{A \to B}\big(|\rho\rangle\langle\rho|^{AR}\big)|\rho\rangle^{AR} \tag{13.64}$$

$$= 1 - \max_{\mathcal{R}} F_e\big(\rho^A, \mathcal{R}^{B \to A} \circ \mathcal{T}^{A \to B}\big) \tag{13.65}$$

で与えられる．一方で，Petz 写像を用いた際の復元エラーは $\epsilon_{\mathrm{Petz}} = 1 - F_e\big(\rho^A, \mathcal{P}_{\rho,\mathcal{T}}^{B \to A} \circ \mathcal{T}^{A \to B}\big)$ である．この二つの復元エラー ϵ_{opt} と ϵ_{Petz} は，定理 13.11 から

[*3)] もしくは，$\mathcal{T}(\sigma)$ のサポート外に対しては，適当に固定した量子状態に戻すという操作を付け加えれば，Petz 写像を全ての量子状態に対して量子チャンネルに拡張することもできる．

$$\epsilon_{\text{Petz}} \leq 1 - (1 - \epsilon_{\text{opt}})^2 \leq 2\epsilon_{\text{opt}} \tag{13.66}$$

の関係を満たす. つまり, Petz 写像を用いて復元した際のエラーは, 最適な復元量子チャンネルを用いて復元した際のエラーの高々二倍にしかならない. よって, Petz 写像はほぼ最適な復元量子チャンネルと言ってよいだろう.

この事実は, ノイジーな量子通信路による量子通信の文脈においても, Petz 写像が具体的なよい復号量子チャンネルを与えることを示唆する. 実際, 量子通信容量定理 12.7 より, 量子チャンネル $\mathcal{N}^{A \to B}$ に対して, $\lim_{n \to \infty} \log \dim \mathcal{H}^{A'}/n \leq Q(\mathcal{N}^{A \to B})$ が満たされている場合は, 任意の量子状態 $|\rho\rangle^{A'R}$ に対して,

$$\frac{1}{2} \left\| \mathcal{D}_n^{B^n \to A'} \circ \mathcal{N}_n^{A^n \to B^n} \circ \mathcal{E}_n^{A' \to A^n} \left(|\rho\rangle\langle\rho|^{A'R} \right) - |\rho\rangle\langle\rho|^{A'R} \right\|_1 \xrightarrow{n \to \infty} 0 \tag{13.67}$$

を満たす符号化と復号の組 $(\mathcal{E}_n^{A' \to A^n}, \mathcal{D}_n^{B^n \to A'})$ の列が存在する. トレース距離と忠実度の関係（命題 4.4）と定理 13.11 から, 復号量子チャンネル $\mathcal{D}_n^{B^n \to A'}$ の代わりに Petz 写像 $\mathcal{P}_{\rho, \mathcal{N}_n \circ \mathcal{E}_n}^{B^n \to A'}$ を用いてもよいこと, つまり,

$$\frac{1}{2} \left\| \mathcal{P}_{\rho, \mathcal{N}_n \circ \mathcal{E}_n}^{B^n \to A'} \circ \mathcal{N}_n^{A^n \to B^n} \circ \mathcal{E}_n^{A' \to A^n} \left(|\rho\rangle\langle\rho|^{A'R} \right) - |\rho\rangle\langle\rho|^{A'R} \right\|_1 \xrightarrow{n \to \infty} 0 \tag{13.68}$$

が従う.

このように, Petz 写像は, 量子通信容量を達成する際の復号量子チャンネルを明示的に与えるものである. ただし, Petz 写像を量子回路で効率的に実装できるかは明らかにはなっておらず, 一般には効率的な実装は難しいと予想されている.

定理 13.11 の証明では Petz 写像の Kraus 演算子を用いるため, まずはそれらを具体的に求めておくと便利である.

練習問題 139 量子チャンネル $\mathcal{T}^{A \to B}$ の Kraus 演算子を $\{T_j^{A \to B}\}_j$ とする. このとき, Petz 写像 $\mathcal{P}_{\rho, \mathcal{T}}^{B \to A}$ の Kraus 演算子が, 以下で与えられることを示せ.

$$\left\{ (\rho^A)^{1/2} (T_j^{A \to B})^\dagger (\mathcal{T}^{A \to B}(\rho^A))^{-1/2} \right\}_j \tag{13.69}$$

練習問題 140 量子チャンネル $\mathcal{T}$ の Kraus 演算子を $\{T_j\}_j$ とすると, エンタングルメント忠実度は

$$F_e(\rho, \mathcal{T}) = \sum_j |\text{Tr}[T_j \rho]|^2 \tag{13.70}$$

で与えられることを示せ.

証明（定理 13.11 の証明） 量子チャンネル $\mathcal{T}^{A \to B}$ と $\mathcal{R}^{B \to A}$ の Kraus 演算子を, 各々 $\{T_m^{A \to B}\}_m$, $\{R_n^{B \to A}\}_n$ とおく. また, $\rho_{\mathcal{T}}^B := \mathcal{T}^{A \to B}(\rho^A)$ とおく. 以降は表記を簡単にするために, 上付き添え字を省略する.

エンタングルメント忠実度の性質（練習問題 140）より, $F_e(\rho, \mathcal{R} \circ \mathcal{T}) = \sum_{m,n} |\text{Tr}[R_n T_m \rho]|^2$ である. ここで, $Q_n := \rho_{\mathcal{T}}^{1/2} R_n^\dagger \rho^{-1/2}$ とおき, 行列 M を行列成分 $M_{mn} = \text{Tr}[\rho^{1/2} Q_n^\dagger \rho_{\mathcal{T}}^{-1/2} T_m \rho]$ によって定義すると,

$$F_e(\rho, \mathcal{R} \circ \mathcal{T}) = \sum_{m,n} |M_{mn}|^2 = \|M\|_2^2 \tag{13.71}$$

と表現できる.

行列 M を $M = U^\dagger D V$ と特異値分解すると,$\|M\|_2^2 = \sum_\alpha |D_{\alpha\alpha}|^2$ である.$D_{\alpha\alpha} = \sum_{m,n} U_{\alpha m} M_{mn} \bar{V}_{\alpha n}$ なので,

$$\|M\|_2^2 = \sum_\alpha \left| \sum_{m,n} U_{\alpha m} M_{mn} \bar{V}_{\alpha n} \right|^2 \tag{13.72}$$

$$= \sum_\alpha \left| \mathrm{Tr}\left[\rho^{1/2} \left(\sum_n V_{\alpha n} Q_n \right)^\dagger \rho_{\mathcal{T}}^{-1/2} \left(\sum_m U_{\alpha m} T_m \right) \rho \right] \right|^2 \tag{13.73}$$

を得る.ここで,$\{Q_n\}_n$ を Kraus 演算子とする正定値写像 $\mathcal{Q}$ を考えると,Kraus 演算子の自由度(定理 3.23)から $\{Q_\alpha := \sum_n V_{\alpha n} Q_n\}_\alpha$ も $\mathcal{Q}$ の Kraus 演算子である.同様に,$\{T_\alpha := \sum_m U_{\alpha m} T_m\}_\alpha$ は,$\mathcal{T}$ の Kraus 演算子である.これらの新しい Kraus 演算子を用いると,

$$\|M\|_2^2 = \sum_\alpha \left| \mathrm{Tr}\left[\rho^{1/2} Q_\alpha^\dagger \rho_{\mathcal{T}}^{-1/2} T_\alpha \rho \right] \right|^2 \tag{13.74}$$

$$= \sum_\alpha \left| \mathrm{Tr}\left[\left(\rho_{\mathcal{T}}^{-1/4} Q_\alpha \rho^{3/4} \right)^\dagger \left(\rho_{\mathcal{T}}^{-1/4} T_\alpha \rho^{3/4} \right) \right] \right|^2 \tag{13.75}$$

$$\leq \sum_\alpha \left\| \rho_{\mathcal{T}}^{-1/4} Q_\alpha \rho^{3/4} \right\|_2^2 \left\| \rho_{\mathcal{T}}^{-1/4} T_\alpha \rho^{3/4} \right\|_2^2 \tag{13.76}$$

$$\leq \sqrt{\sum_\alpha \left\| \rho_{\mathcal{T}}^{-1/4} Q_\alpha \rho^{3/4} \right\|_2^4} \sqrt{\sum_\alpha \left\| \rho_{\mathcal{T}}^{-1/4} T_\alpha \rho^{3/4} \right\|_2^4} \tag{13.77}$$

が従う.一つ目の不等式は行列の Hilbert–Schmidt 内積に対する Cauchy–Schwarz 不等式,二つ目の不等式はベクトル内積に対する Cauchy–Schwarz 不等式によるものである.

まず,$\sum_\alpha \|\rho_{\mathcal{T}}^{-1/4} Q_\alpha \rho^{3/4}\|_2^2$ を計算しよう.新しい演算子 $R_\alpha = \rho^{1/2} Q_\alpha^\dagger \rho_{\mathcal{T}}^{-1/2}$ を導入する.演算子 Q_n の定義を思い出すと,$R_\alpha = \sum_n V_{\alpha n} R_n$ であることが分かるので,$\{R_\alpha\}_\alpha$ も量子チャンネル $\mathcal{R}$ の Kraus 演算子である.この Kraus 演算子を用いると,

$$\sum_\alpha \left\| \rho_{\mathcal{T}}^{-1/4} Q_\alpha \rho^{3/4} \right\|_2^4 = \sum_\alpha \left| \mathrm{Tr}[\rho^{1/2} Q_\alpha^\dagger \rho_{\mathcal{T}}^{-1/2} Q_\alpha \rho] \right|^2 \tag{13.78}$$

$$= \sum_\alpha \left| \mathrm{Tr}[R_\alpha Q_\alpha \rho] \right|^2 \tag{13.79}$$

$$\leq \sum_{\alpha,\beta} \left| \mathrm{Tr}[R_\beta Q_\alpha \rho] \right|^2 = F_e(\rho, \mathcal{R} \circ \mathcal{Q}) \tag{13.80}$$

を得る.さらに,$\mathcal{R}$ が量子チャンネルであることから,$\sum_\alpha R_\alpha^\dagger R_\alpha = I$ が成り立つが,$R_\alpha = \rho^{1/2} Q_\alpha^\dagger \rho_{\mathcal{T}}^{-1/2}$ を代入すると,$\mathcal{Q}(\rho) = \mathcal{T}(\rho)$ を得る.つまり,量子状態 ρ に対しては $\mathcal{Q}$ はトレースを保存する.よって,$F_e(\rho, \mathcal{R} \circ \mathcal{Q}) \leq 1$ が成り立つので,

$$\sum_\alpha \left\| \rho_{\mathcal{T}}^{-1/4} Q_\alpha \rho^{3/4} \right\|_2^4 \leq 1 \tag{13.81}$$

が従う.

この式を (13.77) に代入して,

$$\left(F_e(\rho, \mathcal{R} \circ \mathcal{T}) \right)^2 \leq \sum_\alpha \left\| \rho_{\mathcal{T}}^{-1/4} T_\alpha \rho^{3/4} \right\|_2^4 \tag{13.82}$$

を得る．後はこの右辺を計算すればよい．練習問題 139 より，Petz 写像 $\mathcal{P}_{\rho,\mathcal{T}}$ の Kraus 演算子が $\{P_\alpha := \rho^{1/2} T_\alpha^\dagger \rho_{\mathcal{T}}^{-1/2}\}_\alpha$ で与えられることを思い出すと，

$$\sum_\alpha \left\| \rho_{\mathcal{T}}^{-1/4} T_\alpha \rho^{3/4} \right\|_2^4 = \sum_\alpha \left| \mathrm{Tr}[\rho^{1/2} T_\alpha^\dagger \rho_{\mathcal{T}}^{-1/2} T_\alpha \rho] \right|^2 \tag{13.83}$$

$$= \sum_\alpha \left| \mathrm{Tr}[P_\alpha T_\alpha \rho] \right|^2 \tag{13.84}$$

$$\leq \sum_{\alpha,\beta} \left| \mathrm{Tr}[P_\alpha T_\beta \rho] \right|^2 = F_e\left(\rho, \mathcal{P}_{\rho,\mathcal{T}} \circ \mathcal{T}\right) \tag{13.85}$$

が成り立つ．これを (13.82) に代入すれば命題が示される． $\qquad\square$

練習問題 141 Petz 写像は 7.3.2 項で導入した pretty-good な測定とも関係が深い．このことを見ていこう．Pretty-good な測定とは量子状態のアンサンブル $\{p_x, \rho_x^A\}_x$ に対して定まるもので，$\rho^A = \sum p_x \rho_x^A$ として，

$$\Lambda_x^A = p_x (\rho^A)^{-1/2} \rho_x^A (\rho^A)^{-1/2} \tag{13.86}$$

による POVM $\{\Lambda_x^A\}_x$ のことを指していた（定義 7.7 を参照のこと）．この POVM を用いて，測定結果を系 X に書き込む量子チャンネル

$$\mathcal{M}^{A \to X}(\sigma^A) = \sum_x \mathrm{Tr}[\Lambda_x^A \sigma^A] |x\rangle\langle x|^X \tag{13.87}$$

を定める．ここで，$\{|x\rangle^X\}_x$ は系 X の正規直交基底である．この量子チャンネル $\mathcal{M}^{A \to X}$ は，Petz 写像 $\mathcal{P}_{\rho,\mathrm{Tr}_X}^{A \to XA}$ を用いて，

$$\mathcal{M}^{A \to X} = \mathrm{Tr}_A \circ \mathcal{P}_{\rho,\mathrm{Tr}_X}^{A \to XA} \tag{13.88}$$

と書けることを示せ．

14 ノイジーな量子通信路の様々な通信容量

　ここまでは，ノイジーな量子通信路のみを複数回使用して行う量子通信の通信レートを詳細に解析してきた．しかし，ノイジーな量子通信路を用いて達成したい通信は，送信したい情報の種類や追加の条件，他に活用できるリソース等に応じて，様々なバリエーションが考えられる．本章では，その中でも二つのバリエーションを紹介する．

　一つ目のシナリオは，ノイジーな量子通信路を用いて古典情報を送る状況であり，ノイジーな量子通信路を用いた古典通信（*classical communication via noisy quantum channel*）と呼ぶ．二つ目のシナリオは，送信者と受信者がエンタングルメントをあらかじめ共有している状況下で，ノイジーな量子通信路を用いた量子通信や古典通信を行うもので，このシナリオを共有エンタングルメントを用いた通信（*entanglement-assisted communication*）と呼ぶ．以下では，まず一つ目のシナリオを紹介し，その後，二つ目のシナリオについて説明する．

　説明を始める前に，量子通信路を用いて古典情報を送信するプロトコルを考える動機について簡単にコメントしておこう．古典情報は通常の古典通信路で送信可能で，通常は古典通信路は量子通信路よりも「お手軽」に実装できるため，わざわざ量子通信路を用いる必要性に疑問を感じる読者もいるかもしれない．確かに，実用を目的とするのであれば，量子通信路を用いて古典情報を送信する利点は多くない．ただし，例えば超高密度符号のように，量子通信路を用いることによってより多くの古典情報を送信できる状況が起こりうるため，少なくとも理論的な観点からは，量子通信路を用いた古典通信を考えることは一つの研究テーマとして興味深いものである．このような動機から多くの研究がこれまで行われてきた．本書ではその一部を紹介する．

14.1　ノイジーな量子通信路の古典通信容量

　古典通信で送信する古典情報は，アルファベット $\mathcal{X} = \{1, \ldots, |\mathcal{X}|\}$（$|\mathcal{X}|$ はアルファベットの位数）から確率的に選ばれるメッセージ $x \in \mathcal{X}$ で記述される．この操作に対応するランダム変数を X と表すことにしよう．

　ノイジーな量子通信路による古典通信の概要は，

1）送信者は古典情報 X を量子状態に符号化する．
2）符号化された量子状態をノイジーな量子通信路 $\mathcal{N}^{A \to B}$ で送信する．

3) 受信者は受け取った量子状態に対して何らかの POVM を用いた量子測定を行うことで古典情報を復号し，ランダム変数 X' を得る.

というステップから構成される．送信したかった古典メッセージが $X = x$ だった場合に受信者が確率 1 で x を受け取れば，エラーなしの古典通信に成功したことになる.

量子通信の場合と同様に，ノイジーな量子通信路を一度だけ用いて古典情報をエラーなしで送信することは難しい．ここでは，$\mathcal{N}^{A \to B}$ を独立に n 回使用できる状況，つまり，量子チャンネルの n 階テンソル積 $\mathcal{N}_n^{A^n \to B^n} = (\mathcal{N}^{A \to B})^{\otimes n}$ を用いてよい状況を考えることにする．目標とすることは，n が十分大きい漸近極限でエラーがゼロになる古典通信を達成することである．図 14.1 も参照されたい.

各ステップを詳細に見ていこう．まず，符号化した量子系 A^n 上の量子状態は $\rho_x^{A^n}$ と表現できる．この量子状態がノイジーな量子通信路の n 階テンソル積を通して受信者に送信されるため，受信者が受け取る量子状態は $\mathcal{N}_n^{A^n \to B^n}(\rho_x^{A^n})$ である．最後に，量子系 B^n に POVM $M^{B^n} = \{M_x^{B^n}\}_{x \in \mathfrak{X}}$ を行い，確率 $p_n(x'|x) := \mathrm{Tr}[M_{x'}^{B^n} \mathcal{N}_n^{A^n \to B^n}(\rho_x^{A^n})]$ で測定結果 $x' \in \mathfrak{X}$ を得る．ここで，受信者は送信者の古典情報の復元を目的とするため，測定結果の集合をアルファベット $\mathfrak{X}$ と一致させた.

送信者のメッセージが x だった場合に受信者が x 以外のメッセージを受け取ると，古典通信に失敗したことになる．上述の表記を用いると，入力のメッセージが x だった場合にメッセージの送信に失敗する確率は，

$$p_n^{\mathrm{fail}}(x) = \sum_{x'(\neq x)} p_n(x'|x) \tag{14.1}$$

$$= \sum_{x'(\neq x)} \mathrm{Tr}[M_{x'}^{B^n} \mathcal{N}_n^{A^n \to B^n}(\rho_x^{A^n})] \tag{14.2}$$

$$= \mathrm{Tr}\left[(I - M_x^{B^n}) \mathcal{N}_n^{A^n \to B^n}(\rho_x^{A^n})\right] \tag{14.3}$$

となる．最後の式では，POVM M^{B^n} の完全性条件を用いた．この確率は入力のメッセージ x に依存するが，全てのメッセージに対して失敗確率を小さくしたいので，

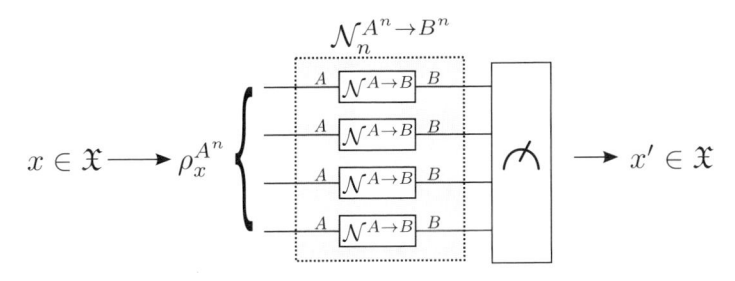

図 **14.1** ノイジーな量子通信路 $\mathcal{N}^{A \to B}$ を用いた古典通信の概念図．送りたい古典メッセージ $x \in \mathfrak{X}$ に応じて量子状態 $\rho_x^{A^n}$ を生成し，ノイジーな量子通信路の n 階テンソル積 $\mathcal{N}_n^{A^n \to B^n}$ で送信した後の量子状態を，POVM M^{B^n} で測定し，測定結果として何らかのメッセージ $x' \in \mathfrak{X}$ を得る.

$$p_n^{\mathrm{fail}} := \max_{x \in \mathcal{X}} p_n^{\mathrm{fail}}(x) \tag{14.4}$$

を考える. この失敗確率を用いて, 量子チャンネルの古典通信容量 (*classical capacity of quantum channel*) を以下のように定義する.

定義 14.1 (古典通信容量)　量子チャンネル $\mathcal{N}^{A \to B}$ に対し, $\lim_{n \to \infty} p_n^{\mathrm{fail}} = 0$ を満たす符号化と復号 POVM が存在するとき,

$$\lim_{n \to \infty} \frac{\log |\mathcal{X}|}{n} \tag{14.5}$$

を漸近的に達成可能な古典通信レートと呼ぶ. また, その上限を $\mathcal{N}^{A \to B}$ の古典通信容量と呼び, $C(\mathcal{N}^{A \to B})$ と表記する.

古典通信容量を定義どおりに直接計算することは難しいが, 形式的には規格化された *Holevo 情報量* (*Holevo information*) の極限で表せることが知られている. まずは Holevo 情報量を導入する.

定義 14.2 (*Holevo* 情報量)　量子系 XA 上の量子状態 ρ^{XA} が, 確率分布 $\{p_x\}_x$ と $\mathcal{H}^X$ の正規直交基底 $\{|x\rangle^X\}_x$ を用いて $\rho^{XA} = \sum_x p_x |x\rangle\langle x|^X \otimes \rho_x^A$ と表せるとき, その量子状態を古典-量子状態 (*classical-quantum state*) と呼ぶ. 量子チャンネル $\mathcal{N}^{A \to B}$ に対し,

$$\chi(\mathcal{N}^{A \to B}) = \max_\rho I(X:B)_{\mathcal{N}(\rho)} \tag{14.6}$$

を, $\mathcal{N}^{A \to B}$ の Holevo 情報量と呼ぶ. ここで, $\max_\rho$ は, 量子系 XA 上の全ての古典-量子状態で最大化する.

練習問題 142　定理 7.1 において, 量子状態 $\rho = \sum_x p_x \rho_x$ に対して, $\chi(\rho) = H(\rho) - \sum_x p_x H(\rho_x)$ を Holevo の χ と呼んだ. 量子チャンネル $\mathcal{N}^{A \to B}$ の Holevo 情報量が, $\chi(\mathcal{N}^{A \to B}(\rho^A))$ を $\rho^A = \sum_x p_x \rho_x^A$ で最大化したものであること, つまり,

$$\chi(\mathcal{N}^{A \to B}) = \max_{\rho^A} \chi(\mathcal{N}^{A \to B}(\rho^A)) \tag{14.7}$$

を示せ.

古典通信容量を特徴付ける定理が, 以下の**古典通信容量定理**である. 証明者の名前にちなんで, *Holevo–Schumacher–Westmoreland* (*HSW*) 定理と呼ばれることも多い.

定理 14.3 (古典通信容量定理[54,55])　量子チャンネル $\mathcal{N}^{A \to B}$ の古典通信容量 $C(\mathcal{N}^{A \to B})$ は,

$$C(\mathcal{N}^{A \to B}) = \lim_{n \to \infty} \frac{1}{n} \chi((\mathcal{N}^{A \to B})^{\otimes n}) \tag{14.8}$$

で与えられる.

定理 14.3 はいくつかの方法で証明できるが, どの方法もこれまで説明してきたアプローチとは異なる手法なので, 本書では深入りしない. 興味のある読者は, 標準的な証明方法[3,4,54,55] や, デカップリングに近い考え方に基づく証明方法[56] などを参照されたい.

ここまでの説明から，古典通信容量と量子通信容量がほぼ同様の考え方に基づいて定義され，コヒーレント情報量と Holevo 情報量の差はあるものの，似た形で特徴付けられることを見て取れるだろう．この類似性は極限の必要性でも同様に成り立ち，Holevo 情報量は一般には量子チャンネルのテンソル積に対して超相加的であるため，古典通信容量でも一般には古典通信容量定理 14.3 の極限操作は必須であることが分かっている．

14.2 共有エンタングルメントを用いた通信

次に，送信者と受信者があらかじめエンタングルメントを共有しており，ノイジーな量子通信路 $\mathcal{N}^{A \to B}$ を用いた通信の符号化と復号の際に共有エンタングルメントを活用できる状況を考える．送りたい情報の種類に応じて，共有エンタングルメントを用いた量子通信と古典通信の二通りが考えられる．共有エンタングルメントを活用できる状況ではこれまで見てきた通信容量の解析とは異なり，その通信容量を極限操作を含まない形で得ることができる．このことを見ていこう．

14.2.1 共有エンタングルメントを用いた量子通信容量と古典通信容量

まず，これまでと同様の方法で通信容量を定義しよう．大枠は共有エンタングルメントを用いない通信と同様で，ノイジーな量子通信路の n 階テンソル積 $\mathcal{N}^{A^n \to B^n} = (\mathcal{N}^{A \to B})^{\otimes n}$ を用いて通信を行う状況を考える．ただし，共有エンタングルメントを用いた通信では，送信者と受信者が共有するエンタングルメント $|\Phi\rangle^{F_A F_B}$ の量子系 F_A と F_B を，各々，符号化と復号の際に使用してもよいという条件を付け加える．したがって，符号化は量子系 $A' F_A$ から A^n への量子チャンネル $\mathcal{E}_n^{A' F_A \to A^n}$ で行い，復号は，量子通信を行う場合は量子系 $B^n F_B$ から A' への量子チャンネル $\mathcal{D}_n^{B^n F_B \to A'}$，古典通信を行う場合は，系 $B^n F_B$ 上の POVM $M^{B^n F_B}$ で行う．また，送信者と受信者が共有しているエンタングルメントの量は無制限であるとする．図 14.2 と図 14.3 も参照されたい．

初めに，共有エンタングルメントを用いた**量子通信容量**（*entanglement-assisted quantum capacity*）を定義する．そのためには復元エラーを定める必要があるが，入力量子状態が $|\rho\rangle^{A'R}$ であったときに，共有エンタングルメントを用いた量子通信の復元エラーを，

$$\epsilon_n^{\mathrm{EA}}(\mathcal{E}_n, \mathcal{D}_n | \mathcal{N}, \rho)$$

$$:= \frac{1}{2} \left\| \mathcal{D}_n^{B^n F_B \to A'} \circ \mathcal{N}_n^{A^n \to B^n} \circ \mathcal{E}_n^{A' F_A \to A^n} \left(|\rho\rangle\langle\rho|^{A'R} \otimes |\Phi\rangle\langle\Phi|^{F_A F_B} \right) - |\rho\rangle\langle\rho|^{A'R} \right\|_1 \quad (14.9)$$

と定める．この復元エラーを用いて，共有エンタングルメントを用いた量子通信容量をこれまで同様の方法で定義する．

定義 14.4（共有エンタングルメントを用いた**量子通信容量**） 全ての量子純粋状態 $|\rho\rangle^{A'R}$ に対して，$\lim_{n \to \infty} \epsilon_n^{\mathrm{EA}}(\mathcal{E}_n, \mathcal{D}_n | \mathcal{N}, \rho) = 0$ を達成する符号化と復号量子チャンネルの列 $\{(\mathcal{E}_n^{A' F_A \to A^n}, \mathcal{D}_n^{B^n F_B \to A'})\}_n$ が存在するとき，

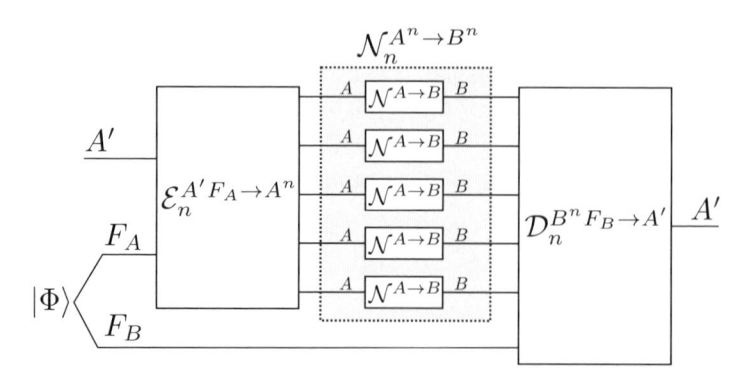

図 14.2　ノイジーな量子通信路 $\mathcal{N}^{A \to B}$ と共有エンタングルメント $|\Phi\rangle^{F_A F_B}$ を用いた量子通信の概念図. 大枠は通常の量子通信と同じであるが, 共有エンタングルメントの量子系 F_A を送信者が, 量子系 F_B を受信者が保持しており, 符号化する際に F_A を, 復号する際に F_B を利用できる.

$$\lim_{n \to \infty} \frac{\log \dim \mathcal{H}^{A'}}{n} \tag{14.10}$$

を漸近的に達成可能な共有エンタングルメントを用いた量子通信レートと呼ぶ. また, その上限を共有エンタングルメントを用いた量子通信容量と呼び, $Q_E(\mathcal{N}^{A \to B})$ と表す.

　共有エンタングルメントを用いない場合は, いくつかの復元エラーに基づいて異なる量子通信容量を定義したが, 最終的にそれらは全て等しいことを示した. 状況は共有エンタングルメントを用いた場合も同様なので, ここでは復元エラーが (14.9) で定められる場合のみを考える.

　一方で, 共有エンタングルメントを用いた古典通信は図 14.3 のように定式化でき, 共有エンタングルメントを用いた古典通信容量 (entanglement-assisted classical capacity) $C_E(\mathcal{N}^{A \to B})$ を導入できる. 定義はほぼ繰り返しなので割愛する.

　このように定義した共有エンタングルメントを用いた量子通信容量 $Q_E(\mathcal{N}^{A \to B})$ と古典通信容量 $C_E(\mathcal{N}^{A \to B})$ だが, その間には簡単な関係が成り立つ.

定理 14.5　ノイジーな量子通信路 $\mathcal{N}^{A \to B}$ に対する共有エンタングルメントを用いた量子通信容量 $Q_E(\mathcal{N}^{A \to B})$ と古典通信容量 $C_E(\mathcal{N}^{A \to B})$ は,

$$Q_E(\mathcal{N}^{A \to B}) = \frac{1}{2} C_E(\mathcal{N}^{A \to B}) \tag{14.11}$$

を満たす.

練習問題 143　定理 14.5 を示せ.

　定理 14.5 より, これらの通信容量を考える際には, 量子通信か古典通信のどちらかのみを考えれば十分である. 以下では, 共有エンタングルメントを用いた量子通信容量 $Q_E(\mathcal{N}^{A \to B})$ のみを考えることにする.

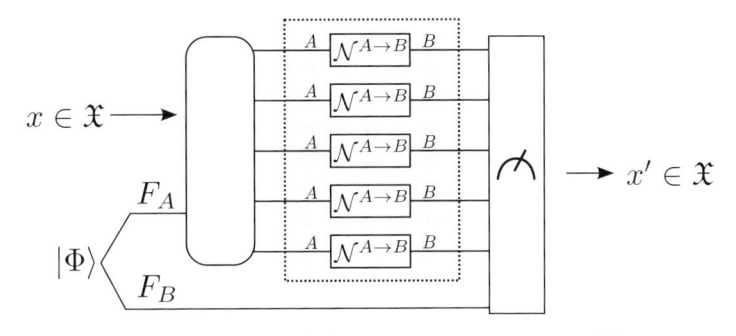

図 14.3 ノイジーな量子通信路 $\mathcal{N}^{A\to B}$ と共有エンタングルメント $|\Phi\rangle^{F_A F_B}$ を用いた古典通信の概念図. 大枠は通常の古典通信と同じであるが, 共有エンタングルメントの量子系 F_A を送信者が, 量子系 F_B を受信者が保持しており, 古典メッセージ x を量子状態に符号化する際に F_A を, 復号する際に F_B を利用できる. 特に, 復号は系 $B^n F_B$ 上での POVM で行われる.

14.2.2 量子チャンネルの相互情報量

共有エンタングルメントを用いた量子通信容量を解析する前に, 量子チャンネルの相互情報量 (*mutual information of a quantum channel*) を導入する.

定義 14.6(量子チャンネルの相互情報量) 量子チャンネル $\mathcal{N}^{A\to B}$ が与えられたとき, 量子系 A と同型な量子系 $\hat{A}$ を導入し, 量子系 $A\hat{A}$ 上の純粋状態 $|\varphi\rangle^{A\hat{A}}$ に対して $\mathcal{N}^{\hat{A}\to B}(|\varphi\rangle\langle\varphi|^{A\hat{A}})$ を考える. この量子状態の相互情報量を, $|\varphi\rangle^{A\hat{A}}$ で最大化した

$$I(\mathcal{N}^{A\to B}) = \max_{|\varphi\rangle} I(A:B)_{\mathcal{N}(\varphi)} \tag{14.12}$$

を, 量子チャンネル $\mathcal{N}^{A\to B}$ の相互情報量と呼ぶ.

練習問題 144 量子チャンネル $\mathcal{N}^{A\to B}$ の相互情報量 $I(\mathcal{N}^{A\to B})$ は,

$$I(\mathcal{N}^{A\to B}) = \max_{\rho} I(A:B)_{\mathcal{N}(\rho)} \tag{14.13}$$

と書けることを示せ. ここで, 右辺の相互情報量は $\mathcal{N}^{\hat{A}\to B}(\rho^{A\hat{A}})$ に対するもので, 最大化は $A\hat{A}$ 上の量子状態 $\rho^{A\hat{A}}$ 全てで取る. 純粋化と相互情報量のデータ処理不等式を用いるとよい.

量子チャンネルの相互情報量が持つ重要な性質を二つ示しておこう.

命題 14.7(量子チャンネルの相互情報量の相加性) 量子チャンネルの相互情報量はテンソル積に対して相加的である. つまり, 量子チャンネル $\mathcal{N}^{A\to B}$ と $\mathcal{M}^{C\to D}$ に対して, $I(\mathcal{N}^{A\to B}\otimes\mathcal{M}^{C\to D}) = I(\mathcal{N}^{A\to B}) + I(\mathcal{M}^{C\to D})$ が成り立つ.

証明(命題 14.7 の証明) まず, $I(\mathcal{N}^{A\to B}\otimes\mathcal{M}^{C\to D}) \le I(\mathcal{N}^{A\to B}) + I(\mathcal{M}^{C\to D})$ を示そう. 量子系 $AC\hat{A}\hat{C}$ 上の量子状態 $|\psi\rangle^{AC\hat{A}\hat{C}}$ を

$$I(\mathcal{N}^{A\to B}\otimes\mathcal{M}^{C\to D}) = I(AC:BD)_{\mathcal{N}\otimes\mathcal{M}(|\psi\rangle\langle\psi|)} \tag{14.14}$$

を満たすものとする. 簡単な計算から,

$$I(AC:BD) = I(AC:B) + I(ACB:D) - I(B:D) \tag{14.15}$$

$$\leq I(AC:B) + I(ACB:D) \tag{14.16}$$

という関係式を確かめられる. これらの相互情報量は, 全て量子状態 $\mathcal{N}^{\hat{A} \to B} \otimes \mathcal{M}^{\hat{C} \to D}(|\psi\rangle\langle\psi|^{AC\hat{A}\hat{C}})$ に対するものである. さらに, 相互情報量のデータ処理不等式と練習問題 144 より,

$$I(AC:B) + I(ACB:D) \leq I(A:B)_{\mathcal{N}(\psi)} + I(C:D)_{\mathcal{M}(\psi)} \tag{14.17}$$

$$\leq I(\mathcal{N}^{A \to B}) + I(\mathcal{M}^{C \to D}) \tag{14.18}$$

が従う. 以上より, 望みの不等式が得られた.

逆の不等式を示すことは容易であり, 練習問題 145 とする. □

練習問題 145 量子チャンネル $\mathcal{N}^{A \to B}$ と $\mathcal{M}^{C \to D}$ に対して, $I(\mathcal{N}^{A \to B} \otimes \mathcal{M}^{C \to D}) \geq I(\mathcal{N}^{A \to B}) + I(\mathcal{M}^{C \to D})$ を示せ.

量子チャンネルの相互情報量が持つもう一つのよい性質は, 入力量子状態に対して凹関数であるという性質である.

命題 14.8(量子チャンネルの相互情報量の凹性) 量子状態のアンサンブル $\{p_j, \rho_j^A\}_j$ と量子チャンネル $\mathcal{N}^{A \to B}$ に対して,

$$\sum_j p_j I(A:B)_{\mathcal{N}(|\rho_j\rangle\langle\rho_j|)} \leq I(A:B)_{\mathcal{N}(|\rho\rangle\langle\rho|)} \tag{14.19}$$

が成り立つ. ここで, 左辺の相互情報量は ρ_j^A の純粋化状態 $|\rho_j\rangle^{A\hat{A}}$ の系 $\hat{A}$ に $\mathcal{N}^{\hat{A} \to B}$ を作用させた量子状態で取り, 右辺の相互情報量は $\rho^A = \sum_j p_j \rho_j^A$ の純粋化状態 $|\rho\rangle^{A\hat{A}}$ の系 $\hat{A}$ に $\mathcal{N}^{\hat{A} \to B}$ を作用させた量子状態で取る.

証明(命題 14.8 の証明) 量子チャンネル $\mathcal{N}^{A \to B}$ の Stinespring 拡張を $V_{\mathcal{N}}^{A \to BE}$ とし, 量子系 $ABEX$ 上の量子状態

$$\rho^{ABEX} = \sum_j p_j \mathcal{V}_{\mathcal{N}}^{\hat{A} \to BE}(|\rho_j\rangle\langle\rho_j|^{A\hat{A}}) \otimes |j\rangle\langle j|^X \tag{14.20}$$

を導入する. この状態の系 BE 上での縮約密度行列は, $|\rho\rangle^{A\hat{A}}$ を用いて,

$$\rho^{BE} = \mathcal{V}_{\mathcal{N}}^{\hat{A} \to BE}\left(\sum_j p_j \rho_j^{\hat{A}}\right) = \mathrm{Tr}_A\left[\mathcal{V}_{\mathcal{N}}^{\hat{A} \to BE}(|\rho\rangle\langle\rho|^{A\hat{A}})\right] \tag{14.21}$$

と表せることに注意せよ.

量子状態 ρ^{ABEX} を用いて, (14.19) の左辺を変形する. $|v_j\rangle^{ABE} = V_{\mathcal{N}}^{\hat{A} \to BE}|\rho_j\rangle^{A\hat{A}}$ とおくと, $\mathcal{N}^{\hat{A} \to B}(|\rho_j\rangle\langle\rho_j|^{A\hat{A}}) = v_j^{AB}$ なので,

$$\sum_j p_j I(A:B)_{\mathcal{N}(|\rho_j\rangle\langle\rho_j|)} = \sum_j p_j\big(H(A)_{v_j} + H(B)_{v_j} - H(AB)_{v_j}\big) \tag{14.22}$$

$$= \sum_j p_j\big(H(BE)_{v_j} + H(B)_{v_j} - H(E)_{v_j}\big) \tag{14.23}$$

$$= \sum_j p_j\big(H(B|E)_{v_j} + H(B)_{v_j}\big) \tag{14.24}$$

$$= H(B|EX)_\rho + H(B|X)_\rho \tag{14.25}$$

を得る．最後の式が成り立つことは，$\rho^{ABEX} = \sum_j p_j|v_j\rangle\langle v_j|^{ABE} \otimes |j\rangle\langle j|^X$ を用いて直接計算すると確かめられる．

条件付きエントロピーの性質（命題 6.14）より，任意の量子状態 σ^{ABC} に対して $H(A|BC)_\sigma \leq H(A|B)_\sigma$ が成り立つので，

$$\sum_j p_j I(A:B)_{\mathcal{N}(|\rho_j\rangle\langle\rho_j|)} \leq H(B|E)_\rho + H(B)_\rho \tag{14.26}$$

が従う．このエントロピーはどちらも量子状態 ρ^{BE} に対するものだが，(14.21) より，ρ^{BE} は純粋状態 $V_{\mathcal{N}}^{\hat{A}\to BE}|\rho\rangle^{A\hat{A}}$ の部分系 BE での縮約密度演算子に他ならない．したがって，条件付き量子エントロピーの双対性から $H(B|E)_\rho = -H(B|A)_{\mathcal{V}_{\mathcal{N}}(|\rho\rangle\langle\rho|)} = -H(B|A)_{\mathcal{N}(|\rho\rangle\langle\rho|)}$ が成り立つので，

$$\sum_j p_j I(A:B)_{\mathcal{N}(|\rho_j\rangle\langle\rho_j|)} \leq H(B)_{\mathcal{N}(|\rho\rangle\langle\rho|)} - H(B|A)_{\mathcal{N}(|\rho\rangle\langle\rho|)} = I(A:B)_{\mathcal{N}(|\rho\rangle\langle\rho|)} \tag{14.27}$$

を得る． □

■ 14.2.3 共有エンタングルメントを用いた量子通信容量定理

共有エンタングルメントを用いた量子通信容量は，量子チャンネルの相互情報量で特徴付けられる．

定理 14.9（共有エンタングルメントを用いた量子通信容量定理） 量子チャンネル $\mathcal{N}^{A\to B}$ のエンタングルメントを用いた量子通信容量 $Q_E(\mathcal{N}^{A\to B})$ は，

$$Q_E(\mathcal{N}^{A\to B}) = \frac{1}{2}I(\mathcal{N}^{A\to B}) \tag{14.28}$$

で与えられる．

これまでの通信容量と異なり，共有エンタングルメントを用いた場合の通信容量定理 14.9 は極限操作を含まない．これは，量子チャンネルの相互情報量が相加的であること（命題 14.7）の直接的な帰結である．このことから，一般の量子チャンネルに対して，共有エンタングルメントを用いた通信容量を求めることは，少なくとも数値計算を用いると比較的容易である．また，共有エンタングルメントを用いた場合の通信容量に対しては superactivation が起こりえないことも，量子チャンネルの相互情報量の相加性より従う．

　定理 14.9 は，元々は定理 14.5 に基づき，共有エンタングルメントを用いた古典通信容量を示すことによって示された[57]．一方で，定理 14.9 は，共有エンタングルメントを用いない量子通信容量定理 12.7 とほぼ同じ方法で示すことができるため，本書ではその方法で証明する．まずは，定理 14.9 の逆定理，つまり，$Q_E(\mathcal{N}^{A \to B}) \leq I(\mathcal{N}^{A \to B})/2$ を示そう．

証明（定理 14.9 の逆定理の証明）　共有エンタングルメントと $\mathcal{N}_n^{A^n \to B^n}$ を用いてエラー ϵ_n で量子通信を達成する符号化 $\mathcal{E}_n^{A'F_A \to A^n}$ と復号量子チャンネル $\mathcal{D}_n^{B^n F_B \to A'}$ が存在したとする．ただし，$\lim_{n \to \infty} \epsilon_n = 0$ を満たすとする．入力量子状態が特に最大エンタングル状態 $|\Phi\rangle^{A'R}$ だった場合を考えると，

$$\frac{1}{2} \left\| \mathcal{D}_n^{B^n F_B \to A'} \circ \mathcal{N}_n^{A^n \to B^n}(\sigma_n^{A^n F_B R}) - |\Phi\rangle\langle\Phi|^{A'R} \right\|_1 \leq \epsilon_n \tag{14.29}$$

が成り立つ．ここで，$\sigma_n^{A^n F_B R} = \mathcal{E}_n^{A'F_A \to A^n}(|\Phi\rangle\langle\Phi|^{A'R} \otimes |\Phi\rangle\langle\Phi|^{F_A F_B})$ とおいた．

　最大エンタングル状態の相互情報量 $I(R:A')_{|\Phi\rangle\langle\Phi|} = 2 \log \dim \mathcal{H}^{A'}$ と，相互情報量の連続性（練習問題 72），相互情報量のデータ処理不等式を用いると，

$$2 \log \dim \mathcal{H}^{A'} = I(R:A')_{|\Phi\rangle\langle\Phi|} \tag{14.30}$$

$$\leq I(R:A')_{\mathcal{D}_n \circ \mathcal{N}_n(\sigma_n)} + f(\epsilon_n) \tag{14.31}$$

$$\leq I(R:B^n F_B)_{\mathcal{N}_n(\sigma_n)} + f(\epsilon_n) \tag{14.32}$$

が従う．ここで，$f(x) = 3x \log \dim \mathcal{H}^{A'} + h(x) + (1+x)h(x/(1+x))$ である．

　相互情報量が任意の量子状態に対して，$I(A:BC) = I(AB:C) + I(A:B) - I(B:C) \leq I(AB:C) + I(A:B)$ を満たすことを用いると，

$$I(R:B^n F_B)_{\mathcal{N}_n(\sigma_n)} \leq I(RF_B:B^n)_{\mathcal{N}_n(\sigma_n)} + I(R:F_B)_{\mathcal{N}_n(\sigma_n)} \tag{14.33}$$

である．右辺の第二項に関して，符号化 $\mathcal{E}_n^{A'F_A \to A^n}$ も量子ノイズ $\mathcal{N}_n^{A^n \to B^n}$ も系 RF_B には作用しないことから $\mathcal{N}_n^{A^n \to B^n}(\sigma_n^{A^n F_B R})$ の量子系 RF_B での縮約密度演算子は $\pi^R \otimes \pi^{F_B}$ なので，その相互情報量はゼロである．一方で，第一項の相互情報量は $\mathcal{N}_n^{A^n \to B^n}(\sigma_n^{A^n F_B R})$ に対するものだが，練習問題 144 より，これは量子チャンネル $\mathcal{N}_n^{A^n \to B^n}$ の相互情報量 $I(\mathcal{N}_n^{A^n \to B^n})$ を超えることはない．また，量子チャンネルの相互情報量のテンソル積に対する相加性から，$I(\mathcal{N}_n^{A^n \to B^n}) = nI(\mathcal{N}^{A \to B})$ が成り立つ．

　これらを (14.32) へ代入すると，

$$2 \log \dim \mathcal{H}^{A'} \leq nI(\mathcal{N}^{A \to B}) + f(\epsilon_n) \tag{14.34}$$

が成り立つことが分かる．辺々を $2n$ で割って漸近極限を取ればほしい式を得る．　　□

　次に，定理 14.9 の順定理を示す．基本的な証明は共有エンタングルメントを用いない量子通信容量の順定理の証明と同じで，ランダム符号化とデカップリング・アプローチに基づくものである．

証明(定理 14.9 の順定理の証明) 以下の手順で定まる「共有エンタングルメントを用いたランダム符号化」で達成可能な通信レートを解析する. 図 14.4 も参照されたい.

1) 量子チャンネル $\mathcal{N}^{A \to B}$ の入力量子系 A の r 次元部分空間 $\mathcal{H}_r^A \subseteq \mathcal{H}^A$ を選び, Haar ランダム・ユニタリを作用させる符号化空間を $\mathcal{H}_r^{A^n} = (\mathcal{H}_r^A)^{\otimes n} \subseteq \mathcal{H}^{A^n}$ と取る. ただし, $r \geq 2$ とする.

2) 入力量子系 A' に共有エンタングルメント $|\Phi\rangle^{F_A F_B}$ の部分系 F_A を付け加えて,

$$\dim \mathcal{H}_r^{A^n} = \dim \mathcal{H}^{A'} \times \dim \mathcal{H}^{F_A} \tag{14.35}$$

のように, 系 $A'F_A$ の次元を符号化空間 $\mathcal{H}_r^{A^n}$ と一致させる [*1)]. 共有しているエンタングルメントの量は無制限としたため, この操作は常に可能である.

3) アイソメトリ $V_{\mathrm{enc}}^{A'F_A \to A^n}$ によって, 量子系 $A'F_A$ を符号化空間 $\mathcal{H}_r^{A^n} \subseteq \mathcal{H}^{A^n}$ へと埋め込む.

4) 符号化空間上の Haar ランダム・ユニタリ $U^{A^n} \sim \mathrm{H}(r^n)$ を作用させる. ここで, $U^{A^n} = U \oplus I$ で, U は符号化空間 $\mathcal{H}_r^{A^n}$ に作用する Haar ランダム・ユニタリである.

共有エンタングルメントを用いたランダム符号化は, 通常のランダム符号化と同様に量子系 A の r 次元部分空間 $\mathcal{H}_r^A \subseteq \mathcal{H}^A$ の選び方に依存する. また, 共有エンタングルメントを持たない場合のランダム符号化との差異はステップ 2 にある. 共有エンタングルメントを用いない場合は, 符号化空間の任意の部分空間に入力量子系 A' を埋め込んでいたが, 共有エンタングルメントを用いる場合は, 入力量子系 A' に共有エンタングルメ

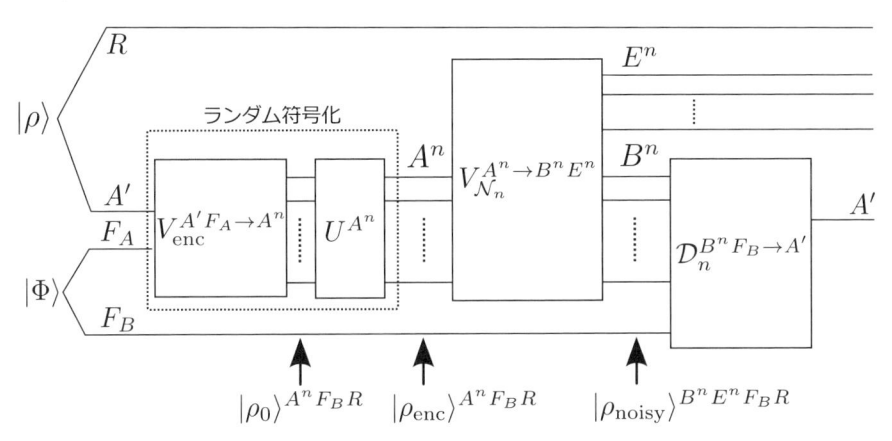

図 **14.4** 共有エンタングルメントを利用できる場合のランダム符号化の概念図. 共有エンタングルメントを用いない場合のランダム符号化とほぼ同じだが, ランダム符号化の入力が量子系 A' に共有エンタングルメント $|\Phi\rangle^{F_A F_B}$ の部分系 F_A を加えた複合系 $A'F_A$ になる. また, 復号は量子系 $B^n F_B$ に対して行う.

[*1)] 次元が整数にならない場合はその値を近似するように系 F_A を選ぶことにする. この近似は漸近極限では無視できることに注意せよ.

ントを付け加えた上で符号化空間全体に埋め込んでいる.

以降は, 定理 12.11 の証明と同様である. デカップリング・アプローチで考えるために, 復号する直前の量子状態において, リファレンス系 R と環境系 E^n がデカップルする条件を求める. 入力量子状態を $|\rho\rangle^{A'R}$ とすると, 系 RE^n 上の量子状態は, 量子チャンネル $\mathcal{N}_n^{A^n \to B^n}$ の相補チャンネル $\tilde{\mathcal{N}}_n^{A^n \to E^n}$ を用いて,

$$\rho_{\text{noisy}}^{E^n R} = \tilde{\mathcal{N}}_n^{A^n \to E^n} \circ \mathcal{U}^{A^n} (\rho_0^{A^n R}) \tag{14.36}$$

で与えられる. ただし,

$$|\rho_0\rangle^{A^n F_B R} := V_{\text{enc}}^{A' F_A \to A^n} (|\rho\rangle^{A'R} \otimes |\Phi\rangle^{F_A F_B}) \tag{14.37}$$

とおいた. ここで, $\rho_0^{A^n}$ はアイソメトリ $V_{\text{enc}}^{A'F_A \to A^n}$ の構成から, 符号化空間 $\mathcal{H}_r^{A^n} \subseteq \mathcal{H}^{A^n}$ にしかサポートを持たない. したがって, 量子チャンネルに入力する前の量子状態に符号化空間への射影演算子 Π^{A^n} を作用させても, 状態は変化しない. つまり,

$$\rho_{\text{noisy}}^{E^n R} = \tilde{\mathcal{N}}_n^{A^n \to E^n} \circ \Pi^{A^n} \circ \mathcal{U}^{A^n} (\rho_0^{A^n R}) \tag{14.38}$$

である. ここで, $\Pi^{A^n}(\sigma^{A^n}) = \Pi^{A^n} \sigma^{A^n} \Pi^{A^n}$ という表記を用いた. また, 符号化空間が $\mathcal{H}_r^{A^n} = (\mathcal{H}_r^A)^{\otimes n}$ とテンソル積で与えられることから, Π_r^A を部分空間 $\mathcal{H}_r^A \subseteq \mathcal{H}^A$ への射影演算子として, $\Pi^{A^n} = (\Pi_r^A)^{\otimes n}$ と書ける.

さて, (14.38) において, U^{A^n} は符号化空間 $\mathcal{H}_r^{A^n}$ 上の Haar ランダム・ユニタリであり, $\rho_0^{A^n}$ が符号化空間 $\mathcal{H}_r^{A^n}$ 上にしかサポートを持たないことから, シングルショット・デカップリング定理 12.16 を適用できる. よって, 任意の $\delta \geq 0$ に対して,

$$\mathbb{E}_{U \sim \mathsf{H}} \left[\| \rho_{\text{noisy}}^{E^n R} - \nu_n^{E^n} \otimes \rho^R \|_1 \right] \leq 2^{H_n^{\text{EA}}(\delta)/2} + 12\delta \tag{14.39}$$

が成り立つ. ただし,

$$H_n^{\text{EA}}(\delta) = -\frac{1}{n} \left(H_{\min}^{\delta}(A^n|R)_{\rho_0} + H_{\min}^{\delta}(A^n|E^n)_{\nu_n} \right) \tag{14.40}$$

であり,

$$\nu_n^{A^n E^n} = \tilde{\mathcal{N}}_n^{\hat{A}^n \to E^n} \circ \Pi^{\hat{A}^n} (|\Phi\rangle\langle\Phi|^{A^n \hat{A}^n}) \tag{14.41}$$

$$= \left(\tilde{\mathcal{N}}^{\hat{A} \to E} (|\Phi_r\rangle\langle\Phi_r|^{A\hat{A}}) \right)^{\otimes n} \tag{14.42}$$

$$=: (\nu^{AE})^{\otimes n} \tag{14.43}$$

は量子チャンネル $\tilde{\mathcal{N}}_n^{A^n \to E^n} \circ \Pi^{A^n}$ の Choi–Jamiołkowski 表現である. ここで, 射影演算子 Π^{A^n} が $\Pi^{A^n} = (\Pi_r^A)^{\otimes n}$ とテンソル積で書けることから, $|\Phi_r\rangle^{A\hat{A}}$ を $\mathcal{H}_r^A$ 上の完全混合状態 π_r^A の純粋化状態として,

$$\Pi^{A^n} |\Phi\rangle^{A^n \hat{A}^n} = (\Pi_r^A |\Phi\rangle^{A\hat{A}})^{\otimes n} = (|\Phi_r\rangle^{A\hat{A}})^{\otimes n} \tag{14.44}$$

と表せることを用いた. 補題 12.14 より, (14.39) の右辺が n が大きい漸近極限で十分小さくなれば, よい復号量子チャンネルが存在する. したがって, $\lim_{\delta \to 0} \lim_{n \to \infty} H_n^{\text{EA}}(\delta) < 0$ となる条件を求めればよい.

まず，$H_{\min}^\delta(A^n|R)_{\rho_0}$ に関しては，アイソメトリ $V^{A'F_A \to A^n}$ によってエントロピーが不変であることと簡単な計算から，

$$H_{\min}^\delta(A^n|R)_{\rho_0} = H_{\min}^\delta(A'F_A|R)_{|\rho\rangle\langle\rho|\otimes\pi} \tag{14.45}$$

$$\geq H_{\min}^\delta(A'|R)_{|\rho\rangle\langle\rho|} + H_{\min}(F_A)_\pi \tag{14.46}$$

が成り立つことが分かる．右辺第一項は $-\log\dim\mathcal{H}^{A'}$ よりも大きく，第二項は $H_{\min}(F_A)_\pi = \log\dim\mathcal{H}^{F_A}$ である．さらに (14.35) を用いて $\log\dim\mathcal{H}^{F_A}$ を書き換えることで，

$$H_{\min}^\delta(A^n|R)_{\rho_0} \geq -\log\dim\mathcal{H}^{A'} + \log\dim\mathcal{H}^{F_A} \tag{14.47}$$

$$= -2\log\dim\mathcal{H}^{A'} + \log\dim\mathcal{H}_r^{A^n} \tag{14.48}$$

を得る．また，(14.43) で与えられる Choi–Jamiołkowski 表現の系 A^n での縮約密度行列 $v_n^{A^n} = (v^A)^{\otimes n}$ が符号空間 $\mathcal{H}_r^{A^n}$ 上での完全混合状態 π^{A^n} であることから，$H_{\max}^\delta(A^n)_{v^{\otimes n}} = \log\dim\mathcal{H}_r^{A^n} + \mathcal{O}(\delta^2)$ が成り立つ．よって，

$$H_{\min}^\delta(A^n|R)_{\rho_0} \geq H_{\max}^\delta(A^n)_{v^{\otimes n}} - 2\log\dim\mathcal{H}^{A'} + \mathcal{O}(\delta^2) \tag{14.49}$$

と表せる．

一方で，$H_{\min}^\delta(A^n|E^n)_{v_n}$ は定理 12.11 の証明で計算したものと全く同じ量である．エントロピーの双対性を用いることで，

$$H_{\min}^\delta(A^n|E^n)_{v_n} = -H_{\max}^\delta(A^n|B^n)_{v_n} = -H_{\max}^\delta(A^n|B^n)_{v^{\otimes n}} \tag{14.50}$$

となる．ここで，

$$v_n^{A^nB^n} = \left(\mathcal{N}^{\hat{A}\to B}\left(|\Phi_r\rangle\langle\Phi_r|^{A\hat{A}}\right)\right)^{\otimes n} =: (v^{AB})^{\otimes n} \tag{14.51}$$

という表記を用いた．

以上より，

$$H_n^{\mathrm{EA}}(\delta) \leq \frac{2}{n}\log\dim\mathcal{H}^{A'} - \frac{1}{n}\left(H_{\max}^\delta(A^n)_{v^{\otimes n}} - H_{\max}^\delta(A^n|B^n)_{v^{\otimes n}}\right) + \mathcal{O}(\delta^2) \tag{14.52}$$

が成り立つ．この式に平滑化 Rényi エントロピーの量子漸近的等分配性（定理 6.28）を用いることで，

$$\lim_{\delta\to 0}\lim_{n\to\infty} H_n^{EA}(\delta) \leq -I(A:B)_v + 2\lim_{n\to\infty}\frac{1}{n}\log\dim\mathcal{H}^{A'} \tag{14.53}$$

$$= -I(A:B)_{\mathcal{N}(|\Phi_r\rangle\langle\Phi_r|)} + 2\lim_{n\to\infty}\frac{1}{n}\log\dim\mathcal{H}^{A'} \tag{14.54}$$

が従う．よって，

$$\lim_{n\to\infty}\frac{1}{n}\log\dim\mathcal{H}^{A'} < \frac{1}{2}I(A:B)_{\mathcal{N}(|\Phi_r\rangle\langle\Phi_r|)} \tag{14.55}$$

であれば，

$$\lim_{\delta\to 0}\lim_{n\to\infty} H_n^{EA}(\delta) < 0 \tag{14.56}$$

となり，よい復号量子チャンネルが存在することが分かる．共有エンタングルメントを

用いた量子通信容量は，達成可能な量子通信レートの上限で与えられるため，

$$Q_E(\mathcal{N}^{A \to B}) \geq \frac{1}{2}I(A:B)_{\mathcal{N}(|\Phi_r\rangle\langle\Phi_r|)} \tag{14.57}$$

が成り立つ．ここで，$|\Phi_r\rangle^{A\hat{A}}$ は系 A での縮約密度行列が $\mathcal{H}_r^A$ 上の完全混合状態になる量子状態であったが，ランダム符号化では任意の $r \in [2, \dim\mathcal{H}^A]$ と任意の部分空間 $\mathcal{H}_r^A$ を選んでよいことから，結局，(14.57) は系 $A\hat{A}$ 上の任意の Schmidt ランクを持つ任意の一様重ね合わせ状態に対して成り立つことに注意されたい．

最後に，(14.57) を元に，$Q_E(\mathcal{N}^{A \to B}) \geq I(\mathcal{N}^{A \to B})/2$ を示す．任意の純粋状態 $|\varphi\rangle^{A\hat{A}}$ に対して，n が十分大きい極限では，$(\varphi^A)^{\otimes n}$ は典型部分空間上の一様混合状態 $\pi_{\text{typ}}^{\hat{A}^n}$ で近似できる．したがって，あるユニタリ W^{A^n} が存在し，$W^{A^n}(|\varphi\rangle^{A\hat{A}})^{\otimes n} \approx |\Phi_{\text{typ}}\rangle^{A^n\hat{A}^n}$ が成り立つ．ここで，$|\Phi_{\text{typ}}\rangle^{A^n\hat{A}^n}$ は Schmidt ランクが $\dim\mathcal{H}_{\text{typ}}^{A^n}$ の一様重ね合わせ状態である．したがって，

$$\lim_{n\to\infty}\frac{1}{n}I(A^n:B^n)_{\mathcal{N}_n(|\Phi_{\text{typ}}\rangle\langle\Phi_{\text{typ}}|)} = \lim_{n\to\infty}\frac{1}{n}I(A^n:B^n)_{(\mathcal{W}\otimes\mathcal{N}_n)(|\varphi\rangle\langle\varphi|)^{\otimes n}} \tag{14.58}$$

$$= \lim_{n\to\infty}\frac{1}{n}I(A^n:B^n)_{\mathcal{N}_n(|\varphi\rangle\langle\varphi|^{\otimes n})} \tag{14.59}$$

$$= I(A:B)_{\mathcal{N}(|\varphi\rangle\langle\varphi|)} \tag{14.60}$$

が成り立つ．一方，(14.57) より，

$$\frac{1}{2}\lim_{n\to\infty}\frac{1}{n}I(A^n:B^n)_{\mathcal{N}_n(|\Phi_{\text{typ}}\rangle\langle\Phi_{\text{typ}}|)} \leq \lim_{n\to\infty}\frac{1}{n}Q_E(\mathcal{N}_n^{A^n \to B^n}) = Q_E(\mathcal{N}^{A \to B}) \tag{14.61}$$

なので，結局，任意の純粋状態 $|\varphi\rangle^{A\hat{A}}$ に対して，

$$Q_E(\mathcal{N}^{A \to B}) \geq \frac{1}{2}I(A:B)_{\mathcal{N}(|\varphi\rangle\langle\varphi|)} \tag{14.62}$$

が成立する．右辺を $|\varphi\rangle^{A\hat{A}}$ で最大化すれば，$Q_E(\mathcal{N}^{A \to B}) \geq I(\mathcal{N}^{A \to B})/2$ を得る．　　　□

練習問題 146　平滑化 min エントロピーの定義を用いて，(14.46) を示せ．

練習問題 147　定理 14.9 の順定理の証明では，送信者と受信者がエンタングルメントを無制限に共有している状況を考えた．しかし，実際には有限の n に対しては無制限なエンタングルメントが必要な訳ではない．ノイジーな量子通信路の n 階テンソル積 $\mathcal{N}_n^{A^n \to B^n}$ による量子通信で用いる共有エンタングルメントの量を E_n-ebit とすると，

$$\lim_{n\to\infty}\frac{E_n}{n} = H(A)_\varphi \tag{14.63}$$

であれば十分であることを示せ．ここで，$H(A)_\varphi$ は $I(\mathcal{N}^{A \to B}) = I(A:B)_{\mathcal{N}(|\varphi\rangle\langle\varphi|)}$ を満たす量子状態 $|\varphi\rangle^{A\hat{A}}$ の部分系 A でのエントロピーである．このことは，ノイジーな量子通信路 $\mathcal{N}^{A \to B}$ の使用回数あたり $H(A)_\varphi$-ebit 準備すれば十分であることを示唆する．

■14.2.4　具　体　例

共有エンタングルメントを用いた量子通信容量は，量子チャンネルの相互情報量の半分で与えられ，極限を取る必要がない．そのため，多くの量子チャンネルに対してその

値を具体的に計算することができる. 本項では, 13.2 節で見た典型的な 1-qubit 量子ノイズに対して, その値を与える.

具体例を見る前に, 量子チャンネルの相互情報量をコヒーレント情報量を用いて書き直しておくと便利である. 簡単な計算から,

$$I(\mathcal{N}^{A \to B}) = \max_{\varphi}\big(H(A)_{\varphi} + I_c(\varphi^A, \mathcal{N}^{A \to B})\big) \tag{14.64}$$

を得る. 第一項 $H(A)_{\varphi}$ は量子チャンネル $\mathcal{N}^{A \to B}$ には依存せず, 常に φ が完全混合状態 π のときに最大値を取る. したがって, 完全混合状態 π^A が $I_c(\varphi^A, \mathcal{N}^{A \to B})$ の最大値を達成する場合には,

$$I(\mathcal{N}^{A \to B}) = \log \dim \mathcal{H}^A + I_c(\pi^A, \mathcal{N}^{A \to B}) \tag{14.65}$$

が成り立つ. $I_c(\pi^A, \mathcal{N}^{A \to B})$ が完全ランダム符号化によって達成できる（共有エンタングルメントを用いない）量子通信レートであることを思い出すと, 完全ランダム符号化によって量子通信容量を達成できる量子チャンネル $\mathcal{M}^{A \to B}$ に対しては,

$$Q_E(\mathcal{M}^{A \to B}) = \frac{1}{2}\big(\log \dim \mathcal{H}^A + Q(\mathcal{M}^{A \to B})\big) \tag{14.66}$$

という関係が成り立つ.

この考察をもとにすると, 量子消去ノイズや depolarizing ノイズの共有エンタングルメントを用いた量子通信容量は, これまで行ってきた計算から簡単に求めることができる.

練習問題 148 量子消去ノイズ $\mathcal{E}_\epsilon(\rho) = (1-\epsilon)(\rho \oplus 0) + \epsilon(0 \oplus |e\rangle\langle e|)$ の共有されたエンタングルメントを用いた量子通信容量が, $Q_E(\mathcal{E}_\epsilon) = 1 - \epsilon$ であることを示せ.

練習問題 149 Depolarizing ノイズ $\mathcal{D}_p(\rho) = (1-p)\rho + p\pi$ の共有されたエンタングルメントを用いた量子通信容量が,

$$Q_E(\mathcal{D}_p) = 1 - \frac{H\big(\{p/4, p/4, p/4, 1-3p/4\}\big)}{2} \tag{14.67}$$

で与えられることを示せ. ただし, $H(\{p/4, p/4, p/4, 1-3p/4\})$ は, 確率分布 $\{p/4, p/4, p/4, 1-3p/4\}$ の Shannon エントロピーである.

一方で, amplitude damping ノイズの共有エンタングルメントを用いない量子通信容量は, 完全ランダム符号化では達成できなかった. しかし, このノイズに対しても, 相互情報量が入力量子状態に対して凹関数（命題 14.8）であることから, 13.2.2 項と同様の手法で共有エンタングルメントを用いた量子通信容量を計算できる.

練習問題 150 Amplitude damping ノイズ

$$\mathcal{A}_\gamma\left(\begin{pmatrix} \rho_{00} & \rho_{01} \\ \rho_{10} & \rho_{11} \end{pmatrix}\right) = \begin{pmatrix} \rho_{00} + \gamma\rho_{11} & \sqrt{1-\gamma}\rho_{01} \\ \sqrt{1-\gamma}\rho_{10} & (1-\gamma)\rho_{11} \end{pmatrix} \tag{14.68}$$

の共有されたエンタングルメントを用いた量子通信容量が,

$$Q_E(\mathcal{A}_\gamma) = \max_{0 \le \lambda \le 1}\big(h(\lambda) + h\big((1-\gamma)\lambda\big) - h(\gamma\lambda)\big) \tag{14.69}$$

であることを示せ.

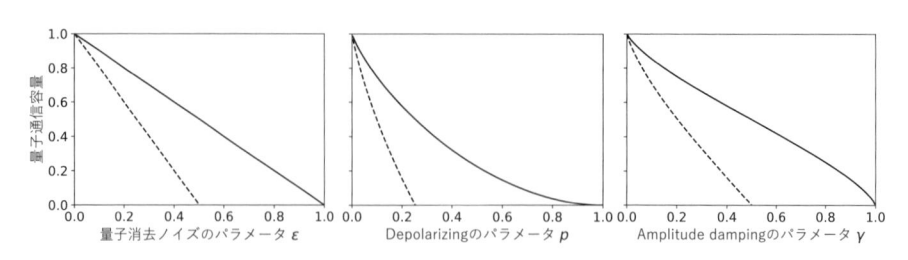

図 **14.5** 共有エンタングルメントを用いた量子通信容量（実線）と，用いない量子通信容量（点線）の比較．量子消去ノイズと amplitude damping ノイズに対しては，どちらも厳密な値だが，depolarizing ノイズの共有エンタングルメントを用いない量子通信容量は分かっていないため，点線はその下限として hashing 限界をプロットしている．

　以上の練習問題に基づき，共有エンタングルメントを用いた場合と用いない場合の量子通信容量を，量子消去ノイズ，depolarizing ノイズ，amplitude damping ノイズの各ノイズ・パラメータに対してプロットしたものが，図 14.5 である．ただし，depolarizing ノイズの共有エンタングルメントを用いない場合の量子通信容量は分かっていないため，図 14.5 では完全ランダム符号化を用いて達成できる hashing 限界をプロットした．いずれのノイズに対しても，共有エンタングルメントを用いることで大幅に通信容量が向上していることが見て取れる．特に，ノイズ・パラメータがほぼ 1 に近い場合であっても，通信容量がゼロではないことは特筆すべき事実である．

第Ｖ部

量子情報と物理

15 Haarランダムと孤立量子系での熱平衡化現象

第 IV 部では，Haar ランダム・ユニタリやユニタリ・デザインをうまく用いることで，乱択ベンチマーキングによる量子ノイズ推定やランダム符号化による量子誤り訂正を実現できることを見た．量子系におけるランダムなユニタリ時間発展は，量子情報プロトコルに有用なだけでなく様々な興味深い物理現象を引き起こすことが知られている．第 V 部では，ランダムなユニタリ時間発展に関連する物理現象をいくつか紹介する．

本章ではまず，孤立量子系における局所熱平衡化現象に関係するカノニカル典型性 (canonical typicality) を説明しよう．孤立量子系とは熱浴と接していない量子系のことで，その時間発展はハミルトニアン時間発展によって記述される．ハミルトニアン時間発展はユニタリであることから，孤立量子系の初期状態が純粋状態であった場合には系の量子状態は純粋状態であり続け，全系が熱平衡化することはない．ところが，孤立量子多体系の小さい局所部分系だけに着目すると，局所系は熱浴に接していないにもかかわらず，あたかも熱平衡化しているように見えることがある．このメカニズムを説明する一つの考え方がカノニカル典型性である．

本章では，孤立量子多体系の時間発展が十分にランダムなユニタリ時間発展をするという仮定の下で，カノニカル典型性を数学的に証明する．また，その仮定に基づく熱平衡化現象は量子誤り訂正と関係が深いことも説明する．

15.1 ミクロカノニカルアンサンブルと熱平衡状態

まず，統計力学で学ぶ熱平衡化現象を簡単に復習しておこう．局所的な相互作用を持つ量子多体系 S とその系の多体ハミルトニアン H^S が与えられたとする．その多体ハミルトニアンの対角化を

$$H^S = \sum_{j=0}^{d_S-1} e_j |e_j\rangle\langle e_j| \tag{15.1}$$

としよう．ここで，d_S は量子多体系 S の次元であり，$\{e_j\}_{j=0,\dots,d_S-1}$ をエネルギー固有値，$\{|e_j\rangle\}_{j=0,\dots,d_S-1}$ をエネルギー固有状態と呼ぶ．この量子多体系 S のヒルベルト空間 $\mathcal{H}^S$ の部分空間として，エネルギーがほぼ e であるエネルギー固有状態によって張られるヒルベルト空間

$$\mathcal{H}_e^S = \mathrm{span}\{|e_j\rangle : e - \delta < e_j \le e\} \tag{15.2}$$

を考える. ここで, δ は $0 < \delta \ll e$ を満たすものとする. 以下では, このヒルベルト空間をエネルギー e の部分空間と呼ぶ [*1]. エネルギー e の部分空間上の一様混合状態 π_e^S は,

$$\pi_e^S = \frac{1}{\dim \mathcal{H}_e^S} \sum_{|e_j\rangle \in \mathcal{H}_e^S} |e_j\rangle\langle e_j|^S \tag{15.3}$$

で与えられる. この密度演算子はエネルギー e の部分空間に含まれる任意の量子状態 $|\varphi\rangle \in \mathcal{H}_e^S$ が全て等確率で実現する状況を記述しており, 統計力学ではミクロカノニカルアンサンブル (microcanonical ensemble) と呼ぶ.

ミクロカノニカルアンサンブルは熱平衡化現象で重要な役割を果たしている. 量子多体系 S の量子状態がミクロカノニカルアンサンブルで記述されるとき, その多体系の任意の局所系が熱平衡化することを示せるからだ [*2]. より具体的には, 量子多体系 S を十分小さい局所部分系 A と残りの系 B に分割すると, 量子多体系 S のサイズが十分大きい極限では,

$$\omega_e^A = \mathrm{Tr}_B[\pi_e^S] \approx \frac{e^{-\beta H^A}}{\mathrm{Tr}[e^{-\beta H^A}]} \tag{15.4}$$

が成立する. 右辺の量子状態をカノニカルアンサンブル (canonical ensemble) や, 単に熱平衡状態 (thermal state) と呼ぶ. ここで, H^A はハミルトニアン H^S の中で局所系 A のみに作用するハミルトニアンである. また, 右辺に現れる逆温度 β は, エネルギー e に応じて定まる. 本書では (15.4) は導出なしで認めることにする. 具体例に関しては, 練習問題 151 を参照されたい.

練習問題 151 量子系 S として, Z 方向の磁場 B 中におかれた相互作用しない n-qubit を考える. 対応するハミルトニアンは, m 番目の qubit に作用する Pauli-Z 演算子 Z_m を用いて $H^S = -B\sum_{m=1}^n Z_m^S$ である. ハミルトニアン H^S のエネルギー固有値は n-qubit の量子状態に含まれる $|1\rangle$ の個数 pn $(0 \le p \le 1)$ で決まるため, 以下では p でエネルギーを表すことにする. エネルギー p のミクロカノニカルアンサンブル π_p^S は,

$$\pi_p^S = \frac{1}{\binom{n}{pn}} \sum_{|\vec{j}|=pn} |\vec{j}\rangle\langle\vec{j}| \tag{15.5}$$

である. ただし, $j_m \in \{0,1\}$ として $\vec{j} = j_1 \ldots j_n$, $|\vec{j}| = j_1 + \cdots + j_n$ という表記を用いた. n-qubit の量子系 S を, k-qubit の局所系 A との残りの部分系 B に分割したとき, $k \ll n$ のときには,

$$\omega_p^A = \mathrm{Tr}_B[\pi_p^S] \approx \frac{e^{-\beta H^A}}{\mathrm{Tr}[e^{-\beta H^A}]} \tag{15.6}$$

が成り立つことを示せ. ここで, $H^A = -B\sum_{m=1}^k Z_m^A$ は局所系 A のハミルトニアンであり, 逆温度 β は $\beta = \{\ln(1-p) - \ln p\}/2B$ である. 導出の際には, $(n-k)! \approx n!/n^k$ を用いるとよい.

[*1] 厳密には, エネルギー e の部分空間 $\mathcal{H}_e^S$ はエネルギー e だけでなく δ にも依存する. しかし, $1 \ll \dim \mathcal{H}_e^S \ll d_S$ が成り立っていれば, 以下の議論では δ の選び方は重要ではないため, 以下では δ については議論しない.

[*2] ここでは詳しく触れないが, このことを示すためには, 量子多体系 S の状態密度が熱力学的であるという仮定が必要である. 本章で量子多体系と言った際には, 必ず状態密度が熱力学的な仮定を満たすものとする.

ミクロカノニカルアンサンブルに基づく熱平衡化のメカニズムは標準的なものとして広く受け入れられており，その考え方に基づいて局所物理量の期待値などをうまく計算できる．しかし，原理的な観点からは，量子多体系 S が孤立している場合には全系は純粋状態にあるため，文字どおりの意味でミクロカノニカルアンサンブルが実現することはない．全系の量子状態が純粋状態にあるにもかかわらず，局所系で熱平衡状態が実現するという事実をうまく説明することはできるだろうか．この一つのメカニズムを与えるのが，カノニカル典型性である．

15.2　カノニカル典型性

カノニカル典型性では，以下のような状況を考える．
1) 量子多体系 S の初期状態は，エネルギー e の部分空間における任意の純粋状態 $|\psi_0\rangle^S$ とする．
2) 初期状態が系のハミルトニアン H^S によってユニタリ時間発展する．そのユニタリ時間発展は，時間を t としてユニタリ $e^{-iH^S t}$ で記述される．
3) 時刻 t での量子多体系 S を局所部分系 A と残りの部分系 B に分割し，局所系 A での縮約密度演算子 $\mathrm{Tr}_B[e^{-iH^S t}|\psi_0\rangle\langle\psi_0|^S e^{iH^S t}]$ を考える．

この三つのステップからなる量子系の時間発展は，系 S の初期状態 $|\psi_0\rangle^S$ やハミルトニアン H^S の形，時間 t，局所系 A の選び方など，一般には様々な要因に依存する．ここでは，ランダムなユニタリ時間発展をする物理系を考えることにして，長時間が経過した後には，ユニタリ時間発展がエネルギー e の部分空間 $\mathcal{H}_e^S$ 上ではユニタリ群 $\mathrm{U}(\mathcal{H}_e^S)$ 上の Haar ランダム・ユニタリで近似できるという仮定をおく．つまり，t が十分大きいとき量子多体系 S の時間発展を記述するユニタリが，$U_e^S \in \mathrm{U}(\mathcal{H}_e^S)$ を用いて

$$U^S \approx \bigoplus_e U_e^S \tag{15.7}$$

の形で与えられ，かつ，各部分空間 $\mathcal{H}_e^S$ 上のユニタリ U_e^S がユニタリ群 $\mathrm{U}(\mathcal{H}_e^S)$ の Haar ランダム・ユニタリで与えられると仮定する．

この仮定は，我々が通常想定する量子多体系において，文字どおりの意味で満たされることはない点は注意が必要である．そもそも，孤立量子系を考える際にはハミルトニアンは固定されているため，その時間発展がランダム性を持つことは通常想定しない．例えば，考えている量子系がランダムに揺らぐ微小磁場等の影響を受ける状況などではその時間発展が実質的にランダムなユニタリに見えることは考えられるが，その場合においても Haar ランダム・ユニタリが実現するとは考えづらく，せいぜいユニタリ・デザイン等で近似できる時間発展が関の山だろう．したがって，(15.7) は量子多体系の時間発展を数学的に過度に理想化した仮定とみなした方がよい．その理想化された状況がどのような物理系で正当化されるかを考えることは物理として非常に重要な問題だが，本書ではその問題には立ち入らず，(15.7) を認めた上で，一般にどのような性質が成り

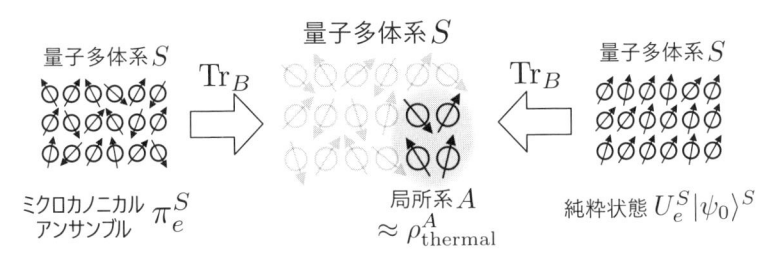

量子多体系 S

量子多体系 S $\xrightarrow{\text{Tr}_B}$ $\xleftarrow{\text{Tr}_B}$ 量子多体系 S

ミクロカノニカル
アンサンブル π_e^S

局所系 A
$\approx \rho_{\text{thermal}}^A$

純粋状態 $U_e^S|\psi_0\rangle^S$

図 15.1 熱力学的な量子多体系 S の部分局所系 A での熱平衡化現象. 全系の量子状態
がミクロカノニカルアンサンブル π_e^S にあった場合は, その局所系 A では熱平
衡状態 ρ_{thermal}^A が実現する. 一方で, 全系の量子状態の初期純粋状態 $|\psi_0\rangle^S$ が,
エネルギーを保存するという制約の下で十分なランダム性を持つユニタリ U_e^S
によって時間発展した場合にも, 局所系 A は熱平衡状態 ρ_{thermal}^A になる. 後者
をカノニカル典型性と呼ぶ.

立つかを考えることにする.

さて, (15.7) を認めると, 量子多体系 S のエネルギー e の部分空間には Haar ランダ
ム・ユニタリが作用するため, 初期状態 $|\psi_0\rangle^S \in \mathcal{H}_e^S$ の選び方や時間発展後の局所系 A
の選び方は重要ではない. 以下では, 時間発展後の量子状態を

$$|\psi_{U_e}\rangle^S := U_e^S|\psi_0\rangle^S \in \mathcal{H}_e^S \tag{15.8}$$

と表すことにする. ただし, $U_e^S \sim \mathsf{H}(\mathcal{H}_e^S)$ である. 観測者にとってこの量子状態がどの
ように見えるかは, 観測者がユニタリ U_e に関する情報を有しているか否かに依存する.
観測者が U_e に関して何の情報も持たない場合は, 量子多体系 S は $|\psi_{U_e}\rangle^S$ を U_e^S の選
び方で平均を取った量子状態, つまり,

$$\mathbb{E}_{U_e \sim \mathsf{H}}\left[|\psi_{U_e}\rangle\langle\psi_{U_e}|^S\right] = \pi_e^S \tag{15.9}$$

によって記述される. この量子状態はエネルギー e の部分空間上のミクロカノニカルア
ンサンブルに他ならないため, ユニタリ U_e^S を知らない観測者にとっては, 局所系 A は
熱平衡化して見えることが分かる.

一方で, 観測者がユニタリ時間発展 U_e^S を知っている場合には, 量子多体系 S は純粋
状態 $|\psi_{U_e}\rangle^S$ によって記述される. この純粋状態はミクロカノニカルアンサンブルとは
異なるため, ミクロカノニカルアンサンブルに基づく局所熱平衡化の説明は適用できな
い. ところが, 実はこの状況においても, 局所系 A には熱平衡状態が実現する. 具体的
には, カノニカル典型性 (*canonical typicality*) と呼ばれる以下の定理が成り立つ. 図
15.1 も参照されたい.

定理 15.1 (カノニカル典型性[58]) 量子多体系 S のエネルギー e の部分空間 $\mathcal{H}_e^S$ の次元
を d_e とする. 純粋状態 $|\psi_0\rangle^S \in \mathcal{H}_e^S$ が, $\mathcal{H}_e^S$ 上の Haar ランダム・ユニタリ U_e^S によっ
て時間発展した後の局所系 A での縮約密度演算子を

$$\psi_{U_e}^A = \mathrm{Tr}_B\left[U_e^S|\psi_e\rangle\langle\psi_e|^S U_e^{S\dagger}\right] \tag{15.10}$$

とおく. また, $\mathcal{H}_e^S$ 上のミクロカノニカルアンサンブル π_e^S の局所系 A での縮約密度演算子を $\omega_e^A = \mathrm{Tr}_B[\pi_e^S]$ とする. このとき, 任意の正の数 $\epsilon > 0$ に対して,

$$\mathrm{Prob}_{U_e \sim \mathsf{H}}\left[\left\|\psi_{U_e}^A - \omega_e^A\right\|_1 \geq \epsilon + \frac{d_A}{\sqrt{d_e}}\right] \leq 2\exp\left[-\frac{d_e \epsilon^2}{16}\right] \tag{15.11}$$

が成り立つ. ここで, $\mathrm{Prob}_{U_e \sim \mathsf{H}}$ は Haar 測度の下での確率を表し, d_A は局所系 A の次元である.

定理 15.1 において $\epsilon = \mathcal{O}(d_e^{-1/3})$ などと選べば, $d_e \gg 1$ の場合にはほぼ確率 1 で,

$$\left\|\psi_{U_e}^A - \omega_e^A\right\|_1 < \frac{d_A}{\sqrt{d_e}} + \mathcal{O}(d_e^{-1/3}) \tag{15.12}$$

となることが分かる. したがって, 局所系 A の次元が $d_A \ll \sqrt{d_e}$ を満たしていれば,

$$\psi_{U_e}^A \approx \omega_e^A = \mathrm{Tr}_B\left[\pi_e^S\right] \approx \frac{e^{-\beta H^A}}{\mathrm{Tr}\left[e^{-\beta H^A}\right]} \tag{15.13}$$

が成り立ち, 局所系 A の量子状態が熱平衡化状態になることが分かる. 最後の近似等号では (15.4) を用いた. つまり, 定理 15.1 は, 量子多体系 S がどの純粋状態にあるかを知っている観測者にとっても十分小さい局所系 A は熱平衡状態に見えることを示唆している.

練習問題 152 定理 15.1 と同じ設定において, $d_A \ll \sqrt{d_e}$ を満たす局所系 A 上の任意の可観測量 O^A ($\|O^A\|_\infty \leq 1$) に対し, 確率ほぼ 1 で

$$\langle\psi_0|^S U_e^{S\dagger}(O^A \otimes I^B)U_e^S|\psi_0\rangle^S \approx \mathrm{Tr}[\omega_e^A O^A] \tag{15.14}$$

が成り立つことを示せ.

■ 15.2.1 測度の集中化

定理 15.1 は, 高次元多様体でしばしば成立する測度の**集中化**現象 (*concentration of measure phenomena*)[59] の帰結である. この現象を説明するために, まず, 一般の写像 $f : X \to Y$ の *Lipschitz 定数* (*Lipschitz constant*) を以下のように定義する.

定義 15.2 (*Lipschitz 定数*) 集合 X と Y 上で距離が定義されているとする. X から Y への写像 f に対して,

$$\eta := \sup_{x_1, x_2 \in X} \frac{\|f(x_1) - f(x_2)\|_Y}{\|x_1 - x_2\|_X} \tag{15.15}$$

を, 写像 f の Lipschitz 定数と呼ぶ. ここで, $\|\bullet\|_X$ は集合 X 上の距離, $\|\bullet\|_Y$ は集合 Y 上の距離である.

Lipschitz 定数はその写像の変化率の上限を表すものである. $X = Y = \mathbb{R}$ の場合を想定するとイメージが付きやすいだろう. 特に, 関数 f が有界な一階導関数を持つ場合は, Lipschitz 定数は一階導関数の絶対値の上限と等しい.

我々が用いるのは, 主に X としてユニタリ群 $\mathsf{U}(d)$, Y として実数 $\mathbb{R}$ を取った場合で

ある．ユニタリ群上のノルムとしては，Schatten 2-ノルムを用いることにする．この状況で以下の主張が成り立つ．

補題 15.3（ユニタリ群上の測度の集中化[60]）　ユニタリ群 $\mathrm{U}(d)$ から実数 $\mathbb{R}$ への関数 f の Lipschitz 定数を η とおくと，以下が成り立つ．

$$\mathrm{Prob}_{U \sim \mathsf{H}}\left[\left|f(U) - \mathbb{E}_{U \sim \mathsf{H}}[f(U)]\right| \geq \epsilon\right] \leq 2\exp\left[-\frac{d\epsilon^2}{4\eta^2}\right] \tag{15.16}$$

ここで，$\mathrm{Prob}_{U \sim \mathsf{H}}$ は Haar 測度の下での確率，$\mathbb{E}_{U \sim \mathsf{H}}[f(U)]$ は Haar ランダム・ユニタリでの $f(U)$ の平均である．

補題 15.3 が特に力を発揮するのは，関数 f の Lipschitz 定数が d に依存しない場合である．その場合には，$\epsilon = \mathcal{O}(d^{-1/3})$ 等とおくことで，(15.16) の右辺は d が大きい極限で ≈ 0 となる．したがって，Haar ランダム・ユニタリ $U \sim \mathsf{H}$ に対する関数 $f(U)$ の値は，その平均値 $\mathbb{E}_{U \sim \mathsf{H}}[f(U)]$ から $\epsilon = d^{-1/3}$ 以上ずれることはほとんどない．Haar 測度がユニタリ群上の一様な確率測度であったため，言い換えると，ほぼ全てのユニタリ U に対して，

$$f(U) \approx \mathbb{E}_{U \sim \mathsf{H}}[f(U)] \tag{15.17}$$

が成り立つ．つまり，ユニタリ群の次元 d が大きい場合には，Lipschitz 定数が d に依存しない全ての関数 $f: \mathrm{U}(d) \to \mathbb{R}$ は近似的には定数関数とみなせる．この事実は非直観的なものだが，ユニタリ群に限らず高次元の多様体が持つ典型的な性質であり，**高次元の呪い**と呼ばれることもある．

補題 15.3 は測度論の初等的な事実を用いて示せるが，その証明は文献[60] に譲る．

■ 15.2.2　定理 15.1 の証明

ユニタリ群上の測度の集中化を用いると，定理 15.1 は容易に示せる．その際に役に立つ補題が以下である．

補題 15.4　任意のベクトル $|u\rangle$ と $|v\rangle$ は以下を満たす．

$$\big\||u\rangle\langle u| - |v\rangle\langle v|\big\|_1 \leq \left(\big\||u\rangle\big\|_2 + \big\||v\rangle\big\|_2\right)\big\||u\rangle - |v\rangle\big\|_2 \tag{15.18}$$

練習問題 153　補題 15.4 を以下の手順で示せ．
1）各ベクトルを適切な基底で展開することで，$|u\rangle\langle u| - |v\rangle\langle v|$ を二次元行列で表現し，
$$\||u\rangle\langle u| - |v\rangle\langle v|\|_1^2 = (u^2 + v^2)^2 - 4|\langle u|v\rangle|^2 \tag{15.19}$$
を示せ．ただし，$u = \||u\rangle\|_2$，$v = \||v\rangle\|_2$ とおいた．
2）$|\langle u|v\rangle| \geq |\mathrm{Re}\langle u|v\rangle|$ を用いて，(15.18) を示せ．

証明（定理 15.1 の証明）　ユニタリ群 $\mathrm{U}(d_E)$ 上の実数値関数として
$$f(U_e) = \big\|\psi_{U_e}^A - \omega_e^A\big\|_1 \tag{15.20}$$
を考える．この関数に測度の集中化（補題 15.3）を適用すると，

$$\mathrm{Prob}_{U_e \sim \mathsf{H}}\Big[\big|f(U_e) - \mathbb{E}_{U_e \sim \mathsf{H}}[f(U_e)]\big| \ge \epsilon\Big] \le 2\exp\Big[-\frac{d_e \epsilon^2}{4\eta^2}\Big] \tag{15.21}$$

が成り立つが，この式から

$$\mathrm{Prob}_{U_e \sim \mathsf{H}}\Big[f(U_e) \ge \mathbb{E}_{U_e \sim \mathsf{H}}[f(U_e)] + \epsilon\Big] \le 2\exp\Big[-\frac{d_e \epsilon^2}{4\eta^2}\Big] \tag{15.22}$$

が従う．以下では，$\mathbb{E}_{U_e \sim \mathsf{H}}[f(U_e)]$ と $f(U_e)$ の Lipschitz 定数 η を計算する．

まず，$\mathbb{E}_{U_e \sim \mathsf{H}}[f(U_e)]$ については，Schatten ノルムの性質と $\sqrt{x}$ の凹性を用いて，

$$\mathbb{E}_{U_e \sim \mathsf{H}}\Big[\big\|\psi^A_{U_e} - \omega^A_e\big\|_1\Big] = \sqrt{d_A}\,\mathbb{E}_{U_e \sim \mathsf{H}}\Big[\big\|\psi^A_{U_e} - \omega^A_e\big\|_2\Big] \tag{15.23}$$

$$= \sqrt{d_A}\,\mathbb{E}_{U_e \sim \mathsf{H}}\Big[\sqrt{\mathrm{Tr}[(\psi^A_{U_e} - \omega^A_e)^2]}\Big] \tag{15.24}$$

$$\le \sqrt{d_A\,\mathbb{E}_{U_e \sim \mathsf{H}}\Big[\mathrm{Tr}[(\psi^A_{U_e} - \omega^A_e)^2]\Big]} \tag{15.25}$$

が成り立つ．ルートの中の項を具体的に書き下し，$\omega^A_e = \mathbb{E}_{U_e \sim \mathsf{H}}[\psi^A_{U_e}]$ に注意すると，

$$\mathbb{E}_{U_e \sim \mathsf{H}}[f(U_e)] \le \sqrt{d_A}\sqrt{\mathbb{E}_{U_e \sim \mathsf{H}}\Big[\mathrm{Tr}[(\psi^A_{U_e})^2]\Big] - \mathrm{Tr}[(\omega^A_e)^2]} \tag{15.26}$$

を得る．ルートの中の第一項は，Schur–Weyl 双対性に基づく命題 3.9 を用いて

$$\mathbb{E}_{U_e \sim \mathsf{H}}\Big[\mathrm{Tr}[(\psi^A_{U_e})^2]\Big] = \mathrm{Tr}\Big[\mathbb{E}_{U_e \sim \mathsf{H}}\big[(U^S_e|\psi_e\rangle\langle\psi_e|^S U^{S\dagger}_e)^{\otimes 2}\big]\big(\mathbb{F}^{AA'} \otimes \mathbb{I}^{BB'}\big)\Big] \tag{15.27}$$

$$= \mathrm{Tr}\Big[\frac{\mathbb{I}^{SS'}_e + \mathbb{F}^{SS'}_e}{d_e(d_e+1)}\big(\mathbb{F}^{AA'} \otimes \mathbb{I}^{BB'}\big)\Big] \tag{15.28}$$

と書き換えられる．ただし，Π^S_e をエネルギー e の部分空間 $\mathcal{H}^S_e \subseteq \mathcal{H}^S$ への射影演算子とすると，$\mathbb{I}^{SS'}_e = \Pi^S_e \otimes \Pi^{S'}_e$ であり，$\mathbb{F}^{SS'}_e$ は $(\mathcal{H}^S_e)^{\otimes 2}$ 上のスワップ演算子である．このスワップ演算子 $\mathbb{F}^{SS'}_e$ が $\mathbb{F}^{SS'}_e = \mathbb{I}^{SS'}_e \mathbb{F}^{SS'}$ を満たすことを用いると，(15.28) をさらに変形でき，

$$\mathbb{E}_{U_e \sim \mathsf{H}}\Big[\mathrm{Tr}[(\psi^A_{U_e})^2]\Big] = \frac{1}{d_e(d_e+1)}\,\mathrm{Tr}\Big[\mathbb{I}^{SS'}_e\big(\mathbb{F}^{AA'} \otimes \mathbb{I}^{BB'} + \mathbb{I}^{AA'} \otimes \mathbb{F}^{BB'}\big)\Big] \tag{15.29}$$

$$= \frac{d^2_e}{d_e(d_e+1)}\,\mathrm{Tr}\Big[(\omega^A_e)^2 + (\omega^B_e)^2\Big] \tag{15.30}$$

$$\le \mathrm{Tr}\Big[(\omega^A_e)^2\Big] + \mathrm{Tr}\Big[(\omega^B_e)^2\Big] \tag{15.31}$$

となる．ただし，$\omega^B_e = \mathrm{Tr}_A[\pi^S_e]$ であり，スワップ・トリック（補題 3.5）を用いた．よって，

$$\mathbb{E}_{U_e \sim \mathsf{H}}[f(U_e)] \le \sqrt{d_A\,\mathrm{Tr}[(\omega^B_e)^2]} \tag{15.32}$$

を得る．最後に，$\mathrm{Tr}[(\omega^B_e)^2]$ は以下のように評価できる．

$$\mathrm{Tr}[(\omega^B_e)^2] = \big\|(\omega^B_e)^2\big\|_1 \le \big\|\omega^B_e\big\|_\infty \big\|\omega^B_e\big\|_1 = \big\|\omega^B_e\big\|_\infty$$

$$= \frac{1}{d_e}\max_{|\varphi\rangle}\langle\varphi|^B \mathrm{Tr}_A[\Pi^S_e]|\varphi\rangle^B = \frac{1}{d_e}\max_{|\varphi\rangle}\sum_{j=0}^{d_A-1}\big(\langle e_j|^A \otimes \langle\varphi|^B\big)\Pi^S_e\big(|e_j\rangle^A \otimes |\varphi\rangle^B\big) \le \frac{d_A}{d_e} \tag{15.33}$$

ただし，$\{|e_j\rangle^A\}_j$ は系 A の正規直交基底である．よって，$\mathbb{E}_{U_e \sim \mathsf{H}}[f(U_e)] \le d_A/\sqrt{d_e}$ が従う．

次に，$f(U_e) = \|\psi^A_{U_e} - \omega^A_e\|_1$ の Lipschitz 定数 η を計算する．三角不等式とトレースノ

ルムのデータ処理不等式を用いると，任意の U_e と V_e に対して，

$$\left| f(U_e) - f(V_e) \right| \le \left\| \psi_{U_e}^A - \psi_{V_e}^A \right\|_1 \tag{15.34}$$

$$\le \left\| U_e^S | \psi_0 \rangle \langle \psi_0 |^S U_e^{S\dagger} - V_e^S | \psi_0 \rangle \langle \psi_0 |^S V_e^{S\dagger} \right\|_1 \tag{15.35}$$

$$\le 2 \left\| (U_e^S - V_e^S) | \psi_0 \rangle^S \right\|_2 \tag{15.36}$$

を得る．最後の式では補題 15.4 を用いた．さらに，Hölder の不等式を用いると，

$$\left\| (U_e^S - V_e^S) | \psi_0 \rangle^S \right\|_2 \le \left\| U_e^S - V_e^S \right\|_2 \left\| | \psi_0 \rangle^S \right\|_\infty = \left\| U_e^S - V_e^S \right\|_2 \tag{15.37}$$

なので，任意の U_e と V_e に対して，

$$\left| f(U_e) - f(V_e) \right| \le 2 \left\| U_e^S - V_e^S \right\|_2 \tag{15.38}$$

が成り立つ．よって，$f(U_e)$ の Lipschitz 定数 η は最大でも 2 である．

以上を (15.22) へ代入することで，定理 15.1 を得る． $\square$

15.3 相対的な熱平衡化現象

ここまで孤立量子多体系における局所熱平衡化を議論してきた．物理的には，系が熱平衡化するとそれに付随していくつかの現象が引き起こされると期待される．特に，熱平衡化した量子系は他のいかなる系とも相関を持たない状態になると考えられる．より具体的には，仮に量子多体系 $S = AB$ の初期状態が他の量子系 R と相関していたとしても，何らかの理由で局所系 A が熱平衡化した後には，局所系 A と量子系 R は無相関になるはずである．この考え方を定式化したのが，相対的な熱平衡化現象（*relative thermalization*）である．

定義 15.5（相対的な熱平衡化現象[61]）　量子多体系 $S = AB$ と量子系 R からなる複合量子系 $SR = ABR$ を考える．量子系 S のエネルギー e の部分空間を $\mathcal{H}_e^S$ とおき，量子系 SR 上の量子状態 $\rho_e^{SR} \in \mathcal{S}(\mathcal{H}_e^S \otimes \mathcal{H}^R)$ を考える．量子多体系 S の局所系 A が量子系 R に対して精度 δ で相対的に熱平衡化しているとは，

$$\frac{1}{2} \left\| \rho_e^{AR} - \omega_e^A \otimes \rho_e^R \right\|_1 \le \delta \tag{15.39}$$

が成り立つことをいう．ここで，$\omega_e^A = \mathrm{Tr}_B[\pi_e^S]$ で，π_e^S は系 S のエネルギー e の部分空間での一様混合状態である．また，$\rho_e^R = \mathrm{Tr}_A[\rho_e^{AR}]$ である．

相対的な熱平衡化が起こると，局所系 A では熱平衡状態

$$\omega_e^A \approx \frac{e^{-\beta H^A}}{\mathrm{Tr}[e^{-\beta H^A}]} \tag{15.40}$$

が実現し，さらに，局所系 A の熱平衡状態は量子系 R とはテンソル積の状態になる．よって，初期状態が有していたかもしれない量子系 R との相関は切れる．このような相

対的な熱平衡化は物理的には自然に期待される現象だが，カノニカル典型性の考え方に基づくと，局所系で相対的な熱平衡化現象が実現する条件を導ける．図 15.2 も参照されたい．

定理 15.6 (相対的な熱平衡化定理[61])　量子多体系 $S = AB$ と量子系 R からなる複合量子系 $SR = ABR$ を考え，量子多体系 S のエネルギー e の部分空間 $\mathcal{H}_e^S$ の次元 d_e が $d_e \ge d_A$ を満たすものとする．また，$\mathcal{H}_e^S$ 上のミクロカノニカルアンサンブル π_e^S の局所系 A での縮約密度演算子を $\omega_e^A = \mathrm{Tr}_B[\pi_e^S]$ とする．量子状態 $\rho_e^{SR} \in \mathcal{S}(\mathcal{H}_e^S \otimes \mathcal{H}^R)$ が $\mathcal{H}_e^S$ 上に作用する Haar ランダム・ユニタリ U_e^S によってユニタリ時間発展したとする．このとき，任意の $\delta > 0$ と $\epsilon > 0$ に対して，

$$\mathrm{Prob}_{U_e \sim \mathsf{H}} \left[\left\| \mathrm{Tr}_B[U_e^S \rho_e^{SR} U_e^{S\dagger}] - \omega_e^A \otimes \rho_e^R \right\|_1 \ge 2^{-H_\epsilon} + 12\epsilon + \delta \right] \le 2 \exp\left[-\frac{d_e \delta^2}{16} \right] \quad (15.41)$$

が成り立つ．ただし，$H_\epsilon = \left(H_{\min}^\epsilon(S|R)_{\rho_e} - \log(d_A^2/d_e) \right)/2$ である．

定理 15.6 より，$H_{\min}^\epsilon(S|R)_{\rho_e} - \log(d_A^2/d_e) \gg 1$ が成り立つとき，つまり，

$$\log d_A \ll \frac{1}{2}\left(\log d_e + H_{\min}^\epsilon(S|R)_{\rho_e} \right) \quad (15.42)$$

が満たされていれば，前の議論と同様に $\delta = \mathcal{O}(d_e^{-1/3})$ 等とおくことで，局所系 A で相対的な熱平衡化現象が起こることが分かる．この結果はカノニカル典型性の定理 15.1 の一般化と言ってもよい．このことを具体的に確かめるために，定理 15.6 の特別な場合として，量子多体系 S が初期に純粋状態にあり，量子系 R とは相関を持たない場合，つまり，$\rho_e^{SR} = |\psi_e\rangle\langle\psi_e|^S \otimes \sigma^R \ (|\psi_e\rangle \in \mathcal{H}_e^S)$ を考えよう．この場合，相対的な熱平衡化が起こると，

$$\frac{1}{2}\left\| \left(\mathrm{Tr}_B[U_e^S |\psi_e\rangle\langle\psi_e|^S U_e^{S\dagger}] - \omega_e^A \right) \otimes \sigma^R \right\|_1 \le \delta \quad (15.43)$$

が成り立つが，確かにこれは，カノニカル典型性の条件

$$\frac{1}{2}\left\| \mathrm{Tr}_B[U_e^S |\psi_e\rangle\langle\psi_e|^S U_e^{S\dagger}] - \omega_e^A \right\|_1 \le \delta \quad (15.44)$$

と一致する．また，この初期状態に対しては $H_{\min}^\epsilon(S|R)_{\rho_e} = 0$ なので，(15.42) は $d_A \ll \sqrt{d_e}$ となる．これは前節で議論した，カノニカル典型性が起こるための局所系 A の大きさに

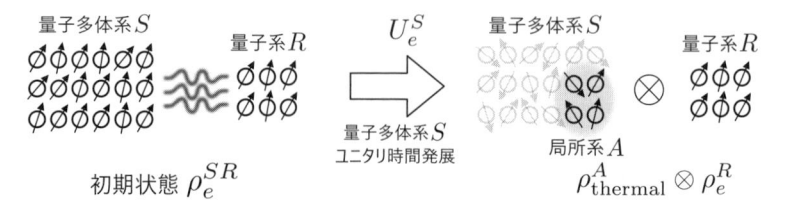

図 **15.2**　カノニカル典型性の一般化としての相対的な熱平衡化現象．量子多体系 S が他の系 R と相関していたとしても，量子多体系 S にエネルギーを保存する制約の下で十分なランダム性を持つユニタリ時間発展 U_e^S が起こると，量子多体系 S の十分小さい局所系 A は熱平衡化し，かつ，量子系 R との相関は切れる．

他ならない.

定理 15.6 をカノニカル典型性の定理 15.1 の一般化として見たとき，(15.42) は，初期状態 ρ^{SR} が持つ条件付き min-エントロピー $H^\epsilon_{\min}(S|R)_{\rho_e}$ の分だけ局所系 A の大きさを「変更」することで，相対的な熱平衡化が起こることを示唆する．例えば，量子多体系 S と系 R が初期に古典相関を持つ場合には，条件付きエントロピー $H^\epsilon_{\min}(S|R)_{\rho_e}$ は非負の値を持つ．したがって，その場合は，局所系 A を，カノニカル典型性の条件 $(d_A \ll \sqrt{d_e})$ より大きく取っても相対的な熱平衡化が実現する．相対的な熱平衡化が起こっていれば，もちろん通常の熱平衡化も起こるため，この場合にはカノニカル典型性が予言するよりも大きな局所系で局所熱平衡化が起こることも分かる．一方で，量子多体系 S と系 R が初期にエンタングルしている場合には，初期状態 ρ^{SR}_e の条件付きエントロピーは負の値を取ることがある．その状況下では，量子系 S と系 R の間のエンタングルメント，つまり量子相関の大きさに応じて局所系 A をその分だけ小さく取ることで，相対的な熱平衡化が実現する.

定理 15.6 は，シングルショット・デカップリング定理（定理 12.16）を応用することで示せる．まず，測度の集中化を用いて，シングルショット・デカップリング定理を以下のように拡張しておこう．以下の命題における量子系 S や R は一般の量子系である.

命題 15.7 量子状態 ρ^{SR} とトレース非増加 CP 写像 $\mathcal{T}^{S \to E}$ が与えられたとき，$\mathcal{T}^{S \to E}$ の Choi–Jamiołkowski 表現を $\tau^{SE} := \mathfrak{J}(\mathcal{T}^{S \to E})$ とする．任意の $\delta > 0$ と $\epsilon > 0$ に対して，

$$\mathrm{Prob}_{U \sim \mathrm{H}}\left[\left|\left\|\mathcal{T}^{S \to E}(U^S \rho^{SR} U^{S\dagger}) - \tau^E \otimes \rho^R\right\|_1 - 2^{-H_\epsilon} - 12\epsilon\right| \geq \delta\right] \leq 2\exp\left[-\frac{d_S \delta^2}{16}\right] \quad (15.45)$$

が成り立つ．ただし，$H_\epsilon = (H^\epsilon_{\min}(S|R)_\rho + H^\epsilon_{\min}(S|E)_\tau)/2$ であり，d_S は量子系 S の次元である.

命題 15.7 は，シングルショット・デカップリング定理と測度の集中化現象（補題 15.3）を組み合わせれば，定理 15.1 とほぼ同じ形で証明できる．トレース非増加 CP 写像に対しては，$\|\mathcal{T}^{S \to E}\|_{1 \to 1} \leq 1$ が成り立つことに注意せよ.

証明（定理 15.6 の証明） 命題 15.7 において，$E = A$ とおき，写像 $\mathcal{T}^{S \to A}$ を Tr_B と取る．入力状態 ρ^{SR}_e は系 S ではエネルギー e の部分空間 $\mathcal{H}^S_e$ にしかサポートを持たないことから，この写像の Choi–Jamiołkowski 表現として

$$\tau^{S'A}_e = \mathrm{Tr}_B\left[|\Phi_e\rangle\langle\Phi_e|^{S'S}\right] \quad (15.46)$$

を取れる．ただし，$S' = A'B'$ は S と同型な量子系で，$|\Phi_e\rangle^{S'S} = \sum_{|e_j\rangle \in \mathcal{H}^S_e} |e_j\rangle^{S'} \otimes |e_j\rangle^S / \sqrt{d_e}$ は $\mathcal{H}^{S'}_e \otimes \mathcal{H}^S_e$ 上の最大エンタングル状態である．ここで，$\tau^A_e = \mathrm{Tr}_B[\pi^S_e]$ であることに注意すると，命題 15.7 より，$h_\epsilon = (H^\epsilon_{\min}(S|R)_{\rho_e} + H^\epsilon_{\min}(S'|A)_{\tau_e})/2$ として，

$$\mathrm{Prob}_{U_e \sim \mathrm{H}}\left[\left\|\mathrm{Tr}_B\left[U^S_e \rho^{SR}_e U^{S\dagger}_e\right] - \mathrm{Tr}_B[\pi^S_e] \otimes \rho^R_e\right\|_1 \geq 2^{-h_\epsilon} + 12\epsilon + \delta\right] \leq 2\exp\left[-\frac{d_e \delta^2}{16}\right] \quad (15.47)$$

が成り立つ.

後は，h_ϵ を計算すればよい．量子状態 $\tau_e^{S'}$ が部分空間 $\mathcal{H}_e^{S'}$ 上の完全混合状態であることと，以下の命題 15.8 を用いると，$H_{\min}^\epsilon(S'|A)_{\tau_e} \geq \log(d_e/d_A^2)$ が成り立つ．ただし，仮定より $\min\{d_e, d_A\} = d_A$ であることを用いた．よって，$H_\epsilon = (H_{\min}^\epsilon(S|R)_{\rho_e} - \log(d_A^2/d_e))/2$ とおいて，

$$\text{Prob}_{U \sim \text{H}}\left[\left\|\text{Tr}_B[U_e^S \rho_e^{SR} U_e^{S\dagger}] - \text{Tr}_B[\pi_e^S] \otimes \rho^R\right\|_1 \geq 2^{-H_\epsilon} + 12\epsilon + \delta\right] \leq 2\exp\left[-\frac{d_e \delta^2}{16}\right] \quad (15.48)$$

が従う．　　　　　　　　　　　　　　　　　　　　　　　　　　　　　　　　　　□

命題 15.8　量子状態 ρ^{AB} が $\rho^A = \pi^A$ を満たすとき，任意の $\epsilon \geq 0$ に対して，$H_{\min}^\epsilon(A|B)_\rho \geq \log(d_A/dd_B)$ が成り立つ．ただし，d_A と d_B は系 A と系 B の次元であり，$d = \min\{d_A, d_B\}$ である．

証明（命題 15.8 の証明）　まず，任意の純粋状態 $|\varphi\rangle^{AB}$ に対して，

$$|\varphi\rangle\langle\varphi|^{AB} \leq d\varphi^A \otimes I^B \quad (15.49)$$

が成り立つことを示す．量子状態 φ^A のサポート上だけで逆行列を取ったものを $(\varphi^A)^{-1}$ と書くことにして，新しい演算子，

$$\phi^{AB} = (\varphi^A)^{-1/2}|\varphi\rangle\langle\varphi|^{AB}(\varphi^A)^{-1/2} \quad (15.50)$$

を導入する．この演算子 ϕ^{AB} は明らかにランクが 1 であり，$\text{Tr}[\phi^{AB}] = \text{rank}\,\varphi^A \leq d$ を満たす．最後の不等式は，Schmidt 分解によるものである．よって，$\phi^{AB} \leq dI^{AB}$ が成り立つ．これを整理すると (15.49) を得る．

さて，量子状態 ρ^{AB} を対角化して全ての固有状態に (15.49) を適用し，行列不等式の線形性を用いることで，$\rho^{AB} \leq d\rho^A \otimes I^B$ が従う．ここで，仮定より $\rho^A = \pi^A$ なので，

$$\rho^{AB} \leq \frac{dd_B}{d_A} I^A \otimes \pi^B \quad (15.51)$$

と書き換えることができるが，これは，条件付き min エントロピーの定義より $H_{\min}(A|B)_\rho \geq \log(d_A/dd_B)$ を意味する．平滑化 min エントロピーは min エントロピーよりも必ず大きいので，ほしい不等式を得る．　　　　　　　　　　　　　　　　　　　　　□

15.4　熱平衡化現象と，量子誤り訂正

15.4.1　カノニカル典型性と，量子消去ノイズに対する量子誤り訂正

量子多体系 S のエネルギー e の部分空間 $\mathcal{H}_e^S$ に十分なランダム性を持つユニタリ時間発展が起こることで，量子系 S の十分小さな局所系 A は熱平衡化することが分かった．相対的な熱平衡化現象で述べたとおり，これは系が初期に他の系と相関していたとしても起こる現象である．この一連のプロセスは，熱平衡化という文脈を無視すると，量子誤り訂正のランダム符号化に類似していることに気付いた読者も多いだろう．実際に，熱平衡化現象ではエネルギー e の部分空間に Haar ランダム・ユニタリを，ランダム符

号化ではノイジーな量子通信路の入力量子系の部分空間に Haar ランダム・ユニタリを作用させていた．部分空間の選び方は異なっていても，どちらも Haar ランダム・ユニタリによる時間発展を考えることに違いはない．本節では，カノニカル典型性に基づく熱平衡化現象と量子誤り訂正のランダム符号化の間の類似点を整理し，その二つの関係を定性的に議論する．

解析を簡単にするために，まず，エネルギー e という制約がなく，ランダムなユニタリが量子多体系 S の状態空間 $\mathcal{H}^S$ 全体に作用する場合を考える．量子多体系 S が n-qubit から構成され，$S = AB = CD$ と二通りに分割されるとする．以下で述べるとおり，$S = AB$ は系が Haar ランダム・ユニタリで時間発展する前の分割で，$S = CD$ は時間発展後の分割を表す．量子多体系 $S = AB$ の初期状態が

$$|\Psi_0\rangle^S = |\varphi\rangle^A \otimes |00\ldots0\rangle^B \tag{15.52}$$

という純粋状態で与えられたとする．ここで，$|\varphi\rangle^A$ は k-qubit の任意の純粋状態で，$|00\ldots0\rangle^B$ は $(n-k)$-qubit のテンソル積状態である．この量子多体系 $S = AB$ が Haar ランダム・ユニタリで時間発展した後に，量子多体系 S を局所系 C と D に分割する．ただし，系 C は $(n-\ell)$-qubit，系 D は ℓ-qubit とし，系 C は局所系としたいので $n-\ell = o(n)$ とする．ユニタリ時間発展がランダムであることを仮定するので，二つの分割 $S = AB$ と $S = CD$ の関係は重要ではなく，各系の qubit 数だけが重要であることに注意せよ．

時間発展後の量子状態を $|\Psi_U\rangle^S = U^S|\Psi_0\rangle^S$ とおくと，局所系 C と系 D の量子状態は各々，

$$\Psi_U^C = \mathrm{Tr}_D\left[|\Psi_U\rangle\langle\Psi_U|^S\right], \quad \Psi_U^D = \mathrm{Tr}_C\left[|\Psi_U\rangle\langle\Psi_U|^S\right] \tag{15.53}$$

である．以下では，これらの量子状態が，

- $\ell \gg n/2 \Rightarrow (n-\ell)$-qubit の局所系 C は熱平衡化し，$\Psi_U^C \approx$ 熱平衡状態となる，
- $\ell \gg (n+k)/2 \Rightarrow$ 残りの ℓ-qubit の系 D から系 A の初期状態 $|\varphi\rangle^A$ を高精度で復元できる．つまり，$\mathcal{D}^{D\to A}(\Psi_U^D) \approx |\varphi\rangle\langle\varphi|^A$ を満たす量子チャンネル $\mathcal{D}^{D\to A}$ が存在する．

という性質を持つことを詳しく議論していく．

詳細の議論の前に，大まかな考え方を説明しておこう．まず，前者はカノニカル典型性の直接的な帰結であり，後者はランダムな時間発展によるランダム符号化によるものである．ここで，$k \ll n$ の場合はこれら二つの条件がほぼ等価になることに注意すると，「カノニカル典型性によって局所系 C が熱平衡化すること」と「残りの系 D から系 A の初期状態 $|\varphi\rangle^A$ を復元できること」がほぼ同じ条件下で起こり，それら二つを表裏一体のものとみなせることが分かる．その二つの違いは，局所系 C に着目するか，残りの部分系 D に着目するかだけである．図 15.3 も参照されたい．

以下では，上述の二つの性質を詳しく見ていこう．まず，局所系 C の量子状態 Ψ_U^C を考える．エネルギー e を制限しなかったことに気を付けると，カノニカル典型性から，$d_C \ll \sqrt{d_S}$，つまり，$\ell \gg n/2$ の場合には，

$$\Psi_U^C \approx \pi^C \tag{15.54}$$

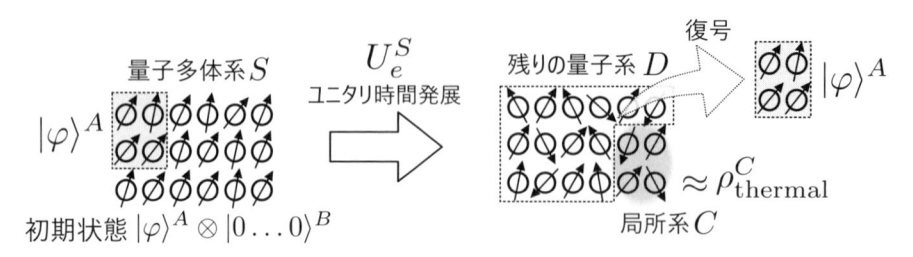

図 15.3 カノニカル典型性による局所系 C での熱平衡化と, 残りの量子系 D からの量子誤り訂正の概念図. 本文中では簡単のため, エネルギー e の制約がない場合を考えたが, 一般にはその制約があっても類似の議論を展開できる.

が成り立つことが分かる. ここで, π^C は局所系 C での完全混合状態だが, これは無限温度の熱平衡状態に相当する. 温度が無限になったのは, エネルギー e を制限しなかったからである.

ここで (15.54) の右辺は完全混合状態であり, 量子多体系 S の初期状態の選び方 (15.52) に依存しないことに留意されたい. 特に, k-qubit の系 A の初期状態 $|\varphi\rangle^A$ に関する情報は完全に失われている. もちろん, 熱平衡状態は系のハミルトニアンと温度だけで決まる量子状態なので, 熱平衡化によって初期状態の情報が完全に失われることは物理的には特筆すべき事実ではないが, 量子誤り訂正と関連付けて熱平衡化を理解する際には重要な性質であることに留意せよ.

一方で, 系 D での量子状態 Ψ_U^D はどのような特徴を持ち, どのような形で系 A の初期状態の情報を有しているのだろうか. 系 D は ℓ-qubit から構成されるが, $n-\ell = o(n)$ と仮定したため系 D は局所系ではなく, カノニカル典型性の議論からは Ψ_U^D について意味のあることは分からない. しかし, (15.54) を用いると, 量子状態 Ψ_U^D の形について知見を得ることができる. そのために, 量子多体系 S 上の純粋状態 $|\Psi_U\rangle^S$ の Schmidt 分解を考えることにしよう. (15.54) より, $|\Psi_U\rangle^S$ の局所系 C での縮約密度行列が完全混合状態 π^C であることから, Schmidt 分解は,

$$|\Psi_U\rangle^S \approx \sqrt{\frac{1}{d_C} \sum_{j=0}^{d_C-1} |\phi_j\rangle^C \otimes |\psi_j\rangle^D} \tag{15.55}$$

で与えられる. ここで, $d_C = 2^{n-\ell} \ll d_D = 2^\ell$ なので和は d_C-1 まででよいことに注意せよ. この Schmidt 分解をもとにすると, 残りの系 D での縮約密度行列 Ψ_U^D は,

$$\Psi_U^D \approx \frac{1}{d_C} \sum_{j=0}^{d_C-1} |\psi_j\rangle\langle\psi_j|^D =: \frac{1}{d_C} \Pi^D \tag{15.56}$$

と書けることが分かる. ここで, $\Pi^D = \sum_{j=0}^{d_C-1} |\psi_j\rangle\langle\psi_j|^D$ はランクが d_C の射影演算子である. この射影演算子がフルランクではないことは以下の議論で重要なので, そのことを強調するために, Π^D の直交補空間への射影演算子 $\Pi_\perp^D = I^D - \Pi^D$ を導入して, あえて

$$\Psi_U^D \approx \frac{1}{d_C} \Pi^D + 0 \times \Pi_\perp^D \tag{15.57}$$

と表現しておこう．射影演算子 $\Pi_\perp^D$ のランクは $d_D - d_C = 2^\ell - 2^{n-\ell}$ であり，Π^D のランク $d_C = 2^{n-\ell}$ よりも遥かに大きいことに注意せよ．

このように考えると，系 D の量子状態 Ψ_U^D は，残りの局所系 C が熱平衡化しているという事実を反映して，(15.57) のように $\approx 1/d_C$ か ≈ 0 という二通りしか固有値を取らない．もちろん，それらの値は系 A の初期状態には依存しない定数なので，局所系 C が熱平衡化すると，量子状態 Ψ_U^D の固有値も $|\varphi\rangle^A$ の情報を持たないのである．それにもかかわらず，本当に Ψ_U^D から $|\varphi\rangle^A$ を復元できるのであろうか．

実は，我々は定性的にはこの答えを既に知っている．量子誤り訂正理論の具体例を学んだ 13 章において，量子消去ノイズに対しては完全ランダム符号化が量子通信容量を達成することを学んだ．今，我々が興味のある問題は「量子多体系 S に Haar ランダム・ユニタリが作用した後に，局所系 C 以外の残りの系 D から初期の系 A の量子状態を復元可能か」だが，この状況は量子消去ノイズに対して完全ランダム符号化を行った状況とほぼ一致する．事実，消去パラメータ ϵ の量子消去ノイズが n-qubit の量子多体系 S の各 qubit に独立にかかると，平均的には ϵn 個の qubit がトレースアウトされるが，このトレースアウトされた qubit を $(n-\ell)$-qubit の局所系 C と呼べば，我々が考えている状況は「消去パラメータ $\epsilon = (n-\ell)/n$ の量子消去ノイズが量子多体系 S の各 qubit に独立に作用した状況」に他ならない [*3]．

この同一視に基づいて考察を進めると，「k-qubit の系 A の初期状態 $|\varphi\rangle^A$ を系 D から復元する」ことは，量子誤り訂正の言葉では「消去パラメータ $\epsilon = (n-\ell)/n$ の量子消去ノイズを考えて，符号化レートが k/n で与えられる場合に，復元エラーを可能な限り小さくしたい」と言い換えられる．そして，我々はその状況下で復元エラーが n が十分大きい極限で小さくなるための必要十分条件が，「符号化レート k/n が量子消去ノイズの量子通信容量 $1-2\epsilon$ よりも小さいこと」であることを知っている．具体的には，

$$\frac{k}{n} \le 1 - 2\epsilon = \frac{2\ell}{n} - 1 \iff \ell \ge \frac{n+k}{2} \tag{15.58}$$

が，量子多体系 S の qubit 数 n が十分大きい極限で，ℓ-qubit の量子系 D の量子状態 Ψ_U^D から k-qubit の量子系 A の初期の量子状態 $|\varphi\rangle^A$ を復元できるための必要十分条件となる．つまり，先に述べたように Ψ_U^D の固有値は $|\varphi\rangle^A$ の情報を有していないにもかかわらず，量子誤り訂正の理論を用いると，(15.58) が成り立つ場合には系 D の状態から $|\varphi\rangle^A$ を実際に復元できることが分かるのだ．

では，Ψ_U^D の "どこに"，$|\varphi\rangle^A$ の情報が隠されているのだろうか．実は，その答えは，(15.57) で与えられている．そこで示したとおり，Ψ_U^D は系 D の 2^ℓ 次元ヒルベルト空間の中で，小さな部分空間にしかサポートを持っていない．量子状態は固有値とサポートで定まることを思い出すと，このサポートが $|\varphi\rangle^A$ の情報を有していることが分かるだろう．具体的なことは 16.4 節で説明するが，例えば，系 A の初期状態が $|\varphi_1\rangle^A$ であれ

[*3] 厳密には，我々が考えている状況は $(n-\ell)$-qubit の局所系 C がトレースアウトされるが，量子消去ノイズでは「平均的に」$\epsilon n = n - \ell$ 個の qubit がトレースアウトされるため，些細な違いは存在する．

ば，Ψ_U^D はある部分空間 $\mathcal{H}_1^D \subseteq \mathcal{H}^D$ にサポートを持ち，$|\varphi_2\rangle^A$ であれば，Ψ_U^D のサポートは $\mathcal{H}_1^D$ とは異なる他の部分空間 $\mathcal{H}_2^D \subseteq \mathcal{H}^D$ にサポートを持つ，という具合になっているのである．もちろん，系 D の量子状態のサポートは一般に系 A の初期状態に依存するのだが，全系 S の時間発展が十分にランダムなユニタリ時間発展である場合には，量子状態のサポートと初期状態の関係が「とてもよい具合」になっており，量子状態 Ψ_U^D が広大なヒルベルト空間 $\mathcal{H}^D$ のどの部分空間に存在するかを調べることで，系 A の初期状態を復元できるのである．

以上のように，ランダムなユニタリ時間発展をする系を時間発展後に二つの系に分割することを考えると，定性的には，小さい方の系は熱平衡化し，大きい方の系からは初期状態を復元できるようになる．そして，小さい方の系が熱平衡化しているという事実から，大きい方の系の量子状態のサポートが初期状態の情報を有するということが分かる．このように，「カノニカル典型性に基づく局所系での無限温度熱平衡化」と「量子消去ノイズに対するランダム符号化と量子誤り訂正」は定性的には表裏一体の関係となっており，ランダムなユニタリ時間発展をする量子多体系が興味深い研究対象である一つの理由となっている．

このような局所熱平衡化と量子誤り訂正の関係が，ランダムなユニタリ時間発展をする量子多体系以外でも成立するかどうかは興味深い問題だが，筆者の知る限りではそのような方向性の研究はあまり進んでいない．今後，熱平衡化という物理と量子誤り訂正の関係により多くの人が興味を持ち，その理解がさらに進むことを願うばかりである．

■15.4.2　エネルギー部分空間の影響について

本章を締めくくる前に，カノニカル典型性による局所熱平衡化と量子消去ノイズに対する量子誤り訂正の対応関係が，無限温度以外の場合にどうなるかについて，定性的に議論しておこう．具体的には，量子多体系 S の有限のエネルギー e の部分空間のみに Haar ランダム・ユニタリ U_e^S が作用した状況を考察し，エネルギーを制限しなかった先ほどの議論がどのように変更されるかを考察する．エネルギー e の部分空間の次元を d_e とする．これまでの議論を踏襲し，

$$|\Psi_0\rangle^S = |\varphi\rangle^A \otimes |0\ldots0\rangle^B \xrightarrow{U_e^S} |\Psi_{U_e}\rangle^S \tag{15.59}$$

という時間発展が起こり，その後，$(n-\ell)$-qubit の局所系 C と残りの系 D に分割することを考える．カノニカル典型性から，局所系 C の次元 d_C が $\sqrt{d_e}$ よりも十分大きい場合には，局所系 C にはほぼ確率 1 で逆温度 β の熱平衡状態が実現する．一方で，残りの系 D から系 A の初期状態 $|\varphi\rangle^A$ を復元することを考えると，量子消去ノイズに対する量子通信容量の議論から，少なくとも，

$$\ell \geq \frac{n+k}{2} \tag{15.60}$$

が必要であることが分かる．

先ほど考えていたエネルギーに制限がない Haar ランダム・ユニタリの場合は，その

時間発展が完全ランダム符号化に対応することから，(15.60) は必要条件だけでなく，十分条件でもあった．しかし，今回は Haar ランダム・ユニタリ U_e^S がエネルギー e の部分空間だけに作用し，エネルギーを保存するので，必ずしもそうとは限らない．その状況下では，全系のエネルギーが保存するため，局所系 C のエネルギーを測定することで系 A の初期状態 $|\varphi\rangle^A$ のエネルギーを推定できる可能性があるからだ．量子系の特性から，そのような推定が可能な場合には，残りの系 D から $|\varphi\rangle^A$ を復元しようとしても，エネルギー基底の下での dephasing が起きた量子状態しか復元できなくなってしまう．

そのようなデコヒーレンスの影響は，局所系 C から $|\varphi\rangle^A$ のエネルギーをどの程度推定できるかを評価することで見積もれる．そのために，局所系 C のエネルギー揺らぎに着目しよう．系 A の初期状態 $|\varphi\rangle^A$ に起因して局所系 C のエネルギーが揺らぐ理由としては，

1) 元々の量子多体系 S が持つエネルギー揺らぎを引き継ぐ揺らぎ $= \delta e_\varphi$，
2) 系 D をトレースアウトしたことで生じる揺らぎ $= \delta e_{\mathrm{tr}}$，

の二つが考えられる．これらを個別にオーダー評価しよう．

まず，一つ目の揺らぎ δe_φ に関して，量子多体系 S の初期状態が $|\Psi_0\rangle^S = |\varphi\rangle^A \otimes |0\ldots0\rangle^B$ であり，系 A が k-qubit であることを思い出そう．量子多体系 S のエネルギーが示量的であると仮定すると，部分系のエネルギーはその部分系に含まれる qubit 数にほぼ比例するので，k-qubit の系 A の初期状態 $|\varphi\rangle^A$ の選び方に応じて，量子多体系 S のエネルギーは最大で $\mathcal{O}(k)$ 程度変化する．この $\mathcal{O}(k)$ のエネルギー揺らぎは，エネルギーを保存するユニタリ時間発展 U_e^S の下では不変に保たれ，その後，量子多体系 S を局所系 C と残りの量子系 D に分割することで，各々の系の qubit 数の割合に応じて各部分系へと引き継がれる．局所系 C は $(n-\ell)$-qubit から構成されるので，

$$\delta e_\varphi = \frac{n-\ell}{n}\mathcal{O}(k) = \left(1 - \frac{\ell}{n}\right)\mathcal{O}(k) \tag{15.61}$$

が成り立つ．

一方で，仮に量子多体系 S のエネルギー揺らぎが完全にゼロであったとしても，系 D をトレースアウトすることで局所系 C のエネルギーには必然的に揺らぎが生じる．これが二つ目の揺らぎ δe_{tr} である．エネルギーが示量的である場合は部分系でのエネルギー分布は Gauss 分布に従うため，揺らぎの大きさは局所系 C の qubit 数のルート程度になる．つまり，

$$\delta e_{\mathrm{tr}} = \mathcal{O}(\sqrt{n-\ell}) \tag{15.62}$$

と見積もれる．この揺らぎは，系 A の初期状態 $|\varphi\rangle^A$ には依存しないことに気を付けよ．

この二種類のエネルギー揺らぎ δe_φ と δe_{tr} の大小によって，局所系 C のエネルギー揺らぎの測定から $|\varphi\rangle^A$ の情報を得られるかどうかが決まる．例えば，$\delta e_\varphi \gg \delta e_{\mathrm{tr}}$，つまり，

$$\left(1 - \frac{\ell}{n}\right)\mathcal{O}(k) \gg \mathcal{O}(\sqrt{n-\ell}) \tag{15.63}$$

が成り立つ状況では，局所系 C のエネルギー揺らぎは δe_φ が支配的になるため，その揺

らぎを測定すれば δe_φ を推定でき，その推定値から $|\varphi\rangle^A$ のエネルギーに関する情報を得られる．したがって，この状況では，残りの量子系 D から量子状態 $|\varphi\rangle^A$ の復元を試みてもエネルギー基底でデコヒーレンスが起きた状態しか復元できない．しかし，幸いなことに，(15.63) が成り立つためには k が少なくとも $\mathcal{O}(\sqrt{n})$ 程度の大きさである必要がある．つまり，我々が興味を持っている k が十分小さい状況では，系 D から $|\varphi\rangle^A$ を復元した際にエネルギー基底で強くデコヒーレンスが起こることはない．

一方で，$\delta e_\varphi \ll \delta e_{\mathrm{tr}}$ が成り立っている場合は，系 A の初期状態に起因する系 C のエネルギー揺らぎは，トレースアウトに起因するエネルギー揺らぎにかき消されてしまっている．したがって，仮に系 C のエネルギーを測定したとしても，その結果から $|\varphi\rangle^A$ のエネルギーを推し量ることはできず，結果，系 D から $|\varphi\rangle^A$ を復元する際のエネルギー基底でのデコヒーレンスは無視できる．この場合の議論は，任意の k に対して成り立つ．

以上の考察から，k が $\mathcal{O}(\sqrt{n})$ よりも大きい場合を除いては，量子多体系 S のランダムなユニタリ時間発展がエネルギーを保存するという条件は系 D からの $|\varphi\rangle^A$ の復元には大きな影響を与えないことが分かった．もちろん，局所系 C のエネルギー揺らぎ以外から $|\varphi\rangle^A$ の情報を得られる可能性はゼロではないが，エネルギー以外の情報はユニタリ時間発展 U_e^S でランダム化されるため，エネルギー測定以外の方法によって $|\varphi\rangle^A$ の情報を得ることは難しいと予想される．したがって，$k = \mathcal{O}(1)$ である限りは，量子多体系 S のランダムなユニタリ時間発展がエネルギーを保存する影響はほとんど無視してよい，という結論にたどり着いた．

この議論は，復元時に起こりうるデコヒーレンスの影響を定性的に理解するためのものであり，(15.63) を超えてデコヒーレンスの影響を定量的に議論することは難しい．ただし，この議論はエネルギーが示量的であることのみを用いていることは，強みの一つである．したがって，仮に量子多体系 S のランダムなユニタリ時間発展が他に保存量を持つ場合であっても，その保存量が示量的である場合は同じ議論が成り立ち，(15.63) が成り立つ範囲内では保存量が存在することによるデコヒーレンスの影響は無視できると考えられる．

16 Hayden–Preskill プロトコル

　前章において，量子多体系でのランダムなユニタリ時間発展が局所系の熱平衡化を引き起こすこと，また，局所系以外の残りの量子系からは量子多体系の初期状態の情報を復元できることを見た．このようなシナリオを後者の情報復元に着目してより精緻に模型化したものが，*Hayden–Preskill* プロトコル（*Hayden–Preskill protocol*）である．

　Hayden–Preskill プロトコルは元々はブラックホールの情報喪失問題の理解を深めるための模型として提唱され，その後，量子カオスとの関連の中で強相関系物理においても注目されるようになった．ここでは，元々のプロトコルをやや一般化したものを，主に量子情報の観点から解説する．

16.1 プロトコルの概要

　Hayden–Preskill プロトコル[62] の基本的な状況設定は前章とほぼ同じであり，ランダムなユニタリ時間発展をする量子系 S を考えて，その部分系から初期状態の復元を試みるものである．以下で，プロトコルの内容を説明する．図 16.1 も参照されつつ読み進めていただきたい．

　量子系 S は k-qubit の部分系 A と $(n-k)$-qubit の部分系 B から構成されており，部分系 A に量子情報が埋め込まれているとする．一般には任意の量子情報源を考えることができるが，Hayden–Preskill プロトコルの慣例では，偏りのない量子情報源 π^A を考えることが多く，ここでもその慣例に従う．8 章で説明したとおり，量子情報源を考える際には量子情報源を純粋化して考えると便利であった．したがって，リファレンス系 R を導し，量子情報源 π^A を量子系 AR の最大エンタングル状態 $|\Phi\rangle^{AR}$ に純粋化しておく．一方で，量子系 B は既知の量子状態 ρ^B にあるものとし，その純粋化状態を量子系 B と同型の系 $\hat{B}$ を導入して $|\rho\rangle^{B\hat{B}}$ とする．

　この初期条件から始めて，量子系 $S = AB$ が Haar ランダム・ユニタリ $U^S \sim \mathsf{H}$ で記述されるランダムなユニタリ時間発展をすると，時間発展後の全系の量子状態は

$$|\rho_U\rangle^{S\hat{B}R} = U^S\left(|\Phi\rangle^{AR} \otimes |\rho\rangle^{B\hat{B}}\right) \tag{16.1}$$

となる．この時間発展後に量子系 S の $(n-\ell)$-qubit の部分系 C をトレースアウトする．残りの ℓ-qubit を部分系 D とすると，復号系 $D\hat{B}R$ 上の量子状態は

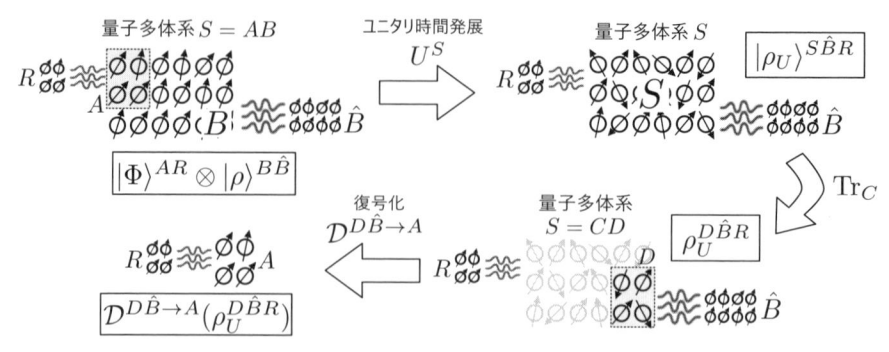

図 16.1 Hayden–Preskill プロトコルの概念図.

$$\rho_U^{D\hat{B}R} = \mathrm{Tr}_C\left[|\rho_U\rangle\langle\rho_U|^{S\hat{B}R}\right] \tag{16.2}$$

である. Hayden–Preskill プロトコルの目標は, この量子状態の量子系 $D\hat{B}$ に復号操作を行うことで, 量子系 A 上に埋め込まれていた量子情報源, つまり, 量子系 A とリファレンス系 R の間の最大エンタングル状態 $|\Phi\rangle^{AR}$ を可能な限り復元することである. Hayden–Preskill プロトコルを定量的に解析するために, 量子情報の復元エラー $\epsilon(n,k,\ell,U)$ を,

$$\epsilon(n,k,\ell,U) := \min_{\mathcal{D}} \frac{1}{2}\left\| \mathcal{D}^{D\hat{B}\to A}\left(\rho_U^{D\hat{B}R}\right) - |\Phi\rangle\langle\Phi|^{AR} \right\|_1 \tag{16.3}$$

と定め, Haar ランダム・ユニタリで平均を取った量,

$$\epsilon_{\mathsf{H}}(n,k,\ell) := \mathbb{E}_{U\sim\mathsf{H}}\left[\epsilon(n,k,\ell,U)\right] \tag{16.4}$$

を考えよう. ここで, (16.3) の最小化は量子系 $D\hat{B}$ から量子系 A への全ての量子チャンネル $\mathcal{D}^{D\hat{B}\to A}$ で取る. 復号の量子チャンネル $\mathcal{D}^{D\hat{B}\to A}$ は量子系 S の時間発展を記述するユニタリ U^S 等に依存してもよいことには注意されたい.

　ここで, この Hayden–Preskill プロトコルの設定は, ノイジーな量子通信路を用いた量子通信とほぼ同じであることを指摘しておこう. 実際, 復号後の量子状態を明示的に書き下すと,

$$\mathcal{D}^{D\hat{B}\to A}\circ\mathrm{Tr}_C\circ\mathcal{U}^S\left(|\Phi\rangle\langle\Phi|^{AR}\otimes|\rho\rangle\langle\rho|^{B\hat{B}}\right) \tag{16.5}$$

であるが, これは, Haar ランダム・ユニタリ $U^S\sim\mathsf{H}$ で完全ランダム符号化を行った後に, 部分トレース Tr_C という "ノイジーな" 量子通信路が作用し, その後, ノイジーな量子状態から復号する状況と同じである. この対応関係は, Hayden–Preskill プロトコルを図 16.2 のようにダイアグラムで表現するとより明らかであろう. ノイジーな量子通信路を用いた量子通信との相違点は, 符号化が完全ランダム符号化に固定されていることと, 量子状態 $|\rho\rangle^{B\hat{B}}$ の系 B を符号化で, 系 $\hat{B}$ を復号操作で使用できる点にある. 後者に関しては, $|\rho\rangle^{B\hat{B}}$ が最大エンタングル状態で与えられる場合は既に 14 章で共有エンタングルメントを用いた量子通信として詳細に解析している.

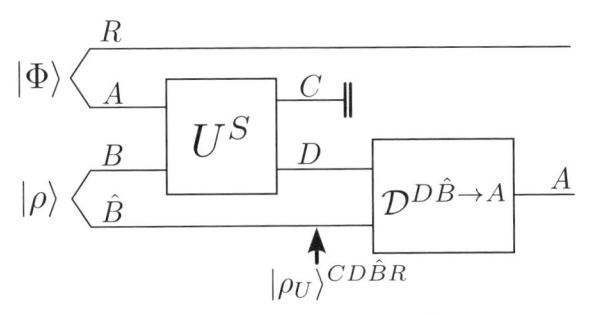

図 **16.2** Hayden–Preskill プロトコルのダイアグラム.

この類似性から予想されるとおり，12 章〜14 章で用いたデカップリング・アプローチを用いると，Hayden–Preskill プロトコルの復元エラーを具体的に計算できる．以下ではこのことを見ていこう．

16.2 デカップリング・アプローチを用いた復元エラーの解析

以下の命題は，Hayden–Preskill プロトコルの平均復元エラー $\epsilon_{\mathsf{H}}(n,k,\ell)$ を上から抑える不等式を与える．

命題 16.1 (*Hayden–Preskill プロトコルの復元エラー*[62]) Hayden–Preskill プロトコルの平均復元エラー $\epsilon_{\mathsf{H}}(n,k,\ell)$ は，以下の二つの不等式を満たす．

$$\epsilon_{\mathsf{H}}(n,k,\ell) \le \sqrt{2^{\ell_{\mathrm{th}}(\delta)-\ell} + 12\delta} \tag{16.6}$$

$$\epsilon_{\mathsf{H}}(n,k,\ell) \le 2^{(\ell_{\mathrm{th}}-\ell)/2} \tag{16.7}$$

を満たす．前者は全ての $\delta > 0$ に対して成り立ち，

$$\ell_{\mathrm{th}}(\delta) = \frac{1}{2}\big(n+k-H_{\min}^{\delta/2}(B)_\rho\big), \quad \ell_{\mathrm{th}} = \frac{1}{2}\big(n+k-H_2(B)_\rho\big) \tag{16.8}$$

である．

命題 16.1 では，平均復元エラーを上から抑える不等式が二つ与えられている．(16.8) から分かるとおり，その二つの差は主に用いるエントロピーの違いである．(16.6) では平滑化 min-エントロピーが，(16.7) では平滑化しない衝突エントロピーが現れる．したがって，この二つの不等式のどちらがよりタイトであるかは，その二つのエントロピーの大小によって決まる．

二つのエントロピーの大小は系 B の状態 ρ^B によって異なるため，一般論を展開することは難しい．ただし，特殊な状況ではそれらの比較は可能である．例えば，ρ^B が $\rho^{\otimes m}$ のようにテンソル積の形で書けて $m \to \infty$ という漸近極限を考えると，平滑化 min-エントロピー（を m で割ったもの）は量子漸近的等分配性（定理 6.28）より，von Neumann エントロピーに収束する．一方で，平滑化しないエントロピーはテンソル積に対して相

加的（命題 6.21 の性質 5）なので，そのような状況を考えても変化しない．さらに，一般に von Neumann エントロピー ≥ 衝突エントロピー（命題 6.21 の性質 1）なので，$\ell_{\mathrm{th}}(\delta) \leq \ell_{\mathrm{th}}$ が成り立ち，漸近極限では (16.6) の方がよりタイトな不等式になる．一方で，ρ^B が完全混合状態や純粋状態で与えられる場合には，二つのエントロピーはほぼ同じ値を持つため，二つの不等式はほぼ同じものになる．

証明（命題 16.1 の証明）　まず，シングルショット・デカップリング定理（定理 12.16）を用いて (16.6) を示そう．デカップリング・アプローチに基づき，復号量子チャンネルを作用させる直前のリファレンス系 R と環境系，つまり，トレースアウトされる系 C 上の縮約密度演算子 ρ_U^{CR} を考える．この状態がデカップルしていれば，補題 12.14 より，よい復号量子チャンネル $\mathcal{D}^{D\hat{B} \to A}$ が存在する．

縮約密度演算子 ρ_U^{CR} に対しては，平滑化したデカップリング定理 12.16 を直接適用でき，任意の $\delta \geq 0$ に対して，

$$\mathbb{E}_{U \sim \mathsf{H}}\left[\left\| \rho_U^{CR} - \tau^C \otimes \pi^R \right\|_1\right] \leq 2^{-H(\delta)} + 12\delta \tag{16.9}$$

が成り立つ．ここで，

$$H(\delta) = \frac{1}{2}\left(H_{\min}^{\delta}(S|R)_{|\Phi\rangle\langle\Phi|\otimes\rho} + H_{\min}^{\delta}(S|E)_{\tau}\right) \tag{16.10}$$

であり，系 E は系 C と同型な量子系，τ^{SE} は部分トレース Tr_D の Choi–Jamiołkowski 表現 $|\Phi\rangle\langle\Phi|^{CE} \otimes \pi^D$ である．

さて，$S = AB$ を思い出すと

$$H_{\min}^{\delta}(S|R)_{|\Phi\rangle\langle\Phi|\otimes\rho} = H_{\min}^{\delta}(AB|R)_{|\Phi\rangle\langle\Phi|\otimes\rho} \tag{16.11}$$

$$\geq H_{\min}^{\delta/2}(A|R)_{|\Phi\rangle\langle\Phi|} + H_{\min}^{\delta/2}(B)_{\rho} \tag{16.12}$$

$$\geq -k + H_{\min}^{\delta/2}(B)_{\rho} \tag{16.13}$$

と変形できる．ここで，(16.12) は (14.46) と同様の式変形を行った．練習問題 146 も参考されたい．同様に，$S = CD$ であることから，

$$H_{\min}^{\delta}(S|E)_{\tau} = H_{\min}^{\delta}(CD|E)_{|\Phi\rangle\langle\Phi|\otimes\pi} \tag{16.14}$$

$$\geq H_{\min}(CD|E)_{|\Phi\rangle\langle\Phi|\otimes\pi} \tag{16.15}$$

$$= H_{\min}(C|E)_{|\Phi\rangle\langle\Phi|} + H_{\min}(D)_{\pi} \tag{16.16}$$

$$= -(n - \ell) + \ell = 2\ell - n \tag{16.17}$$

が従う．以上より，

$$H(\delta) \geq \ell - \frac{n + k - H_{\min}^{\delta/2}(B)_{\rho}}{2} = \ell - \ell_{\mathrm{th}}(\delta) \tag{16.18}$$

が成り立つことが分かるので，

$$\mathbb{E}_{U \sim \mathsf{H}}\left[\left\| \rho_U^{CR} - \tau^C \otimes \rho^R \right\|_1\right] \leq 2^{\ell_{\mathrm{th}}(\delta) - \ell} + 12\delta \tag{16.19}$$

を得る．最後に，$f(x) = \sqrt{x}$ が凹関数であることと補題 12.14 を用いると，

$$\epsilon_{\mathsf{H}}(n,k,\ell) \le \mathbb{E}_{U\sim\mathsf{H}}\left[\sqrt{\left\|\rho_U^{CR} - \tau^C \otimes \rho^R\right\|_1}\right] \tag{16.20}$$

$$\le \sqrt{\mathbb{E}_{U\sim\mathsf{H}}\left[\left\|\rho_U^{CR} - \tau^C \otimes \rho^R\right\|_1\right]} \tag{16.21}$$

$$\le \sqrt{2^{\ell_{\mathrm{th}}(\delta)-\ell} + 12\delta} \tag{16.22}$$

が従う.

一方で, (16.7) は Schatten ノルムの性質を用いた直接的な計算によって示せる. 計算はやや煩雑だが, スワップ・トリック等を用いれば単純な計算で示せるので, 練習問題としておく. $\square$

練習問題 154 (16.7) を以下の手順で示せ.

1) Schatten ノルムが $\|X\|_1 \le \sqrt{d}\|X\|_2$ を満たすことを用いて, (16.9) の左辺が,

$$\mathbb{E}_{U\sim\mathsf{H}}\left[\|\rho_U^{CR} - \tau^C \otimes \pi^R\|_1\right] \le \left(d_C d_A \mathbb{E}_{U\sim\mathsf{H}}\left[\mathrm{Tr}[(\rho_U^{CR})^2]\right] - 1\right)^{1/2} \tag{16.23}$$

を満たすことを示せ. $\tau^C = \pi^C$ に気を付けよ.

2) スワップ・トリック(補題 3.5)より,

$$\mathrm{Tr}[(\rho_U^{CR})^2] = \mathrm{Tr}[(|\rho_U\rangle\langle\rho_U|^{S\hat{B}R})^{\otimes 2}(\mathbb{I}^{D\hat{B}} \otimes \mathbb{F}^{CR})] \tag{16.24}$$

が成り立つ. $S = AB = CD$ に気を付けよ. ここで, $\mathbb{I}^{D\hat{B}}$ は, $(\mathcal{H}^{D\hat{B}})^{\otimes 2}$ 上の恒等演算子で, $\mathbb{F}^{CR}$ は $(\mathcal{H}^{CR})^{\otimes 2}$ 上のスワップ演算子である. 以下, 同様の表記を用いる. 命題 3.9 を用いて,

$$\mathbb{E}_{U\sim\mathsf{H}}\left[(|\rho_U\rangle\langle\rho_U|^{S\hat{B}R})^{\otimes 2}\right] = \frac{1}{d_A^2 d_S(d_S^2-1)}(\mathbb{I}^{SR\hat{B}} + \mathbb{F}^{SR\hat{B}})\left((d_S\mathbb{I}^S - \mathbb{F}^S) \otimes \mathbb{I}^R \otimes (\rho^{\hat{B}})^{\otimes 2}\right) \tag{16.25}$$

が成り立つことを示せ. $|\rho\rangle^{B\hat{B}}$ を Schmidt 分解して考えるとよい.

3) 上述の関係式を用いて,

$$\mathbb{E}_{U\sim\mathsf{H}}\left[\mathrm{Tr}[(\rho_U^{CR})^2]\right] = \frac{d_S d_D - d_C}{d_A(d_S^2-1)} + \frac{d_S d_C - d_D}{d_S^2-1}\mathrm{Tr}[(\rho^B)^2] \tag{16.26}$$

を示せ.

4) (16.7) を示せ.

以下では, 命題 16.1 の (16.7) に基づいて, 復元エラーが小さくなる条件を詳しく見ておこう. 条件 (16.7) を具体的に書き下すと,

$$\ell \ge \frac{n+k-H_2(B)_\rho}{2} + 2\log\frac{1}{\epsilon} \tag{16.27}$$

が復元エラーが ϵ 以下になる十分条件であることが分かる. この右辺は系 B の初期状態 ρ^B の Rényi-2 エントロピーに依存するが, 特別な場合を考えると,

$$\rho^B \text{ が純粋状態のときは, } \ell \ge \frac{n+k}{2} + 2\log\frac{1}{\epsilon} \tag{16.28}$$

$$\rho^B \text{ が最大混合状態のときは, } \ell \ge k + 2\log\frac{1}{\epsilon} \tag{16.29}$$

が満たされていれば, 復元エラーは ϵ 以下になる. また, 簡単な考察から, これらの場合においては (16.28) と (16.29) がほぼ必要条件に近いことも分かる.

練習問題 155 量子 Singleton 限界（命題 11.8）を用いて，(16.28) が（ϵ の自由度を除いて）復元エラーが小さくなるためにほぼ必要十分であることを議論せよ．また，(16.29) も（ϵ の自由度を除いて）復元エラーが小さくなるための必要十分条件であることを議論せよ．

以下では量子情報を復元できる必要十分条件 (16.28) と (16.29) を，個別に詳しく見ることにする．

■16.2.1 量子系 B の初期状態が純粋状態の場合

まず初期状態 ρ^B が純粋状態である場合は，(16.28) より，

$$\ell \geq \frac{n+k}{2} + 2\log\frac{1}{\epsilon} \tag{16.30}$$

が情報復元の必要十分条件を与えるが，量子系 S が n-qubit であることを思い出すと，これは部分系 D が量子系 S のほぼ半分よりも大きければ k-qubit の量子情報を復元できることを意味する．中には，全系の半分以上を持っていれば初期状態を知ることは容易ではないかという漠然とした直観に基づいて，この結果を自明なものと感じる読者もいるかもしれない．しかし，その直観は全く正しくない．以下では，Hayden–Preskill プロトコルの「古典版」を考えることで，(16.30) があくまで量子系の完全ランダム符号化の結果であることを説明しよう．

Hayden–Preskill プロトコルの「古典版」として，文献[62] に則って qubit を bit に置き換えた古典プロトコルを考える．具体的には，n-bit からなる多体系 S の部分系 A に未知の k-bit を埋め込み，何らかの古典的な時間発展の後に ℓ-bit の部分系 D から k-bit の値を復元するタスクを考える．Hayden–Preskill プロトコルの場合と同じく，系 S に対応する n-bit から未知の k-bit を除いた残りの系 B に含まれる $(n-k)$-bit の値や，どのような時間発展が起こったかについては既知であるとする．

まず，簡単な場合として，n-bit の時間発展が bit 列の順序をランダムに並び替える場合を考えよう（図 16.3 の左図を参照のこと）．情報を復元する際にはどのように並び替え

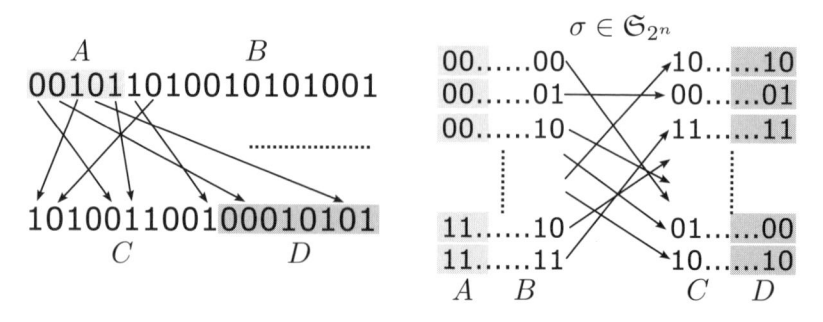

図 16.3 全てが bit で表されている古典版の Hayden–Preskill プロトコル．左図は，その時間発展が bit 列の順序の並び替えで与えられる場合の概念図で，右図は，時間発展が $\{0,1\}^n$ という n-bit 列全体の集合上での置換 $\sigma \in \mathfrak{S}_{2^n}$ で与えられる場合の概念図である．

たかは知っていると仮定しているので，bit 列の順序をランダムに並び替えた結果，元々系 A に属していた bit が部分系 D に含まれていればその bit 値を復元できるし，そうでなければその bit 値をランダムに推定するしかない．簡単のために $k=1$ の場合を考えると，その bit が ℓ-bit の部分系 D に含まれる確率は ℓ/n なので，復元に成功する確率は，

$$\frac{\ell}{n} + \frac{1}{2}\left(1 - \frac{\ell}{n}\right) = \frac{1}{2}\left(1 + \frac{\ell}{n}\right) \tag{16.31}$$

となる．この成功確率は，部分系 D の大きさ ℓ が増えれば当然増加するが，その増加率は ℓ に対して線形であるため，仮に系 D の大きさが $\ell \gg n/2$ を満たしたとしても，指数的に小さい復元エラーを達成することはできない．

一方で，bit 列のランダムな並び替えよりも複雑な時間発展が起こった場合には，より小さい ℓ から k-bit の情報を復元できる．具体的には，n-bit の時間発展が「2^n 個の n-bit 列全体の集合上でのランダム置換」で与えらえる場合を考えよう．先ほどの n-bit 列の順序の並び替えとは異なり，この時間発展では $\{0,1\}^n$ という n-bit 列全体の集合上で置換する．つまり，位数が $(2^n)!$ の対称群 $\mathfrak{S}_{2^n}$ からランダムに選んだ置換を，初期の n-bit 列に作用させるという時間発展である（図 16.3 の右図を参照のこと）．このようなランダム置換は古典系でのランダム符号化として知られているため，この状況はユニタリ時間発展が Haar ランダム・ユニタリで与えらえる Hayden–Preskill プロトコルの古典版とみなせる．

以下では，n-bit 列の初めの k-bit が部分系 A，最後の ℓ-bit が部分系 D だとしよう．ランダム置換 $\sigma \in \mathfrak{S}_{2^n}$ によって得られる n-bit 列は，系 A での k-bit 列 $x = x_1 \ldots x_k$ に応じて，

$$\sigma(x_1 \ldots x_k b_1 \ldots b_{n-k}) = y^{(x)} = y_1^{(x)} y_2^{(x)} \ldots y_n^{(x)} \tag{16.32}$$

となる．ここで，$b_1 \ldots b_{n-k}$ は系 B の既知の $(n-k)$-bit 列である．この n-bit 列 $y^{(x)}$ のうちの部分系 D に対応する ℓ-bit，つまり，

$$y_{n-\ell+1}^{(x)} y_{n-\ell+2}^{(x)} \ldots y_n^{(x)} \tag{16.33}$$

から，系 A の k-bit 列 $x = x_1 \ldots x_k$ を復元するときの成功確率を見積もりたい．ランダムな置換 $\sigma \in \mathfrak{S}_{2^n}$ が既知であるため，全ての異なる x と x' に対して，

$$y_{n-\ell+1}^{(x)} y_{n-\ell+2}^{(x)} \ldots y_n^{(x)} \neq y_{n-\ell+1}^{(x')} y_{n-\ell+2}^{(x')} \ldots y_n^{(x')} \tag{16.34}$$

が成り立っていれば，部分系 D の ℓ-bit 列から初期の部分系 A の k-bit 列 x をエラーなしで復元できる．逆に，ランダムな置換を行った結果，異なる x と x' に対して，部分系 D の ℓ-bit が同じ値になるとエラーなしでの復元に失敗する．このことを念頭に，(16.34) が成り立つ確率を見積もろう．

置換 $\sigma \in \mathfrak{S}_{2^n}$ はランダムに選ばれることから，一つの bit 値が $y_j^{(x)} = y_j^{(x')}$ を満たす確率はざっくりと $1/2$ である．したがって，ランダムに選ばれた置換 $\sigma \in \mathfrak{S}_{2^n}$ が，$x \neq x'$ に対して，

$$y_{n-\ell+1}^{(x)} y_{n-\ell+2}^{(x)} \ldots y_n^{(x)} = y_{n-\ell+1}^{(x')} y_{n-\ell+2}^{(x')} \ldots y_n^{(x')} \tag{16.35}$$

を満たす「望まない」置換 σ になっている確率は定性的には $2^{-\ell}$ となる．k-bit 列 x の選び方は 2^k 通りなので，(16.35) を満たしてしまう x と x' の組が存在する確率は，最大でも $2^k \times 2^{-\ell} = 2^{k-\ell}$ である．この考察から，ℓ-bit の部分系 D から x の bit 値を復元するのに失敗する確率 P_{fail} は $P_{\mathrm{fail}} \le 2^{k-\ell}$ で与えられることが分かる．したがって，部分系 D に含まれる bit の個数 ℓ が

$$\ell \ge k + \log \frac{1}{\epsilon} \tag{16.36}$$

を満たしていれば，ℓ-bit の部分系 D から，系 A にあった未知の k-bit の復元に失敗する確率を ϵ 以下に抑えられる．また，k-bit を復元するためには必ず $\ell \ge k$ を満たす必要があるため，この条件が最適であることも分かる．

この古典版 Hayden–Preskill プロトコルと，量子系での Hayden–Preskill プロトコルの結果 (16.30) を比較すると，

古典の場合は，$\ell \gtrsim k$ が必要十分条件

量子の場合は，$\ell \gtrsim (n+k)/2$ が必要十分条件

となっていることが分かる．つまり，古典の場合と量子の場合で，ランダム符号化の後に情報を復元するために必要な部分系 D の大きさが全く異なるのである．もちろん，その差異は復元したい情報が「古典情報（離散的な bit 値）」か，「量子情報（連続的な量子状態）か」に起因する訳だが，同時に，Hayden–Preskill プロトコルを古典的な直観で理解するのが難しいことを示唆している．

■16.2.2　量子系 B の初期状態が混合状態の場合

次に，ρ^B が完全混合状態 π^B である場合には，(16.29) より，

$$\ell \ge k + 2\log \frac{1}{\epsilon} \tag{16.37}$$

が k-qubit の量子情報を ℓ-qubit の部分系 D から復元できる必要十分条件となる．特に，右辺が量子系 S の qubit 数 n に依存しないことには注意が必要であり，この場合は量子系 S のサイズに依存しない部分系から量子情報を復元できる．

初期状態 ρ^B が純粋状態である場合との差は，量子状態 π^B を純粋化する量子系 $\hat{B}$ を量子情報の復元操作の際に用いてよい点にある．完全混合状態の純粋化は最大エンタングル状態なので，この場合は，共有エンタングルメントを用いた量子通信に他ならない．14.2.4 項で見たとおり共有エンタングルメントを用いることで量子通信容量が向上するため，初期状態が純粋状態の場合と比較して少ない qubit 数から量子情報を復元することが可能になっている．

16.3　ハミルトニアン時間発展による Hayden–Preskill プロトコル

Hayden–Preskill プロトコルはブラックホールや量子カオスの研究等，理論物理にお

いても注目を集めているが，ここまでの Hayden–Preskill プロトコルでは量子系 S のユニタリ時間発展が Haar ランダム・ユニタリで与えられると仮定しており，物理的にはあまり現実的なものではない．Hayden–Preskill プロトコルと物理を結び付けて議論するためには，Haar ランダム・ユニタリの仮定をおかず，具体的なハミルトニアン時間発展に基づく Hayden–Preskill プロトコルを考える必要がある．ここでは，量子系 S が量子多体ハミルトニアン H^S によって記述され，系 S がハミルトニアン時間発展する場合の Hayden–Preskill プロトコルについて，いくつか知られている結果を紹介しよう．

　量子系 S の時間発展が Haar ランダム・ユニタリでない場合には，量子情報源を埋め込む系 A と復元時に使用できる系 D の位置関係が重要になる．このことは，仮に系のハミルトニアンが自明で全く時間発展しない状況であっても，$A \subseteq D$ ならば必ず系 A の量子情報を系 D から復元できることからも分かるだろう．このような自明な状況を避けるため，以下では $A \subseteq C$ を仮定する．これは，$D \subseteq B$ と言い換えてもよい．ただし，系 A は k-qubit で系 C は $(n-\ell)$-qubit なので，この状況が成り立つためには $\ell \le n-k$ である必要がある．以下ではその場合のみを考える．

■ 16.3.1　可換ハミルトニアン

　まず，可換ハミルトニアン（*commuting Hamiltonians*）に対する Hayden–Preskill プロトコルを考えよう．可換ハミルトニアンとは，ハミルトニアンに含まれる各項が可換であるようなハミルトニアンである．ここでは特に，

$$H^S = H^A + H^B + H^{AB} \tag{16.38}$$

という形のハミルトニアンを考え，H^A，H^B，H^{AB} はそれぞれ可換である状況を考える．ここで，H^A と H^B は，各々部分系 A と B だけに非自明に作用するハミルトニアンで，H^{AB} は部分系 A と B の双方に非自明に作用する相互作用ハミルトニアンである．以下の計算を容易にするために，部分系 $A = A_1 A_2$ と分割する．A_2 に含まれる qubit は H^{AB} によって部分系 B と相互作用する一方で，A_1 に含まれる qubit は部分系 B とは直接的には相互作用していないものとする．系 A_1 の qubit 数を $k-\kappa$，系 A_2 の qubit 数を κ と表す．量子多体系での多くのハミルトニアンは隣接相互作用などの局所的な相互作用を持つため，以下では $\kappa \ll k$ とする．

　量子多体系 S が可換なハミルトニアンによって $e^{-iH^S t}$ という時間発展をする場合は，Hayden–Preskill プロトコルの復元エラー $\epsilon(n,k,\ell,U)$ は小さくならない．このことは，部分系 C とリファレンス系 R がデカップルしないことから従う．この事実を確認する手っ取り早い方法として，量子状態 ρ_U^{CR} の相互情報量を考えよう．まず，$C \supseteq A$ に気を付けて相互情報量のデータ処理不等式を用いることで，$I(C:R)_{\rho_U} \ge I(A_1:R)_{\rho_U}$ が成り立つ．ここで，$\rho_U^{A_1 R}$ は，

$$\rho_U^{A_1 R} = \mathrm{Tr}_{A_2 B}\left[e^{-iH^S t}\left(|\Phi\rangle\langle\Phi|^{AR} \otimes \rho^B\right)e^{iH^S t} \right] \tag{16.39}$$

である．ハミルトニアンの可換性より $e^{-iH^S t} = e^{-iH^A t}e^{-iH^B t}e^{-iH^{AB} t}$ と分割できるが，

H^{AB} は系 A_2B にしか非自明に作用しないため，トレースの巡回性によって消える．
よって，

$$\rho_U^{A_1R} = \mathrm{Tr}_{A_2B}\left[e^{-iH^At}|\Phi\rangle\langle\Phi|^{AR}e^{iH^At} \otimes e^{-iH^Bt}\rho^Be^{iH^Bt}\right] \tag{16.40}$$

$$= \mathrm{Tr}_{A_2}\left[e^{-iH^At}|\Phi\rangle\langle\Phi|^{AR}e^{iH^At}\right] \tag{16.41}$$

を得る．また，最大エンタングル状態の特徴として，任意のユニタリ V^A に対して
$V^A|\Phi\rangle^{AR} = T(V^R)|\Phi\rangle^{AR}$（ただし，$T(V^R)$ は Schmidt 基底の下での転置）が成り立つ．この
事実と，相互情報量が各系でのユニタリで不変であることを用いると，$\sigma = \mathrm{Tr}_{A_2}[|\Phi\rangle\langle\Phi|^{AR}]$
を用いて，$I(A_1:R)_{\rho_U} = I(A_1:R)_\sigma = 2(k-\kappa)$ が従う．

　以上をまとめると，

$$I(C:R)_{\rho_U} \geq 2(k-\kappa) \tag{16.42}$$

を得る．相互作用が局所的であることから $\kappa \ll k$ と仮定したので，ρ_U^{CR} の相互情報量は
小さくなりえず，系 C とリファレンス系 R はデカップルしない．この議論は任意の時
間 t に対して成り立つため，量子多体系 S の時間発展が可換ハミルトニアンによるハミ
ルトニアン時間発展で与えられる場合は，いかなる時間においても系 $D\hat{B}$ から系 A の量
子情報を復元することはできないことが分かった．

■16.3.2　具体的な量子多体ハミルトニアン

　可換なハミルトニアンに対しては，一般的な議論から Hayden–Preskill プロトコルの
復元エラーは小さくなりえないことを示せたが，非可換なハミルトニアンに対する復元
エラーについて解析的に何かを示すことは難しい．以下では，量子多体系の研究でよく
用いられるいくつかの非可換ハミルトニアンに対する Hayden–Preskill プロトコルの復
元エラーを数値的に確認する．

　数値計算を簡単にするため，系 $B\hat{B}$ の初期状態 $|\rho\rangle^{B\hat{B}}$ を最大エンタングル状態 $|\Phi\rangle^{B\hat{B}}$
に固定する．量子系 S のハミルトニアンを H^S とすると，時刻 t の全系の純粋状態は，

$$|\Psi_H(t)\rangle^{RS\hat{B}} = e^{-iH^St}\left(|\Phi\rangle^{AR} \otimes |\Phi\rangle^{B\hat{B}}\right) \tag{16.43}$$

である．この部分系 $D\hat{B}$ に何らかの復号を行うことで，系 AR の最大エンタングル状態
を復元できるかを考える．デカップリング・アプローチに基づいて考えると，補題 12.14
より復元エラー $\epsilon_H(t)$ は時刻 t にリファレンス系 R が系 C からデカップルしているかで
決まり，

$$\epsilon_H(t) \leq \sqrt{\left\|\Psi_H^{CR}(t) - \Psi_H^C(t) \otimes \pi^R\right\|_1} \tag{16.44}$$

が成り立つ．この右辺を $\Delta_H(t)$ とおき，いくつかのハミルトニアンに対する復元エラー
の上界を数値的に見積もる．

　まず，典型的な一次元スピン鎖として Heisenberg ハミルトニアンを考える．そのハ
ミルトニアンは，m 番目のスピンに作用する Pauli 演算子を X_m，Y_m，Z_m として，

$$H_{XXX} = \frac{1}{4} \sum_{m=1}^{n-1} (X_m X_{m+1} + Y_m Y_{m+1} + Z_m Z_{m+1}) \tag{16.45}$$

である．このハミルトニアンはランダム性を一切持たないことから，そのダイナミクスは Haar ランダム・ユニタリとは全く異なると期待される．Heisenberg ハミルトニアンに対する時刻 t の復元エラーの上界 $\Delta_{XXX}(t)$ を異なる ℓ に対して数値計算すると，図 16.4 の左図を得る．図から明らかなとおり，いかなる時刻 t と ℓ に対しても $\Delta_{XXX}(t)$ は小さくならない．したがって，量子系 S が Heisenberg ハミルトニアンによってユニタリ時間発展をする場合には，時間発展後の部分系 D が十分大きいとしても，系 $D\hat{B}$ に復号操作を施すことで系 AR の最大エンタングル状態を高精度で復元することはできない．

　次に，斜め磁場中の一次元 Ising ハミルトニアンによる時間発展を考えよう．ハミルトニアンは，

$$H_{\mathrm{Ising}}(g,h) = - \sum_{m=1}^{n-1} Z_m Z_{m+1} - g \sum_{m=1}^{n} X_m - h \sum_{m=1}^{n} Z_m \tag{16.46}$$

で与えられる．このハミルトニアンはパラメータ (g,h) の選び方によって様々な物理的特徴を持つとされており，特に $(g,h) = (1.08, 0.3)$ の場合には，量子カオス的な振る舞いを見せることが知られている[63]．量子カオスは一般的には複雑なユニタリ時間発展をすると期待されるものの，$H_{\mathrm{Ising}}(g = 1.08, h = 0.3)$ に対して復元エラーの上界 $\Delta_{\mathrm{Ising}}(t)$ を数値計算すると図 16.4 の右図が得られ，やはり $\Delta_{\mathrm{Ising}}(t)$ はいかなる時刻においても小さ

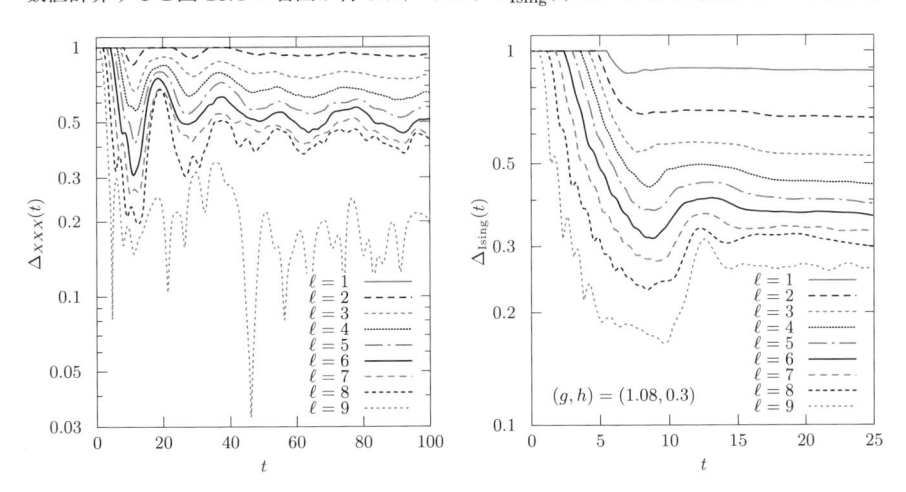

図 **16.4**　一次元 Heisenberg ハミルトニアン H_{XXX} に対する復元エラーの上界 Δ_{XXX}（左図）と，斜め磁場に置かれた一次元 Ising ハミルトニアン $H_{\mathrm{Ising}}(g,h)$ に対する上界 Δ_{Ising}（右図）．どちらの場合も，$k = 1$，$n = 10$ とおき，様々な ℓ に対してプロットした．斜め磁場 Ising ハミルトニアンのパラメータ (g,h) は，カオス的振る舞いを見せるとされている $(1.08, 0.3)$ に固定した．Haar ランダム・ユニタリの場合の $2^{k-\ell} = 2^{1-\ell}$ と比較すると，どちらの場合も全く小さくならないことが分かる．

い値を取らないことが分かる．この結果は，仮にハミルトニアンが量子カオス的な振る舞いを見せるとしても，Hayden–Preskill プロトコルの復号ができるとは限らないことを示唆するものである．

最後に，*Sachdev–Ye–Kitaev*（SYK）ハミルトニアンを考えよう．SYK ハミルトニアン[64~67] は，四体相互作用するマヨラナ・フェルミオンのハミルトニアンで，

$$H_{\text{SYK}} = \sum_{1 \le a < b < c < d \le 2n} J_{abcd} \hat{\psi}_a \hat{\psi}_b \hat{\psi}_c \hat{\psi}_d \tag{16.47}$$

で与えられる．ここで，$\hat{\psi}_j$ はマヨラナ・フェルミオン演算子で，$\hat{\psi}_j = \hat{\psi}_j^\dagger$ と反交換関係 $\{\hat{\psi}_i, \hat{\psi}_j\} = 2\delta_{ij}$ を満たす．また，ランダム結合定数 $J_{a_1 a_2 a_3 a_4}$ は平均が 0 で分散が $\binom{2n}{4}^{-1}$ の Gauss 分布から独立に選ぶ[*1]．マヨラナ・フェルミオンや SYK ハミルトニアンに関する説明は本書では省くが，SYK ハミルトニアンはランダム行列理論が予言する性質を持つことが知られており，量子カオス研究においてよく用いられる模型である．

図 16.5 では，SYK ハミルトニアンに対する復元エラーの上限 $\Delta_{\text{SYK}}(t)$ を結合定数 J_{abcd} の選び方で平均を取った量 $\bar{\Delta}_{\text{SYK}}(t)$ をプロットした[*2]．図より，$\bar{\Delta}_{\text{SYK}}(t)$ は短時間後には Haar ランダム・ユニタリを仮定した場合の復元エラーの上限 $2^{k-\ell}$ とほぼ一致することが分かる．このことは，量子系 S が SYK ハミルトニアンで時間発展する場合には，短時間後には Haar ランダム・ユニタリを仮定した場合の Hayden–Preskill プロトコルの結果を再現することを示唆している．また，(16.47) の SYK ハミルトニアンは $\binom{2n}{4} = \mathcal{O}(n^4)$

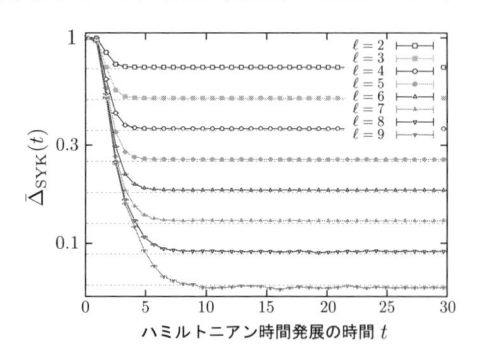

図 **16.5** SYK ハミルトニアンに対する復元エラーの上限 $\Delta_{\text{SYK}}(t)$ を結合定数 $J_{a_1 a_2 a_3 a_4}$ の選び方で平均を取った量 $\bar{\Delta}_{\text{SYK}}(t)$ のプロット．$n = 11$ とした．点線は Haar ランダム・ユニタリの場合の $2^{k-\ell} = 2^{1-\ell}$ を各 ℓ に対してプロットしたものである．短時間後には，$\bar{\Delta}_{\text{SYK}}(t) \approx 2^{1-\ell}$ が成り立ち，それ以降の時刻 t でも Haar ランダム・ユニタリの値をよく再現することが見て取れる．

[*1] エネルギーの分散を 1 にするためにこのような分散を用いたが，この場合の基底エネルギーは n が十分大きいときには $n^{1/2}$ に比例する．一般の SYK ハミルトニアンでは，基底エネルギーが n に比例するように分散を定めることが多いので，その場合とはやや異なるハミルトニアンの規格化になっていることに注意せよ．

[*2] SYK ハミルトニアンは粒子数に依存して対称性を持つが，その対称性の効果を除く工夫をしてプロットしている．詳しくは文献[68]を参照せよ．

個の項から構成されるが，この項の数を $\mathcal{O}(n)$ 個にまで減らした「疎な SYK ハミルトニアン」でも同様の結果になることが分かっている[68].

これらの数値計算は復元エラーの上限に関するものだが，筆者らによって下限も計算されている．その詳細に興味がある方は，文献[68]を参照されたい．以上のように，量子多体ハミルトニアンによる時間発展が，Haar ランダム・ユニタリを仮定した Hayden–Preskill プロトコルの復号の結果を再現するか否かは，どのようなハミルトニアンを考えるかに大きく依存する．結果を再現できるハミルトニアンの代表的な具体例は SYK ハミルトニアンやその亜種だが，一般にどのようなハミルトニアンが Haar ランダム・ユニタリの結果を再現するかということに関してはよく分かっていない．しばしば「量子カオス系であれば Hayden–Preskill プロトコルの復元エラーは Haar ランダム・ユニタリの場合と同じになる」という主張を耳にするが，これは斜め磁場中の Ising ハミルトニアンの例から分かるとおり一般的には正しくないことに注意が必要である．

16.4 ランダム符号化と符号衝突

ここまで，デカップリング・アプローチに基づいて Hayden–Preskill プロトコルの復元エラーを詳しく解析してきた．ここからは，Hayden–Preskill プロトコルの復号手法について解析しよう．

ここではまず，Haar ランダム・ユニタリを仮定する Hayden–Preskill プロトコルを考えて，Haar ランダム・ユニタリがなぜ一般によい符号化であるかを直観的に説明する．Haar ランダム・ユニタリを仮定する Hayden–Preskill プロトコルは，「部分トレースというノイジーな量子通信路に対する完全ランダム符号化」に他ならないため，そのシンプルな設定から復号操作の詳細に対する理解を深めるには教育的な題材といえる．以下では，部分系 D に含まれる qubit の数 ℓ が，

$$\ell \geq \ell_{\mathrm{th}} = \frac{1}{2}\big(n + k - H_2(\rho)\big) \tag{16.48}$$

を満たす状況を考える．また，表記を簡単にするために，各系の次元を d_A, d_B, d_C, d_D 等と表す．全系 S の次元は d と表す．ここで，$S = AB = CD$ なので，$d = d_A d_B = d_C d_D$ に注意せよ．

Hayden–Preskill プロトコルの目標は，複合量子系 $D\hat{B}$ に復号量子チャンネル $\mathcal{D}^{D\hat{B} \to A}$ を作用させることで，リファレンス系 R との最大エンタングル状態 $|\Phi\rangle^{AR}$ を復元することである．復号の仕組みについての理解を深めるために，最大エンタングル状態を相関の言葉で言い換えることにしよう．既に 3.2.3 項で説明したとおり，最大エンタングル状態は任意の基底の下で完全相関しているという特徴を持つ．つまり，命題 3.21 で述べた最大エンタングル状態が持つ特性 5) より，系 A の任意の正規直交基底 $\{|j\rangle^A\}_j$ を用いて，最大エンタングル状態は，

$$|\Phi\rangle^{AR} = \frac{1}{\sqrt{d_A}} \sum_{j=0}^{d_A-1} |j\rangle^A \otimes |\bar{j}\rangle^R \tag{16.49}$$

と書ける．ここで，$|\bar{j}\rangle^R = \sqrt{d_A}\langle j|^A|\Phi\rangle^{AR}$ である．

　最大エンタングル状態のこの特性に着目すると，Hayden–Preskill プロトコルの復号
に成功してリファレンス系 R との最大エンタングル状態を復元できたときには，「リファ
レンス系 R を測定基底 $\{|\bar{j}\rangle^R\}_j$ で測定したときに得る測定結果」と，「復号後の系 A を測
定基底 $\{|j\rangle^A\}_j$ で測定したときの測定結果」が同じでなければならないことが分かる．こ
の状況を復号操作 $\mathcal{D}^{D\hat{B}\to A}$ を行う前の量子系 $D\hat{B}$ で考えると，「系 $D\hat{B}$ へのよい POVM
が存在して，リファレンス系 R の測定結果が j のときは必ず j を出力する状況にある
こと」が，復号に成功する条件になる．より具体的には，リファレンス系 R を測定基底
$\{|\bar{j}\rangle^R\}_{j=0}^{d_A-1}$ で測定して測定結果 j を得たときの量子状態は，

$$\rho_{U,j}^{D\hat{B}} = \frac{\langle \bar{j}|^R \rho_U^{D\hat{B}R}|\bar{j}\rangle^R}{\mathrm{Tr}[\langle \bar{j}|^R \rho_U^{D\hat{B}R}|\bar{j}\rangle^R]} = d_A \langle \bar{j}|^R \rho_U^{D\hat{B}R}|\bar{j}\rangle^R \tag{16.50}$$

で与えられるので，

$$\mathrm{Tr}[M_i^{D\hat{B}} \rho_{U,j}^{D\hat{B}}] = \delta_{ij} \tag{16.51}$$

を満たす系 $D\hat{B}$ 上の POVM $M = \{M_j^{D\hat{B}}\}_{j=0}^{d_A-1}$ が存在することと，Hayden–Preskill プロ
トコルを復号できることが等価である．系 S のユニタリ時間発展が Haar ランダム・ユ
ニタリで与えられる場合は，そのような POVM を具体的に構成できる．以下ではこの
ことを見ていこう．

　今，$\ell \geq \ell_{\mathrm{th}}$ の場合を考えるので，リファレンス系 R と系 C はデカップルしており，命
題 16.1 の証明より，$\rho_U^{CR} \approx \pi^C \otimes \pi^R$ が成り立っている．左辺の純粋化として $|\rho_U\rangle^{S\hat{B}R}$ を
取ることができ，右辺の純粋化としては系 C と同型の量子系 $\hat{C}$ を用いて $|\Phi\rangle^{C\hat{C}} \otimes |\Phi\rangle^{AR}$
を取れる．系 AC の次元は $D\hat{B}$ のものよりも小さいため，Uhlmann の定理よりアイソ
メトリ $V^{A\hat{C}\to D\hat{B}}$ が存在して，

$$|\rho_U\rangle^{S\hat{B}R} \approx V^{A\hat{C}\to D\hat{B}}(|\Phi\rangle^{C\hat{C}} \otimes |\Phi\rangle^{AR}) \tag{16.52}$$

が成り立つ．この表式を用いると，リファレンス系 R を測定基底 $\{|\bar{j}\rangle^R\}_{j=0}^{d_A-1}$ で測定して
測定結果 j を得た際に，量子系 $S\hat{B}$ の状態は，$|\rho_{U,j}\rangle^{S\hat{B}} \approx V^{A\hat{C}\to D\hat{B}}(|\Phi\rangle^{C\hat{C}} \otimes |j\rangle^A)$ となる
ことが分かる．我々が興味があるのは系 $D\hat{B}$ なので，系 C をトレースアウトすると，

$$\rho_{U,j}^{D\hat{B}} \approx V^{A\hat{C}\to D\hat{B}}(\pi^{\hat{C}} \otimes |j\rangle\langle j|^A)(V^{A\hat{C}\to D\hat{B}})^\dagger =: \frac{1}{d_C}\Pi_j^{D\hat{B}} \tag{16.53}$$

を得る．ここで，$\Pi_j^{D\hat{B}}$ はランクが d_C の射影演算子であることに注意すると，系 R の測
定後には系 $D\hat{B}$ 上の量子状態は近似的にはランクが d_C の一様混合状態で記述され，その
サポートがリファレンス系 R での測定結果 j の情報を持つことが理解できる．これは，
15.4 節で説明したとおりである．さらに，この射影演算子 $\Pi_j^{D\hat{B}}$ は，$\Pi_j^{D\hat{B}}\Pi_{j'}^{D\hat{B}} = \delta_{jj'}\Pi_j^{D\hat{B}}$
を満たすので，異なる測定結果に対しては互いに直交している．

　以上より，リファレンス系 R を測定して測定結果 j が得られた場合の系 $D\hat{B}$ での量子
状態 $\rho_{U,j}^{D\hat{B}}$ は，

$$\rho_{U,j}^{D\hat{B}} \approx \frac{1}{d_C} \Pi_j^{D\hat{B}} \tag{16.54}$$

$$\mathrm{supp}[\rho_{U,j}^{D\hat{B}}] \perp \mathrm{supp}[\rho_{U,j'}^{D\hat{B}}] \quad (j \neq j') \tag{16.55}$$

という二つの性質を持つことが分かった. 後者の直交性も近似的であることには注意せよ. この二つの性質から, 射影演算子 $\{\Pi_j^{D\hat{B}}\}_{j=0}^{d_A-1}$ が, リファレンス系 R の測定結果を復元する系 $D\hat{B}$ 上のよい POVM の候補であることが分かる. それらの射影演算子は Uhlmann の定理で現れるアイソメトリ $V^{A\hat{C}\to D\hat{B}}$ によって定まるため, その具体的な形を書き下すことは容易ではないが, (16.54) より各射影演算子は $\rho_{U,j}^{D\hat{B}}$ とほぼ近いため, その量子状態 $\rho_{U,j}^{D\hat{B}}$ のサポートへの射影演算子 $P_j^{D\hat{B}}$ を用いることで, よい POVM を構成できる. 事実, (16.55) より,

$$\mathrm{Tr}[P_j^{D\hat{B}} \rho_{U,j'}^{D\hat{B}}] \approx \delta_{jj'} \tag{16.56}$$

が期待される.

ところが, そのような射影演算子の集合 $\{P_j^{D\hat{B}}\}_{j=0}^{d_A-1}$ そのものは POVM ではない. 全ての演算子の和が恒等演算子になるとは限らないため, 完全性条件が満たされないかもしれないからだ. これらを解決するためには, $P^{D\hat{B}} = \sum_{j=0}^{d_A-1} P_j^{D\hat{B}}$ とおいて,

$$M_j^{D\hat{B}} = (P^{D\hat{B}})^{-1/2} P_j^{D\hat{B}} (P^{D\hat{B}})^{-1/2} \tag{16.57}$$

を導入し, さらに, $M_{d_A}^{D\hat{B}} := I^{D\hat{B}} - \sum_{j=0}^{d_A-1} M_j^{D\hat{B}}$ を追加すればよい. これらの演算子 $M_j^{D\hat{B}}$ は, 直観的には $\mathrm{Tr}[M_j^{D\hat{B}} \rho_{U,j'}^{D\hat{B}}] \approx \delta_{jj'}$ を満たすことが期待され, 実際にそうであることを示せる. したがって, 「リファレンス系 R の測定結果が j だったときには, ほぼ確率 1 で測定結果 j を与える系 $D\hat{B}$ 上の POVM」として, $M = \{M_j^{D\hat{B}}\}_{j=0}^{d_A}$ を構成できた. この POVM はリファレンス系 R の測定基底 $\{|j\rangle\}_j$ に依存するが, どのような測定基底を持ってきても, 同様の方法でリファレンス系 R の測定結果と完全に相関した結果を得られる POVM を構成できることに注意されたい.

このように, 最大エンタングル状態を復元するという Hayden–Preskill プロトコルの目標を「リファレンス系 R と復号を行う系 $D\hat{B}$ の間の測定結果の完全相関」と読み替えると, 復号できる理由をややひも解いて理解できる. 特に重要なのは, (16.55) で与えられる量子状態の直交性である. 量子状態 $\rho_{U,j}^{D\hat{B}}$ は, 初期状態 $|j\rangle^A \otimes |\rho\rangle^{B\hat{B}}$ を $U^S \sim H$ で完全ランダム符号化した後に部分系 C がトレースアウトされたノイジーな符号化量子状態に他ならないため, (16.55) の直交性は「初期状態が直交していれば, ノイジーな符号化量子状態も直交する」と言い換えられる. このように, ノイズがかかった後でも符号化量子状態が直交性を保つ状況を, 符号衝突が起こらない (*collision-free*) と表現する. 符号衝突が起こらないことは量子誤り訂正一般においては極めて重要であり, 完全ランダム符号化を始めとしたランダム符号化が強力である理由は, それらが符号衝突の起こりにくい符号化となっているからである.

近年, 筆者らはこの議論を定量化し, 上述の系 $D\hat{B}$ 上の POVM M から実際に復号量子チャンネル $\mathcal{D}^{D\hat{B}\to A}$ を構成できることを示した. そのようにして構成された復号手法

は Hayden–Preskill プロトコルだけでなく任意の量子誤り訂正符号の復号にも適用でき，また，Haar ランダム・ユニタリによるランダム符号化を仮定する必要もない汎用性の高いものとなっている．構成方法そのものは直観的にも理解しやすいが，やや専門的なので詳細は割愛する．興味がある読者は文献[69] を参照されたい．

16.5　Petz 写像を用いた Hayden–Preskill プロトコルの復号

Hayden–Preskill プロトコルは，13.3.2 項で紹介した Petz 写像を用いても復号できる．ここでは，その具体的な形と復元エラーを見ていこう．ここでは，量子系 S の時間発展が Haar ランダム・ユニタリであることは仮定しないで話を進める．

系 A 上の量子状態 σ^A と量子チャンネル $\mathcal{T}^{A \to B}$ に対する Petz 写像は，

$$\mathcal{P}_{\sigma, \mathcal{T}}^{B \to A} := \Gamma_{\sigma^{1/2}}^A \circ \mathcal{T}_*^{B \to A} \circ \Gamma_{\sigma_{\mathcal{T}}^{-1/2}}^B \tag{16.58}$$

と定義されるものであった．ここで，$\Gamma_\omega^A(\xi^A) = \omega^A \xi^A \omega^{A\dagger}$，$\mathcal{T}_*^{B \to A}$ は $\mathcal{T}^{A \to B}$ の共役写像，$\sigma_{\mathcal{T}} = \mathcal{T}(\sigma)$ である．この写像は一般には完全正値値トレース非増加だが，入力状態が $\mathcal{T}(\sigma)$ のサポート上にある場合はトレース保存であった．ここではそのような状況だけを考えるので，Petz 写像を量子チャンネルとして取り扱う．

Petz 写像は量子状態 σ や量子チャンネル $\mathcal{T}$ に依存するが，Hayden–Preskill プロトコルを復号する際には，次のように量子状態と量子チャンネルを定めるとよい．まず，Hayden–Preskill プロトコルの入力量子状態が最大エンタングル状態 $|\Phi\rangle^{AR}$ なので，$\sigma = \pi^A$ と選ぶ．次に，量子チャンネル $\mathcal{T}$ としては，Hayden–Preskill プロトコルで $|\rho\rangle^{B\hat{B}}$ を付け加えて量子多体系 S にユニタリ U^S を作用させ，部分系 C のトレースアウト Tr_C する操作を選ぶ．具体的には，

$$\mathcal{T}^{A \to D\hat{B}}(\xi^A) = \mathrm{Tr}_C \left[U^S (\xi^A \otimes |\rho\rangle\langle\rho|^{B\hat{B}}) U^{S\dagger} \right] \tag{16.59}$$

である．これらを (16.58) へと代入すれば，Hayden–Preskill プロトコルに対する Petz 写像の具体系として，

$$\mathcal{D}_{\mathrm{Petz}}^{D\hat{B} \to A}(\zeta^{D\hat{B}}) = \frac{d_C}{d_A} \langle\rho|^{B\hat{B}} U^{S\dagger} \left(\pi^C \otimes (\rho_U^{D\hat{B}})^{-1/2} \zeta^{D\hat{B}} (\rho_U^{D\hat{B}})^{-1/2} \right) U^S |\rho\rangle^{B\hat{B}} \tag{16.60}$$

を得る．ここで，$\rho_U^{D\hat{B}}$ は，$|\rho_U\rangle^{RS\hat{B}} = U^S(|\Phi\rangle^{AR} \otimes |\rho\rangle^{B\hat{B}})$ の系 $D\hat{B}$ 上の縮約密度演算子である．

練習問題 156　(16.60) を示せ．

以下では，この Petz 写像 $\mathcal{D}_{\mathrm{Petz}}^{D\hat{B} \to A}$ を用いた際の Hayden–Preskill プロトコルの復元エラーを計算しよう．そのためにまず，*Rényi* 相互情報量を導入する．一般の量子系 XY 上の量子状態 ξ^{XY} に対する Rényi-α 相互情報量 $I_\alpha(X:Y)_\xi$ は，

$$I_\alpha(X:Y)_\xi = D_\alpha(\xi^{XY} \| \xi^X \otimes \xi^Y) \tag{16.61}$$

で定義される *3). 以下の命題によって，Petz 写像による復号後の量子状態と最大エンタングル状態の忠実度が Rényi 相互情報量で与えられることが分かる.

命題 16.2　Petz 写像 $\mathcal{D}_{\mathrm{Petz}}^{D\hat{B}\to A}$ によって復号した量子状態 $\mathcal{D}_{\mathrm{Petz}}^{D\hat{B}\to A}(\rho_U^{D\hat{B}R})$ と最大エンタングル状態 $|\Phi\rangle^{AR}$ の忠実度 F_{Petz} は，

$$F_{\mathrm{Petz}} = 2^{I_2(D\hat{B}:R)_{\rho_U}-2k} \tag{16.63}$$

$$\geq 2^{-I_{2/3}(C:R)_{\rho_U}} \tag{16.64}$$

を満たす.

　相互情報量 $I_2(D\hat{B}:R)_{\rho_U}$ は $0 \leq I_2(D\hat{B}:R)_{\rho_U} \leq 2k$ を満たし，$I_2(D\hat{B}:R)_{\rho_U} = 2k$ を満たす量子状態は最大エンタングル状態だけであることに気を付けると，命題 16.2 の (16.63) は，系 $D\hat{B}$ とリファレンス系 R が最大にエンタングルしていることが $|\Phi\rangle^{AR}$ の復元に成功する条件であることを意味する. このように書くと自明な条件に聞こえるが，その尺度が Rényi-2 相互情報量で定まる点が Petz 写像を用いた復号の特色である.
　また，(16.64) は，忠実度 F_{Petz} をリファレンス系 R と系 C のデカップリングの観点から書き換えたものである. 実際，系 C とリファレンス系 R がデカップルして ρ_U^{CR} がテンソル積状態であるときには $I_{2/3}(C:R)_{\rho_U} = 0$ なので，$F_{\mathrm{Petz}} = 1$ となる. この観点からは，Petz 写像によって復号する際には，Rényi-2/3 相互情報量によってデカップリングの度合いを定量化することが重要であることが分かる.

証明（命題 16.2 の証明）　表記を分かりやすくするために，

$$\tilde{\rho}_U^{D\hat{B}R} = (\rho_U^{D\hat{B}})^{-1/2}\rho_U^{D\hat{B}R}(\rho_U^{D\hat{B}})^{-1/2} \tag{16.65}$$

とおくと，忠実度 F_{Petz} は，

$$F_{\mathrm{Petz}} = \langle\Phi|^{AR}\mathcal{D}_{\mathrm{Petz}}^{D\hat{B}\to A}(\rho_U^{D\hat{B}R})|\Phi\rangle^{AR} \tag{16.66}$$

$$= \frac{d_C}{d_A}\left(\langle\Phi|^{AR}\otimes\langle\rho|^{B\hat{B}}U^{S\dagger}\left(\pi^C\otimes\tilde{\rho}_U^{D\hat{B}R}\right)U^S\left(|\Phi\rangle^{AR}\otimes|\rho\rangle\right)^{B\hat{B}}\right) \tag{16.67}$$

$$= \frac{1}{d_A}\mathrm{Tr}\left[\left(I^C\otimes\tilde{\rho}_U^{D\hat{B}R}\right)\left(U^S\left(|\Phi\rangle\langle\Phi|^{AR}\otimes|\rho\rangle\langle\rho|^{B\hat{B}}\right)U^{S\dagger}\right)\right] \tag{16.68}$$

$$= \frac{1}{d_A}\mathrm{Tr}\left[\tilde{\rho}_U^{D\hat{B}R}\rho_U^{D\hat{B}R}\right] \tag{16.69}$$

と変形できる. この表式に $\tilde{\rho}_U^{D\hat{B}R}$ の具体的な形を代入すれば，

---

*3)　Rényi 相互情報量の定義は (16.61) 以外にも複数存在し，例えば $I_\alpha(X:Y)_\xi = \min_\sigma D_\alpha(\xi^{XY}\|\xi^X\otimes\sigma^Y)$，$I_\alpha(X:Y)_\xi = \min_\sigma D_\alpha(\xi^{XY}\|\sigma^X\otimes\xi^Y)$，$I_\alpha(X:Y)_\xi = \min_{\sigma,\xi} D_\alpha(\rho^{XY}\|\sigma^X\otimes\xi^Y)$ などの定義が存在する. $\alpha=1$ の場合は，これらは全て von Neumann エントロピーに基づく相互情報量に一致する. $\alpha\neq 1$ の場合は一般には

$$I_\alpha(X:Y)_\xi \neq H_\alpha(X)_\xi + H_\alpha(Y)_\xi - H_\alpha(XY)_\xi \tag{16.62}$$

であることに注意せよ.

$$F_{\text{Petz}} = \frac{1}{d_A^2} \text{Tr}\left[\left((\rho_U^{D\hat{B}} \otimes \pi^R)^{-1/2} \rho_U^{D\hat{B}R}\right)^2\right] \tag{16.70}$$

を得るが，この右辺は量子 Rényi-2 ダイバージェンスに他ならない．したがって，

$$F_{\text{Petz}} = 2^{D_2(\rho_U^{D\hat{B}R} \| \rho_U^{D\hat{B}} \otimes \pi^R) - 2k} \tag{16.71}$$

が従う．Rényi-2 相互情報量の定義を思い出すと，$F_{\text{Petz}} = 2^{I_2(D\hat{B}:R)_{\rho_U} - 2k}$ を得る．

また，任意の α に対して，

$$I_\alpha(D\hat{B}:R)_{\rho_U} = D_\alpha(\rho_U^{D\hat{B}R} \| \rho_U^{D\hat{B}} \otimes \pi^R) \tag{16.72}$$

$$= k + D_\alpha(\rho_U^{D\hat{B}R} \| \rho_U^{D\hat{B}} \otimes I^R) \tag{16.73}$$

$$\geq k + \min_\sigma D_\alpha(\rho_U^{D\hat{B}R} \| \sigma^{D\hat{B}} \otimes I^R) \tag{16.74}$$

$$= k - H_\alpha(R|D\hat{B})_{\rho_U} \tag{16.75}$$

が成り立つことを用いると，条件 (16.71) を $F_{\text{Petz}} \geq 2^{-H_2(R|D\hat{B})_{\rho_U} - k}$ と書き直せる．さらに，$\rho_U^{D\hat{B}R}$ が $|\rho_U\rangle^{CD\hat{B}R}$ の縮約密度演算子であることから，条件付き Rényi エントロピーの双対性（命題 6.21）を用いて，$H_2(R|D\hat{B})_{\rho_U} = -H_{2/3}(R|C)_{\rho_U}$ が従う．よって，

$$F_{\text{Petz}} \geq 2^{H_{2/3}(R|C)_{\rho_U} - k} \geq 2^{-I_{2/3}(C:R)_{\rho_U}} \tag{16.76}$$

を得る． □

　以上のとおり，Petz 写像で復号する際には，Rényi 相互情報量が復号の成功を特徴付けるよい量となっている．しかし，一般には Rényi 相互情報量を計算することは容易ではないため，これらを von Neumann エントロピーに基づく相互情報量で表すと便利なこともある．Rényi ダイバージェンスは，

$$\alpha \leq \beta \Longrightarrow D_\alpha(X\|Y)_\xi \leq D_\beta(X\|Y)_\xi \tag{16.77}$$

を満たし，また，$\lim_{\alpha \to 1} D_\alpha(X\|Y)_\xi = D(X\|Y)_\xi$ が成り立つので，

$$F_{\text{Petz}} \geq 2^{I(D\hat{B}:R)_{\rho_U} - 2k} \tag{16.78}$$

$$F_{\text{Petz}} \geq 2^{-I(C:R)_{\rho_U}} \tag{16.79}$$

も成り立つことが分かる．ただし，これらは命題 16.2 で与えられる下界よりも悪い下界であることには留意せよ．

16.6　Yoshida–Kitaev の復号

　量子相関の考え方に基づく復号や Petz 写像は，Hayden–Preskill プロトコルに限らず任意のノイジーな量子通信路に適用できる復号手法だが，その操作の全てを量子回路等の形で明示的に書き下すことは一般には難しい．一方で，特定の状況下では Hayden–Preskill プロトコルをうまく復号でき，かつ，復号の全てのステップを明示的に書き下せる復号

手法として *Yoshida–Kitaev* の復号（*Yoshida–Kitaev decoder*）[70] が知られている．専門的な内容ではあるものの，復号手法をより深く理解するために以下で紹介しよう．ここで紹介する復号手法は，原論文[70] の一部をやや変更したものである．オリジナルの復号手法は，原論文を参照されたい．以下では説明を分かりやすくするために量子系 S の時間発展が Haar ランダム・ユニタリで与えられるという仮定をおく [*4]．

Yoshida–Kitaev の復号の基本的な発想を説明するために，まず，今我々が考えている $\ell \geq \ell_{\mathrm{th}}$ の状況では $\rho_U^{CR} \approx \pi^C \otimes \pi^R$ が成り立つので，十分に大きな系 C' を用いて π^C を $|\Phi\rangle^{CC'}$ と純粋化すれば，

$$|\Phi\rangle^{CC'} \otimes |\Phi\rangle^{AR} \approx V^{D\hat{B}\to AC'}|\rho_U\rangle^{S\hat{B}R} \tag{16.80}$$

を満たすアイソメトリ $V^{D\hat{B}\to AC'}$ が存在する．このアイソメトリを用いることでリファレンス系 R との最大エンタングル状態 $|\Phi\rangle^{AR}$ を復元する一つの復号手法を構成できる訳だが，そのアイソメトリは同時に，系 C と系 C' の間の最大エンタングル状態 $|\Phi\rangle^{CC'}$ を生成するものでもある．この事実から，Hayden–Preskill プロトコルの復号は「系 $D\hat{B}$ にアイソメトリを作用させることで，系 C との間の最大エンタングル状態を生成する操作」と言い換えることができる．この考え方と 9.4 節で説明したエンタングルメント蒸留の基本プロトコルを念頭において，Yoshida–Kitaev の復号を説明しよう．

■16.6.1 事後選択を行う復号プロトコル

まず，9.4 節の練習問題 90 を思い出す．系 S と，系 S と同型の量子系 $\hat{S}$ 上の量子状態 $\xi^{S\hat{S}}$ からエンタングルメント蒸留する際の典型的な手法は，

$$\xi^{S\hat{S}} \mapsto \xi_{\mathrm{iso}}^{S\hat{S}} = \mathbb{E}_{U \sim \mathsf{H}}\left[\left(U^S \otimes \bar{U}^S\right)\xi^{S\hat{S}}\left(U^S \otimes \bar{U}^S\right)^\dagger\right] \tag{16.81}$$

という操作を行うことであった．ここで，$\bar{\bullet}$ は系 S 上の固定された正規直交基底 $\{|e_j\rangle^S\}_{j=0}^{d-1}$ の下での複素共役である．この操作で生成された量子状態を等方的な状態と呼び，練習問題 90 で，

$$\xi_{\mathrm{iso}}^{S\hat{S}} = f_\xi |\Phi\rangle\langle\Phi|^{S\hat{S}} + \left(1 - f_\xi\right)\frac{I^S \otimes I^{\hat{S}} - |\Phi\rangle\langle\Phi|^{S\hat{S}}}{d^2 - 1} \tag{16.82}$$

であることを確かめた．ここで，$|\Phi\rangle^{S\hat{S}} = \sum_{j=0}^{d-1} |e_j\rangle^S \otimes |e_j\rangle^{\hat{S}}/\sqrt{d}$ は，$\bar{U}^S$ の複素共役を定める正規直交基底 $\{|e_j\rangle^S\}_{j=0}^{d-1}$ の下での最大エンタングル状態であり，$f_\xi = \langle\Phi|^{S\hat{S}}\xi^{S\hat{S}}|\Phi\rangle^{S\hat{S}}$ は忠実度である．

これと同じ手法を Hayden–Preskill プロトコルの復号に適用できる．そのために，系 A，C，D，R と同型の系 $\hat{A}$，$\hat{C}$，$\hat{D}$，$\hat{R}$ を導入してそれらの複合系を $\hat{S} = \hat{A}\hat{B} = \hat{C}\hat{D}$ とおく．Hayden–Preskill プロトコルの系 AR 上の初期状態 $|\Phi\rangle^{AR}$ と，系 $B\hat{B}$ 上の初期状態 $|\rho\rangle^{B\hat{B}}$ の Schmidt 分解を各々，

[*4] ただし，Yoshida–Kitaev の復号は Haar ランダム・ユニタリではない場合にもうまく動作する．その説明については原論文[70] を参照されたい．

$$|\Phi\rangle^{AR} = \frac{1}{\sqrt{d_A}} \sum_{j=0}^{d_A-1} |a_j\rangle^A \otimes |a_j\rangle^R \tag{16.83}$$

$$|\rho\rangle^{B\hat{B}} = \sum_{\alpha=0}^{d_B-1} \sqrt{\rho_\alpha} |b_\alpha\rangle^B \otimes |b_\alpha\rangle^{\hat{B}} \tag{16.84}$$

としよう. さらに, 系 $\hat{B}$ から $\hat{S}\hat{R}$ へのアイソメトリを

$$V^{\hat{B}\rightarrow\hat{S}\hat{R}} := \bar{U}^{\hat{S}}|\Phi\rangle^{\hat{A}\hat{R}} \tag{16.85}$$

と定める [*5]. ここで, 系 $\hat{S}$ に作用するユニタリ $\bar{U}^{\hat{S}}$ は, Hayden–Preskill プロトコルで量子系 S に作用するユニタリ U^S を系 S の正規直交基底 $\{|a_j\rangle^A \otimes |b_\alpha\rangle^B\}_{j,\alpha=0}^{d_A-1,d_B-1}$ の下で複素共役を取ったものである. 具体的には, $U_{j'\alpha'}^{j\alpha} = (\langle a_j|^A \otimes \langle b_\alpha|^B) U^S (|a_{j'}\rangle^A \otimes |b_{\alpha'}\rangle^B)$ を用いて,

$$\bar{U}^{\hat{S}} = \sum_{j,j'=0}^{d_A-1} \sum_{\alpha,\alpha'=0}^{d_B-1} \overline{U_{j'\alpha'}^{j\alpha}} |a_j\rangle\langle a_{j'}|^{\hat{A}} \otimes |b_\alpha\rangle\langle b_{\alpha'}|^{\hat{B}} \tag{16.86}$$

である.

アイソメトリ $V^{\hat{B}\rightarrow\hat{S}\hat{R}}$ を系 $\hat{B}$ に作用させた後の全系の量子状態は,

$$|\rho_{U\bar{U}}\rangle^{RS\hat{S}\hat{R}} = (U^S \otimes \bar{U}^{\hat{S}})(|\Phi\rangle^{AR} \otimes |\rho\rangle^{B\hat{B}} \otimes |\Phi\rangle^{\hat{A}\hat{R}}) \tag{16.87}$$

となり, ハット付きとハットなしの量子系が, ほぼ対称的な形になる. 図 16.6 も参照されたい. さらに, アイソメトリを作用させた後にユニタリ U^S に関する情報を全て忘れることで,

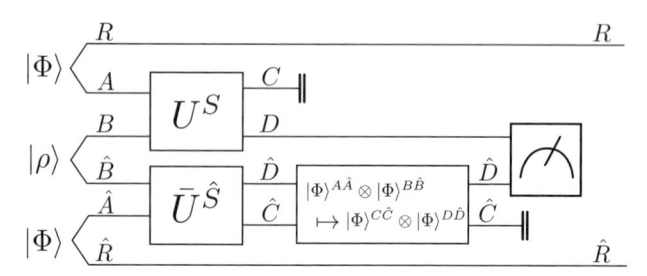

図 16.6　Yoshida–Kitaev 復号の概念図. 復号を行う者は, 系 A と系 R と同型の量子系 $\hat{A}$ と $\hat{R}$ を手元に準備し, その初期状態を $|\Phi\rangle^{AR}$ と同じ Schmidt 分解を持つ最大エンタングル状態 $|\Phi\rangle^{\hat{A}\hat{R}}$ に設定する. その後, (16.86) で与えられるユニタリ $\bar{U}^{\hat{S}}$ に作用させた後にユニタリ U^S や $\bar{U}^{\hat{S}}$ を忘れると, (16.88) の $\bar{\rho}_{\rm iso}^{RS\hat{S}\hat{R}}$ が実現する. 命題 16.3 より, この量子状態の系 $S\hat{S}$ には確率的に $|\Phi\rangle^{R\hat{R}} \otimes |\Phi\rangle^{S\hat{S}}$ が実現しているため, $|\Phi\rangle^{S\hat{S}} = |\Phi\rangle^{A\hat{A}} \otimes |\Phi\rangle^{B\hat{B}}$ を $|\Phi\rangle^{C\hat{C}} \otimes |\Phi\rangle^{D\hat{D}}$ に変換するユニタリを系 $\hat{S}$ に作用させ, 最後に系 $D\hat{D}$ を POVM $\{|\Phi\rangle\langle\Phi|^{D\hat{D}}, I^{D\hat{D}} - |\Phi\rangle\langle\Phi|^{D\hat{D}}\}$ で測定する.

[*5]　Hayden–Preskill プロトコルでは量子系 S に作用したユニタリ U^S を知っていると仮定したため, このアイソメトリを実際に作用させることができる.

$$\tilde{\rho}_{\text{iso}}^{RS\hat{S}\hat{R}} = \mathbb{E}_{U\sim\mathsf{H}}\left[\left(U^S \otimes \bar{U}^{\hat{S}}\right)\left(|\Phi\rangle\langle\Phi|^{AR} \otimes |\rho\rangle\langle\rho|^{B\hat{B}} \otimes |\Phi\rangle\langle\Phi|^{\hat{A}\hat{R}}\right)\left(U^S \otimes \bar{U}^{\hat{S}}\right)^\dagger\right] \tag{16.88}$$

という量子状態が実現する．この量子状態は，系 $R\hat{R}$ の存在を除いて (16.81) と同様の形をしており，等方的な状態の導出と同様の方法で具体的に計算できる．

命題 16.3 上述の操作によって得られる量子状態 $\tilde{\rho}_{\text{iso}}^{RS\hat{S}\hat{R}}$ は，

$$\tilde{\rho}_{\text{iso}}^{RS\hat{S}\hat{R}} = f_\rho |\Phi\rangle\langle\Phi|^{R\hat{R}} \otimes |\Phi\rangle\langle\Phi|^{S\hat{S}} + \left(\pi^R \otimes \pi^{\hat{R}} - f_\rho |\Phi\rangle\langle\Phi|^{R\hat{R}}\right) \otimes \tilde{\pi}_-^{S\hat{S}} \tag{16.89}$$

で与えられる．ここで，

$$f_\rho = \frac{\left|\langle\Phi|^{B\hat{B}}|\rho\rangle^{B\hat{B}}\right|^2}{d_A^2 d_B} = 2^{H_{\max}(B)_\rho - n - k} \tag{16.90}$$

$$\tilde{\pi}_-^{S\hat{S}} = \frac{I^S \otimes I^{\hat{S}} - |\Phi\rangle\langle\Phi|^{S\hat{S}}}{d^2 - 1} \tag{16.91}$$

であり，$|\Phi\rangle^{R\hat{R}}$ は Schmidt 基底が $\{|a_j\rangle^R\}_{j=0}^{d_A-1}$ と $\{|a_j\rangle^{\hat{R}}\}_{j=0}^{d_A-1}$ で与えられる系 $R\hat{R}$ 上の最大エンタングル状態．$|\Phi\rangle^{S\hat{S}}$ は Schmidt 基底が $\{|a_j\rangle^A \otimes |b_\alpha\rangle^B\}_{j,\alpha=0}^{d_A-1,d_B-1}$ と $\{|a_j\rangle^{\hat{A}} \otimes |b_\alpha\rangle^{\hat{B}}\}_{j,\alpha=0}^{d_A-1,d_B-1}$ で与えられる系 $S\hat{S}$ 上の最大エンタングル状態である．

証明(命題 16.3 の証明) 量子状態 $\tilde{\rho}_{\text{iso}}^{RS\hat{S}\hat{R}}$ を計算するために，(16.88) の右辺の最大エンタングル状態 $|\Phi\rangle^{AR}$ と $|\Phi\rangle^{\hat{A}\hat{R}}$ を Schmidt 基底で展開し，

$$\tilde{\rho}_{\text{iso}}^{RS\hat{S}\hat{R}} = \frac{1}{d_A^2} \sum_{p,q,r,s=0}^{d_A-1} |a_p\rangle\langle a_r|^R \otimes |a_q\rangle\langle a_s|^{\hat{R}} \otimes X_{pqrs}^{S\hat{S}} \tag{16.92}$$

と表す．ここで，

$$X_{pqrs}^{S\hat{S}} = \mathbb{E}_{U\sim\mathsf{H}}\left[\left(U^S \otimes \bar{U}^{\hat{S}}\right)\left(|a_p\rangle\langle a_r|^A \otimes |\rho\rangle\langle\rho|^{B\hat{B}} \otimes |a_q\rangle\langle a_s|^{\hat{A}}\right)\left(U^S \otimes \bar{U}^{\hat{S}}\right)^\dagger\right] \tag{16.93}$$

である．系 $\hat{S}$ の正規直交基底 $\{|a_j\rangle^{\hat{A}} \otimes |b_\alpha\rangle^{\hat{B}}\}_{j,\alpha=0}^{d_A-1,d_B-1}$ の下で部分転置 $T_{\hat{S}}$ を作用させることで，

$$T_{\hat{S}}\left(X_{pqrs}^{S\hat{S}}\right) = \mathbb{E}_{U\sim\mathsf{H}}\left[\left(U^S \otimes U^{\hat{S}}\right)\left(|a_p\rangle\langle a_r|^A \otimes T_{\hat{B}}\left(|\rho\rangle\langle\rho|^{B\hat{B}}\right) \otimes |a_s\rangle\langle a_q|^{\hat{A}}\right)\left(U^S \otimes U^{\hat{S}}\right)^\dagger\right] \tag{16.94}$$

を得る．ただし，$T_{\hat{B}}$ は系 $\hat{B}$ の部分転置を表す．この演算子 $T_{\hat{S}}\left(X_{pqrs}^{S\hat{S}}\right)$ は命題 3.9 より簡単に計算でき，$m = \text{Tr}\left[T_{\hat{B}}\left(\rho^{B\hat{B}}\right)\mathbb{F}^{B\hat{B}}\right]$ を用いて，

$$T_{\hat{S}}\left(X_{pqrs}^{S\hat{S}}\right) = \frac{\delta_{pr}\delta_{qs}d - \delta_{ps}\delta_{qr}m}{d(d^2-1)}I^{S\hat{S}} + \frac{\delta_{ps}\delta_{qr}dm - \delta_{pr}\delta_{qs}}{d(d^2-1)}\mathbb{F}^{S\hat{S}} \tag{16.95}$$

となる．

さて，m について，$T_{\hat{B}}\left(\mathbb{F}^{B\hat{B}}\right) = d_B|\Phi\rangle\langle\Phi|^{B\hat{B}}$ であることに気を付けて，$\{|b_\alpha\rangle^B\}_{\alpha=0}^{d_B-1}$ は $|\rho\rangle^{B\hat{B}}$ の Schmidt 基底であったことを思い出すと，

$$m = d_B\left|\langle\Phi|^{B\hat{B}}|\rho\rangle^{B\hat{B}}\right|^2 = \left(\text{Tr}\left[\sqrt{\rho^B}\right]\right)^2 = 2^{H_{\max}(B)_\rho} \tag{16.96}$$

が成り立つことが分かる．また，(16.95) の両辺の部分転置 $T_{\hat{S}}$ を取ると，スワップ演算子 $\mathbb{F}^{S\hat{S}}$ の正規直交基底 $\{|a_j\rangle^A \otimes |b_\alpha\rangle^B\}_{j,\alpha=0}^{d_A-1,d_B-1}$ の下での部分転置が

$$T_{\hat{S}}\big(\mathbb{F}^{S\hat{S}}\big) = d\Big(\sum_{j=0}^{d_A-1}|a_j,a_j\rangle\langle a_i,a_i|^{A\hat{A}}\Big)\otimes\Big(\sum_{\alpha=0}^{d_B-1}|b_\alpha,b_\alpha\rangle\langle b_\beta,b_\beta|^{B\hat{B}}\Big) \tag{16.97}$$

$$= d|\Phi\rangle\langle\Phi|^{S\hat{S}} \tag{16.98}$$

であることに気を付けて,

$$X_{pqrs}^{S\hat{S}} = \frac{\delta_{pr}\delta_{qs}d - \delta_{ps}\delta_{qr}m}{d(d^2-1)}I^{S\hat{S}} + \frac{\delta_{ps}\delta_{qr}dm - \delta_{pr}\delta_{qs}}{d^2-1}|\Phi\rangle\langle\Phi|^{S\hat{S}} \tag{16.99}$$

$$= \delta_{pr}\delta_{qs}\tilde{\pi}_-^{S\hat{S}} + \delta_{ps}\delta_{qr}m\Big(\frac{|\Phi\rangle\langle\Phi|^{S\hat{S}}}{d} - \frac{\tilde{\pi}_-^{S\hat{S}}}{d}\Big) \tag{16.100}$$

となる. この式を (16.92) に代入して整理すると, (16.89) を得る. □

命題 16.3 に現れる量子状態 $\tilde{\pi}_-^{S\hat{S}}$ は $|\Phi\rangle^{S\hat{S}}$ の成分を持たないことに気を付けると, 系 $S\hat{S}$ が最大エンタングル状態 $|\Phi\rangle^{S\hat{S}}$ にあるときには, 系 $R\hat{R}$ も必ず最大エンタングル状態 $|\Phi\rangle^{R\hat{R}}$ にあることが分かる. つまり, その条件の下では復号に成功している. さらに, $|\Phi\rangle^{C\hat{C}}$ と $|\Phi\rangle^{D\hat{D}}$ を任意の正規直交基底の下での系 $C\hat{C}$ と系 $D\hat{D}$ 上の最大エンタングル状態として, 系 $\hat{S}$ に,

$$|\Phi\rangle^{S\hat{S}} \mapsto |\Phi\rangle^{C\hat{C}}\otimes|\Phi\rangle^{D\hat{D}} \tag{16.101}$$

と変換するユニタリを作用させることで [*6)], (16.89) は,

$$\rho_{\text{iso}}^{RS\hat{S}\hat{R}} = f_\rho|\Phi\rangle\langle\Phi|^{R\hat{R}}\otimes|\Phi\rangle\langle\Phi|^{C\hat{C}}\otimes|\Phi\rangle\langle\Phi|^{D\hat{D}} + \big(\pi^R\otimes\pi^{\hat{R}} - f_\rho|\Phi\rangle\langle\Phi|^{R\hat{R}}\big)\otimes\pi_-^{S\hat{S}} \tag{16.102}$$

と変換される. ここで, $\pi_-^{S\hat{S}}$ は $\tilde{\pi}_-^{S\hat{S}}$ を先述のユニタリで変換した量子状態

$$\pi_-^{S\hat{S}} = \frac{I^S\otimes I^{\hat{S}} - |\Phi\rangle\langle\Phi|^{C\hat{C}}\otimes|\Phi\rangle\langle\Phi|^{D\hat{D}}}{d^2-1} \tag{16.103}$$

である.

以上をまとめると, 補助系を付け加えた上で量子系 $D\hat{B}$ を操作することによって (16.102) の量子状態 $\rho_{\text{iso}}^{RS\hat{S}\hat{R}}$ が得られることが分かった. この量子状態において, 系 $C\hat{C}$ の最大エンタングル状態 $|\Phi\rangle^{C\hat{C}}$ と系 $D\hat{D}$ の最大エンタングル状態 $|\Phi\rangle^{D\hat{D}}$ が対となって現れることに気を付けると, 系 $D\hat{D}$ にうまい量子測定を行い望みの測定結果が得られたという条件付きで, $|\Phi\rangle^{AR}$ を復元できることが分かる.

命題 16.4 量子状態 $\rho_{\text{iso}}^{RS\hat{S}\hat{R}}$ の系 $RD\hat{D}\hat{R}$ 上の縮約密度演算子 $\rho_{\text{iso}}^{RD\hat{D}\hat{R}}$ に対して, 系 $D\hat{D}$ を二値の POVM $M = \{|\Phi\rangle\langle\Phi|^{D\hat{D}}, I^{D\hat{D}} - |\Phi\rangle\langle\Phi|^{D\hat{D}}\}$ で測定する. 前者に対応する測定結果が出る測定確率 p_{succ} と, 対応する測定結果が出た後の系 $R\hat{R}$ 上の量子状態 $\rho_{\text{succ}}^{R\hat{R}}$ は, 各々,

$$p_{\text{succ}} = f_\rho + (1-f_\rho)\frac{d_C^2-1}{d^2-1} = f_\rho + \frac{1-f_\rho}{d_D^2} + \mathcal{O}\Big(\frac{1}{d^2}\Big) \tag{16.104}$$

$$\rho_{\text{succ}}^{R\hat{R}} = \frac{1}{p_{\text{succ}}}\Big\{f_\rho|\Phi\rangle\langle\Phi|^{R\hat{R}} + \frac{d_C^2-1}{d^2-1}\big(\pi^R\otimes\pi^{\hat{R}} - f_\rho|\Phi\rangle\langle\Phi|^{R\hat{R}}\big)\Big\} \tag{16.105}$$

---

*6)　その二つの量子状態は系 S 上ではどちらも完全混合状態なので, Uhlmann の定理から必ずそのようなユニタリが存在する. ただし, このユニタリは $|\rho\rangle^{B\hat{B}}$ の Schmidt 基底に依存するため, 量子回路等で効率的に表現できるかは $|\rho\rangle^{B\hat{B}}$ に依存する.

で与えられる.

練習問題 157 命題 16.4 を示せ.

Hayden–Preskill プロトコルで量子情報を小さい復元エラーで復号できる条件は, 命題 16.1 より $\ell \gg \ell_{\mathrm{th}} = (n + k - H_2(B)_\rho)/2$ で与えられた. この状況では, $H_{\max}(B)_\rho \geq H_2(B)_\rho$ に気を付けると,

$$d_D^2 f_\rho = 2^{H_{\max}(B)_\rho + 2\ell - n - k} \gg 1 \tag{16.106}$$

が成り立つ. よって, 命題 16.4 の確率 p_{succ} は, $p_{\mathrm{succ}} \approx f_\rho$ である. また, 測定後の量子状態 $\rho_{\mathrm{succ}}^{R\hat{R}}$ と最大エンタングル状態 $|\Phi\rangle^{R\hat{R}}$ の忠実度は,

$$F\big(\rho_{\mathrm{succ}}^{R\hat{R}}, |\Phi\rangle\langle\Phi|^{R\hat{R}}\big) \approx 1 \tag{16.107}$$

となり, 実際に最大エンタングル状態を復元できている.

このように量子状態 $\rho_{\mathrm{iso}}^{RD\hat{D}\hat{R}}$ の系 $D\hat{D}$ を適切に量子測定することで, 事後選択という条件が付くものの Hayden–Preskill プロトコルを復号できる. ただし, 測定結果が望ましいものである確率 $p_{\mathrm{succ}} \approx f_\rho = 2^{H_{\max}(B)_\rho - n - k}$ は決して大きくないことには注意が必要である. 事実, $0 \leq H_{\max}(B)_\rho \leq n - k$ なので,

$$2^{-n-k} \lesssim p_{\mathrm{succ}} \lesssim 2^{-2k} \tag{16.108}$$

であり, 望ましい測定結果を得る確率は k に対して指数的に小さい. また, 測定確率で忠実度を平均すると平均忠実度は $1/d_A^2 = 2^{-2k}$ となるため, 平均的には復号に失敗することも確かめられる.

練習問題 158 量子状態 $\rho_{\mathrm{iso}}^{RD\hat{D}\hat{R}}$ の系 $D\hat{D}$ を POVM M で測定し, 各々の測定結果が出る確率を p_{succ} と p_{fail} と書くことにする. また, 各々の測定結果が出た後の系 $R\hat{R}$ 上の量子状態と最大エンタングル状態 $|\Phi\rangle^{R\hat{R}}$ の忠実度を, 各々, F_{succ} と F_{fail} と書く. 測定確率で忠実度の平均を取ると,

$$p_{\mathrm{succ}} F_{\mathrm{succ}} + p_{\mathrm{fail}} F_{\mathrm{fail}} = \frac{1}{d_A^2} \tag{16.109}$$

が成り立つことを示せ.

練習問題 159 Hayden–Preskill プロトコルの復号として, 「系 $D\hat{B}$ の量子状態を捨て去り, 何らかの純粋状態 $|\varphi\rangle^A$ を生成する」という馬鹿げた復号操作を考える. この操作によって得られる量子状態と, 復元したい最大エンタングル状態 $|\Phi\rangle^{AR}$ の忠実度が, $1/d_A^2$ で与えられることを示せ.

■16.6.2 Yoshida–Kitaev の復号量子チャンネル

上述のように, 測定結果に応じて事後選択する復号手法では, 復号に成功する確率は著しく小さい. この問題は, 系 $B\hat{B}$ の初期状態 $|\rho\rangle^{B\hat{B}}$ が最大エンタングル状態 $|\Phi\rangle^{B\hat{B}}$ の場合には, **量子振幅増幅** (*amplitude amplification*) と呼ばれる手法を用いることでうまく解決できる.

以下では，系 $B\hat{B}$ の初期状態 $|\rho\rangle^{B\hat{B}}$ を最大エンタングル状態 $|\Phi\rangle^{B\hat{B}}$ に固定して議論を進める．それに対応して，これまで用いてきた ρ に依存する表記を以下のように変更しておこう．まず，(16.87) の $|\rho\rangle^{B\hat{B}}$ を $|\Phi\rangle^{B\hat{B}}$ に置き換えた状態を，

$$|\Phi_{U\bar{U}}\rangle^{RS\hat{S}\hat{R}} = \left(U^S \otimes \bar{U}^{\hat{S}}\right)\left(|\Phi\rangle^{AR} \otimes |\Phi\rangle^{B\hat{B}} \otimes |\Phi\rangle^{\hat{A}\hat{R}}\right) \tag{16.110}$$

と表すことにする．前項ではこの状態の Haar 平均を取った後に (16.101) のユニタリを施した状態を $\rho_{\mathrm{iso}}^{RS\hat{S}\hat{R}}$ と表したが，$|\rho\rangle^{B\hat{B}} = |\Phi\rangle^{B\hat{B}}$ の場合は (16.101) のユニタリを作用させる必要はない．これは，一般性を失わずに $|\Phi\rangle^{B\hat{B}}$ を定める正規直交基底 $\{|b_\alpha\rangle^B\}_{\alpha=0}^{d_B-1}$ を各 qubit の正規直交基底 $\{|0\rangle, |1\rangle\}$ のテンソル積と考えてよいからだ．系 AR の最大エンタングル状態 $|\Phi\rangle^{AR}$ を定める系 A の正規直交基底も同様に各 qubit の正規直交基底のテンソル積で与えられるとし，系 $C\hat{C}$，系 $D\hat{D}$ の最大エンタングル状態についても同様の仮定をおくと，自動的に

$$|\Phi\rangle^{S\hat{S}} = |\Phi\rangle^{A\hat{A}} \otimes |\Phi\rangle^{B\hat{B}} = |\Phi\rangle^{C\hat{C}} \otimes |\Phi\rangle^{D\hat{D}} \tag{16.111}$$

が満たされるので，(16.101) のユニタリ操作は必要ない．よって，前項で定めた $\rho_{\mathrm{iso}}^{RS\hat{S}\hat{R}}$ の初期状態 $|\rho\rangle^{B\hat{B}}$ を最大エンタングル状態 $|\Phi\rangle^{B\hat{B}}$ に変更した状態は，$H_{\max}(B)_\pi = n - k$ に注意して，

$$\Phi_{\mathrm{iso}}^{RS\hat{S}\hat{R}} = \mathbb{E}_{U\sim\mathsf{H}}\left[|\Phi_{U\bar{U}}\rangle\langle\Phi_{U\bar{U}}|^{RS\hat{S}\hat{R}}\right] \tag{16.112}$$

$$= \mathbb{E}_{U\sim\mathsf{H}}\left[\left(U^S \otimes \bar{U}^{\hat{S}}\right)\left(|\Phi\rangle\langle\Phi|^{AR} \otimes |\Phi\rangle\langle\Phi|^{B\hat{B}} \otimes |\Phi\rangle\langle\Phi|^{\hat{A}\hat{R}}\right)\left(U^S \otimes \bar{U}^{\hat{S}}\right)^\dagger\right] \tag{16.113}$$

$$= \frac{1}{d_A^2}|\Phi\rangle\langle\Phi|^{R\hat{R}} \otimes |\Phi\rangle\langle\Phi|^{C\hat{C}} \otimes |\Phi\rangle\langle\Phi|^{D\hat{D}} + \left(\pi^R \otimes \pi^{\hat{R}} - \frac{1}{d_A^2}|\Phi\rangle\langle\Phi|^{R\hat{R}}\right) \otimes \pi_-^{S\hat{S}} \tag{16.114}$$

となる．

前項の復号プロトコルでは，この量子状態 $\Phi_{\mathrm{iso}}^{RS\hat{S}\hat{R}}$ の系 $C\hat{C}$ をトレースアウトして，系 $D\hat{D}$ を POVM $\{|\Phi\rangle\langle\Phi|^{D\hat{D}}, I^{D\hat{D}} - |\Phi\rangle\langle\Phi|^{D\hat{D}}\}$ で測定する訳だが，前者の測定結果が出る確率を p_{succ}，その場合の測定後の量子状態を $\Phi_{\mathrm{succ}}^{R\hat{R}}$ とすると，命題 16.4 より，

$$p_{\mathrm{succ}} = \frac{1}{d_A^2}\left\{1 + \frac{(d_A^2 - 1)(d_C^2 - 1)}{d^2 - 1}\right\} \tag{16.115}$$

$$\Phi_{\mathrm{succ}}^{R\hat{R}} = \frac{1}{p_{\mathrm{succ}}}\left\{\frac{1}{d_A^2}|\Phi\rangle\langle\Phi|^{R\hat{R}} + \frac{d_C^2 - 1}{d^2 - 1}\left(\pi^R \otimes \pi^{\hat{R}} - \frac{1}{d_A^2}|\Phi\rangle\langle\Phi|^{R\hat{R}}\right)\right\} \tag{16.116}$$

である．ところが，実は系 $D\hat{S}\hat{R}$ にうまいユニタリを作用させることで，量子測定を行うことなく $\Phi_{\mathrm{succ}}^{R\hat{R}}$ に近い量子状態を実現できる．以下ではそのことを説明しよう．

そのうまいユニタリを導入するために，まず，二つの射影演算子

$$\Pi_0^{D\hat{D}} = |\Phi\rangle\langle\Phi|^{D\hat{D}}, \qquad \Pi_1^{\hat{S}\hat{R}} = \bar{U}^{\hat{S}}\left(I^{\hat{B}} \otimes |\Phi\rangle\langle\Phi|^{\hat{A}\hat{R}}\right)\left(\bar{U}^{\hat{S}}\right)^\dagger \tag{16.117}$$

を定め，それらから二つのユニタリ $V_0^{D\hat{D}} = I^{D\hat{D}} - 2\Pi_0^{D\hat{D}}$ と $V_1^{\hat{S}\hat{R}} = 2\Pi_1^{\hat{S}\hat{R}} - I^{\hat{S}\hat{R}}$ を定義する．さらに，$W^{D\hat{S}\hat{R}} = V_1^{\hat{S}\hat{R}}V_0^{D\hat{D}}$ として，このユニタリ $W^{D\hat{S}\hat{R}}$ を m 回繰り返し作用させること，つまり，

$$W^{D\hat{S}\hat{R}}(m) = (W^{D\hat{S}\hat{R}})^m = \left(V_1^{\hat{S}\hat{R}} V_0^{D\hat{D}}\right)^m \tag{16.118}$$

というユニタリを考える. このユニタリを量子状態 $|\Phi_{U\bar{U}}\rangle^{RS\hat{S}\hat{R}}$ に作用させた量子状態を

$$|\Phi_{U\bar{U}}(m)\rangle^{RS\hat{S}\hat{R}} = W^{D\hat{S}\hat{R}}(m)|\Phi_{U\bar{U}}\rangle^{RS\hat{S}\hat{R}} \tag{16.119}$$

とおく. 図 16.7 も参照されたい. 以下の命題は,適切な m を選んで $W^{D\hat{S}\hat{R}}(m)$ を作用させた後でユニタリ U^S に関する情報を忘れることで実現する量子状態 $\mathbb{E}_{U\sim\mathsf{H}}[\Phi_{U\bar{U}}^{R\hat{R}}(m)]$ が,$\Phi_{\mathrm{succ}}^{R\hat{R}}$ に近い量子状態であることを主張する.

命題 16.5 ユニタリ $W^{D\hat{S}\hat{R}} = V_1^{\hat{S}\hat{R}} V_0^{D\hat{D}}$ の繰り返し回数 m_* を,

$$m_* = \left\lfloor \frac{\pi}{4\arcsin(1/d_A)} - \frac{1}{2} \right\rfloor \tag{16.120}$$

とおくと,$\ell \geq \ell_{\mathrm{th}} = k$ の場合には,$2^{k-\ell}$ の最低次までで,

$$\frac{1}{2}\left\| \mathbb{E}_{U\sim\mathsf{H}}[\Phi_{U\bar{U}}^{R\hat{R}}(m_*)] - \Phi_{\mathrm{succ}}^{R\hat{R}} \right\|_1 \leq 2^{k-\ell+1/2} + \frac{\pi}{2}\sqrt{2^{2(k-\ell)} + \mathcal{O}(2^{-k})} \tag{16.121}$$

が成り立つ.

命題 16.5 の m_* について,$k \gg 1$ では $\arcsin(1/d_A) \approx 1/d_A$ なので,ユニタリ $W^{D\hat{S}\hat{R}}$ を $m_* = \mathcal{O}(d_A) = \mathcal{O}(2^k)$ 回作用させれば,系 $D\hat{D}$ を量子測定することなく $\Phi_{\mathrm{succ}}^{R\hat{R}}$ に近い量子状態を実現できる. さらに,命題 16.4 より,$\ell \gg \ell_{\mathrm{th}} = k$ の状況では $\Phi_{\mathrm{succ}}^{R\hat{R}} \approx |\Phi\rangle\langle\Phi|^{R\hat{R}}$ なので,$W^{D\hat{S}\hat{R}}(m_*)$ を作用させて U^S を忘れた後に系 $\hat{R}$ を系 A と読み替えれば,系 R と系 A の最大エンタングル状態を小さい復元エラーで復元でき,Hayden–Preskill プロトコルの復号に成功する. この手法がうまく動作するのは系 $B\hat{B}$ の初期状態が最大エンタングル状態のときのみだが,この復号は構成論的かつ明示的に与えられるという利点がある.

命題 16.5 は,量子アルゴリズムにおける**振幅増幅**(*amplitude amplification*)と呼ばれる手法に基づいて示される. 証明はやや長くなるため,付録 A で与えることにして,ここではその骨子だけを大まかに紹介しておこう.

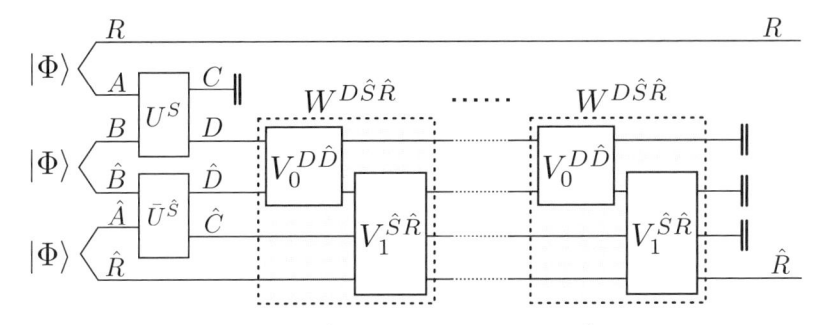

図 16.7 系 $B\hat{B}$ の初期状態 $|\rho\rangle^{B\hat{B}}$ が最大エンタングル状態 $|\Phi\rangle^{B\hat{B}}$ の場合は,測定を用いることなく復号できる. 基本的な発想は,ユニタリ $W^{D\hat{S}\hat{R}} = V_0^{D\hat{D}} V_1^{\hat{S}\hat{R}}$ を適当な回数 m_* 回作用させるものである.

まず，量子状態 $|\Phi_{U\bar{U}}\rangle^{RS\hat{S}\hat{R}}$ の系 CR と系 $D\hat{S}\hat{R}$ の間の Schmidt 分解を $|\Phi_{U\bar{U}}\rangle^{RS\hat{S}\hat{R}} = \sum_{j=0}^{d_A d_C - 1} \sqrt{\lambda_j} |\eta_j\rangle^{CR} \otimes |\psi_j\rangle^{D\hat{S}\hat{R}}$ とする．さらに，$|\varphi_j\rangle^{D\hat{S}\hat{R}} \propto \Pi_0^{D\hat{D}} |\psi_j\rangle^{D\hat{S}\hat{R}}$ を用いて，新しい量子状態 $|\Psi\rangle^{RS\hat{S}\hat{R}} = \sum_{j=0}^{d_A d_C - 1} \sqrt{\lambda_j} |\eta_j\rangle^{CR} \otimes |\varphi_j\rangle^{D\hat{S}\hat{R}}$ を導入すると，$|\varphi_j\rangle^{D\hat{S}\hat{R}}$ の規格化定数を計算することで $|\Psi\rangle^{RS\hat{S}\hat{R}}$ の具体的な形が，

$$|\Psi\rangle^{RS\hat{S}\hat{R}} = \left(\sqrt{\frac{d_A}{d_C}} \sum_{j=0}^{d_A d_C - 1} |\eta_j\rangle^{CR} \otimes |\xi_j\rangle^{\hat{C}\hat{R}} \right) \otimes |\Phi\rangle^{D\hat{D}} \tag{16.122}$$

であることが分かる．ここで，$|\xi_j\rangle^{\hat{C}\hat{R}} = \langle\Phi|^{D\hat{D}} |\psi_j\rangle^{D\hat{S}\hat{R}}$ である．この状態では，系 $D\hat{D}$ が最大エンタングル状態であり，その他の系とテンソル積になっていることに留意せよ．

証明の肝は，ユニタリ $W^{D\hat{S}\hat{R}}$ を $|\psi_j\rangle^{D\hat{S}\hat{R}}$ に作用させることで，その量子状態が $|\varphi_j\rangle^{D\hat{S}\hat{R}}$ に近づくことにある．実際，$W^{D\hat{S}\hat{R}}(m_*) |\psi_j\rangle^{D\hat{S}\hat{R}} \approx |\varphi_j\rangle^{D\hat{S}\hat{R}}$ を示せる．この事実から

$$|\Phi_{U\bar{U}}(m_*)\rangle^{RS\hat{S}\hat{R}} = W^{D\hat{S}\hat{R}}(m_*) |\Phi_{U\bar{U}}\rangle^{RS\hat{S}\hat{R}} \approx |\Psi\rangle^{RS\hat{S}\hat{R}} \tag{16.123}$$

が従い，$|\Psi\rangle^{RS\hat{S}\hat{R}}$ の系 $D\hat{D}$ が最大エンタングル状態であることから，確かに量子測定を用いることなく系 $D\hat{D}$ の状態を $|\Phi\rangle^{D\hat{D}}$ に変換できることが分かる．

最後に，$|\Psi\rangle^{RS\hat{S}\hat{R}}$ が $|\Phi'_{U\bar{U}}\rangle^{RS\hat{S}\hat{R}} \propto \Pi_0^{D\hat{D}} |\Phi_{U\bar{U}}\rangle^{RS\hat{S}\hat{R}}$ と近いことを示すことで，

$$|\Phi_{U\bar{U}}(m_*)\rangle^{RS\hat{S}\hat{R}} \approx |\Psi\rangle^{RS\hat{S}\hat{R}} \approx |\Phi'_{U\bar{U}}\rangle^{RS\hat{S}\hat{R}} \tag{16.124}$$

が成り立つことが分かり，この最左辺と最右辺の系 $R\hat{R}$ 上の縮約密度演算子を考え，U^S で平均を取ることで (16.121) を得る．

17 Haar ランダム・ユニタリと ユニタリ・デザイン

本書を通じて，Haar ランダム・ユニタリは量子情報と物理の双方の観点から興味深い研究対象であることを見てきた．しかし，Haar ランダム・ユニタリの最大の欠点は，多数の qubit からなる量子回路や量子多体系で実現しようとすると，qubit 数に対して指数的に長い時間がかかってしまう点である．この問題を解決するのが，3 章で導入したユニタリ・デザインである．ユニタリ t-デザインとは，ユニタリ群 U(d) 上の確率測度 ν に対して定義される量子チャンネル

$$\mathcal{G}_\nu^{(t)}(O) = \mathbb{E}_{U \sim \nu}[U^{\otimes t} O U^{\otimes t\dagger}] \tag{17.1}$$

と Haar 測度 H を用いて，$\mathcal{G}_{U_t}^{(t)} = \mathcal{G}_H^{(t)}$ を満たす確率測度 U_t のことであった．

ユニタリ・デザインは，元々は数学のデザイン理論において提唱された．デザイン理論とは，大まかには「ある集合の性質をうまく近似するなるべく小さい部分集合を見つけるための理論」であり，その端緒は，1930 年代に R. A. Fisher が幾何学的配置問題を農業試験の効率化に応用したことにあると言われている．その後，数学的な枠組みが整備され，また，デザイン理論と誤り訂正符号の関係が指摘される等，他分野との関連においても研究が進んできた．

本章では，ユニタリ・デザインと，ユニタリ・デザインを固定された初期状態に作用させることで得られる状態デザインの数理について，系統的に解説する．以下では，H をユニタリ群 U(d) 上の Haar 測度とする．必要に応じて，H(d) などと書くこともある．また，t は常に正の整数とする．

17.1 モーメント演算子とフレーム・ポテンシャル

ユニタリ・デザインは (17.1) の量子チャンネルを用いて定められるが，他の方法でも定義できる．ユニタリ群上の一般の確率測度に対して定義されるモーメント演算子（*moment operators*）とフレーム・ポテンシャル（*frame potential*）は，特に便利な考え方である．本節ではその二つの概念を説明する．

■ 17.1.1 モーメント演算子

定義 17.1（モーメント演算子）　ユニタリ群 U(d) 上の確率測度 ν に対して，

$$M_t(\nu) := \mathbb{E}_{U \sim \nu}\left[U^{\otimes t} \otimes \bar{U}^{\otimes t}\right] \tag{17.2}$$

を，ν の t 次のモーメント演算子と呼ぶ．ただし，$\bar{\bullet}$ は固定された正規直交基底の下での複素共役である [*1]．

　モーメント演算子の名前の由来は，$M_t(\nu)$ が確率測度 ν の統計モーメントの性質を反映するものだからである．例えば，確率測度 ν から選ばれたランダム・ユニタリ $U \sim \nu$ を量子状態 ρ に作用させた後に物理量 O を測定し，最後に確率測度 ν で平均を取るとする．その物理量の平均値は，スワップ・トリックを用いることで，

$$\mathbb{E}_{U \sim \nu}\mathrm{Tr}\left[O(U\rho U^\dagger)\right] = \mathbb{E}_{U \sim \nu}\mathrm{Tr}\left[(O \otimes \rho)(U \otimes U^\dagger)\mathbb{F}\right] \tag{17.3}$$

$$= \mathbb{E}_{U \sim \nu}\mathrm{Tr}\left[(O \otimes \rho)T_2(U \otimes \bar{U})\mathbb{F}\right] \tag{17.4}$$

$$= \mathrm{Tr}\left[(O \otimes \rho)T_2\big(M_1(\nu)\big)\mathbb{F}\right] \tag{17.5}$$

と，$t = 1$ のモーメント演算子 $M_1(\nu)$ を用いて表現できる．ここで，T_2 はテンソル積の二つ目の系の転置を表す．同様に，ν の二次の統計モーメント，つまり，分散の計算で現れる二乗の項は，$M_2(\nu)$ を用いると，

$$\mathbb{E}_{U \sim \nu}\Big(\mathrm{Tr}\left[O(U\rho U^\dagger)\right]\Big)^2 = \mathbb{E}_{U \sim \nu}\mathrm{Tr}\left[\big((O \otimes \rho)(U \otimes U^\dagger)\mathbb{F}\big)^{\otimes 2}\right] \tag{17.6}$$

$$= \mathrm{Tr}\left[(O \otimes \rho)^{\otimes 2}T_{24}\big(M_2(\nu)\big)\mathbb{F}^{\otimes 2}\right] \tag{17.7}$$

と表現できる．ここで，T_{24} は，テンソル積における二つ目と四つ目の系の転置である．これらの例から分かるとおり，モーメント演算子 $M_t(\nu)$ が分かれば，任意の物理量の期待値に対する ν の統計モーメントを計算できる．

　モーメント演算子に関連して，補題を一つ示しておこう．そのためにまず，4.4.1 項で導入した写像 $1 \to 1$ ノルム（定義 4.9）を拡張した写像の $2 \to 2$ ノルムを導入する．

定義 17.2（写像の $2 \to 2$ ノルム）　写像 $\mathcal{X}^{A \to B} : \mathcal{B}(\mathcal{H}^A) \to \mathcal{B}(\mathcal{H}^B)$ に対して，

$$\left\|\mathcal{X}^{A \to B}\right\|_{2 \to 2} := \max_{X(\neq 0) \in \mathcal{B}(\mathcal{H}^A)} \frac{\left\|\mathcal{X}^{A \to B}(X^A)\right\|_2}{\left\|X^A\right\|_2} \tag{17.8}$$

を $2 \to 2$ ノルムと呼ぶ．

　写像の $2 \to 2$ ノルムは，任意の写像 $\mathcal{E}^{A \to B}$ に対して，

$$\|\mathcal{E}\|_{2 \to 2} \leq \sqrt{d_A}\|\mathcal{E}\|_{1 \to 1}, \quad \|\mathcal{E}\|_{1 \to 1} \leq \sqrt{d_B}\|\mathcal{E}\|_{2 \to 2}, \quad \|\mathcal{E}\|_{\diamond} \leq \sqrt{d_A d_B}\|\mathcal{E}\|_{2 \to 2} \tag{17.9}$$

を満たすことが知られている．ただし，$d_A = \dim \mathcal{H}^A$，$d_B = \dim \mathcal{H}^B$ である[71]．

[*1]　モーメント演算子を定める際に，わざわざエルミート共役ではなく複素共役を用いることを不思議に思う読者もいるかもしれない．その理由はいくつか考えられるが，例えば，以下で説明するように，複素共役を用いた方が量子チャンネルとの対応が直接的になるという利点がある．また，複素共役で定めると群の表現論との親和性が高くなる．これらの事実は本章でおいおい分かるだろう．

補題 17.3　ユニタリ群 $U(d)$ 上の任意の確率測度 ν と μ に対して，それらのモーメント演算子 $M_t(\nu), M_t(\mu)$ は

$$\left\| M_t(\nu) - M_t(\mu) \right\|_\infty = \left\| \mathcal{G}_\nu^{(t)} - \mathcal{G}_\mu^{(t)} \right\|_{2 \to 2} \tag{17.10}$$

を満たす．ここで，$\mathcal{G}_\nu^{(t)}$ と $\mathcal{G}_\mu^{(t)}$ は (17.1) で与えられる量子チャンネルである．

証明（補題 17.3 の証明）　補題 17.3 を示すためには，ベクトルを行列に変換する線形写像

$$|\varphi\rangle = \sum_{j,k} \varphi_{jk} |e_j\rangle \otimes |\bar{e}_k\rangle \mapsto \varphi = \sum_{j,k} \varphi_{jk} |e_j\rangle\langle e_k| \tag{17.11}$$

を用いるとよい．この変換はベクトルの行列化と呼ばれ，逆変換である行列のベクトル化と併せて量子情報でよく用いられる．この写像は固定された正規直交基底 $\{|\bar{e}_j\rangle\}_j$ の下での部分転置に他ならないことに注意せよ．この写像によって $(A \otimes \bar{B})|\varphi\rangle$ は $A\varphi B^\dagger$ へと移るため，写像の線形性と併せて，

$$\left(\mathbb{E}_{U \sim \nu}[U^{\otimes t} \otimes \bar{U}^{\otimes t}] - \mathbb{E}_{U \sim \mu}[U^{\otimes t} \otimes \bar{U}^{\otimes t}] \right)|\varphi\rangle \mapsto \mathbb{E}_{U \sim \nu}[U^{\otimes t} \varphi U^{\otimes t\dagger}] - \mathbb{E}_{U \sim \mu}[U^{\otimes t} \varphi U^{\otimes t\dagger}] \tag{17.12}$$

が従う．よって，以下の練習問題 160 より，

$$\left\| \left(\mathbb{E}_{U \sim \nu}[U^{\otimes t} \otimes \bar{U}^{\otimes t}] - \mathbb{E}_{U \sim \mu}[U^{\otimes t} \otimes \bar{U}^{\otimes t}] \right)|\varphi\rangle \right\|_2 = \left\| \mathbb{E}_{U \sim \nu}[U^{\otimes t} \varphi U^{\otimes t\dagger}] - \mathbb{E}_{U \sim \mu}[U^{\otimes t} \varphi U^{\otimes t\dagger}] \right\|_2 \tag{17.13}$$

を得る．この両辺を規格化された $|\varphi\rangle$ で最大化すると，左辺はモーメント演算子の差の作用素ノルム，右辺は $\mathcal{G}_\nu^{(t)} - \mathcal{G}_\mu^{(t)}$ の $2 \to 2$ ノルムになるので，補題 17.3 が従う．　　□

練習問題 160　(17.11) で定まる写像の下で，Schatten 2-ノルムが保存すること，つまり，$|\varphi\rangle \mapsto \varphi$ に対して，$\||\varphi\rangle\|_2 = \|\varphi\|_2$ が成り立つことを示せ．

■ 17.1.2　フレーム・ポテンシャル

フレーム・ポテンシャルは，確率測度 ν がユニタリ群 $U(d)$ 上でどの程度一様であるかを定量化する指標であり，以下で定義される．

定義 17.4（フレーム・ポテンシャル）　ユニタリ群 $U(d)$ 上の確率測度 ν に対して，

$$F_t(\nu) := \mathbb{E}_{U, V \sim \nu}\left[\left| \mathrm{Tr}[U^\dagger V] \right|^{2t} \right] \tag{17.14}$$

を，ν の t 次のフレーム・ポテンシャルと呼ぶ．

フレーム・ポテンシャルを直観的に理解するためには，$\mathrm{Tr}[U^\dagger V]$ がユニタリ U, V の間の Hilbert–Schmidt 内積 $\langle U, V\rangle_{\mathrm{HS}}$ であることを用いて，フレーム・ポテンシャルを

$$F_t(\nu) = \mathbb{E}_{U, V \sim \nu}\left[\left| \langle U, V\rangle_{\mathrm{HS}} \right|^{2t} \right] \tag{17.15}$$

と書き換えるとよい．行列の Hilbert–Schmidt 内積の絶対値は，行列全体の集合がなすベクトル空間において二つのベクトル（＝行列）がなす角度を与え，二つのベクトルが直交するときに最小値 0 を取る．多くの場合は $|\langle U, V\rangle_{\mathrm{HS}}| > 1$ であるから，フレーム・ポテンシャルに現れる Hilbert–Schmidt 内積の絶対値の $2t$ 乗は，直交していないユニ

タリ行列二つに対するペナルティの大きさを変更するパラメータとみなせる．したがって，確率測度 ν がユニタリ群 U(d) 上で偏っている場合には一般的にはフレーム・ポテンシャルが大きくなる．この直観的理解は実際に正しく，次節では一様な確率測度である Haar 測度 H が任意の t に対するフレーム・ポテンシャルを最小化することを見る．

17.2　Haar 測度の一般的な性質

本書を通じて用いてきた Haar ランダム・ユニタリは Haar 測度を用いて定まる．この Haar 測度をモーメント演算子とフレーム・ポテンシャルを用いて特徴付けておこう．

■17.2.1　Haar 測度のモーメント演算子

Haar 測度をモーメント演算子の観点から理解するためには，$\mathcal{H} = \mathbb{C}^d$ として，モーメント演算子に現れる $U^{\otimes t} \otimes \bar{U}^{\otimes t}$ を，ユニタリ群 U(d) のヒルベルト空間 $\mathcal{H}^{\otimes 2t}$ 上の表現とみなすのがよい [*2)]．

群 G の（有限次元）表現とは，G から表現空間と呼ばれる有限次元ベクトル空間 V 上の正規行列への写像 T で，$T(gh) = T(g)T(h)\,(\forall g, h \in G)$ を満たすものをいう．ユニタリ群 U(d) からヒルベルト空間 $\mathcal{H}^{\otimes 2t}$ に作用するユニタリ群 U($\mathcal{H}^{\otimes 2t}$) への写像 π_t を

$$\pi_t : U \mapsto U^{\otimes t} \otimes \bar{U}^{\otimes t} \tag{17.16}$$

とおけば，この写像は確かに $\pi_t(UV) = \pi_t(U)\pi_t(V)$ を満たすため，π_t はユニタリ群 U(d) の表現である [*3)]．この言葉を用いると，Haar 測度のモーメント演算子 $M_t(\mathsf{H})$ は表現 $\pi_t(U)$ を Haar 測度で平均を取ったものに他ならない．この事実から，$M_t(\mathsf{H})$ が π_t の自明な既約表現空間への射影演算子になることを示せる．ここでは既約表現についての詳細な説明は省くが，直観的に分かりやすい形でこの事実を説明する．

まず，表現 $\pi_t(U) = U^{\otimes t} \otimes \bar{U}^{\otimes t}$ の表現空間 $\mathcal{H}^{\otimes 2t}$ を，

$$\mathcal{H}^{\otimes 2t} = \bigoplus_j \mathcal{H}_j^{\lambda_j} \tag{17.17}$$

と既約分解（*irreducible decomposition*）する．ここで，各部分空間 $\mathcal{H}_j$ は既約部分空間 [*4)] と呼ばれるもので，異なる j は非同値な既約表現に対応し，λ_j は重複度である [*5)]．この表現空間の既約分解に従って，U の表現 $\pi_t(U)$ は，

[*2)]　数学的には，ユニタリ群 U(d) が自然に作用する d 次元ヒルベルト空間 $\mathcal{H} = \mathbb{C}^d$ に対して複素共役表現空間 $\bar{\mathcal{H}}$ を定め，「ユニタリ群 U(d) の $\mathcal{H}^{\otimes t} \otimes \bar{\mathcal{H}}^{\otimes t}$ 上での表現」と考えた方が適切である．本書では過分に数学的になることを避けるために，このような言葉遣いを用いている．

[*3)]　これが，エルミート共役ではなく複素共役を用いる一つの理由といえる．エルミート共役の場合は，後半の積の順序が逆転することに注意せよ．

[*4)]　部分空間 $\mathcal{H}_j$ が既約であるとは，$\mathcal{H}_j$ のさらなる部分空間で，任意のユニタリ U に対して $\pi_t(U)$ 不変になるものが $\mathcal{H}_j$ そのものか空集合に限られることを意味する．

[*5)]　既約表現の同値性や重複度はここでの議論では重要ではないため，説明は省略する．

$$\pi_t(U) = \bigoplus_j D_j(U) \tag{17.18}$$

と既約分解される．ただし，$D_j(U) \in \mathsf{U}(\mathcal{H}_j^{\lambda_j})$ である．この既約分解 (17.18) は，全ての $U \in \mathsf{U}(d)$ を実数 1 に写す自明な既約表現を含むことに注意せよ．

表現 π_t を用いると，Haar 測度に対するモーメント演算子 $M_t(\mathsf{H})$ は，

$$M_t(\mathsf{H}) = \mathbb{E}_{U \sim \mathsf{H}}[\pi_t(U)] = \bigoplus_j \mathbb{E}_{U \sim \mathsf{H}}[D_j(U)] \tag{17.19}$$

と書ける．ここで，*Schur* の直交関係を用いる．Schur の直交関係とは，U の非同値な既約表現 $D_j(U)$ と $D_k(U)$ の行列要素が自然な内積の下で直交することを示唆するものである．より具体的には，各行列 $D_j(U)$ の成分を $D_j(U)_{\alpha\beta}$ として，$j \neq k$ の場合は，

$$\mathbb{E}_{U \sim \mathsf{H}}[\overline{D_j(U)_{\alpha\beta}} D_k(U)_{\alpha'\beta'}] = 0 \tag{17.20}$$

が，任意の α，β，α'，β' に対して成り立つ．ただし，$\overline{\bullet}$ は複素共役である．ここで，D_j として自明な既約表現を取り，D_k を任意の非自明な既約表現を取る．自明な既約表現については，その定義から任意の U に対して $D_j(U) = 1$ なので，全ての非自明な既約表現に対して $\mathbb{E}_{U \sim \mathsf{H}}[(D_k(U))_{\alpha\beta}] = 0$ が成り立つ．これは，非自明な既約表現は Haar 測度で平均を取るとゼロ行列 O になることを意味する．この事実を (17.19) に代入すれば，

$$M_t(\mathsf{H}) = \underbrace{1 \oplus \cdots \oplus 1}_{\text{自明な既約表現}} \oplus O \tag{17.21}$$

と，Haar 測度のモーメント演算子 $M_t(\mathsf{H})$ が自明な既約表現空間への射影演算子で与えられることが分かる．以下ではその射影演算子を Π_{H} と表す．

以下の補題は，Π_{H} を具体的に特徴付けるものである．

補題 17.5　Haar 測度のモーメント演算子 $M_t(\mathsf{H}) = \Pi_{\mathsf{H}}$ のサポートは，t 次の対称群 $\mathfrak{S}_t$ を用いて，

$$\mathrm{supp}[\Pi_{\mathsf{H}}] = \mathrm{span}\{|\Phi_\sigma\rangle \in \mathcal{H}_d^{\otimes 2t} : \sigma \in \mathfrak{S}_t\} \tag{17.22}$$

で与えられる．ここで $|\Phi_\sigma\rangle \in \mathcal{H}_d^{\otimes 2t}$ は，$\mathcal{H}_d$ の固定した正規直交基底 $\{|e_j\rangle\}_{j=0}^{d-1}$ を用いて，

$$|\Phi_\sigma\rangle = d^{-t/2} \sum_{\vec{j}} |e_{\vec{j}}\rangle \otimes |e_{\sigma(\vec{j})}\rangle \tag{17.23}$$

によって定められる量子状態である．$\vec{j} = j_1 \ldots j_t \in \{0, \ldots, d-1\}^t$ であり，$|e_{\vec{j}}\rangle = |e_{j_1}\rangle \otimes \cdots \otimes |e_{j_t}\rangle$，および，$\sigma(\vec{j}) = j_{\sigma(1)} \ldots j_{\sigma(t)}$ という表記を用いた．

証明（補題 17.5 の証明）　Haar 測度のモーメント演算子 $M_t(\mathsf{H})$ のサポートは

$$\mathrm{span}\{M_t(\mathsf{H})|v\rangle : |v\rangle \in \mathcal{H}_d^{\otimes 2t}\} \tag{17.24}$$

である．ここで，$M_t(\mathsf{H})|v\rangle$ を固定した正規直交基底 $\{|e_j\rangle\}_j$ の下で行列化すると，$|v\rangle$ の行列化 $v \in \mathcal{B}(\mathcal{H}_d^{\otimes t})$ を用いて，$M_t(\mathsf{H})|v\rangle \mapsto \mathbb{E}_{U \sim \mathsf{H}}[U^{\otimes t} v U^{\otimes t\dagger}]$ を得る．この右辺の演算子は Schur–Weyl 双対（定理 3.8）より，置換ユニタリ $V_\sigma \in \mathcal{B}(\mathcal{H}_d^{\otimes t})$ と σ に依存する係数 c_σ を用いて，

$$\mathbb{E}_{U \sim \mathsf{H}}\left[U^{\otimes t} v U^{\otimes t\dagger}\right] = \sum_{\sigma \in \mathfrak{S}_t} c_\sigma V_\sigma \tag{17.25}$$

と書き下せる. さらに, 置換ユニタリは $V_\sigma = \sum_{\vec{j}} |e_{\vec{j}}\rangle\langle e_{\sigma(\vec{j})}|$ と書けるが, これを (17.25) に代入してベクトル化すれば,

$$M_t(\mathsf{H})|v\rangle = \sum_{\vec{j}} \sum_{\sigma \in \mathfrak{S}_t} c_\sigma |e_{\vec{j}}\rangle \otimes |\bar{e}_{\sigma(\vec{j})}\rangle = d^{t/2} \sum_{\sigma \in \mathfrak{S}_t} c_\sigma |\Phi_\sigma\rangle \tag{17.26}$$

を得る. よって, $\mathrm{span}\{M_t(\mathsf{H})|v\rangle : |v\rangle \in \mathcal{H}_d^{\otimes 2t}\} \subseteq \mathrm{span}\{|\Phi_\sigma\rangle\}_{\sigma \in \mathfrak{S}_t}$ が成り立つ.

一方で, 最大エンタングル状態の性質（命題 3.21 の性質 5）を用いると, $|\Phi_\sigma\rangle$ は $M_t(\mathsf{H})|\Phi_\sigma\rangle = |\Phi_\sigma\rangle$ を満たすことが分かるので, $\mathrm{span}\{M_t(\mathsf{H})|v\rangle : |v\rangle \in \mathcal{H}_d^{\otimes 2t}\} \supseteq \mathrm{span}\{|\Phi_\sigma\rangle\}_{\sigma \in \mathfrak{S}_t}$ も従う. 以上より,

$$\mathrm{span}\left\{M_t(\mathsf{H})|v\rangle : |v\rangle \in \mathcal{H}_d^{\otimes 2t}\right\} = \mathrm{span}\left\{|\Phi_\sigma\rangle \in \mathcal{H}_d^{\otimes 2t} : \sigma \in \mathfrak{S}_t\right\} \tag{17.27}$$

が示された. □

■17.2.2　Haar 測度のフレーム・ポテンシャル

次に, Haar 測度のフレーム・ポテンシャルを説明する. 一般に, ユニタリ群 $\mathsf{U}(d)$ 上の任意の確率測度 v の t 次フレーム・ポテンシャル $F_t(v)$ は, t 次モーメント演算子の 2-ノルムの二乗で与えられる. 実際, 直接的な計算によって,

$$F_t(v) = \left\|M_t(v)\right\|_2^2 = \mathrm{Tr}[M_t(v)^\dagger M_t(v)] \tag{17.28}$$

を確かめられる. さらに Haar 測度に対しては, ユニタリ不変性を用いることで,

$$F_t(\mathsf{H}) = \mathbb{E}_{U, V \sim \mathsf{H}}\left[\left|\mathrm{Tr}[U^\dagger V]\right|^{2t}\right] = \mathbb{E}_{V \sim \mathsf{H}}\left[\left|\mathrm{Tr}[V]\right|^{2t}\right] = \mathrm{Tr}[M_t(\mathsf{H})] \tag{17.29}$$

を得る. ここで, Haar 測度のモーメント演算子が (17.21) のように射影演算子で与えられることを思い出すと, Haar 測度のフレーム・ポテンシャル $F_t(\mathsf{H})$ は, ユニタリ群の表現 π_t の自明な既約表現の個数で与えられることが分かる. その個数を数え上げることで, 以下の定理を得る. 証明は文献[72,73]を参照されたい.

定理 17.6（*Haar* 測度のフレーム・ポテンシャル）　ユニタリ群 $\mathsf{U}(d)$ 上の Haar 測度 H の t 次フレーム・ポテンシャル $F_t(\mathsf{H})$ は, σ を t 次の対称群 $\mathfrak{S}_t$ の元として, 長さ t の数列 $(\sigma(1), \sigma(2), \ldots, \sigma(t))$ が d よりも長い非増加部分数列を含まない σ の個数で与えられる. 特に, $d \geq t$ の場合は $F_t(\mathsf{H}) = t!$ である.

定理 17.6 に現れる「非増加部分数列」について補足しておこう. 例えば, $t = 6$ として, $(1,2,3,4,5,6)$ を $s = (3,1,5,6,4,2)$ と並び替える $\sigma \in \mathfrak{S}_6$ を考える. このとき, s は $(3,1), (3,2), (5,4), (5,2), (5,4,2), (6,4), (6,2), (6,4,2), (4,2)$ という非増加部分数列を含んでいる. ここで, s の部分数列と言った場合には, s に現れる順番を保つ限りは, 例えば $(3,2)$ のようにとびとびに数字を抜き出してもよいことには注意されたい. こうして非増加部分数列を羅列することで, s に含まれる最も長い非増加部分列の長さが 3 であることが分かるだろう.

練習問題 161　$d \geq t$ の場合に，$F_t(\mathsf{H}) = t!$ であることを確認せよ．また，$(d,t) = (2,3),(2,4)$ の場合には，$F_t(\mathsf{H}) = 5,14$ であることを示せ．実は，$d = 2$ の場合には，

$$F_t(\mathsf{H}) = \frac{(2t)!}{t!(t+1)!} \tag{17.30}$$

が成り立つことが知られている．

　フレーム・ポテンシャルとモーメント演算子の関係を用いると，Haar 測度のフレーム・ポテンシャル $F_t(\mathsf{H})$ は全ての確率測度の中で最小値を取ることが示せる．この主張は，前節で述べたフレーム・ポテンシャルは確率測度の一様性の指標という事実を反映している．

定理 17.7　ユニタリ群 $\mathsf{U}(d)$ 上の全ての確率測度 v は，$F_t(v) \geq F_t(\mathsf{H})$ を満たす．等号成立の必要十分条件は，$M_t(v) = M_t(\mathsf{H})$ が成り立つことである．

証明（定理 17.7 の証明）　Haar 測度のユニタリ不変性から，

$$\left\| M_t(v) - M_t(\mathsf{H}) \right\|_2^2 = F_t(v) - F_t(\mathsf{H}) \tag{17.31}$$

が従う．この左辺は非負なので $F_t(v) \geq F_t(\mathsf{H})$ が従う．等号成立条件はノルムがゼロの条件より自明に従う．　　　　　　　　　　　　　　　　　　　　　　　　　　□

練習問題 162　(17.31) を示せ．

17.3　ユニタリ t-デザインと状態 t-デザイン

　以上の Haar 測度の特徴を踏まえた上で，ユニタリ t-デザインと状態 t-デザインについて系統的に説明しよう．3 章で既にユニタリ t-デザインを定義したが，ここでは近似的ユニタリ t-デザイン（*approximate unitary t-designs*）を導入する．また，近似的ユニタリ t-デザインを任意の純粋状態に対して作用させることで生成される近似的状態 t-デザイン（*approximate state t-designs*）についても説明する．

17.3.1　近似的ユニタリ t-デザイン

　ユニタリ t-デザイン U_t は $\mathcal{G}_{\mathsf{U}_t}^{(t)} = \mathcal{G}_{\mathsf{H}}^{(t)}$ によって定まる確率測度であった．量子チャネル $\mathcal{G}_v^{(t)}$ の定義については，(17.1) 等を参照せよ．この関係を近似的に満たす確率測度を近似的ユニタリ t-デザインと呼ぶ．

定義 17.8（近似的ユニタリ t-デザイン）　正の数 $\epsilon \geq 0$ とユニタリ群 $\mathsf{U}(d)$ 上の確率測度 U_t^ϵ が $\left\| \mathcal{G}_{\mathsf{H}}^{(t)} - \mathcal{G}_{\mathsf{U}_t^\epsilon}^{(t)} \right\|_\diamond \leq \epsilon$ を満たすとき，U_t^ϵ を ϵ-近似的ユニタリ t-デザインと呼ぶ．

　近似的ユニタリ t-デザインの近似の度合い ϵ をゼロとすることで，我々がこれまでユニタリ t-デザインと呼んでいたものを得る．この点を強調したい際には，$\epsilon = 0$ のデザインを誤差のないユニタリ t-デザイン（*exact unitary t-design*）と呼ぶ．定義から明らか

に、Haar 測度は任意の t に対する誤差のないユニタリ t-デザインなので、任意の t に対して誤差のないユニタリ t-デザインは少なくとも一つ存在することが分かる。また、一般的な議論から、有限個のユニタリから構成される集合で、その集合上の一様分布が誤差なしのユニタリ t-デザインとなるものが存在することも示せる。このように、各 t に対して、ユニタリ t-デザインは数多く存在する。

練習問題 163 ϵ 近似的なユニタリ t-デザインは、ϵ 近似的なユニタリ $(t-1)$-デザインであることを示せ。

Haar 測度を特徴付けるのに便利であったモーメント演算子やフレーム・ポテンシャルを用いてユニタリ t-デザインを特徴付けることもできる。特に、誤差のないユニタリ t-デザインに関しては以下の定理が成り立つ。

定理 17.9 ユニタリ群 $U(d)$ 上の確率測度 v に対して、以下は全て同値である。

1) v が誤差のないユニタリ t-デザインである。

2) v のモーメント演算子 $M_t(v)$ が、$M_t(v) = M_t(\mathsf{H})$ を満たす。

3) ユニタリ U を固定された正規直交基底で行列表示した際の行列要素を U_{jk} とすると、全ての $(j_1,\ldots,j_{2t}),(k_1,\ldots,k_{2t}) \in \{0,\ldots,d-1\}^{2t}$ に対して、

$$\mathbb{E}_{U \sim v}\left[U_{j_1 k_1} \cdots U_{j_t k_t} \bar{U}_{j_{t+1} k_{t+1}} \cdots \bar{U}_{j_{2t} k_{2t}}\right] = \mathbb{E}_{U \sim \mathsf{H}}\left[U_{j_1 k_1} \cdots U_{j_t k_t} \bar{U}_{j_{t+1} k_{t+1}} \cdots \bar{U}_{j_{2t} k_{2t}}\right]$$

(17.32)

が成り立つ。

4) v のフレーム・ポテンシャルが、$F_t(\mathsf{H}) = F_t(v)$ を満たす。

証明（定理 17.9 の証明） まず 1) と 2) が同値であることを示す。補題 17.3 より、v と H に対して、

$$\left\|M_t(v) - M_t(\mathsf{H})\right\|_\infty = \left\|\mathcal{G}_v^{(t)} - \mathcal{G}_{\mathsf{H}}^{(t)}\right\|_{2 \to 2}$$

(17.33)

が成り立つ。したがって、$\mathcal{G}_v^{(t)} = \mathcal{G}_{\mathsf{H}}^{(t)}$ であること、つまり、v が誤差のないユニタリ t-デザインであることと、$M_t(v) = M_t(\mathsf{H})$ であることは同値である。さらに、モーメント演算子の等式 $M_t(v) = M_t(\mathsf{H})$ を行列表示して両辺の行列要素を比較することで、2) と 3) が同値であることも分かる。最後に、定理 17.7 より 2) と 4) も同値である。 $\square$

近似的なユニタリ・デザインに対しても同様の関係が成り立つが、その場合は各特徴付けが異なる近似精度を与えることに注意が必要である。

命題 17.10 ユニタリ群 $U(d)$ 上の確率測度 v が以下のいずれかの条件を満たすとき、v は ϵ 近似的ユニタリ t-デザインである。

1) $\left\|M_t(\mathsf{H}) - M_t(v)\right\|_1 \le \epsilon/d^t$。

2) $F_t(v) \le F_t(\mathsf{H}) + \epsilon^2/d^{2t}$。

3) $\max\left|\mathbb{E}_{U \sim v}\left[f_t(U:\boldsymbol{j},\boldsymbol{k})\right] - \mathbb{E}_{U \sim \mathsf{H}}\left[f_t(U:\boldsymbol{j},\boldsymbol{k})\right]\right| \le \epsilon/d^{3t}$。

ただし、最後の条件では、$\boldsymbol{j} = j_1 \ldots j_{2t} \in \{0,\ldots,d-1\}^{2t}$ と $\boldsymbol{k} = k_1 \ldots k_{2t} \in \{0,\ldots,d-1\}^{2t}$ と

いう表記を用いて,

$$f_t(U : \boldsymbol{j}, \boldsymbol{k}) = U_{j_1 k_1} \cdots U_{j_t k_t} \bar{U}_{j_{t+1} k_{t+1}} \cdots \bar{U}_{j_{2t} k_{2t}} \tag{17.34}$$

と定め,最大化は全ての $\boldsymbol{j}, \boldsymbol{k} \in \{0,\ldots,d-1\}^{2t}$ に対して取る.

証明(命題 17.10 の証明) まず 1) が成り立つときに,ν が ϵ 近似的なユニタリ t-デザインであることを示す.補題 17.3 と (17.9) より,

$$\|M_t(\mathsf{H}) - M_t(\nu)\|_\infty = \|\mathcal{G}_\mathsf{H}^{(t)} - \mathcal{G}_\nu^{(t)}\|_{2\to 2} \geq d^{-t} \|\mathcal{G}_\mathsf{H}^{(t)} - \mathcal{G}_\nu^{(t)}\|_\diamond \tag{17.35}$$

が成り立つ.ここで,$\|\bullet\|_1 \geq \|\bullet\|_\infty$ であることから,

$$\|\mathcal{G}_\mathsf{H}^{(t)} - \mathcal{G}_\nu^{(t)}\|_\diamond \leq d^t \|M_t(\mathsf{H}) - M_t(\nu)\|_1 \tag{17.36}$$

を得る.したがって,1) が満たされていれば,ν は ϵ 近似的なユニタリ t-デザインである.
次に 2) を考える.定理 17.7 の証明で用いた (17.31) と $\|\bullet\|_2 \geq \|\bullet\|_\infty$ より,

$$F_t(\nu) - F_t(\mathsf{H}) = \|M_t(\mathsf{H}) - M_t(\nu)\|_2^2 \tag{17.37}$$

$$\geq \|M_t(\mathsf{H}) - M_t(\nu)\|_\infty^2 \tag{17.38}$$

$$\geq d^{-2t} \|\mathcal{G}_\mathsf{H}^{(t)} - \mathcal{G}_\nu^{(t)}\|_\diamond^2 \tag{17.39}$$

が従う.最後の式では (17.35) を用いた.よって,

$$\|\mathcal{G}_\mathsf{H}^{(t)} - \mathcal{G}_\nu^{(t)}\|_\diamond \leq d^t \sqrt{F_t(\nu) - F_t(\mathsf{H})} \tag{17.40}$$

が成り立つので,2) が満たされていれば ν は ϵ 近似的なユニタリ t-デザインである.
3) に関しては,まず,任意の $O \in \mathcal{B}((\mathcal{H}_d)^{\otimes t})$ を,3) の行列要素を定める正規直交基底で,$\sum_{\vec{j}, \vec{k}} O_{\vec{j}\vec{k}} |\vec{j}\rangle\langle\vec{k}|$ と展開する.ただし,$\vec{j} = j_1 \ldots j_t \in \{0,\ldots,d-1\}^t$ 等である.この展開を用いると,三角不等式より,

$$\|\mathcal{G}_\mathsf{H}^{(t)}(O) - \mathcal{G}_\nu^{(t)}(O)\|_2 \leq \sum_{\vec{j}, \vec{k}} |O_{\vec{j}\vec{k}}| \|\mathcal{G}_\mathsf{H}^{(t)}(|\vec{j}\rangle\langle\vec{k}|) - \mathcal{G}_\nu^{(t)}(|\vec{j}\rangle\langle\vec{k}|)\|_2 \tag{17.41}$$

を得る.ここで,$\|\mathcal{G}_\mathsf{H}^{(t)}(|\vec{j}\rangle\langle\vec{k}|) - \mathcal{G}_\nu^{(t)}(|\vec{j}\rangle\langle\vec{k}|)\|_2$ は,$\mathcal{G}_\mathsf{H}^{(t)}(|\vec{j}\rangle\langle\vec{k}|) - \mathcal{G}_\nu^{(t)}(|\vec{j}\rangle\langle\vec{k}|)$ を 3) で用いた正規直交基底で行列表現したときの,各行列要素の絶対値の二乗和のルートに等しい.$(\vec{i}, \vec{l})$ の行列要素の絶対値を具体的に書き下すと,

$$\left| \mathbb{E}_{U \sim \mathsf{H}}\left[U_{i_1 j_1} \cdots U_{i_t j_t} \bar{U}_{l_1 k_1} \cdots \bar{U}_{l_t k_t} \right] - \mathbb{E}_{U \sim \nu}\left[U_{i_1 j_1} \cdots U_{i_t j_t} \bar{U}_{l_1 k_1} \cdots \bar{U}_{l_t k_t} \right] \right| \tag{17.42}$$

となるが,平均の中身はラベルを付け替えれば (17.34) に他ならない.仮定よりこの絶対値は全て ϵ/d^{3t} よりも小さいため,行列要素の個数が d^{2t} 個であることに気を付けて,

$$\|\mathcal{G}_\mathsf{H}^{(t)}(O) - \mathcal{G}_\nu^{(t)}(O)\|_2 \leq \frac{\epsilon}{d^{2t}} \sum_{\vec{j}, \vec{k}} |O_{\vec{j}\vec{k}}| \tag{17.43}$$

を得る.さらに $f(x) = \sqrt{x}$ の凹性を用いると,

$$\frac{1}{d^{2t}} \sum_{\vec{j}, \vec{k}} |O_{\vec{j}\vec{k}}| = \frac{1}{d^{2t}} \sum_{\vec{j}, \vec{k}} \sqrt{|O_{\vec{j}\vec{k}}|^2} \leq \sqrt{\frac{1}{d^{2t}} \sum_{\vec{j}, \vec{k}} |O_{\vec{j}\vec{k}}|^2} = \frac{1}{d^t} \sqrt{\sum_{\vec{j}, \vec{k}} |O_{\vec{j}\vec{k}}|^2} \tag{17.44}$$

が成り立つことが分かるので,

$$\sum_{\vec{j},\vec{k}} |O_{\vec{j}\vec{k}}| \le d^t \sqrt{\sum_{\vec{j},\vec{k}} |O_{\vec{j}\vec{k}}|^2} = d^t \|O\|_2 \tag{17.45}$$

である. よって, ゼロ演算子ではない任意の $O \in \mathcal{B}((\mathcal{H}_d)^{\otimes t})$ に対して

$$\frac{\|\mathcal{G}_{\mathsf{H}}^{(t)}(O) - \mathcal{G}_{\nu}^{(t)}(O)\|_2}{\|O\|_2} \le \frac{\epsilon}{d^t} \tag{17.46}$$

が成り立つことが分かった. これは, $\|\mathcal{G}_{\mathsf{H}}^{(t)} - \mathcal{G}_{\nu}^{(t)}\|_{2\to 2} \le \epsilon/d^t$ を意味する. 最後に (17.9) を用いると, $\|\mathcal{G}_{\mathsf{H}}^{(t)} - \mathcal{G}_{\nu}^{(t)}\|_\diamond \le \epsilon$ が成り立ち, ν が ϵ 近似的なユニタリ t-デザインであることが示された. □

　このように様々な方法で特徴付けられる ϵ 近似的なユニタリ t-デザインだが, 離散集合上の一様確率測度がユニタリ・デザインになるために必要なユニタリの個数の下界も知られている.

命題 17.11　ユニタリ群 $\mathsf{U}(d)$ が $d \ge t$ を満たすとする. ユニタリの離散集合 $\{U_j\}_{j=1}^K$ 上の一様な確率測度 ν が誤差のないユニタリ t-デザインであるとき, $K \ge d^{2t}/t!$ である. また, その確率測度 ν が ϵ 近似的なユニタリ t-デザインであるときには,

$$K \ge \left(1 - \frac{\epsilon}{2}\right)\binom{d+t-1}{t}^2 \tag{17.47}$$

が成り立つ.

証明(命題 17.11)　定理 17.6 より, $d \ge t$ の場合の誤差のないユニタリ t-デザインのフレーム・ポテンシャルは $t!$ である. 一方で, $\{U_j\}_{j=1}^K$ 上の一様な確率測度 ν に対して,

$$F_t(\nu) = \frac{1}{K^2} \sum_{j,k=1}^K |\mathrm{Tr}[U_j^\dagger U_k]|^{2t} \tag{17.48}$$

$$\ge \frac{1}{K^2} \sum_{j=1}^K |\mathrm{Tr}[U_j^\dagger U_j]|^{2t} \tag{17.49}$$

$$= \frac{1}{K^2} \sum_{j=1}^K |\mathrm{Tr}[I]|^{2t} = \frac{d^{2t}}{K} \tag{17.50}$$

が成り立つ. したがって, 確率測度 ν が誤差のないユニタリ t-デザインになるためには, $d^{2t}/K \le t!$ が満たされる必要がある.

　一方で, ϵ 近似的なユニタリ t-デザインに対しては, 量子チャンネル $\mathcal{G}_\nu^{(t)}$ を用いた以下の議論から下界を得ることができる. まず, 各ユニタリが d 次元ヒルベルト空間 $\mathcal{H}_d$ に作用するとし, $\mathcal{H}_d^{\otimes t}$ の対称部分空間 [*6] を $\mathcal{H}_{\mathrm{sym}}^{(t)}$ と表すことにする. 対称部分空間の二階テンソル積空間 $\mathcal{H}_{\mathrm{sym}}^{(t)} \otimes \mathcal{H}_{\mathrm{sym}}^{(t)}$ の最大エンタングル状態を $|\Phi_t\rangle$ とし, 片方の対称部

[*6]　任意の置換ユニタリ V_σ $(\sigma \in \mathfrak{S}_t)$ の作用に対して不変な純粋状態によって張られる空間のこと.

分空間に $\mathcal{G}_\mathsf{H}^{(t)}$ を作用させることを考える. 対称部分空間が $U \mapsto U^{\otimes t}$ という表現に対して既約であることに気を付けると,

$$\left(\mathcal{G}^{(t)}(v) \otimes \mathrm{id}\right)\left(|\Phi_t\rangle\langle\Phi_t|\right) = \pi_\mathrm{sym}^{\otimes 2} \tag{17.51}$$

となることが分かる. ここで, $\pi_\mathrm{sym}^{(t)}$ は対称部分空間 $\mathcal{H}_\mathrm{sym}^{(t)}$ 上の完全混合状態である.

さて, $\{U_j\}_{j=1}^K$ 上の一様な確率測度 v が ϵ 近似的なユニタリ t-デザインであるとき, 定義より,

$$\left\|\frac{1}{K}\sum_{j=1}^K \left(U_j^{\otimes t} \otimes I\right)|\Phi_t\rangle\langle\Phi_t|\left(U_j^{\dagger \otimes t} \otimes I\right) - \left(\mathcal{G}_\mathsf{H}^{(t)} \otimes \mathrm{id}\right)\left(|\Phi_t\rangle\langle\Phi_t|\right)\right\|_1 \le \epsilon \tag{17.52}$$

を満たすので,

$$\left\|\frac{1}{K}\sum_{j=1}^K \left(U_j^{\otimes t} \otimes I\right)|\Phi_t\rangle\langle\Phi_t|\left(U_j^{\dagger \otimes t} \otimes I\right) - \pi_\mathrm{sym}^{\otimes 2}\right\|_1 \le \epsilon \tag{17.53}$$

が成り立つ. 左辺の v で平均を取った量子状態は, K 個のベクトルの確率混合なので, そのランクは最大でも K である. さらに, 一般にランク r の量子状態 $\rho \in \mathcal{S}(\mathcal{H}^{\otimes 2t})$ は, $D = \dim \mathcal{H}_\mathrm{sym}^{(t)} = \binom{d+t-1}{t}$ として,

$$\|\rho - \pi_\mathrm{sym}^{\otimes 2}\|_1 \ge \frac{2(D^2 - r)}{D^2} \tag{17.54}$$

を満たす. よって, $\{U_j\}_{j=1}^K$ 上の一様確率測度 v が ϵ 近似的なユニタリ t-デザインであるとき, $2(D^2 - K)/D^2 \le \epsilon$ が成り立つ. これを整理して (17.47) を得る. □

練習問題 164 対称空間の次元が $\dim \mathcal{H}_\mathrm{sym}^{(t)} = \binom{d+t-1}{t}$ であることを示せ.

命題 17.11 より, 例えば n-qubit のユニタリ t-デザインを実現するためには, 誤差なしの場合は $\mathcal{O}(2^{2nt}/t!)$ 個以上 [*7], 近似を許す場合でも大まかには $\mathcal{O}(2^{2nt}/t!^2)$ 個以上のユニタリが必要であることが分かる. つまり, 誤差なしの場合も近似的の場合も, ユニタリ・デザインを実現するためには, qubit 数 n に対して指数的に多くのユニタリからなる集合を考えることが必須である. ユニタリ・デザインが大きな集合でなければならないという事実は, ユニタリ・デザインが「Haar 測度＝ユニタリ群 U(2^n) の一様確率測度を近似するもの」であることを思い出すと, 直観的にも納得がいくだろう.

命題 17.11 と, 17.1 節で説明した「フレーム・ポテンシャルを最小化することは, Hilbert–Schmidt 内積の下で可能な限り互いに直交するユニタリの集合を見つけてくること」という直観的理解を組み合わせると, ユニタリ群上でのユニタリ・デザインの分布をイメージしやすい. 後者の説明だけからは, 「互いに厳密に直交するユニタリの集合」がユニタリ t-デザインになるようにも思える. しかし, 命題 17.11 がユニタリ t-デザインが含むべきユニタリの最低限の個数を与えるため, 厳密に直交するユニタリだけでユニタリ t-デザインを構成することはできない. ユニタリ t-デザインのこころは, 命題 17.11 が定める個数以上のユニタリを, 可能な限り直交性を保つようにユニタリ群上にうまく分布させよ, という点にある.

[*7] 誤差なしの場合の下界はやや改善できる. よりよい下界については文献[74] を参照されたい.

■17.3.2　状態 t-デザイン

純粋状態は d 次元ヒルベルト空間 $\mathcal{H}_d$ の単位ベクトルで表現され，ユニタリ群 U(d) の作用によって純粋状態は純粋状態へと移り変わる．したがって，ユニタリ群 U(d) 上の任意の確率測度は自然に純粋状態の集合へと引き継がれる．ユニタリ群上の Haar 測度 H を純粋状態の集合へと引き継いだものが，*Haar ランダム状態*（*Haar random states*）である．この考え方をもとにして，ユニタリの場合と同様に，状態デザインを定義できる．

以下では，ユニタリの場合と同様に，ある確率測度 ν の下で選ばれた純粋状態を $|\psi\rangle \sim \nu$ と表現する．

定義 17.12（*Haar ランダム状態*）　ヒルベルト空間 $\mathcal{H}_d$ で記述される d 次元量子系を考える．固定した量子状態 $|\varphi_0\rangle$ に Haar ランダム・ユニタリを作用することで生成される，純粋状態に値をとる確率変数 $\{U|\varphi_0\rangle\}_{U \sim \mathsf{H}}$ を，Haar ランダム状態と呼ぶ．Haar ランダム状態を $|\psi\rangle \sim \mathsf{H}$ と表記する．

Haar 測度はユニタリ不変なので，Haar ランダム状態の定義は固定された初期状態 $|\varphi_0\rangle$ には依存しないことに注意せよ．

Haar ランダム状態の Haar ランダム・ユニタリをユニタリ t-デザインに置き換えることで，状態 t-デザインを導入できる．

定義 17.13（近似的な状態デザイン）　d 次元量子系を考える．また，$\epsilon \geq 0$ とする．量子純粋状態の集合上の確率測度 $\mathcal{S}_t^\epsilon$ が，

$$\left\| \mathbb{E}_{|\psi\rangle \sim \mathcal{S}_t^\epsilon} [|\psi\rangle\langle\psi|^{\otimes t}] - \mathbb{E}_{|\psi\rangle \sim \mathsf{H}} [|\psi\rangle\langle\psi|^{\otimes t}] \right\|_1 \leq \epsilon \tag{17.55}$$

を満たすとき，$\mathcal{S}_t^\epsilon$ を ϵ 近似的な状態 t-デザインと呼ぶ．

定義 17.13 には Haar ランダム状態の平均が現れるが，その平均は Schur–Weyl 双対を用いて陽に書き下せる．まず，定義より，

$$\mathbb{E}_{|\psi\rangle \sim \mathsf{H}} [|\psi\rangle\langle\psi|^{\otimes t}] = \mathbb{E}_{U \sim \mathsf{H}} [(U|\varphi_0\rangle\langle\varphi_0|U^\dagger)^{\otimes t}] \tag{17.56}$$

が成り立つ．この演算子を X_t とおくと，Haar 測度のユニタリ不変性より，X_t は $V \in \mathrm{U}(d)$ を任意のユニタリとして，$V^{\otimes t}$ と可換である．したがって，Schur–Weyl 双対（命題 3.8）より，X_t は置換ユニタリ V_σ（$\sigma \in \mathfrak{S}_t$）の線形結合で書ける．さらに，$X_t$ は任意の置換ユニタリ V_σ の共役作用に対して明らかに不変であるため，線形結合の係数は置換 $\sigma \in \mathfrak{S}_t$ に依存しない．以上より，

$$X_t = \mathbb{E}_{|\psi\rangle \sim \mathsf{H}} [|\psi\rangle\langle\psi|^{\otimes t}] = \alpha \sum_{\sigma \in \mathfrak{S}_t} V_\sigma \tag{17.57}$$

と書けることが分かった．

一方で，練習問題 165 で見るとおり，$\mathcal{H}_d^{\otimes t}$ の対称部分空間 $\mathcal{H}_{\mathrm{sym}}^{(t)}$ への射影演算子 Π_{sym} は，

$$\Pi_{\mathrm{sym}} = \frac{1}{t!} \sum_{\sigma \in \mathfrak{S}_t} V_\sigma \tag{17.58}$$

と書ける．よって，$X_t \propto \Pi_{\mathrm{sym}}$ であることが従う．後は両辺のトレースを取ることで規格化定数を計算すれば，

$$\mathbb{E}_{|\psi\rangle \sim \mathrm{H}}\left[|\psi\rangle\langle\psi|^{\otimes t}\right] = \frac{\Pi_{\mathrm{sym}}}{\binom{d+t-1}{t}} \tag{17.59}$$

を得る．ここで，$\mathrm{Tr}[\Pi_{\mathrm{sym}}] = \binom{d+t-1}{t} = \dim \mathcal{H}_{\mathrm{sym}}^{(t)}$ である．この特別な場合として，$t = 2$ の状況は既に命題 3.9 で示したことに留意されたい．

以上の事実を用いると，近似的な状態 t-デザイン $\mathcal{S}_t^\epsilon$ は，

$$\mathbb{E}_{|\psi\rangle \sim \mathcal{S}_t^\epsilon}\left[|\psi\rangle\langle\psi|^{\otimes t}\right] \approx \frac{\Pi_{\mathrm{sym}}}{\binom{d+t-1}{t}} \tag{17.60}$$

を満たすような純粋状態の集合上の確率測度であることが分かる．

練習問題 165　演算子 $\sum_{\sigma \in \mathfrak{S}_t} V_\sigma$ の任意の純粋状態 $|\Psi\rangle \in \mathcal{H}_d^{\otimes t}$ の作用を考えることで，(17.58) を示せ．

練習問題 166　純粋状態の集合上の確率測度 ν に対して，その t 次フレーム・ポテンシャルを，

$$\mathbb{E}_{|\psi\rangle,|\varphi\rangle \sim \nu}\left[\left|\langle\varphi|\psi\rangle\right|^{2t}\right] \tag{17.61}$$

と定める．特に，確率測度 ν が離散的な集合 $\{|\psi_j\rangle\}_{j=1}^K$ 上の一様確率測度 S の場合は，

$$F_t(\mathsf{S}) = \frac{1}{K^2} \sum_{j,k=1}^K \left|\langle\psi_j|\psi_k\rangle\right|^{2t} \tag{17.62}$$

である．このフレーム・ポテンシャルを用いて状態 t-デザインを特徴付けることができる．まず，Haar ランダム状態に対する t 次のフレーム・ポテンシャルが

$$F_t(\mathsf{H}) = \frac{1}{\binom{d+t-1}{t}} \tag{17.63}$$

を満たすことを示せ．ここで，d は Hilbert 空間の次元である．次に，任意の確率測度 S の t 次フレーム・ポテンシャル $F_t(\mathsf{S})$ が $F_t(\mathsf{S}) \geq F_t(\mathsf{H})$ を満たすことと，等号成立の必要十分条件が「S が誤差のない状態 t-デザイン」で与えられることを示せ．

量子情報で状態デザインを用いる際には，ユニタリ t-デザインを固定した初期純粋状態に作用させて生成することが多い．もちろん，そのような方法以外で状態 t-デザインを生成することもできるが，本書ではユニタリ・デザインが状態デザインよりも強い概念であることを鑑みて，以下ではユニタリ・デザインについてのみ議論する．

17.4　誤差のないユニタリ t-デザインの具体例

本節では，誤差のないユニタリ t-デザインの具体例を紹介しよう．まず，誤差のないユニタリ 1-デザインや 2-デザインを考え，その後，一般の t に対する誤差のないユニタリ t-デザインの構成方法について簡単にコメントする．本節では，ユニタリ t-デザインと書いた場合には全て誤差のないものを意味することとする．

■ 17.4.1　ユニタリ 1-デザインの例

ユニタリ 1-デザイン U_1 が満たすべき性質は，$\mathbb{E}_{U \sim U_1}[UOU^\dagger] = \mathbb{E}_{U \sim H}[UOU^\dagger]$ である．この右辺の Haar ランダム・ユニタリでの平均は全てのユニタリと可換なため，Schur–Weyl 双対（定理 3.8）より，右辺は恒等演算子と比例する．したがって，両辺のトレースを考慮して，

$$\mathbb{E}_{U \sim U_1}[UOU^\dagger] = \text{Tr}[O]\frac{I}{d} \tag{17.64}$$

を満たす確率測度が，ユニタリ 1-デザインである．

条件 (17.64) に基づいてユニタリ 1-デザインの具体例を簡単に構築できる．以下では有名なものを二つ紹介しよう．

命題 17.14　n-qubit からなる量子系において，n-qubit Pauli 群 P_n 上の一様確率測度はユニタリ群 $U(2^n)$ 上の誤差のないユニタリ 1-デザインである．また，1-qudit の系において，Heisenberg–Weyl 群 W_d 上の一様確率測度は $U(d)$ の誤差のないユニタリ 1-デザインである．

証明（命題 17.14 の証明）　n-qubit Pauli 群 $P_n = \{P_j\}_{j=0}^{4^n-1}$ は演算子空間の（規格化されていない）直交基底なので，任意の演算子 O を

$$O = \frac{1}{2^n}\sum_{j=0}^{4^n-1}\text{Tr}[P_j O]P_j \tag{17.65}$$

と展開できる．この表記を用いて，P_n 上の一様確率測度で平均を取ると，Pauli 演算子がエルミートであることに気を付けて，

$$\mathbb{E}_{P \sim P_n}[POP^\dagger] = \frac{1}{4^n}\sum_{j=0}^{4^n-1}P_j OP_j = \frac{1}{2^{3n}}\sum_{k=0}^{4^n-1}\text{Tr}[P_k O]\sum_{j=0}^{4^n-1}P_j P_k P_j \tag{17.66}$$

となる．この式の最後の和において，$P_k = I$ に対しては $P_j P_k P_j = I$ となる．一方で，$P_k \neq I$ に対しては，P_j と P_k が可換な場合は P_k，反交換な場合は $-P_k$ となる．$P_k(\neq I)$ と可換な Pauli 演算子の個数と反交換な Pauli 演算子の個数は等しいため，$P_k \neq I$ に対しては全ての j で和を取ることでゼロになる．したがって，

$$\mathbb{E}_{P \sim P_n}[POP^\dagger] = \frac{1}{2^{3n}}\sum_{k=0}^{4^n-1}\text{Tr}[O]I = \text{Tr}[O]\frac{I}{2^n} \tag{17.67}$$

が成り立つことが分かり，n-qubit Pauli 群 P_n が誤差のないユニタリ 1-デザインであることが示された．

Heisenberg–Weyl 群 W_d については，まず練習問題 26 より，$W_{mn} = X_d^m Z_d^n$ が演算子空間の（規格化されていない）直交基底である．さらに，練習問題 6 より，$W \in W_d$ は，1 の原始 d 乗根 $\omega_d = \exp[2\pi i/d]$ と整数 k を用いて，必ず $W = \omega_d^k W_{mn}$ と表せる．これらより，

$$\mathbb{E}_{W \sim W_d}[WOW^\dagger] = \frac{1}{d^3}\sum_{m,n=0}^{d-1}\text{Tr}[W_{mn}^\dagger O]\left(\sum_{m',n'=0}^{d-1}W_{m'n'}W_{mn}W_{m'n'}^\dagger\right) \tag{17.68}$$

を得る．ここで，$Z_d X_d = \omega_d X_d Z_d$ が成り立つので，

$$W_{m'n'} W_{mn} W_{m'n'}^\dagger = \omega_d^{mn'-m'n} W_{mn} \tag{17.69}$$

が従うが，この両辺を m' と n' で和を取ることで，

$$\sum_{m',n'=0}^{d-1} W_{m'n'} W_{mn} W_{m'n'}^\dagger = \delta_{m0}\delta_{n0} d^2 I \tag{17.70}$$

を得る．よって，$\mathbb{E}_{W\sim W_d}[WOW^\dagger] = \mathrm{Tr}[O]I/d$ が成り立つので，Heisenberg–Weyl 群 W_d が $\mathsf{U}(d)$ 上の誤差のないユニタリ 1-デザインであることが分かる． □

命題 17.14 のユニタリ 1-デザインはどちらも離散群に基づくものだが，以下の練習問題は連続な確率測度によるユニタリ 1-デザインを与える．

練習問題 167 d 次元ヒルベルト空間 $\mathcal{H}_d$ の正規直交基底を $\{|e_j\rangle\}_{j=0}^{d-1}$ とし，その Fourier 変換を $|f_\alpha\rangle = \sum_{j=0}^{d-1} \omega^{\alpha j}|f_\alpha\rangle/\sqrt{d}$ とする．ただし，$\omega = e^{2\pi i/d}$ である．$\{|f_\alpha\rangle\}_{\alpha=0}^{d-1}$ が正規直交基底であることを示せ．次に，各基底での対角ユニタリの集合を

$$\mathsf{E}_{\mathrm{diag}} := \left\{\sum_{j=0}^{d-1} e^{i\theta_j}|e_j\rangle\langle e_j| : \theta_j \in [0,2\pi)\right\} \tag{17.71}$$

$$\mathsf{F}_{\mathrm{diag}} := \left\{\sum_{\alpha=0}^{d-1} e^{i\varphi_\alpha}|f_\alpha\rangle\langle f_\alpha| : \varphi_\alpha \in [0,2\pi)\right\} \tag{17.72}$$

とする．これらを用いて，ユニタリの集合 W を

$$\mathsf{W} := \left\{UV : U \in \mathsf{E}_{\mathrm{diag}}, \quad V \in \mathsf{F}_{\mathrm{diag}}\right\} \tag{17.73}$$

と定める．W 上の一様確率測度として，各対角行列 U や V の位相 θ_j と φ_α を $[0,2\pi)$ から独立かつ一様に選ぶことを考えると，その確率測度がユニタリ 1-デザインになることを示せ[8]．

■17.4.2 ユニタリ 2-デザインの例

次にユニタリ 2-デザインを考えよう．最も有名なユニタリ 2-デザインは n-qubit Clifford 群である．

命題 17.15（*Clifford* 群とユニタリ 2-デザイン） n-qubit Clifford 群 C_n はユニタリ群 $\mathsf{U}(2^n)$ 上の誤差のないユニタリ 2-デザインである．

証明（命題 17.15 の証明） n-qubit のヒルベルト空間を $\mathcal{H}$ とする．ユニタリ 2-デザインであることを示すためには，任意の演算子 $O \in \mathcal{B}(\mathcal{H}^{\otimes 2})$ に対して，

$$\mathbb{E}_{C\sim C_n}[C^{\otimes 2} O C^{\dagger\otimes 2}] = \alpha_O \mathbb{I} + \beta_O \mathbb{F} \tag{17.74}$$

が成り立つことを示せばよい．ここで，$\mathbb{I} = I^{\otimes 2} \in \mathcal{B}(\mathcal{H}^{\otimes 2})$ は $\mathcal{H}^{\otimes 2}$ 上の恒等演算子，$\mathbb{F} \in \mathcal{B}(\mathcal{H}^{\otimes 2})$ はスワップ演算子，$\alpha_O, \beta_O \in \mathbb{C}$ である．右辺は Haar 測度での平均を Schur–Weyl 双対を用いて計算したものであることに注意されたい．さらに，任意の演算子

---

[8] 余力があれば，$\mathsf{E}_{\mathrm{diag}}$ と $\mathsf{F}_{\mathrm{diag}}$ の位相 θ_j と φ_α の選び方を $[0,2\pi)$ から連続的に選ぶのではなく，0 or π の二値から選んだとしても，W が 1-デザインになることを示せ．

$O \in \mathcal{B}(\mathcal{H}^{\otimes 2})$ が $2n$-qubit Pauli 演算子を用いて展開できる事実を用いると，任意の $2n$-qubit Pauli 演算子 $P \otimes Q$ $(P, Q \in \mathsf{P}_n)$ に対して，

$$\mathbb{E}_{C \sim \mathsf{C}_n}\left[C^{\otimes 2}(P \otimes Q)C^{\dagger \otimes 2}\right] = \alpha_{P,Q}\mathbb{I} + \beta_{P,Q}\mathbb{F} \tag{17.75}$$

を示せば十分であることが分かる.

まず，$P = Q = I$ のとき，(17.75) は自明に満たされる．次に，$P = Q \neq I$ のときは，Clifford 群の共役作用の下での Pauli 群への作用は Pauli 演算子のラベルの置換で表されることから，

$$\mathbb{E}_{C \sim \mathsf{C}_n}\left[C^{\otimes 2}(P \otimes P)C^{\otimes 2 \dagger}\right] \propto \mathbb{E}_{P(\neq I) \sim \mathsf{P}_n}\left[P^{\otimes 2}\right] = 2^n\mathbb{F} - \mathbb{I} \tag{17.76}$$

が従う．最後の等式は，スワップ演算子を演算子基底で展開した際の関係（命題 3.6），具体的には (3.35) を用いた．よって，$P = Q \neq I$ の場合にも (17.75) は満たされる．最後に，$P \neq Q$ の場合を考える．まず，Clifford 群の共役作用が Pauli 演算子のラベルの置換であるという事実を再び用いると，任意の $R \in \mathsf{P}_n$ に対して

$$\mathbb{E}_{C \sim \mathsf{C}_n}\left[C^{\otimes 2}(P \otimes Q)C^{\otimes 2 \dagger}\right] = \mathbb{E}_{C \sim \mathsf{C}_n}\left[(CR)^{\otimes 2}(P \otimes Q)(CR)^{\otimes 2 \dagger}\right] \tag{17.77}$$

$$= \mathbb{E}_{C \sim \mathsf{C}_n}\left[C^{\otimes 2}(RPR \otimes RQR)C^{\otimes 2 \dagger}\right] \tag{17.78}$$

が成り立つ．よって，

$$\mathbb{E}_{C \sim \mathsf{C}_n}\left[C^{\otimes 2}(P \otimes Q)C^{\otimes 2 \dagger}\right] = \frac{1}{2}\left(\mathbb{E}_{C \sim \mathsf{C}_n}\left[C^{\otimes 2}(P \otimes Q)C^{\otimes 2 \dagger}\right] + \mathbb{E}_{C \sim \mathsf{C}_n}\left[C^{\otimes 2}(RPR \otimes RQR)C^{\otimes 2 \dagger}\right]\right) \tag{17.79}$$

と書ける．ここで，全ての $P \neq Q$ に対して，P か Q のどちらか一方とは可換で，もう一方とは反交換な $R \in \mathsf{P}_n$ が存在するので，そのような R を選べば，(17.79) の第二項が $-\mathbb{E}_{C \sim \mathsf{C}_n}\left[C^{\otimes 2}(P \otimes Q)C^{\otimes 2 \dagger}\right]$ となり，$\mathbb{E}_{C \sim \mathsf{C}_n}\left[C^{\otimes 2}(P \otimes Q)C^{\otimes 2 \dagger}\right] = 0$ を得る.

以上より，全ての $P, Q \in \mathsf{P}_n$ に対して (17.75) が成り立つことが分かったので，n-qubit Clifford 群は誤差のないユニタリ 2-デザインである．　　　　　　　□

Clifford 群とデザインの関係については，上述の命題を超えて様々なことが分かっている．例えば，1-qudit に対しても Clifford 群を定義することができるが，その場合でも Clifford 群はユニタリ 2-デザインになる．また，ユニタリ群 U(d) の d が素数べきの場合には，Clifford 群はユニタリ 3-デザインである．n-qubit の量子系の次元 2^n は素数べきなので，n-qubit の Clifford 群はユニタリ 3-デザインである[75,76]．しかし，n-qubit の Clifford 群は 4-デザインにはならないことも分かっている[77]．

特に n-qubit の場合の結果は量子情報では重要なので，定理としてまとめておこう．証明は文献[75~77] を参照されたい．

定理 17.16（*Clifford* 群とユニタリ・デザイン）　n-qubit 上の Clifford 群はユニタリ 3-デザインだが，ユニタリ 4-デザインではない．

■ 17.4.3　ユニタリ t-デザインの例

$t = 1, 2, 3$ の場合には，ユニタリ群の適切な部分群上の一様確率測度がユニタリ t-デザインであることが分かった．一方で，$t \geq 4$ の場合は部分群上の一様確率測度を用いてユニタリ t-デザインを構成することはできない．具体的には以下の定理が知られている[78]．

定理 17.17　$d \geq 5$，$t \geq 4$ とする．このとき，ユニタリ群 $\mathrm{U}(d)$ の部分群上の一様確率測度で，誤差のないユニタリ t-デザインになるものは存在しない．

定理 17.17 より，何らかの集合上の一様確率分布でユニタリ t-デザイン（$t \geq 4$）を構築したい場合には，ユニタリの（群ではない）集合を考える必要がある．長年，ユニタリ t-デザインを具体的に構成する方法は知られていなかったが，近年，筆者らの研究[79,80]によって，任意の次元 d と任意の $t \in \mathbb{Z}^+$ に対して誤差のないユニタリ t-デザインを構成する具体的な方法が発見された．n-qubit の量子系では，その構成方法を量子回路を用いて表現することができる．しかし，その量子回路に含まれる 2-qubit ゲートの個数，つまり，量子回路のサイズは $\mathcal{O}(e^{\pi n \sqrt{2t/3}})$ であり，さらに，qubit 数 n に対して指数関数的に長い古典計算が必要となる．つまり，筆者らによる誤差のないユニタリ t-デザインの構成方法は，量子回路の意味でも古典計算の意味でも非効率的である．n-qubit 上の誤差のないユニタリ t-デザイン（$t \geq 4$）を効率的に生成可能かどうかは，未だ分かっていない[*9]．

▌17.5　量子回路を用いた近似的なユニタリ・デザインの生成方法

前節で述べたとおり，誤差のないユニタリ t-デザインを具体的に構成することは一般には難しく，量子回路で効率的に生成できるかどうかも不明である．一方で，近似的なユニタリ t-デザインを効率的に生成する量子回路はいくつか知られている．ここではまず，量子回路を用いた近似的なユニタリ t-デザインの構成に関する基本的な事実をまとめる．具体的な量子回路については次節を参照されたい．

■ 17.5.1　ユニタリ・デザインと量子回路のサイズの下界

まず，n-qubit 上の Haar ランダム・ユニタリ $U \sim \mathrm{H}$ を量子回路で実現することを考える．この場合，以下の簡単な考察から $\mathcal{O}(2^n)$ 個の量子ゲートが必要であることが分かる．Haar 測度はユニタリ群上の一様確率測度なので，Haar ランダム・ユニタリを量子回路で実現するためには，ユニタリ群 $\mathrm{U}(2^n)$ に含まれる全てのユニタリを表現できる量子回路を用いる必要がある．しかし，3.4.3 項で説明したとおり，近似を許したとしても $\mathcal{O}(2^n)$ 個の量子ゲートを用いなければ実現できない n-qubit ユニタリが存在する．よっ

[*9]　量子情報への応用を考えると，多くの場合は近似的なユニタリ t-デザインで十分である．誤差のないユニタリ t-デザインを実現する効率的な量子回路の存在は，どちらかといえば量子情報というよりも純粋数学的な興味に基づく問題といえる．

て，Haar ランダム・ユニタリを量子回路で実現しようとすると，その量子回路のサイズは少なくとも $\mathcal{O}(2^n)$ になる．

では，Haar ランダム・ユニタリではなく，近似的なユニタリ t-デザインを量子回路で実現するためには，どれくらいの個数の量子ゲートが必要になるだろうか．量子回路を構成する各量子ゲートが有限個の集合から選ばれる場合には，以下の命題が成り立つ．

命題 17.18 計 N 個の量子ゲートから構成される n-qubit の量子回路を考える．ただし，量子回路の各量子ゲートは M 個からなる 2-qubit 量子ゲート集合から選ばれるとする．この量子回路によって誤差のないユニタリ t-デザインを実現できたとすると，

$$N \geq \frac{2nt - \log(t!)}{\log\binom{n}{2} + \log M} \approx \frac{2nt - t\log t}{2\log n + \log M} \tag{17.80}$$

が成り立つ．また，その量子回路が ϵ 近似的なユニタリ t-デザインを実現できたとすると，

$$N \geq \frac{1}{\log\binom{n}{2} + \log M} \left(2\log\binom{2^n + t - 1}{t} + \log\left(1 - \frac{\epsilon}{2}\right) \right) \tag{17.81}$$

が成り立つ．

練習問題 168 M 個の量子ゲートを N 回作用させることで生成できる n-qubit ユニタリの個数の上界を考えることで，命題 17.18 を示せ．

命題 17.18 では各量子ゲートが有限個の基本ゲート集合から選ばれることを考えたが，基本ゲート集合が連続的な場合には以下の命題が知られている．興味のある読者は文献[81]を参照されたい．

命題 17.19 計 N 個の量子ゲートから構成された n-qubit の量子回路を考える．また，$\epsilon \leq 1/4$，かつ，$t \leq 2^{n/2}$ が成り立つとする．このとき，その量子回路が ϵ 近似的なユニタリ t-デザインであったとすると，

$$N \geq \frac{nt}{80\log(nt)} \tag{17.82}$$

が成り立つ．

命題 17.18 や命題 17.19 より，各量子回路を用いてユニタリ t-デザインを構成するためには少なくとも $\mathcal{O}(nt/\log n)$ 個程度の量子ゲートを用いる必要があることが分かる．ただし，この見積もりはあくまで下界にすぎない．次節で具体的に見るとおり，その下界を達成する量子回路は現在のところ知られておらず，また，その下界を達成可能であるかどうかも分かっていない．

■17.5.2 ユニバーサル・ゲート集合とユニタリ・デザイン

量子回路を用いてユニタリ・デザインを生成するためには，その量子回路がどのような量子ゲートから構成されているかが重要になる．例えば，1-qubit ゲートだけを用いて

ユニタリ・デザインを実現することはできないし，何らかの正規直交基底で対角化された量子ゲートだけを用いてユニタリ・デザインを生成することもできない．ここでは，量子回路を構成する量子ゲート集合のユニバーサル性とユニタリ・デザインについての関係を説明する．

　まず，量子テンソル積エクスパンダー（*quantum tensor product expander: TPE*）という概念を導入しよう．

定義 17.20（量子テンソル積エクスパンダー[82]）　ユニタリ群 U(d) 上の確率測度 ν が，

$$\left\| M_t(\nu) - M_t(\mathsf{H}) \right\|_\infty \leq \eta < 1 \tag{17.83}$$

を満たすとき，確率測度 ν を量子 (η,t)-テンソル積エクスパンダーと呼ぶ．ここで，$M_t(\mathsf{H}) = \mathbb{E}_{U \sim \mathsf{H}}[U^{\otimes t} \otimes \bar{U}^{\otimes t}]$ は Haar 測度の，$M_t(\nu) = \mathbb{E}_{U \sim \nu}[U^{\otimes t} \otimes \bar{U}^{\otimes t}]$ は確率測度 ν の t 次モーメント演算子である．

　定義 17.20 で $\eta < 1$ としたことは以下の議論で重要になるので，留意されたい．以下では簡単のため，量子 (η,t)-テンソル積エクスパンダーを (η,t)-TPE と表現する．また，$\eta(<1)$ の具体的な値が重要でない場合には，単に t-TPE と表現することにする．つまり，t-TPE とは，(17.83) の左辺が 1 未満になる確率測度 ν のことである．t-TPE を定める (17.83) は，モーメント演算子を用いたユニタリ t-デザインの特徴付け（命題 17.10）とはノルムが異なるだけだが，t-TPE は近似的なユニタリ t-デザインよりも解析しやすく，重宝されている．

　以下の命題は，TPE とユニタリ・デザインの関係を与える．

命題 17.21　ユニタリ群 U(d) 上の確率測度 ν が (η,t)-TPE だったとする．このとき，$W_j \sim \nu$ を用いて

$$U(\ell) = W_\ell W_{\ell-1} \cdots W_2 W_1 \tag{17.84}$$

というランダム・ユニタリ $U(\ell)$ を定める．このランダム・ユニタリ $U(\ell)$ は，

$$\ell \geq \frac{1}{\log(1/\eta)}\Big(t \log d + \log \frac{1}{\epsilon} \Big) \tag{17.85}$$

が満たされていれば，ϵ 近似的なユニタリ t-デザインである．

　ここで，$\eta < 1$ なので，(17.85) の右辺は有限の値を取ることに注意されたい．よって，命題 17.21 は，(η,t)-TPE ν を繰り返し作用させる，つまり，確率測度 ν から独立に選んだランダム・ユニタリを十分回数作用させることで，近似的なユニタリ・デザインを生成できることが分かる．その「十分回数」は，η の値に依存する．これが (η,t)-TPE が重宝される一つの理由である．

証明（命題 17.21 の証明）　Haar 測度の t 次のモーメント演算子 $M_t(\mathsf{H}) = \mathbb{E}_{U \sim \mathsf{H}}[U^{\otimes t} \otimes \bar{U}^{\otimes t}]$ は，(17.21) の形の射影演算子 Π_H で与えられる．よって，任意のユニタリ $U \in$ U(d) に対して，表現 $U^{\otimes t} \otimes \bar{U}^{\otimes t}$ を既約分解すれば，

$$U^{\otimes t} \otimes \bar{U}^{\otimes t} = \Pi_{\mathsf{H}} + (I - \Pi_{\mathsf{H}})(U^{\otimes t} \otimes \bar{U}^{\otimes t})(I - \Pi_{\mathsf{H}}) \tag{17.86}$$

と表せる．既約分解しているので，$(I - \Pi_{\mathsf{H}})(U^{\otimes t} \otimes \bar{U}^{\otimes t})\Pi_{\mathsf{H}}$ のような項は現れないことに気を付けよ．この関係を用いると，$\mathsf{U}(d)$ 上の任意の確率測度 ν のモーメント演算子 $M_t(\nu)$ は，

$$M_t(\nu) = \Pi_{\mathsf{H}} + (I - \Pi_{\mathsf{H}})M_t(\nu)(I - \Pi_{\mathsf{H}}) \tag{17.87}$$

と書ける．

(17.84) で定まるランダム・ユニタリ $U(\ell)$ の確率測度を ν^ℓ とする．ν^ℓ の各確率測度 ν が独立であることから，$M_t(\nu^\ell) = M_t(\nu)^\ell$ だが，(17.87) を用いると，

$$M_t(\nu^\ell) = \Pi_{\mathsf{H}} + \big((I - \Pi_{\mathsf{H}})M_t(\nu)(I - \Pi_{\mathsf{H}})\big)^\ell \tag{17.88}$$

が成り立つことが分かる．$M_t(\mathsf{H}) = \Pi_{\mathsf{H}}$ に気を付けると，

$$\big\|M_t(\nu^\ell) - M_t(\mathsf{H})\big\|_\infty = \big\|\big((I - \Pi_{\mathsf{H}})M_t(\nu)(I - \Pi_{\mathsf{H}})\big)^\ell\big\|_\infty \le \big\|(I - \Pi_{\mathsf{H}})M_t(\nu)(I - \Pi_{\mathsf{H}})\big\|_\infty^\ell \tag{17.89}$$

を得る．(η, t)-TPE ν に対しては定義より $\|M_t(\nu) - M_t(\mathsf{H})\|_\infty \le \eta$ なので，(17.87) と併せて，$\big\|(I - \Pi_{\mathsf{H}})M_t(\nu)(I - \Pi_{\mathsf{H}})\big\|_\infty \le \eta$ が成り立つ．したがって，

$$\big\|M_t(\nu^\ell) - M_t(\mathsf{H})\big\|_\infty \le \eta^\ell \tag{17.90}$$

を得る．

一方で，(17.9) と補題 17.3 から，

$$\big\|\mathcal{G}_{\nu^\ell}^{(t)} - \mathcal{G}_{\mathsf{H}}^{(t)}\big\|_\diamond \le d^t \big\|\mathcal{G}_{\nu^\ell}^{(t)} - \mathcal{G}_{\mathsf{H}}^{(t)}\big\|_{2\to2} \tag{17.91}$$

$$= d^t \big\|M_t(\nu^\ell) - M_t(\mathsf{H})\big\|_\infty \tag{17.92}$$

が成り立つ．この関係と (17.90) を併せると，確率測度 ν^ℓ が

$$\big\|\mathcal{G}_{\nu^\ell}^{(t)} - \mathcal{G}_{\mathsf{H}}^{(t)}\big\|_\diamond \le d^t \eta^\ell \tag{17.93}$$

を満たすことが分かる．よって，$d^t \eta^\ell \le \epsilon$ であれば，ν^ℓ が ϵ 近似的なユニタリ t-デザインとなる．　　　　　　　　　　　　　　　　　　　　　　　　　　　　　　□

以下の定理は，ユニバーサル性と t-TPE の実現が密接に関連していることを示すものである．証明はやや抽象的であるため，文献[83,84] を参照されたい．

定理 17.22 (ユニバーサル性と *TPE*)　ユニタリの集合 $\mathcal{S} \subset \mathsf{U}(d)$ がユニバーサルであれば，その集合 $\mathcal{S}$ 上の一様確率測度は，任意の $t \in \mathbb{Z}^+$ に対して t-TPE である．

定理 17.22 において「ユニタリの集合がユニバーサル」という表現が出てくるが，これは任意のユニタリ $U \in \mathsf{U}(d)$ が，その集合に含まれるユニタリ W_x $(x = 1, 2, 3, \ldots)$ を用いて，$U = W_1 W_2 W_3 \cdots$ と積の形で書けることを意味する．典型的な例としては，n-qubit の系でユニバーサルなゲート集合を好きな qubit の組に作用させてよい場合には，対応する n-qubit ユニタリの集合はユニバーサルである．

定理 17.22 を命題 17.21 と組み合わせることで，量子回路がユニバーサル性に関連した適切な構造を持っていれば，回路深さが十分大きい極限でユニタリ t-デザインとなることが分かる．次節ではそのような具体例をいくつか紹介し，この定理の長所と短所を見る．

17.6 具 体 例

ここまでの一般論を踏まえて，以下では近似的なユニタリ・デザインを生成する具体的な量子回路について説明する．証明はどれも本書の内容を大きく超えているため，ここでは各結果を紹介するにとどめる．

17.6.1 局所ランダム回路

近似的なユニタリ t-デザインを生成する量子回路として最も有名なものが，局所ランダム回路（*local random circuits*）である．局所ランダム回路では，n-qubit が直線上に並んでいる状況を考えて，図 17.1 のように以下の 2 ステップを繰り返す．簡単のため，n は偶数とする．

1) 全ての $j \in \{1, \ldots, n/2\}$ に対して $(2j-1)$ 番目と $2j$ 番目の qubit に，2-qubit 上のユニタリ群 $U(4)$ からランダムかつ独立に選んだ 2-qubit ゲートを作用させる[*10]．

2) 全ての $j \in \{1, \ldots, n/2-1\}$ に対して $2j$ 番目と $2j+1$ 番目の qubit に，2-qubit 上のユニタリ群 $U(4)$ からランダムかつ独立に選んだ 2-qubit ゲートを作用させる．

以下では，各ステップを k 回繰り返すことで生成されるユニタリ群 $U(2^n)$ 上の確率測度を $\mathrm{LRC}(n,k)$ と表す．この確率測度 $\mathrm{LRC}(n,k)$ は，回路深さが k の局所ランダム回路に

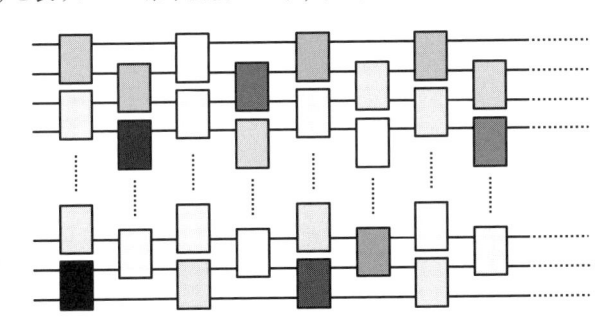

図 17.1 局所ランダム回路の例．各四角は，固定された基本ゲート集合からランダムに選ばれた 2-qubit 量子ゲートを表している．各 2-qubit 量子ゲートは独立に選ばれることに注意されたい．

[*10] ここでは簡単のため $U(4)$ からランダムに選ぶとしたが，実際には各 2-qubit ゲートは，離散的もしくは連続的なユニバーサル基本ゲート集合からランダムに選んでもよい．次のステップでも同様である．

よって定まる確率測度である.

さて, ステップ 1 とステップ 2 によって生成される n-qubit ユニタリの集合は, 明らかにユニタリ群 U(2^n) でユニバーサルである. したがって, 定理 17.22 より, 直ちに, 局所ランダム回路の深さ k が十分大きければ LRC(n,k) が任意の t に対して t-TPE になることが分かり, 命題 17.21 を用いると, LRC(n,k) は十分大きな k に対して, 近似的なユニタリ t-デザインになることが従う.

このように, 量子回路を構成する各ステップのユニバーサル性を確認するだけで, そのステップを十分回数繰り返せばユニタリ・デザインを生成できることを示せる. これが定理 17.22 の強みである. 一方で, ϵ 近似的なユニタリ t-デザインを生成するために必要なステップの繰り返し回数(局所ランダム回路の場合は回路深さ k)を定量的に解析するためには, (η,t)-TPE の η を具体的に計算しなければならない. これは一般的には簡単ではなく, 個別に詳細な解析が必要になる.

局所ランダム回路に対しては, 様々な解析手法を駆使することで具体的に η の値を見積もることができ, 以下の定理が成り立つ.

定理 17.23 (局所ランダム回路によるユニタリ・デザイン[81,85]) n-qubit 上のユニタリ群 U(2^n) を考え, $n \geq 2\log(4t) + 1.5\sqrt{\log(4t)}$ とする. このとき, 回路深さが k の局所ランダム回路が定める確率測度 LRC(n,k) は,

$$k \geq Ct^{4+3/\sqrt{\log t}}(\ln t)^5 \left(2nt + \log\frac{1}{\epsilon}\right) \tag{17.94}$$

であれば, ϵ 近似的なユニタリ t-デザインである. ただし, C は 10^{13} 程度の定数である.

定理 17.23 の証明は, 文献[85] を参照されたい. 定理の定数 $C \approx 10^{13}$ はあくまで証明上現れるのものであり, 実際にはより小さな定数で十分であると考えられている. 実際, t に関するスケーリングを犠牲にすれば, $C = 1000$ 程度に抑えられる[81] ことが示されているし, おそらく, より小さな定数でも十分であると考えられている.

さて, 定理 17.23 より, t と n のスケーリングだけに着目すると, 最大でも $k = \mathcal{O}(t^8 n)$ の深さを持つ局所ランダム回路を用いれば, 近似的なユニタリ t-デザインを達成できることが分かる. このとき局所ランダム回路に含まれる量子ゲートの個数は $\mathcal{O}(t^8 n^2)$ である. この量子ゲートの個数は命題 17.18 や命題 17.19 の下界 $\mathcal{O}(tn)$ よりも, t と n の両方共にかなり大きい. しかし, 局所ランダム回路を用いて近似的なユニタリ t-デザインを実現する場合には $\mathcal{O}(tn^2)$ 個の量子ゲートで十分であろうと予想されており, 数理的な興味から多くの研究が進んでいる.

局所ランダム回路を D 次元空間へと拡張した D 次元局所ランダム回路を用いると, n に関するスケーリングを改善できることも知られている[86]. ここでの D 次元の意味は, qubit が D 次元正方格子上に並んでいるという意味である. ここまで議論してきた局所ランダム回路では, qubit が直線上 = 一次元正方格子上に並んでいるため, 一次元局所ランダム回路である. $D = 2$ の場合は, 二次元正方格子上に並んだ qubit の集合を考え,

その正方格子の意味で隣接した qubit にのみ 2-qubit 量子ゲートを作用させる．より大きな D に対しても同様である．

　D 次元正方格子上の qubit に対して，「うまい順番」で隣接 qubit にランダムな 2-qubit 量子ゲートを作用させると，定理 17.23 よりも早くユニタリ t-デザインを実現できる．まず，二次元の場合に，その「うまい順番」を説明しよう．二次元の場合は，$\sqrt{n} \otimes \sqrt{n}$ の二次元正方格子を考えるが，列と行に分割すると，「$\sqrt{n}$ 個の qubit からなる列が $\sqrt{n}$ 個ある」と考えることもできるし，「$\sqrt{n}$ 個の qubit からなる行が $\sqrt{n}$ 個ある」と考えることもできる．各々の分割に従って，

　1)「$\sqrt{n}$ 個の qubit からなる各列」に，回路深さ $\mathcal{O}(\mathrm{poly}(t)n)$ の $\sqrt{n}$-qubit 上の一次元局所ランダム回路を作用させる，

　2)「$\sqrt{n}$ 個の qubit からなる各行」に，回路深さ $\mathcal{O}(\mathrm{poly}(t)n)$ の $\sqrt{n}$-qubit 上の一次元局所ランダム回路を作用させる，

を交互に繰り返す．このように構成された量子回路を二次元局所ランダム回路と呼ぶ．図 17.2 も参照されたい．

　D 次元の場合の「うまい順番」も同様の方法で定める．D 次元正方格子は各辺に $n^{1/D}$ 個の qubit が並んでいるが，D 次元正方格子を一次元の正方格子，つまり直線と $(D-1)$ 次元正方格子に分割して考える．具体的には，「$n^{1-1/D}$ 個の qubit からなる $(D-1)$ 次元正方格子が $n^{1/D}$ 個ある」と考え，

　1)「$n^{1-1/D}$ 個の qubit からなる $(D-1)$ 次元正方格子」に $n^{1-1/D}$-qubit 上の $(D-1)$ 次元局所ランダム回路を作用させる，

　2)「$n^{1/D}$ 個の qubit からなる辺々」に $n^{1/D}$-qubit 上の一次元局所ランダム回路を作用させる，

の二ステップを繰り返す．この量子回路を D 次元局所ランダム回路と呼ぶ．

　さて，n-qubit 上の D 次元局所ランダム回路の回路深さを k としたとき，対応する確率測度を $\mathrm{LRC}_D(n,k)$ と表すことにする．空間次元 D が $D = o(\log n)$ を満たし，かつ，回

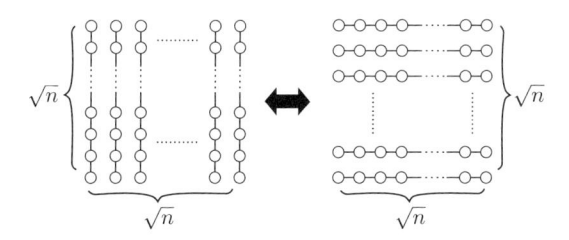

図 **17.2**　n-qubit 上の二次元局所ランダム回路の概念図．各丸が 1-qubit に対応しており，線で繋がった qubit には一次元局所ランダム回路を作用させる．各列に独立に回路深さ $\mathcal{O}(\mathrm{poly}(t)n)$ の一次元局所ランダム回路を作用させた後に，各行に回路深さ $\mathcal{O}(\mathrm{poly}(t)n)$ の一次元局所ランダム回路を作用させる．この二つのステップを十分回数繰り返すと，n-qubit 上の近似的なユニタリ・デザインが生成される．

路深さ k が

$$k = \mathcal{O}\left(\text{poly}(t)\left(n^{1/D} + \log\frac{1}{\epsilon}\right)\right) \tag{17.95}$$

を満たす場合には，$\text{LRC}_D(n,k)$ が ϵ 近似的なユニタリ t-デザインになることが知られている．この場合は，ϵ 近似的なユニタリ t-デザインを生成するために必要な量子ゲートの個数は，

$$\mathcal{O}\left(\text{poly}(t)n\left(n^{1/D} + \log\frac{1}{\epsilon}\right)\right) \tag{17.96}$$

である．空間次元 D が大きいほど，少ない個数の量子ゲートで十分であることが分かる．ただし，$D = o(\log n)$ なので，やはり命題 17.18 や命題 17.19 の下界 $\mathcal{O}(tn)$ には到達できない．

■ 17.6.2　対角ランダム量子回路

　局所ランダム回路以外にも近似的なユニタリ・デザインを生成する量子回路は知られている．特に，対角量子回路を用いることで，一次元局所ランダム回路よりも早く近似的なユニタリ t-デザインを生成できる．以下ではまず，1-qudit 上の対角ユニタリを用いた生成方法を説明した上で，その結果を n-qubit の対角量子回路へと拡張する．

a.　1-qudit の場合

　ユニタリ群 $U(d)$ のユニタリ・デザインを，1-qudit 上の固定された正規直交基底 $E = \{|e_j\rangle\}_{j=0}^{d-1}$, および，$F = \{|f_\alpha\rangle\}_{\alpha=0}^{d-1}$ の下での対角ユニタリ

$$D_E = \sum_{j=0}^{d-1} e^{i\theta_j}|e_j\rangle\langle e_j|, \qquad D_F = \sum_{\alpha=0}^{d-1} e^{i\varphi_\alpha}|f_\alpha\rangle\langle f_\alpha| \tag{17.97}$$

を用いて生成することを考えよう．各位相 θ_j $(j = 0,\ldots,d-1)$ や φ_α $(\alpha = 0,\ldots,d-1)$ を，全て独立かつ $[0, 2\pi)$ から一様ランダムに選ぶとき，それらのユニタリをランダム E 対角ユニタリ，および，ランダム F 対角ユニタリと呼ぶことにし，対応する確率測度を D_E, D_F と表す．

　E 対角ユニタリや F 対角ユニタリは，位相を自由に選んでよいとしても，各々単体ではユニバーサルではないことは明らかである．しかし，二つの正規直交基底 E と F をうまく選べば，その二つの積で定まるユニタリ $D_E D_F$ の位相を自由に選ぶことで定まるユニタリの集合 $\{D_E, D_F\}_{\theta,\varphi}$ がユニバーサルになることはある．そのような正規直交基底 E と F を選べば，定理 17.22 より，$D_F D_E$ ($\mathsf{D}_E \sim \mathsf{D}_E$, $\mathsf{D}_F \sim \mathsf{D}_F$) が任意の t に対する t-TPE となることが分かり，命題 17.21 より，それらを十分回数繰り返すことで近似的なユニタリ t-デザインを実現できる．

　一方で，$D_E D_F$ の繰り返しで近似的なユニタリ t-デザインを実現するための繰り返し回数を求めるためには (η, t)-TPE の η の値を見積もる必要があり，詳細な解析が必要となる．ここでは知られている結果を紹介するにとどめる．まず，二つの正規直交基底 E と F が，

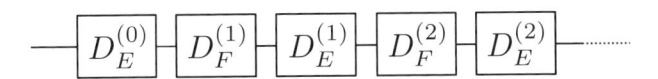

図 17.3　1-qudit 上のランダム対角ユニタリ $D_E \sim \mathsf{D}_E$ と $D_F \sim \mathsf{D}_F$ を交互に繰り返すことで，ユニタリ群 U(d) 上の近似的なユニタリ t-デザインを素早く生成することができる．ただし，各ユニタリの対角基底を定める二つの正規直交基底 E と F は，ユニバーサル性，もしくは，相互に偏りのない性質等の関係を満たす必要がある．本文を参照のこと．

$$|\langle e_j | f_\alpha \rangle| = \frac{1}{\sqrt{d}} \tag{17.98}$$

という関係を全ての $j, \alpha = 0, \ldots, d-1$ に対して満たすものとする．このような基底の組は相互に偏りのない基底の組（*mutually-unbiased bases: MUB*）と呼ばれる．このとき，ランダム E 対角ユニタリとランダム F 対角ユニタリを

$$D(\ell) = D_E^{(\ell)} D_F^{(\ell)} D_E^{(\ell-1)} \cdots D_E^{(1)} D_F^{(1)} D_E^{(0)} \tag{17.99}$$

と，$2\ell+1$ 回繰り返すことを考える．ただし，各 $D_E^{(m)} \sim \mathsf{D}_E$（$m = 0, \ldots, \ell$）と $D_F^{(m)} \sim \mathsf{D}_F$（$m = 1, \ldots, \ell$）は独立に選ぶ．この繰り返しで定まる確率測度を $\mathsf{D}_{FE}(\ell)$ とする．図 17.3 も参照されたい．

　以下の定理は，ユニタリ群 U(d) の d が t よりも十分大きい場合には，$\ell \approx t$ 程度で $\mathsf{D}_{FE}(\ell)$ が近似的なユニタリ t-デザインになることを示す．

定理 17.24（ランダム対角ユニタリによるユニタリ・デザイン[87]）　ユニタリ群 U(d) の d が $d \geq \mathcal{O}(t^2 t!)$ を満たすとする．正規直交基底 E と F が相互に偏りのない基底の組（MUB）であるときには，

$$\ell \geq \frac{1}{\log d - \log(t!)} \left(t \log d + \log \frac{1}{\epsilon} \right) \tag{17.100}$$

が成り立てば，$\mathsf{D}_{FE}(\ell)$ は ϵ 近似的なユニタリ t-デザインである．

　定理 17.24 より，特に $d \gg t!$ の場合を考えると，$\mathsf{D}_{FE}(\ell)$ は $\ell \approx t$ で近似的なユニタリ t-デザインになる．つまり，D_E と D_F を $2t$ 回程度繰り返すことで，ユニタリ t-デザインが生成される．この繰り返し回数が系の次元 d には強くは依存しないことに注意せよ．

　定理 17.24 に関して，いくつかの未解決問題を紹介しよう．定理 17.22 では，正規直交基底 E と F の選び方として，各々の基底の下での対角ユニタリ D_E と D_F の積 $D_E D_F$ が U(d) でユニバーサルであることだけを仮定すればよかった．しかし，定理 17.24 ではユニバーサル性ではなく，

- $d \geq \mathcal{O}(t^2 t!)$ が満たされていること，
- 正規直交基底の組 (E, F) が MUB であること，

の二つを仮定している．これら二つの仮定はどちらも緩めることができると期待されている．特に，二つ目の条件に関しては，二つの正規直交基底が MUB であればユニバーサル性が満たされるものの，ユニバーサル性を満たすためには必ずしも MUB でなくと

もよい．したがって，二つ目の条件も，より直接的にユニバーサル性に関係する何らかの仮定で置き換えられられると考えられている．

b.　n-qubit の場合

次に，定理 17.24 に基づいて，n-qubit の系で対角量子回路を用いてユニタリ・デザインを実現することを考えよう．以降では $d = 2^n$ とおき，n-qubit に作用するユニタリ群 $U(2^n)$ を考える．

定理 17.24 の対角ユニタリの正規直交基底として，特に n-qubit Pauli-Z 基底 $\{|z_j\rangle\}_{j=0}^{2^n-1}$ と Pauli-X 基底 $\{|x_\alpha\rangle\}_{\alpha=0}^{2^n-1}$ を用いる．簡単に確かめられるように，全ての $j, \alpha \in \{0, \ldots, 2^n-1\}$ に対して $|\langle z_j | x_\alpha \rangle| = 2^{-n/2}$ が成り立つので，Pauli-Z 基底と Pauli-X 基底は MUB である．よって，定理 17.24 より，$2^n \geq \mathcal{O}(t^2 t!)$，つまり，$n \geq \mathcal{O}(t \log t)$ が満たされていれば，ランダム Z 対角ユニタリとランダム X 対角ユニタリを繰り返し作用させ続けることで，n-qubit 上の近似的なユニタリ・デザインを実現できる．

さらに，Pauli-Z 基底と Pauli-X 基底が Hadamard ゲート H の n 階テンソル積 $H^{\otimes n}$ によって移り変われることに気を付けると，ランダム Z 対角ユニタリ $D_Z = \sum_{j=0}^{2^n-1} e^{i\theta_j} |z_j\rangle\langle z_j|$（ただし，各位相 θ_j は独立かつ一様に $[0, 2\pi)$ から選ぶ）と $H^{\otimes n}$ を繰り返し作用させることでユニタリ・デザインを生成できることが分かる．より具体的には，ランダム Z 対角ユニタリに対応する確率測度を D_Z として，

$$D(\ell) = D_Z^{(2\ell)} H^{\otimes n} D_Z^{(2\ell-1)} H^{\otimes n} \cdots H^{\otimes n} D_Z^{(1)} H^{\otimes n} D_Z^{(0)} \tag{17.101}$$

というランダム・ユニタリを定める．ただし，全ての $m \in \{0, \ldots, 2\ell\}$ に対して，$D_Z^{(m)} \sim \mathsf{D}_Z$ である．このとき，$n \geq \mathcal{O}(t \log t)$ と，

$$\ell \geq \frac{1}{n - \log(t!)} \left(nt + \log \frac{1}{\epsilon} \right) \tag{17.102}$$

が満たされていれば，$D(\ell)$ は ϵ 近似的なユニタリ t-デザインになる．

(17.101) に基づくこの構成方法ではランダム Z 対角ユニタリ $D_Z \sim \mathsf{D}_Z$ を用いているため，まだ量子回路の形にはなっていない．以下では，(17.101) の各 D_Z を，Pauli-Z 基底で対角化された対角量子回路で近似的に置き換えられることを説明する．

まず，$D_Z \sim \mathsf{D}_Z$ を，Pauli-Z 基底で対角化された 2-qubit ゲートのみからなる対角量子回路を用いて誤差なしで実現することはできない．その理由は，対角量子ゲートは全て可換であるため，ある 2-qubit に複数回対角量子ゲートに作用させたとしても一回の対角量子ゲートにまとめられるからだ．この事実より，非自明に作用する 2-qubit 対角ゲートは最大でも $\binom{n}{2}$ 個であることが分かる．一つの 2-qubit 対角ゲートが持つパラメータ，つまり，独立な位相は最大で四つであることから，2-qubit 対角ゲートのみからなる対角量子回路が持ちうる最大の独立な位相は $4\binom{n}{2} = 2n(n-2)$ 個である．一方で，ランダム Z 対角ユニタリ $D_Z \sim \mathsf{D}_Z$ は 2^n 個の独立な位相を持つ．したがって，2-qubit 対角ゲートのみからなる対角量子回路では，ランダム Z 対角ユニタリを誤差なしでは実現できない．

この事実を踏まえた上で，2-qubit 対角ゲートのみからなる対角量子回路を用いて，

$D_Z \sim \mathsf{D}_Z$ を近似できることを説明する. そのために, Pauli-Z 基底で対角化されたランダム 2-qubit 対角ゲートを

$$\mathrm{diag}_Z\{e^{i\vartheta_1}, e^{i\vartheta_2}, e^{i\vartheta_3}, e^{i\vartheta_4}\} \tag{17.103}$$

の位相 ϑ_j ($j \in \{1,2,3,4\}$) を $[0, 2\pi)$ から一様ランダムに選ぶことで定め[*11], ランダム 2-qubit 対角ゲートを全ての 2-qubit の組に作用させたランダム Z 対角回路を考える. 各ゲートは全て独立とする. 図 17.4 も参照せよ. このランダム Z 対角回路に対応する確率測度を RDC$_Z$ と表すと, $t = o(\sqrt{n})$ の場合には, RDC$_Z$ と D_Z の t 次のモーメント演算子がほぼ等しいこと, つまり,

$$M_t(\mathrm{RDC}_Z) \approx M_t(\mathsf{D}_Z) \tag{17.104}$$

を示せる[87]. この事実から, (17.101) の各ランダム Z 対角ユニタリ $D_Z \sim \mathsf{D}_Z$ をランダム Z 対角回路 $D_Z \sim \mathrm{RDC}_Z$ で置き換えた

$$D_{\mathrm{RDC}}(\ell) = D_Z^{(2\ell)} H^{\otimes n} D_Z^{(2\ell-1)} H^{\otimes n} \cdots H^{\otimes n} D_Z^{(1)} H^{\otimes n} D_Z^{(0)} \tag{17.105}$$

が近似的なユニタリ・デザインになることが従い, 以下の定理が成り立つ.

定理 17.25 (対角量子回路と *Hadamard* ゲートによるユニタリ・デザイン[87]) $t = o(\sqrt{n})$ とする. このとき, (17.105) で定まるランダム・ユニタリ $D_{\mathrm{RDC}}(\ell)$ は,

$$\ell \geq t + \frac{1}{n} \log \frac{1}{\epsilon} \tag{17.106}$$

であれば, ϵ 近似的なユニタリ t-デザインである.

このように, ランダム Z 対角回路と Hadamard ゲート $H^{\otimes n}$ を $2t$ 回程度繰り返すことで, 近似的なユニタリ t-デザインを生成できる. 各ランダム Z 対角回路に含まれる量子ゲートを数えることで, ϵ 近似的なユニタリ t-デザインを実現するために用いる 2-qubit

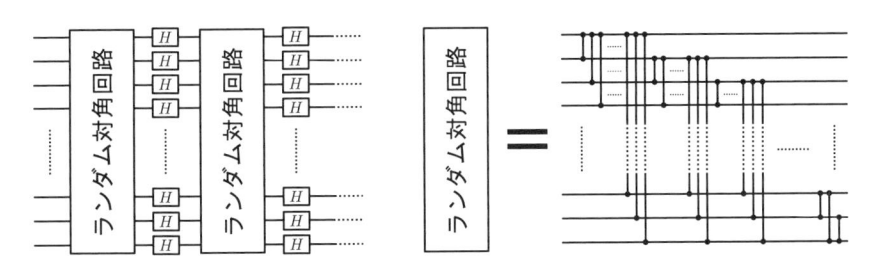

図 **17.4** n-qubit 上のランダム Z 対角回路を用いた, 近似的なユニタリ t-デザインの生成方法. 左図は (17.105) で定まるランダム・ユニタリ $D_{\mathrm{RDC}}(\ell)$ に対応する量子回路で, 図中のランダム対角回路は右図で与えられる. 右図は, 2-qubit の全ての組に対して, (17.103) で与えられるランダムな対角量子ゲートを作用させた対角量子回路で, $\binom{n}{2}$ 個の対角量子ゲートから構成される.

[*11] 必ずしも位相を連続的な値から選ぶ必要はなく, ユニタリ t-デザインを実現するためには t 個程度の離散的な値からランダムに選べば十分である. 文献[87] を参照されたい.

量子ゲートの個数は,

$$n^2\left(t + \frac{1}{2}\right) + n \log\frac{1}{\epsilon} + \mathcal{O}(n) \tag{17.107}$$

であると分かる. このように, ランダム Z 対角量子回路と Hadamard ゲートを用いることで, 一次元局所ランダム回路を用いたユニタリ・デザインの生成方法 (定理 17.23) と比較して, t に関するスケーリングや定数が大幅に向上するという利点がある [*12]. 一方で, 定理 17.25 では $t = o(\sqrt{n})$ を仮定しており, $D_{\mathrm{RDC}}(\ell)$ に基づく方法では, 大きな t に対するユニタリ t-デザインは生成できない. この仮定はランダム Z 対角回路 RDC_Z を用いてランダム Z 対角ユニタリ D_Z を近似する際に現れるもので, 数値計算や小さい t に対する計算から $t = \mathcal{O}(n/\log n)$ まで緩めることが可能と期待されているが, 完全に取り除くことはできないと考えられている. この点において, 局所ランダム回路を用いたユニタリ・デザインの生成方法と, ランダム対角量子回路に基づく生成方法は, 互いに長所と短所がある形となっている.

　最後に, 対角回路はハミルトニアン時間発展と相性がよいことについてコメントしておこう. ハミルトニアン時間発展では, 時間発展を表すユニタリはハミルトニアンの固有基底の下で対角化されているため, 定理 17.24 や定理 17.25 より, 異なる固有基底を持つ二種類のランダム・ハミルトニアンを交互に作用させることで, ユニタリ・デザインが実現することが期待される. そのような系のハミルトニアンを突然切り替える時間発展を, **クエンチ時間発展** (*quench dynamics*) と呼ぶ. 例えば, 以下の二種類の量子多体ハミルトニアン

$$H_Z = -\sum_{j<k}^{n} J_{jk} Z_j Z_k - \sum_{j=0}^{n} h_j Z_j \tag{17.108}$$

$$H_X = -\sum_{j<k}^{n} J'_{jk} X_j X_k - \sum_{j=0}^{n} h'_j X_j \tag{17.109}$$

を考えて, 結合定数 J_{jk}, J'_{jk} や局所磁場 h_j, h'_j をランダムに選ぶ. これらの量子多体ハミルトニアンを用いて, 一定時間 T は H_Z で時間発展させ, 次の一定時間 T は H_X で時間発展させることを繰り返せば, 定理 17.25 より, 全体のユニタリ時間発展は素早くユニタリ・デザインに収束する. ただし, ハミルトニアンの結合定数や局所磁場は毎回ランダムに選ぶ必要がある. 詳しくは原論文[87] を参照のこと.

　これらのハミルトニアン H_Z や H_X は, スピン・グラスの研究で用いられている *Sherrington–Kirkpatrick* 模型にランダム磁場をかけたものに他ならない. したがって, Pauli-Z 基底と Pauli-X 基底で定まる Sherrington–Kirkpatrick 模型をクエンチさせることで, 量子多体系のユニタリ時間発展はユニタリ・デザインになると考えられる. ユニタリ・デザインは, 本書で説明してきた乱択ベンチマーキングや量子誤り訂正, 閉じた系の熱平衡化現象, Hayden–Preskill 模型へと応用できることから, Sherrington–Kirkpatrick

---

[*12]　ただし, 定理 17.23 の直後でコメントしたとおり, ランダム回路のスケーリングを改善できる可能性はある.

模型のクエンチ時間発展を用いて，それらの応用を量子多体系で実現できる可能性が示唆される．

■17.6.3　ランダム Clifford ユニタリ＋ non-Clifford ゲート

17.4.2 項の定理 17.16 より，n-qubit Clifford 群はユニタリ 3-デザインであるが 4-デザインではない．しかし，n-qubit Clifford 群と Clifford 群に含まれない non-Clifford ゲートを繰り返し作用させれば，より大きな t に対するユニタリ t-デザインを生成できる．

具体的には，図 17.5 のように，n-qubit Clifford 群 C_n からランダムに選んだ Clifford ユニタリを作用させた後に，一つ目の qubit に 1-qubit 上の Haar ランダム・ユニタリを作用させることの繰り返しを考える．この設定がユニバーサルなのは明らかなので，この繰り返しで任意の t に対する近似的なユニタリ t-デザインを生成できる．その繰り返し回数に関しては，以下の定理が知られている．

定理 17.26（ランダム *Clifford* と *non-Clifford* ゲートによるユニタリ・デザイン[88]）　ランダム Clifford ユニタリと 1-qubit の Haar ランダム・ユニタリを交互に作用させることで生成されるランダム・ユニタリの確率測度を $\mathsf{Cl_H}(\ell)$ とする．確率測度 $\mathsf{Cl_H}(\ell)$ は，$t \leq \sqrt{(n-7)/32}$ と，

$$\ell \geq 36\left(33t^4 + 3t\log\frac{1}{\epsilon}\right) \tag{17.110}$$

が満たされていれば，ϵ 近似的なユニタリ t-デザインである．ここで，$C_1(K)$ と $C_2(K)$ は，non-Clifford ゲート K にのみ依存する定数である．

定理 17.26 より，$t = \mathcal{O}(\sqrt{n})$ であれば，ランダム Clifford ユニタリと 1-qubit の non-Clifford ゲートを $\mathcal{O}(t^4)$ 回程度繰り返すことで，近似的なユニタリ t-デザインが得られることが分かる．この繰り返し回数は qubit 数 n には依存しない．定理中では，non-Clifford

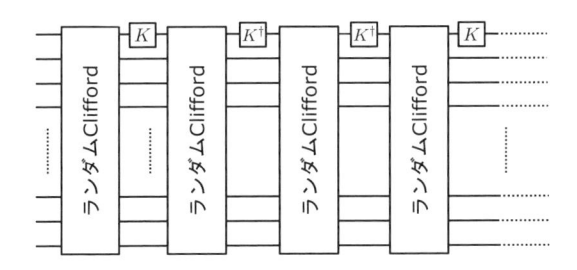

図 17.5　ランダム Clifford ユニタリと 1-qubit non-Clifford ゲートを繰り返すランダム回路．定理 17.26 では，1-qubit non-Clifford 量子ゲートとして，1-qubit 目に作用する Haar ランダム・ユニタリ $K \sim \mathsf{H}(2)$ を選んだが，必ずしも 1-qubit Haar ランダム・ユニタリを用いる必要はなく，任意の non-Clifford ゲートを K として，$\{I, K, K^\dagger\}$ からランダムに選べば十分であることが分かっている．また，回路中のランダム Clifford ユニタリは，ランダムな 2-qubit Clifford ゲートからなるランダム Clifford 回路で置き換えることもできる．

ゲートとして 1-qubit 上の Haar ランダム・ユニタリを用いたが，実際には Haar ランダム・ユニタリを用いる必要はなく，任意の non-Clifford ゲートを K として，$\{I, K, K^\dagger\}$ からランダムに選べば十分であることも分かっている．ただし，その場合は定理 17.26 に現れる定数が変化し，t に関するスケーリングも $\mathcal{O}(t^4(\log t)^2)$ となる．

さて，定理 17.26 で用いるランダム・ユニタリは，まだ量子回路の形ではない．しかし，任意の n-qubit Clifford ユニタリは $\mathcal{O}(n^2/\log n)$ 個の 2-qubit 量子ゲートからなる量子回路で実装できるため，ϵ 近似的なユニタリ t-デザインを実現するために用いる量子ゲートの個数は，

$$\mathcal{O}\left(\frac{n^2}{\log n}\left(t^4 + t\log\frac{1}{\epsilon}\right)\right) \tag{17.111}$$

である．よって，この方法を用いれば，n に関するスケーリングに関して，一次元局所ランダム回路や対角量子回路に基づく生成方法よりもより少ない量子ゲートでユニタリ・デザインを生成できる．また，この構成で用いるランダム Clifford ユニタリを，ランダムに選んだ 2-qubit Clifford ゲートから構成されるランダム Clifford 回路に置き換えても同様の定理が成り立つことが分かっている．ただし，その場合に必要な量子ゲートの個数はやや増加する．詳しくは原論文[88] を参照されたい．

付録 A. 命題 16.5 の証明

　Hayden–Preskill プロトコルを説明した 16 章において，測定による事後選択を行う必要がない Yoshida–Kitaev の復号を説明した．ここでは，その復号の肝である命題 16.5 の証明を与える．証明は基本的には文献[70] によるものである．

■ A.1　設定の復習

　確率的ではない Yoshida–Kitaev の復号は，ユニタリ $W^{D\hat{S}\hat{R}}(m) = (W^{D\hat{S}\hat{R}})^m = \left(V_1^{\hat{S}\hat{R}} V_0^{D\hat{D}}\right)^m$ を用いるものであった．ここで，$V_0^{D\hat{D}} = I^{D\hat{D}} - 2\Pi_0^{D\hat{D}}$，$V_1^{\hat{S}\hat{R}} = 2\Pi_1^{\hat{S}\hat{R}} - I^{\hat{S}\hat{R}}$ であり，各々に含まれる射影演算子は

$$\Pi_0^{D\hat{D}} = |\Phi\rangle\langle\Phi|^{D\hat{D}}, \qquad \Pi_1^{\hat{S}\hat{R}} = \bar{U}^{\hat{S}}\left(I^{\hat{B}} \otimes |\Phi\rangle\langle\Phi|^{\hat{A}\hat{R}}\right)(\bar{U}^{\hat{S}})^{\dagger} \tag{A.1}$$

である．このユニタリ $W^{D\hat{S}\hat{R}}(m)$ を量子状態

$$|\Phi_{U\bar{U}}\rangle^{RS\hat{S}\hat{R}} = \left(U^S \otimes \bar{U}^{\hat{S}}\right)\left(|\Phi\rangle^{AR} \otimes |\Phi\rangle^{B\hat{B}} \otimes |\Phi\rangle^{\hat{A}\hat{R}}\right) \tag{A.2}$$

に作用させた状態を $|\Phi_{U\bar{U}}(m)\rangle^{RS\hat{S}\hat{R}}$ と表していた．図 A.1 も参照されたい．

　命題 16.5 の主張は，ユニタリ $W^{D\hat{S}\hat{R}}$ の繰り返し回数 m_* を，

$$m_* = \left\lfloor \frac{\pi}{4\arcsin(1/d_A)} - \frac{1}{2} \right\rfloor \tag{A.3}$$

とおくと，$\ell \geq \ell_{\mathrm{th}} = k$ の場合には，$2^{k-\ell}$ の最低次までで，

$$\frac{1}{2}\left\| \mathbb{E}_{U\sim\mathsf{H}}\left[\Phi_{U\bar{U}}^{R\hat{R}}(m_*)\right] - \Phi_{\mathrm{succ}}^{R\hat{R}} \right\|_1 \leq 2^{k-\ell+1/2} + \frac{\pi}{2}\sqrt{2^{2(k-\ell)} + \mathcal{O}(2^{-k})} \tag{A.4}$$

が成り立つことであった．ただし，$\Phi_{\mathrm{succ}}^{R\hat{R}}$ は $\Phi_{\mathrm{iso}}^{RS\hat{S}\hat{R}} = \mathbb{E}_{U\sim\mathsf{H}}\left[|\Phi_{U\bar{U}}\rangle\langle\Phi_{U\bar{U}}|^{RS\hat{S}\hat{R}}\right]$ を用いて，

$$\Phi_{\mathrm{succ}}^{R\hat{R}} = \frac{\langle\Phi|^{D\hat{D}} \mathrm{Tr}_{C\hat{C}}\left[\Phi_{\mathrm{iso}}^{RS\hat{S}\hat{R}}\right] |\Phi\rangle^{D\hat{D}}}{p_{\mathrm{succ}}} \tag{A.5}$$

$$p_{\mathrm{succ}} = \mathrm{Tr}\left[\langle\Phi|^{D\hat{D}} \Phi_{\mathrm{iso}}^{RS\hat{S}\hat{R}} |\Phi\rangle^{D\hat{D}}\right] \tag{A.6}$$

で与えられる．これらを具体的に書き下すと，

$$\Phi_{\mathrm{succ}}^{R\hat{R}} = \frac{1}{p_{\mathrm{succ}}}\left\{ \frac{1}{d_A^2}|\Phi\rangle\langle\Phi|^{R\hat{R}} + \frac{d_C^2-1}{d^2-1}\left(\pi^R \otimes \pi^{\hat{R}} - \frac{1}{d_A^2}|\Phi\rangle\langle\Phi|^{R\hat{R}}\right)\right\} \tag{A.7}$$

$$p_{\mathrm{succ}} = \frac{1}{d_A^2}\left\{ 1 + \frac{(d_A^2-1)(d_C^2-1)}{d^2-1} \right\} \tag{A.8}$$

であった．

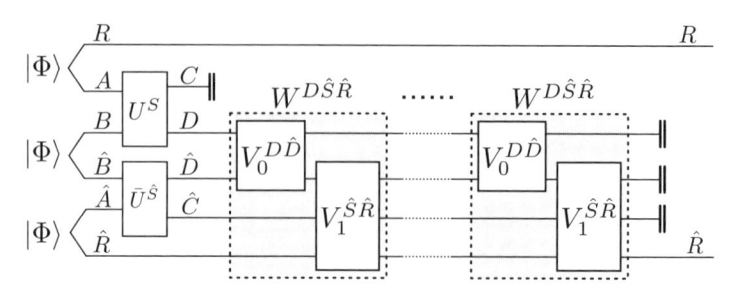

図 **A.1**　Hayden–Preskill プロトコルに対する，量子測定と事後選択を含まない Yoshida–Kitaev の復号.

■ A.2　準　　備

(A.4) を示す前に，射影演算子 $\Pi_0^{D\hat{D}}$ と $\Pi_1^{\hat{S}\hat{R}}$ が満たす補題を二つ示す.

補題 A.1　射影演算子 $\Pi_0^{D\hat{D}}$ と $\Pi_1^{\hat{S}\hat{R}}$ は，$\Pi_1^{\hat{S}\hat{R}}\Pi_0^{D\hat{D}}\Pi_1^{\hat{S}\hat{R}} = \frac{d_C}{d_A}\Phi_{U\hat{U}}^{D\hat{S}\hat{R}}$ を満たす.

証明（補題 A.1 の証明）　演算子 $\Pi_1^{\hat{S}\hat{R}}\Pi_0^{D\hat{D}}\Pi_1^{\hat{S}\hat{R}}$ を具体的に書き下すと，

$$\Pi_1^{\hat{S}\hat{R}}\Pi_0^{D\hat{D}}\Pi_1^{\hat{S}\hat{R}} = (\bar{U}^{\hat{S}}|\Phi\rangle\langle\Phi|^{\hat{A}\hat{R}}\bar{U}^{\hat{S}\dagger})|\Phi\rangle\langle\Phi|^{D\hat{D}}(\bar{U}^{\hat{S}}|\Phi\rangle\langle\Phi|^{\hat{A}\hat{R}}\bar{U}^{\hat{S}\dagger}) \tag{A.9}$$

である. ここで，系 S の正規直交基底 $\{|a_j\rangle^A \otimes |b_\alpha\rangle^B\}_{j,\alpha=0}^{d_A-1,d_B-1}$ の下での転置 T を導入する. 直接的な計算から，系 $D\hat{B}$ から系 $\hat{C}\hat{R}$ への線形演算子 $\langle\Phi|^{D\hat{D}}U^{\hat{S}}|\Phi\rangle^{\hat{A}\hat{R}}$ と系 $D\hat{B}$ から系 $\hat{C}A$ への線形演算子 $\langle\Phi|^{B\hat{B}}T(U^S)|\Phi\rangle^{C\hat{C}}$ は，系 $\hat{R}$ と系 A を同一視すれば，

$$\langle\Phi|^{D\hat{D}}U^{\hat{S}}|\Phi\rangle^{\hat{A}\hat{R}} = \frac{d_C}{d_A}\langle\Phi|^{B\hat{B}}T(U^S)|\Phi\rangle^{C\hat{C}} \tag{A.10}$$

という関係を満たすことが分かる. 練習問題 169 を参照のこと. この関係を用いると，

$$\Pi_1^{\hat{S}\hat{R}}\Pi_0^{D\hat{D}}\Pi_1^{\hat{S}\hat{R}} = \left(\frac{d_C}{d_A}\right)^2\bar{U}^{\hat{S}}|\Phi\rangle^{\hat{A}\hat{R}}\left(\langle\Phi|^{C\hat{C}}U^S|\Phi\rangle\langle\Phi|^{B\hat{B}}U^{S\dagger}|\Phi\rangle^{C\hat{C}}\right)\langle\Phi|^{\hat{A}\hat{R}}\bar{U}^{\hat{S}\dagger} \tag{A.11}$$

を得る.

さて，括弧の中の演算子は系 $D\hat{B}$ 上の演算子であり，具体的な形は，

$$\langle\Phi|^{C\hat{C}}U^S|\Phi\rangle\langle\Phi|^{B\hat{B}}U^{S\dagger}|\Phi\rangle^{C\hat{C}} = \frac{d_A}{d_C}\mathrm{Tr}_C\left[U^S(\pi^A \otimes |\Phi\rangle\langle\Phi|^{B\hat{B}})U^{S\dagger}\right] \tag{A.12}$$

で与えられる. これを代入することで，

$$\Pi_1^{\hat{S}\hat{R}}\Pi_0^{D\hat{D}}\Pi_1^{\hat{S}\hat{R}} = \frac{d_C}{d_A}\bar{U}^{\hat{S}}\left(|\Phi\rangle\langle\Phi|^{\hat{A}\hat{R}} \otimes \mathrm{Tr}_C\left[U^S(\pi^A \otimes |\Phi\rangle\langle\Phi|^{B\hat{B}})U^{S\dagger}\right]\right)\bar{U}^{\hat{S}\dagger} \tag{A.13}$$

$$= \frac{d_C}{d_A}\mathrm{Tr}_C\left[(U^S \otimes \bar{U}^{\hat{S}})(\pi^A \otimes |\Phi\rangle\langle\Phi|^{B\hat{B}} \otimes |\Phi\rangle\langle\Phi|^{\hat{A}\hat{R}})(U^S \otimes \bar{U}^{\hat{S}})^\dagger\right] \tag{A.14}$$

$$= \frac{d_C}{d_A}\Phi_{U\hat{U}}^{D\hat{S}\hat{R}} \tag{A.15}$$

を得る. $\square$

練習問題 169　(A.10) の両辺を各系の正規直交基底で挟み，最大エンタングル状態の一般的な性質 $\langle e_j|^X|\Phi\rangle^{XX'} = |\bar{e}_j\rangle^{X'}/d_X$ を用いることで，(A.10) が成り立つことを示せ.

補題 A.2 系 D の qubit 数 ℓ が $\ell \geq \ell_{\text{th}}$ を満たす場合には, $\Phi_{U\check{U}}^{D\hat{S}\hat{R}}$ は $\sum_{j=0}^{d_A d_C - 1} \lambda_j |\psi_j\rangle\langle\psi_j|^{D\hat{S}\hat{R}}$ と, $d_A d_C$ 個の互いに直交する純粋状態の確率混合で表せる. また, $j = 0, \ldots, d_A d_C - 1$ に対して,

$$|\varphi_j\rangle^{D\hat{S}\hat{R}} = \sqrt{\frac{d_A}{d_C \lambda_j}} \Pi_0^{D\hat{D}} |\psi_j\rangle^{D\hat{S}\hat{R}} \tag{A.16}$$

とおくと, $\||\varphi_j\rangle^{D\hat{S}\hat{R}}\|_2 = 1$ であり, 以下の四つの性質を満たす.

$$\Pi_0^{D\hat{D}} |\psi_j\rangle^{D\hat{S}\hat{R}} = \sqrt{\frac{d_C \lambda_j}{d_A}} |\varphi_j\rangle^{D\hat{S}\hat{R}}, \qquad \Pi_0^{D\hat{D}} |\varphi_j\rangle^{D\hat{S}\hat{R}} = |\varphi_j\rangle^{D\hat{S}\hat{R}} \tag{A.17}$$

$$\Pi_1^{\hat{S}\hat{R}} |\psi_j\rangle^{D\hat{S}\hat{R}} = |\psi_j\rangle^{D\hat{S}\hat{R}}, \qquad \Pi_1^{\hat{S}\hat{R}} |\varphi_j\rangle^{D\hat{S}\hat{R}} = \sqrt{\frac{d_C \lambda_j}{d_A}} |\psi_j\rangle^{D\hat{S}\hat{R}} \tag{A.18}$$

証明（補題 A.2 の証明） まず, $|\Phi_{U\check{U}}\rangle^{RS\hat{S}\hat{R}}$ の Schmidt 分解を

$$|\Phi_{U\check{U}}\rangle^{RS\hat{S}\hat{R}} = \sum_{j=0}^{d_{\min}-1} \sqrt{\lambda_j} |\eta_j\rangle^{CR} \otimes |\psi_j\rangle^{D\hat{S}\hat{R}} \tag{A.19}$$

とすると, $d_{\min} = \min\{d_A d_C, d_D d d_A\}$ である. ここで, $d = d_C d_D$ と, $\ell \geq \ell_{\text{th}} = k$ であることから $d_D \geq d_A$ なので, $d_{\min} = d_A d_C$ である. したがって, $\Phi_{U\check{U}}^{D\hat{S}\hat{R}}$ は

$$\Phi_{U\check{U}}^{D\hat{S}\hat{R}} = \sum_{j=0}^{d_A d_C - 1} \lambda_j |\psi_j\rangle\langle\psi_j|^{D\hat{S}\hat{R}} \tag{A.20}$$

と書ける.

次に, $\Pi_0^{D\hat{D}} |\psi_j\rangle^{D\hat{S}\hat{R}}$ の規格化定数を計算する. 補題 A.1 より, $|\psi_j\rangle^{D\hat{S}\hat{R}}$ は $\Pi^{D\hat{S}\hat{R}} = \Pi_1^{\hat{S}\hat{R}} \Pi_0^{D\hat{D}} \Pi_1^{\hat{S}\hat{R}}$ の固有値 $d_C \lambda_j / d_A$ の固有状態である. さらに $(\Pi_0^{D\hat{D}})^2 = \Pi_0^{D\hat{D}}$ に気を付けると,

$$\|\Pi_0^{D\hat{D}} |\psi_j\rangle^{D\hat{S}\hat{R}}\|_2^2 = \left(\frac{d_A}{d_C \lambda_j}\right)^2 \langle\psi_j|^{D\hat{S}\hat{R}} \Pi^{D\hat{S}\hat{R}} \Pi_0^{D\hat{D}} \Pi^{D\hat{S}\hat{R}} |\psi_j\rangle^{D\hat{S}\hat{R}} \tag{A.21}$$

が成り立つことが分かる. 簡単な計算から $\Pi^{D\hat{S}\hat{R}} \Pi_0^{D\hat{D}} \Pi^{D\hat{S}\hat{R}} = (\Pi^{D\hat{S}\hat{R}})^3$ が従うので, $|\psi_j\rangle^{D\hat{S}\hat{R}}$ が $\Pi^{D\hat{S}\hat{R}}$ の固有状態であることを再度用いて, $\|\Pi_0^{D\hat{D}} |\psi_j\rangle^{D\hat{S}\hat{R}}\|_2^2 = d_C \lambda_j / d_A$ を得る. したがって, $|\varphi_j\rangle^{D\hat{S}\hat{R}} = \sqrt{d_A/(d_C \lambda_j)} \Pi_0^{D\hat{D}} |\psi_j\rangle^{D\hat{S}\hat{R}}$ は $\||\varphi_j\rangle^{D\hat{S}\hat{R}}\|_2 = 1$ を満たす.

最後に, $|\psi_j\rangle^{D\hat{S}\hat{R}}$ と $|\varphi_j\rangle^{D\hat{S}\hat{R}}$ が満たす四つの関係式を確かめる. (A.17) の二つの式は定義から直ちに従う. 残りの二つは, $|\psi_j\rangle^{D\hat{S}\hat{R}}$ が $\Pi^{D\hat{S}\hat{R}}$ の固有状態であることを用いて,

$$\Pi_1^{\hat{S}\hat{R}} |\psi_j\rangle^{D\hat{S}\hat{R}} = \frac{d_A}{d_C \lambda_j} \Pi_1^{\hat{S}\hat{R}} \Pi^{D\hat{S}\hat{R}} |\psi_j\rangle^{D\hat{S}\hat{R}} \tag{A.22}$$

$$= \frac{d_A}{d_C \lambda_j} \Pi^{D\hat{S}\hat{R}} |\psi_j\rangle^{D\hat{S}\hat{R}} = |\psi_j\rangle^{D\hat{S}\hat{R}} \tag{A.23}$$

と, また,

$$\Pi_1^{\hat{S}\hat{R}}|\varphi_j\rangle^{D\hat{S}\hat{R}} = \sqrt{\frac{d_A}{d_C\lambda_j}}\Pi_1^{\hat{S}\hat{R}}\Pi_0^{D\hat{D}}|\psi_j\rangle^{D\hat{S}\hat{R}} \tag{A.24}$$

$$= \left(\frac{d_A}{d_C\lambda_j}\right)^{3/2}\Pi_1^{\hat{S}\hat{R}}\Pi_0^{D\hat{D}}\Pi^{D\hat{S}\hat{R}}|\psi_j\rangle^{D\hat{S}\hat{R}} \tag{A.25}$$

$$= \left(\frac{d_A}{d_C\lambda_j}\right)^{3/2}(\Pi^{D\hat{S}\hat{R}})^2|\psi_j\rangle^{D\hat{S}\hat{R}} = \sqrt{\frac{d_C\lambda_j}{d_A}}|\psi_j\rangle^{D\hat{S}\hat{R}} \tag{A.26}$$

と示せる. □

補題 A.2 より, 二次元ヒルベルト空間 $\mathcal{H}_j = \mathrm{span}\{|\varphi_j\rangle^{D\hat{S}\hat{R}}, |\psi_j\rangle^{D\hat{S}\hat{R}}\}$ は $\Pi_0^{D\hat{D}}$ や $\Pi_1^{\hat{S}\hat{R}}$ の作用の下で不変に保たれることが分かる. したがって, ユニタリ $V_0^{D\hat{D}} = I^{D\hat{D}} - 2\Pi_0^{D\hat{D}}$ や $V_1^{\hat{S}\hat{R}} = 2\Pi_1^{\hat{S}\hat{R}} - I^{\hat{S}\hat{R}}$ を作用させても $\mathcal{H}_j$ は不変であり, その二つのユニタリで構成される $W^{D\hat{S}\hat{R}} = V_1^{\hat{S}\hat{R}}V_0^{D\hat{D}}$ も $\mathcal{H}_j$ を不変に保つ. この事実を用いて, 以下の命題を得る.

命題 A.3　量子状態 $|\Phi_{U\bar{U}}\rangle^{RS\hat{S}\hat{R}}$ の系 CR と系 $D\hat{S}\hat{R}$ の間の Schmidt 分解を $|\Phi_{U\bar{U}}\rangle^{RS\hat{S}\hat{R}} = \sum_{j=0}^{d_A d_C-1}\sqrt{\lambda_j}|\eta_j\rangle^{CR}\otimes|\psi_j\rangle^{D\hat{S}\hat{R}}$ とする. この分解と補題 A.2 で定めた $|\varphi_j\rangle^{D\hat{S}\hat{R}}$ を用いて, 新しい量子状態 $|\Psi\rangle^{RS\hat{S}\hat{R}}$ を

$$|\Psi\rangle^{RS\hat{S}\hat{R}} = \sum_{j=0}^{d_A d_C-1}\sqrt{\lambda_j}|\eta_j\rangle^{CR}\otimes|\varphi_j\rangle^{D\hat{S}\hat{R}} \tag{A.27}$$

と定める. $\ell \gg \ell_{\mathrm{th}} = k$ とすると, $|\Phi_{U\bar{U}}(m_*)\rangle^{RS\hat{S}\hat{R}} = W^{D\hat{S}\hat{R}}(m_*)|\Phi_{U\bar{U}}\rangle^{RS\hat{S}\hat{R}}$ は,

$$\left\||\Phi_{U\bar{U}}(m_*)\rangle^{RS\hat{S}\hat{R}} - |\Psi\rangle^{RS\hat{S}\hat{R}}\right\|_2 \le \sqrt{\frac{\pi^2}{4}\left(d_A d_C \mathrm{Tr}[(\Phi_U^{RC})^2] - 1\right)} + \mathcal{O}\left(\frac{1}{d_A}\right) \tag{A.28}$$

を満たす.

証明（命題 A.3 の証明）　量子状態 $|\Phi_{U\bar{U}}\rangle^{RS\hat{S}\hat{R}}$ の系 CR 上の縮約密度行列は, 復号操作を行う前の量子状態 $|\Phi_U\rangle^{RS\hat{B}} = U^S(|\Phi\rangle^{AR}\otimes|\Phi\rangle^{B\hat{B}})$ を用いて

$$\Phi_{U\bar{U}}^{CR} = \Phi_U^{CR} \tag{A.29}$$

と書ける. $\ell \gg \ell_{\mathrm{th}} = k$ の場合は, $|\Phi_U\rangle^{RS\hat{B}}$ のリファレンス系 R と系 C がデカップルしており, 命題 16.1 の証明より $\Phi_U^{CR} \approx \pi^C\otimes\pi^R$ が成り立つので, $\lambda_j \approx 1/(d_A d_C)$ である. 以降ではこのことを念頭において計算を進める.

量子状態 $|\Phi_{U\bar{U}}(m)\rangle^{RS\hat{S}\hat{R}}$ は,

$$|\Phi_{U\bar{U}}(m)\rangle^{RS\hat{S}\hat{R}} = \sum_{j=0}^{d_A d_C-1}\sqrt{\lambda_j}|\eta_j\rangle^{CR}\otimes W^{D\hat{S}\hat{R}}(m)|\psi_j\rangle^{D\hat{S}\hat{R}} \tag{A.30}$$

で与えられるが, 補題 A.2 を繰り返し用いることでこの状態を明示的に書き下せる. このことを見るために, まず $W^{D\hat{S}\hat{R}}(m)|\psi_j\rangle^{D\hat{S}\hat{R}}$ を解析する. 先述のとおり, $\mathcal{H}_j = \mathrm{span}\{|\varphi_j\rangle^{D\hat{S}\hat{R}}, |\psi_j\rangle^{D\hat{S}\hat{R}}\}$ とすると, このヒルベルト空間は $W^{D\hat{S}\hat{R}}(m)$ の作用によって不変であるため, 任意の m に対して,

$$W^{D\hat{S}\hat{R}}(m)|\psi_j\rangle^{D\hat{S}\hat{R}} \in \mathcal{H}_j \tag{A.31}$$

である.

二次元ヒルベルト空間 $\mathcal{H}_j$ の基底として, $|\varphi_j\rangle^{D\hat{S}\hat{R}}$ と, その量子状態に直交する量子状態 $|\varphi_j^\perp\rangle^{D\hat{S}\hat{R}}$ を選び,

$$|\psi_j\rangle^{D\hat{S}\hat{R}} = \sin\frac{\theta_j}{2}|\varphi_j\rangle^{D\hat{S}\hat{R}} + \cos\frac{\theta_j}{2}|\varphi_j^\perp\rangle^{D\hat{S}\hat{R}} \tag{A.32}$$

と展開する. ここで, 補題 A.2 より, $|\varphi_j\rangle^{D\hat{S}\hat{R}} = \sqrt{d_A/(d_C\lambda_j)}\Pi_0^{D\hat{D}}|\psi_j\rangle^{D\hat{S}\hat{R}}$ が単位ベクトルであることから,

$$\langle\psi_j|^{D\hat{S}\hat{R}}|\varphi_j\rangle^{D\hat{S}\hat{R}} = \sqrt{\frac{d_A}{d_C\lambda_j}}\langle\psi_j|^{D\hat{S}\hat{R}}\Pi_0^{D\hat{D}}|\psi_j\rangle^{D\hat{S}\hat{R}} \tag{A.33}$$

$$= \sqrt{\frac{d_A}{d_C\lambda_j}}\|\Pi_0^{D\hat{D}}|\psi_j\rangle^{D\hat{S}\hat{R}}\|_2^2 \tag{A.34}$$

$$= \sqrt{\frac{d_C\lambda_j}{d_A}}\||\varphi_j\rangle^{D\hat{S}\hat{R}}\|_2^2 = \sqrt{\frac{d_C\lambda_j}{d_A}} \tag{A.35}$$

が従うので, θ_j は $\sin(\theta_j/2) = \sqrt{d_C\lambda_j/d_A}$ を満たす. 以降は $|\varphi_j^\perp\rangle^{D\hat{S}\hat{R}}$ の位相の自由度を用いて, $\theta_j \in [0,\pi)$ となるように選ぶ.

この表記を用いて, ユニタリ $W^{D\hat{S}\hat{R}} = V_1^{\hat{S}\hat{R}}V_0^{D\hat{D}}$ が $|\varphi_j\rangle^{D\hat{S}\hat{R}}$ と $|\varphi_j^\perp\rangle^{D\hat{S}\hat{R}}$ の二つのベクトルで張られる二次元ヒルベルト空間の実係数単位ベクトル $|\eta\rangle^{D\hat{S}\hat{R}} = \sin\eta|\varphi_j\rangle^{D\hat{S}\hat{R}} + \cos\eta|\varphi_j^\perp\rangle^{D\hat{S}\hat{R}}$ にどのように作用するかを確かめよう. まず, $V_0^{D\hat{D}}$ を作用させると,

$$V_0^{D\hat{D}}|\eta\rangle^{D\hat{S}\hat{R}} = \sin\eta(I^{D\hat{D}} - 2\Pi_0^{D\hat{D}})|\varphi_j\rangle^{D\hat{S}\hat{R}} + \cos\eta(I^{D\hat{D}} - 2\Pi_0^{D\hat{D}})|\varphi_j^\perp\rangle^{D\hat{S}\hat{R}} \tag{A.36}$$

となるが, 補題 A.2 より $\Pi_0^{D\hat{D}}|\varphi_j\rangle^{D\hat{S}\hat{R}} = |\varphi_j\rangle^{D\hat{S}\hat{R}}$ なので, 第一項は $-\sin\eta|\varphi_j\rangle^{D\hat{S}\hat{R}}$ である. 一方で, 第二項に関しては, $|\psi_j\rangle^{D\hat{S}\hat{R}} = \cos(\theta_j/2)|\varphi_j^\perp\rangle^{D\hat{S}\hat{R}} + \sin(\theta_j/2)|\varphi_j\rangle^{D\hat{S}\hat{R}}$ を用いて,

$$\cos\frac{\theta_j}{2}\Pi_0^{D\hat{D}}|\varphi_j^\perp\rangle^{D\hat{S}\hat{R}} = \Pi_0^{D\hat{D}}\left(|\psi_j\rangle^{D\hat{S}\hat{R}} - \sin\frac{\theta_j}{2}|\varphi_j\rangle^{D\hat{S}\hat{R}}\right) \tag{A.37}$$

$$= \left(\sqrt{\frac{d_C\lambda_j}{d_A}} - \sin\frac{\theta_j}{2}\right)|\varphi_j\rangle^{D\hat{S}\hat{R}} = 0 \tag{A.38}$$

が成り立つ. よって, $\Pi_0^{D\hat{D}}|\varphi_j^\perp\rangle^{D\hat{S}\hat{R}} = 0$ であり,

$$V_0^{D\hat{D}}|\eta\rangle^{D\hat{S}\hat{R}} = -\sin\eta|\varphi_j\rangle^{D\hat{S}\hat{R}} + \cos\eta|\varphi_j^\perp\rangle^{D\hat{S}\hat{R}} \tag{A.39}$$

であることが分かる. これは, 元々のベクトル $|\eta\rangle^{D\hat{S}\hat{R}}$ を $|\varphi_j^\perp\rangle^{D\hat{S}\hat{R}}$ が定める軸に対して反転させたものに他ならない.

この状態にさらに $V_1^{\hat{S}\hat{R}}$ を作用させると,

$$V_1^{\hat{S}\hat{R}}V_0^{D\hat{D}}|\eta\rangle^{D\hat{S}\hat{R}} = -\sin\eta(2\Pi_1^{\hat{S}\hat{R}} - I^{\hat{S}\hat{R}})|\varphi_j\rangle^{D\hat{S}\hat{R}} + \cos\eta(2\Pi_1^{\hat{S}\hat{R}} - I^{\hat{S}\hat{R}})|\varphi_j^\perp\rangle^{D\hat{S}\hat{R}} \tag{A.40}$$

となる. 第一項に関しては, 補題 A.2 と (A.32) より,

$$\left(2\Pi_1^{\hat{S}\hat{R}} - I^{\hat{S}\hat{R}}\right)|\varphi_j\rangle^{D\hat{S}\hat{R}} = 2\sin\frac{\theta_j}{2}|\psi_j\rangle^{D\hat{S}\hat{R}} - |\varphi_j\rangle^{D\hat{S}\hat{R}} \tag{A.41}$$

$$= -\cos\theta_j|\varphi_j\rangle^{D\hat{S}\hat{R}} + \sin\theta_j|\varphi_j^\perp\rangle^{D\hat{S}\hat{R}} \tag{A.42}$$

が成り立つ. また, 第二項については, 補題 A.2 を用いることで,

$$\cos\frac{\theta_j}{2}\Pi_1^{\hat{S}\hat{R}}|\varphi_j^\perp\rangle^{D\hat{S}\hat{R}} = \Pi_1^{\hat{S}\hat{R}}\left(|\psi_j\rangle^{D\hat{S}\hat{R}} - \sin\frac{\theta_j}{2}|\varphi_j\rangle^{D\hat{S}\hat{R}}\right) \tag{A.43}$$

$$= \cos^2\frac{\theta_j}{2}|\psi_j\rangle^{D\hat{S}\hat{R}} \tag{A.44}$$

$$= \cos^2\frac{\theta_j}{2}\sin\frac{\theta_j}{2}|\varphi_j\rangle^{D\hat{S}\hat{R}} + \cos^3\frac{\theta_j}{2}|\varphi_j^\perp\rangle^{D\hat{S}\hat{R}} \tag{A.45}$$

であることが分かるので,

$$\Pi_1^{\hat{S}\hat{R}}|\varphi_j^\perp\rangle^{D\hat{S}\hat{R}} = \cos\frac{\theta_j}{2}\sin\frac{\theta_j}{2}|\varphi_j\rangle^{D\hat{S}\hat{R}} + \cos^2\frac{\theta_j}{2}|\varphi_j^\perp\rangle^{D\hat{S}\hat{R}} \tag{A.46}$$

が従う. これらを代入して整理すると,

$$V_1^{\hat{S}\hat{R}}V_0^{D\hat{D}}|\eta\rangle^{D\hat{S}\hat{R}} = \sin(\eta+\theta_j)|\varphi_j\rangle^{D\hat{S}\hat{R}} + \cos(\eta+\theta_j)|\varphi_j^\perp\rangle^{D\hat{S}\hat{R}} \tag{A.47}$$

を得る. 元々のベクトルが $|\eta\rangle^{D\hat{S}\hat{R}} = \sin\eta|\varphi_j\rangle^{D\hat{S}\hat{R}} + \cos\eta|\varphi_j^\perp\rangle^{D\hat{S}\hat{R}}$ であったことを思い出すと, $W^{D\hat{S}\hat{R}} = V_1^{\hat{S}\hat{R}}V_0^{D\hat{D}}$ を作用させることで, $|\eta\rangle^{D\hat{S}\hat{R}}$ は二次元ヒルベルト空間 $\mathcal{H}_j$ 内で $|\varphi_j\rangle^{D\hat{S}\hat{R}}$ に向かって θ_j だけ回転することが分かる. 図 A.2 も参照されたい. この関係を繰り返し用いることで, $|\psi_j\rangle^{D\hat{S}\hat{R}} = \sin(\theta_j/2)|\varphi_j\rangle^{D\hat{S}\hat{R}} + \cos(\theta_j/2)|\varphi_j^\perp\rangle^{D\hat{S}\hat{R}}$ に $W^{D\hat{S}\hat{R}}$ を m 回作用させると,

$$W^{D\hat{S}\hat{R}}(m)|\psi_j\rangle^{D\hat{S}\hat{R}} = \sin\left(m+\frac{1}{2}\right)\theta_j|\varphi_j\rangle^{D\hat{S}\hat{R}} + \cos\left(m+\frac{1}{2}\right)\theta_j|\varphi_j^\perp\rangle^{D\hat{S}\hat{R}} \tag{A.48}$$

となることが分かる.

　この事実が全ての j について成り立つので,

$$|\Phi_{U\bar{U}}(m)\rangle^{RS\hat{S}\hat{R}} = \sum_{j=0}^{d_Ad_C-1} \sqrt{\lambda_j}|\eta_j\rangle^{CR} \otimes W^{D\hat{S}\hat{R}}(m)|\psi_j\rangle^{D\hat{S}\hat{R}} \tag{A.49}$$

$$= \sum_{j=0}^{d_Ad_C-1} \sqrt{\lambda_j}|\eta_j\rangle^{CR} \otimes \left(\sin\left(m+\frac{1}{2}\right)\theta_j|\varphi_j\rangle^{D\hat{S}\hat{R}} + \cos\left(m+\frac{1}{2}\right)\theta_j|\varphi_j^\perp\rangle^{D\hat{S}\hat{R}}\right) \tag{A.50}$$

となる. ここで, $\theta_j = 2\arcsin(\sqrt{d_C\lambda_j/d_A})$ だが, $\lambda_j = \mathcal{O}(1/(d_Ad_C))$ が $k \gg 1$ の場合は十分小さいので, $\arcsin\epsilon = \epsilon + \mathcal{O}(\epsilon^3)$ を用いて,

$$\theta_j = 2\sqrt{\frac{d_C\lambda_j}{d_A}} + \mathcal{O}\left(\frac{1}{d_A^3}\right) \tag{A.51}$$

と近似できる. 同様に,

$$m_* = \left\lfloor \frac{\pi}{4\arcsin(1/d_A)} - \frac{1}{2} \right\rfloor = \frac{\pi}{4}d_A - \frac{1}{2} + \mathcal{O}\left(\frac{1}{d_A}\right) \tag{A.52}$$

と近似することで,

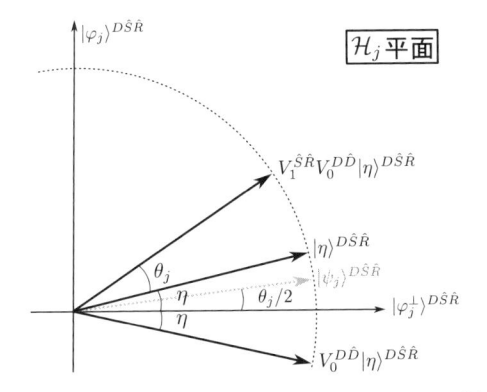

図 **A.2**　二つのユニタリ $V_0^{D\hat{D}}$ と $V_1^{\hat{S}\hat{R}}$ を量子状態 $|\eta\rangle^{D\hat{S}\hat{R}} = \sin\eta|\varphi_j\rangle^{D\hat{S}\hat{R}} + \cos\eta|\varphi_j^{\perp}\rangle^{D\hat{S}\hat{R}}$ に作用させたときの，$\mathcal{H}_j = \mathrm{span}\{|\varphi_j\rangle^{D\hat{S}\hat{R}}, |\varphi_j^{\perp}\rangle^{D\hat{S}\hat{R}}\}$ 内での動きを可視化したもの．一つ目のユニタリ $V_0^{D\hat{D}}$ を作用させると $|\eta\rangle^{D\hat{S}\hat{R}}$ は $|\varphi_j^{\perp}\rangle^{D\hat{S}\hat{R}}$ 軸に対して反転し，その後，$V_1^{\hat{S}\hat{R}}$ を作用させると，$V_0^{D\hat{D}}|\eta\rangle^{D\hat{S}\hat{R}}$ は $|\psi_j\rangle^{D\hat{S}\hat{R}}$ に対して反転する．この 2 ステップによって，元のベクトル $|\eta\rangle^{D\hat{S}\hat{R}}$ は，$|\varphi_j\rangle^{D\hat{S}\hat{R}}$ 軸に向かって角度 θ_j だけ回転する．この手法は，量子アルゴリズムの文脈では**量子振幅増幅**（*amplitude amplification*）と呼ばれる．

$$\sin\left(m_* + \frac{1}{2}\right)\theta_j = \sin\left(\frac{\pi}{2}\sqrt{d_A d_C \lambda_j} + \mathcal{O}\left(\frac{1}{d_A}\right)\right) \tag{A.53}$$

$$= 1 - \frac{\pi^2}{8}\left(1 - \sqrt{d_A d_C \lambda_j}\right)^2 + \mathcal{O}\left(\frac{1}{d_A}\right) \tag{A.54}$$

を得る．したがって，

$$\frac{1}{2}\left\||\Phi_{U\bar{U}}(m_*)\rangle^{RS\hat{S}\hat{R}} - |\Psi\rangle^{RS\hat{S}\hat{R}}\right\|_2^2 = 1 - \sum_{j=0}^{d_A d_C - 1} \lambda_j \sin\left(m_* + \frac{1}{2}\right)\theta_j \tag{A.55}$$

$$= \frac{\pi^2}{8} \sum_{j=0}^{d_A d_C - 1} \lambda_j\left(1 - \sqrt{d_A d_C \lambda_j}\right)^2 + \mathcal{O}\left(\frac{1}{d_A}\right) \tag{A.56}$$

が成り立つ．初めの等式は，ノルムを直接計算すれば得られる．さらに，$x > 0$ に対して $(1 - x)^2 \leq (1/x - x)^2$ が成り立つことを用いると，

$$\left\||\Phi_{U\bar{U}}(m_*)\rangle^{RS\hat{S}\hat{R}} - |\Psi\rangle^{RS\hat{S}\hat{R}}\right\|_2^2 \leq \frac{\pi^2}{4} \sum_{j=0}^{d_A d_C - 1} \lambda_j\left(\frac{1}{\sqrt{d_A d_C \lambda_j}} - \sqrt{d_A d_C \lambda_j}\right)^2 + \mathcal{O}\left(\frac{1}{d_A}\right) \tag{A.57}$$

$$= \frac{\pi^2}{4}\left(d_A d_C \sum_{j=0}^{d_A d_C - 1} \lambda_j^2 - 1\right) + \mathcal{O}\left(\frac{1}{d_A}\right) \tag{A.58}$$

$$= \frac{\pi^2}{4}\left(d_A d_C \operatorname{Tr}\left[(\Phi_U^{RC})^2\right] - 1\right) + \mathcal{O}\left(\frac{1}{d_A}\right) \tag{A.59}$$

を得る．最後の式では，$\{\lambda_j\}_{j=0}^{d_A d_C - 1}$ が Φ_U^{RC} の固有値であることを用いた．　　　□

■ A. 3　命題 16.5 の証明

以上の主張に基づいて，命題 16.5，つまり (A.4) を示す.

証明（命題 16.5 の証明）　量子状態 $\Phi_{\mathrm{succ}}^{R\hat{R}}$ は (A.5) より，

$$\Phi_{\mathrm{succ}}^{R\hat{R}} = \frac{1}{p_{\mathrm{succ}}} \langle\Phi|^{D\hat{D}} \Phi_{\mathrm{iso}}^{RD\hat{D}\hat{R}}]|\Phi\rangle^{D\hat{D}} \tag{A.60}$$

$$= \frac{1}{p_{\mathrm{succ}}} \mathbb{E}_{U\sim\mathsf{H}}\left[\langle\Phi|^{D\hat{D}} \mathrm{Tr}_{C\hat{C}}[\Phi_{U\hat{U}}^{RS\hat{S}\hat{R}}]|\Phi\rangle^{D\hat{D}} \right] \tag{A.61}$$

なので，三角不等式とトレース距離の部分トレースに対する単調性を用いて，

$$\left\| \mathbb{E}_{U\sim\mathsf{H}}[\Phi_{U\hat{U}}^{R\hat{R}}(m_*)] - \Phi_{\mathrm{succ}}^{R\hat{R}} \right\|_1 \leq \mathbb{E}_{U\sim\mathsf{H}}\left\| \Phi_{U\hat{U}}^{R\hat{R}}(m_*) - \frac{1}{p_{\mathrm{succ}}} \langle\Phi|^{D\hat{D}} \mathrm{Tr}_{C\hat{C}}[\Phi_{U\hat{U}}^{RS\hat{S}\hat{R}}]|\Phi\rangle^{D\hat{D}} \right\|_1 \tag{A.62}$$

$$\leq \mathbb{E}_{U\sim\mathsf{H}}\left\| |\Phi_{U\hat{U}}(m_*)\rangle\langle\Phi_{U\hat{U}}(m_*)|^{RS\hat{S}\hat{R}} - |\Phi'_{U\hat{U}}\rangle\langle\Phi'_{U\hat{U}}|^{RS\hat{S}\hat{R}} \right\|_1 \tag{A.63}$$

が成り立つ. ここで，$|\Phi'_{U\hat{U}}\rangle^{RS\hat{S}\hat{R}} = \Pi_0^{D\hat{D}}|\Phi_{U\hat{U}}\rangle^{RS\hat{S}\hat{R}}/\sqrt{p_{\mathrm{succ}}}$ とおいた. 成功確率 p_{succ} は (A.6) で与えられるものなので，このベクトルは一般には規格化されていないことに注意せよ. 15 章の補題 15.4 より，任意のベクトル $|v\rangle$ と $|u\rangle$ に対して

$$\left\| |v\rangle\langle v| - |u\rangle\langle u| \right\|_1 \leq \left(\||u\rangle\|_2 + \||v\rangle\|_2 \right)\||v\rangle - |u\rangle\|_2 \tag{A.64}$$

が成り立つので，$|\Phi_{U\hat{U}}(m_*)\rangle^{RS\hat{S}\hat{R}}$ は規格化されていることに気を付けて，

$$\left\| \mathbb{E}_{U\sim\mathsf{H}}[\Phi_{U\hat{U}}^{R\hat{R}}(m_*)] - \Phi_{\mathrm{succ}}^{R\hat{R}} \right\|_1 \leq X_1 + X_2 \tag{A.65}$$

を得る. ただし，

$$X_1 = \mathbb{E}_{U\sim\mathsf{H}}\left[\left\| |\Phi_{U\hat{U}}(m_*)\rangle^{RS\hat{S}\hat{R}} - |\Phi'_{U\hat{U}}\rangle^{RS\hat{S}\hat{R}} \right\|_2 \right] \tag{A.66}$$

$$X_2 = \mathbb{E}_{U\sim\mathsf{H}}\left[\left\| |\Phi'_{U\hat{U}}\rangle^{RS\hat{S}\hat{R}} \right\|_2 \left\| |\Phi_{U\hat{U}}(m_*)\rangle^{RS\hat{S}\hat{R}} - |\Phi'_{U\hat{U}}\rangle^{RS\hat{S}\hat{R}} \right\|_2 \right] \tag{A.67}$$

である. 以下ではこれらを具体的に計算する.

まず，X_1 は，三角不等式より，命題 A.3 で定めた $|\Psi\rangle^{RS\hat{S}\hat{R}}$ を用いて，

$$\left\| |\Phi_{U\hat{U}}(m_*)\rangle^{RS\hat{S}\hat{R}} - |\Phi'_{U\hat{U}}\rangle^{RS\hat{S}\hat{R}} \right\|_2$$
$$\leq \left\| |\Phi_{U\hat{U}}(m_*)\rangle^{RS\hat{S}\hat{R}} - |\Psi\rangle^{RS\hat{S}\hat{R}} \right\|_2 + \left\| |\Psi\rangle^{RS\hat{S}\hat{R}} - |\Phi'_{U\hat{U}}\rangle^{RS\hat{S}\hat{R}} \right\|_2 \tag{A.68}$$

を満たす. 命題 A.3 より，右辺の第一項の上界は

$$\frac{\pi}{2}\left(d_A d_C \mathrm{Tr}[(\Phi_U^{RC})^2] - 1 + \mathcal{O}\left(\frac{1}{d_A}\right) \right)^{1/2}$$

で与えられる. 右辺の第二項の上界を得るために，$|\Phi'_{U\hat{U}}\rangle^{RS\hat{S}\hat{R}}$ を

$$|\Phi'_{U\hat{U}}\rangle^{RS\hat{S}\hat{R}} = \frac{1}{\sqrt{p_{\mathrm{succ}}}} \sum_{j=0}^{d_A d_C - 1} \sqrt{\lambda_j}|\eta_j\rangle^{CR} \otimes \Pi_0^{D\hat{D}}|\psi_j\rangle^{D\hat{S}\hat{R}} \tag{A.69}$$

$$= \frac{1}{\sqrt{p_{\mathrm{succ}}}} \sum_{j=0}^{d_A d_C - 1} \lambda_j \sqrt{\frac{d_C}{d_A}}|\eta_j\rangle^{CR} \otimes |\varphi_j\rangle^{D\hat{S}\hat{R}} \tag{A.70}$$

と書き換える. 補題 A.2 より $\Pi_0^{D\hat{D}}|\psi_j\rangle^{D\hat{S}\hat{R}} = \sqrt{d_C\lambda_j/d_A}|\varphi_j\rangle^{D\hat{S}\hat{R}}$ であることを用いた. ここで, $|\Psi\rangle^{RS\hat{S}\hat{R}}$ が

$$|\Psi\rangle^{RS\hat{S}\hat{R}} = \sum_{j=0}^{d_A d_C - 1} \sqrt{\lambda_j}|\eta_j\rangle^{CR} \otimes |\varphi_j\rangle^{D\hat{S}\hat{R}} \tag{A.71}$$

であることを思い出すと, $|\Psi\rangle^{RS\hat{S}\hat{R}}$ と $|\Phi'_{U\bar{U}}\rangle^{RS\hat{S}\hat{R}}$ を同じ正規直交基底で展開できているので, その二つのベクトル間の距離は,

$$\||\Psi\rangle^{RS\hat{S}\hat{R}} - |\Phi'_{U\bar{U}}\rangle^{RS\hat{S}\hat{R}}\|_2^2 = \sum_{j=0}^{d_A d_C - 1} \left(\sqrt{\lambda_j} - \lambda_j\sqrt{\frac{d_C}{d_A p_{\text{succ}}}}\right)^2 \tag{A.72}$$

$$= \sum_{j=0}^{d_A d_C - 1} \lambda_j \left(1 - \sqrt{\frac{d_C \lambda_j}{d_A p_{\text{succ}}}}\right)^2 \tag{A.73}$$

$$\leq \sum_{j=0}^{d_A d_C - 1} \lambda_j \left(\sqrt{\frac{d_A p_{\text{succ}}}{d_C \lambda_j}} - \sqrt{\frac{d_C \lambda_j}{d_A p_{\text{succ}}}}\right)^2 \tag{A.74}$$

$$= d_A^2 p_{\text{succ}} - 2 + \frac{d_C}{d_A p_{\text{succ}}} \sum_{j=0}^{d_A d_C - 1} \lambda_j^2 \tag{A.75}$$

と直接計算できる. 不等式は, $x > 0$ に対して $(1-x)^2 \leq (1/x - x)^2$ であることから従う. さらに, (A.7) より確率 p_{succ} は

$$\frac{1}{d_A^2} \leq p_{\text{succ}} \lesssim \frac{1}{d_A^2} + \frac{1}{d_D^2} \tag{A.76}$$

を満たすので,

$$\||\Phi'_{U\bar{U}}\rangle^{RS\hat{S}\hat{R}} - |\Psi\rangle^{RS\hat{S}\hat{R}}\|_2^2 \lesssim d_A d_C \sum_{j=0}^{d_A d_C - 1} \lambda_j^2 - 1 + \frac{d_A^2}{d_D^2} \tag{A.77}$$

$$= d_A d_C \operatorname{Tr}\left[(\Phi_U^{RC})^2\right] - 1 + \frac{d_A^2}{d_D^2} \tag{A.78}$$

を得る.

これらを (A.68) に代入することで,

$$\||\Phi_{U\bar{U}}(m_*)\rangle^{RS\hat{S}\hat{R}} - |\Phi'_{U\bar{U}}\rangle^{RS\hat{S}\hat{R}}\|_2$$

$$\lesssim \frac{\pi}{2}\sqrt{d_A d_C \operatorname{Tr}\left[(\Phi_U^{RC})^2\right] - 1 + \mathcal{O}\left(\frac{1}{d_A}\right)} + \sqrt{d_A d_C \operatorname{Tr}\left[(\Phi_U^{RC})^2\right] - 1 + \frac{d_A^2}{d_D^2}} \tag{A.79}$$

を得る. この両辺を $U^S \sim \mathsf{H}$ で平均を取り, $\sqrt{x}$ が凹関数であることから,

$$X = d_A d_C \mathbb{E}_{U^S \sim \mathsf{H}}\left[\operatorname{Tr}\left[(\Phi_U^{RC})^2\right]\right] - 1 \tag{A.80}$$

という表式を用いて,

$$X_1 \lesssim \frac{\pi}{2}\sqrt{X + \mathcal{O}\left(\frac{1}{d_A}\right)} + \sqrt{X + \frac{d_A^2}{d_D^2}} \tag{A.81}$$

であることが従う．ここで，スワップ・トリック等を用いると，やや煩雑な計算は必要だが，

$$\mathbb{E}_{U^S \sim \mathsf{H}}\Big[\mathrm{Tr}[(\Phi_U^{RC})^2]\Big] = \frac{1}{1-d^{-2}}\Big(\frac{1}{d_A d_C} + \frac{1}{d_B d_D} - \frac{1}{d d_B d_C} - \frac{1}{d d_A d_D}\Big) \tag{A.82}$$

$$\approx \frac{1}{d_A d_C} + \frac{1}{d_B d_D} \tag{A.83}$$

が成り立つことを確かめられるので，$X \lesssim d_A d_C / d_B d_D = d_A^2 / d_D^2$ である．よって，$d_A = 2^k$ と $d_D = 2^\ell$ に気を付けると，

$$X_1 \lesssim \frac{\pi}{2}\sqrt{2^{2(k-\ell)} + \mathcal{O}(2^{-k})} + 2^{k-\ell+1/2} \tag{A.84}$$

である．

次に，(A.65) の右辺第二項 X_2 を計算する．ユニタリ群上の関数 $f(U): \mathsf{U}(\mathcal{H}^S) \mapsto \mathbb{R}$ に対する Schatten p-ノルム $\||f(U)\||_p = \mathbb{E}_{U \sim \mathsf{H}}[|f(U)|^p]^{1/p}$ を導入し，

$$f(U) = \big\||\Phi'_{U\bar{U}}\rangle^{RS\hat{S}\hat{R}}\big\|_2, \qquad g(U) = \big\||\Phi_{U\bar{U}}(m_*)\rangle^{RS\hat{S}\hat{R}} - |\Phi'_{U\bar{U}}\rangle^{RS\hat{S}\hat{R}}\big\|_2 \tag{A.85}$$

とおくと，$X_2 = \||f(U)g(U)\||_1$ と書ける．さらに，Hölder の不等式を使うと，

$$X_2 \le \||f(U)\||_\infty \||g(U)\||_1 \tag{A.86}$$

を得る．右辺第一項は，$\||\bullet\||_\infty \le \||\bullet\||_2$ を用いて，

$$\||f(U)\||_\infty \le \||f(U)\||_2 = \sqrt{\mathbb{E}_{U \sim \mathsf{H}}\Big[\big\||\Phi'_{U\bar{U}}\rangle^{RS\hat{S}\hat{R}}\big\|_2^2\Big]} \tag{A.87}$$

が成り立つ．一方で，第二項 $\||g(U)\||_1$ は，

$$\||g(U)\||_1 = \mathbb{E}_{U \sim \mathsf{H}}\Big[\big\||\Phi_{U\bar{U}}(m_*)\rangle^{RS\hat{S}\hat{R}} - |\Phi'_{U\bar{U}}\rangle^{RS\hat{S}\hat{R}}\big\|_2\Big] = X_1 \tag{A.88}$$

である．よって，

$$X_2 \le \sqrt{\mathbb{E}_{U \sim \mathsf{H}}\Big[\big\||\Phi'_{U\bar{U}}\rangle^{RS\hat{S}\hat{R}}\big\|_2^2\Big]}\, X_1 \tag{A.89}$$

が従う．さらに，$|\Phi'_{U\bar{U}}\rangle^{RS\hat{S}\hat{R}}$ が具体的に (A.70) で与えられることから，

$$\mathbb{E}_{U \sim \mathsf{H}}\big\||\Phi'_{U\bar{U}}\rangle^{RS\hat{S}\hat{R}}\big\|_2^2 = \frac{d_C}{p_{\mathrm{succ}} d_A}\mathbb{E}_{U \sim \mathsf{H}}\Big[\sum_{j=0}^{d_A d_C - 1}\lambda_j^2\Big] \tag{A.90}$$

$$= \frac{d_C}{p_{\mathrm{succ}} d_A}\mathbb{E}_{U \sim \mathsf{H}}\Big[\mathrm{Tr}[(\Phi_U^{RC})^2]\Big] \tag{A.91}$$

$$\approx 1 + \frac{d_A^2}{d_D^2} \tag{A.92}$$

が従う．最後の式では (A.8) と (A.83) を用いた．よって，$X_2 \lesssim \sqrt{1 + 2^{2(k-\ell)}}\, X_1$ が成り立つ．

最後に，X_1 と X_2 の上界を (A.65) に代入することで，$2^{k-\ell}$ の最低次までで，

$$\frac{1}{2}\big\|\mathbb{E}_{U \sim \mathsf{H}}[\Phi_{U\bar{U}}^{R\hat{R}}(m_*)] - \Phi_{\mathrm{succ}}^{R\hat{R}}\big\|_1 \lesssim \frac{\pi}{2}\sqrt{2^{2(k-\ell)} + \mathcal{O}(2^{-k})} + 2^{k-\ell+1/2} \tag{A.93}$$

を得る． $\square$

文　　　献

1) M. A. Nielsen and I. L. Chuang, "Quantum Computation and Quantum Information: 10th Anniversary Edition". Cambridge University Press, 2010.

2) M. Koashi, Quantum information theory for quantum communication, in "Principles and Methods of Quantum Information Technologies", pp. 3–32, Springer Japan, 2016.

3) M. M. Wilde, "Quantum Information Theory". Cambridge University Press, 2013.

4) J. Watrous, "The Theory of Quantum Information". Cambridge University Press, 2018.

5) 石坂　智・小川朋宏・河内亮周・木村　元・林　正人, 『量子情報科学入門』. 共立出版, 2012.

6) R. F. Werner, Quantum states with Einstein–Podolsky–Rosen correlations admitting a hidden-variable model, *Physical Review A*, **40**, 8, 4277–4281, 1989.

7) M. Horodecki, P. Horodecki, and R. Horodecki, Separability of mixed states: Necessary and sufficient conditions, *Physics Letters A*, **223**, 1, 1–8, 1996.

8) A. Y. Kitaev, Quantum computations: Algorithms and error correction, *Russian Mathematical Surveys*, **52**, 6, 1191–1249, 1997.

9) J. J. Vartiainen, M. Möttönen, and M. M. Salomaa, Efficient decomposition of quantum gates, *Physical Review Letters*, **92**, 17, 177902, 2004.

10) A. Uhlmann, The "transition probability" in the state space of a *-algebra, *Reports on Mathematical Physics*, **9**, 2, 273–279, 1976.

11) W. K. Wootters and W. H. Zurek, A single quantum cannot be cloned, *Nature*, **299**, 5886, 802–803, 1982.

12) C. W. Helstrom, Quantum detection and estimation theory, *Journal of Statistical Physics*, **1**, 231–252, 1969.

13) A. Holevo, Statistical decision theory for quantum systems, *Journal of Multivariate Analysis*, **3**, 4, 337–394, 1973.

14) C. H. Bennett and S. J. Wiesner, Communication via one- and two-particle operators on Einstein–Podolsky–Rosen states, *Physical Review Letters*, **69**, 20, 2881–2884, 1992.

15) C. H. Bennett, G. Brassard, C. Crépeau, R. Jozsa, A. Peres, and W. K. Wootters, Teleporting an unknown quantum state via dual classical and Einstein–Podolsky–Rosen channels, *Physical Review Letters*, **70**, 13, 1895–1899, 1993.

16) K. M. R. Audenaert, A sharp continuity estimate for the von Neumann entropy, *Journal of Physics A: Mathematical and Theoretical*, **40**, 28, 8127, 2007.

17) M. Fannes, A continuity property of the entropy density for spin lattice systems, *Communications in Mathematical Physics*, **31**, 4, 291–294, 1973.

18) R. Alicki and M. Fannes, Continuity of quantum conditional information, *Journal of Physics A: Mathematical and General*, **37**, 5, L55, 2004.

19) A. Winter, Tight uniform continuity bounds for quantum entropies: Conditional entropy, relative entropy distance and energy constraints, *Communications in Mathematical Physics*, **347**, 1, 291–313, 2016.

20) M. Tomamichel, "Quantum Information Processing with Finite Resources". Springer Cham, 2015.

21) M. Müller-Lennert, F. Dupuis, O. Szehr, S. Fehr, and M. Tomamichel, On quantum Rényi entropies: A new generalization and some properties, *Journal of Mathematical Physics*, **54**, 12, 122203, 2013.

22) R. Konig, R. Renner, and C. Schaffner, The operational meaning of min- and max-entropy, *IEEE Transactions on Information Theory*, **55**, 9, 4337–4347, 2009.

23) M. Tomamichel, R. Colbeck, and R. Renner, A fully quantum asymptotic equipartition property, *IEEE Transactions on Information Theory*, **55**, 12, 5840–5847, 2009.

24) A. S. Holevo, Bounds for the quantity of information transmitted by a quantum communication channel, *Problems of Information Transmission*, **9**, 3, 3–11, 1973.

25) P. Hausladen and W. K. Wootters, A 'Pretty Good' measurement for distinguishing quantum states, *Journal of Modern Optics*, **41**, 12, 2385–2390, 1994.

26) B. Schumacher, Quantum coding, *Physical Review A*, **51**, 4, 2738–2747, 1995.

27) C. H. Bennett, D. P. DiVincenzo, C. A. Fuchs, T. Mor, E. Rains, P. W. Shor, J. A. Smolin, and W. K. Wootters, Quantum nonlocality without entanglement, *Physical Review A*, **59**, 2, 1070–1091, 1999.

28) J. Walgate and L. Hardy, Nonlocality, asymmetry, and distinguishing bipartite states, *Physical Review Letters*, **89**, 14, 147901, 2002.

29) E. Chitambar, D. Leung, L. Mančinska, M. Ozols, and A. Winter, Everything you always wanted to know about LOCC (but were afraid to ask), *Communications in Mathematical Physics*, **328**, 1, 303–326, 2014.

30) C. H. Bennett, H. J. Bernstein, S. Popescu, and B. Schumacher, Concentrating partial entanglement by local operations, *Physical Review A*, **53**, 4, 2046–2052, 1996.

31) M. A. Nielsen, Conditions for a class of entanglement transformations, *Physical Review Letters*, **83**, 2, 436–439, 1999.

32) D. Jonathan and M. B. Plenio, Entanglement-assisted local manipulation of pure quantum states, *Physical Review Letters*, **83**, 17, 3566–3569, 1999.

33) D. Kretschmann and R. F. Werner, Tema con variazioni: Quantum channel capacity, *New Journal of Physics*, **6**, 1, 26, 2004.

34) J. Emerson, R. Alicki, and K. Życzkowski, Scalable noise estimation with random unitary operators, *Journal of Optics B: Quantum and Semiclassical Optics*, **7**, 10, S347, 2005.

35) E. Knill, D. Leibfried, R. Reichle, J. Britton, R. B. Blakestad, J. D. Jost, C. Langer, R. Ozeri, S. Seidelin, and D. J. Wineland, Randomized benchmarking of quantum gates, *Physical Review A*, **77**, 1, 012307, 2008.

36) E. Magesan, J. M. Gambetta, and J. Emerson, Characterizing quantum gates via randomized benchmarking, *Physical Review A*, **85**, 4, 042311, 2012.

37) J. J. Wallman and S. T. Flammia, Randomized benchmarking with confidence, *New Journal of Physics*, **16**, 10, 103032, 2014.

38) J. Helsen, J. J. Wallman, S. T. Flammia, and S. Wehner, Multiqubit randomized benchmarking using few samples, *Physical Review A*, **100**, 3, 032304, 2019.

39) P. W. Shor, Scheme for reducing decoherence in quantum computer memory, *Physical Review A*, **52**, 4, R2493–R2496, 1995.

40) E. Knill and R. Laflamme, Theory of quantum error-correcting codes, *Physical Review A*, **55**, 2, 900–911, 1997.

41) M. J. Gullans, S. Krastanov, D. A. Huse, L. Jiang, and S. T. Flammia, Quantum coding with low-depth random circuits, *Physical Review X*, **11**, 3, 031066, 2021.

42) A. S. Darmawan, Y. Nakata, S. Tamiya, and H. Yamasaki, Low-depth random Clifford circuits for quantum coding against Pauli noise using a tensor-network decoder, *Physical Review Research*, **6**, 2, 023055, 2024.

43) D. Gottesman, The heisenberg representation of quantum computers, 1998. arXiv:quant-ph/9807006.

44) W. Brown and O. Fawzi, Short random circuits define good quantum error correcting codes, in "2013 IEEE International Symposium on Information Theory", pp. 346–350, 2013.

45) S. Lloyd, Capacity of the noisy quantum channel, *Physical Review A*, **55**, 3, 1613, 1997.

46) I. Devetak, The private classical capacity and quantum capacity of a quantum channel, *IEEE Transactions on Information Theory*, **51**, 1, 44–55, 2005.

47) P. W. Shor, The quantum channel capacity and coherent information, in "Lecture Notes, MSRI Workshop on Quantum Computation", 2002.

48) F. Dupuis, M. Berta, J. Wullschleger, and R. Renner, One-shot decoupling, *Communications in Mathematical Physics*, **328**, 251, 2014.

49) G. Smith and Jon Yard, Quantum communication with zero-capacity channels, *Science*, **321**, 5897, 1812–1815, 2008.

50) S. Aaronson and D. Gottesman, Improved simulation of stabilizer circuits, *Physical Review A*, **70**, 5, 052328, 2004.

51) D. Petz, Sufficient subalgebras and the relative entropy of states of a von Neumann algebra, *Communications in Mathematical Physics*, **105**, 1, 123–131, 1986.

52) D. Petz, Sufficiency of channels over von Neumann algebras, *The Quarterly Journal of Mathematics*, **39**, 1, 1988.

53) H. Barnum and E. Knill, Reversing quantum dynamics with near-optimal quantum and classical fidelity, *Journal of Mathematical Physics*, **43**, 5, 2097–2106, 2002.

54) A. S. Holevo, The capacity of the quantum channel with general signal states, *IEEE Transactions on Information Theory*, **44**, 269–273, 1998.

55) B. Schumacher and M. D. Westmoreland, Sending classical informatino via noisy quantum channel, *Physical Review A*, **56**, 131, 1997.

56) F. Dupuis, O. Szehr, and M. Tomamichel, A decoupling approach to classical data transmission over quantum channels, *IEEE Transactions on Information Theory*, **60**, 3, 1562–1572, 2014.

57) C. H. Bennett, P. W. Shor, J. A. Smolin, and A. V. Thapliyal, Entanglement-assisted classical capacity of noisy quantum channels, *Physical Review Letters*, **83**, 15, 3081–3084, 1999.

58) S. Popescu, A. J. Short, and A. Winter, Entanglement and the foundations of statistical mechanics, *Nature Physics*, **2**, 11, 754–758, 2006.

59) M. Ledoux, "The Concentration of Measure Phenomenon". American Mathematical Society, 2001.

60) G. W. Anderson, A. Guionnet, and O. Zeitouni, "An Introduction to Random Matrices". Cambridge University Press, 2010.

61) L. del Rio, A. Hutter, R. Renner, and S. Wehner, Relative thermalization, *Physical Review E*, **94**, 2, 022104, 2016.

62) P. Hayden and J. Preskill, Black holes as mirrors: Quantum information in random subsystems, *Journal of High Energy Physics*, **2007**, 09, 120, 2007.

63) M. C. Bañuls, J. I. Cirac, and M. B. Hastings, Strong and weak thermalization of infinite nonintegrable quantum systems, *Physical Review Letters*, **106**, 5, 050405, 2011.

64) S. Sachdev and J. Ye, Gapless spin-fluid ground state in a random quantum Heisenberg magnet, *Physical Review Letters*, **70**, 21, 3339–3342, 1993.

65) S. Sachdev, Holographic metals and the fractionalized Fermi liquid, *Physical Review Letters*, **105**, 15, 151602, 2010.

66) A. Kitaev, Hidden correlations in the Hawking radiation and thermal noise, talk at KITP, 2015.

67) A. Kitaev, A simple model of quantum holography, talk at KITP, 2015.

68) Y. Nakata and M. Tezuka, Hayden–Preskill recovery in hamiltonian systems, *Physical Review Research*, **6**, 2, L022021, 2024.

69) Y. Nakata, T. Matsuura, and M. Koashi, Constructing quantum decoders based on complementarity principle, 2022. arXiv:2210.06661.

70) B. Yoshida and A. Kitaev, Efficient decoding for the Hayden–Preskill protocol, 2017. arXiv:1710.03363.

71) W. K. van Dam, "On Quantum Computation Theory". PhD thesis, University of Amsterdam, 2002.

72) A. J. Scott, Optimizing quantum process tomography with unitary 2-designs, *Journal of Physics A: Mathematical and Theoretical*, **41**, 5, 055308, 2008.

73) E. M. Rains, Increasing subsequences and the classical groups, *The Electronic Journal of Combinatorics*, **5**, 1998.

74) A. Roy and A. J. Scott, Unitary designs and codes, *Designs, Codes and Cryptography*, **53**, 1, 13–31, 2009.

75) H. Zhu, Multiqubit Clifford groups are unitary 3-designs, *Physical Review A*, **96**, 6, 062336, 2017.

76) Z. Webb, The Clifford group forms a unitary 3-design, *Quantum Information & Computation*, **16**, 1379–1400, 2016.

77) H. Zhu, R. Kueng, M. Grassl, and D. Gross, The Clifford group fails gracefully to be a unitary 4-design, 2016. arXiv:1609.08172.

78) E. Bannai, G. Navarro, N. Rizo, and P. H. Tiep, Unitary *t*-groups, *Journal of the Mathematical Society of Japan*, **72**, 3, 909–921, 2020.

79) Y. Nakata, D. Zhao, T. Okuda, E. Bannai, Y. Suzuki, S. Tamiya, K. Heya, Z. Yan, K. Zuo, S. Tamate, Y. Tabuchi, and Y. Nakamura, Quantum circuits for exact unitary *t*-designs and applications to higher-order randomized benchmarking, *PRX Quantum*, **2**, 3, 030339, 2021.

80) E. Bannai, Y. Nakata, T. Okuda, and D. Zhao, Explicit construction of exact unitary designs, *Advances in Mathematics*, **405**, 108457, 2022.

81) F. G. S. L. Brandão, A. W. Harrow, and M. Horodecki, Local random quantum circuits are approximate polynomial-designs, *Communications in Mathematical Physics*, **346**, 2, 397–434, 2016.

82) M. B. Hastings and A. W. Harrow, Classical and quantum tensor product expanders, *Quantum Information & Computation*, **9**, 3, 336–360, 2009.

83) A. Sawicki, L. Mattioli, and Z. Zimborás, Universality verification for a set of quantum gates, *Physical Review A*, **105**, 5, 052602, 2022.

84) 尾張正樹・夏目智輝・高三和晃・手塚真樹・中田芳史, 量子多体系における制御理論に基づくユニタリ *t*-design の生成法について, 第 49 回量子情報技術研究会（QIT49）口頭発表, 2023.

85) J. Haferkamp, Random quantum circuits are approximate unitary *t*-designs in depth $O(nt^{5+o(1)})$, *Quantum*, **6**, 795, 2022.

86) A. W. Harrow and S. Mehraban, Approximate unitary *t*-designs by short random quantum circuits using nearest-neighbor and long-range gates, *Communications in Mathematical Physics*, **401**, 2, 1531–1626, 2023.

87) Y. Nakata, C. Hirche, M. Koashi, and A. Winter, Efficient quantum pseudorandomness with nearly time-independent hamiltonian dynamics, *Physical Review X*, **7**, 2, 021006, 2017.

88) J. Haferkamp, F. Montealegre-Mora, M. Heinrich, J. Eisert, D. Gross, and I. Roth, Efficient unitary designs with a system-size independent number of non-clifford gates, *Communications in Mathematical Physics*, **397**, 3, 995–1041, 2023.

索　引

著者略歴

なかたよしふみ
中田芳史

1983 年　大阪府に生まれる
2013 年　東京大学大学院理学系研究科物理学専攻博士課程修了
現　在　京都大学基礎物理学研究所特定准教授
　　　　博士（理学）

シリーズ〈理論物理の探究〉2

量子情報理論
—情報から物理現象の理解まで—　　　　　　定価はカバーに表示

2024 年 10 月 1 日　初版第 1 刷
2025 年 5 月 25 日　　　第 3 刷

著　者　中　田　芳　史

発行者　朝　倉　誠　造

発行所　株式会社　朝　倉　書　店
東京都新宿区新小川町 6-29
郵 便 番 号　162-8707
電　話　03（3260）0141
Ｆ Ａ Ｘ　03（3260）0180
https://www.asakura.co.jp

〈検印省略〉

中央印刷・渡辺製本

© 2024 〈無断複写・転載を禁ず〉

ISBN 978-4-254-13532-9　C 3342　　　Printed in Japan

シリーズ〈理論物理の探究〉1 重力波・摂動論

中野 寛之・佐合 紀親 (著)

A5 判／272 頁　978-4-254-13531-2 C3342　定価 4,290 円（本体 3,900 円＋税）

アインシュタイン方程式を解析的に解く。ていねいな論理展開，式変形を追うことで確実に理解。付録も充実。〔内容〕序論／重力波／Schwarzschild ブラックホール摂動／Kerr ブラックホール摂動

現代量子力学入門

井田 大輔 (著)

A5 判／216 頁　978-4-254-13140-6 C3042　定価 3,630 円（本体 3,300 円＋税）

シュレーディンガー方程式を解かない量子力学の教科書。量子力学とは何かについて，落ち着いて考えてみたい人のための書。グリーソンの定理, 超選択則, スピン統計定理など, 少しふみこんだ話題について詳しく解説。

Python と Q#で学ぶ量子コンピューティング

S. Kaiser・C. Granade(著) ／黒川 利明 (訳)

A5 判／344 頁　978-4-254-12268-8 C3004　定価 4,950 円（本体 4,500 円＋税）

量子コンピューティングとは何か，実際にコードを書きながら身に着ける。〔内容〕基礎（Qubit ／乱数／秘密鍵／非局在ゲーム／データ移動）／アルゴリズム（オッズ／センシング）／応用（化学計算／データベース探索／算術演算）

ベリー位相とトポロジー ―現代の固体電子論―

D. ヴァンダービルト (著) ／倉本 義夫 (訳)

A5 判／404 頁　978-4-254-13141-3 C3042　定価 7,480 円（本体 6,800 円＋税）

現代の物性物理において重要なベリーの位相とトポロジーの手法を丁寧に解説。〔内容〕電荷・電流の不変性と量子化／電子構造論のまとめ／ベリー位相と曲率／電気分極／トポロジカル絶縁体と半金属／軌道磁化とアクシオン磁電結合／他

シリーズ物理数学 20 話 複素関数 20 話

井田 大輔 (著)

A5 判／208 頁　978-4-254-13201-4 C3342　定価 3,520 円（本体 3,200 円＋税）

1 日 1 話で得られるよろこび。〔内容〕コーシーの積分定理／大域的な原始関数／解析性／特異点／留数／解析接続／正則関数列／双正則写像／メビウス変換／リーマンの写像定理／シュヴァルツ・クリストッフェル変換／クッタ・ジューコフスキーの定理／因果律とクラマース・クローニッヒの関係式／スターリングの公式とボーズ積分／他

上記価格は 2025 年 4 月現在